课书房
新形态教材

高等职业教育建筑工程技术专业系列教材

总主编 /李 辉 执行总主编 /吴明军

建筑识图与房屋构造

（第3版）

主 编 张亚娟 韩建绒
副主编 于鹏祖 韩晓玲 韩 洁
参 编 张来彩 朱晓霞 曲玉凤
刘亚龙
主 审 田树涛

重庆大学出版社

内容提要

本书为配套了丰富仿真视频资源的新形态教材，主要介绍制图投影的基本原理和相关表达方法、工程图识读的基本内容和方法、建筑构造的基本知识，并根据职业教育的特色以及专业岗位的特性要求进行编写。全书主要内容有：制图及投影的基本知识、立体的投影、组合体视图、轴测图、剖面图与断面图；建筑施工图和结构施工图识读的基本知识；建筑构造概论、基础和地下室、墙体、楼地层、楼梯、门与窗、屋顶、建筑抗震与防火、民用工业化建筑体系、工业建筑。书后还附有工程图实例供学生识读。

本书可作为高职高专院校、成人高校及本科院校举办的二级职业技术学院、继续教育学院和民办高校的土建类各专业教材，也可供相关工程技术人员参考。

图书在版编目(CIP)数据

建筑识图与房屋构造 / 张亚娟, 韩建绒主编. -- 3版. -- 重庆 : 重庆大学出版社, 2022.8
高等职业教育建筑工程技术专业系列教材
ISBN 978-7-5689-1699-8

Ⅰ.①建… Ⅱ.①张… ②韩… Ⅲ.①建筑制图—识图—高等职业教育—教材 ②房屋结构—高等职业教育—教材 Ⅳ.①TU2

中国版本图书馆CIP数据核字(2022)第131789号

高等职业教育建筑工程技术专业系列教材
建筑识图与房屋构造
(第3版)
主　编　张亚娟　韩建绒
副主编　于鹏祖　韩晓玲　韩　洁
主　审　田树涛
责任编辑：范春青　　版式设计：范春青
责任校对：张红梅　　责任印制：赵　晟
*
重庆大学出版社出版发行
出版人：饶帮华
社址：重庆市沙坪坝区大学城西路21号
邮编：401331
电话：(023)88617190　88617185(中小学)
传真：(023)88617186　88617166
网址：http://www.cqup.com.cn
邮箱：fxk@cqup.com.cn (营销中心)
全国新华书店经销
重庆市联谊印务有限公司印刷
*
开本：787mm×1092mm　1/16　印张：24　字数：585千
2015年3月第1版　2022年8月第3版　2022年8月第4次印刷
印数：7 001—10 000
ISBN 978-7-5689-1699-8　定价：59.00元

序 言

进入 21 世纪,高等职业教育建筑工程技术专业办学在全国呈现出点多面广的格局。截至 2021 年,我国已有 890 多所院校开设了高职建筑工程技术专业,在校生达到 20 多万人。如何培养面向企业、面向社会的建筑工程技术技能型人才,是广大建筑工程技术专业教育工作者一直在思考的问题。建筑工程技术专业作为教育部、住房和城乡建设部确定的国家技能型紧缺人才培养专业,也被许多示范高职院校选为探索构建“工作过程系统化的行动导向教学模式”课程体系建设的专业,这些都促进了该专业的教学改革和发展,其教育背景以及理念都发生了很大变化。

为了满足建筑工程技术专业职业教育改革和发展的需要,重庆大学出版社在历经多年深入高职高专院校调研基础上,组织编写了这套“高等职业教育建筑工程技术专业系列教材”。该系列教材由四川建筑职业技术学院吴泽教授担任顾问,住房和城乡建设职业教学指导委员会副主任委员李辉教授、四川建筑职业技术学院吴明军教授分别担任总主编和执行总主编,以国家级示范高职院校,或建筑工程技术专业为国家级特色专业、省级特色专业的院校为编著主体,全国共 20 多所高职高专院校建筑工程技术专业骨干教师参与完成,极大地保障了教材的品质。

系列教材精心设计该专业课程体系,共包含两大模块:通用的“公共模块”和各具特色的“体系方向模块”。公共模块包含专业基础课程、公共专业课程、实训课程三个小模块;体系方向模块包括传统体系专业课程、教改体系专业课程两个小模块。各院校可根据自身教改和教学条件实际情况,选择组合各具特色的教学体系,即传统教学体系(公共模块+传统体系专业课)和教改教学体系(公共模块+教改体系专业课)。

本系列教材在编写过程中,力求突出以下特色:

(1)依据《高等职业学校专业教学标准(试行)》中“高等职业学校建筑工程技术专业教学标准”和“实训导则”编写,紧贴当前高职教育的教学改革要求。

(2)教材编写以项目教学为主导,以职业能力培养为核心,适应高等职业教育教学改革的发展方向。

(3)教改教材的编写以实际工程项目或专门设计的教学项目为载体展开,突出“职业工作的真实过程和职业能力的形成过程”,强调“理实”一体化。

(4)实训教材的编写突出职业教育实践性操作技能训练,强化本专业的基本技能的实训力度,培养职业岗位需求的实际操作能力,为停课进行的实训专周教学服务。

(5)每本教材都有企业专家参与大纲审定、教材编写以及审稿等工作,确保教学内容更贴近建筑工程实际。

我们相信,本系列教材的出版将为高等职业教育建筑工程技术专业的教学改革和健康发展起到积极的促进作用!

住房和城乡建设职业教育教学指导委员会副主任委员

前　言

本书根据全国高等职业教育土建类专业教学指导委员会颁布的《高职高专教育土建类专业教学内容和实践教学体系研究——建筑工程技术专业人才培养方案及课程教学大纲》进行编写,并参照执行了国家现行的有关规范、规程和技术标准。

本书主要介绍制图投影的基本原理和相关表达方法、工程图识读的基本内容和方法、建筑构造的基本知识。其中,建筑识图和民用建筑构造为本书重点。

在内容的设计上,本书充分考虑了当前高职高专学生在就业方面的实际需求,把培养建筑生产一线的技术及管理人员应当具备的基本知识、岗位知识、能力和技能等作为本书定位的核心;在编写时充分考虑了不同地域、不同经济状况地区对建筑专业人才的个性需求,尽量提高教材的兼容性和通用性;把内容新颖、技术先进、重点突出、通俗易懂和图文并茂作为本教材的特色;努力反映我国当前建筑施工领域新技术、新工艺、新材料、新技术发展的动态和趋势。

为了便于学生学习,本书在每章的开始列有学习目标、提示或引例,在每章的结尾附有小结与复习思考题。

本书注重把建筑制图、建筑构造及工程图识读的知识结合在一起,融会贯通,把培养学生的专业及岗位能力作为重心,把为其他相关课程提供支撑和服务作为责任,把工程性、应用性、通俗性和直观性作为特色。

本书由甘肃建筑职业技术学院张亚娟、韩建绒担任主编;于鹏祖、韩晓玲、韩洁担任副主编;田树涛教授担任主审。韩建绒编写绪论、第 12 章;张亚娟编写第 1 章、第 3 章、第 4 章、第 7 章,第 8 章;韩晓玲编写第 2 章、第 5 章、第 6 章;朱晓霞编写第 18 章;韩洁编写第 9 章、第 11 章、第 13 章、第 17 章;张来彩编写第 10 章、第 15 章;刘亚龙编写第 16 章;于鹏祖编写

第 14 章;曲玉凤提供书后图纸。

由于建筑的地域特征明显、工程水平发展不一,编者的水平有限,对新信息和资料的收集也不够完善,本书难免会存在不足之处,恳请读者批评指正,以便在以后修订时得以及时改正。

编　者

2022 年 6 月

目　录

建筑识图

民用建筑构造

绪　论

本章导读

- **基本要求**　了解本课程的基本内容和任务、专业中的地位、特点和学习方法；掌握建筑的含义及构成要素；了解建筑的起源、建筑发展趋势，建筑的节能；掌握建筑设计的要求及设计依据；了解建筑设计内容及设计程序。
- **重点**　建筑节能、建筑的含义及构成要素、建筑设计的内容要求及设计依据和设计程序。
- **难点**　建筑设计的内容要求及设计依据和设计程序。

0.1　课程的基本内容及学习方法

0.1.1　本课程的基本内容和任务

建筑与人们的日常生活和社会活动关系十分密切，伴随着人类社会的发展与科技的进步，经历了从原始到现代，从简陋到完善，从小型到大型，从低级到高级的漫长发展过程。建筑既表示营造活动，又代表这种活动的成果，即建筑物或构筑物。建筑的形式和空间组合是一个统一体。从根本上来讲，建筑是由建筑功能、建筑的物质技术条件和建筑的艺术形象这三个基本要素构成的。由于建筑的形式多样、构造复杂，很难用一般语言文字描述，只能用图示的方法才能形象、具体、完整地表达建筑物的空间、形式、构造及特征。

本课程是研究投影原理、绘图技能、建筑工程图样的识读方法和房屋的构造组成、构造原理与方法的一门课程。全书包括建筑制图、识图和建筑构造三部分内容。建筑制图部分系统地介绍了建筑制图的基本知识与技能，投影的基本知识，建筑形体的投影图、轴测图、剖面图与断面图；识图部分重点介绍了建筑施工图和结构施工图的基本知识，如建筑施工图、结构施工图的图示内容与图示方法，如何正确识读、绘制建筑施工图，如何识读钢筋混凝土构件平面整体表示方法等；建筑构造部分详细介绍了民用建筑及工业建筑的构造原理和构造方法，以及建筑物的整体构造和各个组成部分的细部做法。

建筑识图与房屋构造课程的主要学习任务如下：

①学习、贯彻国家制图标准的有关规定。

②学习掌握投影的基本原理及其应用，培养空间想象能力和图解能力。

③熟练掌握土建工程图的识读方法，培养能够熟练运用工程语言进行工程方面交流的基本能力。

④学习掌握房屋构造的基本原理、构造组成与方法，培养根据实际情况合理选择建筑构造方案的能力。

⑤为进一步学习建筑施工等方面后续专业课程打牢基础。

0.1.2 本课程的地位、特点和学习方法

建筑识图与房屋构造是土建专业领域中最基本的学科，是建筑工程技术、工程造价、工程监理等专业的一门专业基础课，同时也是一门专业技能课，它在建筑工程类专业教学体系中占有相当重要的地位，具有承前启后的作用。

本课程是一门综合性和实用性很强的课程，要学好这门课程，需要有建筑材料的基本知识，还需要学生具有一定的空间想象能力。就课程本身而言，建筑制图和房屋建筑构造之间存在着密切的联系，两者前后呼应，制图是构造的基础，构造又为识图服务。它既是学习后续专业课程，如建筑力学、建筑结构、建筑工程概预算、工程造价与评估、建筑施工技术等的基础，也是学生参加工作后岗位能力和专业技能考核的重要内容。

在学习的过程中，学生应端正学习态度，刻苦钻研，注意掌握知识之间的规律，举一反三。不论学习哪一部分内容，都必须耐心完成一系列的实训作业，方能领会其内容实质。下面就本课程的学习方法提出几点建议。

①在建筑制图、识图部分，应首先认真学习国家制图标准中的有关规定，熟记各种代号和图例的含义；其次，应利用业余时间多观察建筑物，从工程实例入手，结合施工图，切实掌握国家制图标准和规范，初步认识和正确读懂施工图。

②要下功夫培养空间想象能力，即从二维的平面图形能想象出三维形体的形状，这是本课程的重点和难点之一。初学时可借助于模型或立体图，加强图物对照的感性认识，但要逐步减少对模型和立体图的依赖，直至可以完全依靠自己的空间想象力，看懂图形。

③做作业或课堂训练时，要画图与读图相结合。画图的过程即是图解思考的过程。每一次根据模型（或立面图）画出投影图之后，随即移开模型（或立面图），从所画的图形想象原来物体的形状，观察是否相符，加快空间想象能力的培养和提高。多想、多看、多绘，通过训练绘图技能，提高绘制和识读施工图的能力。

④牢固掌握房屋各组成部分的常用构造方法，通过对房屋各组成部分构造方法的理解和运用，再反馈到建筑识图中去，从而更加灵活及系统地掌握本课程的内容，以加深理解。经常阅读有关规范、图集等资料，了解房屋建筑发展的动态和趋势。

⑤要注重自学能力的培养。上课前应预习教材有关内容,然后带着疑难问题去听讲,课后应认真、独立地完成各种作业。只有具备较强的自学能力,才能适应科技迅猛发展、知识不断更新的时代,也才能适应终身学习的需要。

⑥培养认真负责、一丝不苟的工作作风。建筑工程图样是施工的依据,往往由于一条线的疏忽或一个数字的差错,造成施工的返工浪费。因此,从初学开始,就要严格遵守国家制图标准,培养认真负责、一丝不苟的工作态度和严谨的工作作风。同时,良好的职业道德和敬业精神是现代企业对工程技术人员的基本要求,所以初学者一定不要忽视这种职业素质的培养和训练。

0.2 建筑的含义及发展

建筑总是伴随着人类共存,从建筑的起源发展到建筑文化,经历了千万年的变迁。有许多著名的格言可以帮助我们加深对建筑的认识,如"建筑是凝固的音乐""建筑是城市的重要标志"等。

0.2.1 建筑的含义、起源及发展历程

1)建筑的含义

通常认为建筑是建筑物和构筑物的总称。建筑物又通称为建筑。一般是将供人们生活居住、工作学习、娱乐和从事生产的建筑称为建筑物,如住宅、学校、办公楼、影剧院、体育馆等;而水塔、蓄水池、烟囱、贮油罐之类的建筑则称为构筑物。所以从本质上讲,建筑是一种人工创造的空间环境,是人们劳动创造的财富。建筑是一门集社会科学、工程技术和文化艺术于一体的综合科学。建筑是一个时代物质文明和精神文明的产物。本书所说的建筑指房屋,专门研究房屋的建筑学就是"房屋建筑学"。

2)建筑起源及发展历程

原始人类为了避风雨、御寒暑和防止其他自然灾害或野兽的侵袭,需要有一个赖以栖身的场所——空间,这就是建筑的起源。

建筑起源于新石器时代,西安半坡村遗址,欧洲的巨石建筑是人类最早的建筑活动例证。商代创造的夯土版筑技术,西周创造的陶瓦屋面防水技术体现了我国奴隶社会时期建筑的巨大成就。埃及金字塔、希腊雅典卫城、罗马斗兽场和万神庙是欧洲奴隶社会的著名建筑。万里长城、赵州桥、五台山佛光寺、北京故宫、颐和园等是我国封建社会建筑的代表作,它们集中体现了中国古代建筑的五大特征(群体布局、平面布置、结构形式、建筑外形和造园艺术)。巴黎圣母院是欧洲封建社会的著名建筑。它的骨架拱肋结构是一伟大创举。意大利的圣彼得教堂和巴黎的凡尔赛宫是欧洲文艺复兴建筑的代表。19 世纪末掀起的新建筑运动开创了现代建筑的新纪元,德国的包豪斯校舍、伦敦的水晶宫体现了新功能、新材料、新结构的和谐与统一。大跨度建筑和高层建筑集中反映了现代建筑的巨大成就,举世闻名的悉尼歌剧院、巴黎国家工业技术中心、芝加哥西尔斯大厦等是现代建筑的著名代表。改革开放后我国在城市建设、住宅建筑、公共建筑和工业建筑等方面取得了显著的成绩。

0.2.2 高层建筑

为了节约城市土地，改善环境面貌，高层建筑在20世纪30年代开始蓬勃发展起来；70年代以美国为代表的发达国家高层和超高层建筑多功能的综合体增多。如位于芝加哥的西尔斯大厦，它建于1970—1974年，建筑地上110层，总高约为443 m，由9个22.9 m见方的框架式钢框筒组成束筒结构，随着高度的增加分段收缩，是当时世界上最高建筑。到了20世纪后期，亚洲已经成为高层建筑发展最快的地区。目前世界上最高的建筑是哈利法塔，共162层，总高度828 m，于2009年建成。

21世纪初期世界的高层建筑向更耀眼的高度冲刺。表0.1是截至2022年全世界前10座超高层建筑的排行榜。

表0.1 世界十大高层建筑(截至2022年8月)

序号	建筑物名称	所属城市	状　态	总高度/m	其他信息
1	哈利法塔	阿联酋·迪拜	2010年建成	828	162层
2	东京晴空塔	日本·东京	2012年建成	634	电波塔
3	上海中心大厦	中国·上海	2016年封顶	632	地上127层，地下5层
4	麦加皇家钟塔饭店	沙特阿拉伯·麦加	2012年建成	601	120层
5	广州塔	中国·广州	2019年封顶	600	主塔体高450 m， 天线桅杆高150 m
6	天津高银金融117大厦	中国·天津	2015年封顶	596.5	地上117层，地下3层
7	深圳平安国际金融中心	中国·深圳	2015年封顶	592.5	地上118层，地下5层
8	乐天世界塔	韩国·首尔	2017年竣工	556	123层
9	世界贸易中心一号楼	美国·纽约	2013年竣工	541	地上94层，地下5层
10	广州周大福金融中心	中国·广州	2016年竣工	530	地上111层，地下5层

0.2.3 21世纪建筑的发展趋势

1)高层建筑的发展

近些年来，高层建筑的发展速度很快，特别是亚洲国家和地区。高层建筑的主要特点是：节省土地，缩短城市各种工程管线，经济上比较优越；高层建筑造型独特，大致可分为标志性、高科技性、纪念性、生态性、文化性等类型。但是，从技术上讲，地震、大风对其影响很大，防火、安全隐患以及实用性都令人担忧。

2)地下建筑的发展

地下建筑是一部分城市功能在地下空间中的具体体现和主要补充，如地铁、地下街、地下室、江底隧道、地下民防工程、地下暖路、近海城市间的海底通道等。地下建筑具有节约城市用地、节约能源、改善城市交通、减轻环境污染等优点，在城市中具有无与伦比的优越性。

现代地下建筑起源于地下铁路和军事工程。从1863年伦敦建成6 km长的世界第一条地铁开始，世界各大城市相继建成了地铁。地铁客运量大、速度快，缓解了地面交通的紧张状况，也为修建地下道路开了先河。

进入21世纪后，地下的建筑越来越多，不仅有商店、实验室、办公大楼，而且有广场、公园、草坪等。

3)智能建筑的发展

所谓“智能建筑”是综合计算机、信息通信等方面最先进的技术，使建筑内的电力、空调、照明、防灾、防盗、运输设备等，实现建筑综合管理自动化、远程通信和办公自动化的有效运作，并使这三功能结合起来的建筑。世界第一幢智能大厦就是1984年建成的美国康涅狄格州哈特福德市的38层商业大厦，名为城市广场。

4)生态与绿色建筑的发展

生态建筑基于生态学原理规划、建设和管理的群体和单体建筑及其周边的环境体系。其设计、建造、维护与管理必须以强化内外生态服务功能为宗旨，达到经济、自然和人文三大生态目标，实现生态健康的净化、绿化、美化、活化、文化这“五化”需求。

生态建筑，是根据当地的自然生态环境，运用生态学、建筑技术科学的基本原理和现代科学技术手段等，合理安排并组织建筑与其他相关因素之间的关系，使建筑和环境之间成为一个有机的结合体，同时具有良好的室内气候条件和较强的生物气候调节能力，以满足人们居住生活的舒适性要求，使人、建筑与自然生态环境之间形成一个良性循环系统。

绿色建筑是指在建筑的全寿命周期内，最大限度地节约资源(节能、节地、节水、节材)，保护环境和减少污染，为人们提供健康、适用和高效的使用空间，与自然和谐共生的建筑。

所谓“绿色建筑”的“绿色”，并不是指一般意义的立体绿化、屋顶花园，而是代表一种概念或象征，指建筑对环境无害，能充分利用环境自然资源，并且在不破坏环境基本生态平衡条件下建造的一种建筑，又可称为可持续发展建筑、生态建筑、回归大自然建筑、节能环保建筑等。

5)未来的建筑

(1)仿生建筑在崛起

仿生建筑以生物界某些生物体功能组织和形象构成规律为研究对象，探寻自然界中科学合理的建造规律，并通过这些研究成果的运用来丰富和完善建筑的处理手法，促进建筑形体结构以及建筑功能布局等的高效设计和合理形成。从某个意义上说，仿生建筑也是绿色建筑，仿生技术手段也应属于绿色技术的范畴。

对于仿生建筑的研究被认为赋予了提供健康生活，改善生态环境的目标，体现了社会可持续发展意识和对人类生存环境的关怀。另外，从建筑创作研究的角度看，仿生与生态构思有相通之处，它们的过程和出发点相对于其他的构思方法或类型有自己的特点。

(2)海洋城市与建筑

海上城市，构想中未来新兴城市的发展形式之一。在未来建设海上城市是解决人类居住问题的重要途径。人们设计了一种锥形的四面体，高20层左右，飘浮在浅海和港湾，用桥同陆地相连，这就成为海上城市。它实际上是一种特殊的人工岛。

这种海上城市每座可容纳数万人。美国在离夏威夷不远处的太平洋上修建的海上城

市，底座是一艘高 70 m，直径 27 m 的钢筋混凝土浮船。日本也在积极推行人工浮岛计划。辽阔大海深处的“仙山琼阁”，是古代人们的想象；海面升腾的“海市蜃楼”，是令人心驰神往的美妙幻景。然而，以人工岛为依托，建立海上城市，却是有充分科学依据的构想，很可能在不久的将来会变为现实。那里有办公大楼、住宅大厦，有宽阔的街道和繁华的商场，有旅馆和饭店、图书馆和电视台、会议中心和娱乐中心，有银行和邮局、国际机场和海港码头，当然还有陆地城市所难以企及的“海域风光”。那里是城市的缩影，更是更加现代化的新型城市。

0.3 建筑节能

当今，全球关注的两大环境问题——温室气体减排和臭氧层保护，都与人类活动有关。建筑节能就是其中的一个极为重要的热点，是建筑技术进步的一个重大标志，也是建筑界实施可持续发展战略的一个关键环节。我国从 20 世纪 80 年代中期开始推行建筑节能，建筑节能已纳入 1998 年 1 月 1 日施行的《中华人民共和国节约能源法》。至今，各个国家还在不断研究并落实建筑节能措施。

0.3.1 建筑节能的重要意义

1) 建筑节能是世界性的大潮流

在建筑节能这个潮流的引导下，建筑技术蓬勃发展，许多建材和建筑用产品不断更新换代，建筑业也产生了一系列变化。其表现如下：

①建筑构造上的变化：房屋围护结构改用高效保温隔热复合结构及多层密封门窗。

②供热系统的变化：建筑供热系统采用自动化调节控制设备及计量仪表。

③建筑用产品结构的变化：形成众多的生产节能用材料和设备的新的工业企业群体，节能产业兴旺发达。

④建筑机构的变化：出现了许多诸如从事建筑保温隔热、密封门窗以至于供热计量等专业化的建筑安装和服务性组织。

2) 社会需要推动建筑节能

简而言之，建筑节能是经济发展的需要，是减轻环境污染的需要，是改善建筑热环境的需要，是发展建筑业的需要。

3) 在市场经济条件下，住房制度的改革有利于建筑节能

商品住宅使用的能源费用理所当然地由住户自己承担，节能势必逐渐成为广大居民的自觉行动。因此，建筑节能将是大势所趋，人心所向，既是国家民族利益的需要，又关系到亿万群众自己的切身利益。它将克服目前存在的各种困难，在 21 世纪的可持续发展战略中不断进步。

0.3.2 建筑节能的含义及范围

1) 含义

建筑节能，即在建筑中保持能源，是要减少能量的散失，提高建筑中的能源利用效率。

2) 范围

我国建筑节能的范围现已与发达国家取得一致，从实际条件出发，当前的建筑节能工作，集中于建筑采暖、空调、热水供应、照明、炊事、家用电器等方面的节能，并与改善建筑舒适性相结合。

0.3.3 节能建筑的主要特征

在资源得到充分有效利用的同时，使建筑物的使用功能更加符合人类生活的需要，创造健康、舒适、方便的生活环境是人类的共同愿望，也是建筑节能的基础和目标。为此，21 世纪的节能建筑应该具有如下特点：

①高舒适度。由于围护结构的保温隔热和采暖空调设备性能的日益提高，建筑热环境将更加舒适。

②低能源消耗。采用节能系统的建筑，其空调及采暖设备的能源消耗量远远低于普通住宅。

③通风良好。自然通风与人工通风相结合，空气经过净化，新风“扫过”每个房间，通风持续不断，换气次数足够，室内空气清新。

④光照充足。尽量采用自然光，自然采光与人工照明相结合。

0.3.4 我国建筑节能展望

1) 必须使节约建筑能耗与改善热环境互相结合

①对于新建建筑及室温满足要求的建筑，着重在节约能源；

②对于冬季室温过低、结露的建筑和夏季室温过高的建筑，首先要改善建筑热环境，也要注意节约能源；

③在夏热冬冷地区及农村，则应在节约能源条件下逐步改善建筑热环境。

各地应根据当地实际情况，根据工作进展可进行适当的调整和充实。

2) 建筑类型上逐步推开

①从居住建筑开始，其次抓公共建筑，然后是工业建筑；

②从新建建筑开始，接着是近期必须改造的热环境很差的结露建筑和危旧建筑，然后才是其他保温隔热条件不良的建筑；

③建筑围护结构节能同供热（或降温）系统节能同步进行。

3) 地域上逐步扩展

①从北方采暖区开始，然后发展到中部夏热冬冷区，并扩展到南方夏热冬暖区；

②从几个工作基础较好的城市（如哈尔滨、北京、上海、南京等）开始，再发展到乡镇，然后逐步扩展到广大农村。例如，长江中游是典型的夏热冬冷地区，已贯彻原建设部 2010 年发布的《夏热冬冷地区居住建筑节能设计标准》(JGJ134—2010)。2005 年 4 月 1 日起武汉市出售的商品住宅必须是节能住宅，2010 年该规定在重点城市普遍推行。《公共建筑节能设计标准》(GB 50189—2015)于 2015 年 10 月 1 日起正式实施，总能耗可减少 50%。

4)加强建筑节能标准化工作

建筑节能标准化工作主要包括发展建筑节能科学技术、积极利用自然能源、加强已有建筑的节能改造等。

我国建筑节能工作的进展,对于全球温室气体的排放,对于中国经济的持续稳定发展、对于世界建筑节能产品市场,都将产生十分显著的影响。建筑工作者必须知难而进,奋起直追,把建筑节能视为自己义不容辞的历史责任,为我国社会经济的可持续发展,为建筑科学的繁荣进步,作出自己应有的贡献。

0.4 建筑的构成要素及建筑设计概述

0.4.1 建筑的构成要素

构成建筑的基本要素是指在不同历史条件下的建筑功能、建筑的物质技术条件和建筑形象。

1)建筑功能

(1)满足人体尺度和人体活动所需的空间尺度

因为人要在建筑空间内活动,所以人体的各种活动尺度与建筑空间有着十分密切的关系。人的生活起居(如存取动作、厨房操作动作、厕浴动作等)和站立坐卧等活动所占的空间尺度就是确定建筑内部各种空间尺度的主要依据。各国、各地区人体高度有差异,而我国成年人的平均高度男为169.7 cm,女为158.0 cm(数据截至2020年底)。

(2)满足人的生理要求

建筑应具有良好的朝向、保温、隔声、防潮、防水、采光及通风的性能,这也是人们进行生产和生活活动所必需的条件。随着物质技术水平的提高,例如建筑材料的某些物理性能得到改进,机械通风代替自然通风,人工照明代替自然采光等,为人们创造一个舒适的卫生环境,以便在更大程度上满足人的生理要求。

(3)满足不同建筑有不同使用特点的要求

不同性质的建筑物在使用上有不同的特点。例如:火车站要求人流、货流畅通;影剧院要求听得清、看得见和疏散快;工业厂房要求符合产品的生产工艺流程;某些实验室对温度、湿度的要求等,都直接影响着建筑物的使用功能。满足功能要求也是建筑的主要目的,在构成的要素中起主导作用。

2)物质技术条件

建筑物质技术条件是指建造房屋的手段,包括建筑材料及制品技术、结构技术、施工技术和设备技术等。其中,建筑材料是建造房屋必不可缺的物质基础;结构是构成建筑空间环境的骨架;设备(含水、电、通风、空调、通信、消防等)是保证建筑物达到某种要求的技术条件;施工技术则是实现建筑生产的过程和方法。因此,建筑是多门技术科学的综合产物,是建筑发展的重要因素。

3) 建筑形象

构成建筑形象的因素有建筑的体型、立面形式、细部与重点的处理、材料的色彩和质感、光影和装饰处理等。建筑形象是功能和技术的综合反映。建筑形象处理得当，就能产生良好的艺术效果，给人以美的享受。有些建筑使人感受到庄严雄伟、朴素大方、简洁明朗等，这就是建筑艺术形象的魅力。

不同社会和时代、不同地域和民族的建筑都有不同的建筑形象。例如，古埃及的金字塔、古希腊的神庙、欧洲中世纪的教堂、中国古代的宫殿和国外近现代的摩天大楼等，都反映了时代的生产水平、文化传统、民族风格、建筑文化等特点。

建筑三要素是相互联系、约束，又不可分割的。在一定功能和技术条件下，充分发挥设计者的主观作用，可以使建筑形象更加美观。历史上优秀的建筑作品，这三要素都是辩证统一的。

适用、安全、经济、美观这一建筑方针既是我国建筑工作者的工作指导方针，又是评价建筑优劣的基本准则，应深入理解建筑方针的精神，并贯彻到工作中去。

0.4.2　设计内容及设计程序

1) 设计内容

建造房屋，从拟订计划到建成使用，通常有编制计划任务书、选择和勘测基地、设计、施工、交付使用，以及使用后的回访总结等几个阶段。设计工作又是其中比较关键的环节，它必须严格执行国家基本建设计划，并且具体贯彻建设方针和政策。通过设计这个环节，把计划中有关设计任务的文字资料，编制成表达整幢或成组房屋立体形象的全套图纸。

设计内容包括建筑设计、结构设计、设备设计三个方面。

(1) 建筑设计

建筑设计是在总体规划的前提下，根据建设任务要求和工程技术条件进行房屋的空间组合设计和细部设计，并以建筑设计图的形式表示出来；它是整个设计工作的先行环节，常处于主导地位。

(2) 结构设计

结构设计的主要任务是配合建筑设计选择切实可行的结构方案，进行结构构件的计算和设计，并用结构设计图表示；通常由结构工程师完成。

(3) 设备设计

设备设计是指建筑物的给排水、采暖、通风和电气照明等方面的设计；一般由有关的工程师配合建筑设计完成，并分别用水、暖、电等设计图表示。

以上几个方面的工作，既有分工，又相互密切配合。由于建筑设计是建筑功能、工程技术和建筑艺术的综合，因此它必须综合考虑建筑、结构、设备等工种的要求，以及这些工种的相互联系和制约。设计人员必须贯彻执行建筑方针和政策，正确掌握建筑标准，重视调查研究和群众路线的工作方法。建筑设计还和城市建设、建筑施工、材料供应以及环境保护等部门的关系极为密切。

2) 设计程序

建筑设计工作在设计招投标后开始，主要分为初步设计、技术设计和施工图设计三个阶段。

(1)初步设计阶段

初步设计是建筑设计的第一阶段,它的主要任务是提出设计方案,即在已定的基地范围内,按照设计任务书所拟的房屋使用要求,综合考虑技术经济条件和建筑艺术方面的要求,提出设计方案。

(2)技术设计阶段

技术设计是建筑设计三阶段的中间阶段。它的主要任务是在初步设计的基础上,进一步确定房屋各工种和工种之间的技术问题。

(3)施工图设计阶段

施工图设计是建筑设计的最后阶段。它的主要任务是满足施工要求,即在初步设计或技术设计的基础上,综合建筑、结构、设备各工种,相互交底、核实核对,深入了解材料供应、施工技术、设备等条件,把满足工程施工的各项具体要求反映在图纸中,做到整套图纸齐全统一,明确无误。

0.4.3 建筑设计的要求及设计依据

1)建筑设计的要求

(1)满足建筑功能要求

为人们生产和生活创造良好的环境,是建筑设计的首要任务。

(2)采用合理的技术措施

正确选用建筑材料,根据建筑空间组合的特点,选择合理的结构、施工方案,使房屋坚固耐久、建造方便。

(3)考虑建筑美观要求

建筑是凝固的音乐,建筑设计应该做到既有鲜明的个性特征、满足人们良好的视觉效果的需要,同时又是整个城市空间和谐乐章中的有机部分。历史上创造的具有时代印记和特色的各种建筑形象,往往是一个国家、一个民族文化传统宝库中的重要组成部分。

(4)具有良好的经济效果

建造房屋是一个复杂的物质生产过程,需要大量人力、物力和财力,在房屋的设计和建造中,要因地制宜、就地取材,尽量节省劳动力,节约建筑材料和资金。

(5)符合总体规划要求

建筑物的设计,还要充分考虑和周围环境的关系,例如原有建筑的状况、道路的走向、基地面积大小以及绿化等方面和拟建建筑物的关系等。

2)建筑设计依据

(1)使用功能

①人体尺度和人体活动所需的空间尺度。建筑物中家具、设备的尺寸,踏步、窗台、栏杆的高度,门洞、走廊、楼梯的宽度和高度,以致各类房间的高度和面积大小,都和人体尺度以及人体活动所需的空间尺度直接或间接有关,因此,人体尺度和人体活动所需的空间尺度,是确定建筑空间的基本依据之一。

②家具、设备的尺寸和使用它们的必要空间。家具、设备的尺寸,以及人们在使用家具

和设备时，在它们近旁必要的活动空间，是考虑房间内部使用面积的重要依据。

(2)自然条件

①气象条件。建设地区的温度、湿度、日照、雨雪、风向、风速等气候条件是建筑设计的重要依据。例如:湿热地区，房屋设计要很好考虑隔热、通风和遮阳等问题;干冷地区，通常又希望把房屋的体型尽可能设计得紧凑一些，以减少外围护面的散热，有利于室内采暖、保温。

②地形、地质条件和地震烈度。基地地形的平缓或起伏、地质构成、土壤特性和地耐力的大小，对建筑物的平面组合、结构布置和建筑体型都有明显的影响。地震烈度表示地面及房屋建筑遭受地震破坏的程度。

③水文条件。水文条件是指地下水位的高低及地下水的性质，直接影响到建筑物的基础及地下室。

(3)地震区的房屋设计考虑因素

①选择对抗震有利的场地和地基。例如，应选择地势平坦、较为开阔的场地，避免在陡坡、深沟、峡谷地带，以及处于断层上下的地段建造房屋。

②房屋设计的体型，应尽可能规整、简洁，避免在建筑平面及体型上的凹凸。例如住宅设计中，地震区应避免采用突出的楼梯间和凹阳台等。

③采取必要的加强房屋整体性的构造措施，不做或少做地震时容易倒塌域脱落的建筑附属物，如女儿墙、附加的花饰等需作加固处理。

④从材料选用和构造做法上尽可能减轻建筑物的自重，特别需要减轻屋顶和围护墙的重量。

(4)技术要求

设计标准化是实现建筑工业化的前提。只有做到设计标准化，构件定型化，使构配件规格、类型少，才有利于大规模采用工厂生产及施工的机械化，从而提高建筑工业化的水平。为此，建筑设计应采用国家规定的《建筑模数协调标准》。

除此之外，建筑设计应遵照国家指定的标准、规范以及各地或国家各部委颁发的标准执行，如《建筑设计防火规范》《建筑采光设计标准》《住宅设计规范》等。

本章小结

1.建筑通常认为是建筑物和构筑物的总称。建筑物又统称为“建筑”。一般是将供人们生活居住、工作学习、娱乐和从事生产的建筑称为建筑物;不直接供人使用的建筑称为构筑物。建筑具有实用性和艺术性两重属性，既是物质产品又是精神产品。

2.21 世纪建筑业的发展与环境、城市、科学技术、文化艺术密切相关。

3.建筑节能已经成为世界性大潮流，同时也是客观的社会需要。

4.建筑功能、建筑技术和建筑形象是建筑的三个基本要素，三者之间是辩证统一的。我国的建筑方针是适用、安全、经济、美观。

5.广义的建筑设计是指设计一个建筑物或建筑群所做的全部工作，包括建筑设计、结构设计、设备设计。以上各项工作是一个整体，彼此分工而又密切配合，通常建筑设计先行，常常处于主导地位。

6.设计工作必须按照一定的程序进行。为此，设计工作的全过程包括收集资料、制订初步方案、初步设计、技术设计、施工图设计等几个阶段，其划分视工程的难易而定。

7.建筑设计是一项综合性工作，是建筑功能、工程技术和建筑艺术相结合的产物。因此，从实际出发、有科学的依据是做好建筑设计的关键。这些依据通常包括：人体尺度和人体活动所需的空间尺度；家具、设备的尺寸和使用它们的必要空间；气象条件、地形、地质、地震烈度及水文；建筑模数协调标准及国家制定的其他规范及标准等。

复习思考题

1.建筑的含义是什么？什么是建筑物和构筑物？

2.构成建筑的三要素是什么？如何正确认识三者的关系？

3.适用、安全、经济、美观的建筑方针所包含的具体内容是什么？

4.建筑节能的意义是什么？

5.建筑设计的主要依据是什么？

第 1 章

制图的基本知识

本章导读

• **基本要求**　熟悉制图常用工具、仪器的使用方法及《房屋建筑制图统一标准》(GB/T 50001—2017)的基本内容;通过学习使学生理解并遵循国家制图标准的有关规定,掌握制图工具的性能要求和使用方法,初步掌握建筑制图的基本技能。

• **重点**　图幅、图线、字体、比例、尺寸标注等的要求,常用几何作图的方法。

• **难点**　图线、字体、尺寸标注的要求,圆弧连接。

1.1　制图的基本规定

图纸是工程领域的技术语言,它既是工程设计意图的重要表现方式,也是建筑施工的重要依据。为了统一房屋建筑制图规则,保证制图质量,提高制图效果,做到图面清晰、简明、便于技术交流,满足设计、施工、存档等的要求,以适应工程建设的需要,国家制定了全国统一的建筑工程制图标准。其中《房屋建筑制图统一标准》(GB/T 50001—2017)是建筑工程制图的基本规定,是各个专业制图的通用部分。除此之外,还有《总图制图标准》(GB/T 50103—2010)、《建筑制图标准》(GB/T 50104—2010)、《建筑结构制图标准》(GB/T 50105—2010)、《建筑给水排水制图标准》(GB/T 50106—2010)和《暖通空调制图标准》(GB/T 50114—2010)》等专业的制图标准。在具体应用过程中,《房屋建筑制图统一标准》还必须与各专业制图标准配合使用。

本节主要介绍《房屋建筑制图统一标准》的相关知识,内容包括图幅、比例、图线、字体、尺寸标注等。

1.1.1 图纸幅面

图纸的幅面是指图纸本身的大小规格。图框是指图纸上所供绘图的范围边线。图纸幅面的基本尺寸规定有 5 种,其代号分别为 A0,A1,A2,A3 和 A4。各号图纸幅面尺寸和图框形式、图框尺寸都有明显规定,具体规定如表 1.1 所示。

表 1.1　图框及图框尺寸　　单位:mm

幅面代号 尺寸代号	A0	A1	A2	A3	A4
$b \times l$	841×1 189	594×841	420×594	297×420	210×297
c	10			5	
a	25				

注:表中 b 为幅面短边尺寸,l 为幅面长边尺寸,c 为图框线与幅面线间宽度,a 为图框线与装订边间宽度。

长边作为水平边使用的图幅称为横式图幅,短边作为水平边使用的图幅称为立式图幅。A0~A3 可横式或立式使用,A4 只能立式使用。

图纸的短边一般不应加长,长边可加长,但应符合表 1.2 的规定。

表 1.2　图纸长边加长尺寸表　　单位:mm

幅面代号	长边尺寸	长边加长后的尺寸
A0	1189	1486(A0+$\frac{1}{4}l$)　1783(A0+$\frac{1}{2}l$)　2080(A0+$\frac{3}{4}l$)　2378(A0+l)
A1	841	1051(A1+$\frac{1}{4}l$)　1261(A1+$\frac{1}{2}l$)　1471(A1+$\frac{3}{4}l$)　1682(A1+l) 1892(A1+$\frac{5}{4}l$)　2102(A1+$\frac{3}{2}l$)
A2	594	743(A2+$\frac{1}{4}l$)　891(A2+$\frac{1}{2}l$)　1041(A2+$\frac{3}{4}l$)　1189(A2+l) 1338(A2+$\frac{5}{4}l$)　1486(A2+$\frac{3}{2}l$)　1635(A2+$\frac{7}{4}l$)　1783(A2+$2l$) 1932(A2+$\frac{9}{4}l$)　2080(A2+$\frac{5}{2}l$)
A3	420	630(A3+$\frac{1}{2}l$)　841(A3+l)　1051(A3+$\frac{3}{2}l$)　1261(A3+$2l$) 1471(A3+$\frac{5}{2}l$)　1682(A3+$3l$)　1892(A3+$\frac{7}{2}l$)

注:有特殊需要的图纸,可采用 $b \times l$ 为 841 mm×891 mm 与 1189 mm×1261 mm 的幅面。

1.1.2 标题栏与会签栏

每张图纸都应有工程名称,图名,图纸编号,设计单位,制图人、校对人、审定人的签字等栏目,把它们集中列成表格形式就是图纸的标题栏,简称图标,其位置在图框的右下角。

横式使用的图纸,可按图 1.1 的形式布置。立式使用的图纸,可按图 1.2、图 1.3 的形式布置。

标题栏应根据工程需要确定其尺寸、格式及分区,如图 1.4 所示。签字区应包含实名列和签名列。涉外工程的标题栏内,各项主要内容的下方应附有译文,设计单位的上方或左方,应加“中华人民共和国”字样。

学生制图作业用标题栏,可选用如图 1.5 所示格式。

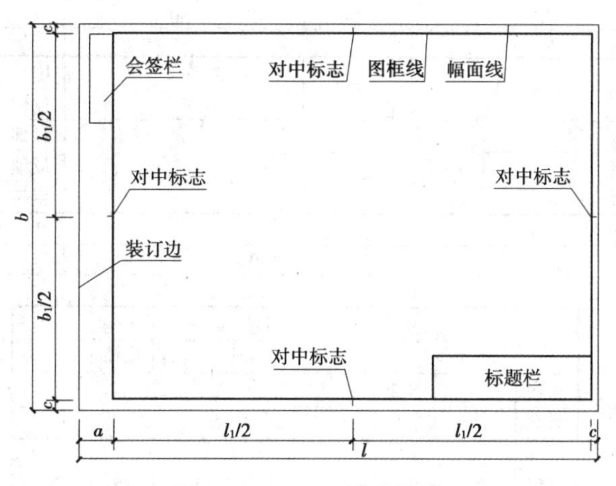

图 1.1　A0~A1 横式幅面

对中标志应画在图纸内框各边长的中点处，线宽应为 0.35 mm，并应伸入内框边，在框外应为 5 mm。对中标志的线段，应于图框长边尺寸 l_1 和图框短边尺寸 b_1 范围取中。

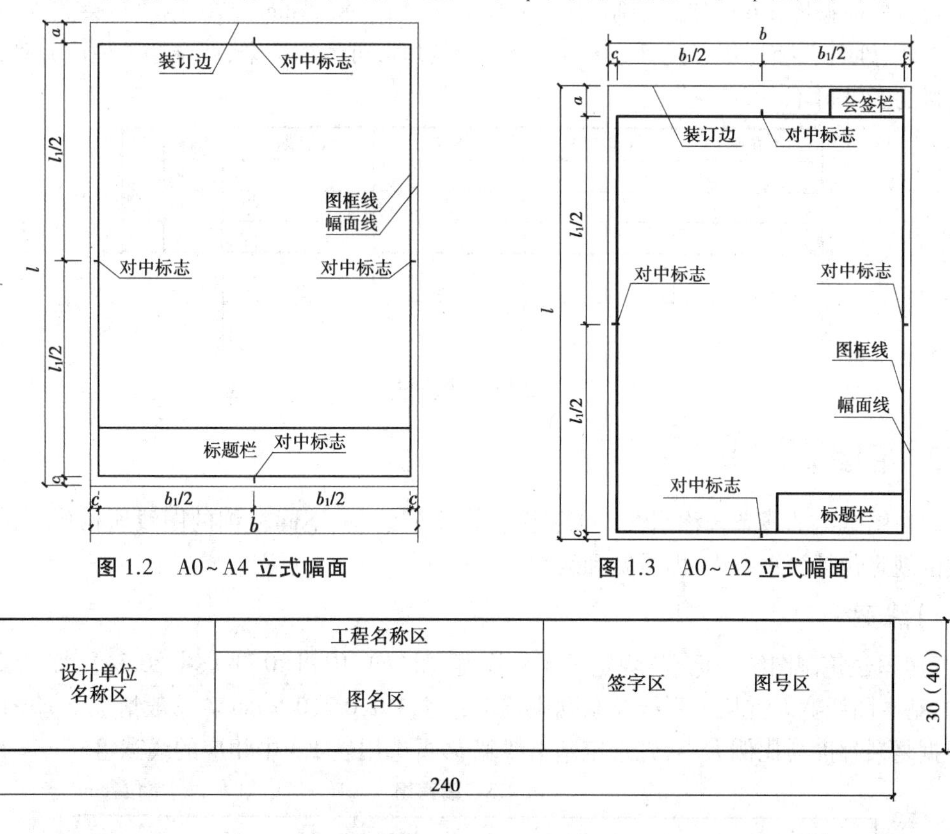

图 1.2　A0~A4 立式幅面　　　　图 1.3　A0~A2 立式幅面

设计单位名称区	工程名称区	签字区	图号区
	图名区		

240 × 30（40）

设计单位名称区		
签字区	工程名称区	图号区
	图名区	

200 × 30（40）

图 1.4　标题栏

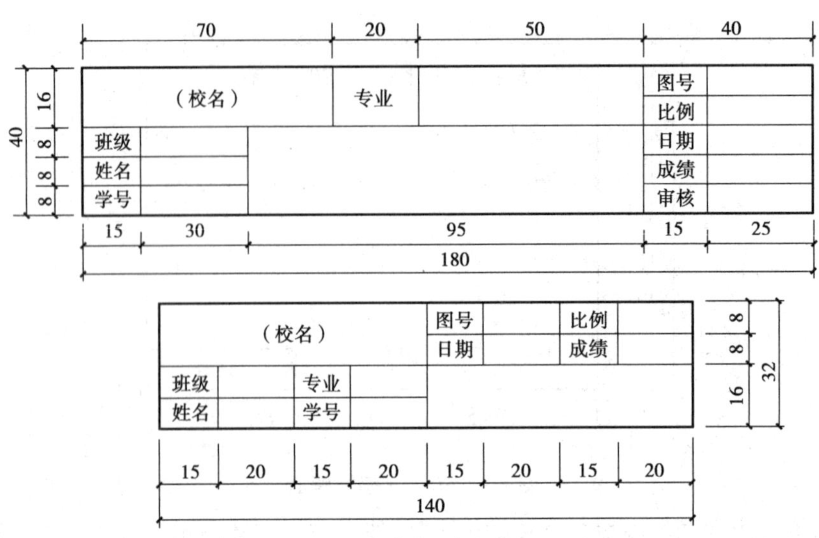

图 1.5　学生用标题栏

会签栏应按图 1.6 的格式绘制，其尺寸应为 100 mm×20 mm，栏内应填写会签人员所代表的专业、姓名、日期（年、月、日）；一个会签栏不够时，可另加一个，两个会签栏应并列；不需会签栏的图纸可不设会签栏。

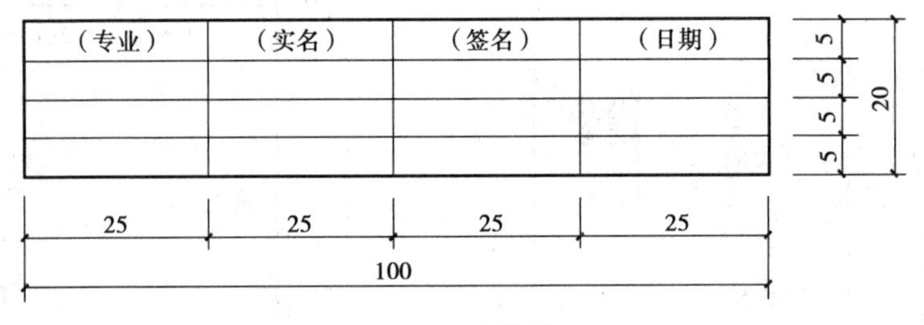

图 1.6　会签栏

1.1.3　图线

画在图纸上的线条统称图线。工程图是由不同线型、不同粗细的图线所构成。国标对图线的规定包括两个方面，即线宽和线型。

1）线宽

《房屋建筑制图统一标准》规定了 4 种线宽：粗（b）、中粗（0.7b）、中（0.5b）、细（0.25b）。其中，基本图线宽 b 宜从下列线宽系列中选取：1.4，1.0，0.7，0.5 mm。一般情况下，每个图样应根据复杂程度与比例大小，先选定基本线宽 b，再选用表 1.3 中相应的线宽组。

表 1.3　线宽组　　单位：mm

线宽比	线宽组			
b	1.4	1.0	0.7	0.5
0.7b	1.0	0.7	0.5	0.35
0.5b	0.7	0.5	0.35	0.25

续表

线宽比	线宽组			
0.25*b*	0.35	0.25	0.18	0.13

注:①需要微缩的图纸,不宜采用0.18及更细的线宽。

②同一张图纸内,各不同线宽中的细线,可统一采用较细的线宽组的细线。

图纸的图框和标题栏线,可采用如表1.4所示的线宽。

表1.4　图框线、标题栏线的宽度　　单位:mm

幅面代号	图框线	标题栏外框线	标题栏分格线、会签栏线
A0,A1	*b*	0.5*b*	0.25*b*
A2,A3,A4	*b*	0.7*b*	0.35*b*

2)线型

线型有实线、虚线、单点长画线、双点长画线、折断线和波浪线等,各种线型的规定及其一般用途如表1.5所示。

表1.5　图线

名称		线型	线宽	一般用途
实线	粗		*b*	主要可见轮廓线
	中粗		0.7*b*	可见轮廓线
	中		0.5*b*	可见轮廓线、尺寸线、变更云线
	细		0.25*b*	图例填充线、家具线
虚线	粗		*b*	见各有关专业制图标准
	中粗		0.7*b*	不可见轮廓线
	中		0.5*b*	不可见轮廓线、图例线
	细		0.25*b*	图例填充线、家具线
单点长画线	粗		*b*	见各有关专业制图标准
	中		0.5*b*	见各有关专业制图标准
	细		0.25*b*	中心线、对称线、轴线等
双点长画线	粗		*b*	见各有关专业制图标准
	中		0.5*b*	见各有关专业制图标准
	细		0.25*b*	假想轮廓线、成型前原始轮廓线
折断线	细		0.25*b*	断开界线
波浪线	细		0.25*b*	断开界线

注:地平线宽可用1.4*b*。

3)图线的画法要求(图 1.7)

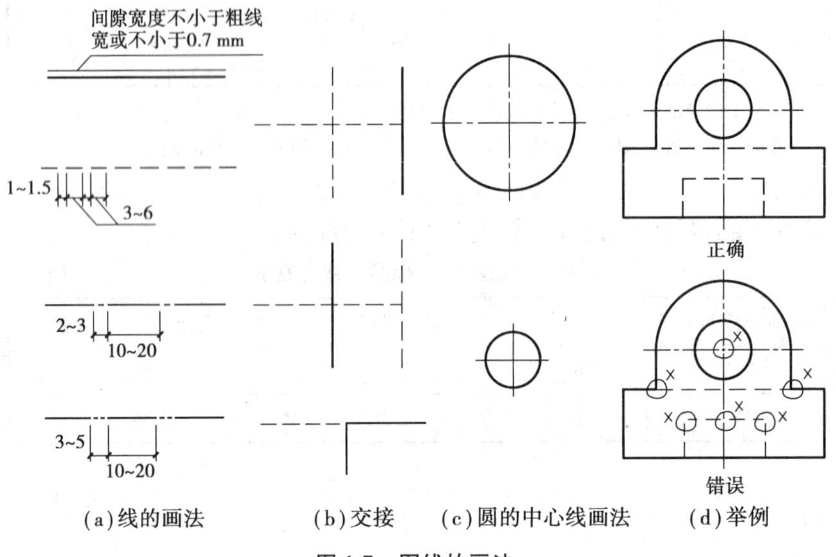

(a)线的画法 (b)交接 (c)圆的中心线画法 (d)举例

图 1.7 图线的画法

①相互平行的图线,其净间隙或线中间隙不宜小于 0.2 mm。

②虚线、单点长画线、双点长画线的线段长度和间隔宜各自相等。一般虚线线段长度为 3~6 mm,间距约 1 mm;单点长画线的线段长度为 10~20 mm,间距(包括其中的点)为 2~3 mm,双点长画线的线段长度为 10~20 mm,间距(包括其中的双点)为 3~5 mm。

③单点长画线或双点长画线,当在较小图形中绘制有困难时,可用实线代替。

④单点长画线或双点长画线的两端部不应是点。点画线与点画线交接或点画线与其他图线交接时,应是线段交接。

⑤虚线与虚线或虚线与其他线段相交时,应相交于线段处。虚线为实线的延长线时,不得与实线相连接,应留一间距。

⑥图线不得与文字、数字或符号重叠、混淆,不可避免时,应首先保证文字等的清晰。

1.1.4 字体

工程图上除了图线及其他必要的建筑符号外,还需要用文字及数字加以注释和说明,图纸上书写的文字、数字或符号等,均应笔画清晰、字体端正、排列整齐,标点符号应清楚正确。

图纸中字体的大小应按图样的大小、比例等具体情况来定,但应从规定的字高系列中选用。字高系列有:3.5,5,7,10,14,20 mm。字高也称为字号,如 5 号字的字高为 5 mm。字高大于 10 mm 的文字宜采用 True type 字体。如需书写更大的字,其高度应按$\sqrt{2}$的比值递增。

图纸上的字体包括汉字、字母和数字,示例可参见《技术制图 字体》(GB/T 14691—1993)。

1)汉字

图样及说明中的汉字,宜优先采用 True type 字体中的宋体字型,采用矢量字体时应为长仿宋体字型。同一图纸字体种类不应超过两种。矢量字体的宽高比宜为 0.7,且应符合表 1.6的规定。True type 字体宽高比宜为 1。大标题、图册封面、地形图等的汉字,也可书写成其他字体，但应易于辨认，其宽高比宜为1。汉字的简化字书写应符合国家有关汉字简化方案的规定。

长仿宋字的高分20,14,10,7,5,3.5,2.5 mm 7种字号，一般应不小于3.5 mm。长仿宋字的高宽比为1∶0.7。宽度和高度的关系应符合表1.6的规定。

表1.6　长仿宋体字高与宽关系表　　单位：mm

字　高	20	14	10	7	5	3.5
字　宽	14	10	7	5	3.5	2.5

长仿宋字体的示例如图1.8所示。

图1.8　长仿宋字示例

长仿宋体字的书写要领是：横平竖直、起落分明、布局均匀、笔锋满格。

①横平竖直。横笔基本要平，可顺运笔方向稍微向上倾斜2°~5°。

②起落分明。横、竖的起笔和收笔，撇、钩的起笔，钩折的转角等，都要顿一下笔，形成小三角和出现字肩。几种基本笔画的写法如表1.7所示。

表1.7　长仿宋体字基本笔画

名　称	横	竖	撇	捺	挑	点	钩
形状	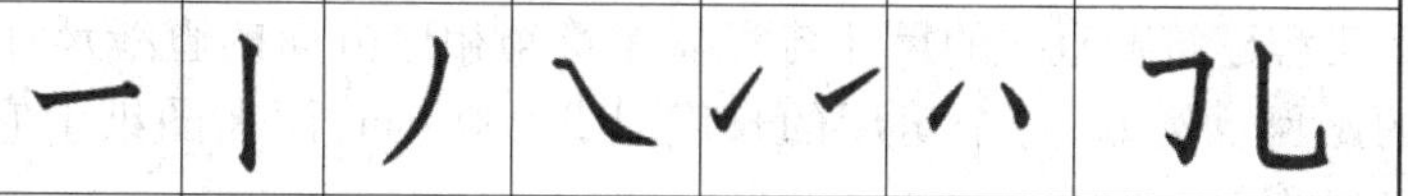						
笔法	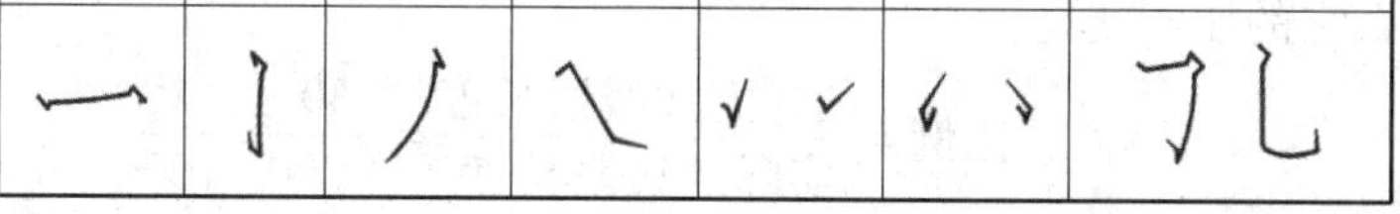						

③布局均匀。笔画布局要均匀，字体构架要中正疏朗、疏密有致，如图1.9所示。

平 面 基 土 木　术 审 市 正 水　直 垂 四 非 里

柜 轴 孔 抹 粉　棚 械 缝 混 凝　砂 以 设 纵 沉

图1.9　长仿宋字布局示例

④笔锋满格。上下左右笔锋要尽可能靠近字体，但也有例外，如日、口等字，都要比字格略小。

2) 数字和字母

图样及说明中的字母、数字,宜优先采用 True type 字体中的 Roman 字型,图纸中的阿拉伯数字、罗马数字、拉丁字母的字高应不小于 2.5 mm。夹在汉字中的阿拉伯数字、罗马数字、拉丁字母的字高宜比汉字字高小一号。

数字和字母有正体字或斜体字两种写法,但同一张图纸上必须统一。如需写成斜体字,其斜度应从字的底线逆时针向上倾斜 75°,其宽度和高度与相应的正体字相等。

数量的数值注写,应采用正体阿拉伯数字。各种计量单位凡前面有量值的,均应采用国家颁布的单位符号注写,单位符号应采用正体字母。分数、百分数、比例数的注写,应采用阿拉伯数字和数学符号,例如:四分之三、百分之二十、一比一百应分别写成 3/4、20%,1∶100。

阿拉伯数字、罗马数字和拉丁字母的书写格式有一般字体和窄体字两种,如图 1.10 所示。

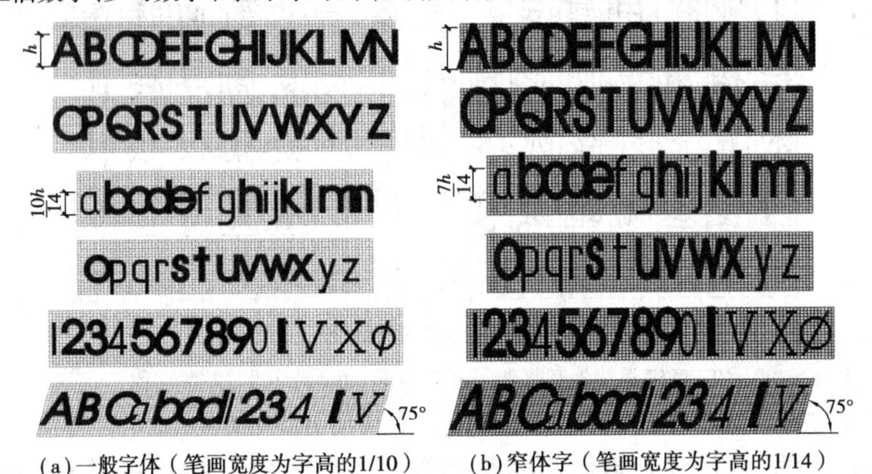

(a)一般字体(笔画宽度为字高的1/10)　(b)窄体字(笔画宽度为字高的1/14)

图 1.10　数字、字母的书写格式

1.1.5　比例

图样上工程建筑物直线的尺寸与实际建筑物相应方向的直线尺寸的比,就是工程图样上所应用的比例。例如,一个房屋的长度是 3 000 mm,而在图纸上它相应的长度只画出 30 mm,那么它的比例就是:

$$\text{比例}=\frac{\text{图样上的线段长度}}{\text{实际的线段长度}}=\frac{30}{3\ 000}=\frac{1}{100}$$

比例尺上的各种刻度,就是按上述方法标刻出来的。

绘图所用的比例,应根据图样的用途与被绘对象的复杂程度从表 1.8 选用,并优先用表中的常用比例。

表 1.8　绘图所用比例

常用比例	1∶1,1∶2,1∶5,1∶10,1∶20,1∶30,1∶50,1∶100,1∶150,1∶200,1∶500,1∶1 000,1∶2 000
可用比例	1∶3,1∶4,1∶6,1∶15,1∶25,1∶40,1∶60,1∶80,1∶250,1∶300,1∶400,1∶600,1∶5 000,1∶10 000,1∶20 000,1∶50 000,1∶100 000,1∶200 000

比例宜注写在图名的右侧,字的基准线应取平,比例的字高宜比图名字高小一号或两号。

1.1.6 尺寸标注

图纸上除了画出建筑物及其各部分的形状外,还必须准确、详尽、清晰地标注尺寸,以确定其大小,作为施工时的依据。

标注尺寸的要求是:

- 正确:即标注方式符合国标规定。
- 完整:即尺寸必须齐全。不在同一张图纸上但相同部位的尺寸应一致。
- 清晰:即注写的部位要恰当、明显、排列有序。

1)线段的尺寸标注

标注线段尺寸包括四要素——尺寸线、尺寸界线、尺寸起止符号、尺寸数字,如图 1.11 所示。

(1)尺寸线

尺寸线应用细实线绘制,应与被注长度平行,图样本身的任何图线均不得用作尺寸线。

互相平行的尺寸线,应从被注写的图样轮廓线由近向远整齐排列,较小尺寸应离轮廓线较近,较大尺寸应离轮廓线较远。图样轮廓线以外的尺寸线,距图样最外轮廓之间的距离,不宜小于 10 mm。平行排列的尺寸线的间距,宜为 7~10 mm,并应保持一致。

(2)尺寸界线

尺寸界线应用细实线绘制,一般应与被注长度垂直,其一端应离开图样轮廓线不小于 2 mm,另一端宜超出尺寸线 2~3 mm。图样轮廓线可用作尺寸界线,如图 1.12 所示。

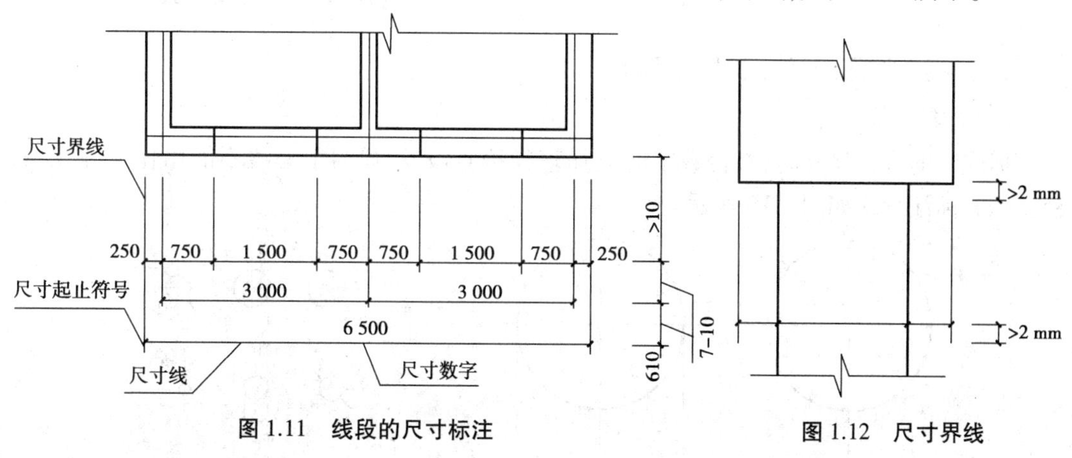

图 1.11 线段的尺寸标注

图 1.12 尺寸界线

(3)尺寸起止符号

尺寸起止符号一般用中粗斜短线绘制,其倾斜方向应与尺寸界线顺时针旋转 45°角,长度宜为 2~3 mm。

半径、直径、角度与弧长的尺寸起止符号,宜用箭头表示,如图 1.13 所示。

(4)尺寸数字

尺寸数字一律用阿拉伯数字书写,长度单位规定为毫米(即 mm,省略不写)。尺寸数值

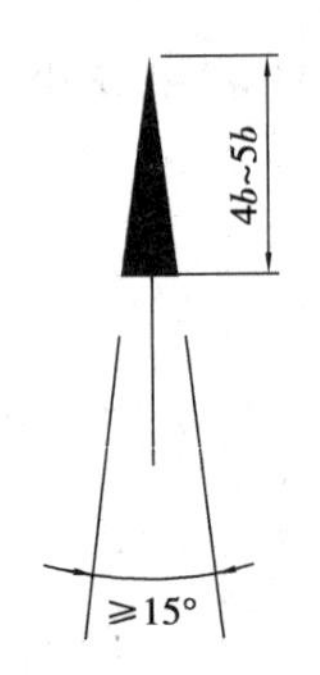

图 1.13 箭头尺寸起止符

是物体的实际数值，与画图比例无关。尺寸数字注写原则：

①水平方向的尺寸数字，宜注写在尺寸线上方中部，数字头朝上。

②垂直方向的尺寸数字，宜注写在尺寸线左方中部，数字头朝左。

③非水平、非垂直方向的尺寸数字，接近于水平方向按水平方向的尺寸数字注写，接近于垂直方向按垂直方向的尺寸数字注写。

④尺寸数字在如图 1.14(a) 中所示 30°阴影线范围内，按图 1.14(b) 形式注写。

尺寸数字如没有足够的注写位置，最外边的尺寸数字可注写在尺寸界线的外侧，中间相邻的尺寸数字可错开注写，如图 1.15 所示。

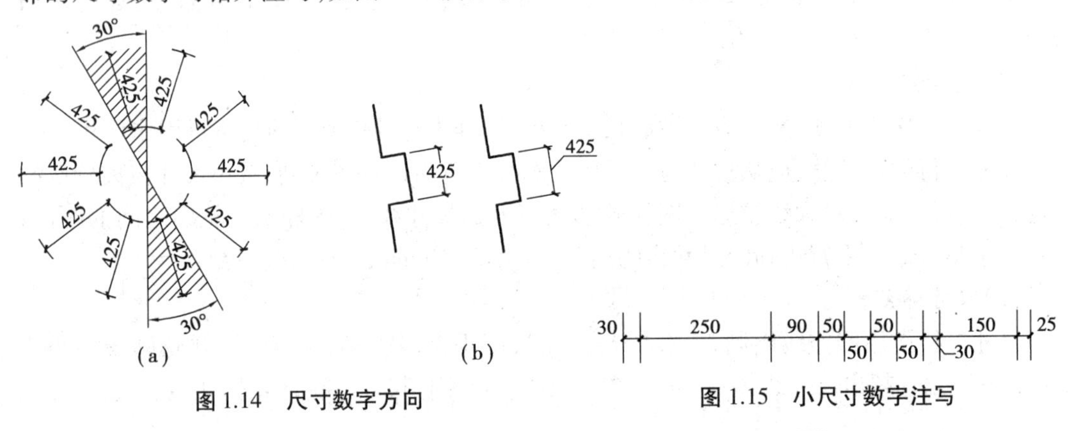

图 1.14 尺寸数字方向

图 1.15 小尺寸数字注写

2) 直径、半径、球体尺寸的标注

(1) 直径尺寸

标注圆的直径尺寸时，直径数字前应加直径符号“ϕ”，圆的中心线不能用作尺寸线，各种直径的标注形式如图 1.16 所示。

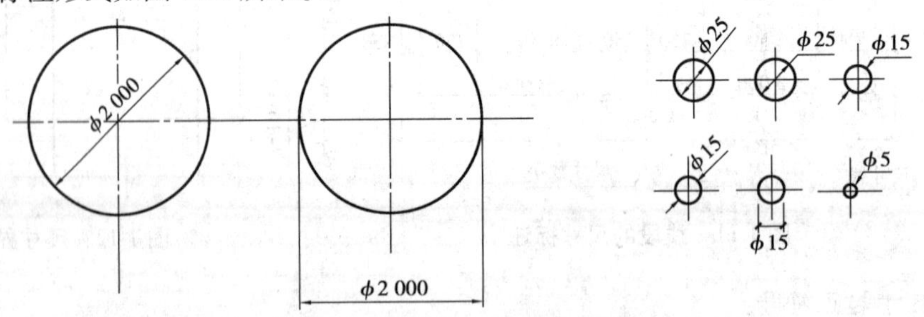

图 1.16 直径的标注方法

(2) 半径尺寸

一般情况下，对于半圆或小于半圆的圆弧应标注其半径。半径的尺寸线应一端从圆心开始，另一端画箭头指向圆弧。半径数字前应加注半径符号“R”。

较小圆弧的半径，可按图 1.17 标注。较大圆弧的半径，可按图 1.18 标注。

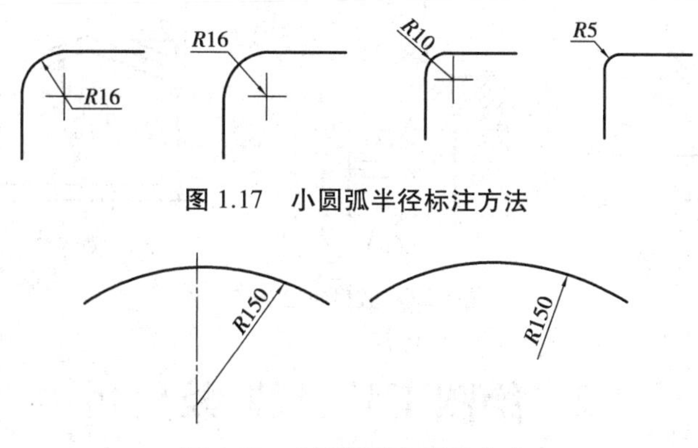

图 1.17 小圆弧半径标注方法

图 1.18 大圆弧半径标注方法

(3)球体尺寸

标注球的半径尺寸时,应在尺寸前加注符号“*SR*”。标注球的直径尺寸时,应在尺寸数字前加注符号“*S*ϕ”。注写方法与圆弧半径和圆直径的尺寸标注方法相同。

3)弧长、弦长、角度的尺寸标注

(1)弧长尺寸

标注圆弧的弧长时,尺寸线应以与该圆弧同心的圆弧线表示,尺寸界线应垂直于该圆弧的弦,起止符号用箭头表示,弧长数字上方应加注圆弧符号“⌒”,如图 1.19 所示。

(2)弦长尺寸

标注圆弧的弦长时,尺寸线应以平行于该弦的直线表示,尺寸界线应垂直于该弦,起止符号用中粗斜短线表示,如图 1.20 所示。

(3)角度尺寸

角度的尺寸线应以圆弧表示。该圆弧的圆心应是该角的顶点,角的两条边为尺寸界线。起止符号应以箭头表示,如没有足够位置画箭头,可用圆点代替,角度数字应按水平方向注写,如图 1.21 所示。

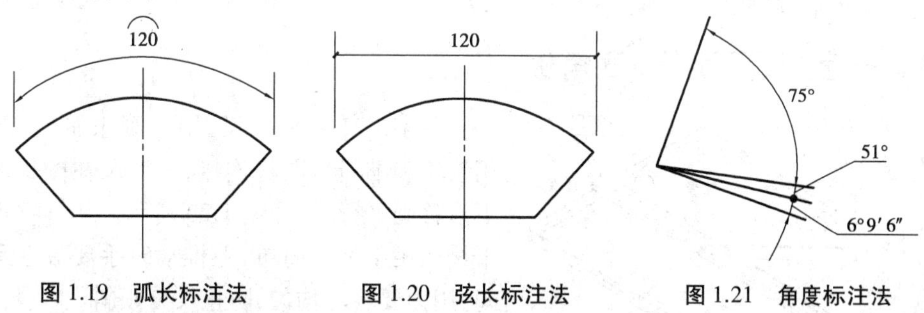

图 1.19 弧长标注法　图 1.20 弦长标注法　图 1.21 角度标注法

4)坡度的尺寸标注

标注坡度时,应加坡度符号“⟵”(单向箭头),箭头指向下坡方向,如图 1.22(a)、图 1.22(b)所示。

坡度也可用直角三角形形式标注,如图 1.22(c)所示。

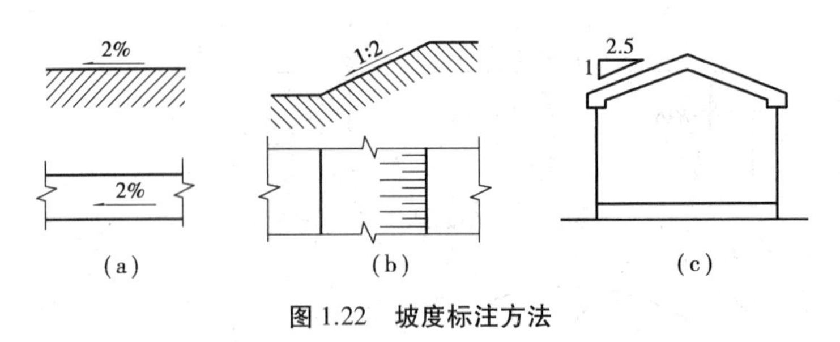

图 1.22　坡度标注方法

1.2　绘图工具、仪器及使用

学习建筑制图,必须要了解各种绘图工具和仪器的性能,熟练掌握它们的正确使用方法,并经常注意维护和保养,才能保证绘图质量,加快绘图速度。

1.2.1　图板

图板是放置图纸进行画图的工具。图板通常用胶合板制成,为防止翘曲,四周镶以硬木边条。板面要求光滑平整,软硬合适。图板的角边应垂直,两短边必须平直,这样才能确保线条平直,使用时要注意保护短边。

图板有几种规格,可根据需要选用,一般有 0 号图板(900 mm×1 200 mm)、1 号图板(600 mm×900 mm)、2 号图板(450 mm×600 mm)等。

1.2.2　图纸

图纸有绘图纸和描图纸两种。绘图纸用于画铅笔图或墨线图,要求纸面洁白、质地坚实,并以橡皮擦拭不起毛,画墨线不洇为好。

描图纸(也称硫酸纸)是专门用于墨线笔或绘图笔等描绘作图的,并以此复制蓝图,所以要求其透明度好、表面平整挺括。但这种纸易吸湿变形,故使用和保存时要注意防潮。

1.2.3　一字尺、丁字尺、三角板

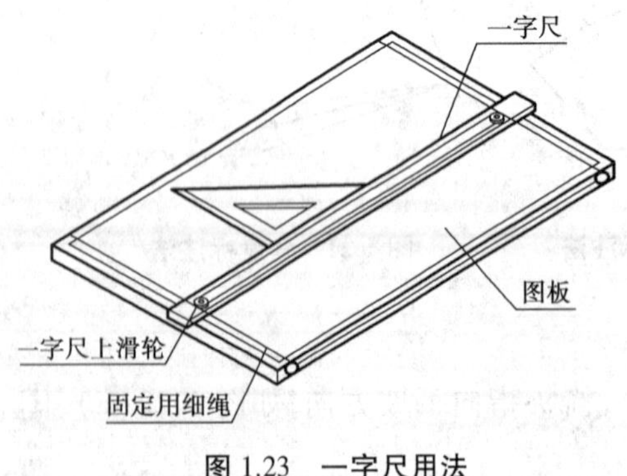

图 1.23　一字尺用法

一字尺又名平行尺,用于画水平线,但其需用滑轮和细绳与图板连接,一字尺在图板上可上下滑移画平行线,如图 1.23 所示。用一字尺画水平线比用丁字尺简单,但推动时手要放在尺的中间,用力要轻巧均匀,防止尺身倾斜。

丁字尺由相互垂直的尺头和尺身构成。尺身要牢固地连接在尺头上,尺身的工作边必须保持其平整光滑。切勿用小刀靠住工作边裁纸。丁字尺用完后要挂起来,防止尺身变形。

丁字尺用于画水平线,画线时用左手把住尺头,使它始终紧贴图板左边缘,然后上下推动到需要画线的位置,左手按住尺身,右手执笔从左向右画线,如图 1.24 所示。

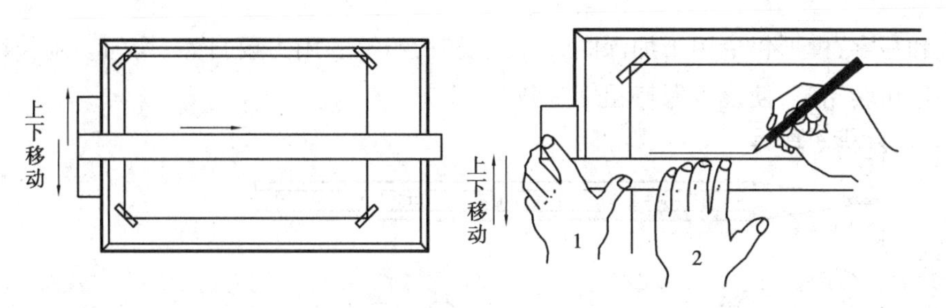

图 1.24　丁字尺用法

注意:不得把丁字尺头靠在图板的右边、下边或上边画线,也不得用丁字尺的非工作边画线。

三角板有 30°×60°×90°和 45°×45°×90°两块。三角板可配合丁字尺画铅直线,画线时先推丁字尺到线的下方,将三角板放在线的右方,并使它的一直角边靠贴在丁字尺的工作边上,然后移动三角板,直至另一直角边靠贴铅直线,再用左手按住丁字尺和三角板,右手持铅笔自下而上地画出铅直线;三角板也可配合画与水平线成 15°,30°,45°,60°,75°的斜线,这些斜线都应自左向右地画出,以保证自己的眼睛能看到画线的情况。

1.2.4　比例尺

比例尺是直接用来放大或缩小图形用的绘图工具,如图 1.25 所示。目前常用的类型有两种:一种是有六种不同比例的三棱比例尺;另一种是有机玻璃材质的有三种不同比例的比例直尺。三棱比例尺用于度量相应比例的尺寸,不能用于画线。

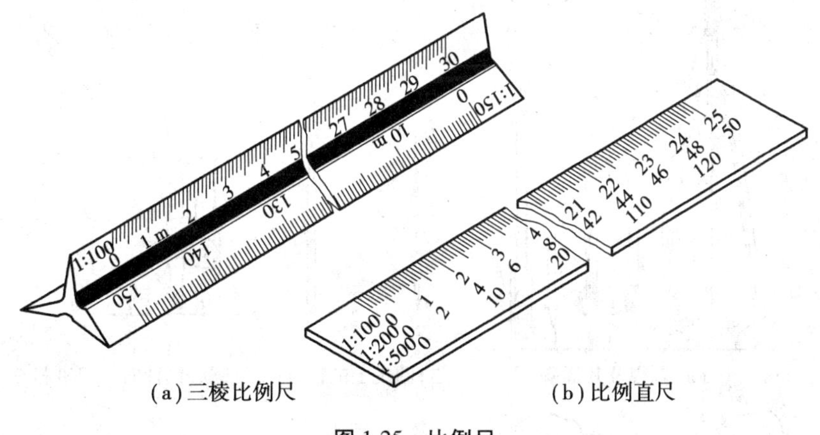

(a)三棱比例尺　　(b)比例直尺

图 1.25　比例尺

1.2.5　铅笔

绘图用铅笔种类很多,其型号以铅芯的软硬程度来区分。H 表示硬,B 表示软,H 或 B 前面的数字越大表示越硬或越软。制图时,用 2H 或 H 的打底,用 B 或 2B 的加深。HB 表示中等软硬铅笔,用于注写文字及加深图线等。

铅笔应从没有标记的一端开始使用,以利辨别软硬。铅笔要削成圆锥形,长 20~25 mm,铅芯露出 6~8 mm,用刀片或细砂纸消磨成尖锥或楔形,如图 1.26 所示。尖锥形铅笔用于打底和写字,楔形铅笔用于加深图线。画线时,铅笔的用力要自然、均匀。画长线时,要一边画一边扭转铅笔,使线条保持粗细一致。

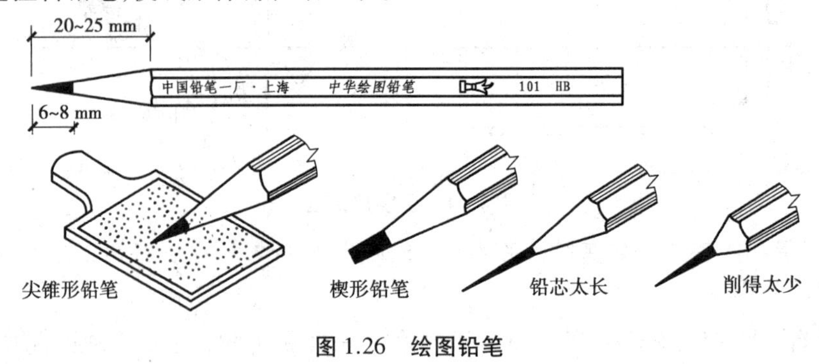

图 1.26 绘图铅笔

1.2.6 圆规、分规

圆规是画圆及圆弧的主要工具。在画圆或圆弧前,应将定圆心的钢针的台肩调整到与铅芯的端部平齐。当用铅芯画圆时,铅芯应伸出铅芯夹套 6~8 mm,并将铅芯磨成 75°的斜面。在用圆规画线时,应使圆规按顺时针转动,并略向画线方向倾斜。在画较大圆或圆弧时,应使圆规的针尖和笔尖垂直于纸面。圆规的组成及使用如图 1.27 所示。分规的形状与圆规相似,只是两腿均装有尖锥形钢针,既可用它量取线段的长度,又可用它等分线段或圆弧。

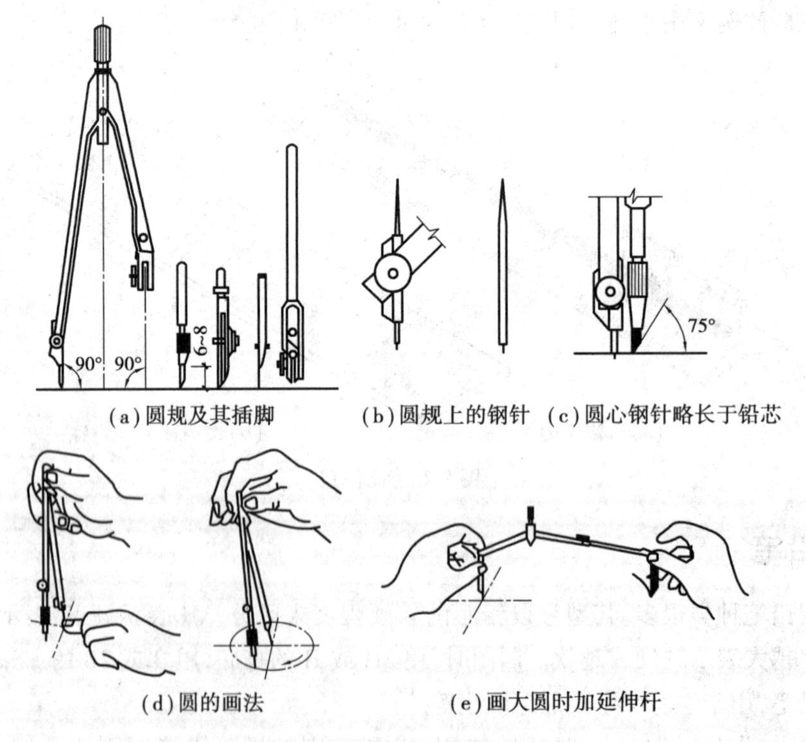

图 1.27 绘图圆规及其用法

1.2.7　其他制图用品

1）擦图片

擦图片是用于修改图线的，其材质多为不锈钢片，如图 1.28 所示。

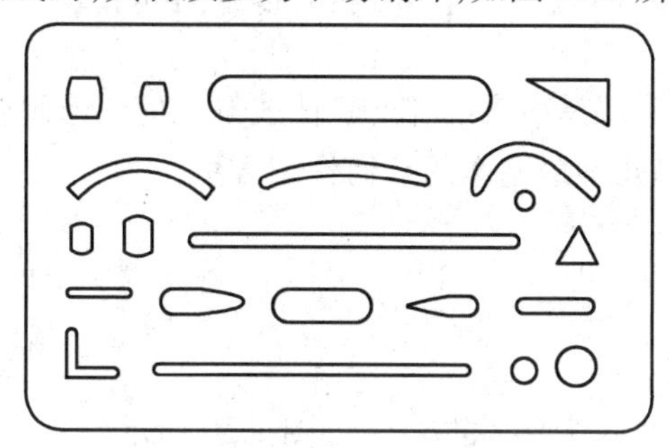

图 1.28　擦图片

2）制图模板

为提高制图的质量和速度，把图样上常用的各种建筑标准图例和常用符号等，刻画在有机玻璃或塑料材质的薄板上，作为模板使用，常用的有建筑模板（图 1.29）、数字模板等。

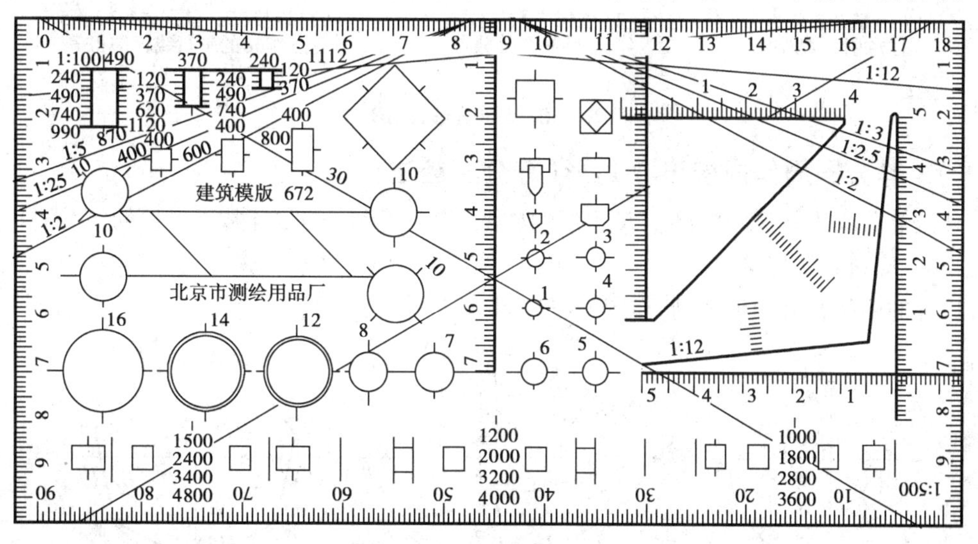

图 1.29　建筑模板

3）橡皮

软橡皮用来修整擦拭铅笔图线，硬橡皮用来擦拭墨线。

4）砂纸

砂纸是用于磨制铅笔的铅芯至所需形状的。

5）排刷

橡皮擦拭图纸后会产生许多橡皮屑，应及时用排刷清除干净。

6)透明胶带和削笔刀

透明胶带用来把图纸粘贴固定在图板上;削笔刀用来削绘图铅笔。

1.3 平面图形的画法

建筑工程施工图实际上都是由直线、圆弧、曲线等几何图形组合而成。为了正确地绘制和识读这些图纸,必须掌握几种最基本的几何作图方法。

1.3.1 等分作图

1)*N* 等分线段

把已知线段 *N* 等分(*N*=6 为例)的方法,如图 1.30 所示。

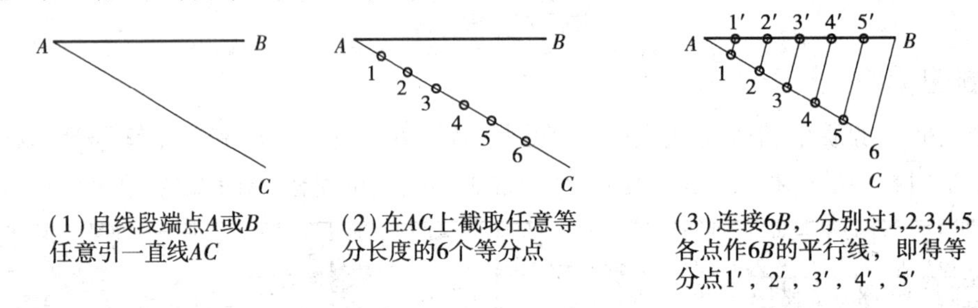

图 1.30 6 等分线段 *AB*

2)*N* 等分圆周作内接正 *N* 边形(等分直径法)

任意等分圆周并作圆内接正 *N* 边形的方法,为一近似作法,当求得边长的等分点时,会出现误差,应进行适当调整。

以圆的内接正七边形为例,作图方法如图 1.31 所示。

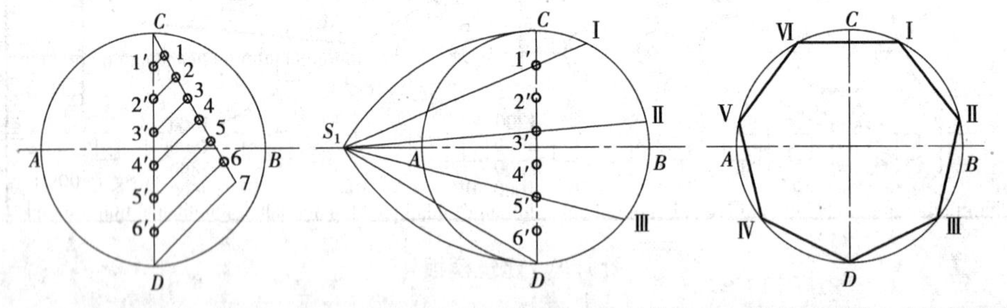

图 1.31 作圆的内接正七边形

1.3.2 椭圆的画法

1)同心圆法

用同心圆法作椭圆的方法和步骤如图 1.32 所示。

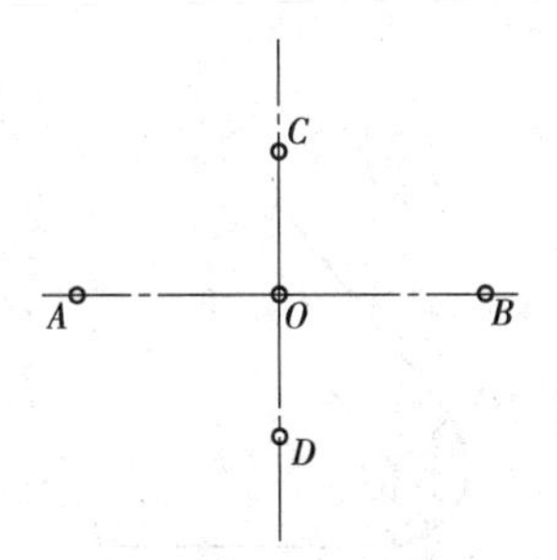

(1)已知椭圆的长轴AB和短轴CD

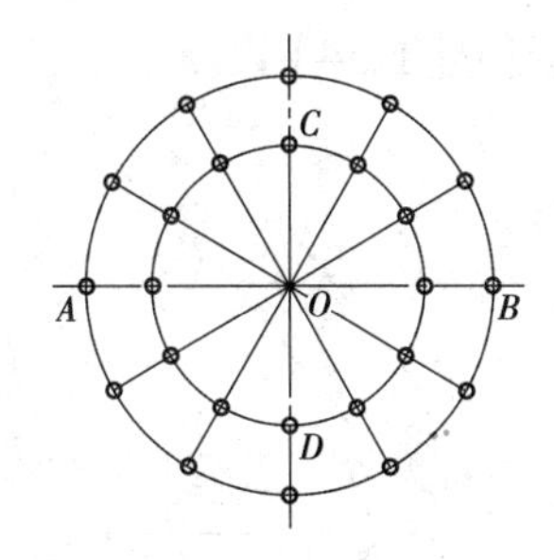

(2)以O为圆心，分别以AB和CD为直径，做两个同心圆，并等分两圆周围N等分（如12等分）

(3)从大圆各等分点做竖直线，与过小圆各对应等分点所作的水平线相交，得椭圆上各点，用曲线板连接起来，即为所求

图 1.32　同心圆作椭圆

2)四心圆法

用四心圆法作椭圆为近似方法,其方法和步骤如图 1.33 所示。

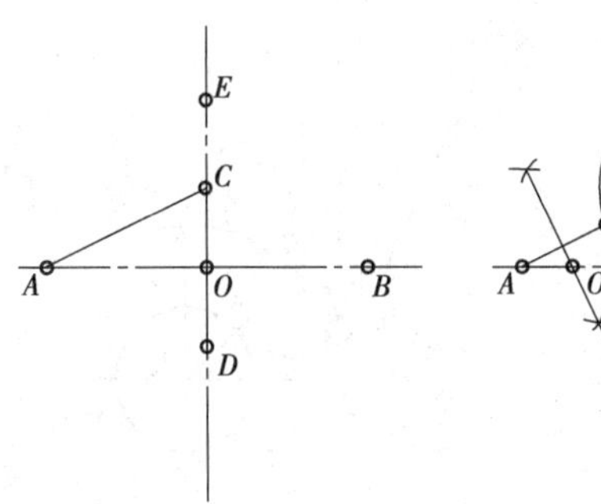

(1)已知椭圆的长轴AB和短轴CD，连接AC

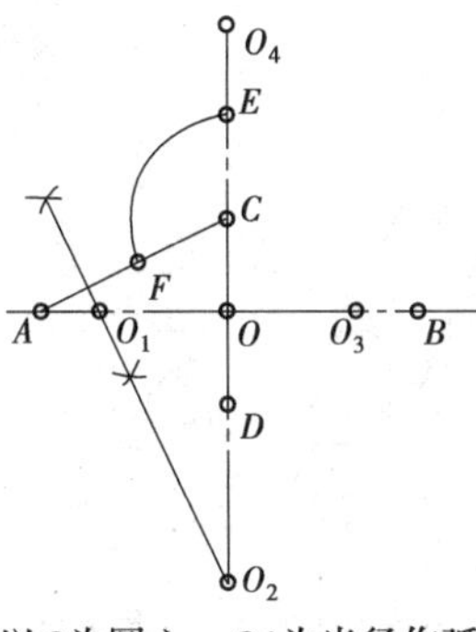

(2)以O为圆心，OA为半径作弧交OC的延长线上于点E，以C为圆心，EC长为半径作弧交AC于F点，作AF的垂直平分线，交长轴于O_1，短轴于O_2，对称作$OO_1=OO_2$，$OO_3=OO_4$，求得4个圆心

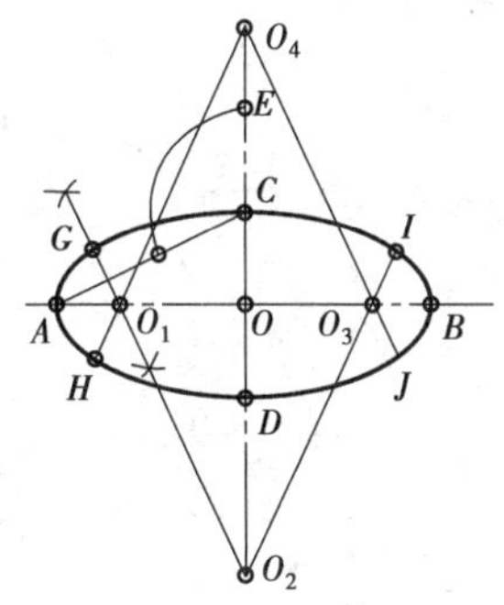

(3)分别以O_1，O_2，O_3，O_4为圆心，O_1A，O_2C，O_3B，O_4D为半径作弧，使各弧在O_1O_2，O_1O_4，O_2O_3，O_3O_4的延长线上的G，H，I，J4点处相切

图 1.33　四心圆法作椭圆

1.3.3　圆弧连接

圆弧连接,实质上就是用已知半径的弧连接两直线,或连接两圆弧,或连接一直线一圆弧。其作图原理是相切,作图的关键是要准确地求出连接弧的圆心和连接点(即切点)。下面介绍圆弧连接的几个基本作图方法。

1）直线与直线间的圆弧连接（图 1.34）

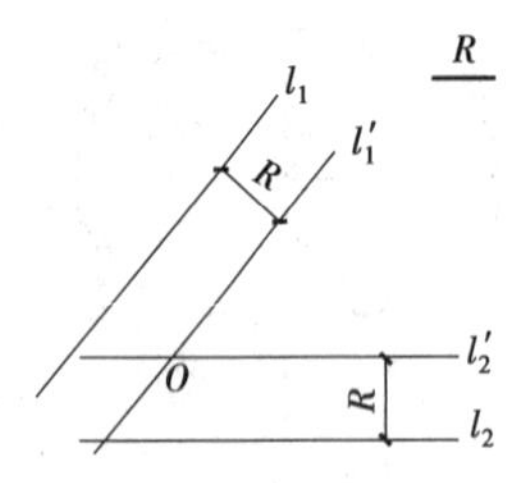

（1）作与已知角两边l_1，l_2分别相距为R的平行线l_1'，l_2'，交点O即为连接弧的圆心

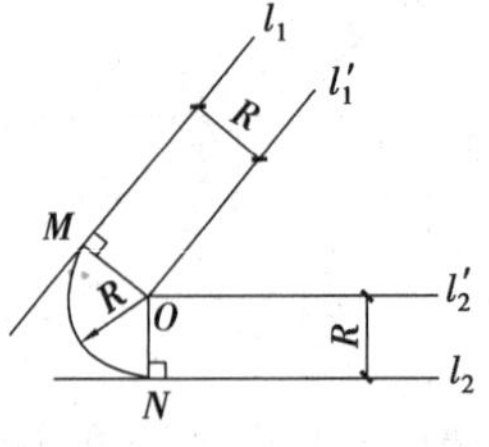

（2）自O点分别向已知角两边作垂线，垂足M，N即为切点。以O为圆心，R为半径在切点M，N之间连接圆弧即为所求

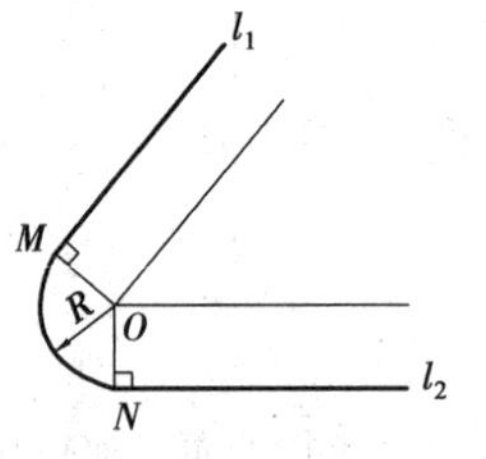

（3）加粗圆角及角边线

图 1.34　用半径为 R 的圆弧连接两直线

2）直线与圆弧间的圆弧连接

（1）外切（图 1.35）

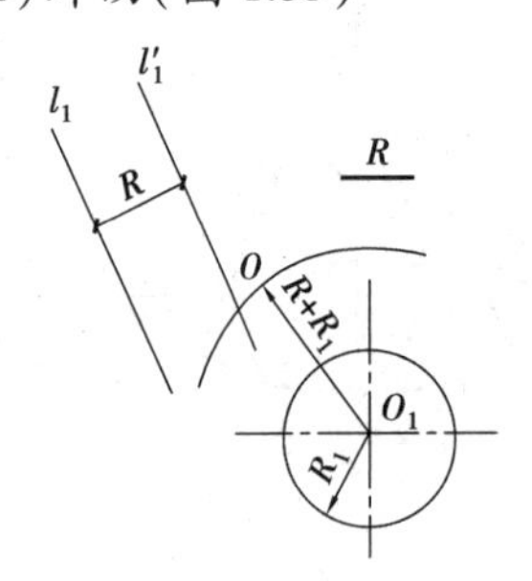

（1）作与已知直线l_1相距为R的平行线l_1'和以O_1为圆心，$R+R_1$为半径的圆弧交于O，O即为连接弧的圆心

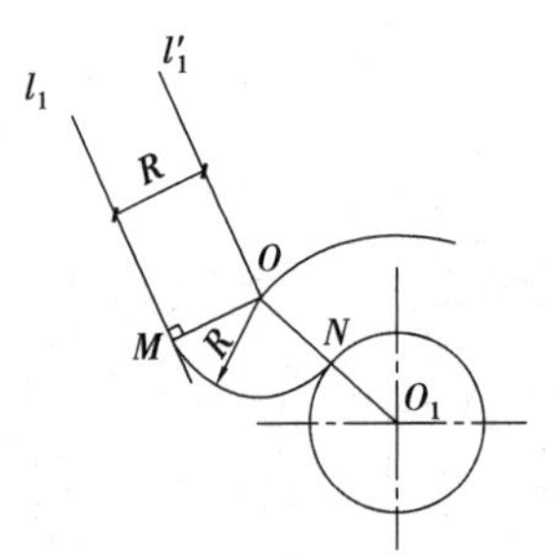

（2）过O作l_1的垂线，垂足为M，连OO_1交圆于N点，以O为圆心，R为半径，过M，N作弧，即为所求

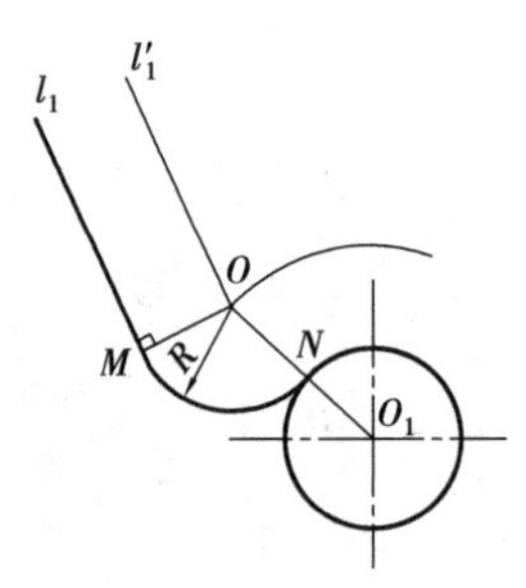

（3）加粗直线连接弧及圆

图 1.35　用半径为 R 的圆弧外接直线和圆弧

（2）内切（图 1.36）

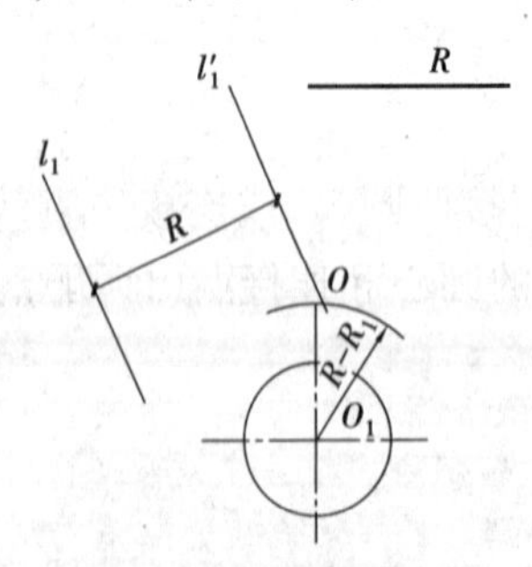

（1）作与已知直线l_1相距为R的平行线l_1'和以O_1为圆心，$R-R_1$为半径的圆弧交于O，O即为连接弧的圆心

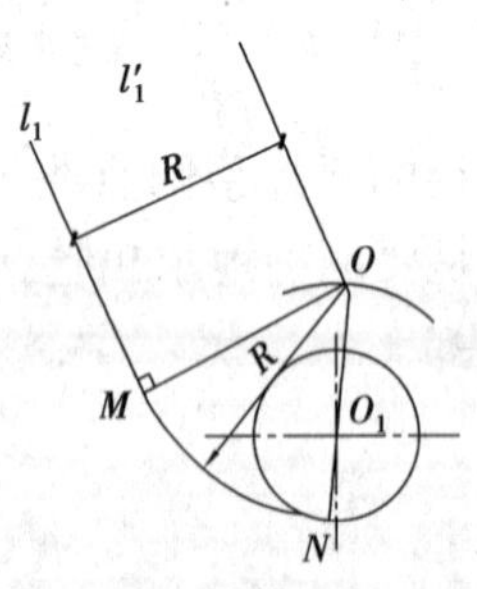

（2）过O作l_1的垂线，垂足为M，连OO_1并延长交圆于N点，以O为圆心，R为半径，过M，N作弧，即为所求

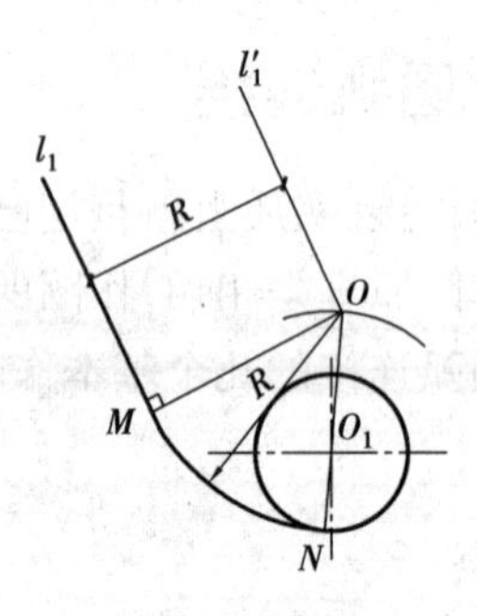

（3）加粗直线连接弧及圆

图 1.36　用半径为 R 的圆弧内接直线和圆弧

3) 圆弧与圆弧间连接

(1) 外切(图 1.37)

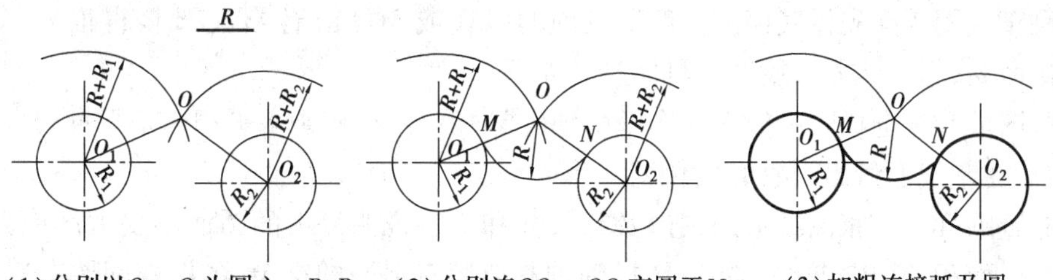

(1) 分别以O_1，O_2为圆心，$R+R_1$，$R+R_2$为半径作圆弧交于O，O即为连接弧的圆心

(2) 分别连OO_1，OO_2交圆于M，N两点，以O为圆心，R为半径，过M，N作弧，即为所求

(3) 加粗连接弧及圆

图 1.37　用半径为 R 的圆弧外接两圆弧

(2) 内切(图 1.38)

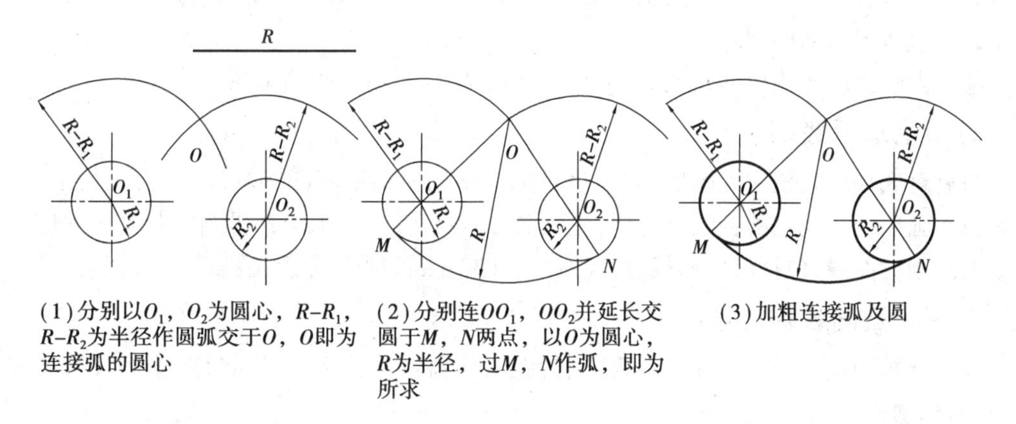

图 1.38　用半径为 R 的圆弧内接两圆弧

1.4　绘图的方法和步骤

1.4.1　绘图的工作环境

放置图板的绘图桌周围应比较宽松避免碰撞。图板面应以稍有斜度为宜，坐凳的高低应可调整。光线应从左、前、上方投向板面，要有足够的亮度，但不宜使阳光直射在图面上。

图板板面上除丁字尺、三角板外，尽可能不放其他工具、物品、资料等，随手用的工具可放在图板的右上角不影响丁字尺上下移动的部位。所有工具和用品都要擦拭干净，图纸幅面上暂时不画线的部分，要用干净纸蒙上。

1.4.2　绘图的一般步骤

1) 固定图纸

将平整的图纸放在图板的偏左、偏下的部位，用丁字尺画最下一条水平线，将丁字尺压住图纸向上推，微微调整图纸，使纸的上边沿大致与尺身工作边平行，随即用胶带纸将图纸四角固定在图板上。图纸要平整,胶带纸要贴牢,不要卷曲。

2)绘制底稿

各种正式图都要先做底稿。一般用较硬的(2H 或 3H)铅笔,铅芯要修得很尖。画出的图线要细而淡,但要能分清线型。具体步骤如下:

①画图框和标题栏。一般先在图纸中部(或边沿)画出一条水平和一条竖直的直线作为基线,然后在基线上量出图幅的长和宽。

②布置图样。一张图纸上的图形及其尺寸和文字说明等占的图面不要太满或太稀,一般为图框内面积的70%较好。每一图样周围都要留有适当的空余,各图样间要布置的均匀整齐,一般可根据选用的比例计算出各图样所占的范围,再适当安排各图样在图框内的位置。

③画图样。对每一图形先画主轴线或中心线或边线,再画主要轮廓及细部。为了提高速度,对非实线的较长图线,可只将开始一端画成所要的线型,而大部分画成实线,待加深时再全部画成所要求的线型。

④检查底稿。底稿全部完成后,必须仔细检查,改正不正确的图线。

3)铅笔加深底稿

只有对底稿检查核对无误后,方可进行加深。用铅笔描底图的顺序是:自上而下,自左而右依次画出同一线宽的各线型图线;先画曲线后画直线;先画小圆再画大圆。至此应将所有仪器绘制的图线,包括尺寸界线、尺寸线、尺寸起止符、剖面线等加深完毕。

4)写字及画各种符号

运用建筑模板可画出各种材料符号和箭头,注写尺寸数字、图样名称、比例及其文字说明,填写标题栏。

最后,对全图再进行一次检查,改正错误,擦去不必要的底稿线并清理图面。

本章小结

1.国家制图标准的主要内容包括图纸、标题栏、图线及画法、比例与图例、尺寸标注、字体等。掌握国家制图标准是学习建筑制图与识图的基本要求,也是掌握绘图技能的前提,更是读图的依据。

2.制图仪器的正确使用方法和绘图步骤。

3.几何作图的基本内容包括等分直径法画圆的内接正多边形、四心圆法画椭圆、圆弧连接。

复习思考题

1.建筑制图的图幅规格有哪些?图幅尺寸各是多少?如何裁切?

2.什么是图框?图框尺寸有何规定?什么是横式、竖式图幅?

3.图线的线宽有哪几种?它们之间有何关系?

4.图线的线型主要有哪几种？各有何用途？图线的画法要求有哪些？

5.工程图中字体的基本要求和规定有哪些？

6.什么是图样的比例？比例如何换算？

7.标注尺寸的要求是什么？标注线段尺寸的四要素是什么？在绘制和标注中有哪些要求和注意事项？

8.直径、半径、球体、角度、弧长、弦长尺寸如何标注？

第2章
投影的基本知识

本章导读

- **基本要求** 熟悉投影的基本概念和分类、投影的方法。
- **重点** 投影的概念和分类、正投影的特性、三面投影的形成及投影特性，点、直线、平面的投影规律及三面投影图的绘制方法。
- **难点** 三面投影的形成及投影特性，点、直线、平面的投影规律及三面投影图的绘制方法。

2.1 投影的概念

2.1.1 投影的形成

影子，是日常生活中常见的一种自然现象。如图2.1(a)所示，在电灯和桌面之间放一块三角板，在灯光的照射下，桌面上就会呈现出该三角板的影子。三角板影子的轮廓，可以看作是通过三角板轮廓的光线与桌面相交的结果。

投影概念可看成是这种自然现象抽象出来的。如图2.1(b)所示，相当于电灯的光源 S 称为投影中心，相当于桌面的平面H称为投影面，光线 SA，SB，SC 称为投射线，把产生的影子 $\triangle abc$ 称为投影图，把物体抽象称为形体（只考虑物体在空间的形状、大小、位置而不考虑其他），把空间的点、线、面称为几何元素。

产生投影必须具备三个条件：投射线、投影面、形体（或几何元素）。三者缺一不可，称为投影三要素。

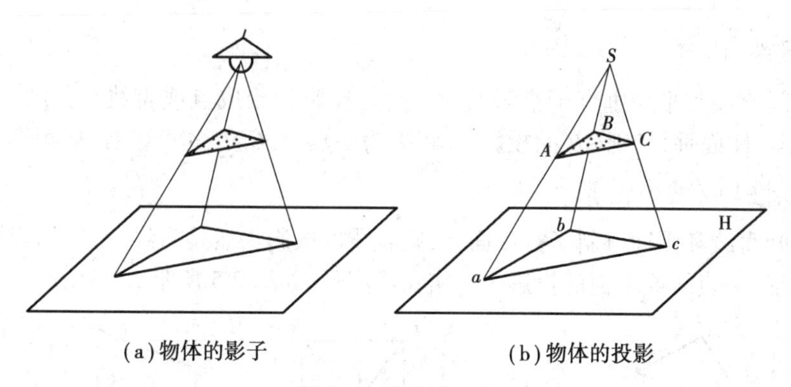

(a)物体的影子　(b)物体的投影

图 2.1　投影的形成

2.1.2　投影的分类

根据投影中心距离投影面的远近,投影可分为中心投影和平行投影两大类。

1)中心投影

投射中心距离投影面为有限远时,所有投射线都交汇于投影中心 S,这种投影方法称为中心投影法,由此得到的投影图称为中心投影图,简称中心投影。如图 2.1 所示的投影即为中心投影。

2)平行投影

投射中心距离投影面为无限远时,所有投射线成为平行线,这种投影方法称为平行投影法,由此得到的投影图称为平行投影图,简称平行投影。

根据投射线与投影面垂直与否,平行投影又分为正投影和斜投影,如图 2.2 所示。

①正投影:投射线垂直于投影面所做出的平行投影称为正投影。

②斜投影:投射线倾斜于投影面所做出的平行投影称为斜投影。

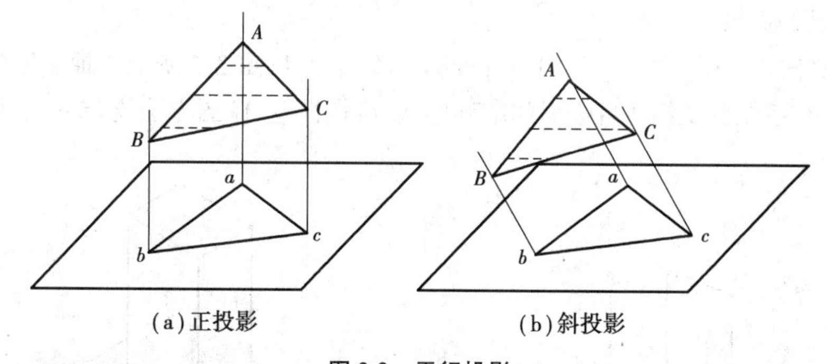

(a)正投影　(b)斜投影

图 2.2　平行投影

2.1.3　平行投影的特性

由初等几何可知,平行投影具有下列性质:

1)真实性

如果空间直线和平面平行于投影面时 ,则其投影反应实长或实形。如图 2.3 所示,线段 AB 和$\triangle CDE$ 平行于 H 面,则它们在 H 上的投影 $ab=AB$,$\triangle cde=\triangle CDE$。

2)积聚性

如果空间直线和平面垂直于投影面时，则其投影积聚成点或直线。如图 2.4 所示，*AB* 和△*CDE* 都与 H 面垂直，则 *AB* 的投影 *ab* 积聚为一点，△*CDE* 的投影△*cde* 积聚为直线。

3)类似性(或缩小性)

如果空间直线和平面倾斜于投影面时，则直线的投影仍然是直线，平面的投影是原平面图形的类似形，但直线或平面的投影小于实长或实形，如图 2.5 所示。

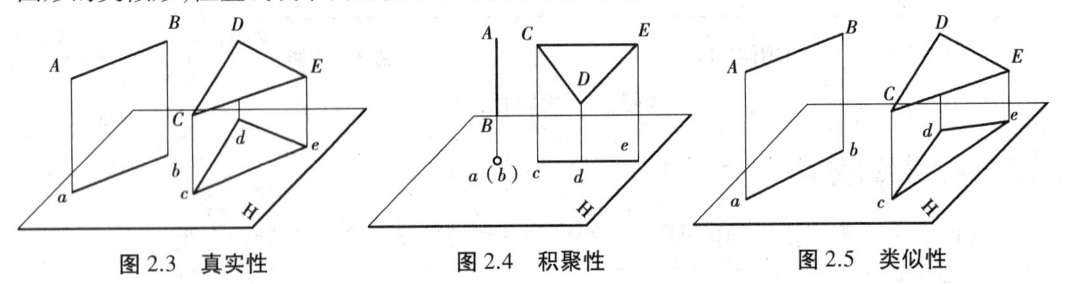

图 2.3　真实性　　图 2.4　积聚性　　图 2.5　类似性

2.1.4　工程上常用的投影图

在建筑工程中，由于表达的目的和被表达的对象特性不同，往往采用不同的投影图，常用的投影图有以下 4 种。

1)透视投影图

透视投影图简称透视图，它是用中心投影法绘制的，如图 2.6 所示。透视图的优点是比较符合视觉规律、图形逼真、立体感强；缺点是一般不能直接度量，绘制过程也较复杂。透视图常用于建筑物的效果表现图以及工业产品的展示图等，一般美术作品都符合透视投影的规律。

2)轴测投影图

轴测投影图简称轴测图，它是用平行投影法绘制的，如图 2.7 所示。轴测图的优点是直观性强，缺点是不能反映物体各表面的准确形状，度量性差，作图方法复杂，一般用作工程图的辅助图样。

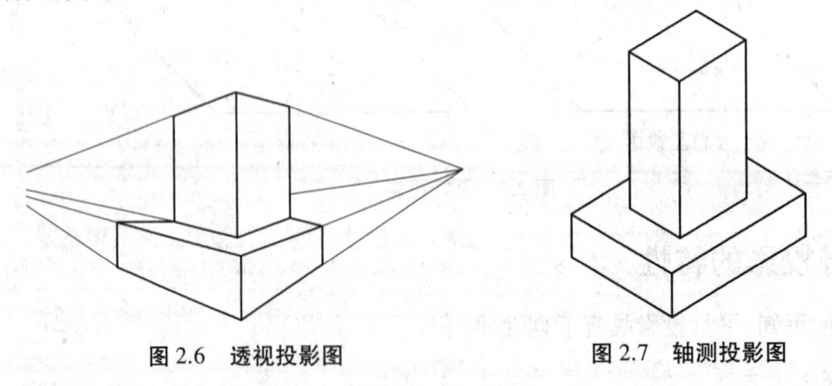

图 2.6　透视投影图　　图 2.7　轴测投影图

3)正投影图

用正投影法把物体向两个或两个以上的相互垂直的投影面进行投影所得到的图样成为

多面正投影图，简称正投影图，如图 2.8 所示。正投影图的优点是作图简便、度量性好，在工程中应用最广；缺点是直观性差，缺乏投影知识的人不易看懂。

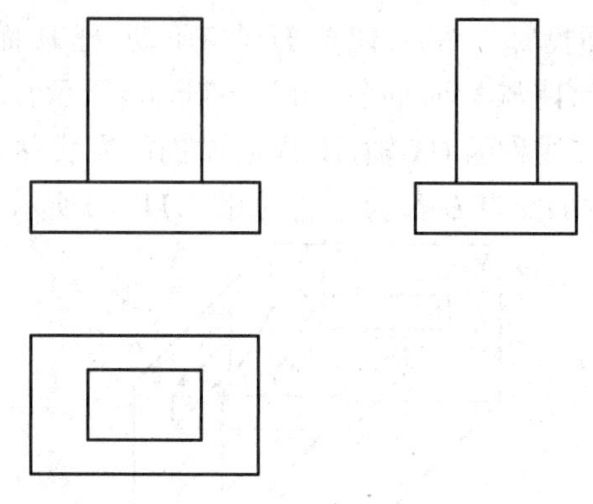

图 2.8 多面正投影图

4) 标高投影图

标高投影图是一种带有数字标记的单面正投影图。在土建工程中，常用来绘制地形图、建筑总平面和道路等方面的平面布置图样。如图 2.9 所示，用间隔相等的水平面截切地形图，其交线即为等高线，作出它们在水平面上的正投影，并在其上标注出高程数字，即为标高投影图，从而表达出该处的地形情况。

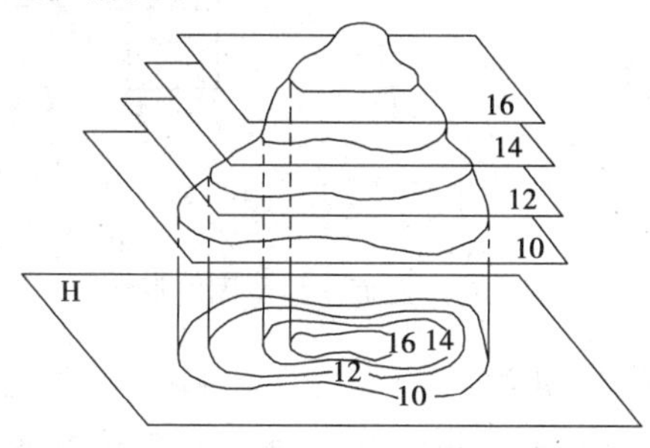

图 2.9 标高投影图

2.1.5 三面正投影图

如果使用如图 2.10 所示物体Ⅰ的底面平行于水平投影面 H，则底面在 H 面上的正投影反映实形。而与 H 垂直的棱线和棱面，在 H 面上的正投影都有积聚性，反映不出它们的高度关系。可见，仅凭这一个正投影，尚不能确切、完整地表达出该物体的形状。如图 2.10 所示，物体Ⅱ，Ⅲ等在 H 面上的正投影，与物体Ⅰ在 H 面上的正投影完全相同。

因此，在用正投影表达物体的形状和解决空间几何问题时，通常需要两个或两个以上的投影。

1) 三面投影图的形成

如图 2.11(a)所示，设立三个互相垂直的投影面 H，V，W(使 H 面处于水平位置、V 面正对观察者、W 面位于右侧)。将物体

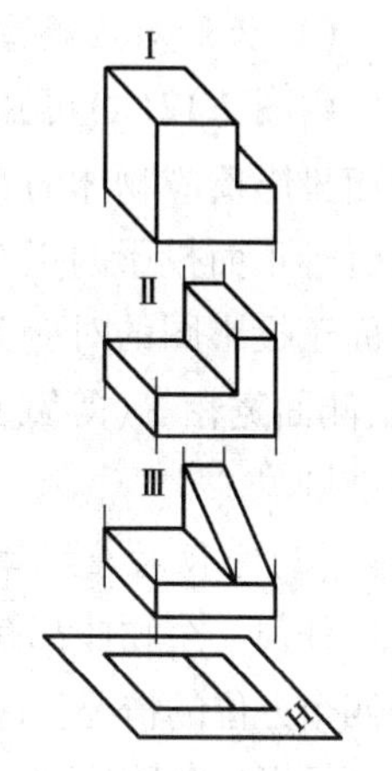

图 2.10 物体的单面正投影

置于这三个投影面之间，并使物体的主要表面平行于投影面，用正投影法将物体分别向三个投影面进行投影。物体在 H 面上的投影，称为水平投影；在 V 面上的投影，称为正面投影；在 W 面上的投影，称为侧面投影。然后，使 V 面保持不动，把 H 面和 W 面分别绕其与 V 面的交线向下和向右旋转 90°，使与 V 面重合，如图 2.11(b)所示。三个投影面的交线称为投影轴，其中：H 面与 V 面的交线称为 *OX* 轴，H 面与 W 面的交线称为 *OY* 轴，V 面与 W 面的交线称为 *OZ* 轴。三个投影轴的交点 *O* 称为原点，如图2.11(c)所示。

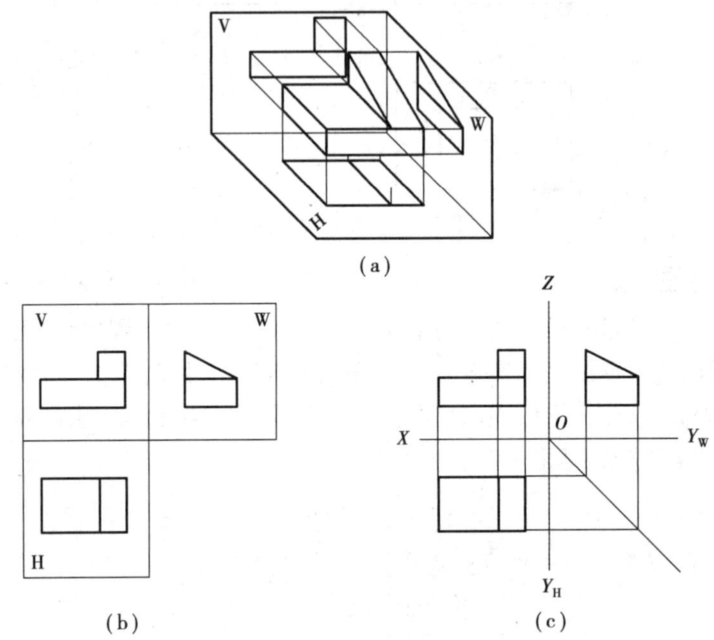

图 2.11　三面正投影图的形成

2)三面正投影图的投影规律

空间形体都有长、宽、高三个方向的尺度，如果把物体沿左右方向的大小作为长度，沿前后方向的大小作为宽度，沿上下方向的大小作为高度，那么从三面投影图的形成，可以得出三面正投影图具有下述投影规律。

(1)投影对应规律

由图 2.12(a)可知，水平投影反应物体的长度和宽度；正面投影反应物体的长度和高度；侧面投影反应物体的宽度和高度。水平投影位于正面投影的正下方，且其长度相等；侧面投影位于正面投影的正右方，且其高度相等；水平投影与侧面投影的宽度相等。这种关系称为三面正投影图的对应关系，归纳为：平面、正面长对正(等长)；正面、侧面高平齐(等高)；平面、侧面宽相等(等宽)。“长对正、高平齐、宽相等”的三等关系是我们绘图和识图都要遵循的准则。

(2)方位对应规律

任何一个物体都有上、下、左、右、前、后 6 个方位。在三面投影图中，每个投影图各反映其中四个方位的情况。即：水平投影反映物体的左右和前后；正面投影反映物体的左右和上下；侧面投影反映物体的前后和上下。这种对应关系我们称为方位对应规律，如图 2.12(b)所示。

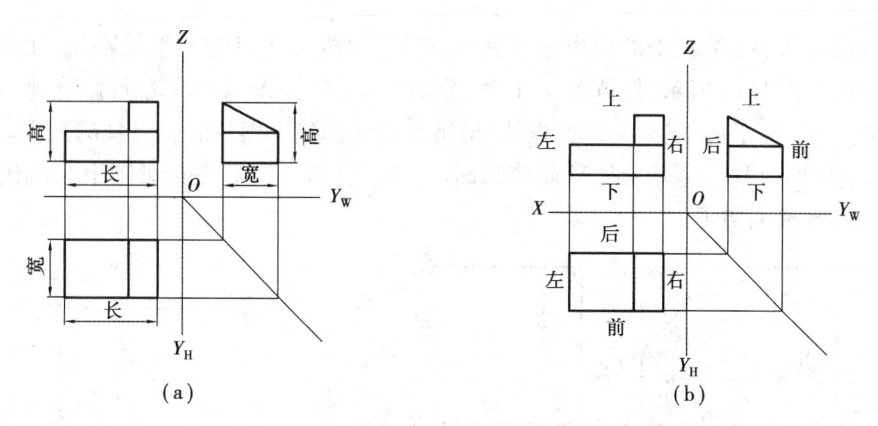

图 2.12 三面投影的方位对应关系

3) 三面正投影图的画法

作图方法和步骤如下：

①先画出水平和垂直十字相交线表示投影轴，如图 2.13(a)所示；

②根据“三等”关系：正面图和平面图的各个相应部分用铅垂线对正(等长)；正面图和侧面图的各个相应部分用水平线拉齐(等高)，如图 2.13(b)所示；

③利用平面图和侧面图的等宽关系，从 O 点作一条向下斜 45°的线，然后在平面图上向右引水平线，与 45°线相交后再向上引铅垂线，把平面图中的宽度反映到侧面投影中去，如图 2.13(c)所示。

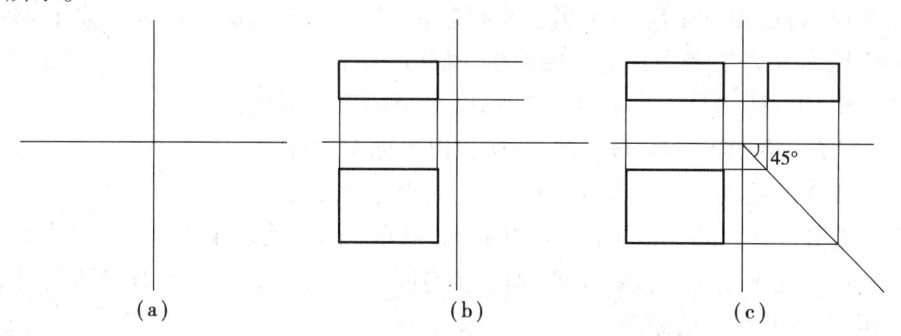

图 2.13 三面正投影图的作法及步骤

2.2 点的投影

2.2.1 点的三面投影

空间点及其投影的标注符号约定：

空间点用大写字母标记，如 $A,B,C,\cdots$

H 面投影用相应的小写字母标记，如 $a,b,c,\cdots$

V 面投影用相应的小写字母在其右上角加一撇标记，如 $a',b',c',\cdots$

W 面投影用相应的小写字母在其右上角加两撇标记，如 $a'',b'',c'',\cdots$

如图 2.14(a)所示，在 H,V,W 三投影面体系中，设有一空间点 A，过点 A 分别向三个投影面作垂线，在 H,V,W 面上的投影分别为 a,a' 和 a''，即为 A 点的水平投影、正面投影和侧面投影。如图 2.14(b)所示，保持 V 面不动，分别将 H，W 按图示箭头方向旋转，使 H，W 面与 V 面处于同一个平面，然后去掉边框线，即得点的三面投影图，如图 2.14(c)所示。其中 Y 轴随 H 面旋转时，以 Y_H 表示；随 W 面旋转时，以 Y_W 表示。一般在投影图上只画出其投影轴，不画出投影面的边界。

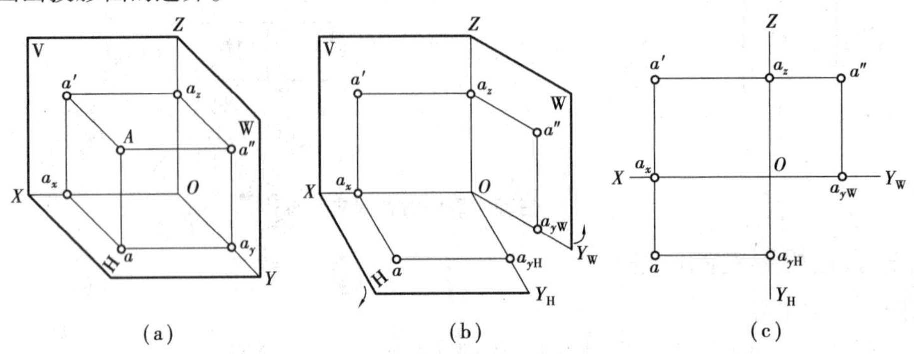

图 2.14　点三面投影的形成

2.2.2　点的投影与坐标

把三个投影面 H，V，W 作为坐标面，三条投影轴 OX,OY,OZ 作为坐标轴，三轴的交点 O 作为坐标原点，即构成一个坐标系。

由图 2.14(a)可知：空间点 A 及其三个投影 a,a' 和 a'' 和 a_x,a_y 和 a_z 及原点 O 共 8 个点，组成了一个长方体，根据长方体的几何性质分析可知：

A 点至 W 面的距离 $=Aa''=aa_y=a'a_z=Oa_x$，以坐标 X 来标记；

A 点至 V 面的距离 $=Aa'=aa_x=a''a_z=Oa_y$，以坐标 Y 来标记；

A 点至 H 面的距离 $=Aa=a'a_x=a''a_y=Oa_z$，以坐标 Z 来标记。

根据以上分析，可归纳出空间点与它的三面投影之间的关系如下：

①空间点 A 在 V 面上的投影 a' 的位置，由空间点 A 的 (x,z) 两个坐标来决定，因此 a' 能表达点 A 距 H 面和 W 面的距离。

②空间点 A 在 H 面上的投影 a 的位置，由空间点 A 的 (x,y) 两个坐标来决定，因此 a 能表达点 A 距 V 面和 W 面的距离。

③空间点 A 在 W 面上的投影 a'' 的位置，由空间点 A 的 (y,z) 两个坐标来决定，因此 a'' 能表达点 A 距 V 面和 H 面的距离。

结论：空间点 A 若用坐标表示，可写成 $A(x,y,z)$，那么它的三个投影坐标分别可以表示为 $a(x,y)$、$a'(x,z)$ 和 $a''(y,z)$。

2.2.3　点的三面投影规律

通过以上的分析可以得出三投影面体系中点的投影规律：

①点在任何投影面上的投影仍然是点；

②点的 V 面投影和 H 面投影的连线垂直于 OX 轴，即长对正；

③点的 V 面投影和 W 面投影的连线垂直于 OZ 轴，即高平齐；

④点的 H 面投影到 OX 轴的距离,等于其 W 面投影到 OZ 轴的距离,即宽相等。

根据点的投影规律,在点的三面投影体系中,任何两个面的投影即可反映出此点的三个量值,所以由点的任意两面投影即可作出其的第三面投影,也可由点的三个坐标值作出其三面投影图。

2.2.4　由点的两面投影补作第三面投影

点的任何两面投影必能反映出空间的三个坐标值。例如点 A 的水平投影 $a(x,y,O)$ 和正面投影 $a'(x,O,z)$ 就反映了空间点 A 的 x,y,z 坐标。因此,已知点的两投影,就能确定出点的空间位置,从而补画出点的第三面投影。

【例 2.1】已知点 $A(4,2,6)$,先由坐标求作出两面投影,再补作第三面投影。

【解】如图 2.15(a)所示,先作出投影轴,然后在 OX 轴上量取 4 个单位,得到 a_x点;过 a_x 作 OX 轴的垂线。在此垂线上,自 a_x点向下量取 2 个单位,得到 A 点的水平投影 a;自 a_x 点向上量取 6 个单位,得到 A 点的正面投影 a'。

由点 A 的两面投影补作第三面投影,作图步骤如下:

①自 a'作一条平行于 OX 轴的水平线,则 a''一定在这条水平线上。

②因 a 到 OX 轴的距离等于 a''到 OZ 轴的距离,即 $aa_x=a''a_z=y$,所以用几何作图法将这段距离转移过去,即可求得 a''。

以下介绍 4 种补作第三面投影的方法:

①截量法:如图 2.15(a)所示,用分规截取 $aa_x=a''a_z$,从而即可确定出 a''的所在位置。

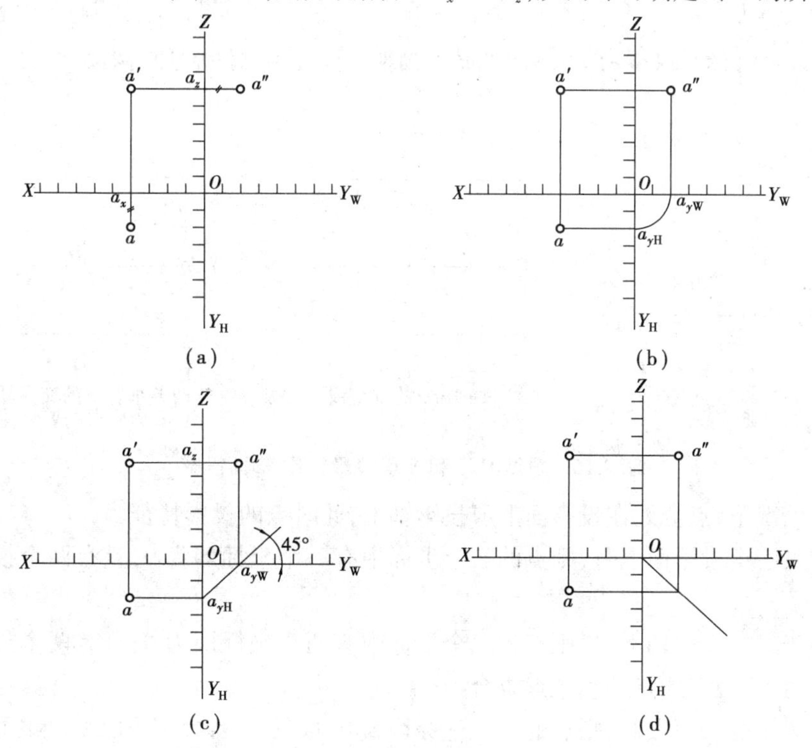

图 2.15　两面投影补作第三面投影

②画弧法：如图 2.15(b)所示，自 a 点作一直线 $aa_Y//OX$ 轴，与 OY_H 交于 a_{YH}，再以 O 为圆心，Oa_{YH} 为半径画弧，弧与 OY_W 交于 a_{YW}，在此点 a_{YW} 处向上作垂线，与过 a' 所作 OX 轴的平行线相交，交点即为 a''。

③弦截法：如图 2.15(c)所示，自 a 点作一直线 $aa_Y//OX$ 轴，与 OY_H 交于 a_{YH}，再用三角板，过 a_{YH} 作一条 45°的斜线，斜线交于 OY_W 于点 a_{YW}，在此点 a_{YW} 处向上作垂线，与过 a' 所作 OX 轴的平行线相交，交点即为 a''。

④ 45°角平分线法：如图 2.15(d)所示，先经过 O 点作一倾斜为 45°的斜线作为辅助线，然后自点的水平投影 a 作一平行于 OX 轴的平行线，平行线交于 45°斜线上，再自交点向上作垂线，与过 a' 所作 OX 轴的平行线相交于一点，此点即为 a''。

以上 4 种方法中，几何作图时多用角平分线法，本章中的以下例题所采用的均为 45°角平分线法。

【例 2.2】已知点 A 的 H 面和 V 面投影 a，a'，求作点 A 的 W 面投影 a''。

【解】运用“高平齐、宽相等”补作侧面投影。具体作图步骤如图 2.16 所示。

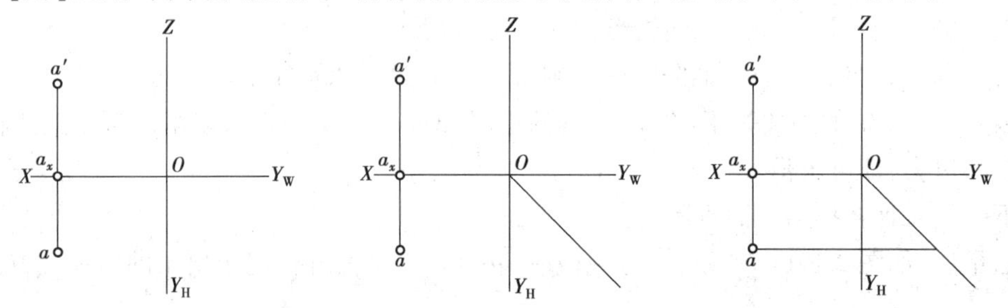

(a)已知点A的H面和V面投影a，a' (b)作出45°辅助线 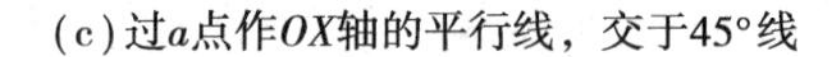(c)过a点作OX轴的平行线，交于45°线

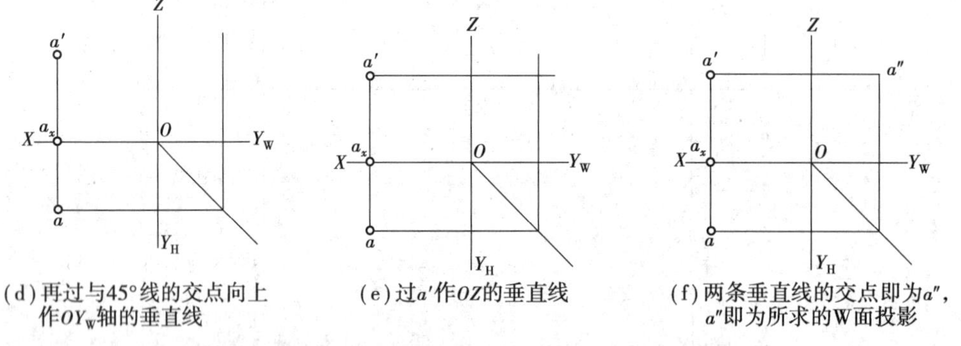

(d)再过与45°线的交点向上作OY_W轴的垂直线 (e)过a'作OZ的垂直线 (f)两条垂直线的交点即为a''，a''即为所求的W面投影

图 2.16 根据 H 面和 V 面投影补作 W 面投影

在特殊情况下，点会处在投影面上或投影轴上，此时点的投影特征为：

当点在某一个投影面上时，则点的三个坐标中有一个坐标即为 0，且有两个投影位于投影轴上。

当点位于某一投影轴上时，则点的三个坐标中有两个坐标即为 0，且有两个投影位于投影轴上，另一投影位于原点处和原点重合。

当点位于坐标点原点时，则点的三个坐标均为 0，且三个投影均位于原点和原点重合。

2.2.5 两点的相对位置及其重影点

1) 两点的相对位置

空间点的位置可以用绝对坐标表示,也可用相对坐标表示。空间两点的相对位置,是指选取一个点为基点,来判断另外一点是在基点的前后、左右和上下的相对位置关系,如图2.17(a)所示。

在投影体系中,x 坐标确定点在投影面中的左右两个方位;

y 坐标确定点在投影面中的前后两个方位;

z 坐标确定点在投影面中的上下两个方位。

若以 A 点为基准点,则 $xa>xb$,$ya>yb$,$za<zb$,如图 2.17(b)所示,可知 A 点在 B 点的左、前、下方,同理,以 B 为基准点,B 点在 A 点的右、后、上方。

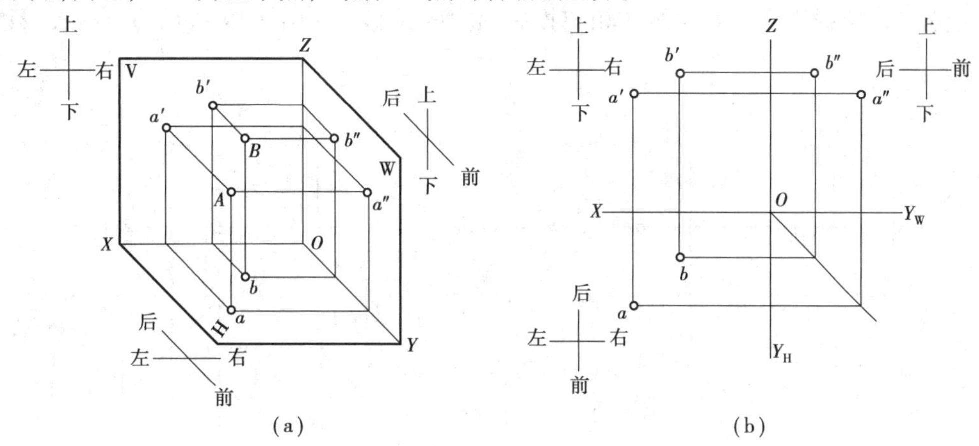

图 2.17 两点的相对位置

2) 重影点

当空间两点处在某一投影面的同一投影线上时,它们在该投影面上的投影重合为一点,则这两点称为对该投影面的重影点。如图 2.18 所示,点 A,B 是对 H 面的重影点,$a(b)$则是它们的重影;点 A,C 是对 V 面的重影点,$a'(c')$则是它们的重影;点 A,D 是对 W 面的重影点,$a''(d'')$则是它们的重影。

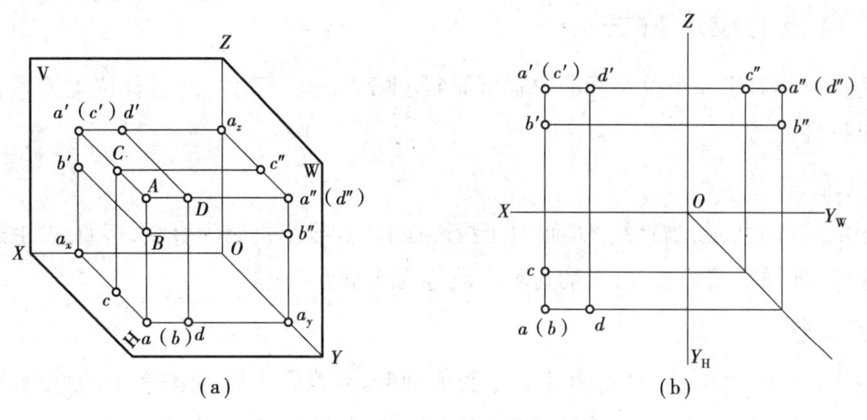

图 2.18 重影点的三面投影

在投影图中往往需要判断并标明重影的可见性。通常规定把不可见的点的投影打上括号，如(b)、(c')、(d'')。具体判断方法：沿投射方向看，例如 A 和 B，从上向下垂直于 H 面看时，A 点将 B 点遮挡，为此 A 点可见，B 点不可见，重影点标注为 $a(b)$。由此可知，对水平投影面、正立投影面、侧立投影面的重影点，它们的可见性，应该是上遮下、前遮后、左遮右。此外注意，一个点在一个方向上看是可见的，在另外一个方向看去则不一定是可见的，必须根据该点和其他点的相对位置来确定。

2.3 直线的投影

根据初等几何中的“两点决定一条直线”，可知要确定一条直线，只需确定直线上的两点，所以要画一条直线的投影，只需绘制空间直线上相应两点的投影，将同一投影面内的两点的投影连成直线即为空间直线在相应投影面内的投影。如图 2.19 所示为直线投影图的绘制。

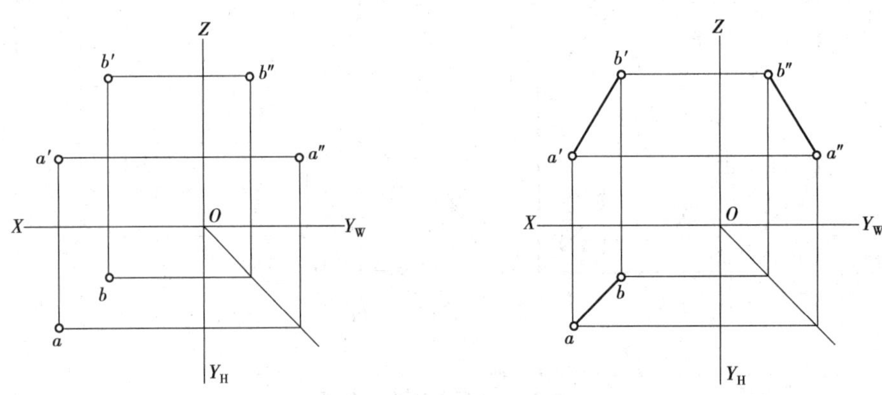

图 2.19 直线的投影图

2.3.1 直线的表示方法

①端点表示法：如直线 AB；

②单一字母表示法：如直线 L。

2.3.2 直线的投影特性

空间直线相对于一个投影面的位置有倾斜、平行和垂直三种，这三种位置关系各有其不同的投影特性。

1) 收缩性

如图 2.20(a)所示，当直线 AB 倾斜于投影面时，其投影仍然为直线，但直线的投影 ab 小于它的实长，比原长缩短了，投影的这种性质称为收缩性。

2) 实长性

如图 2.20(b)所示，当直线 AB 平行于投影面时，其投影仍然为直线，且直线的投影 ab 等于 AB 原长，即投影长度与空间直线长度相等，投影的这种性质称为实长性。

3) 积聚性

如图 2.20(c)所示,当直线 AB 垂直于投影面时,投影 ab 积聚为一点,投影的这种性质称为积聚性。

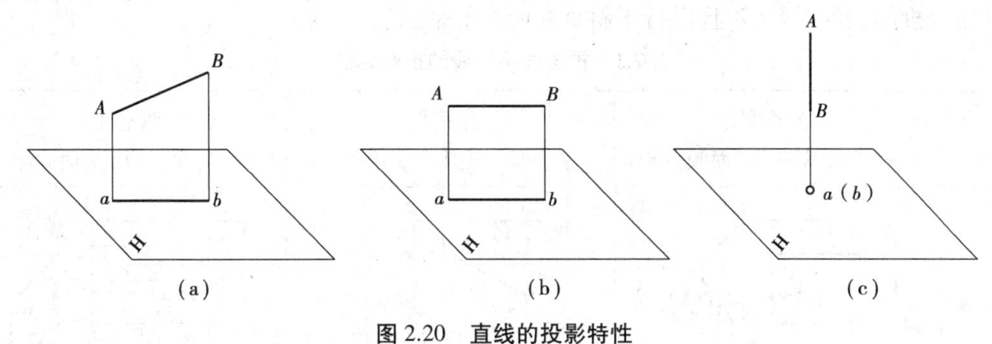

图 2.20　直线的投影特性

2.3.3　直线与投影面的相对位置

直线在三投影面体系中,根据直线与投影面的相对位置将直线进行如下分类:

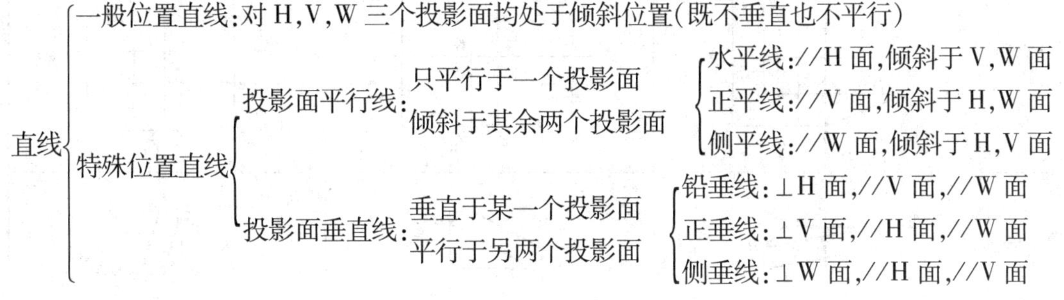

1) 一般位置直线

对三个投影面均处于倾斜位置的直线(既不垂直也不平行)称为一般位置直线。由图 2.21可知,一般位置直线的投影特性:在三个投影面上的投影均为倾斜线,且长度均小于实长;在投影面内不能反映直线对各个投影面的倾角。

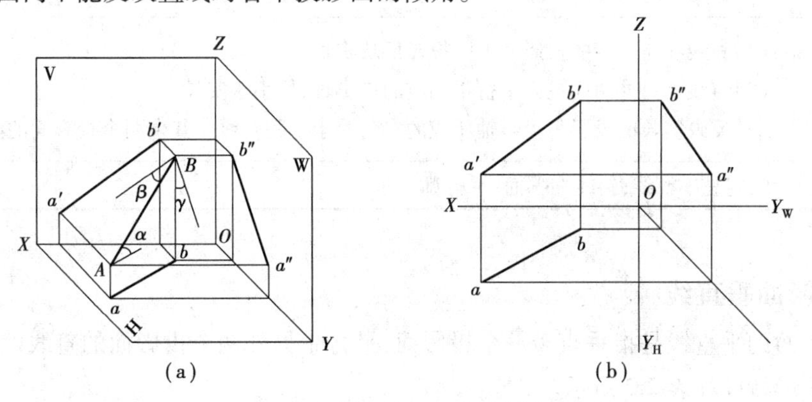

图 2.21　一般位置直线及直线对投影面的倾角

2) 投影面平行线

①投影面的平行线是指平行于一个投影面,倾斜于另外两个投影面的直线。

②其投影特征如表 2.1 所示。

③根据平行线的投影特征,可判别直线与投影面的相对位置关系。一条直线的三个面的投影中,如果有一个面的投影为斜直线,另外两个面的投影为横平线或竖直线,则可判定该直线为投影面的平行线,且平行于斜直线所在的平面。

表 2.1　投影面平行线的投影特性

	水平线 (//H 面,对 V,W 面倾斜)	正平线 (//V 面,对 H,W 面倾斜)	侧平线 (//W 面,对 H,V 面倾斜)
直观图	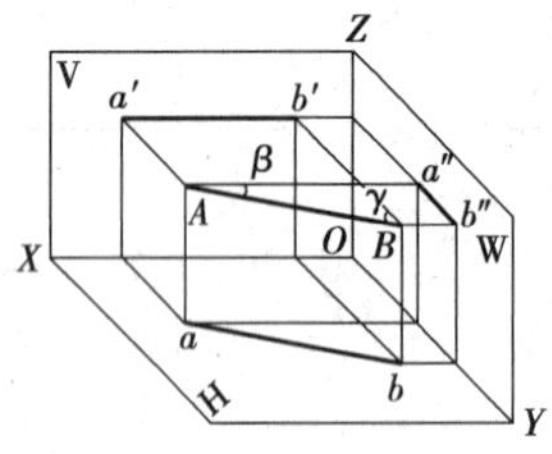	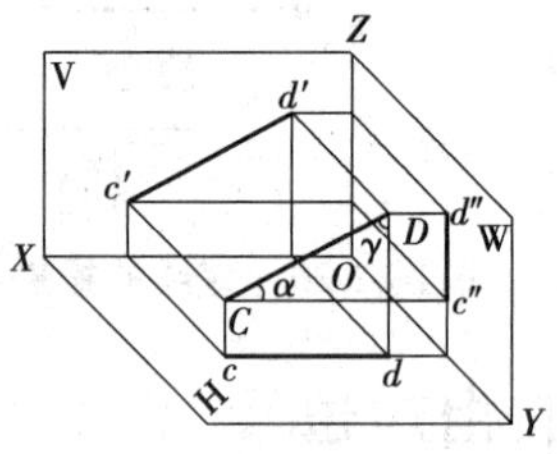	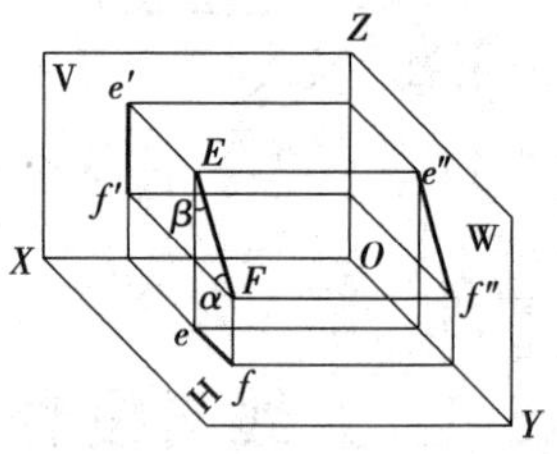
投影图	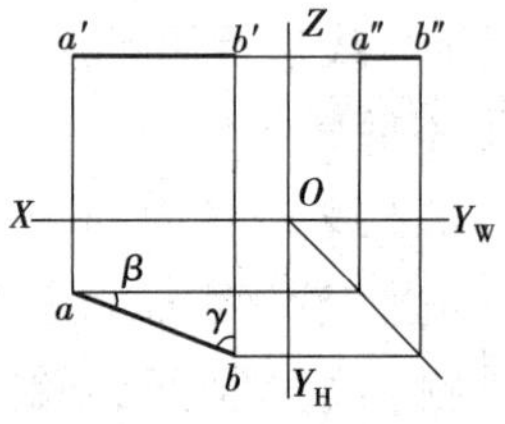	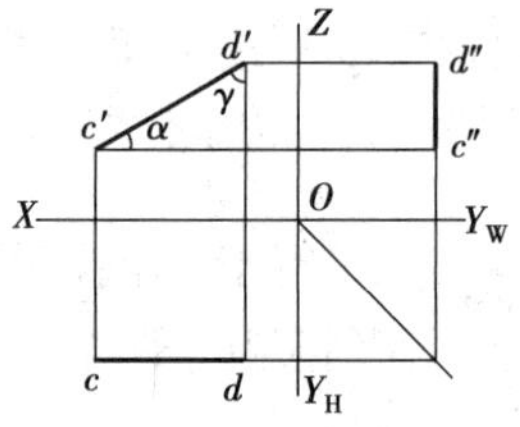	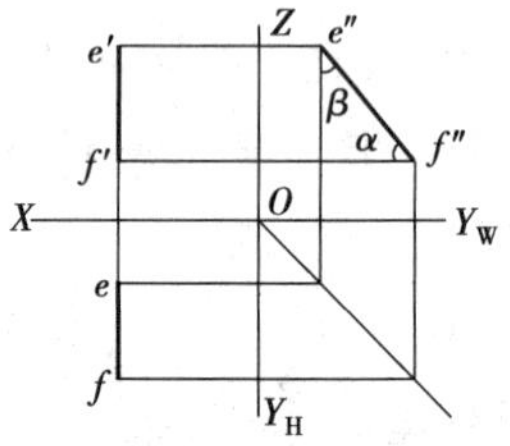
实例	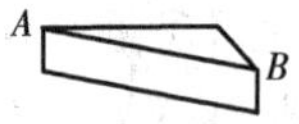	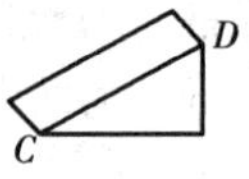	
特征	$ab=AB$ $a'b'=OX$ $a''b''//OY$ 反映 β 和 γ 角	$c'd'=CD$ $cd=OX$ $c''d''//OZ$ 反映 α 和 γ 角	$e''f''//EF$ $ef=OY$ $e'f'=OZ$ 反映 α 和 β 角
	小结:(1)直线在所平行的投影面上的投影反映实长 (2)直线的另外两面投影平行于相应的投影轴,均小于实长 (3)反映实长的投影与投影轴所成的夹角等于空间直线对其余两个投影面的倾角		
判别一斜两直线,定是平行线;斜线在哪面,平行哪个面			

3)投影面垂直线

①投影面的垂直线是指垂直于一个投影面,平行于另外两个投影面的直线。

②其投影特征如表 2.2 所示。

③根据垂直线的投影特征,可判别直线与投影面的相对位置关系。一条直线的三个面的投影中,如果有一个面的投影积聚为一点,另外两个面的投影为反映实长的直线,则可判定该直线为投影面的垂直线,且垂直于点所在的平面。

表 2.2　投影面垂直线的投影特性

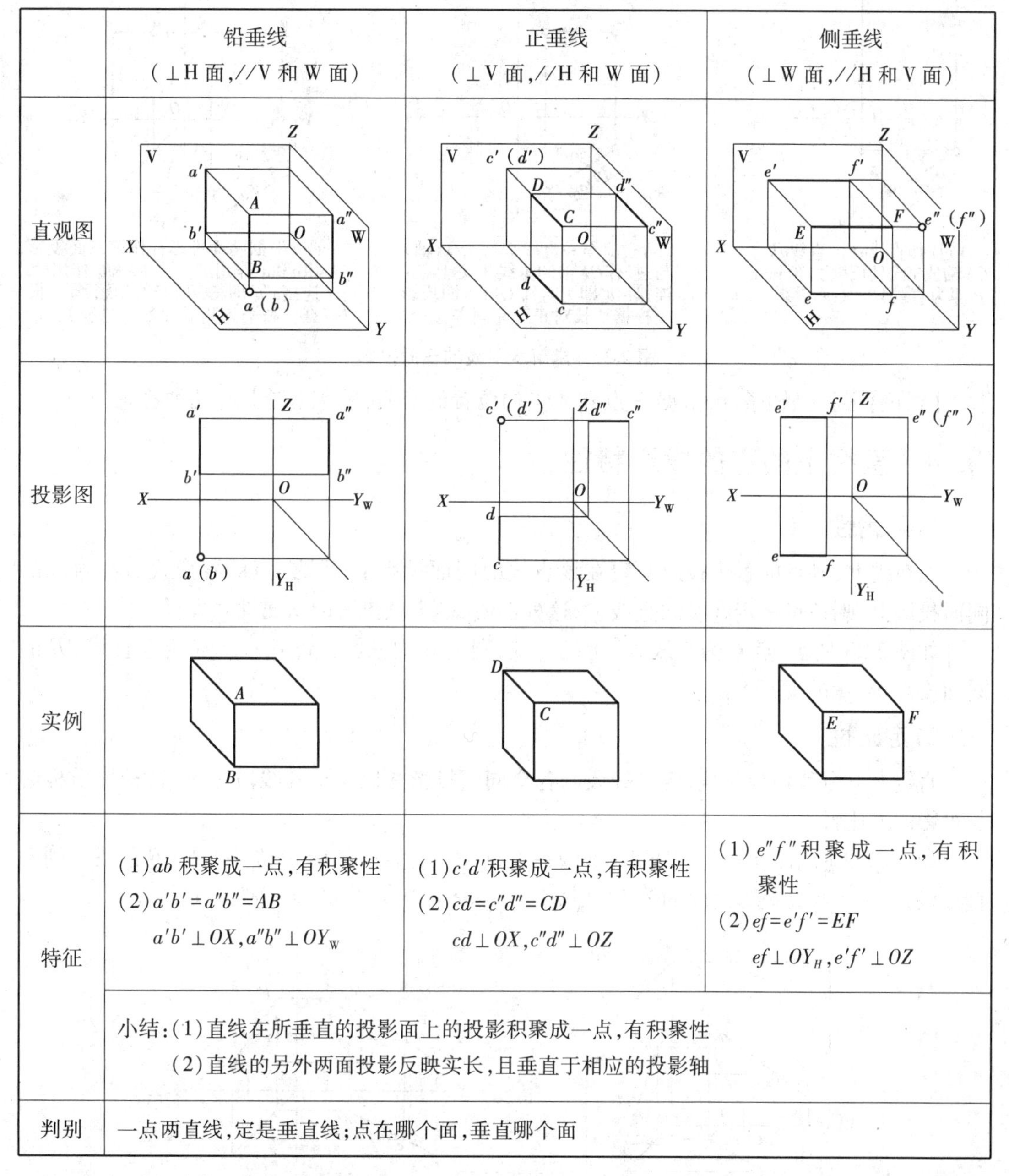

	铅垂线 （⊥H 面，//V 和 W 面）	正垂线 （⊥V 面，//H 和 W 面）	侧垂线 （⊥W 面，//H 和 V 面）
直观图			
投影图			
实例			
特征	（1）ab 积聚成一点，有积聚性 （2）$a'b'=a''b''=AB$ $a'b'\perp OX, a''b''\perp OY_W$	（1）$c'd'$ 积聚成一点，有积聚性 （2）$cd=c''d''=CD$ $cd\perp OX, c''d''\perp OZ$	（1）$e''f''$ 积聚成一点，有积聚性 （2）$ef=e'f'=EF$ $ef\perp OY_H, e'f'\perp OZ$
	小结：（1）直线在所垂直的投影面上的投影积聚成一点，有积聚性 （2）直线的另外两面投影反映实长，且垂直于相应的投影轴		
判别	一点两直线，定是垂直线；点在哪个面，垂直哪个面		

【例 2.3】已知水平线 AB 的长度为 30 mm、$\beta=30°$ 和 A 点的两面投影 a 和 a'，求作直线 AB 的三面投影。

【解】首先了解水平线的投影特点：在 H 面上是一斜线，斜线反映实长，另外两面投影为直线，在 H 面上还能反映出 β 和 γ 角。作图过程如图 2.22 所示。

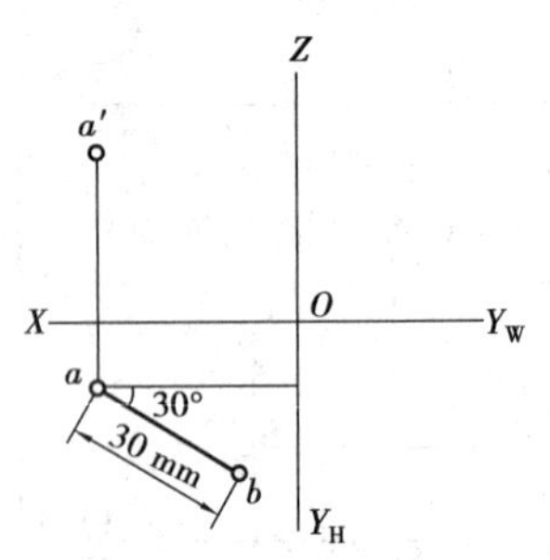

(a) 过a作直线ab，直线ab与OX轴成30°，且长度为30 mm，ab即为直线AB的H面投影

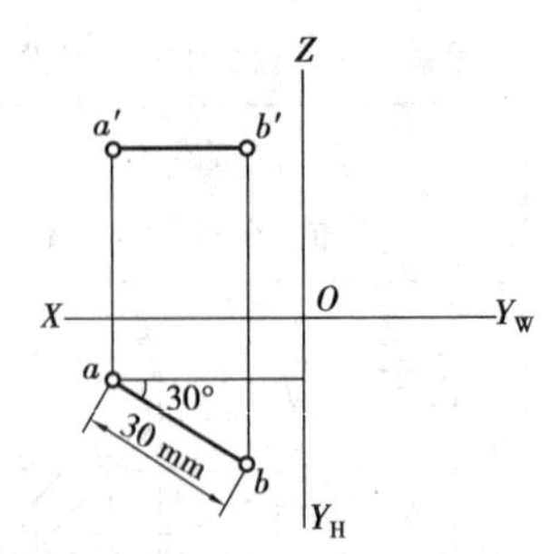

(b) 过a'作一直线平行于OX轴，与过b作OX轴的垂线相交于点b'，连接$a'b'$即为直线AB的V面投影（根据“长对正”原理）

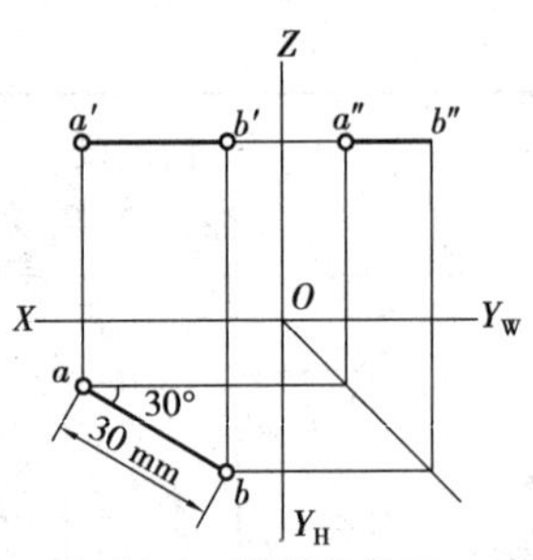

(c) 根据两面投影补作第三面投影，由a和a'作出a''，再由b和b''作出b''，连接$a''b''$即得直线AB的W面投影（根据“高平齐和宽相等”原理）

图 2.22　求解水平线的三面投影

【讨论】根据已知条件，依据 B 点和 A 点的位置的变换，思考本题共有几种答案。

2.3.4　直线上的点的投影特性

1) 从属性

点在线上，则点的各个投影必定在该直线的同面投影上；反之，点的各个投影在直线的同面投影上，则该点一定在空间直线上，这种性质，称为点投影的从属性。

如图 2.23 所示，点 C 为直线 AB 上的一点，则点 C 的三面投影 c，c'，c''必定在直线 AB 的同面投影 ab，$a'b'$，$a''b''$上。

2) 定比性

直线上点分线段成正比，则分线段的各个同面投影之比等于其线段之比，这种性质称为点投影的定比性。

如图 2.23 所示，点 C 为直线 AB 上的一点，点 C 将直线段 AB 分成 AC 和 CB 两段。则两直线段 AC，CB 和其投影之间的关系为：$AC:CB=ac:cb=a'c':c'b'=a''c'':c''b''$。

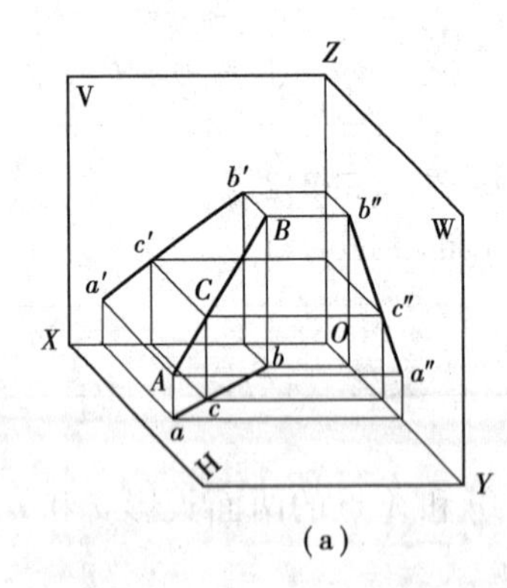

(a)

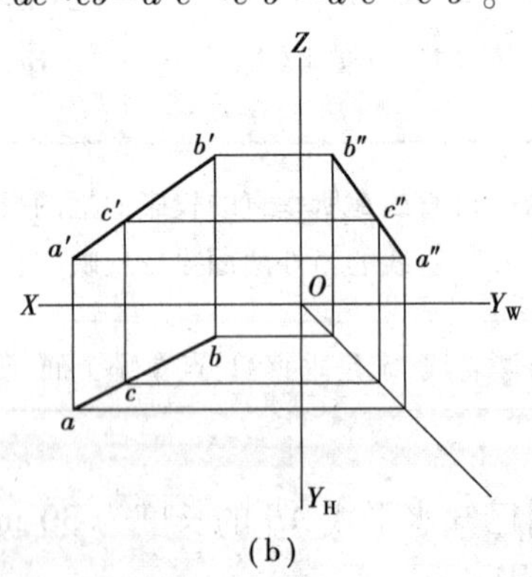

(b)

图 2.23　直线上点的投影

【例 2.4】已知侧平线 AB 的两投影 ab，$a'b'$和直线上的点 C 的正面投影 c'，求水平投影 c。

本题用两种方法解题，分别为用从属性解题和用定比法解题。

【解】方法 1：AB 为侧平线，所以不能直接由 c'作出 c，根据从属性，可知点 C 在直线上，则点 C 的各个投影都在直线的同面投影上，即 c 必在 ab，c''必在 $a''b''$上，由此推知作题思路为:先作出直线第三面投影 $a''b''$,利用"高平齐"作出 c'',然后根据"二补三"作出 c。解题过程如图 2.24 所示。

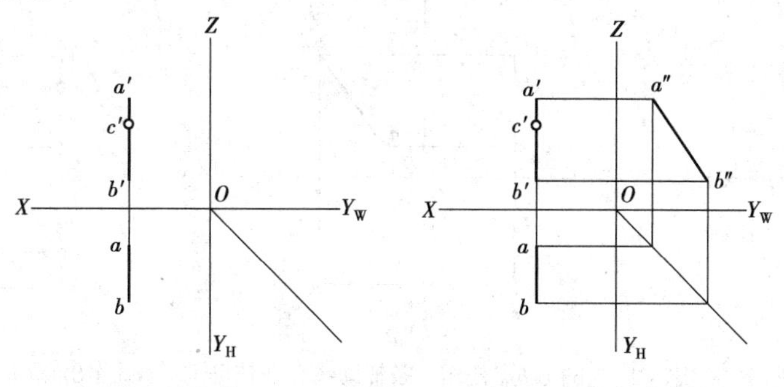

(a)已知条件

(b)根据两面投影补作第三面投影,作出直线AB的侧面投影$a''b''$

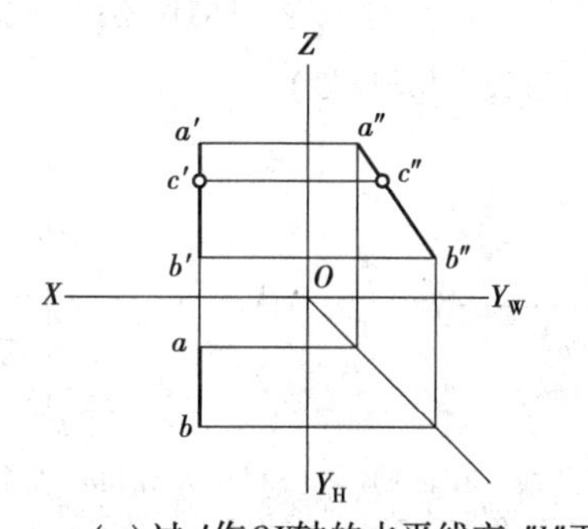

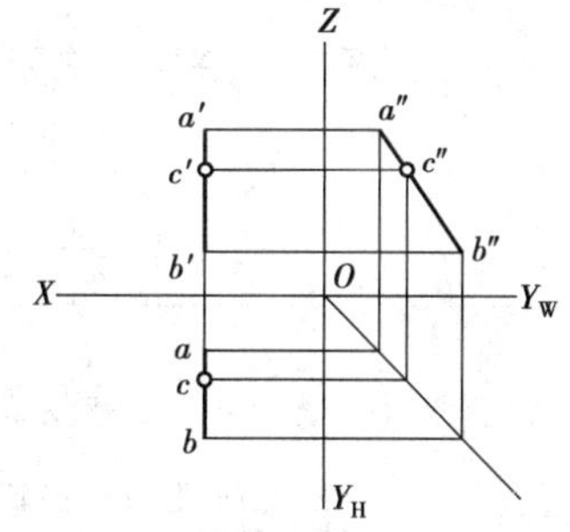

(c)过c'作OX轴的水平线交$a''b''$于c'',c''即为点C的W面投影

(d)由c'和c''作出c,c即为水平投影

图 2.24　求作直线上点(从属性)

方法 2:点 C 在 AB 上,所以根据定比性质,必定满足 $a'c':c'b'=ac:cb$ 的比例关系,所以利用定比直接解题,无须求作直线第三面投影。解题过程如图 2.25 所示。

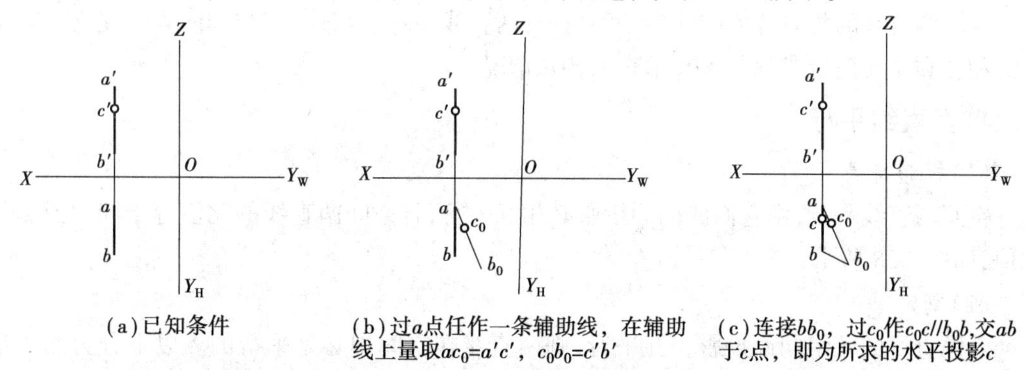

(a)已知条件

(b)过a点任作一条辅助线,在辅助线上量取$ac_0=a'c'$,$c_0b_0=c'b'$

(c)连接bb_0,过c_0作$c_0c//b_0b$,交ab于c点,即为所求的水平投影c

图 2.25　求作直线上点(定比性)

【例 2.5】判定点 C 是否在侧平线 AB 上。

【解】判定即性质的逆过程,要判定点在直线上,有两种方法:

①若点的投影均在直线的同面投影上,则点在直线上;反之,点则不在直线上。解题过程如图 2.26 所示。

②点分线段成定比，则点在直线上；反之，点则不在直线上。解题过程如图 2.27 所示。

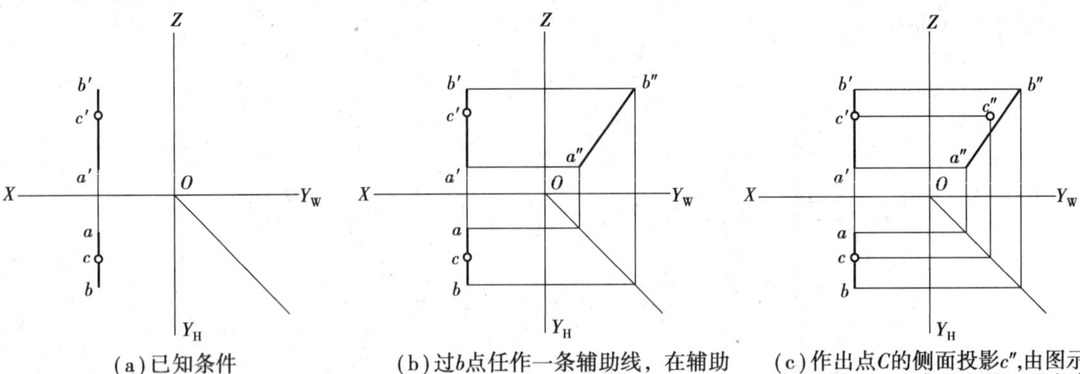

(a)已知条件

(b)过b点任作一条辅助线，在辅助线上量取$bc_0=b'c'$，$c_0a_0=c'a'$

(c)作出点C的侧面投影c''，由图示意可知，点C的侧面投影c''不在直线AB的同面投影$a''b''$上，所以得知点C不在直线AB上

图 2.26　判断点是否在直线上(从属性)

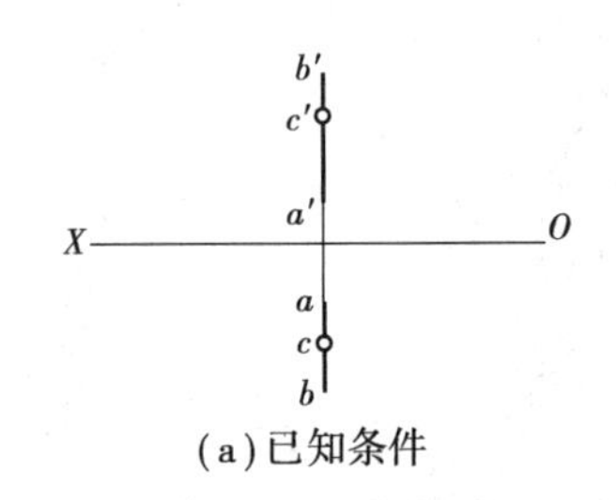

(a)已知条件

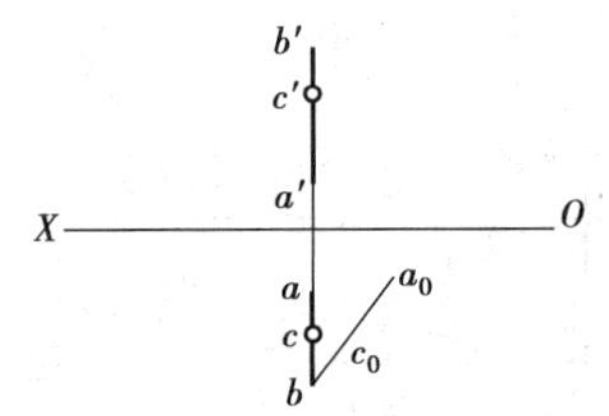

(b)过b点任作一条辅助线，在辅助线上量取$bc_0=b'c'$，$c_0a_0=c'a'$

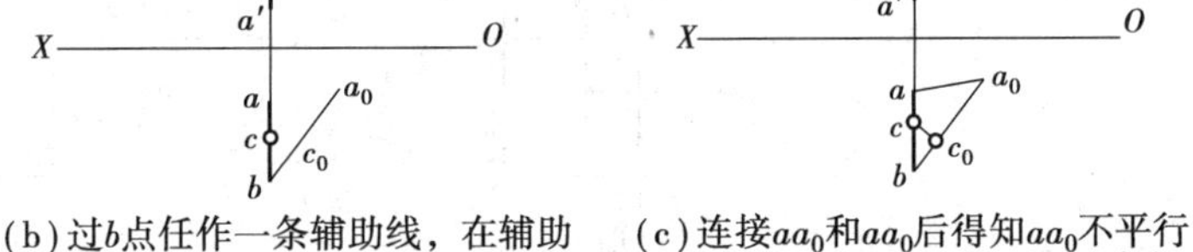

(c)连接aa_0和aa_0后得知aa_0不平行于a_0a，所以不满足定比性，确定点C不在直线AB上

图 2.27　判断点是否在直线上(定比性)

2.3.5　两直线的相对位置

空间两直线的相对位置归纳为三种情况：两直线平行、两直线相交和两直线交叉。其中注意相交和交叉两直线都包含有垂直的特殊情况。

1)两直线平行

(1)投影特性

空间两直线平行，则它们的同面投影必相互平行，且空间两直线的比值等于同面投影的比值，如图 2.28 所示。

(2)判定

若两直线的各组同面投影相互平行，则两直线在空间中必是平行的。以下分为两种情况来讨论：

①对于一般位置直线，只要任意两组同面投影分别平行，则可判定这两直线在空间是平行的。

②若两直线为某一投影面的平行线，则要用两直线所平行的那个投影面的投影来判断。如图 2.29(a)所示，图示两水平线 AB 和 CD 的 H 面和 V 面投影均平行，即 $ab//cd,a'b'//c'd'$，则可确定两直线平行，即 $AB//CD$。侧平线 AB 和 CD 的 H 面和 V 面投影是平行的，但是不能确定空间两直线是否平行，所以必须要作出这两条侧平线在 W 面的投影，才能判定两直线是否

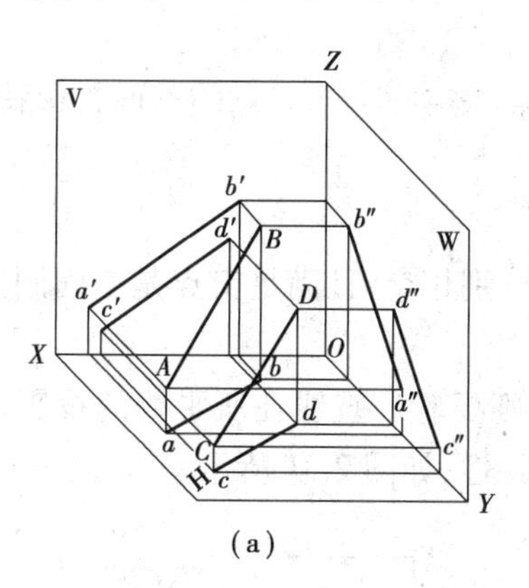

(a)

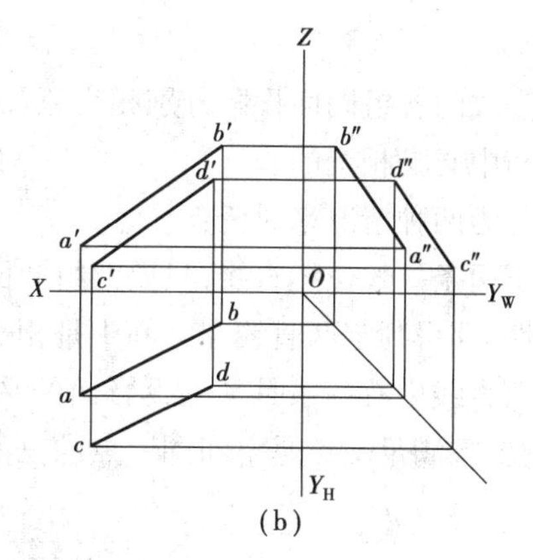

(b)

图 2.28　两直线平行

空间平行。如图 2.29(b)所示，作出 W 面投影以后，由于 $a''b''$不平行于 $c''d''$，则由此断定直线 AB 不平行于 CD。

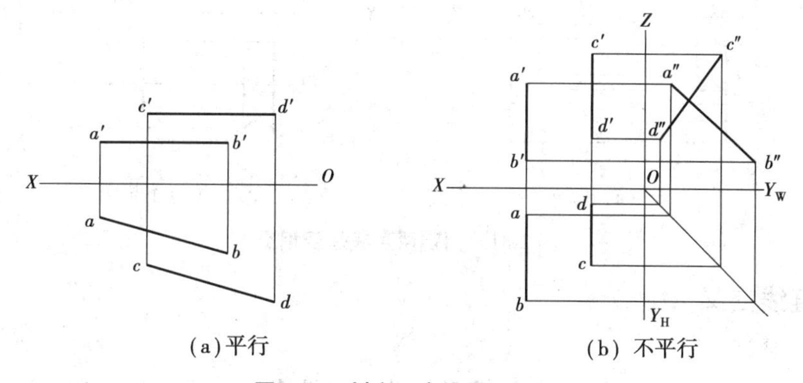

(a)平行　　(b) 不平行

图 2.29　判定两直线是否平行

2)两直线相交

(1)投影特性

两直线相交，则它们的同面投影必相交，而且交点是空间同一点的投影，即此交点满足点的三面投影特性，如图 2.30 所示。

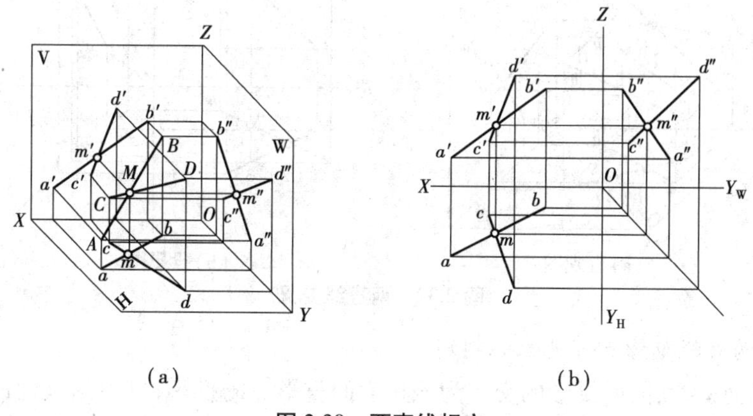

(a)　　(b)

图 2.30　两直线相交

(2)判定

若两直线的各组同面投影分别相交,且满足交点是空间中同一点的三面投影特性,则两直线在空间中必是相交的。

以下分为两种情况来讨论:

①对于两条一般位置直线,只要两组同面投影分别相交,且满足交点是空间同一点的三面投影特性,即可判定两直线在空间中是相交的。

②若两直线中有一条是某一投影面的平行线,则要验证直线在所平行的投影面上的投影是否相交,且满足交点是空间同一点的三面投影特性,如图2.31所示。

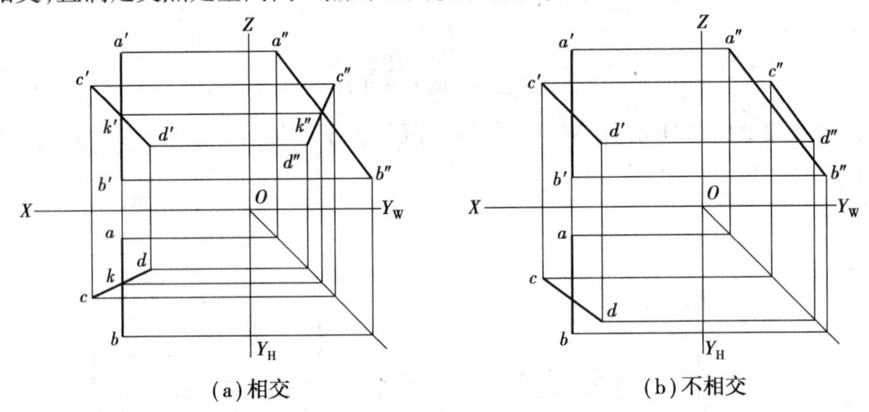

图2.31 判定两直线是否相交

3)两直线交叉

(1)投影特性

空间中两直线既不平行也不相交,则称之为交叉两直线。交叉两直线的各组同面投影可能有平行的,但是不会同时分别平行;同面投影可能有相交,但是交点绝不符合同一点的三面投影特性,因为这三个点投影并不是空间中同一点的三面投影,如图2.32所示。

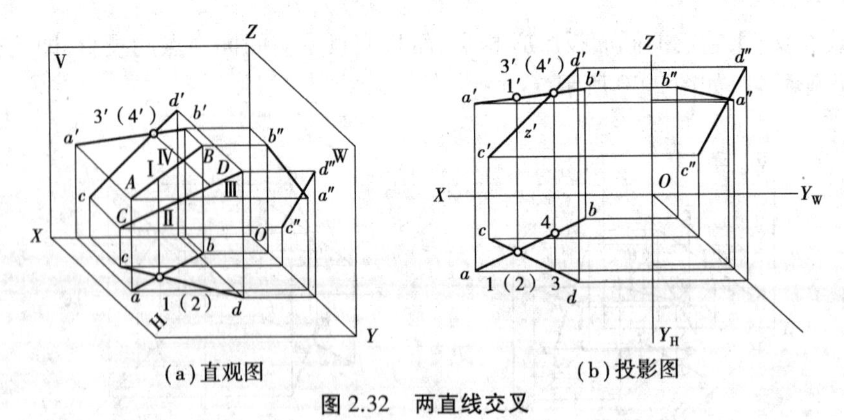

图2.32 两直线交叉

(2)交叉两直线重影点可见性的判别

两条直线交叉,其同面投影的交点为该投影面重影点的投影,可根据其他面上的点判断可见性。如图2.32所示,Ⅰ,Ⅱ点为H面的重影点,通过V面投影来判别,V面投影中,Ⅰ在上,Ⅱ在下,所以从上向下看时,Ⅰ可见,而Ⅱ不可见,H面标注重影点为1(2);同理,Ⅲ,Ⅳ

点为V面的重影点，通过H面投影来判别，H面投影中，Ⅲ在前，而Ⅳ在后，所以从前向后看时，Ⅲ可见，而Ⅳ不可见，V面标注重影点为3′(4′)。

2.4 平面的投影

平面可看成由直线组成，而直线又是由点组成，那么在许多的点中，必然有几个主要点，能够决定平面的形状、大小和位置，抓住这些点，也就抓住了平面的特点，所以平面的投影实质还是以点投影为基础。

2.4.1 平面的几何元素表示法

如图2.33所示，平面的几何元素表示法有如下5种方式：

①不在同一直线上的3点，如图2.33(a)所示；

②一直线和直线外一点，如图2.33(b)所示；

③相交两直线，如图2.33(c)所示；

④平行两直线，如图2.33(d)所示；

⑤任意平面图形，如三角形等，如图2.33(e)所示。

在图中不难看出，这5种形式之间是可以相互转换的，例如2.33(a)中将AB的两面投影连线，就得出2.33(b)；再将2.33(b)中的BC的两面投影连线，就得出2.33(c)。

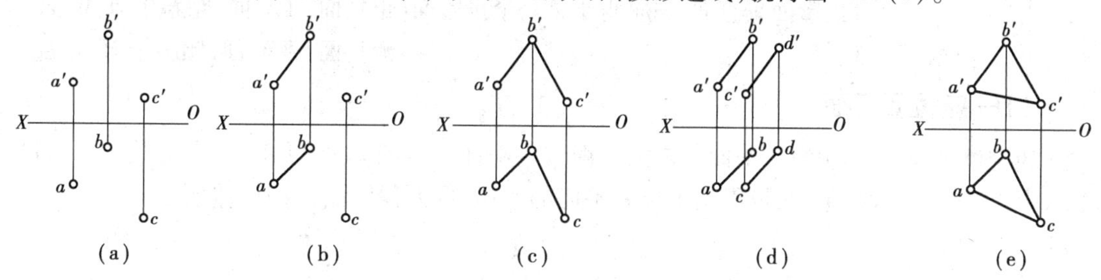

图2.33 用几何元素法表示平面

2.4.2 平面的投影特性

1) 收缩性

当平面倾斜于投影面时，其投影和原平面类似，如图2.34(a)所示，但其大小可能会发生变化，不能反映实形，而是缩小了，投影的这种性质称为收缩性。

2) 实形性

当平面平行于投影面时，其投影反映平面图形的真实形状和大小，如图2.34(b)所示，投影的这种性质称为实形性。

3) 积聚性

当平面垂直于投影面时，如图2.34(c)所示，投影积聚为一条直线，投影的这种性质称为积聚性。

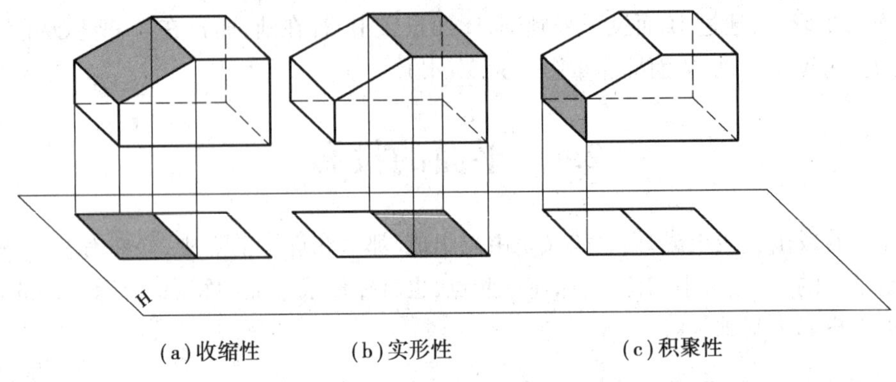

(a)收缩性　　(b)实形性　　(c)积聚性

图 2.34　平面的投影特性

2.4.3　平面与投影面的相对位置

平面在三投影面体系中,根据平面与投影面的相对位置将平面分类如下:

平面
- 一般位置平面:对 H,V,W 三个投影面均处于倾斜位置
- 特殊位置平面
  - 投影面平行面:平行于一个投影面,垂直于另两个投影面
    - 水平面://H 面,⊥V 面,⊥W 面
    - 正平面://V 面,⊥H 面,⊥W 面
    - 侧平面://W 面,⊥H 面,⊥V 面
  - 投影面垂直面:只垂直于某一个投影面
    - 铅垂面:⊥H 面,倾斜于 V,W 面
    - 正垂面:⊥V 面,倾斜于 H,W 面
    - 侧垂面:⊥W 面,倾斜于 H,V 面

1)一般位置平面

对各个投影面都倾斜的平面称之为一般位置平面。由图 2.35 可知,一般位置平面的投影特性:在 3 个投影面上的投影均不反映平面的实形,也无积聚性,均为类似形。

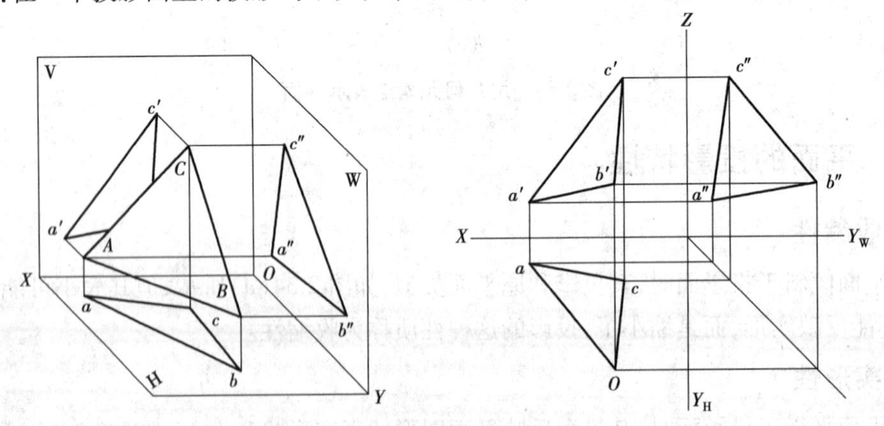

图 2.35　一般位置直线的投影特性

2)投影面平行面

①投影面的平行面是指平行于一个投影面,垂直于其他两个投影面的平面。

②其投影特征如表 2.3 所示。

表 2.3　投影面平行面的投影特性

	水平面 (//H 面,⊥V,W 面)	正平面 (//V 面,⊥H,W 面)	侧平面 (//W 面,⊥H,V 面)
直观图	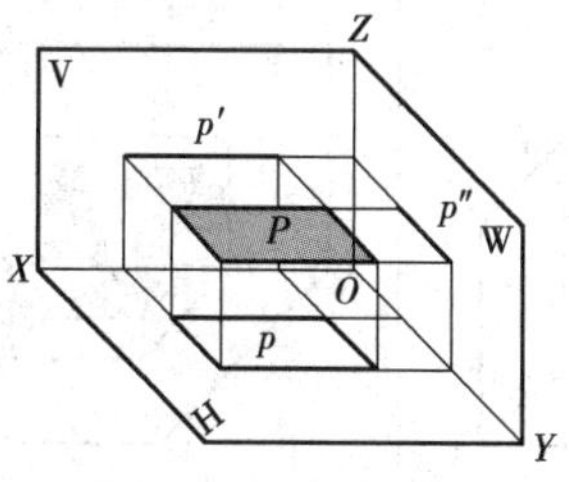	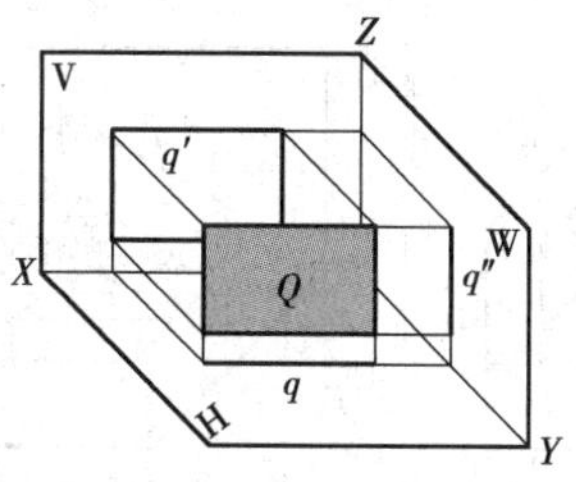	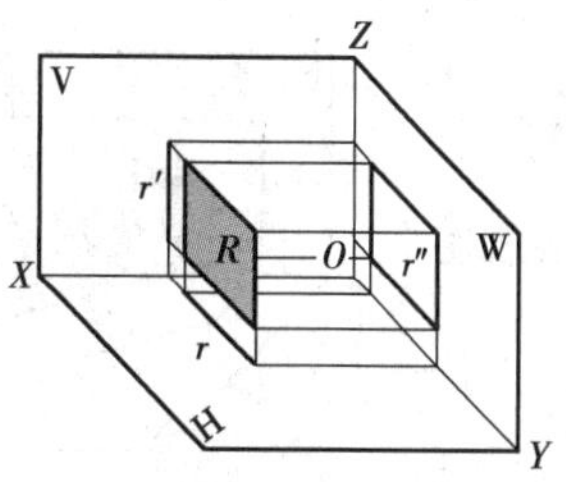
投影图	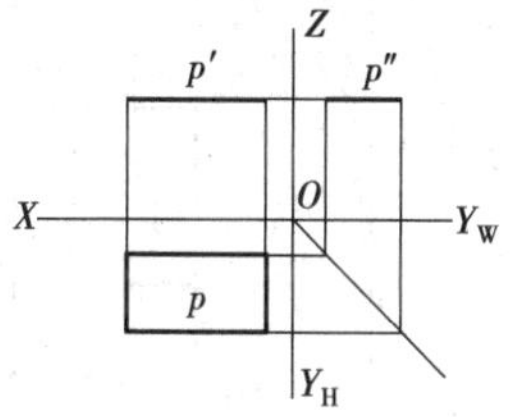	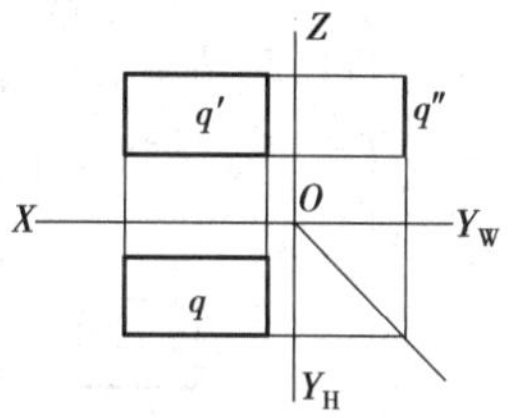	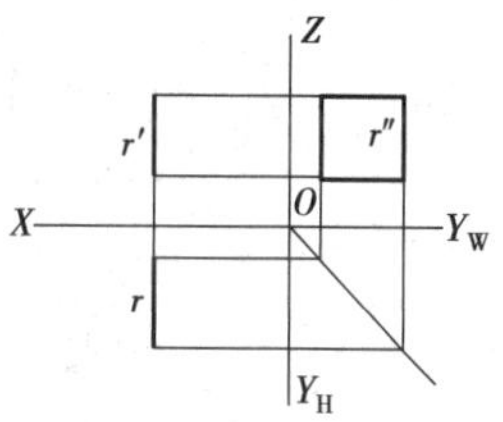
实例	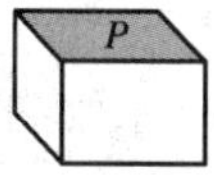	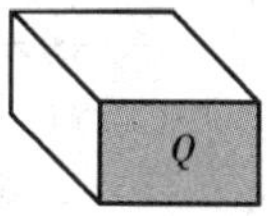	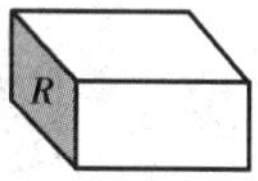
特征	(1)水平投影表达实形; (2)正面投影和侧面投影积聚为直线,且分别平行于 OX 和 OY_W 轴	(1)正平投影表达实形; (2)水平投影和侧面投影积聚为直线,且分别平行于 OX 和 OZ 轴	(1)侧面投影表达实形; (2)水平投影和正面投影积聚为直线,且分别平行于 OY_W 和 OZ 轴
	小结:(1)平面在所平行的投影面上的投影反映实形; (2)平面在其余两面投影积聚成一直线,且平行于相应的投影轴。		
判别	一框两直线,定是平行面;框在哪个面,平行于哪个面		

③根据平行面的投影特性,可判别平面与投影面的相对位置关系。若一个平面的三个投影中,有一个面的投影为线框,且反应实形,另外两个投影面为横平线或竖直线,则该平面必是投影面的平行面,且平行于线框所在的投影面。

3)投影面垂直面

①投影面的垂直面是指垂直于某一个投影面,而倾斜于其他两个投影面的平面。

②其投影特征如表 2.4 所示。

③根据垂直面的投影特性,可判别平面与投影面的相对位置关系。若一个平面的三个投影中,有两个面的投影为平面类似的线框,另外一个投影面为一条斜直线,则该平面必是投影面的垂直面,且垂直于斜直线所在的投影面。

表 2.4 投影面垂直线的投影特性

	铅垂面 （⊥H 面，对 V，W 面倾斜）	正垂面 （⊥V 面，对 H，W 面倾斜）	侧垂面 （⊥W 面，对 H，V 面倾斜）
直观图	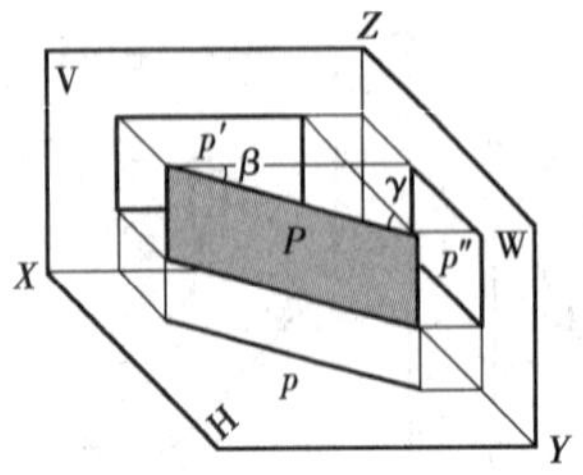	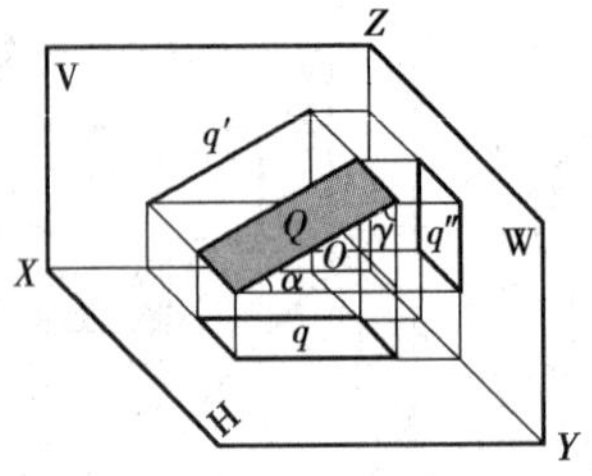	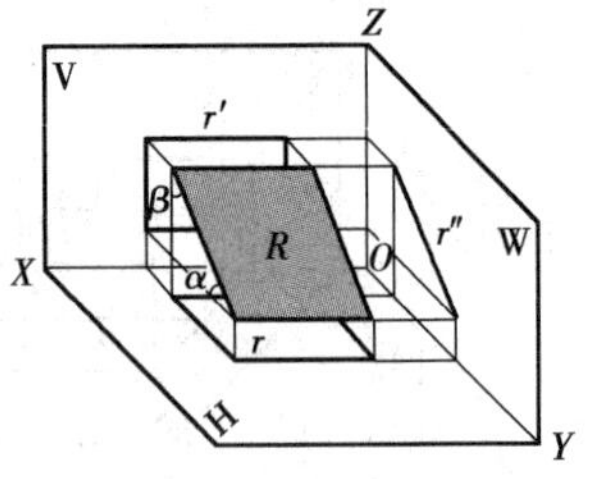
投影图	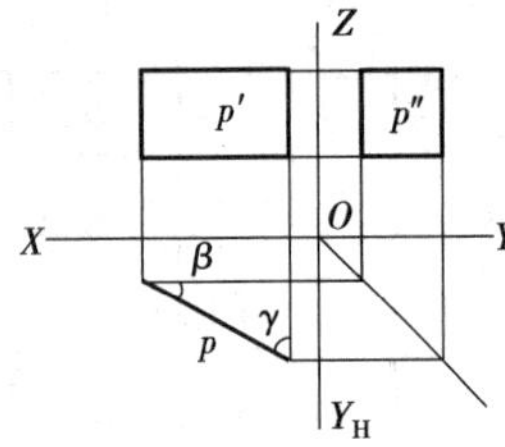	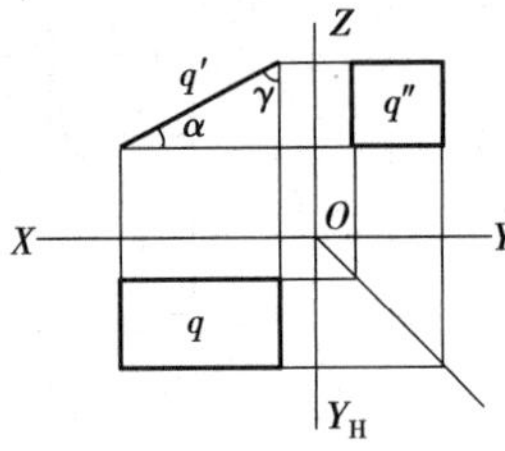	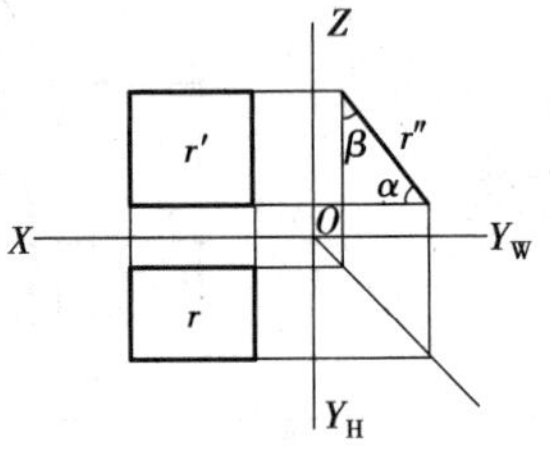
实例	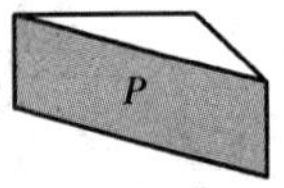		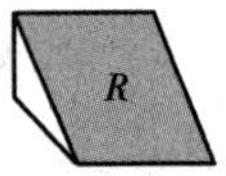
特征	(1)水平投影积聚为一斜直线，有积聚性，反映 β 和 γ 角 (2)正面投影和侧面投影均为原空间图形的类似图形	(1)正面投影积聚为一斜直线，有积聚性，反映 α 和 γ 角 (2)水平投影和侧面投影均为原空间图形的类似图形	(1)侧面投影积聚为一斜直线，有积聚性，反映 α 和 β 角 (2)水平投影和正面投影均为原空间图形的类似图形
	小结：(1)平面在所垂直的投影面上的投影积聚成一直线，有积聚性，且它与相应投影轴的夹角，反映平面对另外两个投影面的倾角 (2)平面在其余两面投影为空间平面图形的类似图形，均小于实形		
判别	两框一斜线，定是垂直面；斜线在哪面，垂直哪个面		

【例 2.6】已知等腰三角形 ABC 的顶点 A 的两面投影 a 及 a'，求过 A 点的等腰三角形 ABC 的三面投影。该三角形为铅垂面，高度为 10 mm，$\beta=30°$，底边 BC 为水平线，长度为 10 mm。

【解】$\triangle ABC$ 为铅垂面，则其水平投影积聚为一直线，该直线和 OX 轴所成夹角为 β；$\triangle ABC$ 的高为铅垂线，则 V 面投影反映实长；底边 BC 为水平线，则 H 面反应实长。解题过程如图 2.36 所示。

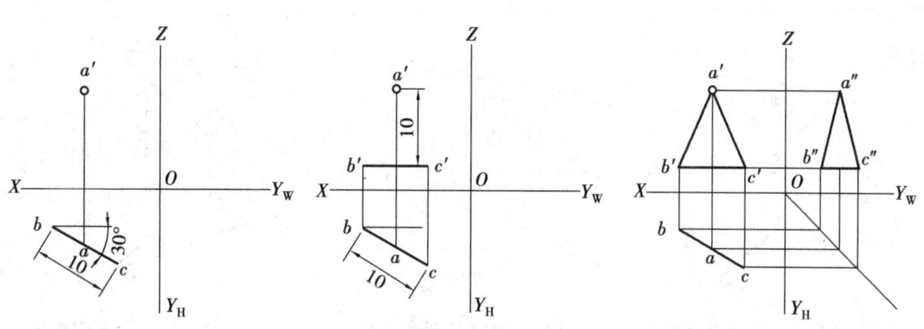

(a)过a作一直线bc与OX轴成30°，且使$ba=ac$=5 mm　(b)过a'向下截取10 mm，根据长对正，作出BC的正面投影$b'c'$　(c)连接$a'b'$和$a'c'$，根据“二补三”作出△ABC的侧面投影

图2.36　求作等腰三角形的投影

2.4.4　平面内的点和线

若一点在平面内的一条直线上，则该点必定在这个平面内。

直线在平面内的几何条件如下：

①直线通过平面内的两点；如图2.37所示，AB，BC为平面内直线，则DE在平面内。

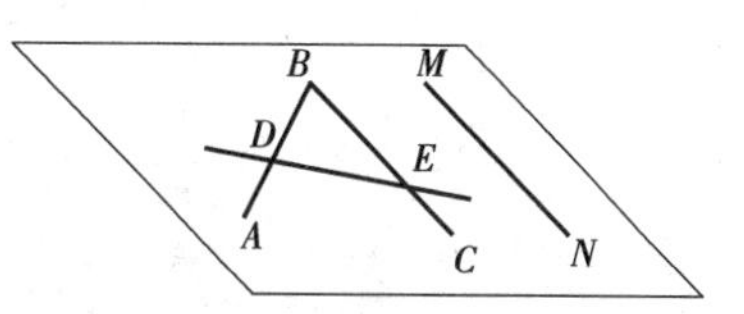

图2.37　直线在平面内的几何条件

②直线通过平面内的一点，且平行于该平面上的一条直线。如图2.37所示，BC在平面内，M点在平面内，作$MN//BC$，则MN在平面内。

只要满足以上两个条件之一的直线，即为该平面内的直线。

【例2.7】已知△ABC及其上一点M的投影m'，求作点M的水平投影m。

【解】方法1：如图2.38所示；方法2：如图2.39所示。

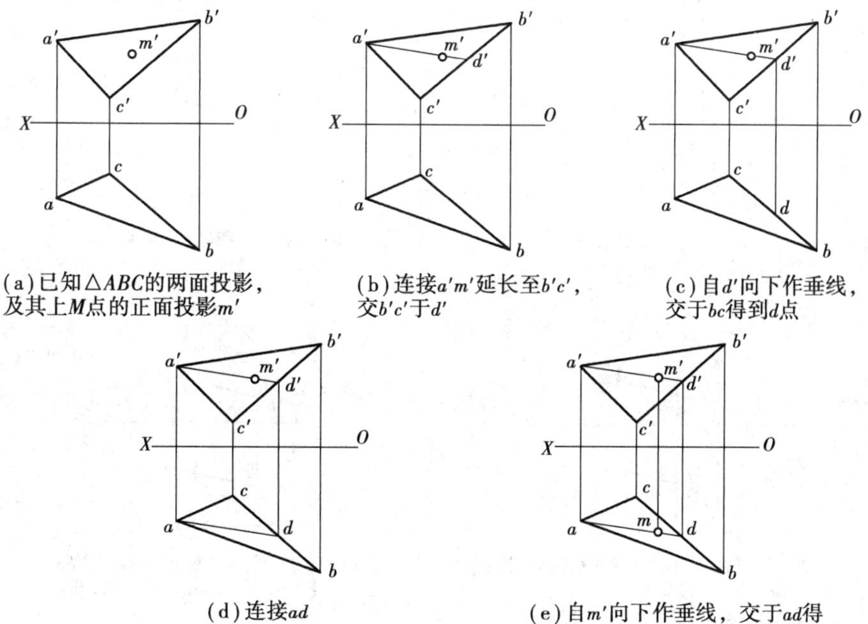

(a)已知△ABC的两面投影，及其上M点的正面投影m'　(b)连接$a'm'$延长至$b'c'$，交$b'c'$于d'　(c)自d'向下作垂线，交于bc得到d点　(d)连接ad　(e)自m'向下作垂线，交于ad得到m点，即为M点的水平投影

图2.38　补出平面上的点投影(方法1)

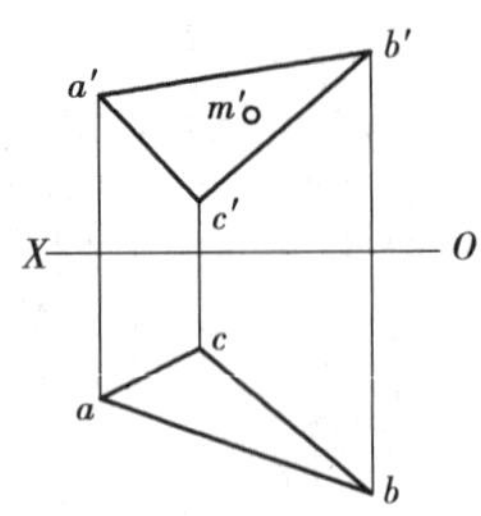

(a)已知△ABC的两面投影，及其上M点的正面投影m′

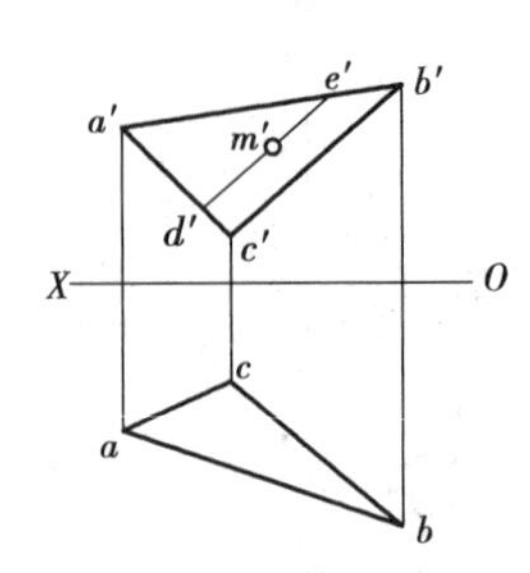

(b)过m′作一直线d′e′//b′c′

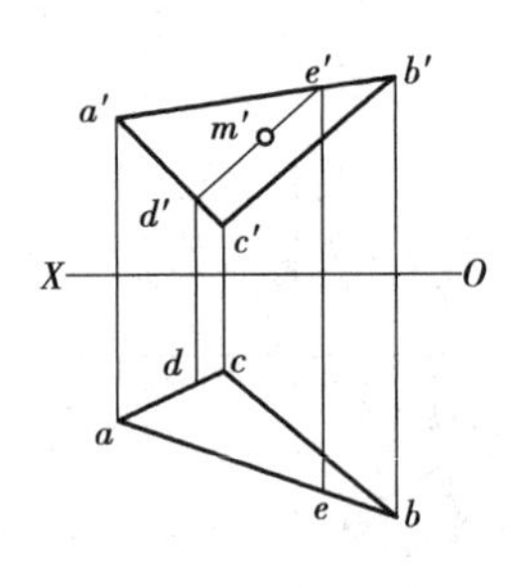

(c)自d′和e′分别向下作垂线，分别交于ac和ab于d点和e点

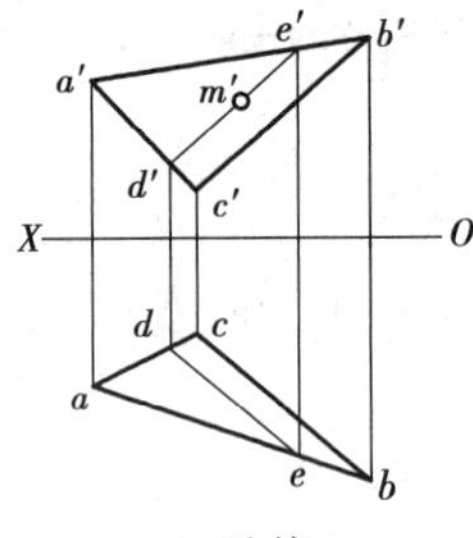

(d)连接de

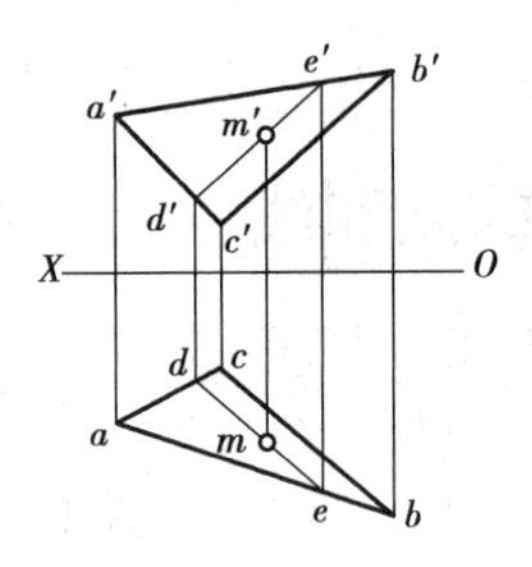

(e)自m′向下作垂线，交于de得到m点，即为M点的水平投影

图 2.39　补出平面上的点投影(方法 2)

【例 2.8】完成图示四边形平面的水平投影。

【解】对角线 AC 和 BD 的连线交点必在平面 ABCD 上。解题过程如图 2.40 所示。

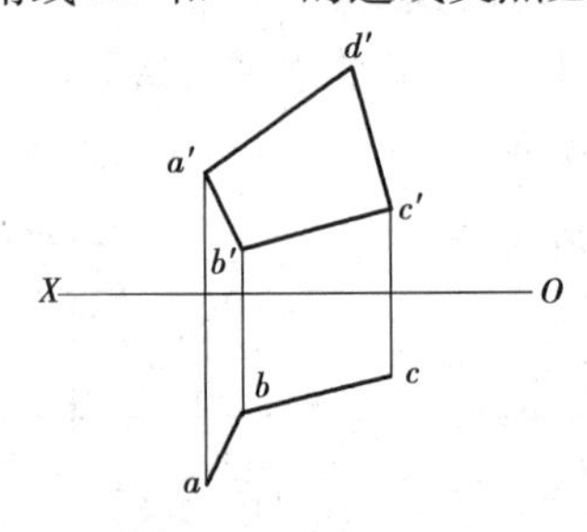

(a)已知条件

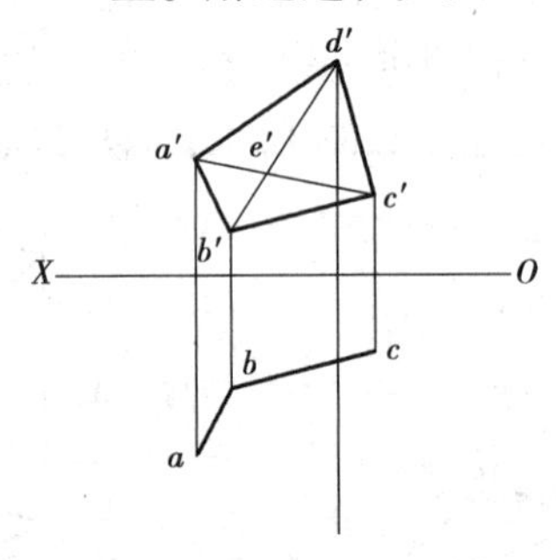

(b)连接a′c′和b′d′，交点为e′

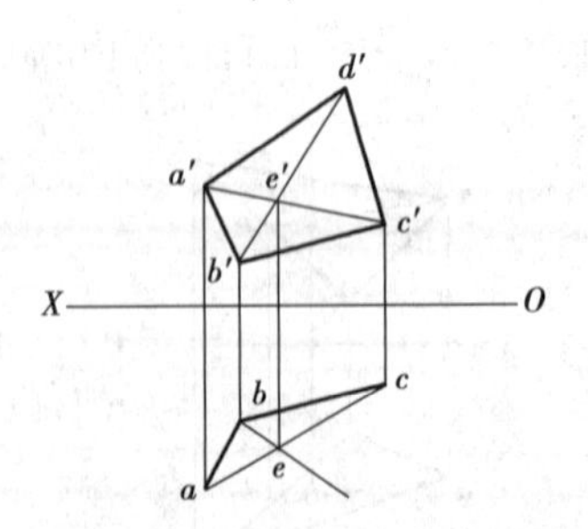

(c)连接ac，自e′向下作OX轴的垂线，交ac于e，连接be并延长

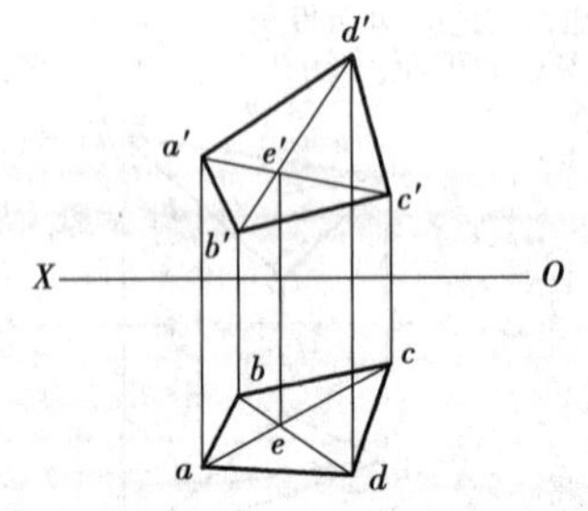

(d)自d′向下作OX轴的垂线，交be延长线于d，连接ad和cd，abcd即为所求

图 2.40　求作平面的水平投影

本章小结

1.投影的形成有三个要素:投影线(光线)、物体、投影面。投影法分为中心投影法和平行投影法。平行投影分为正投影和斜投影两种。正投影的 3 大特性有:实形性、积聚性、缩小性。

2.3 个互相垂直的投影面 H,V,W 组成一个三面投影体系。利用正投影原理将物体向这 3 个投影面投视,即得水平投影、正面投影、侧面投影。3 个投影面之间存在的投影关系是:长对正、高平齐、宽相等。

3.任何复杂的形体都可看成是点、直线、平面的组成。点的投影仍是点。当空间两点位于某一投影面的同一直线上时,则此两点的投影重合,这两点称为重影点。直线的投影可能是直线或点。平面的投影可能是平面或直线。根据其对投影面的相对位置不同,投影特性亦不同。

复习思考题

1.点的三面投影规律是什么?

2.点的三个面投影是如何标注的?

3.根据点的两个投影如何求第三个投影,即如何“二补三”?

4.根据点的坐标作出其三面投影图和直观图。

5.什么叫重影点及其可见性的判别?

6.试述直线上点的投影特性。

7.试述平行两直线投影特性。

8.试比较相交两直线和交叉两直线的投影特性。

9.叙述投影面的平行线、投影面的垂直线以及一般位置直线的投影特点。

10.叙述投影面的平行面、投影面的垂直面以及一般位置平面的投影特点。

11.怎样在已知平面上取直线和点?

12.怎样在已知平面上作投影面的平行线?

第 3 章

立体的投影

本章导读

- **基本要求** 掌握基本体中平面体和曲面体的形成、分类及表面取点、取线的空间分析和投影作图的方法；熟悉基本体投影图的识读和尺寸标注；理解基本体投影图中每条线和每个线框的空间意义；熟练掌握基本体投影图的形成原理和投影特点。
- **重点** 平面体各类型、曲面体各类型的投影特性；体表面上找点和线的方法（平面体的积聚法和辅助线法，曲面体的素线法和纬圆法）。
- **难点** 体表面上找点和线的方法—积聚法和辅助线法（平面体）；素线法和纬圆法（曲面体的）。

如果我们对日常生活中常见的建筑形体进行分析，不难看出，它们总是可以看成由一些简单几何体叠砌或切割组成的。如图 3.1 所示的房屋，是由棱柱、棱锥、棱台等组成；如图3.2 所示的水塔，是由圆柱、圆锥、圆台等组成。我们把这些组成建筑形体的最简单但又规则的几何体，称为基本形体。常见的基本形体分为平面体和曲面体两大类。

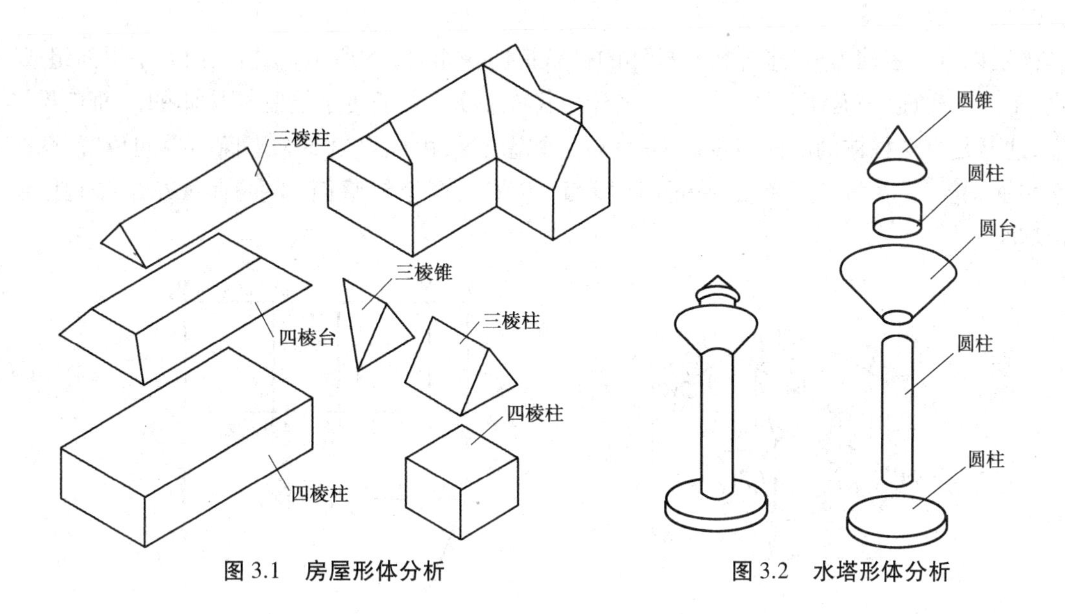

图 3.1 房屋形体分析　　图 3.2 水塔形体分析

3.1 平面体的投影

表面是由平面围成的形体称为平面体。基本平面体包括棱柱体、棱锥体和棱台体。作平面体的投影图,其关键是在于作出平面体上的点、直线和平面的投影。在建筑工程中,大多数建筑构件都是平面体,如梁、板、柱、墙等。因此,对平面体的投影特点和分析方法,应当熟练地掌握。

下面重点介绍基本平面体的投影特性、识读、绘制方法及表面定点和线的方法。

3.1.1 棱柱体的投影

由两个互相平行的多边形平面,其余平面均为四边形且每相邻两个四边形平面的交线互相平行的平面围成的基本平面体称为棱柱体。两个互相平行的平面称为底面,其余各面称为棱面,棱面与棱面的交线称为棱线,棱面与底面的交线称为底面边线,两底面间的距离称为棱柱体的高。棱线垂直于底面的棱柱称为直棱柱,如图 3.3 所示;棱线与底面斜交的棱柱称为斜棱柱,如图 3.4 所示;底面为正多边形的直棱柱称为正棱柱。依据底面多边形的边数,有三棱柱、四棱柱、五棱柱、六棱柱等。

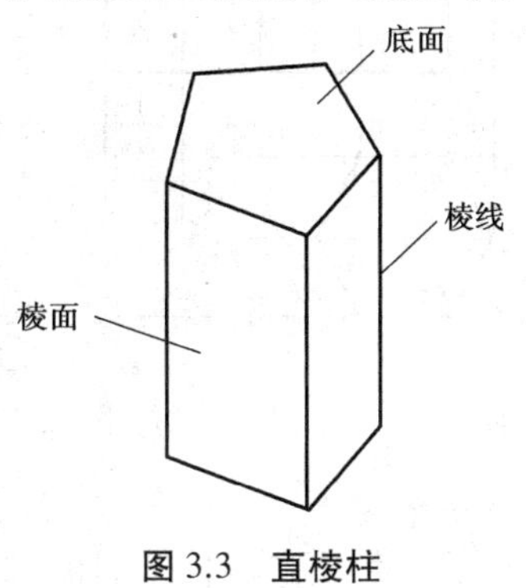

图 3.3 直棱柱

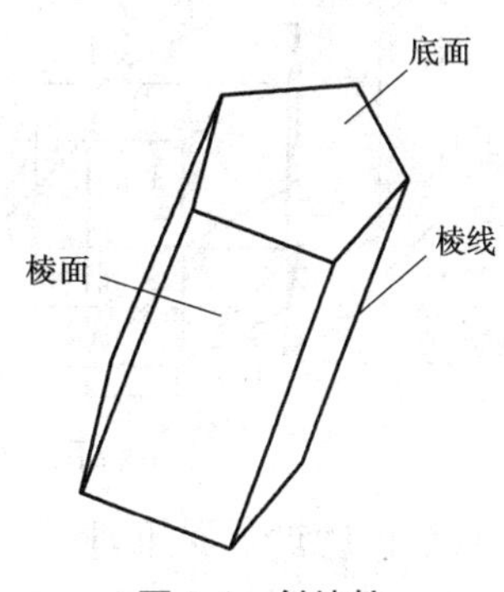

图 3.4 斜棱柱

现以直三棱柱为例,来分析棱柱体的投影特性。如图 3.5 所示,三棱柱由 5 个平面组成,上、下 2 个底面(三角形),左、右、后 3 个棱面(矩形)。为了便于绘制棱柱体的三面正投影图,通常是将棱柱体的底面与投影面平行或垂直放置,由此得出 5 个平面的空间位置,两个水平面(上、下底面)、一个正平面(后棱面 *ADFC*)、两个铅垂面(左棱面 *ABDE* 和右棱面 *BCEF*)。

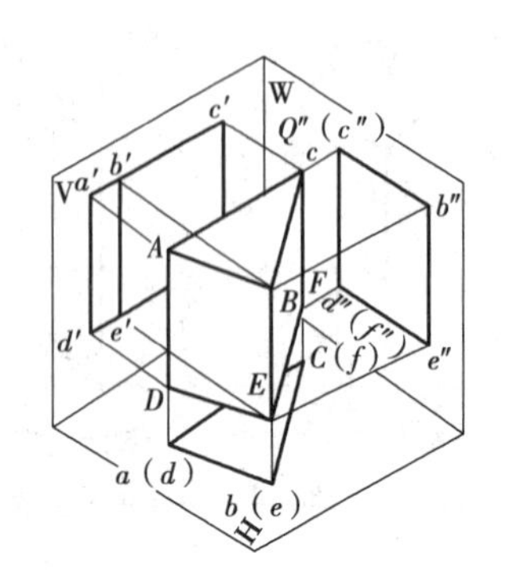

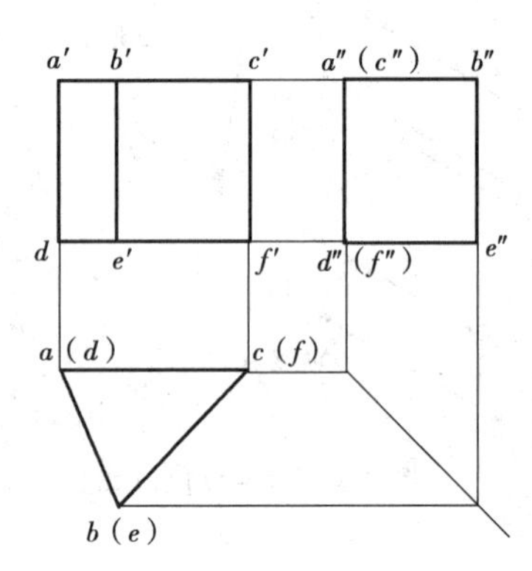

图 3.5 三棱柱的投影

由于知道 5 个面的空间位置,就可得出 5 个面在 3 个投影面中的投影,在每个投影图中我们都能找到这 5 个面的投影。

正面投影是 2 个矩形,它是两铅垂面(左、右棱面)在 V 面上的投影(可见,但不反映实形)。两个矩形的外围线框构成的大长方形是正平面(后棱面)的投影(不可见,但反映实形)。大矩形的上、下两条边线是两水平面(上、下底面)的积聚投影。

水平投影是一个三角形,它是上、下两底面的投影(上、下底面重影,上底可见,下底不可见),并反映实形。三角形的 3 条边是 3 个棱面的投影(具有积聚性)。

侧面投影是一个矩形,它是左、右两个棱面的投影(左可见右不可见,不反映实形)。矩形上、下两个边分别是上底面和下底面的积聚投影,矩形边线 $a''d''$是后棱面的积聚投影。

为了保证三棱柱的投影对应关系:正面投影和水平投影长对正、正面投影和侧面投影高平齐、水平投影和侧面投影宽相等,这就是三面投影图之间的“三等关系”。

同理,可以画出六棱柱的投影,如图 3.6 所示。

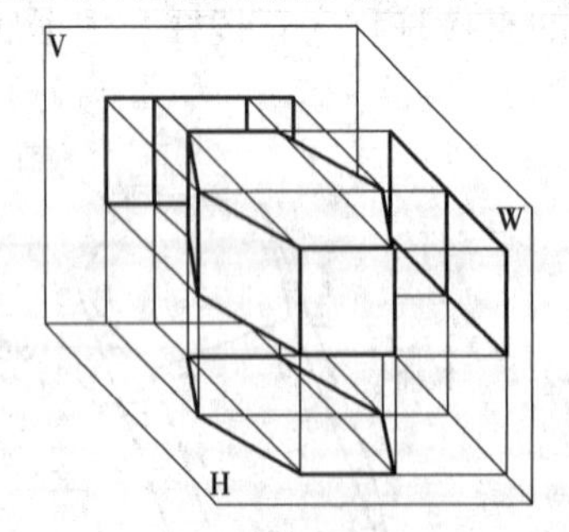

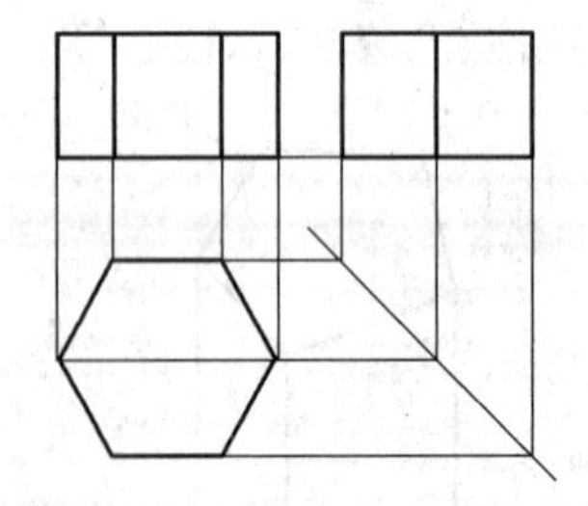

图 3.6 六棱柱的投影

综合分析,棱柱体的投影规律如下:

①底面平行的投影面上的投影为多边形,多边形的边数反映棱柱体的棱数。

②另两个投影面上为 N 个矩形围成的大矩形。

3.1.2 棱锥体的投影

由一个多边形平面和若干个有公共顶点的三角形平面围成的基本平面体称为棱锥体。多边形平面称为底面,其余各面称为棱面,棱面与棱面的交线称为棱线,棱面与底面的交线称为底面边线,棱面的公共顶点称为锥顶。锥顶到底面间的距离称为棱锥体的高。底面为正多边形的棱锥称为正棱锥。

现以正三棱锥为例,来分析棱锥体的投影特性。如图 3.7 所示,三棱锥由 4 个面组成,1 个底面(水平面△ABC),3 个棱面(后棱面△SAC 是侧垂面,左棱面△SAB 和右棱面△SBC 是一般位置平面)。

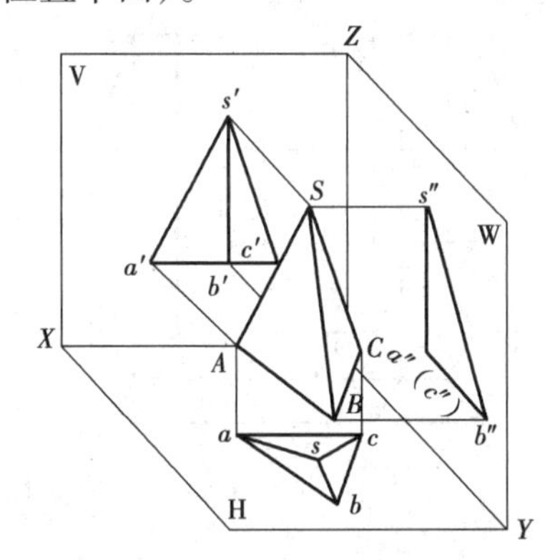

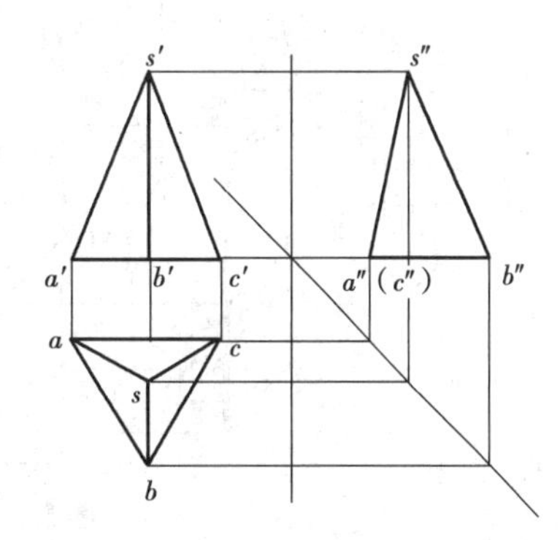

图 3.7 正三棱锥的投影

正面投影是两个三角形,它是左、右棱面的投影,同时,两个三角形组合出的大△$s'a'c'$ 是后棱面△SAC 的投影(不可见),大三角形的下边线是底面的积聚投影。

水平投影是 3 个具有公共交点的,它们分别是 3 个棱面的投影(不反映实形),同时,3 个三角形围成的大△abc 则是底面实形投影(不可见)。

侧面投影是一个三角形,它是左、右棱面的重合投影(左边可见,右边不可见),三角形的下边线是底面的积聚投影,三角形的边线 $s''a''$ 是后棱面的积聚投影。

同理可得出正六棱锥的投影图,如图 3.8 所示。

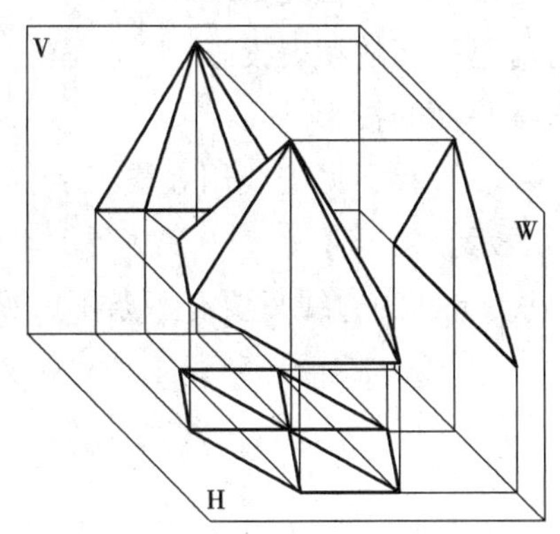

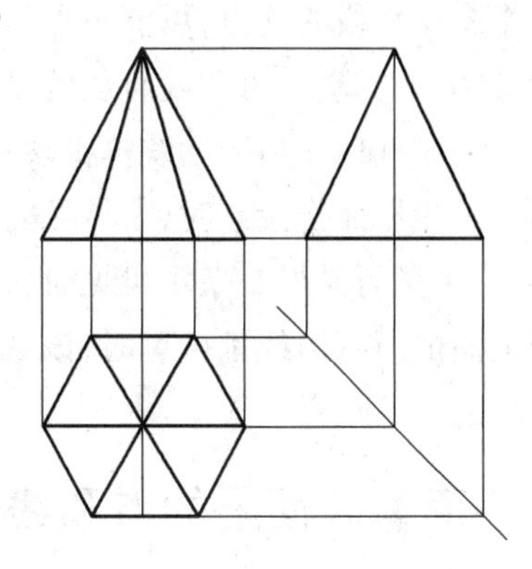

图 3.8 正六棱锥的投影

综合分析，棱锥体的投影规律如下：

①底面平行的投影面上的投影的外轮廓为多边形，其内部是以该多边形边数为底边，以棱锥的顶点为公共顶点的 N 个三角形。多边形的边数和内部三角形的个数均反映棱锥体的棱数。

②另两个投影面上的投影为 N 个具有公共顶点的三角形围成的大三角形。

3.1.3 棱台体的投影

棱锥体被平行于其底面的平面截割，截面与底面间的部分称为棱台体。所以，棱台体的两个底面平行且相似，所有的棱线延长后交于一点。

如图 3.9 所示，以正六棱台的投影图为例，得出棱台体的投影规律如下：

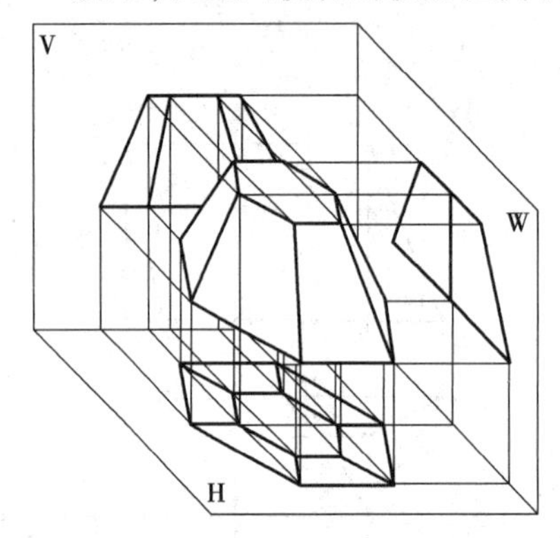

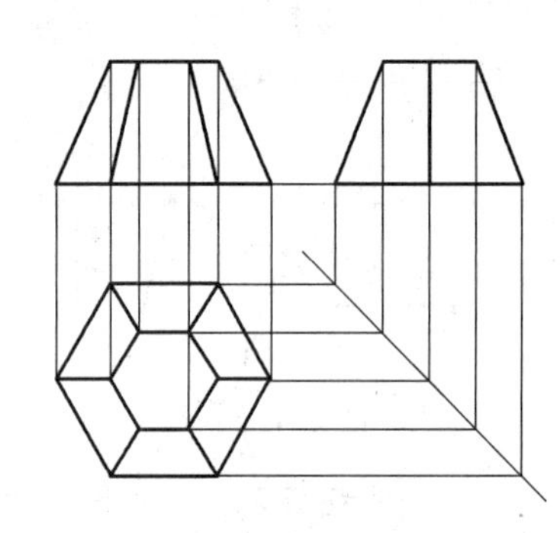

图 3.9 正六棱台的投影

①底面平行的投影面上的投影的外轮廓为多边形，其内部是由与其相似的多边形与之相应顶点相连而构成，多边形的边数反映棱台体的棱数。

②另两个投影面上的投影为 N 个梯形围成的大梯形。

3.1.4 平面体投影图的识读

平面体投影图的识读除了掌握上述各个基本形体的投影特性外，还必须注意以下几点：

①平面体的投影实质是点、线、面投影的集合。

②投影图中线段的交点，可能是点的投影，也可能是线的积聚投影。

③投影图中的线条，可能是直线的投影，也可能是平面的积聚投影。

④投影图中任何一封闭的线框都表示立体上某平面的投影。

⑤当向某投影面作投影时，看得见的线用实线表示，看不见的线用虚线表示。当两条线的投影重合，一条可见另一条不可见时，仍用实线表示。

⑥当平面的所有边线都可见时，该平面才可见。平面的边线只要有一条不可见，该平面就是不可见的。

3.1.5 平面体表面上的点和线

平面体是由若干平面依次围成的，求平面体表面上的点和线实质就是求围成平面体的若干平面上的点和线。求解思路如下：

①先分析平面建筑形体的性质及各个表面与投影面的相对位置关系。

②分析已知的点或线位于平面体的哪个表面上。

③若点或线所在平面为特殊平面，依据特殊平面具有积聚性的特点，先求出平面积聚投影上的点或线的投影；若点或线所在平面为一般平面，利用过已知点作辅助线的方法求出该点或线的投影。

④由点的已知投影和求出的第二投影，利用“三等投影关系”求出点的第三投影。

⑤最后判断点或线的各个投影的可见性。

【例3.1】已知三棱柱的H，V投影及体表面上点P，Q，线MN的一个投影，求体的W投影及点P，Q，线MN的另两个投影。

【解】(1)投影分析

由图3.10(a)所示，该棱柱体的棱线垂直于H面，因而，3个棱面均为铅垂面，上、下底面为水平面。直线MN的V投影可见，故在左棱面上且点M在左棱线上；点P的V投影不可见，故在后棱面上；点Q的H投影可见，故在上底面上。根据投影面垂直面的投影特性可知，3个棱面的H面投影积聚为三角形的3条边线，W面为1个矩形线框(左、右两条棱线重影)。3条棱线的H面投影积聚为三角形的3个顶点。

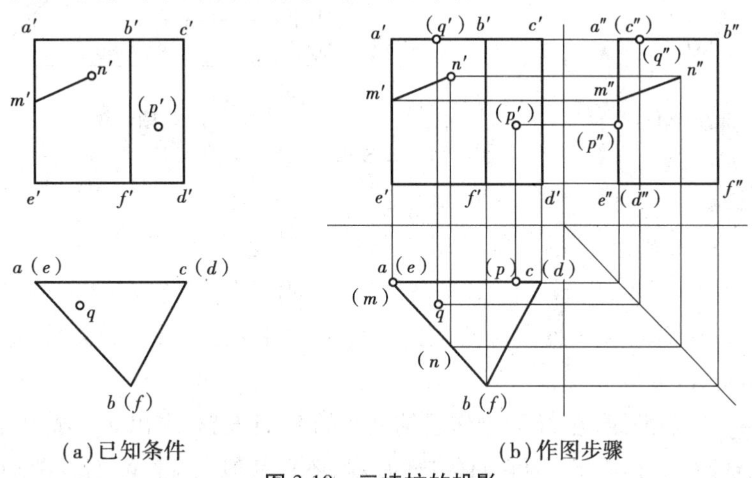

图3.10　三棱柱的投影

(2)作图步骤

①利用“高平齐，宽相等”的原则，作出三棱柱的W投影。

②如图3.10(b)所示，由m'，n'，p'“长对正”向H面作投影线，在左棱线、左棱面和后棱面的积聚投影上得到m，n，p，因它们各自的上面还有其他点，故H投影均不可见；再利用“三等投影关系”作出m''，n''，p''，点P的左侧还有其他点，故p''不可见，左棱面的W投影可见，故$m''n''$可见。

③由点Q的H投影“长对正”向V面作投影线，在上底面的积聚投影上找到q，再利用“三等投影关系”作出q''，点Q的左侧还有其他点，故q''不可见。

【例3.2】已知三棱锥S-ABC及其体上点E，F和直线MN的H，V投影，求它们的其余投影。

【解】(1)投影分析

由图 3.11(a)所示,三棱锥的左、右棱面均为一般位置平面,后棱面为侧垂面,底面为水平面。直线 MN 的 V 投影可见,故在左棱面上且点 M 在左棱线上,点 N 在前棱线上;点 E,F 的 V 面投影不可见,故在后棱面上。根据投影特性可知,棱锥底面的 H 面投影为三角形轮廓,三个棱面的 H 面投影为其内具有公共顶点的 3 个三角形,W 面为 1 个三角形线框(左、右两条棱线重影)。

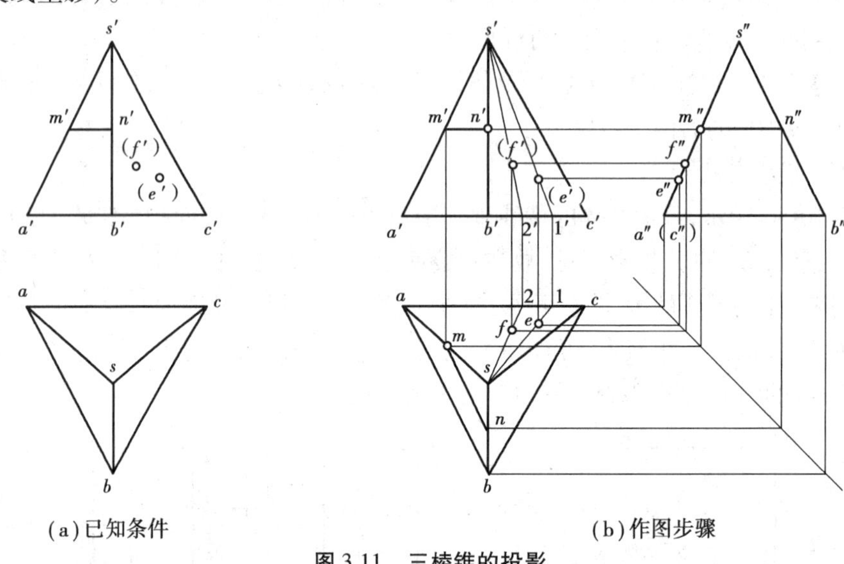

(a)已知条件　　(b)作图步骤

图 3.11　三棱锥的投影

(2)作图步骤

①利用"高平齐,宽相等"的原则,作出三棱锥的 W 面投影。

②如图 3.11(b)所示,由 m',n'"长对正"向 H 面作投影线,在左棱线、前棱线的 H 面投影上找到 m,n,左棱面的 H 面投影可见,故 mn 可见;再利用"三等投影关系"作出 $m''n''$,左棱面的 W 投影可见,故 $m''n''$可见。

③过点 e',f'作辅助线,在 H 面上作出辅助线的 H 面投影,求出 e,f,或利用后棱面在 W 投影面上的积聚性,作出 e'',f'',因它们各自的左侧还有其他点,故 W 面投影均不可见;最后利用投影关系作出点 E,F 的第三投影。

3.1.6　平面体的尺寸标注

平面体只要标注出它的长、宽和高的尺寸,就可以确定它的大小。尺寸一般标注在反映实形的投影上,尽可能集中标注在一两个投影的下方和右方,必要时才标注在上方和左方。一个尺寸只需要标注一次,尽量避免重复,正多边形的大小,可标注其外接圆周直径。平面体的尺寸标注如图 3.12 所示。

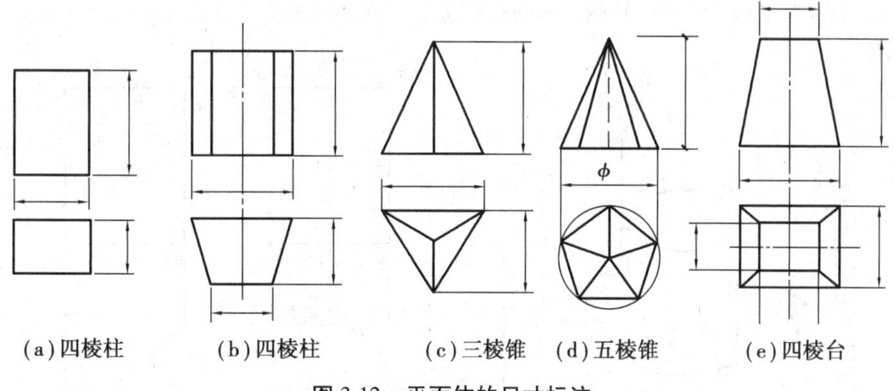

图 3.12 平面体的尺寸标注

3.2 曲面体的投影

表面由曲面或曲面与平面围成的基本体称为曲面体。回转曲面是由运动的直线或曲线按一定的约束条件绕着固定的一轴线旋转而成的,如图 3.13 所示。这条运动的直线或曲线称为母线。母线绕轴旋转过程中,在每个位置留下的轨迹线称为素线。母线上任意一个点绕轴旋转的轨迹称为纬圆(如点 C,A,B 的轨迹)。纬圆之间相互平行且都垂直于轴线,直径最大的纬圆称为赤道圆,如图 3.13(b)中点 B 的运动轨迹;直径最小的纬圆称为喉圆或颈圆,如图 3.13(b)中点 A 的运动轨迹。母线端点运动产生的轨迹称为底圆。

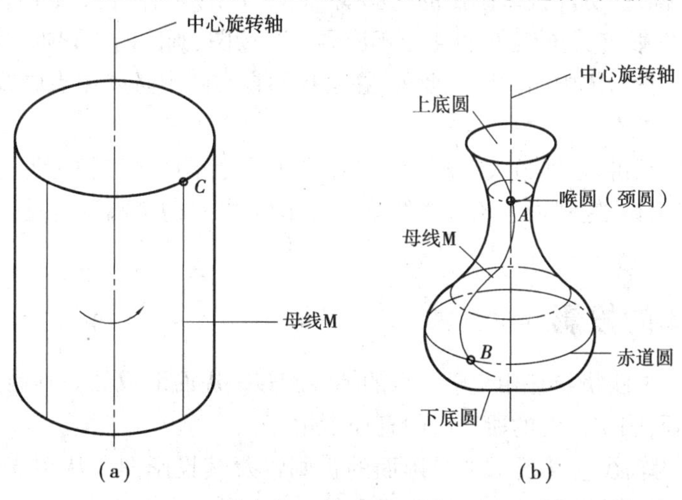

图 3.13 回转面的形成

最常见的基本曲面体如圆柱、圆锥、圆台和球体等,下面分别以它们为例来介绍基本曲面体的投影特性。

3.2.1 圆柱体的投影

圆柱体是由直母线绕与其平行的轴线旋转一周而形成的。圆柱体上所有素线都与轴线平行且间距相等,圆柱体上的所有纬圆直径相等。

如图 3.14 所示为轴线垂直于水平投影面的正圆柱及其投影面。从图 3.14(b)中可以看出，该正圆柱的水平投影为圆，正面、侧面投影是大小相等的长方形。

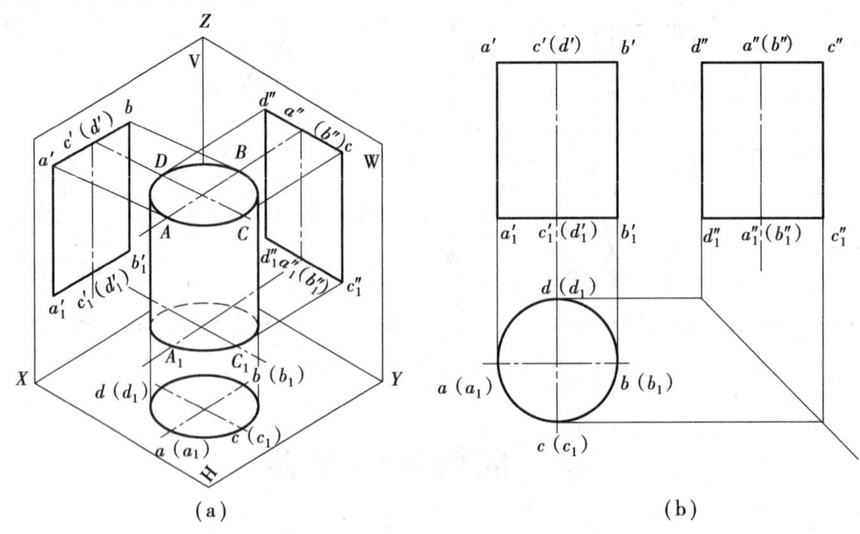

图 3.14　圆柱体的投影

因上、下两底面为水平面，故其水平投影反映实形仍为圆；正面、侧面投影均为水平直线段，其长度等于圆的直径。又因圆柱面垂直于水平投影面，故其水平投影积聚成圆周。正面、侧面投影都是矩形，正面投影上 $a'a'_1$ 和 $b'b'_1$ 分别是圆柱面上最左素线 AA_1 最右素线 BB_1 的正面投影，称为最大轮廓线。由于圆柱表面是光滑曲面，这两条素线在侧面投影中与轴线重合，不应画出。同理，侧面投影画出的轮廓线 $c'c'_1$ 和 $d'd'_1$ 是圆柱表面最前、最后的两个条素线 CC_1 和 DD_1 的投影，它们的正面投影也不应画出。读图、画图时要根据空间关系和投影规律才能找到它们在投影图中的位置。此外，在圆柱的投影图中必须用点画线，画出圆的中心线和圆柱面轴线的投影。

对于正面投影来讲，正视最大轮廓素线 AA_1 和 BB_1 之前的半圆柱可见，其后半圆柱不可见；对于侧面投影来讲，侧视最大轮廓素线 CC_1 和 DD_1 之左的半圆柱可见，其右的半圆柱不可见。

3.2.2　圆锥体的投影

圆锥体是由直母线绕与它相交于一点的轴线旋转一周而形成的。圆锥体上所有素线都与轴线相交于锥顶，圆锥体上的所有纬圆直径不相等。

图 3.15 所示为轴线垂直于水平投影面的正圆锥及其投影图。从图 3.15(b) 中可以看出，该正圆锥的水平投影为圆，正面、侧面投影是大小相等的三角形。

因圆锥底面为水平面，故其水平投影反映实形仍为圆，正面、侧面投影均为直线段。圆锥面的 3 个投影均无积聚性，其水平投影为圆，与底圆投影重合。正面、侧面投影是底宽为底圆直径的等腰三角形。正面投影上画出正视最大轮廓线 SA 和 SB 的投影 $s'a'$ 和 $s'b'$，它们的侧面投影与轴线的侧面投影重合。侧面投影上画出侧视最大轮廓线 SC 和 SD 的投影 $s''c''$ 和 $s''d''$，它们的正面投影与轴线的正面投影重合。此外，在圆锥的投影图中也必须用点画线画出圆的中心线和圆锥面轴线的投影。

对于正面投影来说，在正视轮廓线 SA 和 SB 之前的半圆锥面是可见的，其后的半圆锥不可见；对于侧面投影来说，在侧视轮廓线 SC 和 SD 之左的半圆锥面是可见的，其右的半圆锥不可见；对于水平投影来说，圆锥面全部可见。

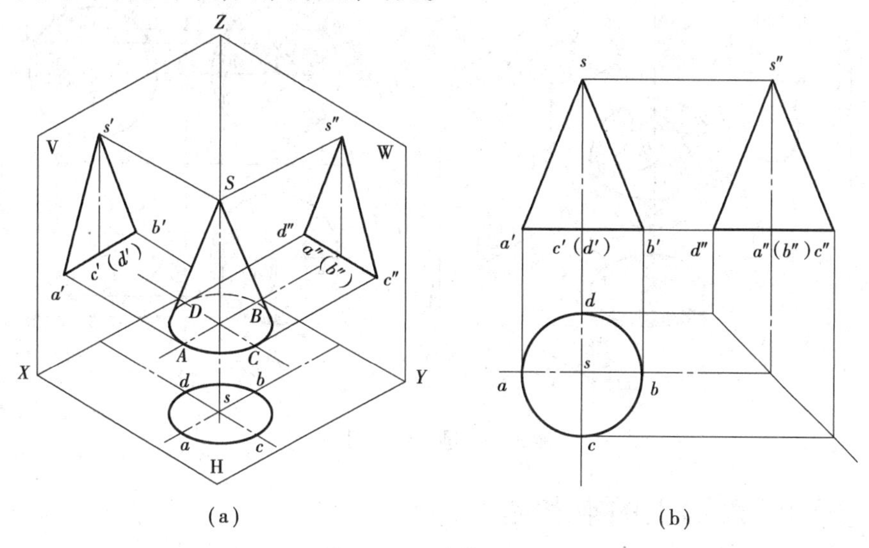

图 3.15　圆锥体的投影

3.2.3　圆台体的投影

圆锥体被一平行于底圆的平面截割后，底圆与截割面之间的部分就是圆台体，它的投影分析同圆锥体，这里就不再多述。

3.2.4　球体的投影

球体是由一半圆曲母线绕其本身的任一直径为轴线旋转一周形成的。

如图 3.16 所示，球体的 3 个投影都是向 3 个不同方向最大圆的投影(A,B,C)。正面投影轮廓圆 a'是圆球前后半球的分界圆，前半球可见，后半球不可见；水平投影轮廓圆 b 是圆球上下半球的分界圆，上半球可见，下半球不可见；侧面投影轮廓圆 c''是圆球左右半球的分界圆，左半球可见，右半球不可见。它们在所平行的投影面上反映圆的实形，其余两个投影与圆的中心线重合。

此外，在圆球的投影图上必须用点画线画出圆的中心线。

3.2.5　曲面体投影图的识读

①圆柱体的 3 个投影分别是 1 个圆和 2 个全等的矩形，且矩形的长度等于圆的直径。

②圆锥体的 3 个投影分别是 1 个圆和 2 个全等的等腰三角形，且三角形的底边长等于圆的直径。

③球体的 3 个投影都是 3 个全等的圆。

除了掌握上述特点外，还应注意：曲面立体的投影是由构成曲面立体的曲面和平面的投影组成。它的投影是对曲面体轮廓线的投影。轮廓线是立体表面上不同两平面、平面与曲面或不同两曲面的交线。

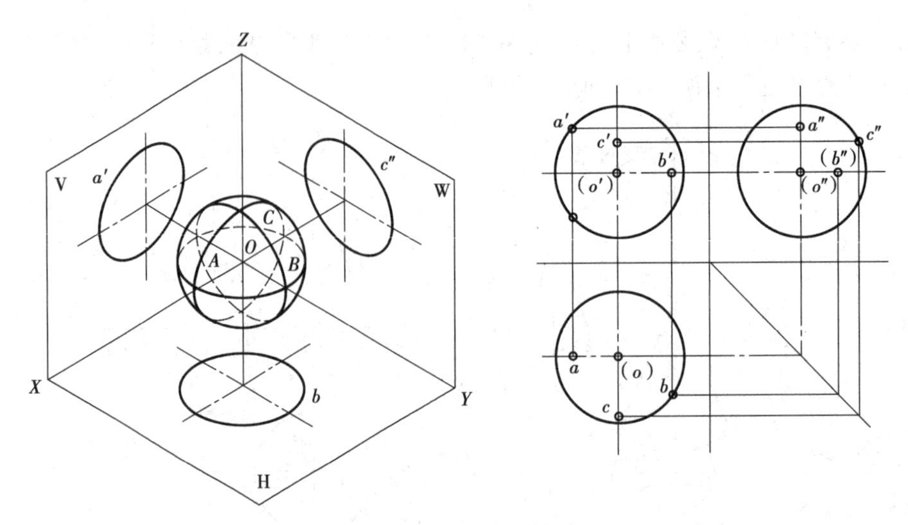

图 3.16　圆球体的投影

3.2.6　曲面体表面上的点和线

①在圆柱表面上取点,可利用圆柱表面对某一面的积聚性进行作图。

②圆锥面上的任意一条素线都过圆锥顶点,圆锥面的三投影都没有积聚性,因此在圆锥表面上定点时应采用素线法或纬圆法。

用素线作为辅助线作图的方法,称为素线法;用垂直于轴线的圆作为辅面的方法,称为纬圆法。

③在圆球表面上取点,必须用纬圆法,即利用球面上平行于投影面的辅助圆进行作图。

【例 3.3】如图 3.17 所示,已知圆柱的三面投影及其表面上Ⅰ,Ⅱ,Ⅲ,Ⅳ点的曲线的正面投影 1′2′3′4′,求该曲线的水平投影和侧面投影。

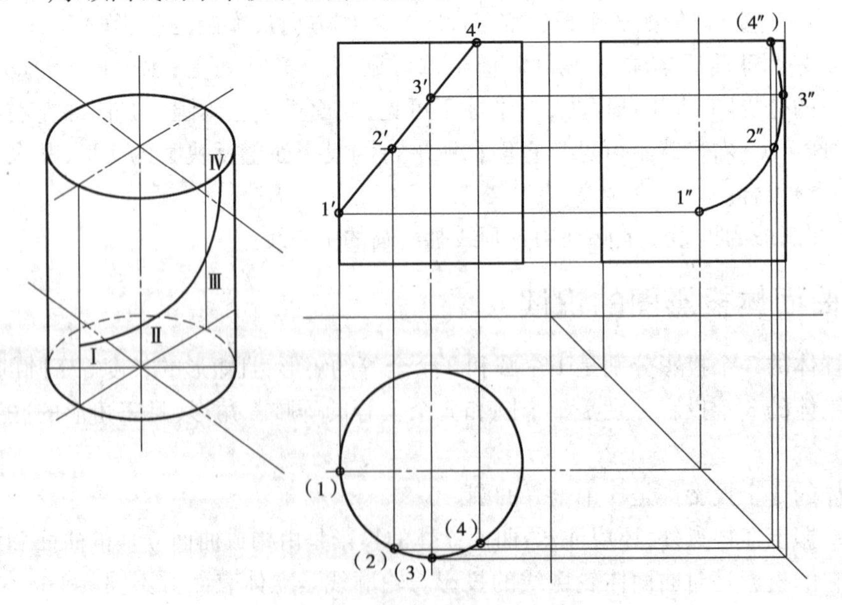

图 3.17　圆柱表面上的点和线

【解】(1)投影分析

点 Ⅰ,Ⅱ,Ⅲ,Ⅳ组成曲线在圆柱曲面上,因此,可利用圆柱面水平投影的积聚性,先作出水平投影,然后再用“二补三”作图作出侧面投影。

(2)作图步骤

①从正面投影可知Ⅰ,Ⅱ,Ⅲ,Ⅳ点都位于前半个圆柱面上,Ⅰ点在最左轮廓线上,Ⅲ点视最前素线上的点。因此,可以确定水平投影1积聚在圆周最左边的交点处,侧面投影1″在点划线上(与轴线重合)。Ⅲ点的水平投影3在圆周最前边的交点处,侧面投影3″在最大轮廓线上。

②Ⅱ,Ⅵ点不在最大轮廓线上,仍用水平积聚投影性质,得出点2和4。然后再用“二补三”作图,确定其侧面投影2″和4″。

③曲线Ⅰ,Ⅱ,Ⅲ,Ⅳ的水平投影1,2,3,4是积聚在圆周上的一段圆弧。侧面投影是一段光滑曲线1″,2″,3″,4″,因为 Ⅰ,Ⅱ,Ⅲ在左前半曲面上可见画实线,Ⅳ在右前半曲面上不可见画虚线。

【例3.4】如图3.18所示,已知圆锥表面上Ⅰ,Ⅱ,Ⅲ,Ⅳ 4个点的正面投影1′,2′,3′,4′,以及曲线Ⅰ,Ⅱ,Ⅲ的正投影1′,2′,3′,求作它们的水平投影和侧面投影。

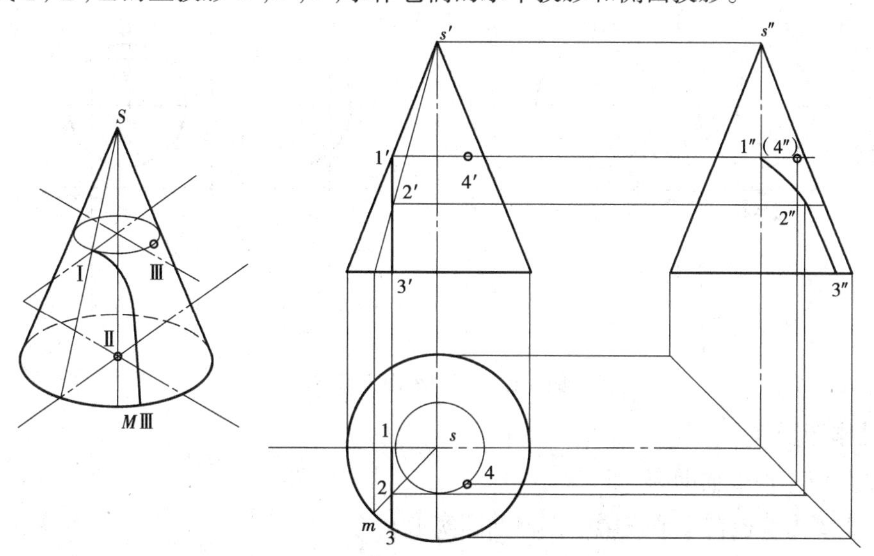

图3.18 圆锥体表面上的点和线

【解】(1)投影分析

点Ⅰ,Ⅱ,Ⅲ,Ⅳ及曲线Ⅰ,Ⅱ,Ⅲ都在圆锥面上,Ⅰ点在圆锥面最左边轮廓素线上,Ⅲ点在底圆上,这两个点是圆锥面上的特殊点,可以通过引投影联系线直接确定其水平投影和侧面投影,Ⅱ点和Ⅳ点是圆锥面上的一般点,可以用素线法或纬圆法确定其水平投影和侧面投影。

(2)作图步骤

①Ⅰ点位于圆锥面最左边轮廓素线上,所以它的水平投影1应为1′向下引联系线与点

画线的交点(可见),侧面投影 1″应为自 1′向右引联系线与点画线的交点(与轴线重影,可见)。

Ⅲ点是底圆前半个圆周上的点,水平投影 3 应为 3′向下引联系线与前半个圆周的交点(可见),利用“二补三”作图确定其侧面投影 3″(可见)。

②Ⅱ点因不在特殊素线上,用素线法较合适。其方法是:连 s'和 2′延长到 m',然后自 m'引联系线交底圆前半个圆周于 m,连 sm,最后由 2′向下引联系线与 sm 相交,交点即为Ⅱ点的水平投影 2(可见)。Ⅱ点的侧面投影 2″可用“二补三”作图求得(可见)。

③Ⅳ点也不在特殊素线上,可用纬圆法求得。其方法是:过 4′点作直线垂直于点画线,与轮廓素线的两交点之间的连线即是过Ⅳ点纬圆的正面投影。在水平投影上,以底圆的中心为圆心,以纬圆正面投影的线段长度为直径画图,这个图就是过Ⅳ点纬圆的水平投影。然后由 4′点向下引联系线交纬圆的前半个圆周的交点即为Ⅳ点的水平投影 4(可见)。最后利用“二补三”作图求出其侧面投影 4″(不可见)。

④圆锥曲面上的曲线Ⅰ,Ⅱ,Ⅲ,在水平投影中积聚成一直线 1,2,3,在侧立面上反映曲线实形 1″,2″,3″。

【例 3.5】如图 3.19 所示,已知 K 点正立投影 k',求 k,k''。

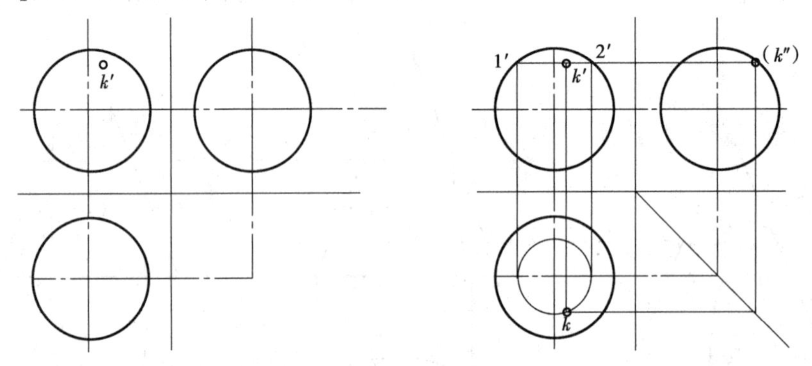

图 3.19　圆球表面上取点

【解】作图步骤:

①过 k'作一水平辅助圆,即 1′2′。

②以 1′2′为直径在水平投影中作辅助圆实形。

③以 k'向下引联系线交辅助圆为 k。

④以“二补三”求出 k'',因 K 在右上方,侧立面投影为不可见。

3.2.7　曲面体的尺寸标注

曲面体的尺寸标注和平面体相同,只要注出曲面体圆的直径和高即可,如图 3.20 所示。

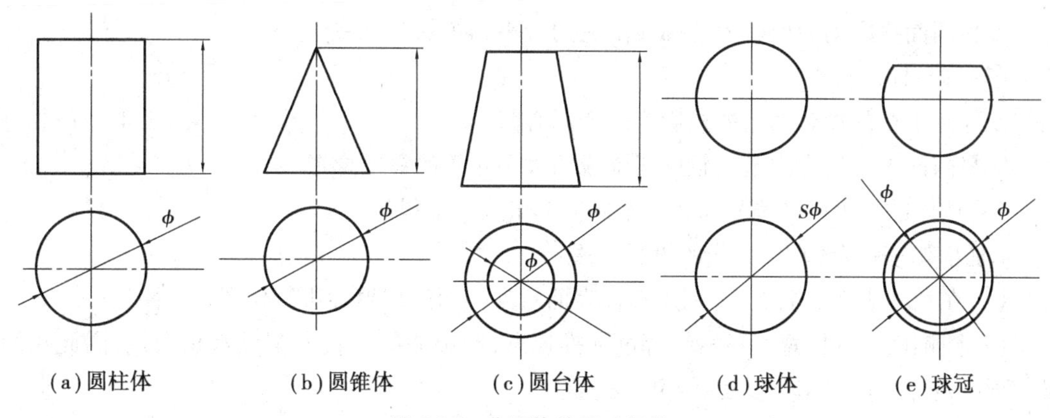

图 3.20　曲面体的尺寸标注

本章小结

1.常见的基本形体分为平面体和曲面体两大类。基本平面体包括棱柱体、棱锥体和棱台体。

(1)棱柱体的投影规律:

①底面平行的投影面上的投影为多边形,多边形的边数反映棱柱体的棱数。

②另两个投影面上为 N 个矩形围成的大矩形。

(2)棱锥体的投影规律:

①底面平行的投影面上的投影的外轮廓为多边形,其内部是以该多边形边数为底边,以棱锥的顶点为公共顶点的 N 个三角形。多边形的边数和内部三角形的个数均反映棱锥体的棱数。

②另两个投影面上的投影为 N 个具有公共顶点的三角形围成的大三角形。

(3)棱台体的投影规律:

①底面平行的投影面上的投影的外轮廓为多边形,其内部是由与其相似的多边形与之相应顶点相连而构成,多边形的边数反映棱台体的棱数。

②另两个投影面上的投影为 N 个梯形围成的大梯形。

2.作平面体的投影图,其关键是在于作出平面体上的点、直线和平面的投影。若点或线所在平面为特殊平面,依据特殊平面具有积聚性的特点,先求出平面积聚投影上的点或线的投影;若点或线所在平面为一般平面,利用过已知点作辅助线的方法求出该点或线的投影。

3.表面由曲面或曲面与平面围成的基本体称为曲面体。最常见的基本曲面体有圆柱、圆锥、圆台和球体等。

(1)圆柱体的投影特性:

①底圆平行的投影面上的投影为反映实形的圆。

②另两面投影均为由最大轮廓线围成的大小相等的矩形。

(2)圆锥体的投影特性:

①底圆平行的投影面上的投影为圆和一圆心点。

②另两面投影均为由最大轮廓线围成的大小相等的等腰三角形。

(3)圆台体的投影特性：

①底圆平行的投影面上的投影为两个同心圆。

②另两面投影均为由最大轮廓线围成的大小相等的等腰梯形。

(4)球体的3个投影都是向3个不同方向最大圆的投影。

4.曲面体表面上的点、直线的投影作法：

(1)在圆柱表面上取点,可利用圆柱表面对某一面的积聚性进行作图。

(2)圆锥面上的任意一条素线都过圆锥顶点,圆锥面的三投影都没有积聚性,因此在圆锥表面上定点时应采用素线法或纬圆法。

用素线作为辅助线作图的方法,称为素线法。

用垂直于轴线的圆作为辅面的方法,称为纬圆法。

(3)在圆球表面上取点,必须用纬圆法,即利用球面上平行于投影面的辅助圆进行作图。

复习思考题

1.什么是基本体？它们是如何分类的？

2.平面体投影图的投影特性和识读注意事项各有哪些？

3.曲面体投影图的投影特性和识读注意事项各有哪些？

4.什么是素线法、纬圆法？

5.怎样根据基本体表面上的点或线的一个投影作出其余两个投影？其可见性如何判断？

6.如何标注基本体投影图的尺寸？

第 4 章 组合体视图

本章导读

• **基本要求** 熟悉组合体的组合方式及表面连接关系、位置关系的分析及组合体投影图的投影分析、绘图步骤和组合体投影图的识读、尺寸标注等；通过学习，针对复杂的形体能够准确地分析、识读，进行合理的判断，绘制出正确的投影图，从而为正确地识读和绘制复杂的建筑形体的投影奠定坚实的基础，具备较强的空间思维能力。

• **重点** 组合体的表面连接关系、组合体的视图、组合体的尺寸标注。

• **难点** 组合体视图的读图和补线。

4.1 组合体的形体分析

由若干个基本体按照一定方式所组成的形体，称为组合体。工程形体的形状虽然很复杂，但若加以分析，都可以看成是基本体的组合。

4.1.1 组合体的组合方式

为了便于分析，根据形体的组合特点，可将组合体的组合方式分为叠加式、切割式、混合式 3 种，如图 4.1 所示。

1) 叠加式

叠加是指由若干个基本体叠合而成。

2) 切割式

切割是指基本体被平面或曲面截切，切割后表面会产生不同形状的截交线或相贯线。

3)混合式

混合是既有叠加又有切割的综合形式,最常见的组合体是混合式组合体。

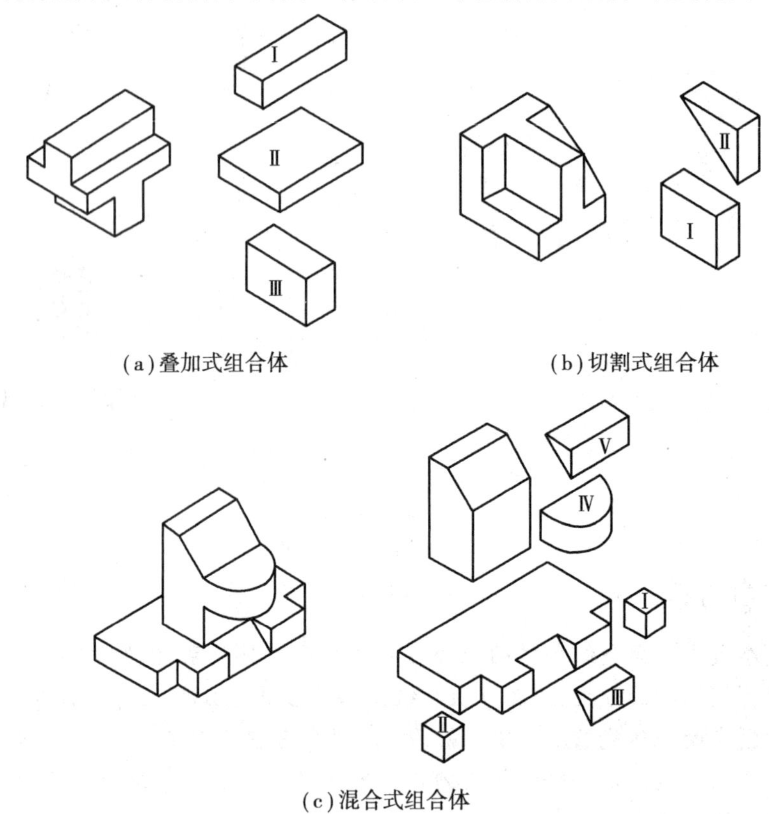

(a)叠加式组合体

(b)切割式组合体

(c)混合式组合体

图 4.1 组合方式

4.1.2 组合体表面连接关系

因为对组合体进行分解的分析方法是假想的,而组合体实际上是一个整体,所以在读组合体的视图时,必须注意其组合方式和各基本体之间表面的连接关系,才能正确理解形体的形状。组合体各部分之间的连接关系可分为平齐、相切、相交和不平齐 4 种情况。

1)平齐

当组合体上两基本形体的某两个表面平齐时,即构成一个完整的平面,在投影图中平齐处不应该有线隔开,如图 4.2(a)所示。

2)相切

相切是指两个基本体表面(平面与曲面或曲面与曲面)光滑连接。平面与曲面、曲面与曲面相切时,在相切处不存在分界线,如图 4.2(b)所示。

3)相交

当组合体上两个基本形体的表面相交时,在视图中两表面投影的分界处应该用线隔开,如图 4.2(c)所示。

4) 不平齐

当组合体上两个基本形体的表面不平齐时，在视图中两表面投影的分界处应该用线隔开，如图4.2(d)、图4.2(e)所示。

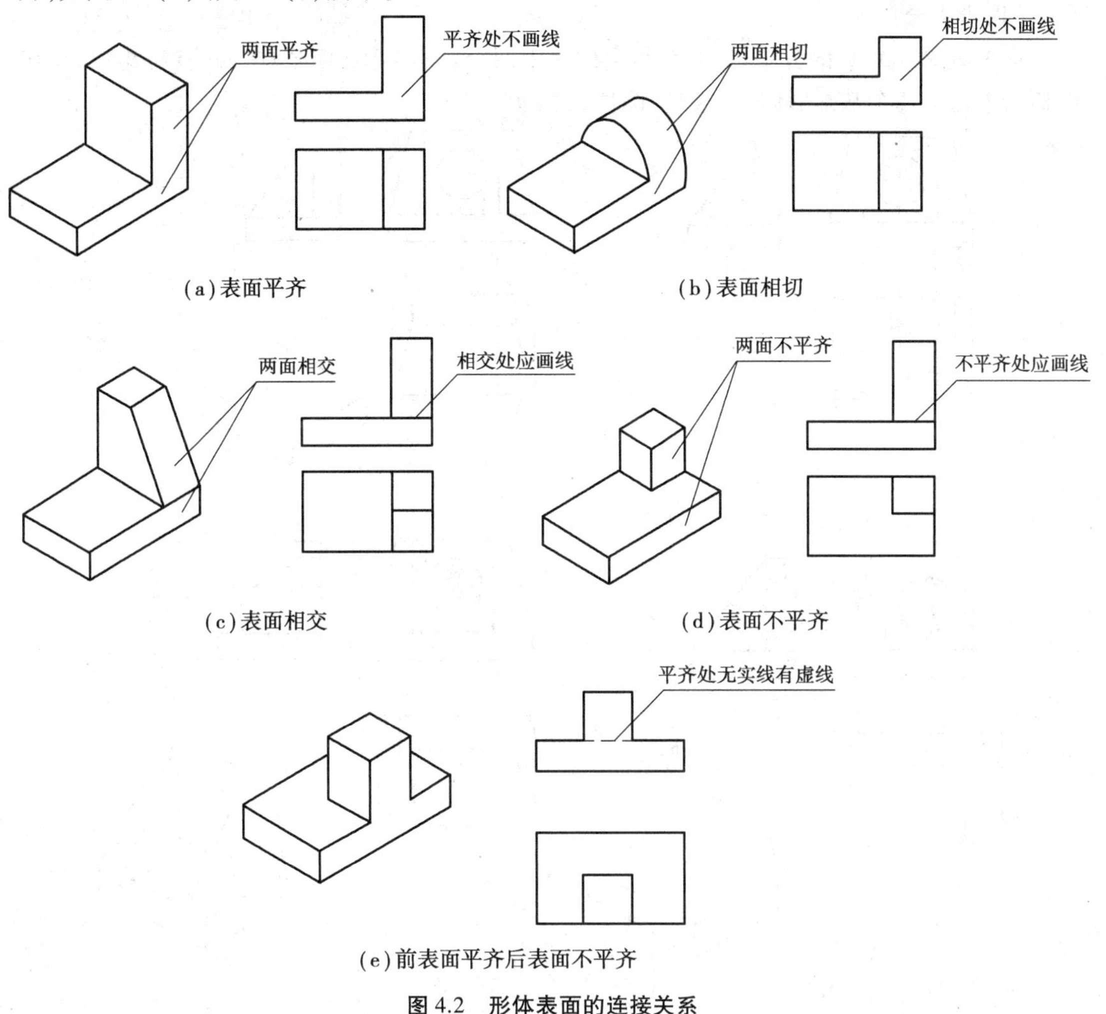

(a) 表面平齐　(b) 表面相切

(c) 表面相交　(d) 表面不平齐

(e) 前表面平齐后表面不平齐

图4.2　形体表面的连接关系

4.2　组合体视图的阅读

4.2.1　组合体投影图识读的方法

读图则是根据形体在平面上的一组视图，通过分析、想象出形体的空间形状，然后把空间形体用一组视图在一个平面上表示出来。常用的方法有形体分析法和线面分析法。

1) 形体分析法

形体分析法就是在组合体投影图上分析其组合方式、组合体中各基本体的投影特性、表面连接以及相互位置关系，然后综合起来想象组合体空间形状的分析方法。

一般是从反映组合体形体特征较多的投影图入手：划线框，分形体；对投影，想形状；合起来，想整体。

【例 4.1】已知涵洞出入口的三面投影图，读图绘出立体图。

【解】

(1)投影分析

通过对图 4.3(a)的分析可知，该组合体是由两个基本形体(四棱柱、四棱台)组成，又在四棱台上切割两个基本形体(三棱柱、圆柱)得到的。

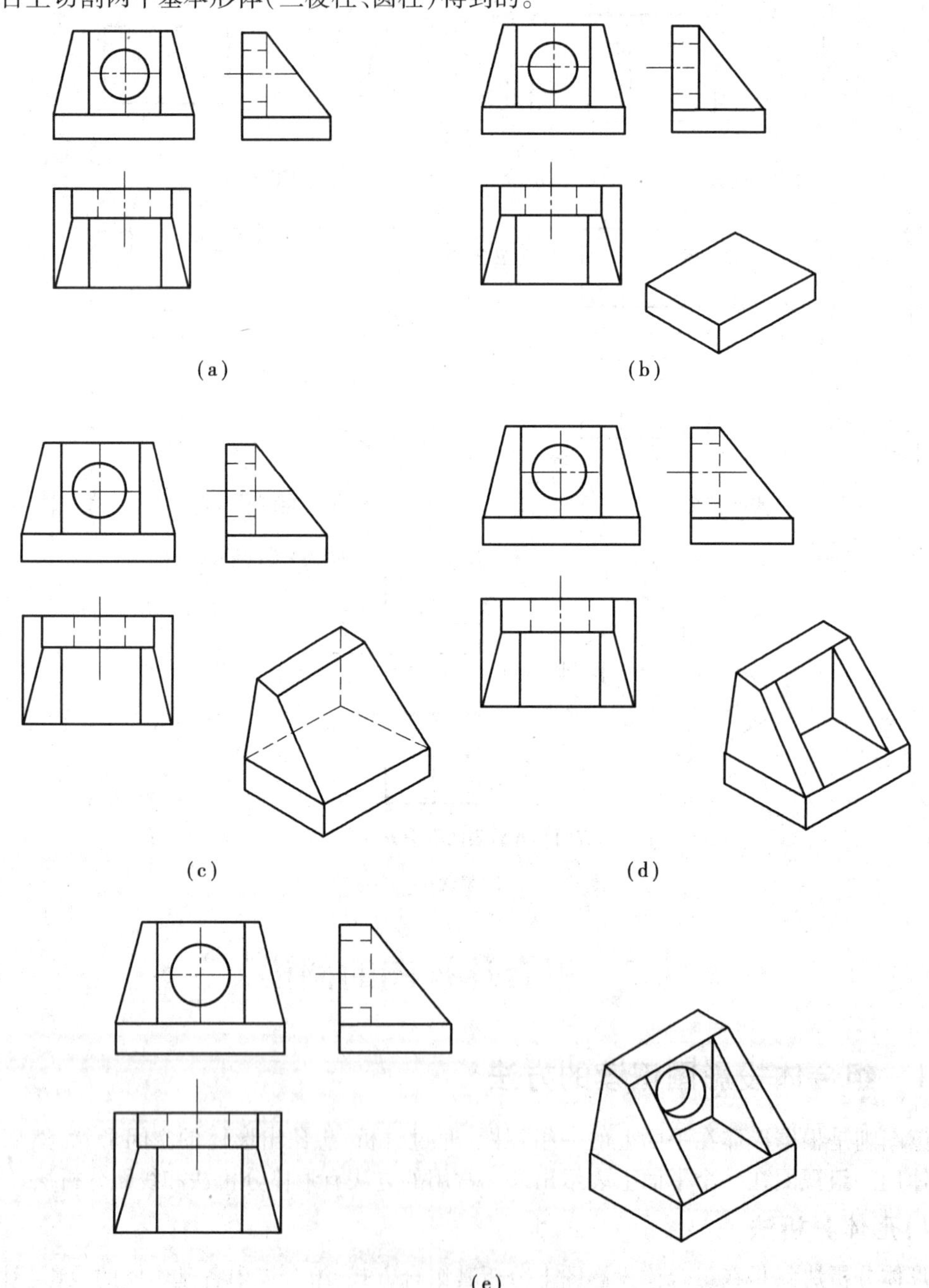

图 4.3　形体分析法的读图步骤

(2)读图步骤

①读出底座四棱柱,如图 4.3(b)所示。

②读出底座四棱柱上部叠加的四棱台,如图 4.3(c)所示。

③读出在四棱台的前方切割去的三棱柱,如图 4.3(d)所示。

④读出在后板中切割一圆柱,如图 4.3(e)所示。

2)线面分析法

所谓线面分析法,就是根据围成形体的表面及表面之间的交线投影,逐面、逐线进行分析,找出它们的空间位置及形状,从而想象、确定出被它们围成的整个形体的空间形状。

此种方法是建立在立体的空间位置平面(投影平行面、投影垂直面、一般位置平面)和空间位置直线(投影平行线、投影垂直线、一般位置直线)基础上,应熟练掌握空间位置平面和空间位置直线的投影特性。

【例 4.2】如图 4.4 所示,已知形体水平面投影(H)和侧立面投影(W),求正面投影(V)。

【解】读图步骤:

①此时应分析正立面应得到几个封闭图形。因为从前向后看,能看到几个面,就有几个封闭图形。

②任何一物体表面的空间位置有 7 种。如表 4.1 所示,在某一投影面中并不能全部出现,在已知 H 和 W 的投影,求 V 的投影题型中,有 4 种空间平面存在的可能性,即表 4.1 打“√”的形式,因此 7 种形式中排除 3 种,可剩 4 种。

表 4.1 空间平面的位置及投影特性

空间面的名称	投影特性	已知 H,W 求 V	已知 V,W 求 H	已知 V,H 求 W
正垂面	一斜线(V)两封闭图形(H,W)		√	√
铅垂面	一斜线(H)两封闭图形(V,W)	√		√
侧垂面	一斜线(W)两封闭图形(H,V)	√	√	
正平面	一封闭图形(V)两直线(H,W 同时垂直于 OY 轴)	√		
水平面	一封闭图形(H)两直线(V,W 同时垂直于 OZ 轴)		√	
侧平面	一封闭图形(W)两直线(V,H 同时垂直于 OX 轴)			√
一般位置平面	三封闭图形(H,V,W)具有类似性	√	√	√

③对不同的形体而言,保留的 4 种空间平面也不一定都存在,存在的数量也有不同,用投影特性对照已知的两投影(H,W),得出正平面 2 个(Q,P 面),铅垂面 2 个(S,R 面),侧垂

面 1 个（G 面），因此从前向后看能看到 5 个平面。在 H，W 投影中，没有符合一般位置平面的投影特性，排除一般位置平面的可能性，因此在正平面上应得到 5 个封闭图形，如图 4.4（b）~图 4.4（e）所示。

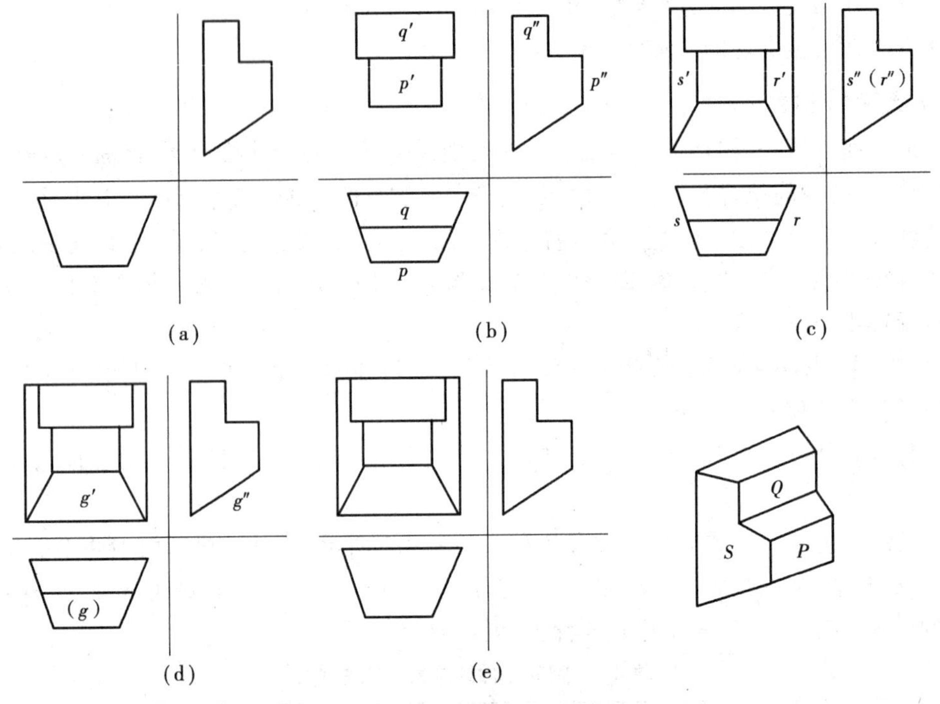

图 4.4　线面分析法的读图步骤

在识读组合体的投影时，必须注意的是："先整体，后细部"，即先用形体分析法认识立体的整体，进而用线面分析法认识立体的细部，两种方法综合使用。

4.2.2　组合体投影图识读的思维基础

①基本体投影图的熟练运用。

②借助第三投影才能准确确定形体的空间形状。读图时，要根据视图间的对应关系，把各个视图联系起来看，通过分析，想象出物体的空间形状。不能孤立地看一两个视图来确定物体的空间形状，而应 3 个投影图对应起来看，因为 3 个投影图能完全确定一个形体，而一个投影图或两个投影图不一定能确定一个形体。由图 4.5（a）看出，已知正立面和水平面视图，则可确定出图 4.5（b）~图 4.5（d）所示的 3 个形体。因此，要确定物体的形状必须用三面正投影。

③正确确定组合体中各基本组成形体的相对位置关系。阅读组合体投影时，先把一组投影通看一遍，找出特征明显的投影面，大致分析出组合方式；根据组合方式将特征形体大致分为几个部分，找出各部分的投影，依据每部分的三面投影，想出空间形状，不宜确认的部分，用线面分析法仔细推敲；最后将各部分组合，形成一个整体，参照投影修改不符之处。

解题的关键点如下：

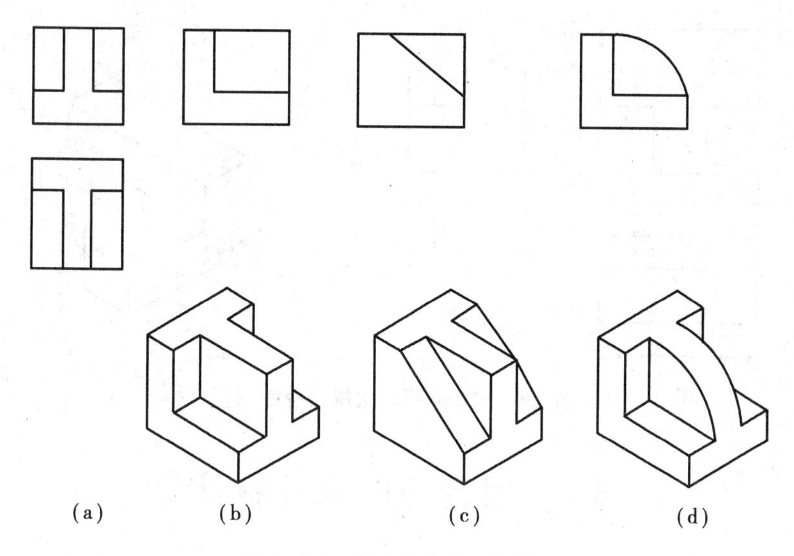

图 4.5　已知两投影求第三投影(1)

①V 面反映前低后高关系,H 面反映前后组合,左棱面不平齐右棱面平齐,如图 4.6 所示。

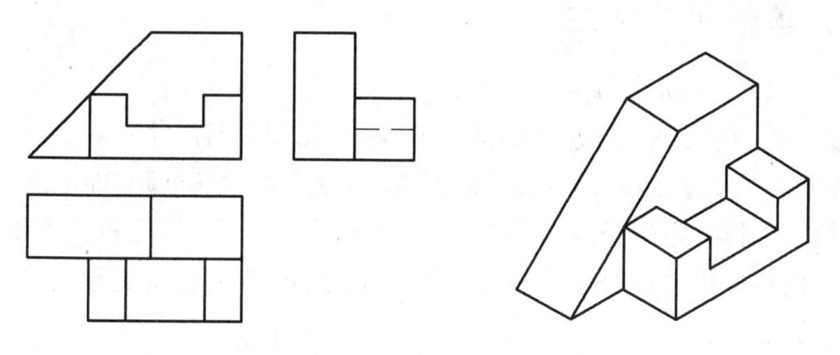

图 4.6　已知两投影求第三投影(2)

②V 面反映上下组合关系,H 面反映下宽上窄组合,如图 4.7 所示。

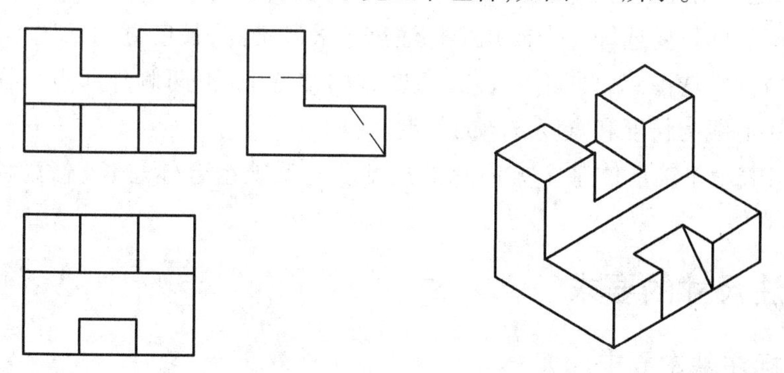

图 4.7　已知两投影求第三投影(3)

③V 面反映上中下组合关系,H 面反映上窄、中宽、下短组合关系,如图 4.8 所示。

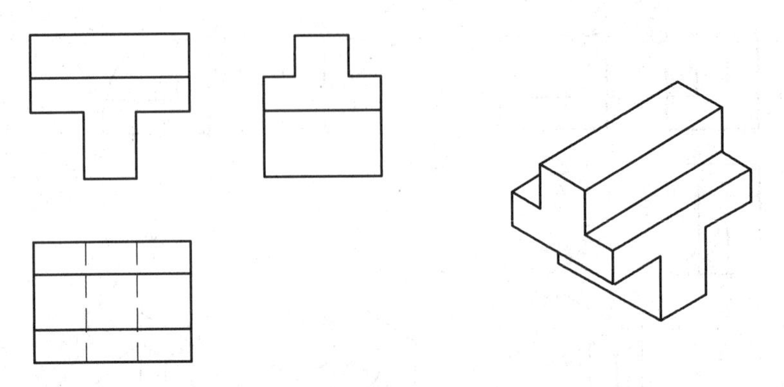

图 4.8　已知两投影求第三投影(4)

4.3　组合体的尺寸标注

在工程图中,除了用一组适当的投影图来表达形体的形状和各部分的相互关系外,还必须标注形体的实际尺寸,以方便施工生产和制作。

4.3.1　组合体的尺寸标注

①组合体的尺寸标注应解决两个问题:

a.基本形体尺寸的大小(反映形体的长、宽、高尺寸,即定形尺寸);

b.基本形体相对位置之间的关系(反映各基本体之间的位置间距,即定位尺寸)。

②组合体的尺寸组成:组合体的尺寸由 3 部分组成:定形尺寸、定位尺寸和总尺寸。

a.定形尺寸:用于确定组合体中各基本体自身大小的尺寸称为定形尺寸。它通常反映形体的长、宽、高尺寸。

b.定位尺寸:用于确定组合体中各基本形体之间相互位置的尺寸称为定位尺寸。它通常反映各本体之间的位置间距。

标注定位尺寸时,要选好一个或几个标注尺寸的基准点,长度方向常选形体左、右两侧为起点;宽度方向常选前、后两侧为起点;高度方向常选上、下两侧为起点。物体为对称形时,常选对称中心线为长度和宽度方向的起点。

c.总尺寸:表示建筑形体某个方向总的尺寸。它反映组合体总长、总宽和总高的外包尺寸。

4.3.2　标注尺寸的要求

1) 尺寸标注基本要求

①正确:标注尺寸要准确无误且符合国家制图标准的规定;

②完整:尺寸要完整,不能有遗漏或多余;

③清晰:注写的部位要恰当、明显、排列有序。

2) 尺寸标注的原则

①尺寸标注要集中。定形、定位尺寸尽量标注在同一个投影图上。

②尺寸标注要明显。尽量将定形尺寸标注在反映形状特征的投影图上。

③尺寸标注要整齐。尺寸排列注意大尺寸在外、小尺寸在内,且符合规范基本要求。

④尺寸标注要清晰。除某些细部尺寸外,尽量将尺寸布置在图形之外。

⑤尺寸标注不重复。同一尺寸一般只标注一次。

⑥尺寸标注尽量不标在虚线上。

【例 4.3】已知图 4.9 中形体的三面投影,读懂形体标,注形体的尺寸。

【解】

(1)投影分析

图 4.9 中,由已知投影可以分析出,该组合体由两个基本形体组成。带左、右两个圆角的四棱柱是底板,在底板内的左前侧和右前侧各有一个抽空的圆柱。后侧的竖板为带两个斜角的四棱柱,内部也被抽空一个圆柱。

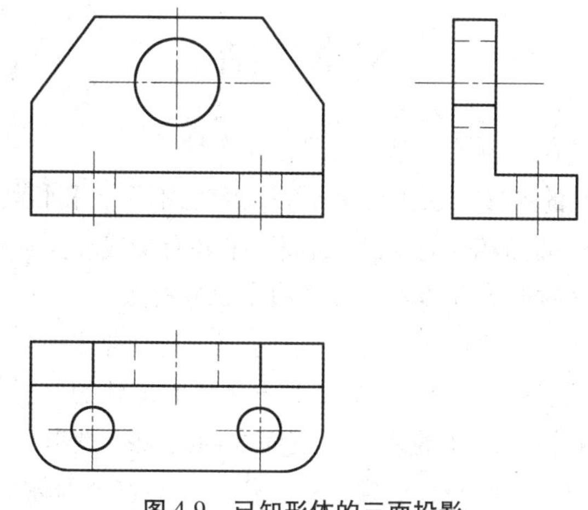

图 4.9　已知形体的三面投影

(2)作图步骤

①标注定形尺寸:尺寸标注一般按从小到大的顺序进行标注,并把一个基本体的长、宽、高尺寸依次标注完之后,再标注其他形体的尺寸,以防遗漏。如 H 面投影中标注了底板上两圆孔直径 ϕ10 mm,接着应标注其 V 面的孔深 10 mm(这也是底板的厚度)。然后再标 V 面圆孔的直径 ϕ20 mm 和其 H 面的孔深 10 mm。接着标 H 面底板的两个圆角半径 R10。最后再标竖板的定形尺寸:斜角的长 15 mm,高 20 mm,宽同圆孔深 10 mm。

②标注定位尺寸:先定基准——长度方向以形体的左侧作为定位基准;宽度方向以形体的前侧作为基准;高度方向以形体的底侧作为基准。

竖板圆孔的圆心在 V 面长度方向的定位尺寸为 35 mm,W 面高度方向的定位尺寸为 31 mm;底板圆孔的圆心在 H 面长度方向的定位尺寸为 15 mm,W 面宽度方向的定位尺寸为 10 mm。竖板斜角依底板下部的定位尺寸为 16 mm。

③标注总尺寸:该组合体在 H 面标注总长 70 mm,总宽 30 mm,V 面标注总宽 30 mm。

④检查尺寸是否标全、布置是否合理,最后完成全图,如图 4.10 所示。

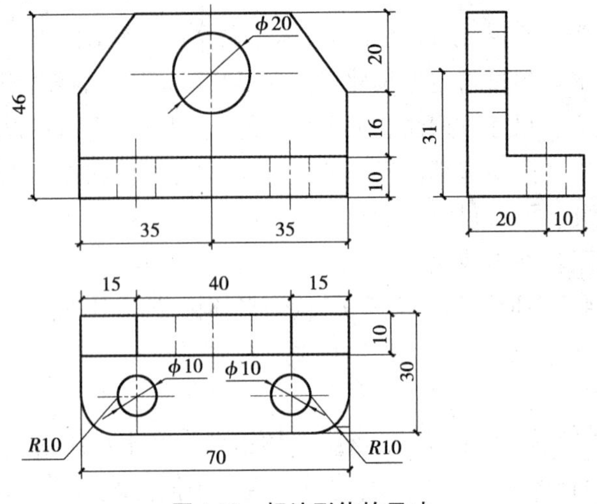

图 4.10　标注形体的尺寸

本章小结

1.组合体的组合方式有叠加式、切割式、混合式 3 种。

2.组合体各部分之间的连接关系可分为平齐、相交、不平齐和相切 4 种情况。面面平齐无交线,面面相切无交线,面面相交有交线,面面不平齐有交线。

3.组合体投影图识读的方法有形体分析法和线面分析法。

形体分析法就是在组合体投影图上分析其组合方式、组合体中各基本体的投影特性、表面连接以及相互位置关系,然后综合起来想象组合体空间形状的分析方法。

线面分析法就是根据围成形体的表面及表面之间的交线投影,逐面、逐线进行分析,找出它们的空间位置及形状,从而想象、确定出被它们围成的整个形体的空间形状。阅读组合体投影时,先把一组投影通看一遍,找出特征明显的投影面,大致分析出组合方式,根据组合方式将特征形体大致分为几个部分,找出各部分的投影;依据每部分的三面投影,想出空间形状,不宜确认的部分,用线面分析法仔细推敲;最后将各部分组合,形成一个整体,参照投影修改不符之处。

4.组合体的尺寸由 3 部分组成:定形尺寸、定位尺寸和总尺寸。用于确定组合体中各基本体自身大小的尺寸称为定形尺寸,它通常反映形体的长、宽、高尺寸;用于确定组合体中各基本形体之间相互位置的尺寸称为定位尺寸,它通常反映各本体之间的位置间距;总尺寸表示建筑形体某个方向总的尺寸,它反映组合体总长、总宽和总高的外包尺寸。

5.尺寸标注有正确、完整、清晰 3 个基本要求。尺寸标注的原则:集中、明显、整齐、清晰、不重复、尽量不标在虚线上。

复习思考题

1.组合体的组合方式、表面连接关系各有哪些？
2.什么是形体分析法？什么是线面分析法？
3.简述组合体投影图的识图要点和识图步骤。
4.组合体的定形、定位、总尺寸各指的是什么？
5.组合体尺寸标注的基本要求和标注原则各是什么？
6.简述组合体尺寸标注的一般步骤。

第 5 章

轴测图

本章导读

- **基本要求** 熟悉轴测投影的形成、分类及根据正等测图和斜二测图的轴间角及轴向变形系数绘制轴测图的方法等；了解正等测图和斜轴测图的形成及作用；掌握正等测图和斜二测图的绘制方法。
- **重点** 掌握绘制形体的正等测图、斜等测图、斜二测图的方法。
- **难点** 曲面体轴测图的绘制。

5.1 轴测图的基本知识

5.1.1 轴测投影的形成

根据平行投影的原理，把形体连同确定其空间位置的 3 根坐标轴一起，沿不平行于 3 根坐标轴或由这 3 根坐标轴所确定的坐标面的方向 S，一起投射到一个新的平面 P 或 Q 上，所得的投影称为轴测投影，如图 5.1(a)所示。

5.1.2 轴间角和轴向变形系数

①轴测投影面：在轴测投影中，投影面 P 或 Q；

②轴测轴：3 根坐标轴 OX，OY，OZ 的轴测投影 O_1X_1，O_1Y_1，O_1Z_1；

③轴间角：轴测轴之间的夹角，即$\angle X_1O_1Z_1$，$\angle X_1O_1Y_1$，$\angle Y_1O_1Z_1$；

④轴倾角：一般规定把 O_1Z_1 轴画成铅垂方向，则 O_1X_1 和 O_1Y_1 与水平线的夹角分别记

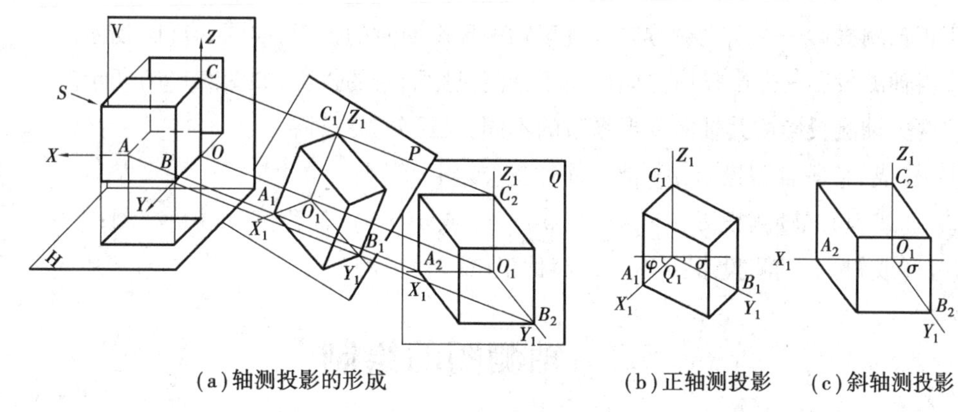

(a)轴测投影的形成　　(b)正轴测投影　　(c)斜轴测投影

图 5.1　轴测投影

为 φ 和 σ,称为轴倾角;

⑤轴向变形系数:轴测轴上某段长度和它的实长之比,如设 $p=\dfrac{O_1X_1}{OX}$,$q=\dfrac{O_1Y_1}{OY}$,$r=\dfrac{O_1Z_1}{OZ}$,则 p,q,r 称为轴向变形系数;

⑥轴测投影方向:方向 S。

5.1.3　轴测投影的特性

由于轴测投影是用平行投影法作出的一种平行投影图,因此,它具有平行投影的一切特性,但为了以后的绘图,对以下的几点特性应该予以关注:

1)平行性

凡在空间中平行的两条直线在轴测投影中仍然是平行的,若直线与坐标轴平行,则其轴测投影与轴测轴平行且变形系数也与轴向变形系数相同。

2)实形性

当空间中的平面图形与投影面平行时,其轴测投影也反映真实形状。

3)从属性

若空间一点属于一直线,则该点的轴测投影也必在该直线的轴测投影上。

4)等比性

点分空间线段之比,等于其轴测投影分对应线段轴测投影之比。

5)积聚性

当直线或平面与投射方向是一致时,则直线投影成一点,平面投影成一直线。这种性质在正投影中对作图有利,但在轴测投影中则应力求避免出现,因为积聚性的出现,会使轴测投影产生畸形或使图形失去立体感。

5.1.4　轴测投影的分类

轴测图根据投射方向和轴测投影面的相对位置关系,轴测投影可分为两类:

①正轴测投影——当投射方向垂直于轴测投影面时的投影,如图 5.1(b)所示。

②斜轴测投影——当投射方向倾斜于轴测投影面时的投影,如图 5.1(c)所示。

这两类轴测投影按其轴向变形系数的不同,又可分为三种:

①正(或斜)等轴测投影:$p=q=r$,简称正(或斜)等测;

②正(或斜)二轴测投影:$p=q\neq r$ 或 $p=r\neq q$ 或 $q=r\neq p$,简称正(或斜)二测;

③正(或斜)三轴测投影:$p\neq q\neq r$,简称正(或斜)三测。

5.2 轴测图的绘制

画平面体的轴测投影图的方法主要采用坐标法、切割法、堆积法和综合法。

5.2.1 平面立体轴测投影的常用画法

1)正等测投影

当选定三个轴向变形系数相等时,即 $p=q=r$,所得的正轴测投影称为正等测投影。经过计算,可得 $p=q=r=0.82$,$\varphi=\sigma=30°$,轴间角均为 120°,如图 5.2 所示。但在实际作图中,按上述的轴向伸缩系数计算尺寸是相当麻烦的。由于绘制轴测图的主要目的是表达物体的直观形状,因此为了作图方便,常采用简化轴向变形系数,取 $p=q=r=1$,即平行于轴向的所有线段都按原长度量,这样画出来的轴测图沿轴向分别放大了 $1/0.82\approx1.22$ 倍,如图 5.3 所示为长方体分别用未简化和简化的轴向变形系数所作的对比,由图可见其形状是不变的,仅是图形按一定比例放大。

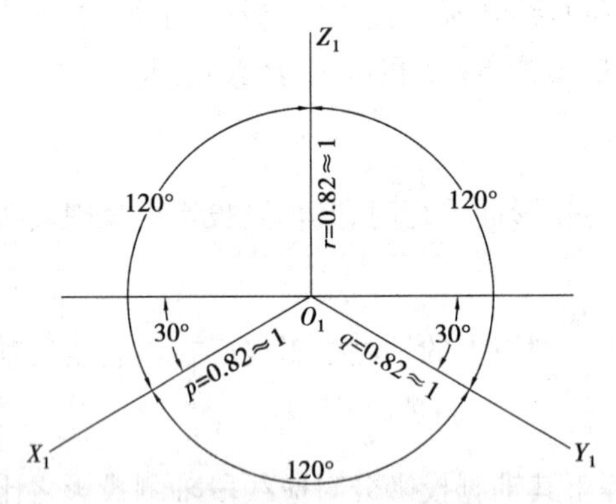

图 5.2 正等测的轴间角及轴向变化率

①坐标法:即将形体上各点的直角坐标位置移植于轴测坐标系统中去,定出各点的轴测投影,从而就能作出整个形体的轴测图。

【例 5.1】试用坐标法画出图示正六棱柱的正等轴测图。

【解】由于形体的轴测图习惯上是不画出虚线的,因此作正六棱柱的轴测时,为了减少不必要的作图线,先从顶面开始作图比较方便。作图过程如图 5.4 所示。

【讨论】例题 5.1 所选用的是 Z 轴向下方,作图时也可选择 Z 轴向上,但是后期作完图后，擦拭图纸上其余线形时，擦拭的线形相对多一点，所以本题在讲解实例时选取的是 Z 轴向下的方向，读者可自行比较，体会轴测图绘制的灵活性。

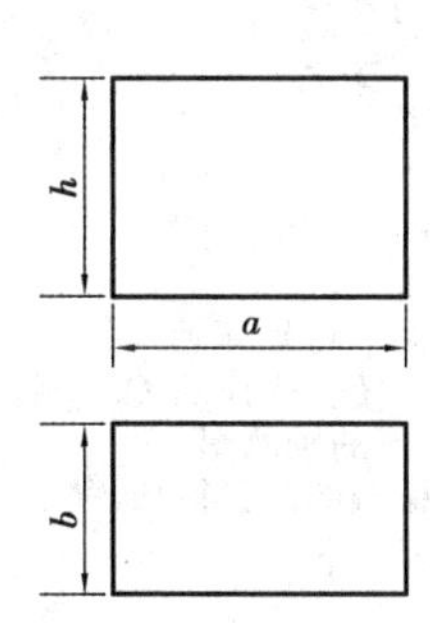

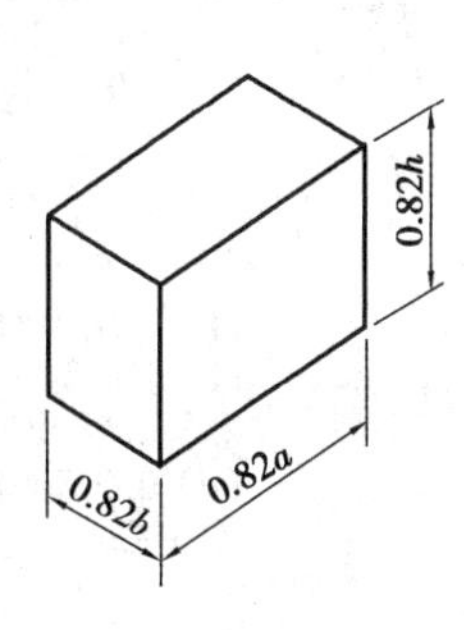

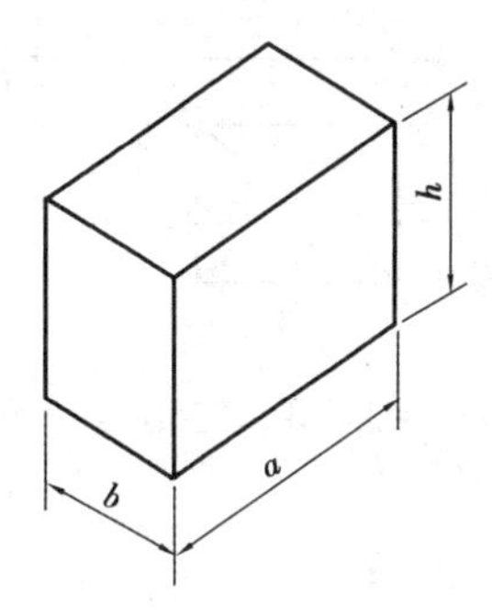

图 5.3 长方体的正等测

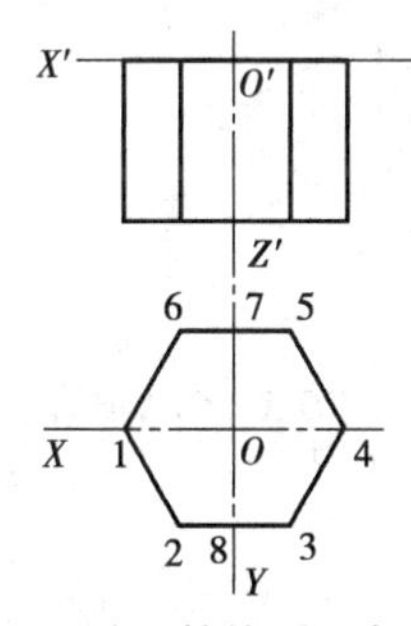

(a)取六棱柱顶面中心为原点，建立坐标轴

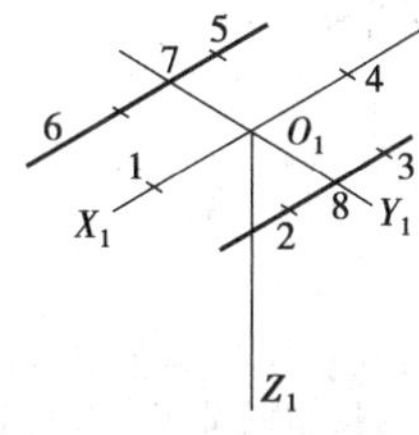

(b)以O_1为原点作三根轴测轴

(c)在O_1X_1上截取|$O_1$1|=|O1|及|$O_1$4|=|O4|并在O_1Y_1上等长截取|$O_1$7|=|O7|及|$O_1$8|=|O8|，定出点1,4,7,8

(d)过7,8作O_1X_1的平行线，在平行线上等长截取|67|、|57|、|28|、|83|的长度，定出2,3,5,6四点

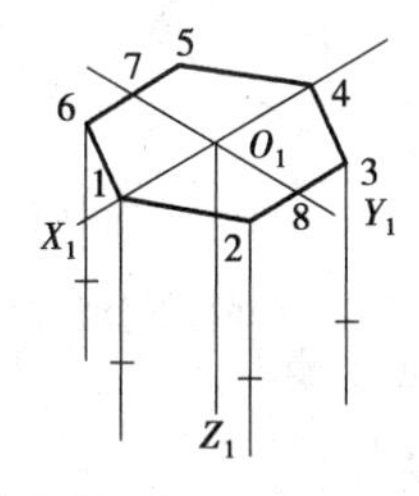

(e)顺次连接1,2,8,3,4,5,7,6。过6,1,2,3点作O_1Z_1轴的平行线，并在其上截取六棱柱的高

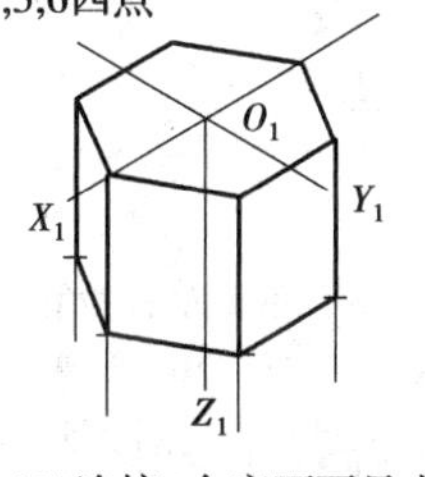

(f)连接4个底面可见点

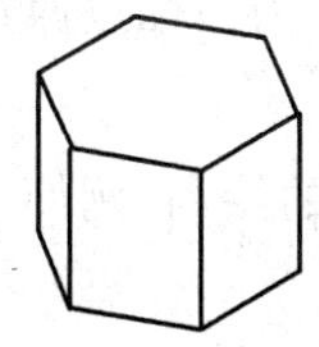

图 5.4 正六棱柱正等测的作图步骤(坐标法)

由此题读者可自行思考棱柱的绘制，例如三棱柱、四棱柱等。

【例 5.2】试画出图示棱台的正等轴测图。

作图过程如图 5.5 所示。读者绘制轴测图的过程中可以将坐标轴及其原点的位置自己选定在其他的方位。

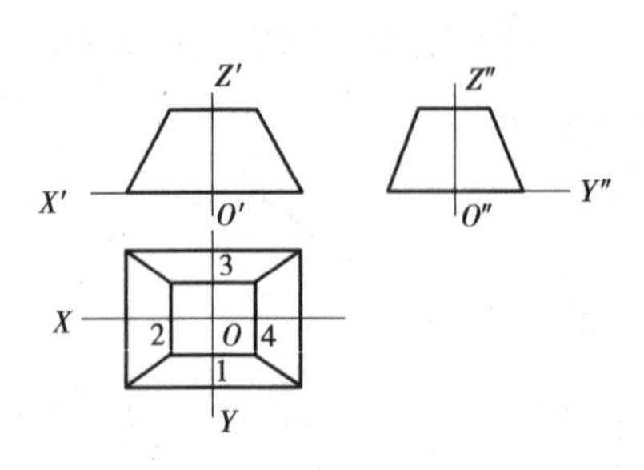

(a)在正投影上定出原点和坐标轴的位置

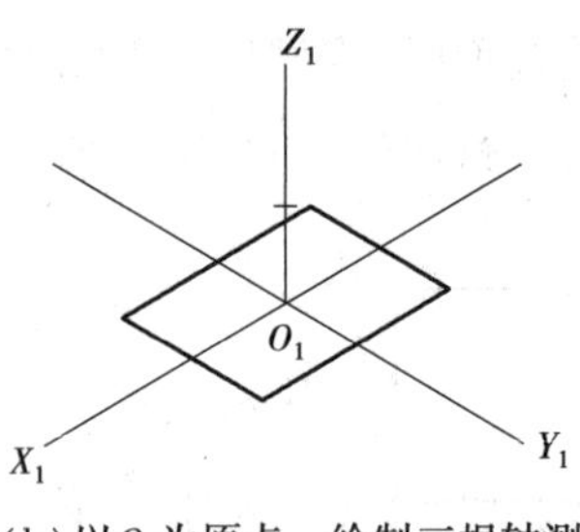

(b)以O_1为原点，绘制三根轴测轴
(c)以O_1为中心截取四棱台底面的长和宽，得出底面长方形的轴测图
(d)在O_1Z_1轴上截取棱台的高，得顶面中心

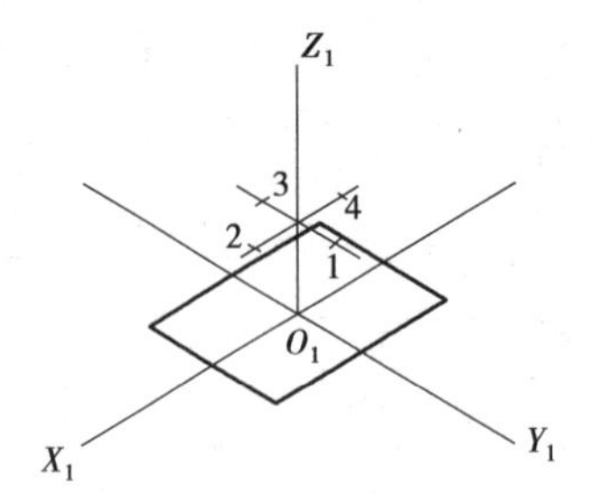

(e)过顶面中心作O_1X_1，O_1Y_1轴的平行线，并根据棱台顶面的长和宽尺寸，等长截取得1,2,3,4点

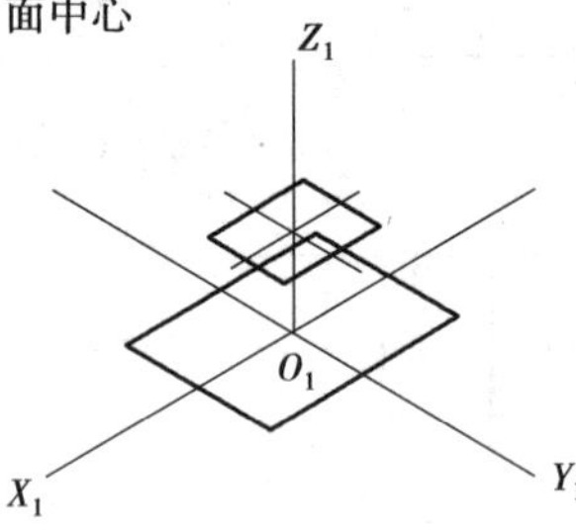

(f)过1,2,3,4四点作O_1X_1，O_1Y_1轴的平行线，交得顶面的平行四边形

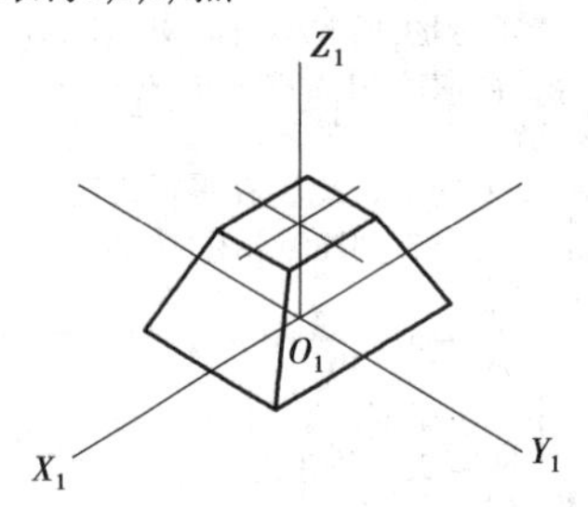

(g)顺次连接顶面和底面的各角点

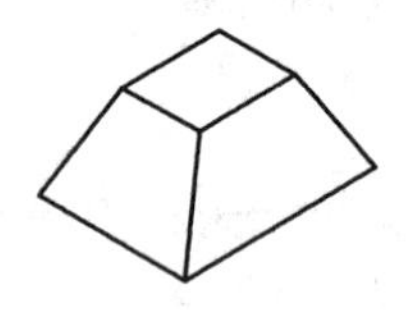

(h)擦去多余的线条，并按线型加深轮廓线，即得四棱台的正等测图

图 5.5　棱台的正等测的作图步骤

【例 5.3】试画出图示棱锥的正等轴测图。

【解】棱锥的轴测绘制,选择中心点为坐标点原点绘图会相对简单一些,作图过程如图5.6所示。

【讨论】读者可自行思考其余棱锥的绘制,例如正三棱锥、正四棱锥及其正五棱锥的绘制,由此掌握棱锥的基本绘制方法。

②切割法:是将切割型的形体,看作一个完整的、简单的基本形体,作出它的轴测图,然后将多余的部分逐步地切割掉,最后得到形体的轴测图。

【例 5.4】试用切割法画出图示正六棱柱的正等轴测图。

【解】例题 5.1 的六棱柱的绘制采用了坐标法绘制,此处题目要求用切割法绘制,那么就要将原切割前的形体先绘制出来,再进行切割。此处可假设六棱柱原来是一个四棱柱,那么切去四棱柱的 4 个角即可得到六棱柱。作图过程如图 5.7 所示。

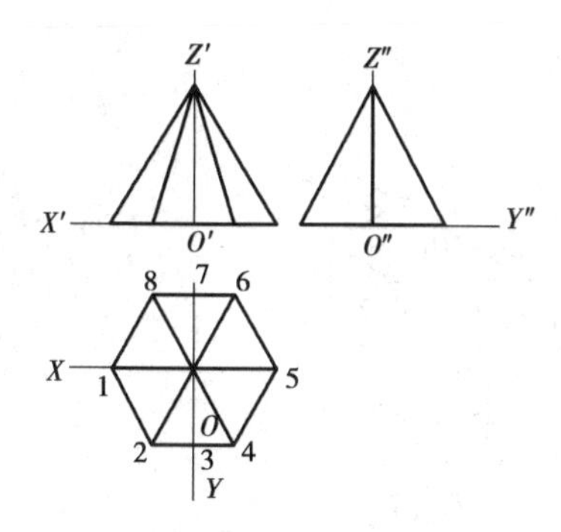

(a) 在正投影上定出原点和坐标轴的位置

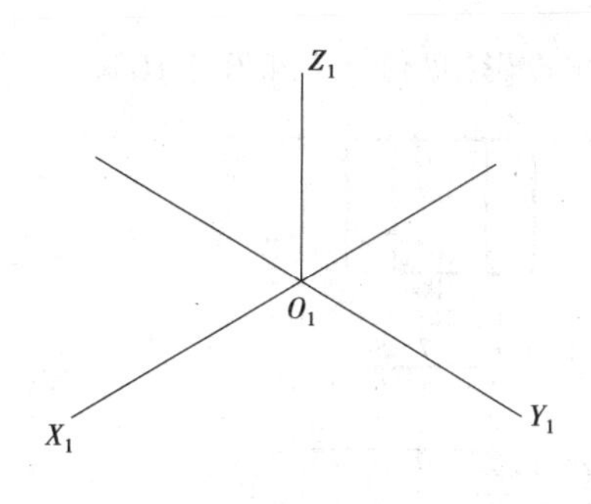

(b) 以O_1为原点，绘制三根正等测的轴测轴

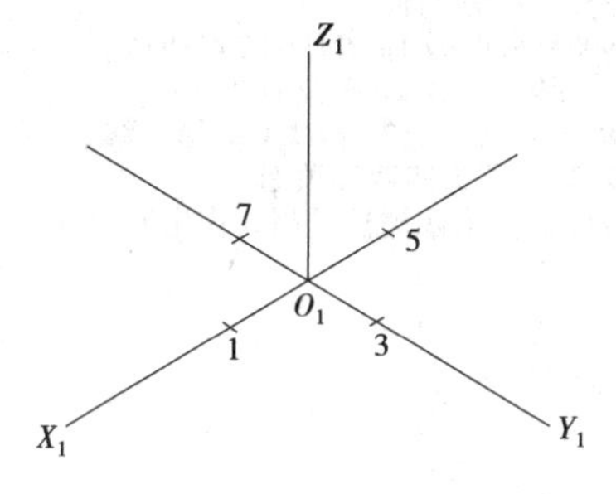

(c) 以O_1为中心等长截取$|O_11|=|O1|$、$|O_15|=|O5|$、$|O_13|=|O3|$、$|O_17|=|O7|$，由此定出1,3,5,7四点

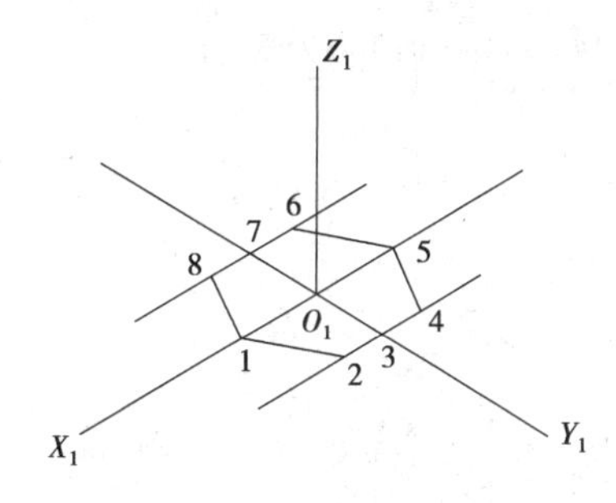

(d) 过3点和7点分别作O_1X_1的平行线，在平行线上等长截取出2,4,6,8四点

(e) 将1—8顺次连接成六棱锥的底面轴测图

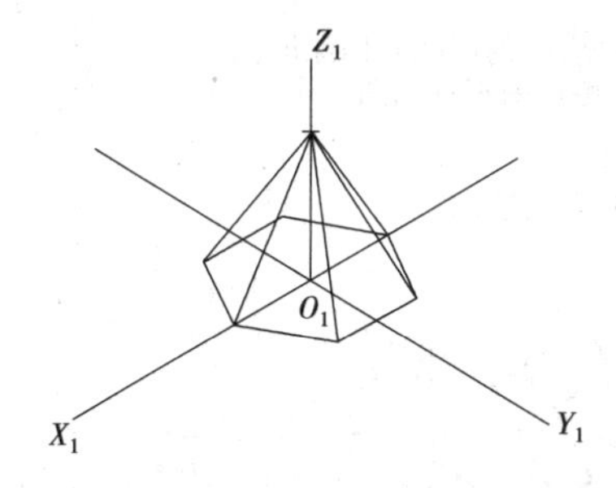

(f) 在O_1Z_1轴上截取棱锥的高，得锥顶

(g) 顺次连接锥顶和地面的各角点

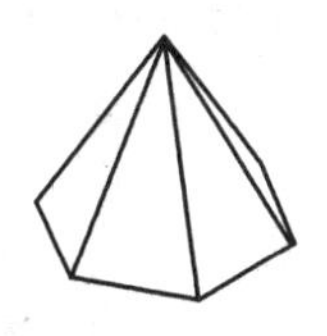

(h) 擦去多余的线条，并按线型加深轮廓线，即得六棱锥的正等测图

图 5.6　棱锥的正等测的作图步骤

【例 5.5】试用切割法画出图示形体的正等轴测图。

【解】观察形体，得出形体的最初状态是一个四棱柱，然后在四棱柱上又切割了一个三棱柱，再在剩下的形体上切割掉一个楔块，由此知此形体是在四棱柱的基础上，切割了两次而得出的，分析过程如图 5.8 所示，作图过程如图 5.9 所示。

③叠加法：将组合体的轴测投影分为几个部分，然后分别画出各部分的轴测投影，从而得到整个形体的轴测投影。画图时注意叠加时的相对位置的确定。

【例 5.6】试用叠加法画出图示形体的正等轴测图。

【解】运用叠加法作图过程如图 5.10 所示。

④综合法：对于较复杂的组合体，可先分析其组合特征，然后综合运用其他的绘制方法

画出其轴测投影(见例 5.7 和例 5.10)。

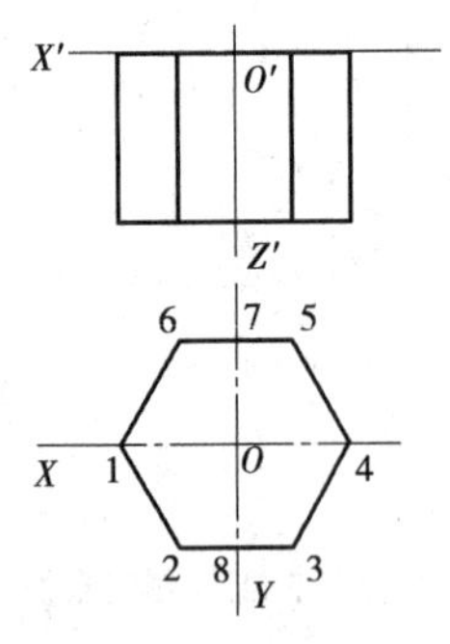

(a)取六棱柱顶面中心为原点，建立坐标轴

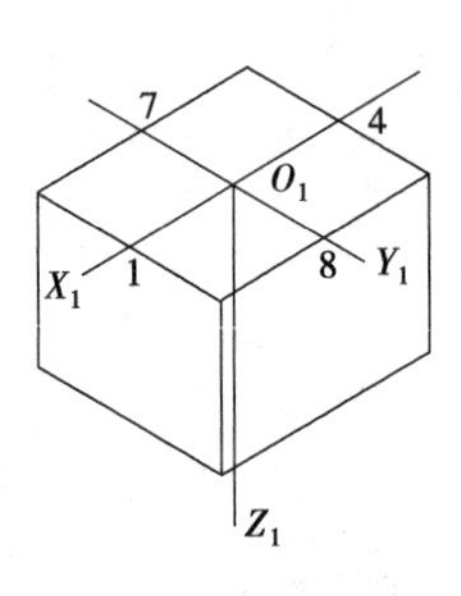

(b)以O_1为原点三根轴测轴
(c)在O_1X_1上等长截取$|O_1 1|=|O1|$及$|O_1 4|=|O4|$，并在O_1Y_1上等长截取$|O_1 8|=|O8|$及$|O_1 7|=|O7|$，过1,4作O_1Y_1的平行线，过7,8作O_1X_1的平行线，交出的平行四边形即为四棱柱顶面
(d)截取六棱柱的高为四棱柱的高，作出四棱柱

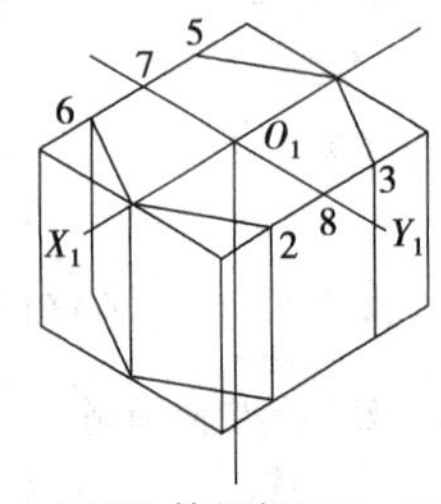

(e)量取等量长|82|、|83|、|75|、|76|，定出2,3,5,6点，由此切去四棱柱的4个角，即得六棱柱

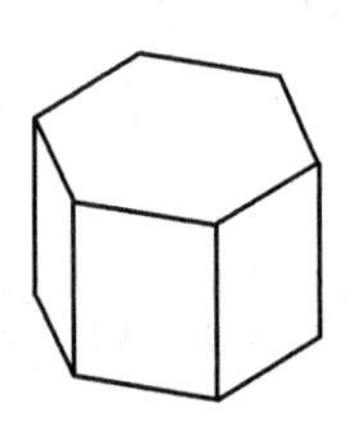

(f)最后擦去多余的图线并描深加粗，即完成正六棱柱的正等测图

图 5.7　正六棱柱的正等测的作图步骤(切割法)

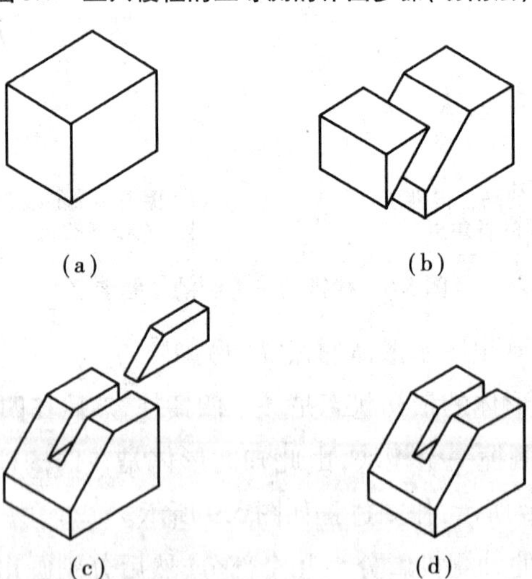

图 5.8　切割法绘制形体的分析形成过程图示

读者可不拘泥于以上的几种作图方法，只要能准确和迅速地画出形体的轴测即可，从而归纳和总结自己的绘制方法。

【例 5.7】根据三视图画出图示形体的正等轴测图。

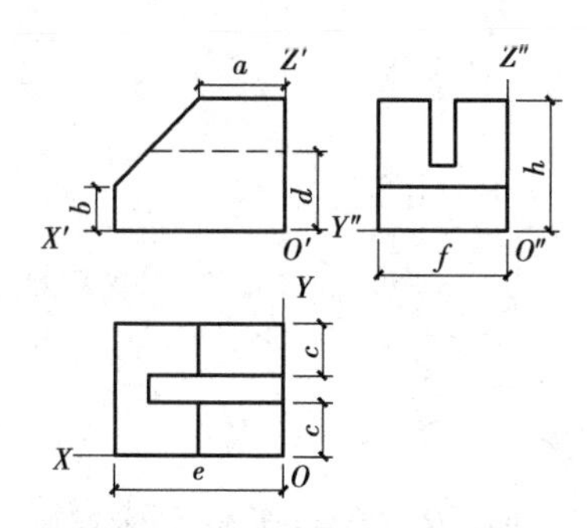

(a)在正投影上定出原点和坐标轴的位置

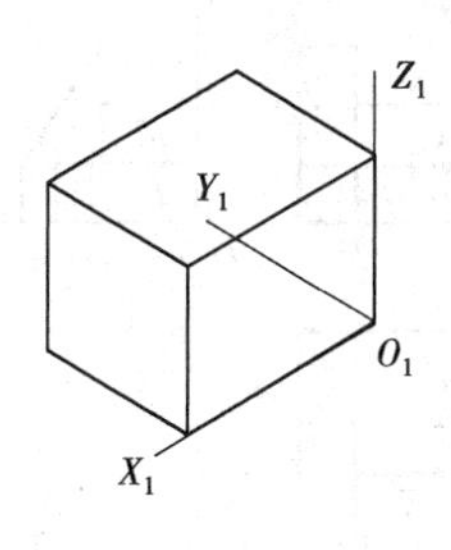

(b)以O_1为原点，绘制三根轴测轴
(c)绘制长为e，宽为f，高为h的四棱柱

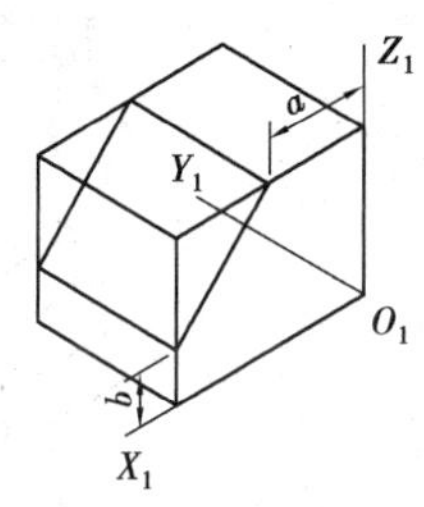

(d)在上顶面沿O_1X_1轴方向截取a，在左侧面沿O_1Z_1方向截取b，由此切割去一个三棱柱

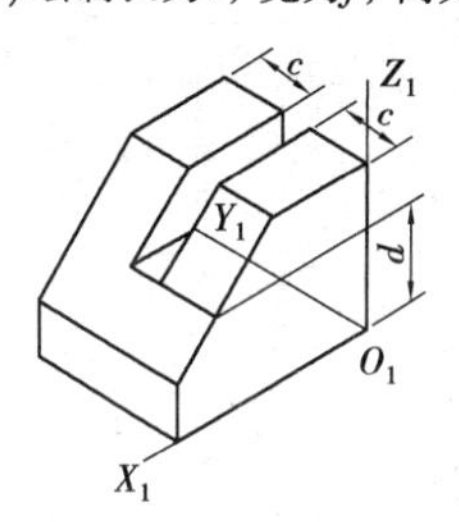

(e)在剩下的形体上，O_1y_1方向截取c，O_1Z_1方向截取d，定出辅助线，切割去形体上部的楔块，得到形体

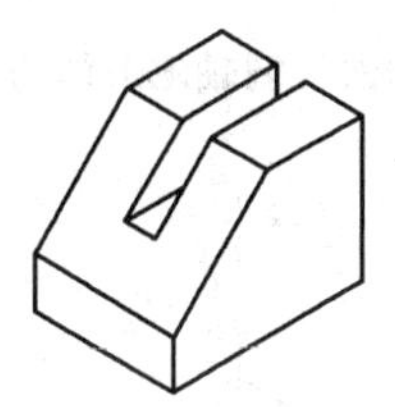

(f)最后擦去多余的图线并描深加粗，即完成形体的正等测图

图 5.9　切割法绘制轴测形体的作图步骤

【解】先将各部分基本形体绘制出来，根据相对位置组合在一起，然后对基本形体进行切割，最后擦去多余图线，加粗形体线，如图 5.11 所示。

2)斜二测投影

当形体仍处于正投影的位置，投射方向倾斜于投影面，将形体向投影面投影，所得的投影称为正面斜二测投影（斜二测）。如图 5.12 所示，其轴间角$\angle X_1O_1Z_1=90°$，$\angle X_1O_1Y_1=\angle Y_1O_1Z_1=135°$，轴向变形系数$p=r=1,q=0.5$。作图时，一般使$O_1Z_1$轴处于垂直位置，则$O_1X_1$轴为水平线，$O_1Y_1$与水平线成45°，可利用45°三角板方便作出。作形体的斜二测时，只要采用上述的轴间角和轴向变形系数，其作图的步骤和正等测完全一样。图 5.12 所示即为斜二测的轴间角及轴向变形系数。由此可知斜二测图绘制的最大优点：形体上平行于 V 面的平面反映实形。

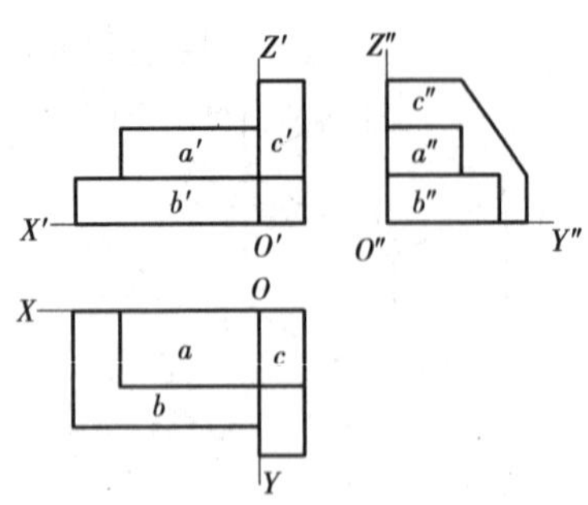

(a)在正投影上定出原点和坐标轴的位置

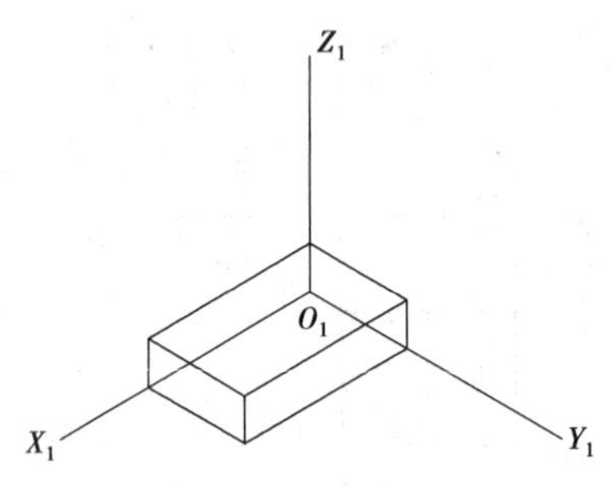

(b)以O_1为原点，绘制三根轴测轴
(c)绘制四棱柱B

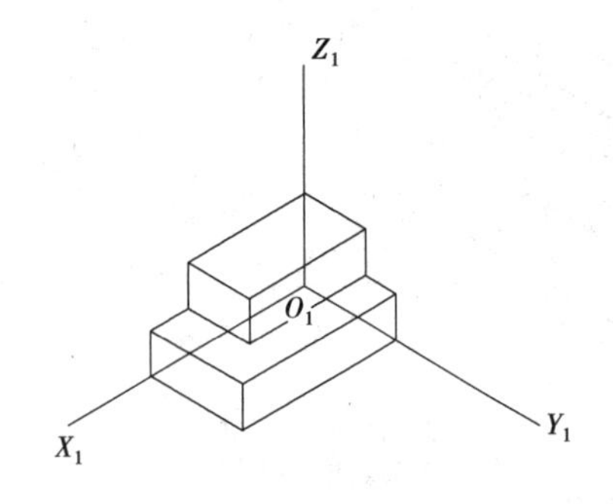

(d)绘制四棱柱A

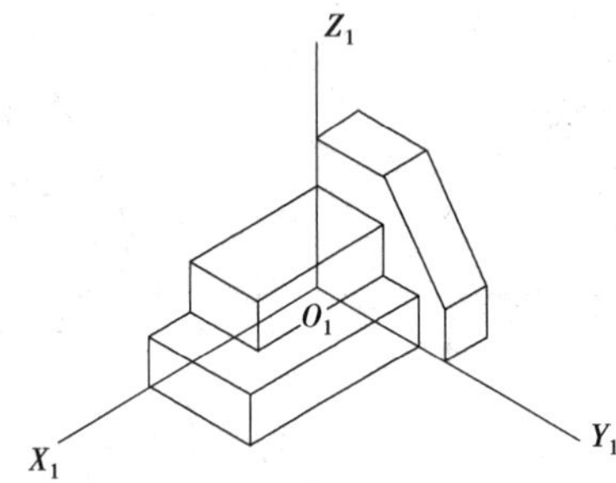

(e)绘制斜面体C

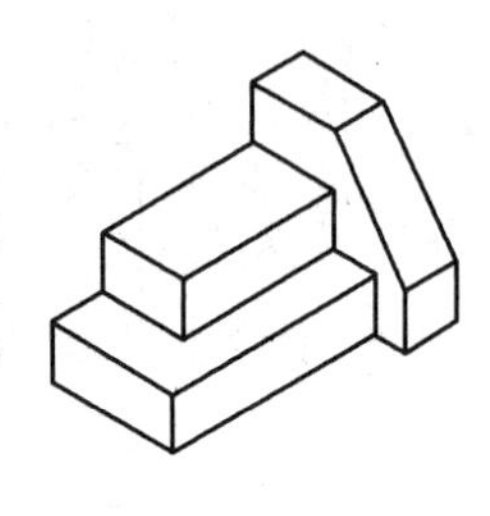

(f)最后擦去多余的图线并描深加粗，即完成形体的正等测图

图 5.10 叠加法绘制轴测形体的作图步骤

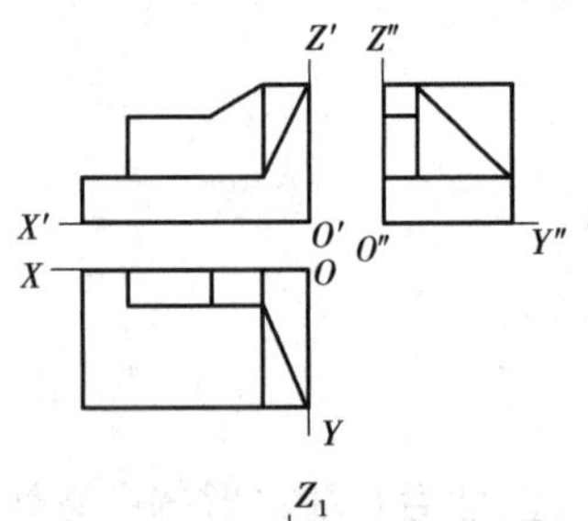

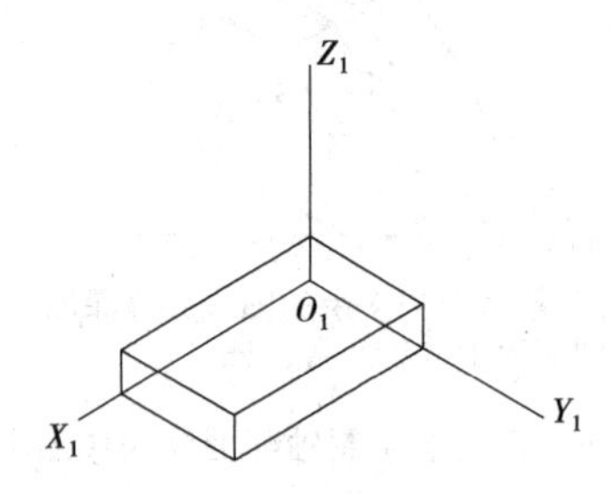

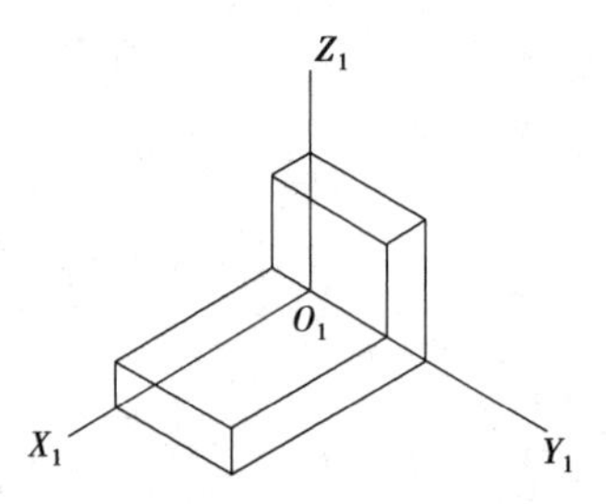

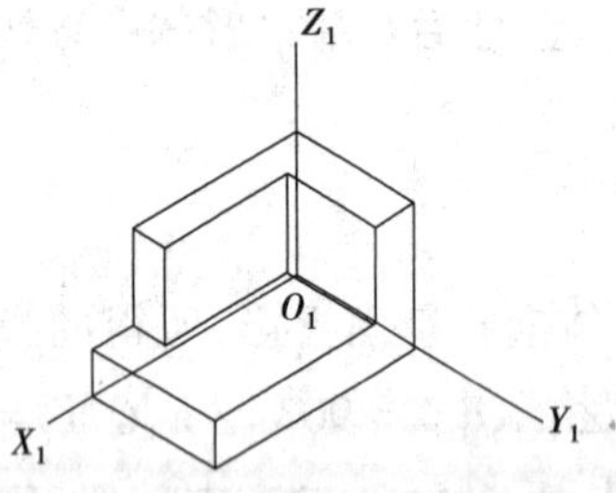

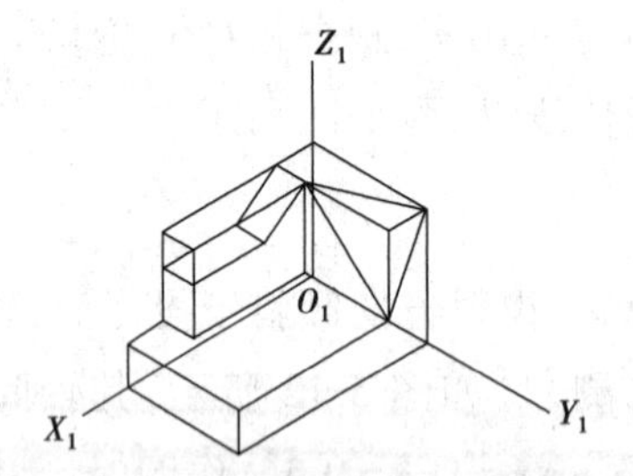

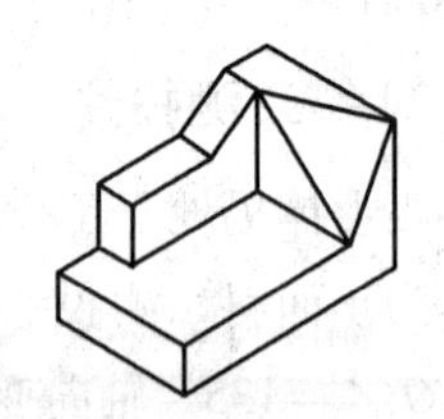

图 5.11 综合法绘制形体正等测投影

【例 5.8】试画出图示正六棱柱的斜二测图。

【解】作图过程如图 5.13 所示。

【例 5.9】试画出图示六棱锥的斜二测图。

【解】作图过程如图 5.14 所示。

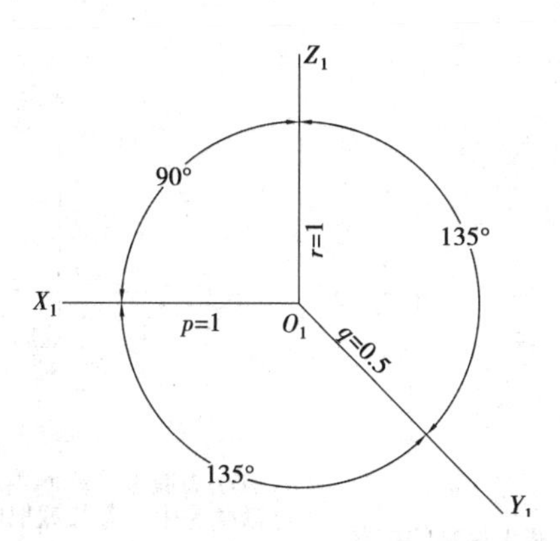

图 5.12　斜二测的轴间角及轴向变形系数

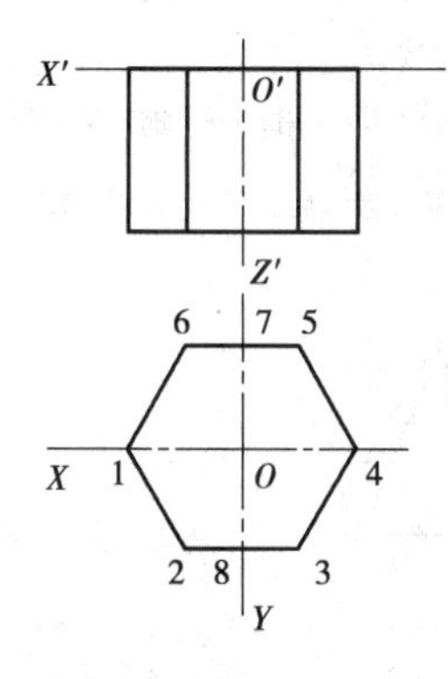

(a) 取六棱柱顶面中心为原点，建立坐标轴

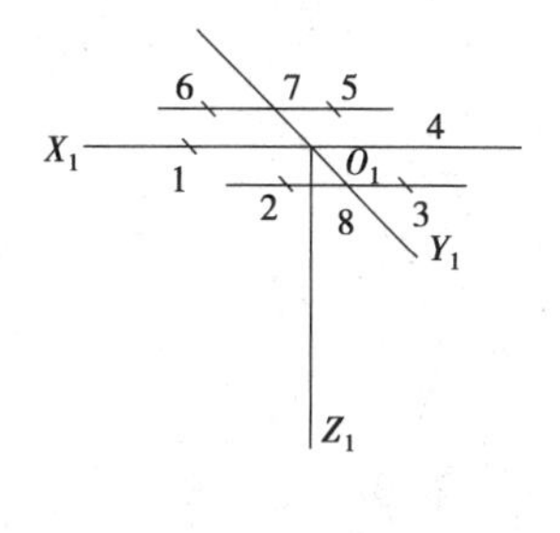

(b) 以O_1为原点作三根轴测轴
(c) 在O_1X_1上等长截取|O1|、|O4|并在O_1Y_1上截取|O7|、|O8|的一半值，定出点1,4,7,8
(d) 过7,8作O_1X_1的平行线，在平行线上等长截取|67|，|57|，|28|，|83|定出2,3,5,6四点

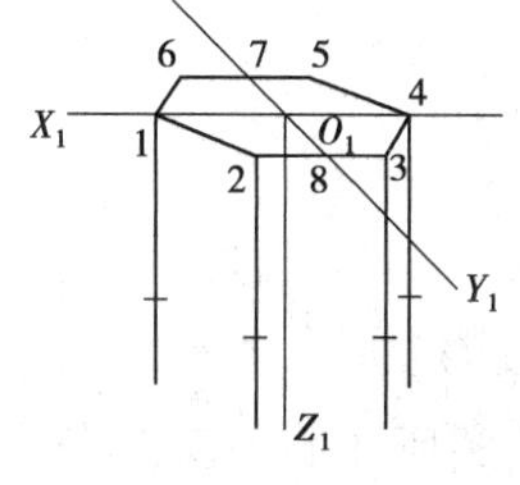

(e) 顺次连接1,2,8,3,4,5,7,6。过1,2,3,4点作O_1Z_1轴的平行线，并在其上截取六棱柱的高

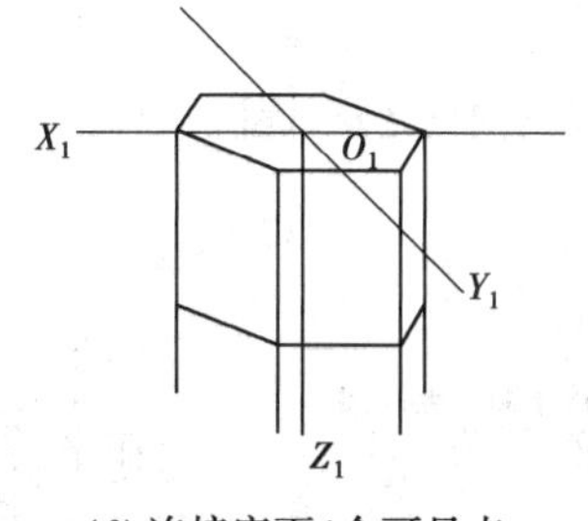

(f) 连接底面4个可见点

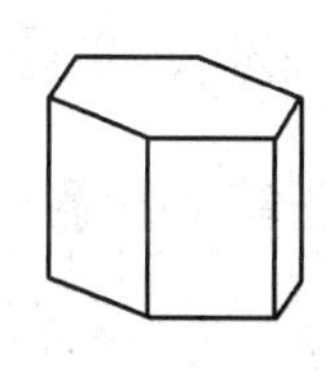

(g) 最后擦去多余的图线并描深加粗，即完成正六棱柱的斜二测图

图 5.13　正六棱柱的斜二测的作图步骤

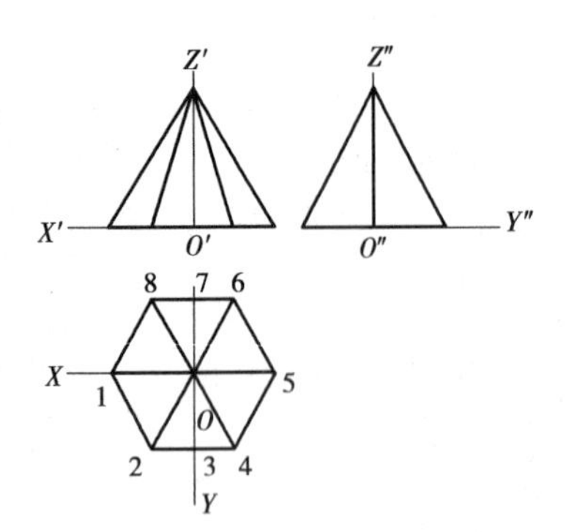

(a) 在正投影上定出原点和坐标轴的位置

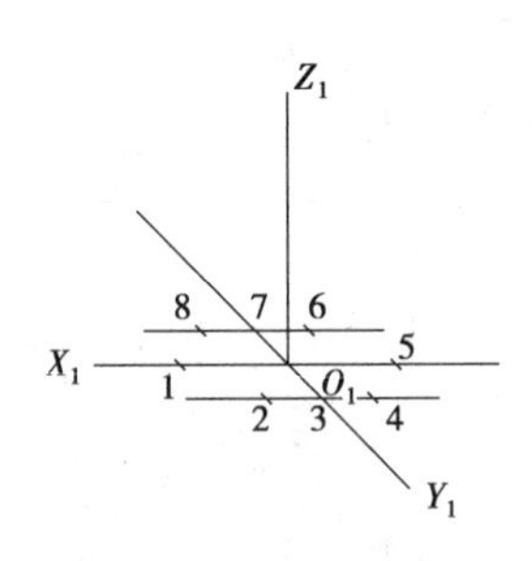

(b) 以O_1为原点，绘制三根轴测轴
(c) 以O_1为中心等长截取$|O_11|=|O1|$、$|O_15|=|O5|$，截取$|O3|$、$|O7|$的一半值，即$|O_13|=\frac{1}{2}|O3|$及$|O_17|=\frac{1}{2}|O7|$，定出1,3,5,7四点
(d) 过3点和7点分别作O_1X_1的平行线，在平行线上等长截取出2,4,6,8四点
(e) 将1—8顺次连接成六棱锥的底面轴测图

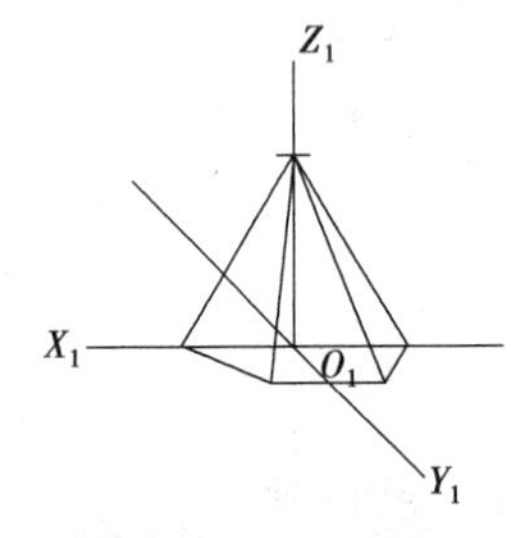

(f) 在O_1Z_1轴上截取棱锥的高，得锥顶
(g) 顺次连接锥顶和底面的各角点，被遮挡的线可不用连接

(h) 擦去多余的线条，并按线型加深轮廓线，即得六棱锥的斜二测图

图 5.14　六棱锥的斜二测的作图步骤

5.2.2　圆及曲面立体的轴测投影图

1) 正等测投影

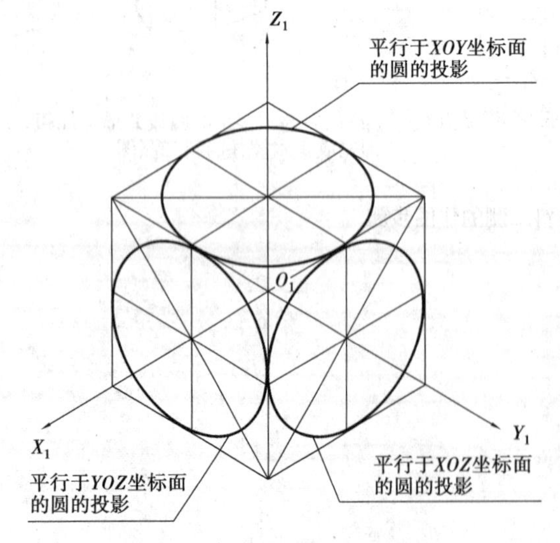

图 5.15　圆的正等测投影

(1) 圆的正等测投影

在平行投影中,当圆所在的平面平行于投影面时,其投影是圆;当圆所在的平面平行投射方向时,其投影为直线;而当圆所在平面倾斜于投影面时,则投影为椭圆。如图 5.15 所示为三个坐标面内直径相等的圆的正等测投影。

工程上常用近似画法来作轴测椭圆,对于平行于坐标面的圆的正等测投影,通常采用“四心法”近似画椭圆。“四心法”画椭圆就是用四段圆弧代替椭圆。下面以平行于 H 面(即 XOY 坐标面)的圆,说明圆的正等测图的画法,如图 5.16 所示。

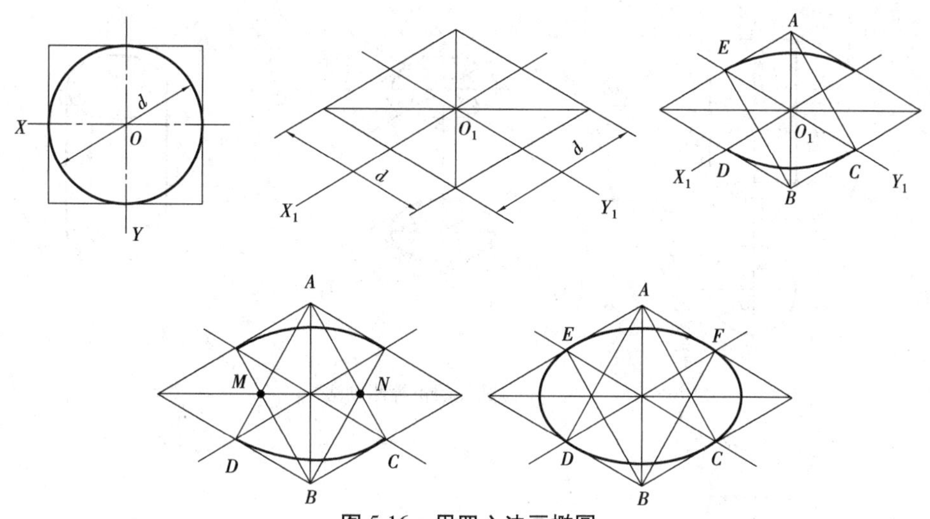

图 5.16 用四心法画椭圆

作图步骤如下：

a.画出轴测轴，按圆的外切正方形画出菱形。

b.以 A，B 为圆心，AC，BE 为半径画两大弧。

c.连 AC 和 AD 分别交长轴于 M，N 两点。

d.以 M，N 为圆心，MD，NC 为半径画两小弧，在 C，D，E，F 处与大弧连接。

(2)曲面立体的正等测投影

掌握了圆的正等测的画法以后，就不难画出曲面立体的正等测投影。图 5.17(a)及图 5.17(b)所示分别为圆柱和圆台的正等测画法，作图时先分别用四心法作出其顶面和底面的椭圆，再作其公切线，擦去多余线型并描深加粗即成。

(3)圆角的正等测投影

圆角正等测投影的作图过程如图 5.18 所示。

作图步骤如下：

①在角上分别沿轴向取一段长度等于半径 R 的线段，得 A，A'和 B，B'点，过这 4 点作相应边的垂线分别交于 O_1 及 O_2。

②以 O_1 及 O_2 为圆心，以 O_1A 及 O_2B 为半径作弧，即为顶面上圆角的轴测图。

③将 O_1 及 O_2 点垂直下移，取 O_3，O_4 点，使 $O_1O_3=O_2O_4=h$(板厚)。以 O_3 及 O_4 为圆心，以 O_1A 及 O_2B 为半径作弧，作底面上圆角的轴测图，再作上、下圆弧的公切线，即完成作图。

④擦去多余的图线并描深，即得到圆角的正等测图。

【例 5.10】试画出图示形体的正等测图。

【解】作图过程如图 5.19 所示。

2)斜二测投影

(1)圆的斜二测投影

在斜二测中，三个坐标面(或其平行面)上圆的轴测投影如图 5.20 所示。

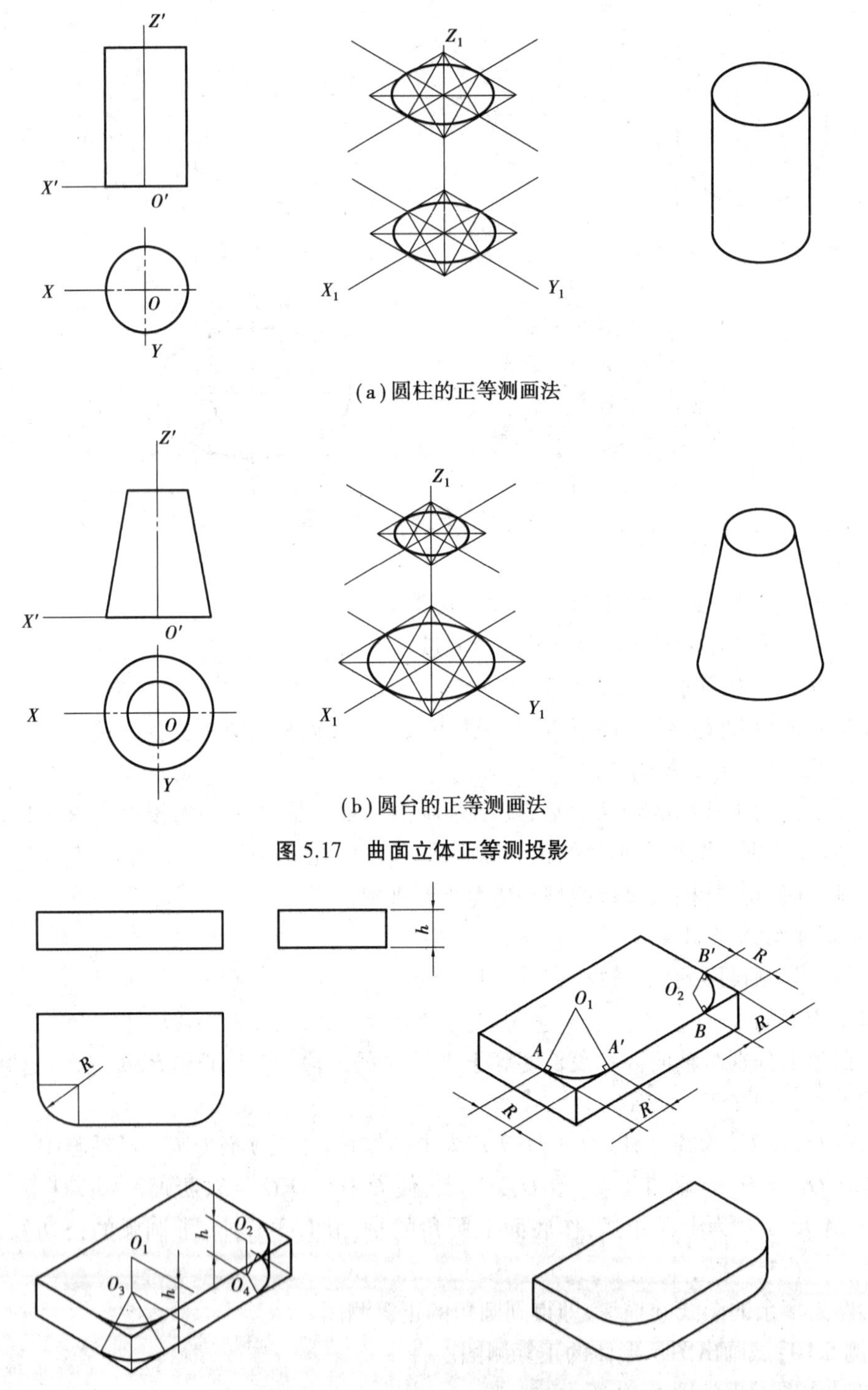

(a) 圆柱的正等测画法

(b) 圆台的正等测画法

图 5.17　曲面立体正等测投影

图 5.18　圆角的正等测投影

斜二测投影中的椭圆不能用四心法绘制，所以现在再介绍一种画椭圆的方法——“八点法”，这种方法不仅适用于斜轴测投影，也适用于正轴测投影中。

下面以平行于 H 面(即 *XOY* 坐标面)的圆，说明圆的斜二测图的画法，如图 5.21 所示。

作图步骤如下：

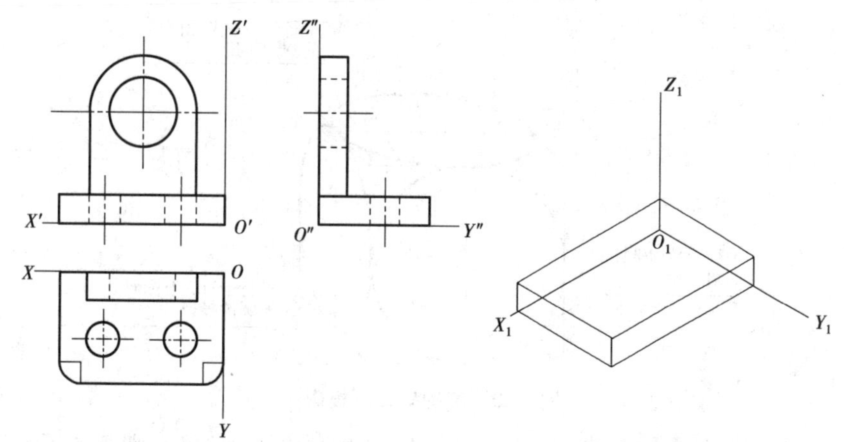

(a)在正投影上定出原点和坐标轴的位置

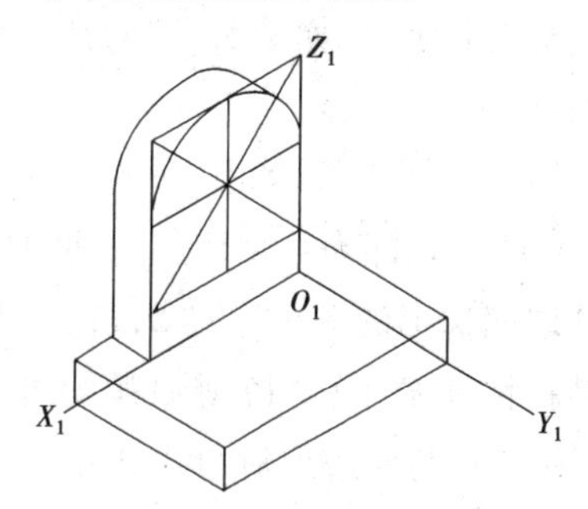

(b)绘制底板的正等测图

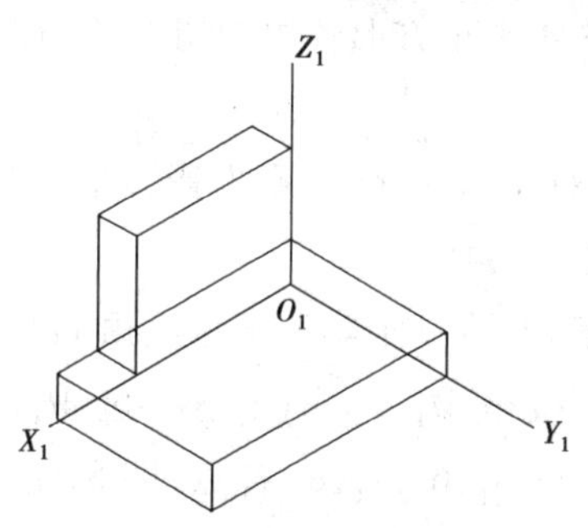

(c)绘制立板的正等测图

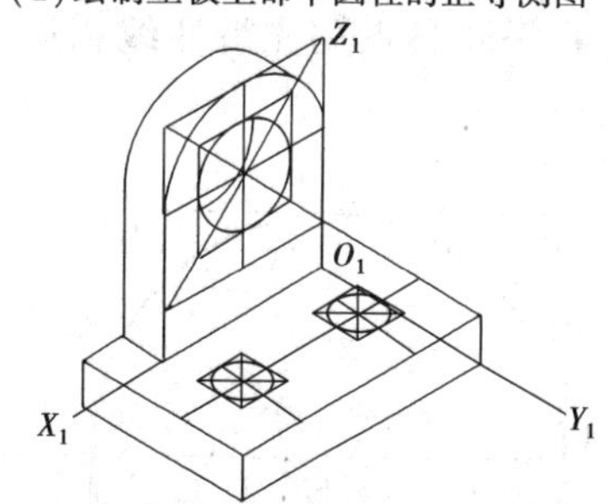

(d)绘制立板上部半圆柱的正等测图

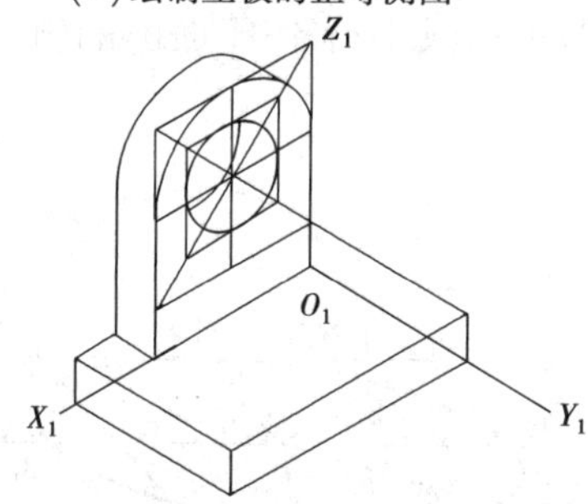

(e)在立板上部切割掉圆孔

(f)在底板上绘制两圆孔

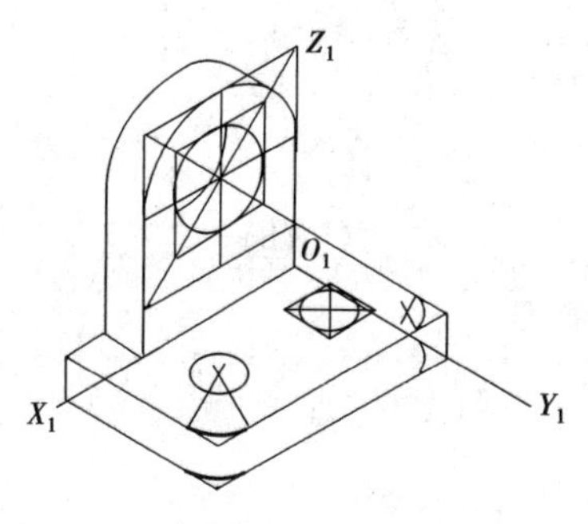

(g)在底板上切割掉两圆角

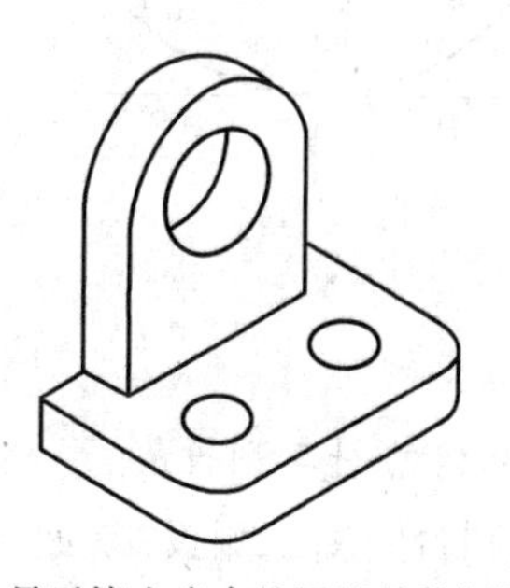

(h)最后擦去多余的图线并描深加粗，即完成形体的正等测图

图 5.19 综合法绘制形体的正等测图

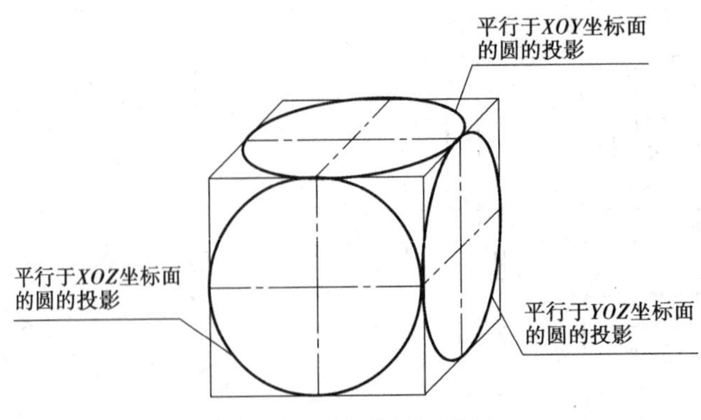

图 5.20　圆的斜二测投影

①在圆的正投影图中作圆的外切正方形 $ABCD$ 及对角线 AC,BD,则正方形和对角线分别和圆相交于 8 个点,如图 5.21(a)所示。其中 1,2,3,4 为正方形各边的切点;5,6,7,8 为对角线上的点。

②如图 5.21(b)所示,作圆的外切正方形及其对角线的斜二测投影,则此四边形与 O_1X_1,O_1Y_1 的交点即为 4 个切点的轴测投影——1_1,2_1,3_1,4_1。

③任取四边形的一个边 C_1D_1,在其上以 C_14_1 为底边,作一个等腰直角三角形 $C_1E_14_1$,然后再以其腰长 4_1E_1 为半径画圆弧则可在边 C_1D_1 上截得 M_1,N_1 两个点。过 M_1,N_1 点引 O_1Y_1 轴平行线,与四边形对角线 A_1C_1 及 B_1D_1 分别交得 5_1,6_1,7_1,8_1 各点,即 5,6,7,8 各点的轴测投影,如图 5.21(b)所示。

④将 1_1—8_1 各点用光滑曲线相连,然后加深即可完成平行于 H 面圆的斜二测,如图 5.21(b)所示。

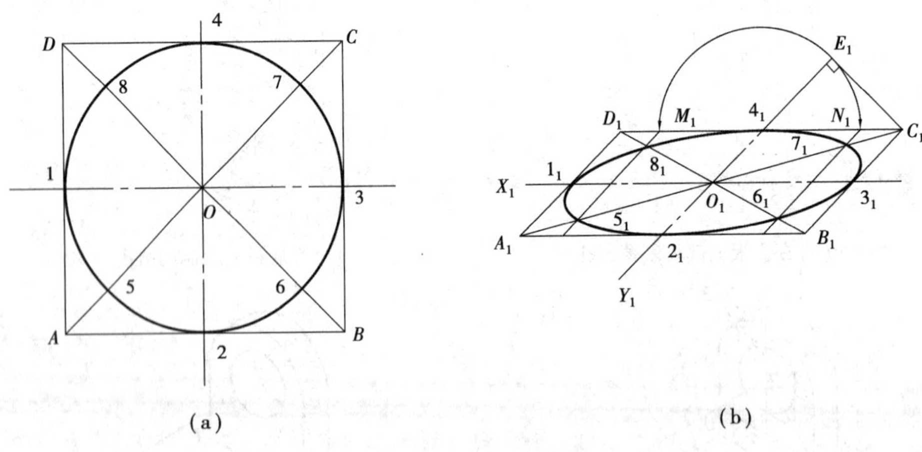

图 5.21　八点法画椭圆

(2)曲面立体的斜二测投影

作出带孔圆台的斜二测投影,如图 5.22 所示。

作图方法与步骤如下:

①建立轴测轴 O_1X_1,O_1Y_1,O_1Z_1,在 O_1Y_1 轴上量取 $L/2$,定出前端面的圆心 A。

②作出前、后端面的轴测投影。

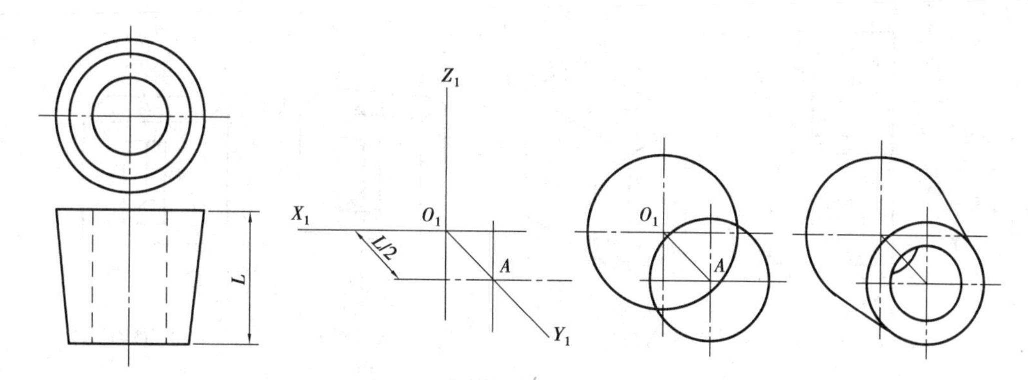

图 5.22 带孔圆台的斜二测投影

③作出两端面圆的公切线及前孔口和后孔口的可见部分。

④擦去多余的图线并描深加粗,即得到圆台的斜二等轴测图。

5.2.3 轴测投影的选择

绘制形体轴测投影的主要目的是使所画图形能反映出物体的主要形状,富于立体感,并符合我们日常的视觉形象,所以在绘制轴测图时,首先要解决的是选用哪种轴测图来表达形体,同时还需考虑观察的方向,才能把形体的主要形状和特征表达清楚,作图力求简便。

1)轴测类型的选择

在选择轴测图类型时应该注意以下几点:

①要避免遮挡。画轴测图时,要尽可能清楚地表达隐藏部分及孔洞,如图 5.23(a)所示。

②避免转角处的交线投影成一直线。画正投影图中,如果形体的表面交线和水平方向成 45°,就不应采用正等测图,宜采用斜二测或正二测,如图 5.23(b)所示。

③避免物体侧面投影积聚成直线。如图 5.23(c)所示形体上面的正四棱柱的两个侧面和水平方向成 45°,就不应采用正等测,宜采用斜二测或正二测。

④避免图形弯扭失真。如图 5.23(d)所示圆柱的斜二测投影,有弯扭失真的感觉,不如画成正等测投影。因此,有水平或侧平圆的形体宜采用正等测图,且作图简便。

2)投射方向的选择

决定了轴测图的类型以后,还要根据形体的形状选择适当的投射方向,使读者能清晰地看清表达的形体。如图 5.24 所示为一形体的 4 个方向的正等测图的效果,画图时应根据要求予以选用。

【讨论】根据投射方向的不同,形体的表达面也不同。图 5.25(a)所示为两个不同投射方位的柱子的绘制效果;图 5.25(b)所示为两个不同投射方位的板。图 5.26 所示为两单个构件按不同的投射效果作的组合轴测图,分别为仰视和俯视两个角度,其中图 5.26(a)为一俯视效果,图 5.26(b)为一仰视效果。实际作图时,依据具体情形来确定形体轴测的投射方向。

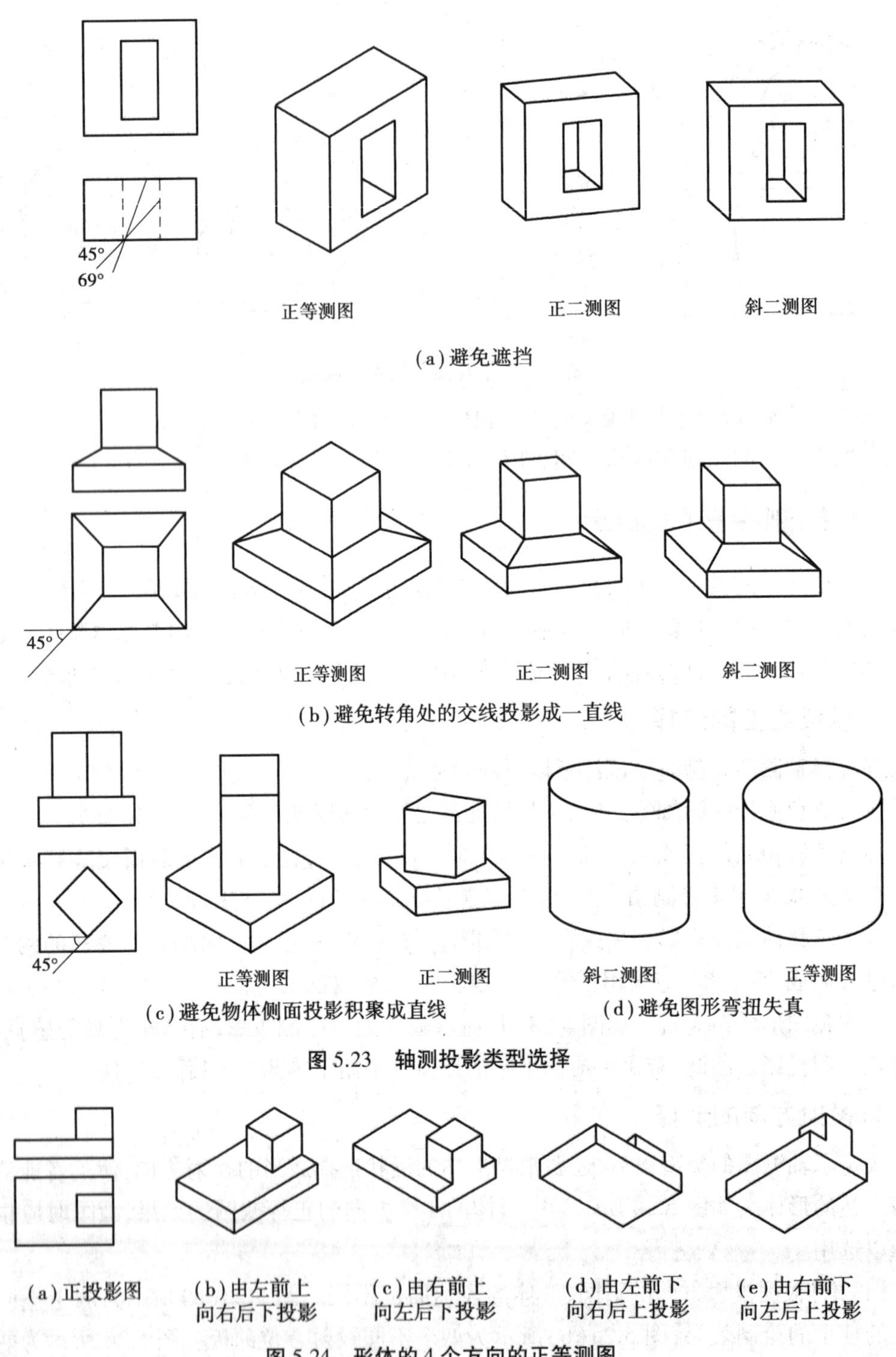

图 5.23 轴测投影类型选择

图 5.24 形体的 4 个方向的正等测图

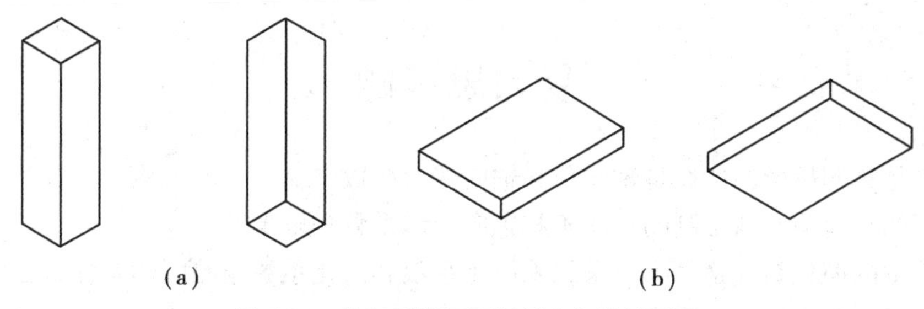

图 5.25 柱和板的不同投射方向的轴测图

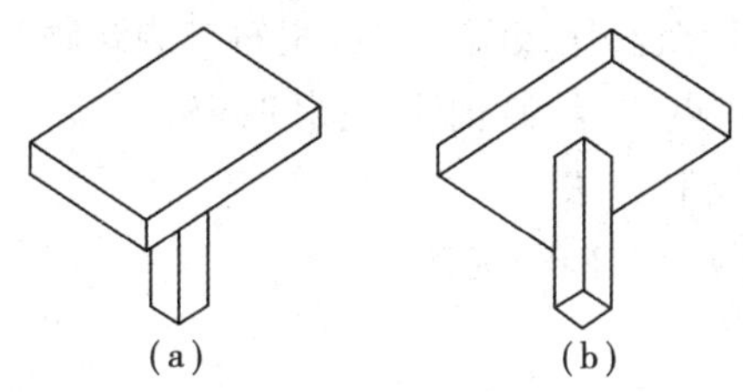

图 5.26 形体组合的俯视轴测和仰视轴测

本章小结

1.根据平行投影的原理,把形体连同确定其空间位置的 3 根坐标轴一起,沿不平行于 3 根坐标轴或由这 3 根坐标轴所确定的坐标面的方向 S,一起投射到一个新的平面 P 或 Q 上,所得的投影称为轴测投影。

2.轴向变形系数:轴测轴上某段长度和它的实长之比。

3.轴测投影的特性:平行性、实形性、从属性、等比性、积聚性。

4.轴测图根据投射方向和轴测投影面的相对位置关系,可分为两类:正轴测投影——当投射方向垂直于轴测投影面时;斜轴测投影——当投射方向倾斜于轴测投影面时。

5.平面体轴测投影的常用画法有坐标法、切割法和叠加法 3 种。

(1)坐标法:将形体上各点的直角坐标位置移植于轴测坐标系统中去,定出各点的轴测投影,从而就能作出整个形体的轴测图。

(2)切割法:将切割型的形体,看作一个完整的、简单的基本形体,作出它的轴测图,然后将多余的部分逐步地切割掉,最后得到形体的轴测图。

(3)叠加法:将组合体的轴测投影分为几个部分,然后分别画出各部分的轴测投影,从而得到整个形体的轴测投影。

6.曲面体轴测投影的常用画法有同心圆法和四心圆法画椭圆。

7.在选择轴测图类型时应该注意以下几点:

(1)要避免遮挡;

(2)避免转角处的交线投影成一直线;

(3)避免物体侧面投影积聚成直线;

(4)避免图形弯扭失真。

决定了轴测图的类型以后,还要根据形体的形状选择适当的投射方向,使读者能清晰地看到表达的形体。

复习思考题

1.什么是轴测投影？什么是轴间角和轴向变形系数？

2.常用的正等测及斜二测的轴间角和轴向变形系数是多少？

3.正等测的简化系数是多少？采用未简化系数和简化系数作的图形有什么区别？

4.轴测图的基本绘制方法有哪些？

5.斜二测绘制的特点是什么？什么图形宜选用斜二测绘制？

6.简述用“四心法”和“八点法”绘制轴测椭圆的方法。

7.简述圆角的正等测的绘制方法。

8.试述轴测图类型及其投射方向的选择。

第6章 剖面图与断面图

本章导读

• **基本要求** 熟悉剖面图和断面图的基本概念、分类、形成和表示方法以及剖面图和断面图的区别与联系；掌握各种类型剖面图与断面图的适用对象与图示方法，并能合理选用；能够选择合适的剖断面类型来表达形体的内部结构形状。

• **重点** 掌握识读和绘制形体全剖图、半剖图、阶梯剖面图和移出断面图的方法。

• **难点** 半剖图、阶梯剖面图的画法，剖面图和断面图的区别。

6.1 剖面图

当构件的内部结构形状复杂时，应用基本视图和辅助视图可以准确完整地表达构件的外形，但这时视图上就会出现许多的虚线，且图线重叠层次不清，从而影响了图形的清晰性和层次性，既不利于看图，又不便于尺寸标注。所以，为了清晰地表达构件的内部结构形状，可假想用一平面将物体切开，从而解决内部结构的表达问题。

6.1.1 剖面图的形成

如图6.1(a)所示，用一个假想的剖切平面(剖切平面一般平行于投影面)在形体的适当部位将其剖切开，并将剖切平面与其中一部分形体移开，对剩余的部分形体进行投影，所得到的投影图就称为剖面图，如图6.1(b)中的1—1剖面图。

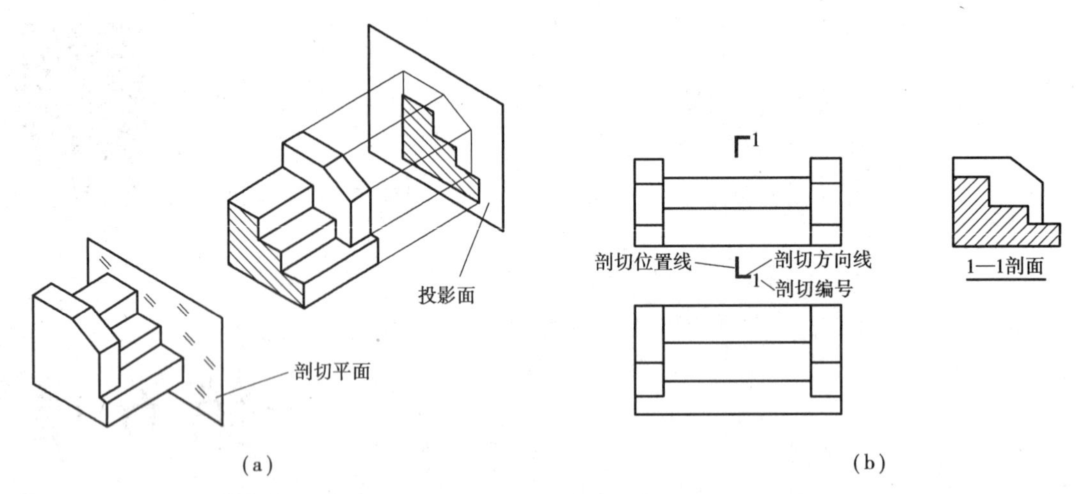

图 6.1 剖面图的形成

剖切平面应尽量通过形体上孔、洞等部位。为了区分剖到和未剖到的部分，一般规定：剖到部分的轮廓线用粗实线表示，亦即截交线所围成的图形截面用粗实线表示，而未剖到但可以看到的地方用中实线表示。

注意：由于剖切是假想的，所以只有在画剖面图时假想地将形体切去一部分，而在画其他投影图时则应该按照完整的形体绘出，如图 6.1(b) 中的 H 面和 V 面投影。在剖面图上为了清晰地表达形体，所以应在被剖切到的截交面上画出材料图例线。

根据《房屋建筑制图统一标准》，图例线的几种表示方法：

①图例线用平行、等间距的 45°细实线来表示。其中注意两个相同的图例相接时，图例线宜错开或使倾斜方向相反，如图 6.2 所示。

②用材料符号表示，如表 6.1 所示的建筑材料图例符号。

③在不影响图形清晰的情况下，对于图样上实际宽度小于 2 mm 的狭小面积的剖面，允许用涂黑的方法代替剖面线。但两个相邻的涂黑图例（如混凝土构件、金属件）间，应留有空隙，其宽度不得小于 0.5 mm，如图 6.3 所示。

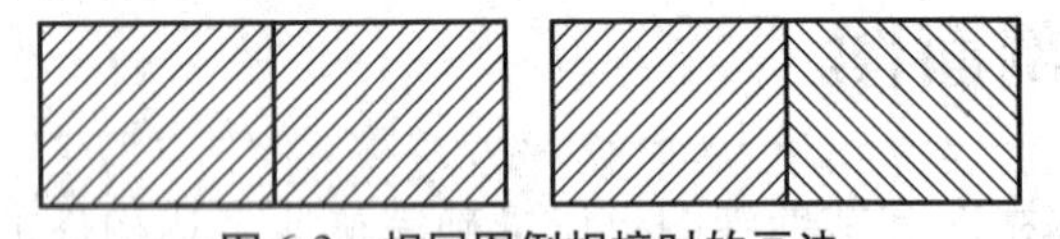

图 6.2 相同图例相接时的画法

图 6.3 狭小面积的剖面线及相邻涂黑图例画法

表 6.1 常见建筑材料图例

序 号	名 称	图 例	备 注
1	自然土壤		包括各种自然土壤
2	夯实土壤		
3	砂、灰土		靠近轮廓线较密的点
4	砂砾石、碎砖三合土		

续表

序号	名称	图例	备注
5	石材		
6	毛石		
7	普通砖		包括实心砖、多孔砖、砌块等砌体,断面较窄不易绘出图例线时,可涂红
8	耐火砖		包括耐酸砖等砌体
9	空心砖		指非承重砖砌体
10	饰面砖		包括铺地砖、马赛克、陶瓷锦砖、人造大理石等
11	焦渣、矿渣	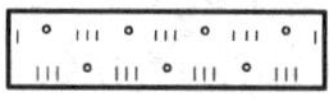	包括与水泥、石灰等混合成的材料
12	混凝土	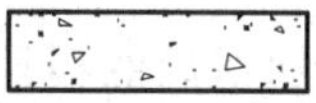	①本图例指能承重的混凝土及钢筋混凝土 ②包括各种强度等级、骨料、添加剂的混凝土 ③在剖面图上画出钢筋时,不画图例线 ④断面图形小,不易画出图例线时,可涂黑
13	钢筋混凝土	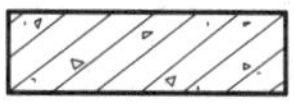	
14	多孔材料	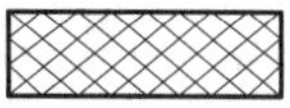	包括水泥珍珠岩、沥青珍珠岩、泡沫混凝土、非承重加气混凝土、软木、蛭石制品等
15	纤维材料		包括矿棉、岩棉、玻璃棉、麻丝、木丝板、纤维板等
16	泡沫塑料材料	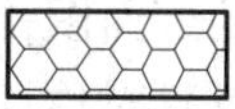	包括聚苯乙烯、聚乙烯、聚氨酯等多孔聚合物类材料
17	木材	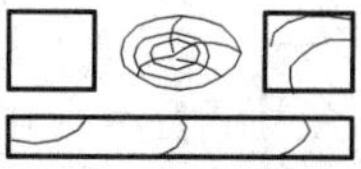	①上图为横断面,上左图为垫木、木砖或木龙骨 ②下图为纵断面
18	石膏板	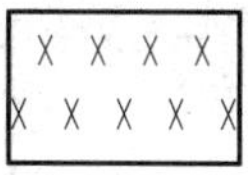	包括圆孔、方孔石膏板、防水石膏板等
19	金属	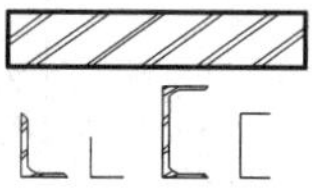	①包括各种金属 ②图形小时可涂黑

续表

序　号	名　称	图　例	备　注
20	玻　璃		包括平板玻璃、磨砂玻璃、夹丝玻璃、钢化玻璃、中空玻璃、加层玻璃、镀膜玻璃等
21	防水材料		构造层次多或比例大时,采用上面图例
22	粉　刷		本图例采用较稀的点

6.1.2　剖面图的表示方法

根据国家标准规定,剖面图的标注包括下列几项,如图 6.1(b)的 V 面投影上的剖切线符号。

1)剖切位置线

通常以剖切平面与投影面的交线表示剖切位置,剖切平面要通过孔、槽等不可见部分的中心线,使其能清楚地表达形体内部形状。为了不穿越图形线,剖切平面的剖切位置用两短粗实线在它的起讫处表示,称之为剖切位置线,长度宜为 6~10 mm。

2)剖切方向线

在剖切位置线的两端,用两短粗实线表示剖切后的投影方向。剖切方向线应垂直画在剖切位置线的两端,其长度宜为 4~6 mm。

3)剖切编号

用阿拉伯数字、罗马数字或拉丁字母按顺序编排。

6.1.3　剖面图的种类

剖面图根据形体的构造特点和表现要求,分为以下几种形式:

1)全剖面图

假想用剖切平面将形体完全剖开后所得到的剖面图称为全剖面图,如图 6.4 所示。

全剖面图适用于内部结构形状比较复杂且不具对称性的形体。

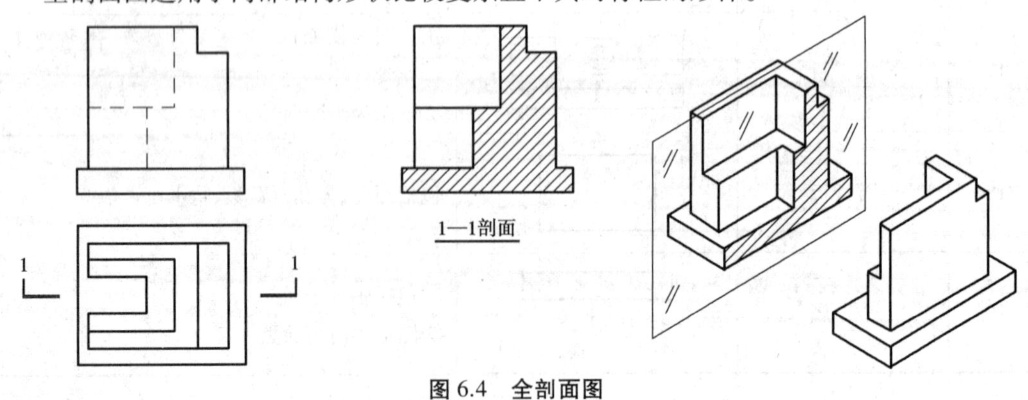

图 6.4　全剖面图

2)半剖面图

当形体具有对称性时,就不必画出其全剖面图,可以以对称中心线为界,一半画成剖面图,另外一半画投影图,这种剖面图称为半剖面图,如图6.5所示。

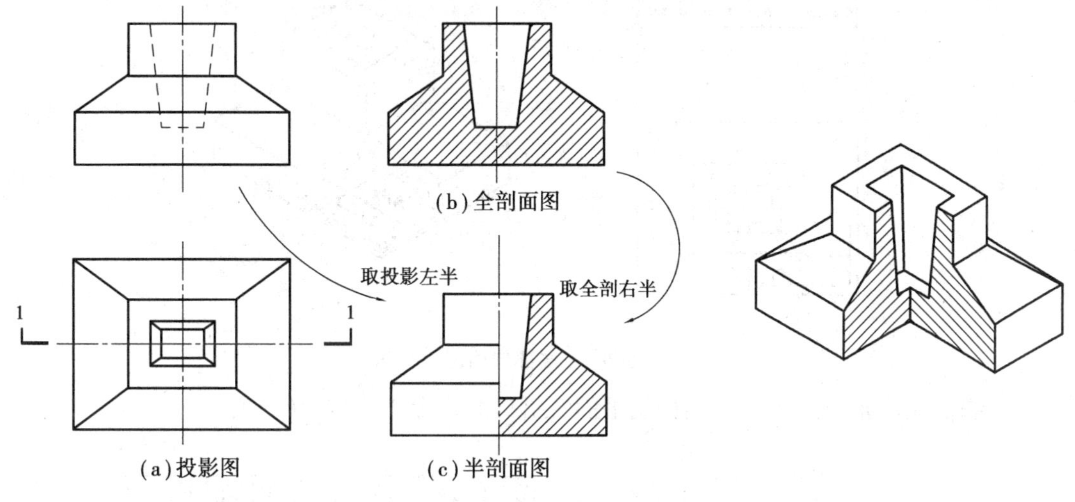

图6.5 半剖面图的形成过程

画半剖面图时应该注意以下几点:

①半剖面图是由半个形体投影和半个剖面图组成的,而不是假想将形体剖去1/4,因而分界线是细点画线而不是粗实线。

②当中心线竖直时,剖面图一般画在对称中心线右侧;对称中心线水平时,剖面图画在对称线的下方。

③半剖面中的,除十分必要的虚线保留之外,其余的虚线均可省略。

3)局部剖面图

用剖切平面局部地剖开形体,所得的剖面图称为局部剖面图。如图6.6所示是杯形基础的局部剖面图,大部分是正投影,而局部剖开是为了表示内部钢筋摆放位置及大小。

剖切范围根据所需表达的内部结构而定,在图上用波浪线标出剖切范围,同时兼作剖面图与投影之间的分界线。

画局部剖面图应该注意以下几点:

①波浪线应画在形体的表面上,不应超出图形的轮廓线,也不应画在孔洞之内。

②波浪线不能与图形上的轮廓线重合。

4)阶梯剖面图

单用一个平面剖切形体,不能将其内部结构的形状完全表达清楚时,可用两个或两个以上相互平行的剖切平面剖开形体所得到的剖面图称为阶梯剖面图,如图6.7(a)、(b)所示。

画阶梯剖面图应该注意以下几点:

①剖切平面不论个数,均采用统一的编号。

②在剖切面的起、迄和转折处均应把剖切线画出。

③剖切平面的转折处不应与图上的轮廓线重合。

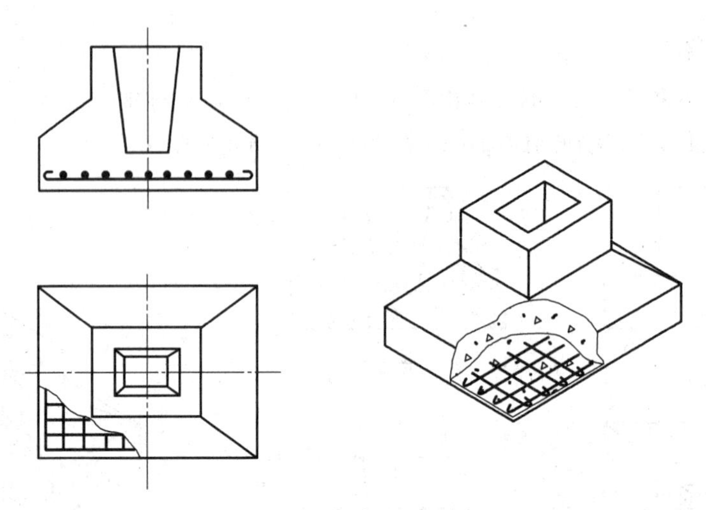

图 6.6　局部剖面图

④在阶梯剖面图中,不应画出剖切平面转折处的投影,如图 6.7(c)所示。

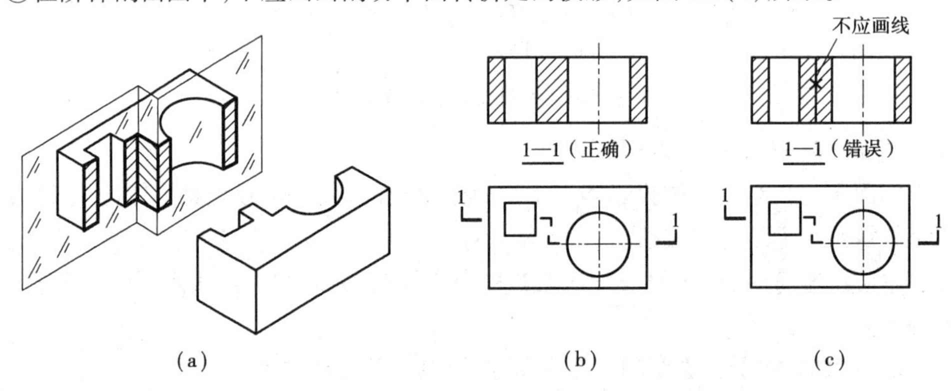

(a)　(b)　(c)

图 6.7　阶梯剖面图

5)分层剖面图

用几个相互平行的剖切平面分别将物体的局部剖开,把几个局部剖面图重叠在一个投影图上,按层次以波浪线各层次隔开,以表示各层的材料、构造等方法,这种剖面图称为分层剖面图。如图 6.8 所示为墙面分层剖面图和图 6.9 所示为地面分层剖面图。这种方法通常用于在土木工程中反映地面、墙面、屋面和道路的构造。

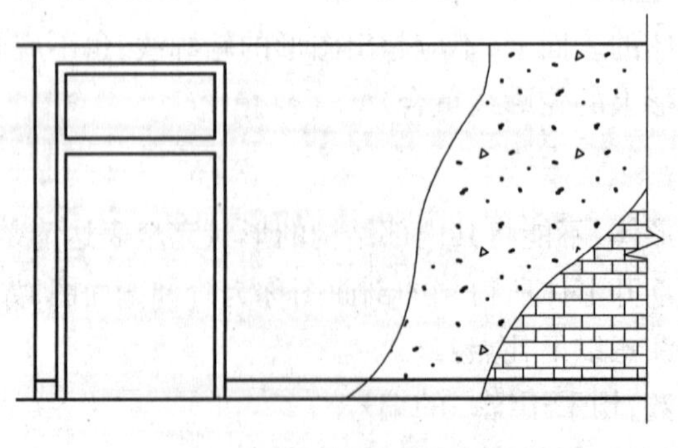

图 6.8　墙面分层剖面图

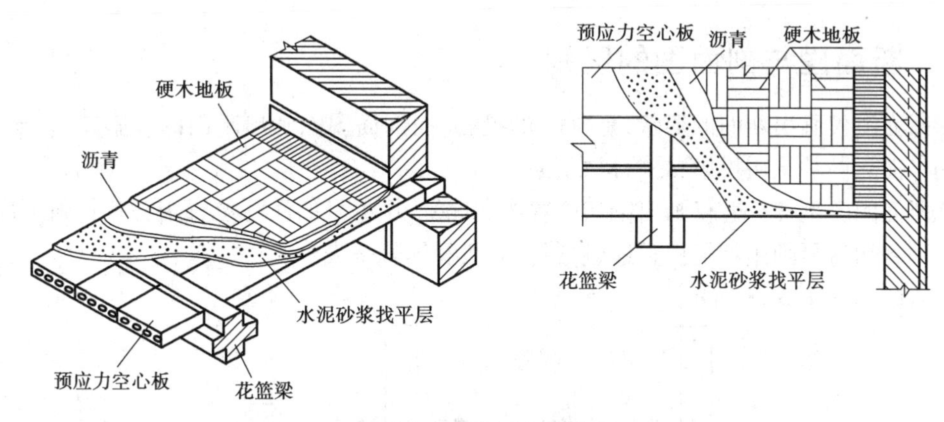

图 6.9 地面分层剖面图

6.2 断面图

6.2.1 断面图的形成

用假想的剖切平面去切割形体,并移去观察者与剖切平面之间的一部分物体,仅画出剖切平面与物体接触部分的图形,这种图形称为断面图,简称为断面,如图 6.10 所示。

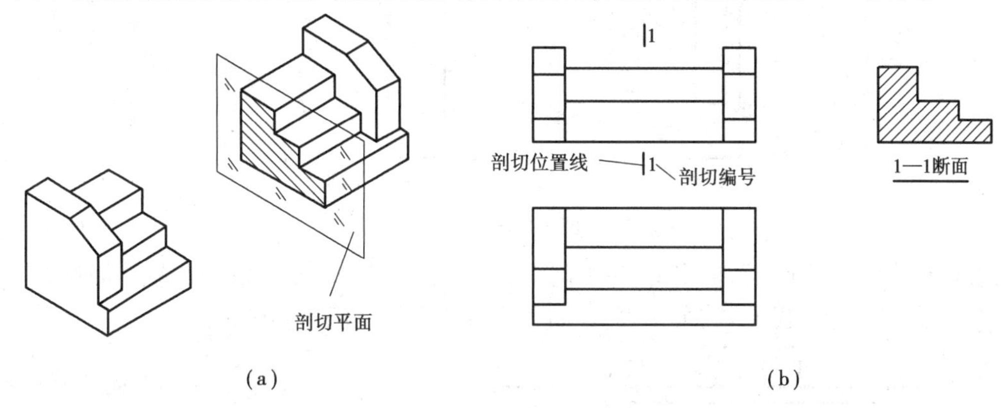

图 6.10 断面图的形成

6.2.2 断面图的表示方法

同剖面图一样,断面图的形状也与剖切位置和投射方向有关。因此,画出的断面图也需要用剖切符号表示剖切位置和投射方向。如图 6.10(b)所示的 V 面投影中的剖切符号。

1) 剖切位置线

剖切平面的剖切位置用两短粗实线在它的起讫处表示,长度宜为 6~10 mm。

2) 断面编号

断面编号用阿拉伯数字或拉丁字母按顺序编排。断面图中没有投射方向线,所以投射方向由断面编号的注写位置来表示,如写在粗短划的左侧就表示向左投射,若写在粗短划的下面就表示向下投射。

6.2.3 断面图与剖面图的区别

①断面图仅画出断面的形状,是“面”的投影;而剖面图除画出断面的投影图外,还要画出剖切平面后面的结构投影,是“体”的投影。

②断面图的剖切符号仅画出剖切位置线和编号,用编号的注写位置来替代投射方向;而剖面图的剖切符号则用剖切位置线、投射方向线和编号来表示。

两者区别如图 6.11 所示。

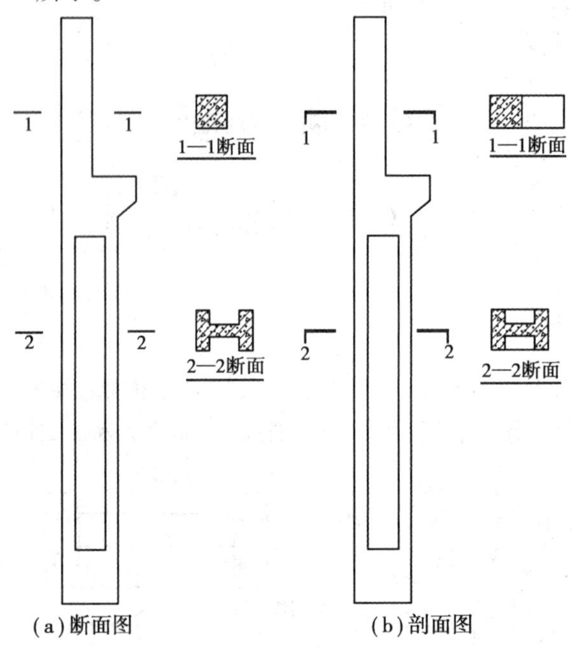

图 6.11 断面图与剖面图的区别

【例 6.1】作出图示变截面梁的 1—1 剖面、2—2 断面、3—3 断面,材料为钢筋混凝土。

【解】解答过程如图 6.12 所示。注意剖面图和断面图的联系和区别。

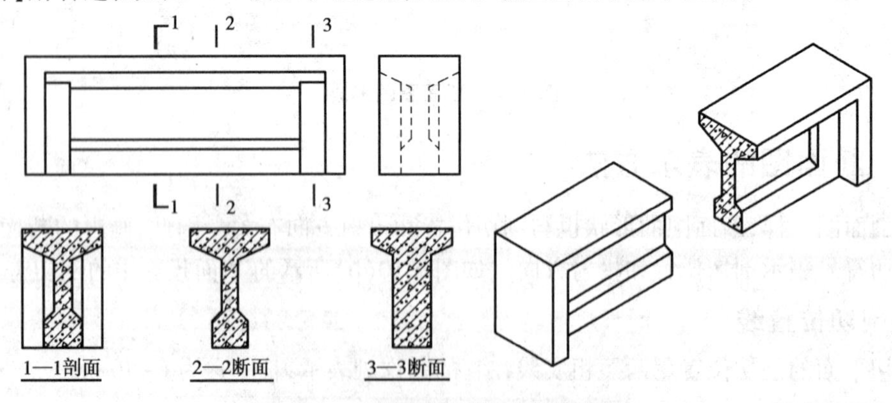

图 6.12 变截面梁的剖面图及断面图

6.2.4　断面图的分类

根据断面图在图中配置的位置不同,可将断面图分为移出断面、重合断面和中断断面。

1)移出断面图

画在投影图外侧的断面图称为移出断面,如图6.13所示。移出断面的轮廓线用粗实线画出,断面上还要画出剖面线(平行等间距的45°细实线)或材料图例。

为了看图方便,移出断面应尽量画在剖切位置线的延长线上,为保持各个断面排列整齐,必要时允许画在其他适当的位置。如图6.14所示是空腹鱼腹式吊车梁的移出断面图;当断面形状为对称时,移出断面图也可以按图6.13(c)的方式表示。

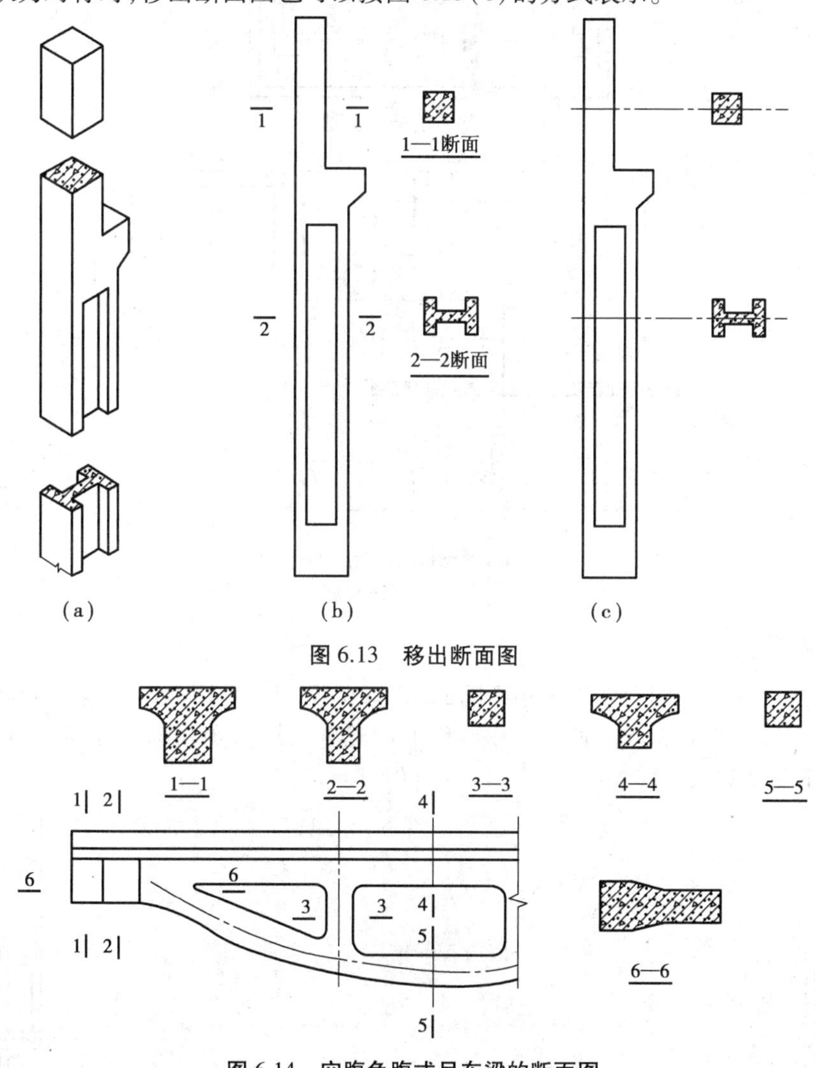

图6.13　移出断面图

图6.14　空腹鱼腹式吊车梁的断面图

2)重合断面图

画在投影图轮廓线范围之内的断面称为重合断面,如图6.15和图6.16所示。重合断面也就是假想用一个剖切平面将形体剖开后,将截面旋转90°。

重合断面不需标注剖切线和编号。为避免与投影图中的图线混淆,当形体的轮廓线为粗实线时，重合断面的轮廓线用细实线；当形体轮廓线为细实线时，重合断面的轮廓线用粗实线；当重合断面轮廓线与形体的轮廓线重合时，形体的轮廓线须完整画出，不应断开。

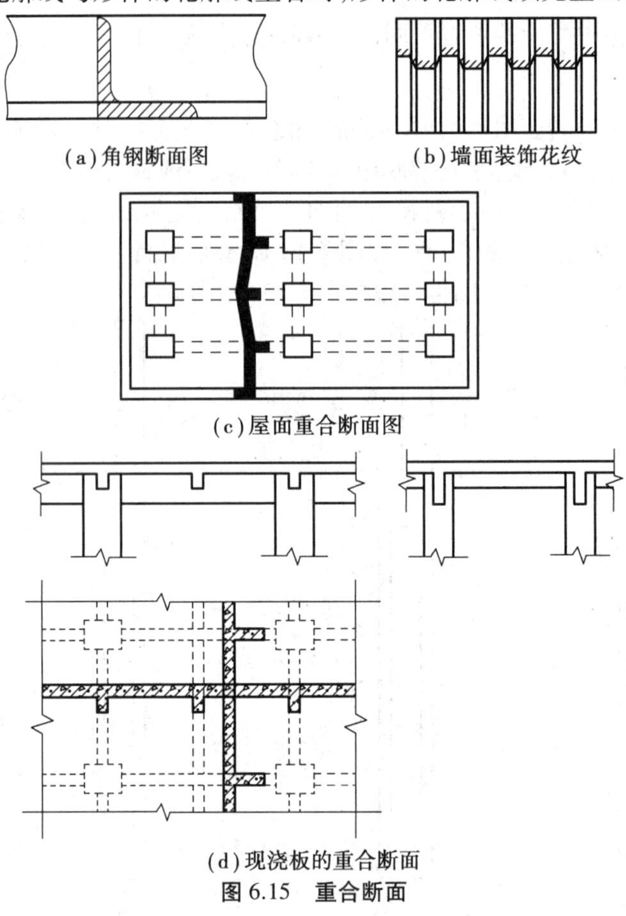

(a)角钢断面图　(b)墙面装饰花纹

(c)屋面重合断面图

(d)现浇板的重合断面

图 6.15　重合断面

3)中断断面

画在投影图中断处的断面称为中断断面，如图 6.17 和图 6.18 所示。这种断面图适用于形体较长而且断面形状相同时使用。中断断面的轮廓线用粗实线画出，此时不必标注剖切线及编号，中断处画波浪线。

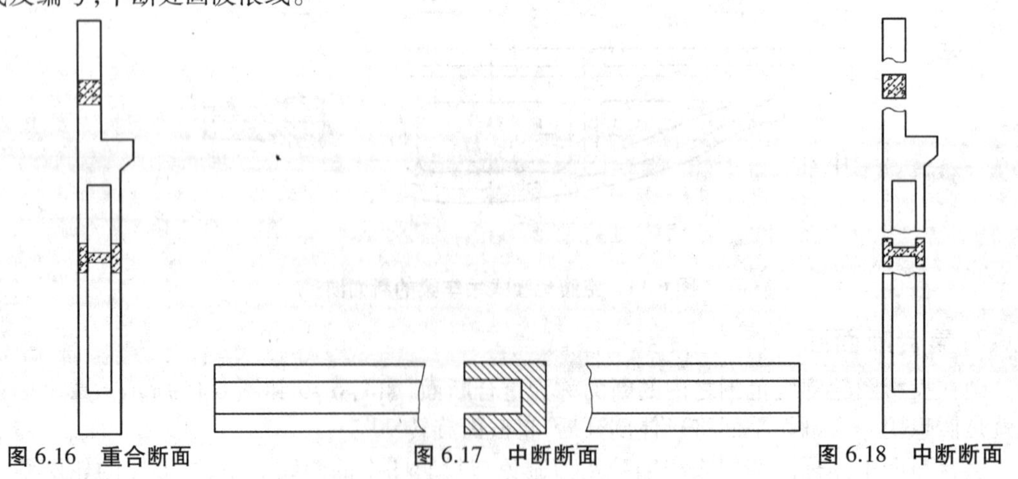

图 6.16　重合断面　图 6.17　中断断面　图 6.18　中断断面

本章小结

1.剖面图的基本概念、标注方法(剖切位置线、剖切方向线、剖切编号)及图示方法。根据不同的剖切方式,剖面图可分为全剖图、半剖图、局部剖面图、分层剖面图、阶梯剖面图等。

2.断面图的基本概念、标注方法(剖切位置线、断面编号)及图示方法。根据断面图在视图上的位置不同,将断面图分为移出断面、中断断面和重合断面图。

3.断面图与剖面图的区别:

(1)表达的内容不同。断面图仅画出断面的形状,是“面”的投影;而剖面图除画出断面的投影图外,还要画出剖切平面后面的结构投影,是“体”的投影。

(2)标注方法不同。断面图的剖切符号仅画出剖切位置线和编号,用编号的注写位置来替代投射方向;而剖面图的剖切符号则用剖切位置线、投射方向线和编号来表示。

复习思考题

1.什么是剖面?什么是断面?两者的异同点是什么?

2.画半剖面图和阶梯剖面图时有哪些注意事项?

3.常用的剖面图有哪几种?各适用于什么情况?

4.窄小的剖切断面如何表示?

5.什么是剖切线?什么是剖面线?

第 7 章

建筑施工图

本章导读

• **基本要求** 掌握建筑施工图的产生、分类及常用建筑符号的含义;了解并掌握建筑施工图的组成内容及其形成方式;掌握识读建筑施工图的方法及绘制建筑施工图的步骤。

• **重点** 建筑总平面图的内容和图示方法;建筑平面图的内容、图示、识读及绘制方法;建筑立面图的内容、图示、识读及绘制方法;建筑剖面图的内容、图示、识读及绘制方法;建筑详图的作用,外墙详图和楼梯详图的内容和识读。

• **难点** 建筑剖面图的识读,外墙详图和楼梯详图的识读。

7.1 房屋施工图的基本知识

7.1.1 建筑工程图的产生、分类

房屋建筑工程图是根据正投影绘制的一种图样,它将一栋房屋建筑的内外形状和大小,以及结构、构造、装修设备等详细地表示在图纸上,用于指导工程施工。

建造一栋房屋,要经过设计和施工两个主要阶段。在业主报建手续完善之后,进入设计阶段。首先,根据业主建造要求和有关政策性文件、地质条件进行初步设计,绘制房屋的初步设计图,称为方案图。方案图报业主征求意见,并报规划、消防等部门审批。根据审批同意后的方案图,进入设计的第二阶段,即技术设计阶段。技术设计阶段包括建筑、结构、给水排水、采暖通风、电气等各专业的设计、计算与协调过程。在这一阶段,需要设计和选用各种主要构配件、设备和构造作法。在技术设计通过评审后,就进入设计的第三阶段——施工图

设计阶段。施工图设计阶段对各种具体的问题进行详尽的设计与计算,并绘制最终用于施工的施工图纸。施工图纸要完整、详尽、统一,并且图样正确、尺寸齐全,对施工中的各项具体要求都明确地反映到各专业的施工图中。

一套房屋建筑工程图,一般按专业分为建筑施工图、结构施工图、设备施工图(给水排水施工图、采暖通风施工图、电气施工图)3类。

1)建筑施工图

建筑施工图简称“建施”,主要反映建筑物的规划位置、外形和大小、内外装修、内部布置、细部构造做法及施工要求等。建筑施工图包括首页(图纸目录、设计总说明、门窗表等材料表等)、总平面图、平面图、立面图、剖面图和详图。

2)结构施工图

结构施工图简称为“结施”,主要表示建筑物承重结构、布置情况。它包括构件的类型、大小及钢筋的摆放,尺寸大小及制作安装方法。图纸包括结构设计说明、基础平面及剖面、柱网布置图、梁的平面配筋图、板的平面配筋图、柱的平面配筋图。

3)设备施工图

设备施工图简称“设施”,包括给水排水(简称“水施”)、电器照明(简称“电施”)、供暖通风(简称“暖通”)等设备的平面布置图、系统轴测图及详图。

7.1.2 图纸索引

比例比较小的图纸中,有些构造节点表达不清楚时,可以用索引和局部详图来表示。索引符号和详图符号一一对应,即有索引符号就有详图符号。不同情况的图纸索引情况如表7.1所示。

表7.1 不同情况下的图纸索引示例

序 号	详图位置	图 示
1	被索引的详图在同一张图纸内	索引符号:ϕ10 mm,细实线,5(详图编号),—(详图在本张图内);详图符号:粗实线,ϕ14 mm,5(详图编号)
2	被索引的详图不在同一张图纸内	索引符号:5(详图编号),4(详图所在图纸编号);详图符号:5(详图编号),6(索引所在图纸编号)
3	被索引的详图在标准图中	索引符号:J103(图集符号),6(详图编号),7(详图所在图集编号)

续表

序　号	详图位置	图　示
4	被索引的剖视详图在同一张图纸内	索引符号：所在侧即为剖视方向；详图编号 4；剖视详图在本张图纸上。详图符号：4；剖视详图编号
5	被索引的剖视详图不在同一张图纸内	索引符号：详图编号 5；4 剖视详图在图纸编号。详图符号：详图编号 5；6 剖切索引所在图纸编号

7.1.3 图纸中常用的符号和记号

1)定位轴线

定位轴线是用来确定建筑物承重构件位置的基准线，用细单点长画线表示，并在线的端头画直径为 8 mm、详图上为 10 mm 的圆。横向定位轴线应用阿拉伯数字，从左向右依次编写；竖向定位轴线应用大写拉丁字母，从下至上依次编写；其中 I，O，Z 不得采用，以免与数字 1，0，2 相混淆。平面图上定位轴线的编号，宜标注在图样的下方与左侧。

对于一些与主要构件相联系的次要构件，它的定位轴线一般用附加定位轴线。编号可用分数表示，分母表示前一轴线的编号，分子表示附加轴线的编号，用阿拉伯数字依次编号，如图 7.1(a)所示。如有一个详图适用于几个轴线时，应同时将各有关轴线的编号注明，如图 7.1(b)～图 7.1(e)所示。

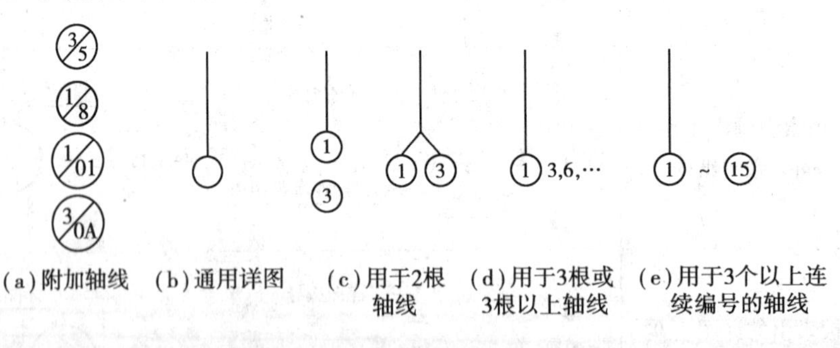

图 7.1　定位轴线

2)标高符号

建筑物都要表达长、宽、高的尺寸。建筑施工图纸中高度方向的尺度用标高来表示。各图上所用标高符号用细实线绘制，如图 7.2 所示。标高数值以 m 为单位，一般注写至小数点后 3 位(总平面为 2 位数)。零点标高应注写成±0.000；零点以上取“+”，但不注“+”符号；零点以下取“-”值，但应标注“-”符号。同一位置表示几个不同标高时，可重复注写。标高箭头可向上或向下，如图 7.3 所示。

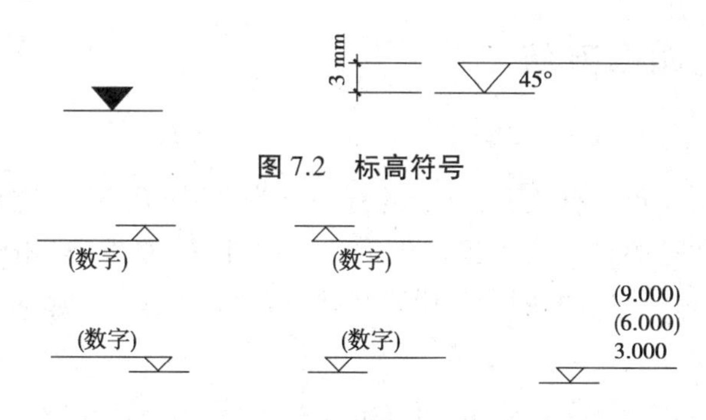

图 7.2　标高符号

图 7.3　标高数字的注写

7.1.4　标准图

1)标准图

为了适应大规模建设的需要、加快设计施工速度、提高质量、降低成本,将各种大量常用的建筑物及其构、配件按国家标准规定的模数协调,根据不同的规格标准,设计编绘成套的施工图,以供设计和施工时选用,这种图样称为标准图或通用图。将其装订成册即为标准图集或通用图集。

2)标准图的分类

我国标准图有两种分类方法:一是按使用范围分类;二是按工种分类。

按照使用范围大体分为 3 类:

①经国家部、委批准的,可在全国范围内使用;

②经各省、自治区、直辖市有关部门批准的,在各地区使用;

③各设计单位编制的图集,供各设计单位内部使用。

按工种分类:

①建筑配件标准图,一般用“建”或“J”表示。

②建筑构件标准图,一般用“结”或“G”表示。

7.1.5　施工图的图示特点

①施工图中各图样,主要是用正投影绘制的。通常,在 H 面作平面图;在 V 面作正、背立面图;在 W 面上作左、右侧立面和剖面图。在图幅大小允许的情况下,将平、立、剖面放在同一张图纸上,以便阅读;如果图幅过小,平、立、剖面图可分别单独绘出。

②房屋的形体较大,所以施工图都用较小比例绘制。构造较复杂的地方,可用大比例的详图绘出。

③由于房屋的构、配件和材料种类较多,“国标”规定了一系列的图形符号来代表建筑构配件、卫生设备、建筑材料等,这种图形符号称为图例。为读图方便,“国标”还规定了许多标准符号。所以,读图者应对图例和符号有所了解。

④线型粗细变化:为了使所绘的图样重点突出,活泼美观,建筑上采用了很多线型,如立面图中室外地坪用 1.4b 的特粗线,门窗格子、墙面粉刷分格线用细实线等。

7.1.6 施工图的阅读方法

1）看图的方法

一套房屋施工图，简单的有几张，复杂的有几十张、甚至几百张，究竟从哪一张看起呢？因此，正确的看图方法是关键。实践经验告诉我们：看图的方法是“由外向里看，由大到小看，由粗到细看，先主体、后局部，图样与说明互相对着看，建施与结施对着看”。

2）看图步骤

①先看目录，了解是工业还是民用，是砖混还是框架，建筑面积多大，图纸有多少张。

②按照图纸目录检查各类图纸是否齐全、有无错误，标准图是哪一类，把它们查全，准备在手边以便可以随时查看。

③看设计说明，了解建筑概况、施工技术要求。

④看总平面图，了解建筑物的地理位置、高程、朝向以及建筑有关情况；考虑如何进行定位放线。

⑤看完总平面图，依次看平面图、立面图、剖面图，通过平、立、剖面图，在脑海中逐步建立立体形象。

⑥通过平、立、剖形成建筑的轮廓以后，再通过详图了解各构件、配件的位置，以及它们之间是如何连接的。

7.2 施工图的首页及总平面图

7.2.1 学习总平面图应具备的知识

1）风向频率玫瑰图

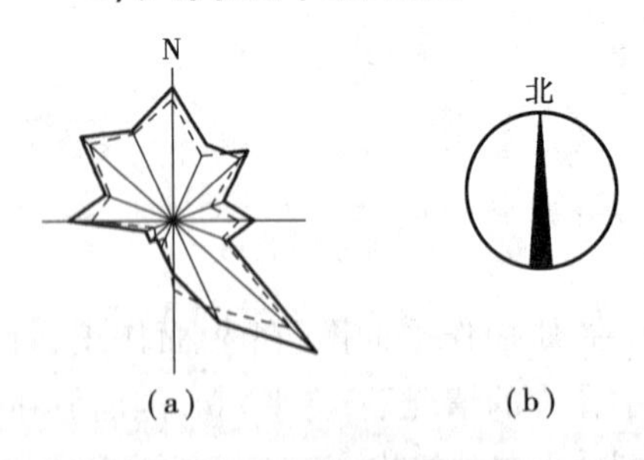

图7.4 风向频率玫瑰图和指北针

风向频率玫瑰图是根据当地的气象统计资料将一年中不同风向的吹风频率用同一比例画在16个方位线上连接而成，如图7.4(a)所示。图中实折线距中心点最远的顶点表示该方向吹风频率最高，称为常年主导风向。图中虚折线表示当地夏季6,7,8三个月的风向频率，称为夏季主导风向。

2）指北针

指北针的外圆用细实线绘制，直径为24 mm，指针尾部的宽度为3 mm，如图7.4(b)所示。

3）坐标系统

坐标系统有两种形式：测量坐标系统和建筑坐标系统。在国家和地区地形图上绘制的放格网叫测量坐标系统，与地形图采用同一比例尺，以100 m×100 m，或50 m×50 m为一方格，横向为X，纵向为Y。为了便于换算，建筑坐标系统就是将建设地区的某一定点为“O”，水平方向为A轴，垂直方向B轴，进行分格。格的大小一般用100 m×100 m或50 m×50 m，比例尺与地形图相同。由图7.5可看出,用建筑坐标系统更加方便;也可将建筑坐标系统和新建筑物的轴线平行,但在附注中注明两种坐标系统的换算公式。

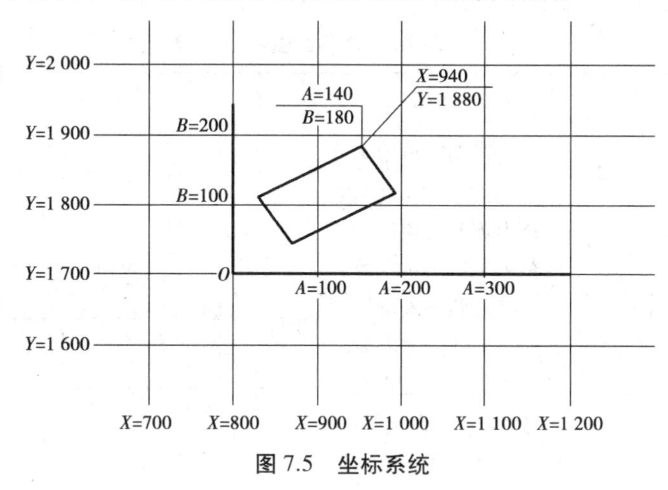

图7.5 坐标系统

4)规划红线

在城市建设的规划地形图上划分建筑用地和道路用地的界线,一般都以红色线条表示。它是建造沿街房屋和地下管线时,决定位置的标准线,不能超越。

5)绝对标高、相对标高

绝对标高:我国把青岛附近的平均海平面定为绝对标高的零点,其他各地标高以它作为基准。

相对标高:在房屋建筑设计与施工图中一般都采用假定的标高,并且把房屋的首层室内地面的标高,定为该工程相对标高零点。在总平面图上,常标注出相对标高零点对应的绝对标高值,如±0.000=87.79 即房屋首层室内地面的相对标高±0.000等于该绝对标高的87.79 m。

6)等高线

地面上高低起伏的形状称为地形。地形是用等高线来表示的。等高线是预定高度的水平面与所表示表面的截交线。

为了表明地表起伏变化状态,仍可假想用一组高差相等的水平面去截切地形表面,画出一圈一圈的截交线就是等高线,如图7.6所示。

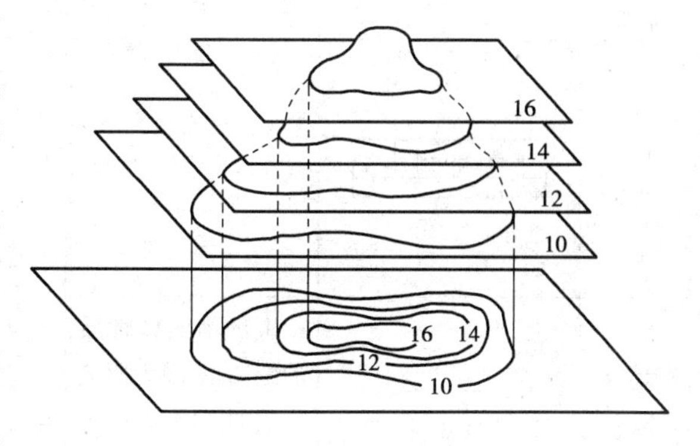

图7.6 等高线的形成

阅读地形图是土方工程设计的前提,因此会看地形图非常必要。地形图的阅读主要是根据地面等高线的疏密变化大致判断出地面地势的变化。等高线的间距越大,说明地面越平缓;相反,等高线的间距越小,说明地面越陡峭。

从等高线上标注的数值可以判断出地形是上凸还是下凹。数值由外圈向内圈逐渐增大,说明此处地形是往上凸;相反,数值由外圈向内圈减小,则此处地形为下凹。

7) 总平面图图例

常用的总平面图图例如表7.2所示。

表7.2　总平面图例

名　称	图　例	说　明	名　称	图　例	说　明
新建建筑物	8 ▲	①需要时可用▲表示出入口，可在图形内右上角用点数或数字表示层数 ②建筑物外形用粗实线表示，需要时地面以上建筑用中实线表示，地面以下建筑用细实线表示	坐标	A 105.00 B 425.00 X 105.00 Y 425.00	上图表示建筑坐标 下图表示测量坐标
原有建筑物		用细实线表示	填挖边坡		边坡较长时可在一端或两端局部表示
计划扩建的预留地或建筑物		用中虚线表示	护坡		下边线为虚线时表示填方
拆除建筑物		用细实线表示	室内标高	151.00(±0.00)	
散装材料露天堆场		需要时可注明材料名称	室外标高	▼143.00	
其他材料露天堆场或露天作业场			雨水井		
			消火栓井		
铺砌场地			新建道路	0.6 101.00 R9 150.00	“R9”表示道路转弯半径为9 m “150.00”表示路面中心标高 “0.6”表示0.6%的纵向坡度 “101.00”表示变坡点间距离
围墙及大门		上图为实体性质的围墙，下图为通透性质的围墙，如仅表示围墙时不画大门	原有道路		
树木及花卉		各种不同的树木有多种图例	计划扩建道路		

7.2.2 首页图

施工图中除各种图样外，还包括图纸目录、设计说明、工程做法、门窗统计表等表格和文字说明。这部分内容通常集中编写，编排在施工图的前面，当内容较少时，可以全部绘制于施工图的第一张图纸之上，称为施工图首页图。

①图纸目录：包括每张图纸的名称、内容、图号等。编制图纸的目的是便于查找图纸。

②设计说明：内容包括工程概况（建筑名称、建筑地点、建设单位、建筑面积、建筑占地面积、建筑等级、建筑层数）；设计依据（政府有关批文、建筑面积、造价以及有关地质、水文、气象资料）；设计标准（建筑标准结构、抗震设防烈度、防火等级、采暖通风要求、照明标准）；施工要求（验收规范要求、施工技术及材料的要求，采用新技术、新材料或有特殊要求的做法说明，图纸中不详之处的补充说明）。

③工程做法表：工程做法表主要是对建筑各部位构造做法用表格的形式加以详细说明。

④门窗表：是对建筑物上所有不同类型门窗的统计表格。

图纸按上述顺序编排。一般中小型工程编写一个设计总说明即可，放在建筑施工图的首页。如果是大型工程或结构复杂的工程，则可把总说明分为 3 部分：建筑设计说明、结构设计说明、设备设计说明，分别放在各施工图的前面。各专业施工图的编排顺序是全局性在前、局部性的在后；先施工的在前、后施工的在后；重要的在前、次要的在后。

7.2.3 总平面图的形成和作用

总平面图是假想人站在建好的建筑物上空，用正投影的原理画出的地形图，把已有的建筑物、新建的建筑物、将来拟建的建筑物以及道路、绿化等内容按与地形图同样的比例画出来的平面图。

总平面图是新建房屋施工定位，土方施工以及其他专业管线总平面图和施工总平面设计布置的依据。

房屋定位的方法有两种：一是根据原有建筑物定位放线；二是根据坐标系统进行定位放线。

7.2.4 总平面图反映的内容

①表明建筑物的总体布局：根据规划红线了解拨地范围，各建筑物及构筑物的位置、道路、管网的布置等。

②确定新建建筑物定位方法：大型复杂建筑物或新开发的建筑群用坐标系统定位，中小型建筑物根据原有建筑物定位。

③表明建筑物首层地面的绝对标高、室外地坪、道路绝对标高，了解土方填挖情况，地面位置。

④用风玫瑰图表示当地风向和建筑朝向，中小型建筑也可用指北针。

⑤了解地形（坡、坎、坑），地物（树木、线干、井、坟等）。

7.2.5 总平面图的阅读

现以武装部办公楼的总平面（图 7.7）为例，读图过程如下：

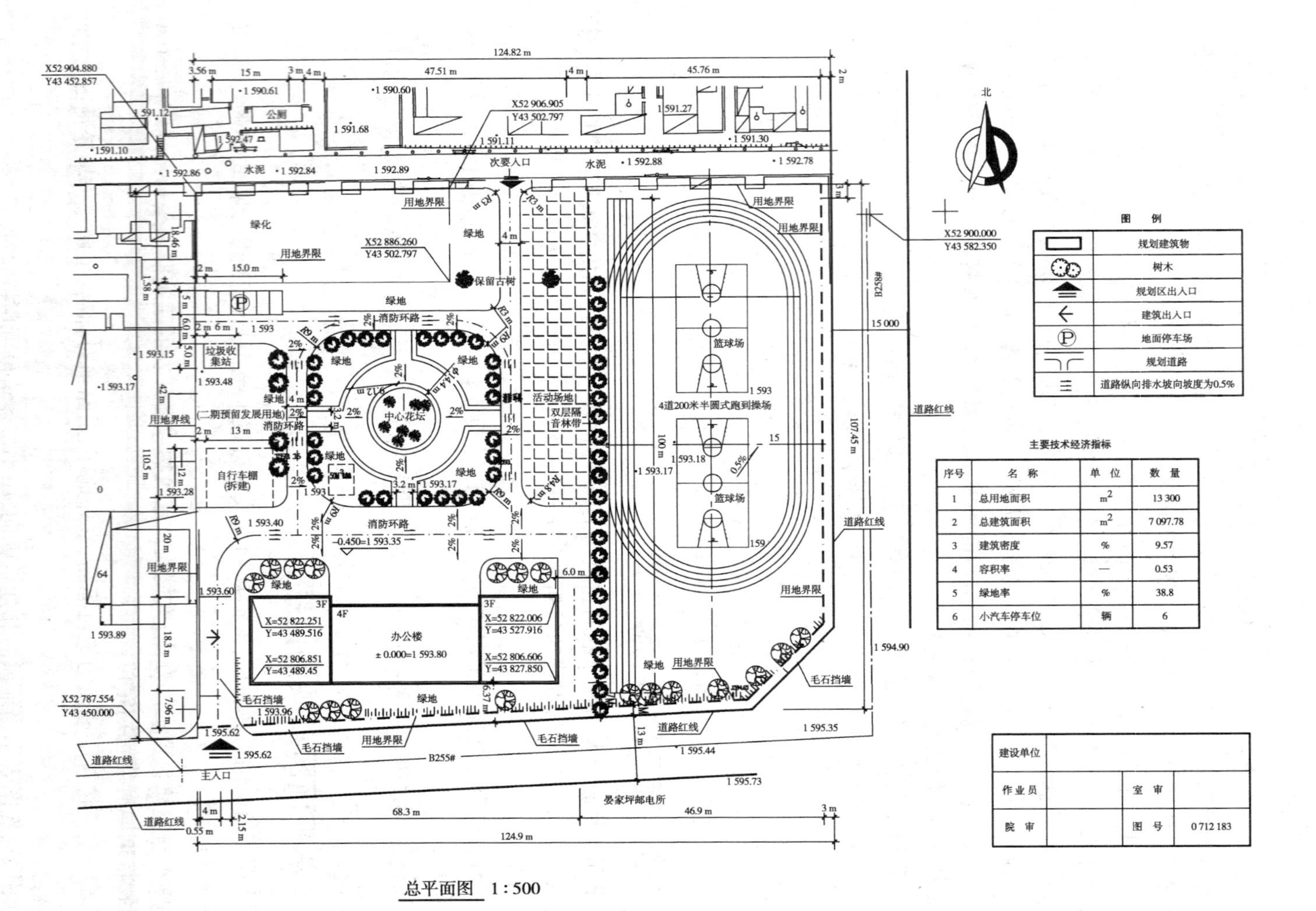

主要技术经济指标

序号	名称	单位	数量
1	总用地面积	m^2	13 300
2	总建筑面积	m^2	7 097.78
3	建筑密度	%	9.57
4	容积率	—	0.53
5	绿地率	%	38.8
6	小汽车停车位	辆	6

总平面图 1:500

图7.7 某中学总平面图

1) 办公楼的风向、方位和范围

图的右上角画出了该地区的指北针,按指北针所指的方向,可以知道这个办公楼位于公路的南侧。

2) 新建房屋的平面轮廓形状、大小、朝向、层数、位置和室内外地面的标高

以粗实线画出了这栋新建办公楼,显示了它的平面形状,左右对称。东西总长 38.4 m (43 527.916—43 489.516),南北总宽 15.4(52 822.006—52 806.606)。坐南朝北,整体 3 层,局部 4 层。

3) 新建房屋周围的环境以及附近的建筑物、道路、绿化等布置

在新建房屋西面是单位的主入口,还有一个次要入口在北面,由道路红线(用毛石砌筑)给出了拨地范围。院中心有一个中心花坛,花坛的四周布有消防环路,花坛的东面有 4 道 200 m 操场及 2 个篮球场,花坛的西面有二期预留发展用地。

7.3 建筑平面图

7.3.1 学习平面图应具备的基本知识

1) 开间和进深(柱距和跨度)

开间:两条横向定位轴线之间的距离称为开间(柱距)。

进深:两条纵向定位轴线之间的距离称为进深(跨度)。

2) 建筑面积和使用面积

建筑面积:建筑物外包尺寸的乘积(即长×宽)。

使用面积:建筑物内部长、宽净尺寸的乘积。

7.3.2 平面图的形成和作用

假想在房屋窗台上沿 100 mm 左右(或距每层地面 1 m 左右)作水平剖切,移去上面部分作剩余部分的正投影得到的水平剖面图,即房屋平面图,如图 7.8 所示。在平面图上,把剖到部分用粗实线表示,把看到部分用中粗实线表示。

一般房屋有几层,就应有几个平面图,当沿首层房屋窗台上沿剖切则为底层平面图。当沿 2 层窗台上沿剖切为 2 层平面图,以此类推,则可得到 3 层平面图、4 层平面图……若中间结构完全相同,可用一个标准层来表示,称为标准层平面图。最高的一层为顶层平面图。一般房屋有底层平面图、标准层平面图、顶层平面图即可。如平面图左右对称,亦可将两平面图绘在一个图上,左边绘出一层的一半,右边绘出另一层的一半,中间用细点画线分开,点画线的上下画出对称符号,并在图的下方,左右两边分别注出图名。

平面图能反映出平面形状、大小和房间的布置,墙(或柱)的位置、厚度、材料,门、窗的位置、大小、开启方向,是施工放线、墙体砌筑、门窗安装、室内外装修的依据。

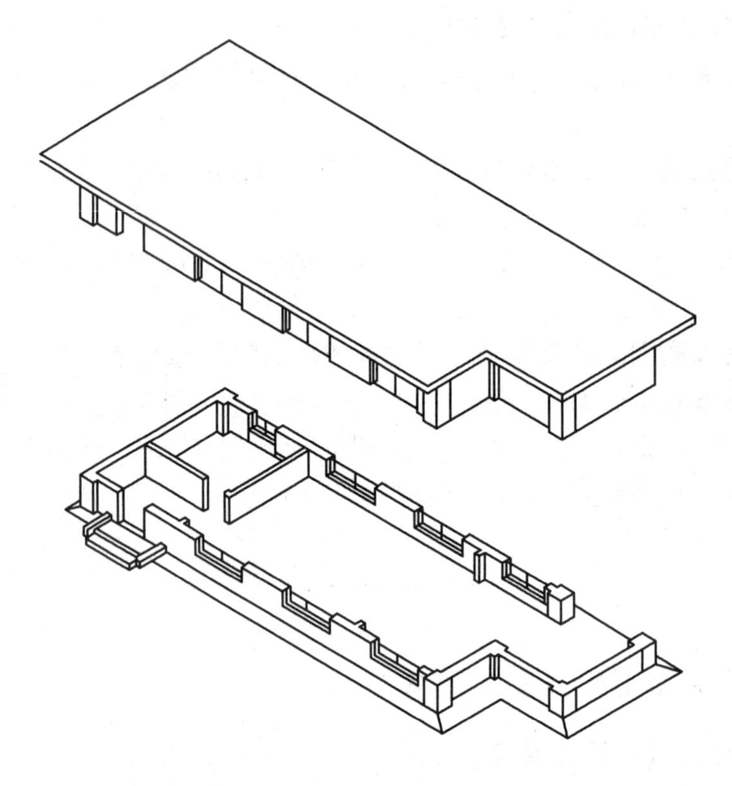

图 7.8　平面图的形成

7.3.3　平面图的图示内容及规定画法

1) 图名、比例及朝向

应注明是哪层平面图，在图名处加中实线作下划线，常用比例为 1∶100，1∶200 等。一层平面图应标注指北针，用来确定建筑物的朝向。

2) 图例

因为建筑平面图的绘图比例比较小，所以在平面图中某些建筑构造、配件和卫生器具等都不能按真实投影画出，而是按“国标”中规定的图例表示。绘制房屋施工图常用图例如表 7.3 所示。

3) 图线

由于在平面图上要表示的内容较多，为了分清主次和增加图面效果，常选用不同的线宽和线型来表示不同的内容。在“国标”中规定，凡是被剖到的主要建筑构造，如承重墙、柱等断面轮廓线用粗实线绘制，被剖到的次要建筑构造以及未剖到但可见的配件轮廓线，如窗台、阳台、台阶、楼梯、门的开启方向和散水等均用中粗实线画出。属于本层但又位于剖切平面以上的建筑构造及设施，如高窗、隔板、吊柜等用虚线。表示剖面图的剖切位置及剖视方向线，均用粗实线绘制。

4）标高

一般在楼层平面图中要注明主要楼面、地面及其他平台、板面的完成面的标高。底层平面还应标注室外地坪标高。

表 7.3 常见构造及配件图例

构造及配件名称	图例	说明
楼梯	上；下 上；下	①上图为底层楼梯平面，中图为中间层楼梯平面图，下图为顶层楼梯平面 ②楼梯及栏杆扶手的形式和梯段踏步数应按实际情况绘制
坡道	下；下 下	上图为长坡道，下图为门口坡道
检查口		左图为可见检查口，右图为不可见检查口
孔洞		阴影部分可以涂色代替
坑槽		

构造及配件名称	图例	说明
墙预留洞	宽×高或 底(顶或中心) 标高×××××	①以洞中心或洞边定位 ②宜以涂色区别墙体和留洞位置
烟道		①阴影部分可以涂色代替 ②烟道与墙体为同一材料，其相接处墙身线应断开
通风道		
电梯		
平面高差	××	适用于高差小于100 mm的两个地面或楼面相接处
空门洞	$h=$	h为门洞高度

续表

构造及配件名称	图 例	说 明	构造及配件名称	图 例	说 明
单扇门（包括平开或单面弹簧）	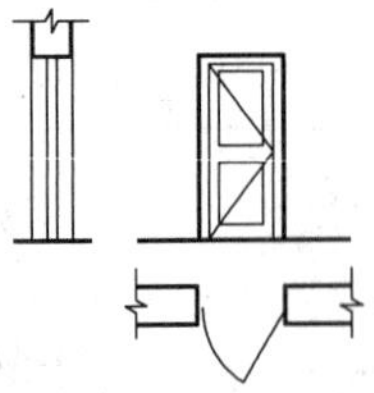	①门的名称代号用 M 表示 ②剖面图中左为外、右为内，平面图中下为外、上为内 ③立面图中开启方向线交角的一侧为安装合页的一侧，实线为外开，虚线为内开 ④平面图中门线应 90°或 45°开启，开启弧线宜绘出 ⑤立面图中的开启线在一般设计图中可不表示，在详图及室内设计图中应表示 ⑥立面形式应按实际情况绘制	单层固定窗	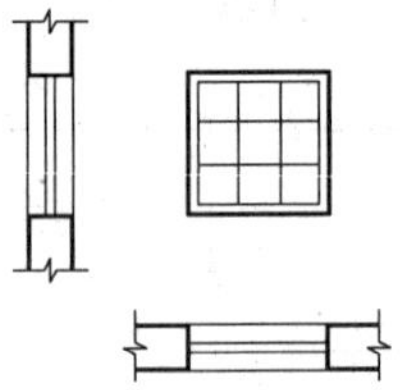	①窗的名称代号用 C 表示 ②剖面图中左为外、右为内，平面图中上下为外、上为内 ③立面图中开启方向线交角的一侧为安装合页的一侧，实线为外开，虚线为内开 ④平、剖面图上的虚线仅说明开关方式，在设计图中不需要表示 ⑤小比例绘制时平、剖面的窗线可用单粗实线表示 ⑥立面形式应按实际情况绘制
双扇门（包括平开或单面弹簧）	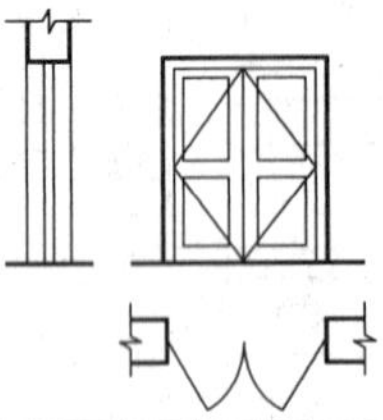		单层外开上悬窗	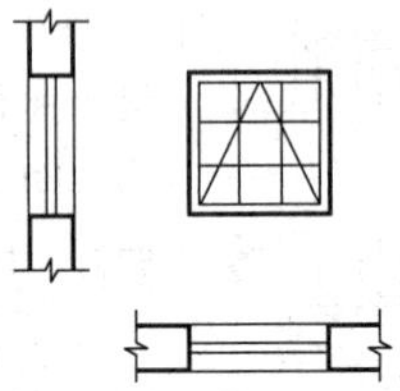	
单扇双面弹簧门	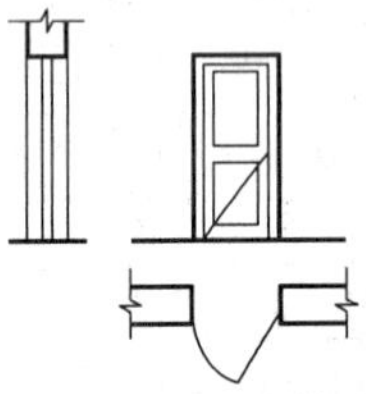		单层外开平开窗	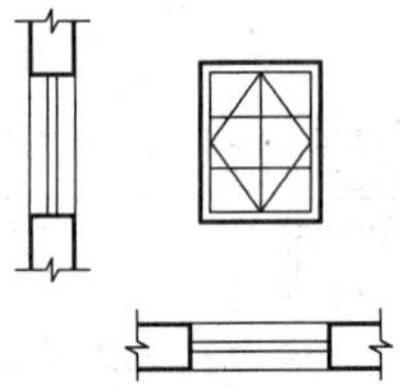	
双扇双面弹簧门	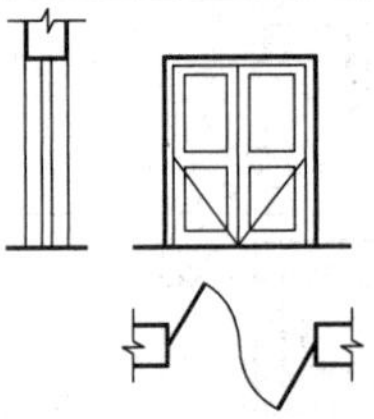		单层内开平开窗	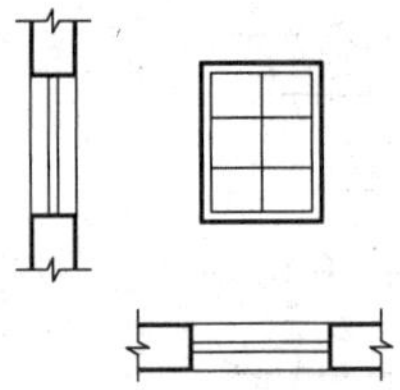	
推拉门	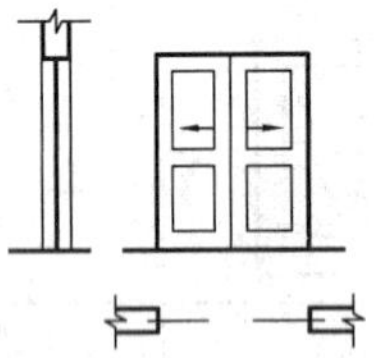		推拉窗	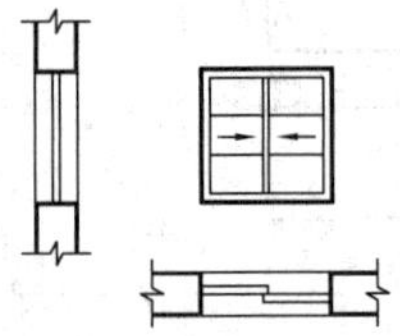	

5）门窗编号

注明门窗的代号和编号。门的代号为 M，窗的代号为 C，代号后面是编号。门窗的具体做法见门窗详图。

6）尺寸标注

①外部尺寸。外部尺寸主要有 3 道。最外边一道尺寸：房屋两端外墙之间的距离，即房屋总长、总宽，也称总尺寸；中间一道尺寸：轴线尺寸，表明房屋的开间和进深大小；最里面一道尺寸：细部尺寸，表示外墙厚度及门窗洞口、墙垛、柱的尺寸和定位尺寸。

3 道尺寸之间有联系。所有细部尺寸加起来等于轴线尺寸，所有轴线尺寸加起来等于总尺寸。看图时应认真复核该尺寸。

②内部尺寸。在平面图需标出房间的净尺寸、内墙厚度，墙上门窗洞口宽度和定位尺寸以及其他设施的定量定位尺寸。

7.3.4 平面图的绘图步骤

①图面安排。首先按图幅规格打好图纸边框，留出图标位置，然后选择合适比例安排各图位置，使各图之间关系恰当，疏密匀称；同时留出注写尺寸、节点详图和有关文字说明的位置。

②根据开间和进深尺寸画出定位轴线，如图 7.9(a)所示。

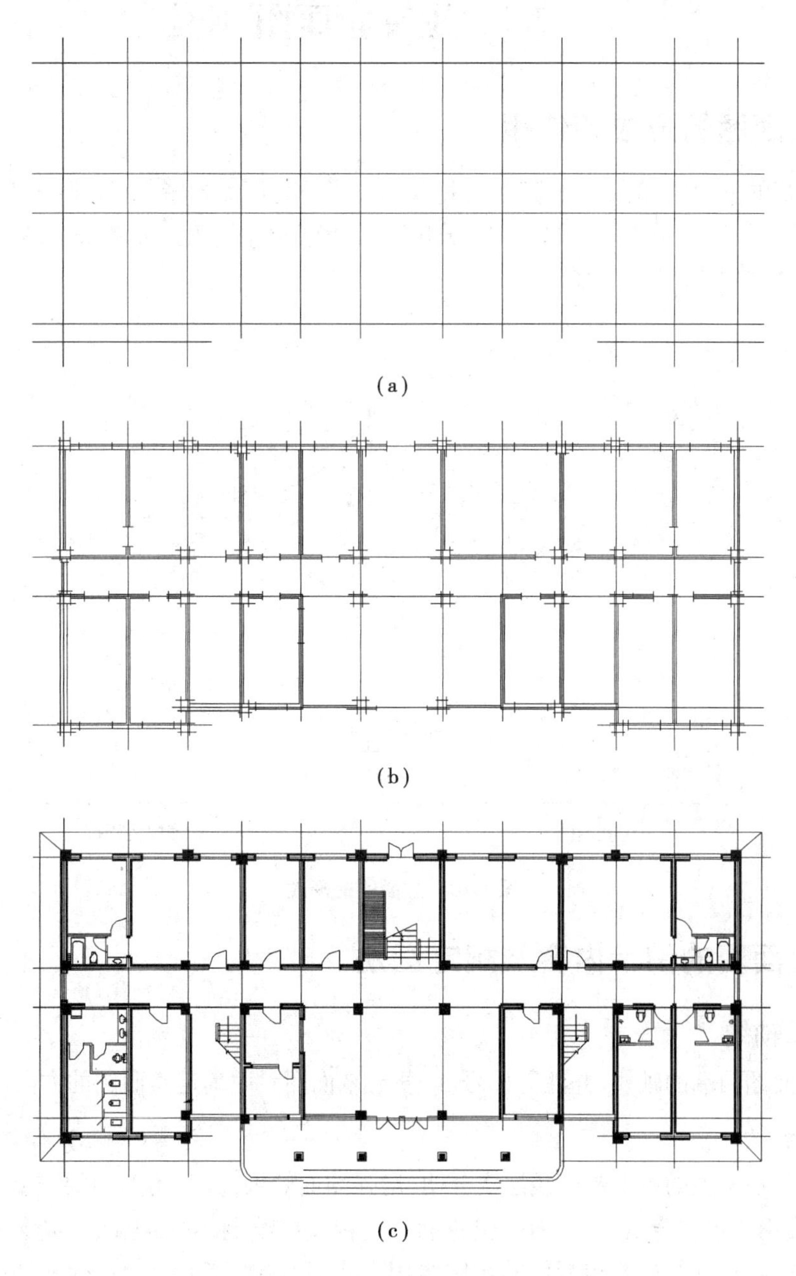

图 7.9 平面图的绘图步骤

③根据墙体厚度、门窗洞和窗间墙等分段尺寸画出内外墙身轮廓线的底线，如图 7.9(b)所示。

④根据尺寸画出楼梯、台阶、平台、散水等细部，再按图例画出门窗和卫生间的设备、烟道、通风道等，如图 7.9(c)所示。

⑤按图线层次要求加深所有图线，再画尺寸界线、尺寸线和轴线编号圆圈，最后注写轴线与门窗编号和尺寸数字。

7.4 建筑立面图

7.4.1 立面图的形成和作用

房屋建筑的立面图，就是一栋建筑的正立面投影图与侧面投影图，通常按建筑各个立面的朝向，将几个投影分别叫作东立面图、西立面图、南立面图、北立面图等。图 7.10 就是一栋建筑的两个立面图。

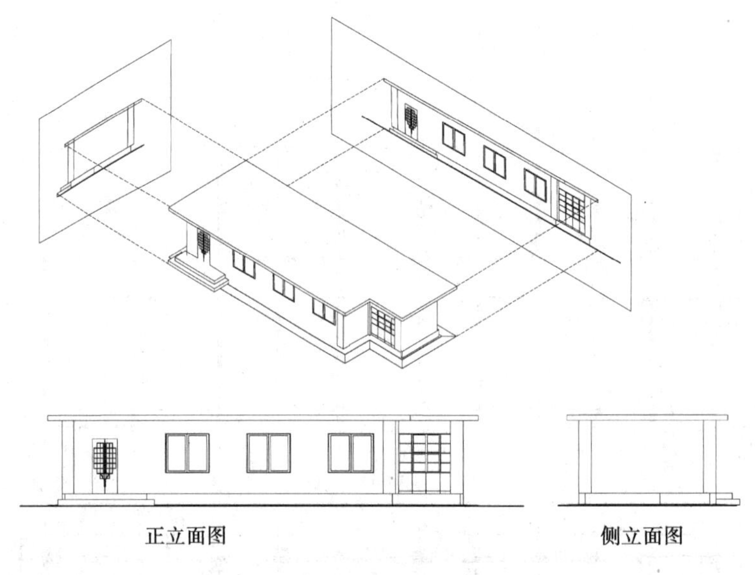

图 7.10 立面图的形成

7.4.2 立面图的图示内容及规定画法

1) 定位轴线

标出立面图两端的轴线，并注写标号，以便与平面图对照确定立面图的方向。

2) 图线

为了使立面图中的主次轮廓线层次分明，增强图面效果，应采用不同的线型。具体要求如下：地面线用特粗实线画出，立面外包轮廓线用粗实线绘制，立面上凹进或突出墙面的轮廓线、门窗洞口、较大的建筑构配件的轮廓线用中实线画出，较小的建筑构配件或装饰线如门窗扇、雨水管、墙面引条线、文字说明的引出线均用细实线绘制。

3)尺寸标注

立面图中应标注外墙各主要部位的标高及高度方向的尺寸,如室外地面、台阶、窗台、门窗洞口、阳台、雨篷、檐口、屋顶、烟道、通风道等处的标高。对于外墙预留洞除注出标高外,还应注明其定形尺寸和定位尺寸。在高度方向(竖向)标注两道尺寸。里面一道尺寸标注房屋高度方向(竖向)的细部尺寸,包括室内外高差、门窗洞口高度、垂直方向窗间墙、窗下墙、檐口高度尺寸;外面一道尺寸标注层高尺寸。水平方向只标注端部轴线。

4)材料的说明

表明外墙面装修材料和做法的文字说明及表示需另见详图和索引符号。

7.4.3 立面图的绘图步骤

①布图,选择和平面图相同的比例。

②画出室外地坪线、房屋外形轮廓线和屋顶线,如图 7.11(a)所示。

③确定门窗洞口、阳台的分格线,如图 7.11(b)所示。

④画细部,如门窗、台阶、雨篷、勒脚、落水管等,按要求加深图线,如图 7.11(c)所示。

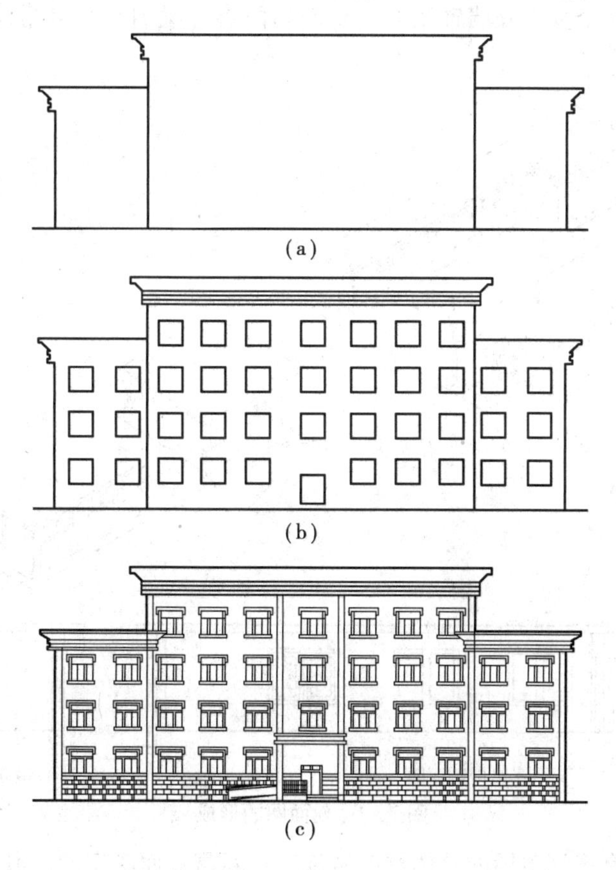

图 7.11 立面图的绘图步骤

7.5 建筑剖面图

7.5.1 学习剖面图应具备的知识

1) 层高和净高

由本层地面到上一层地面之间的高差称为层高。

由本层地面到上层结构最低点底标高的高差称为净高。

层高-结构层=净高

2) 建筑标高和结构标高

构件不包含装饰层的构造称为结构标高。

构件包含有装饰层的构造称为建筑标高。图中大部分标注的都是建筑标高。

7.5.2 剖面图的形成和作用

假想用一个或多个垂直外墙轴线的铅垂剖切面将房屋剖开所得的投影图,称为建筑剖面图,如图 7.12 所示。

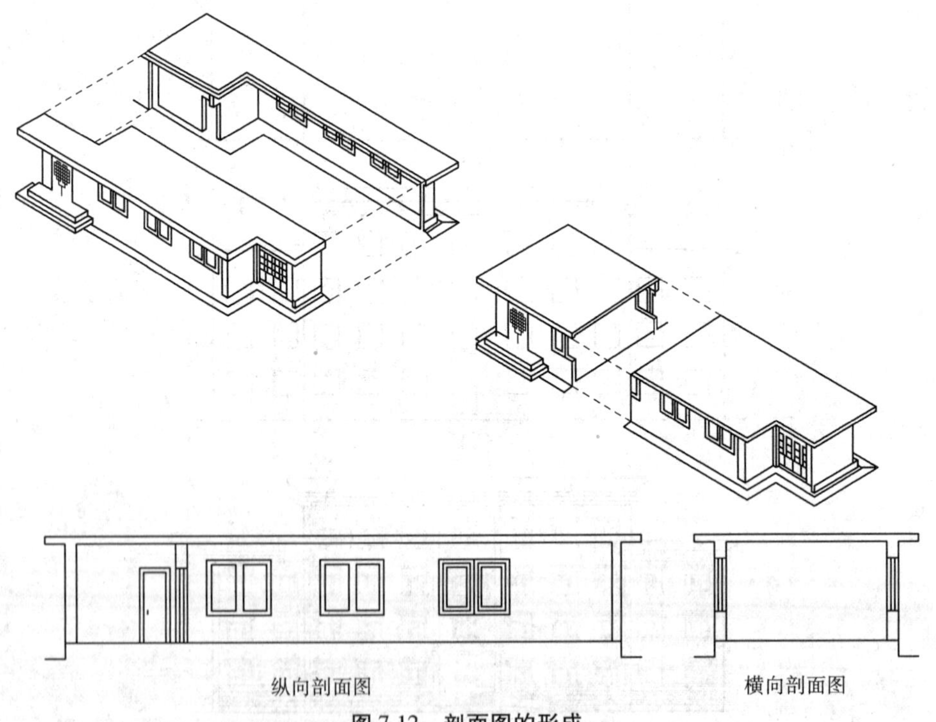

图 7.12 剖面图的形成

剖面图的数量是根据房屋的具体情况和施工实际需要而决定的。其位置的选择在能反映出房屋内部构造比较复杂与典型的部位,并应通过门、窗、洞的位置。

剖面图的作用是表示建筑物内部的结构形式、分层情况、各部分的竖向联系、材料及高度等。

7.5.3　剖面图的图示内容及规定画法

1)定位轴线

在剖面图中,凡是被剖到的承重墙、柱都要画出定位轴线,并注写于平面图相同的编号。

2)剖切符号

剖切位置线和剖视方向线必须在底层平面图中画出并注写编号,在剖面图的下方标注与其相同的图名。

3)图线

室外地坪线用加粗实线表示。剖切到的墙身、楼板、屋面板、楼梯平台等轮廓线用粗实线表示;未剖切到的可见轮廓如门窗洞、楼梯段、楼梯扶手和内外墙轮廓用中实线表示,较小的建筑构配件与装修面层线等用细实线表示。尺寸线、尺寸界线、引出线索引符号如标高符号按规定画成细实线。

4)楼、地面各层构造做法

用文字注明地坪层、楼板层、屋盖层的分层构造和工程做法,这些内容也可以在详图中注明或在设计说明中说明。

5)尺寸标注

(1)标高内容

室内外地面、各层楼面与楼梯平台、檐口或女儿墙顶面,高出屋面的水箱间顶面、烟囱顶面、楼梯间顶面、电梯间顶面等处的标高。

(2)高度尺寸内容

外部内容:3 道尺寸。最外面一道总高度,中间一道层高尺寸,最里面一道细部尺寸,门窗洞口及檐口等高度。3 道尺寸也有联系,所有细部尺寸加起来等于层高尺寸,所有层高尺寸加起来等于总尺寸。

内部尺寸:地坑深度和隔断、搁板、平台、墙裙及室内门、窗等高度。

7.5.4　剖面图绘图步骤

①选用平面图和立面图相同比例布图。

②画出定位轴线、地坪线以及各层分层线,如图 7.13(a)所示。

③画门窗的位置、楼梯、屋面的控制线等细部,如图 7.13(b)所示。

④加深图线、注写尺寸、标高和文字说明等,如图 7.13(c)所示。

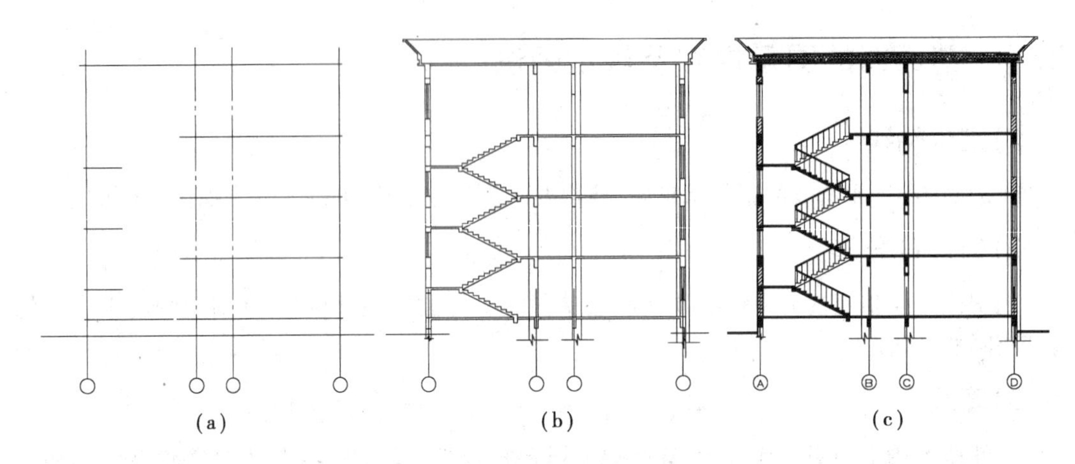

图 7.13 剖面图的绘图步骤

7.6 建筑详图

建筑平面图、立面图、剖面图是建筑施工图的基本图样，主要表达建筑的平面布置、外部形状、内部空间与主要尺寸。但若反映的内容范围大，比例小，对建筑的细部结构就难以表达清楚。为了满足施工要求，对建筑的细部构造用较大的比例详细地表达出来的图样称为建筑详图，有时也称作大样图。它是对基本图样的补充和完善。

1) 详图的特点

①大比例。在详图上应画出建筑材料图例符号及各层次构造，如抹灰线。

②全尺寸。图中所画出的各构造，除用文字注写或索引外，都需详细标注尺寸。

③详说明。因详图是建筑施工的重要依据，不仅要大比例，图例和文字还必须详尽清楚，有时还要引用标准图。

2) 详图的分类

常用的详图基本上可以分为 3 类：节点详图、房间详图和构配件详图。

(1) 节点详图

用索引和详图表达某一节点部位的构造、尺寸做法、材料、施工需要等。最常见的节点详图是外墙剖视详图，它将外墙各构造节点等部位节点详图，按其位置集中画在一起构成的局部剖视图。

(2) 房间详图

房间详图是将某一房间用更大的比例绘制出来的图样，如楼梯详图、单元详图、厨厕详图。一般来说，这些房间的构造或固定设施都比较复杂。

(3) 构配件详图

构配件详图是表达某一构配件的形式、构造、尺寸、材料、做法的图样，如门窗详图、雨篷详图、阳台详图，一般情况下采用国家和某地区编制的建筑构造和构配件的标准图集。

下面两节我们主要介绍墙身详图和楼梯详图。

7.7 墙身详图

7.7.1 学习墙身详图应具备的知识

①过梁:用于门窗上部,解决其荷载传至门窗两侧设置的承重构件。

②圈梁:围绕在砖混结构的内、外墙上连续设置的钢筋混凝土梁要闭合连通,以增加建筑物的整体性。

③泛水:凡屋面防水层与垂直屋面的凸出物交接处的防水处理称为泛水。

7.7.2 墙身详图的内容

1)比例

墙身剖面详图常用的比例是1∶20。

2)图示内容

墙身剖面详图主要用以详细表达地面、楼面、屋面和檐口等处的构造,楼板与墙体的连接形式以及门窗洞口、窗台、勒脚、防潮层、散水和雨水管等的细部做法。同时,在被剖到的部分应根据所用材料画上相应的材料图例以及注写多层构造说明。

3)规定画法

由于墙身较高且绘图比例较大,画图时常在窗洞口处将其折断成几个节点。若多层房屋的各层构造相同时,则可只画底层、顶层或加一个中间层的构造节点。但要在中间层楼面和墙洞上下皮的标高处用括号加注省略层的标高。

有时,房屋的檐口、屋面、楼面、窗台、散水等配件节点详图可直接在建筑标准图集中选用,但需在建筑平面图、立面图或剖面图中的相应部位标出索引号,并注明标准图集的名称、编号和详图号。

4)尺寸标注

在墙身剖面详图的外侧,应标注垂直分段尺寸和室外地面、窗口上下皮、外墙顶部等处的标高;墙的内侧应标注室内地面、楼面和顶棚的标高。这些高度尺寸和标高应与剖面图中所标尺寸一致。

墙身剖面详图中的门窗过梁、屋面板和楼板等构件,其详细尺寸均可省略不注,施工时可在相应的结构施工图中查到。

外墙详图常用的是外墙剖面图。它是建筑剖面图的局部放大图,表达房屋的屋面、楼层、地面和檐口构造,楼板与墙的连接,门窗顶、窗台和勒脚、散水等处构造的情况,是施工的重要依据。

多层房屋中,若各层情况一样时,可只画底层、顶层或加一个中间层来表示。画图时,往往在窗洞中间处断开,成为几个节点详图的组合。有的也可不画整个墙身详图,而是把各个节点的详图分别单独绘制。

7.7.3 墙身详图的阅读

阅读外墙详图时,首先应找到详图所表示的建筑部位,应与平面图、剖面图或立面图对应来看。

看图时要由下向上或由上向下阅读,要逐个节点进行阅读,了解各部位的详细构造尺寸做法,并应与材料做法表核对,看其是否一致。

第 1 节点:室内外地坪部分(包括勒脚、室内地面、室外地面、散水、台阶、防潮层)。

第 2 节点:窗套部分(包括室内窗台、室外窗台、过梁、圈梁、楼板)。

第 3 节点:檐口部分(包括挑檐、女儿墙、屋顶构造层次、圈梁、屋面板、雨水板)。

7.8 楼梯详图

7.8.1 学习楼梯详图应具备的知识

①楼梯的组成:梯段板、楼梯梁、楼梯平台、栏杆。

②板式楼梯和梁板式楼梯:板式楼梯就是梯段踏步板直接支撑在两端的楼梯梁上。梁板式楼梯是梯段踏步板直接搁置在斜梁上,斜梁搁置在梯段两端的楼梯梁上。

7.8.2 楼梯详图的内容

楼梯详图一般由楼梯平面图、楼梯剖面图、楼梯节点详图组成。楼梯平面图与楼梯剖面图比例要一致,以便对照阅读。节点详图比例要大一点,以便能清楚地表达该部分的构造情况。

楼梯详图一般分建筑楼梯详图和结构楼梯详图,并分别绘制。但对比较简单的楼梯,可将建筑楼梯详图和结构楼梯详图合二为一,此时楼梯平面图的剖切位置应在各层休息平台之上,以利于反映休息平台板的配筋。

1) 楼梯平面图

楼梯平面图实际是在建筑平面图中,楼梯间部分的局部放大图。通常画出底层楼梯平面图、标准层楼梯平面图和顶层楼梯平面图。

楼梯平面图中,楼段的上行或下行方向是以各层楼地面为基准标注的。向上称为上行,向下成为下行,并用长线箭头和文字在楼段上注明上行、下行的方向及踏步总数。

阅读楼梯平面图要掌握各层平面图的特点。在底层平面图中只有一个被剖到的梯段和栏杆,该楼段为上行梯段,故长箭头上注明“上”字,并注出从底层到达二层的踏步总数。顶层平面图中由于剖切平面在栏杆扶手之上,故剖切平面未剖到任何梯段,能看到两段完整的下行梯段和楼梯平台,在梯口处只有一个注有“下”字的长箭头并注出从顶层到达下一层的踏步总数。标准层平面图中既画出被剖到往上走的梯段(画有“上”字的长箭头),还画出该层往下走的完整梯段(注有“下”字的长箭头)、楼梯平台及平台往下的部分梯段。这部分梯段与被剖到的梯段的投影重合,以 45°折断线为界。

楼梯平面图中,应注出定位轴线和编号,以确定其在建筑平面图中的位置,还应标注楼梯间的开间尺寸、进深尺寸、梯段的水平投影长度和宽度、踏步面的个数和宽度、平台宽度、楼梯井宽度等。此外，标注各层楼面、休息平台面及底层地面的标高。如有详图说明的节点应画出索引符号。

读图中还应注意的是，各层平面图上所画的每一分格表示梯段的一级，但因最高一级的踏面与平台面或楼面重合，所以平台图中的每一梯段画出的踏面数，总比级数少一个。例如图7.14底层平面图中剖到的第一梯段有11级，但在平面图中只有10格，梯段长度为10×300＝3 000(mm)。

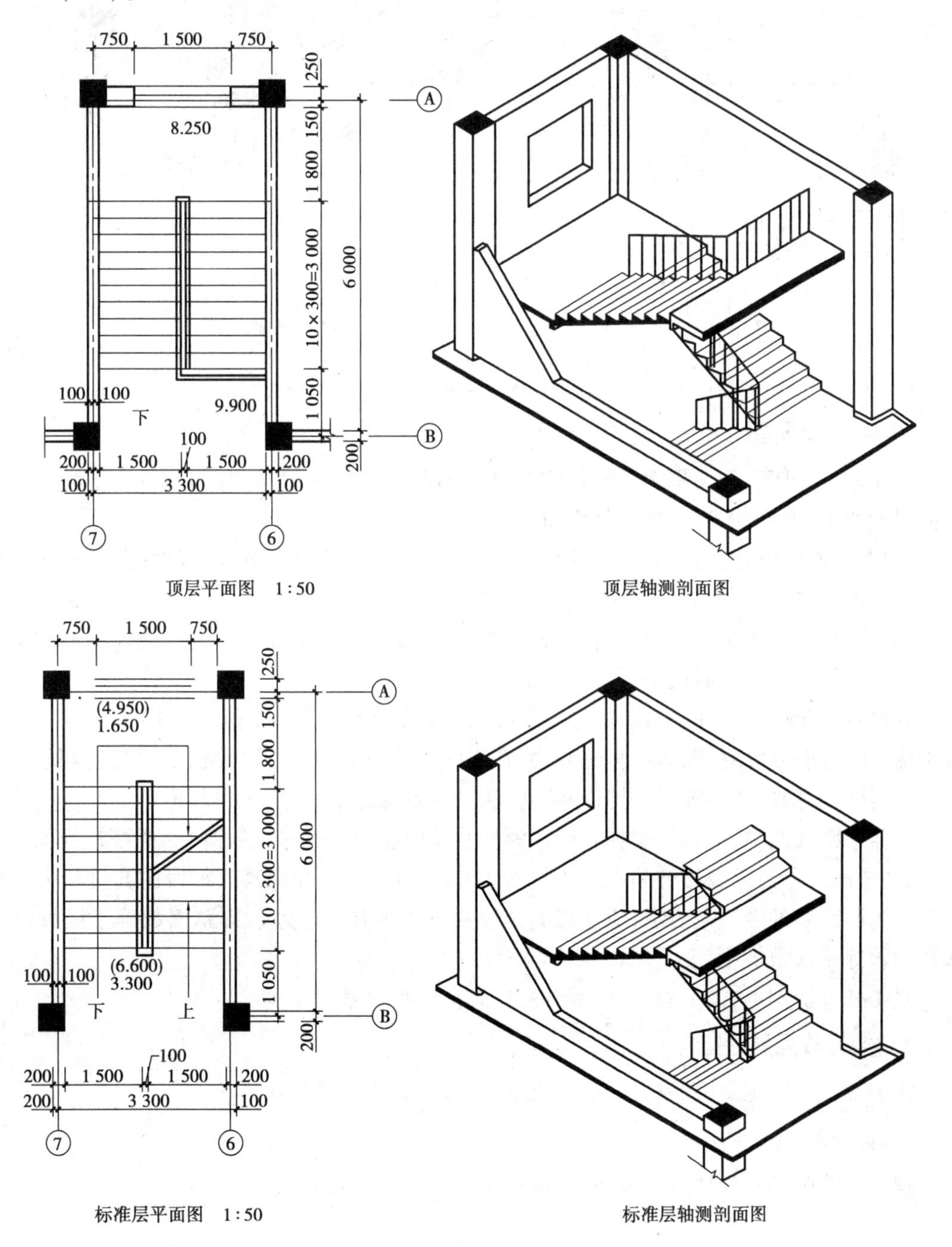

顶层平面图　1:50

顶层轴测剖面图

标准层平面图　1:50

标准层轴测剖面图

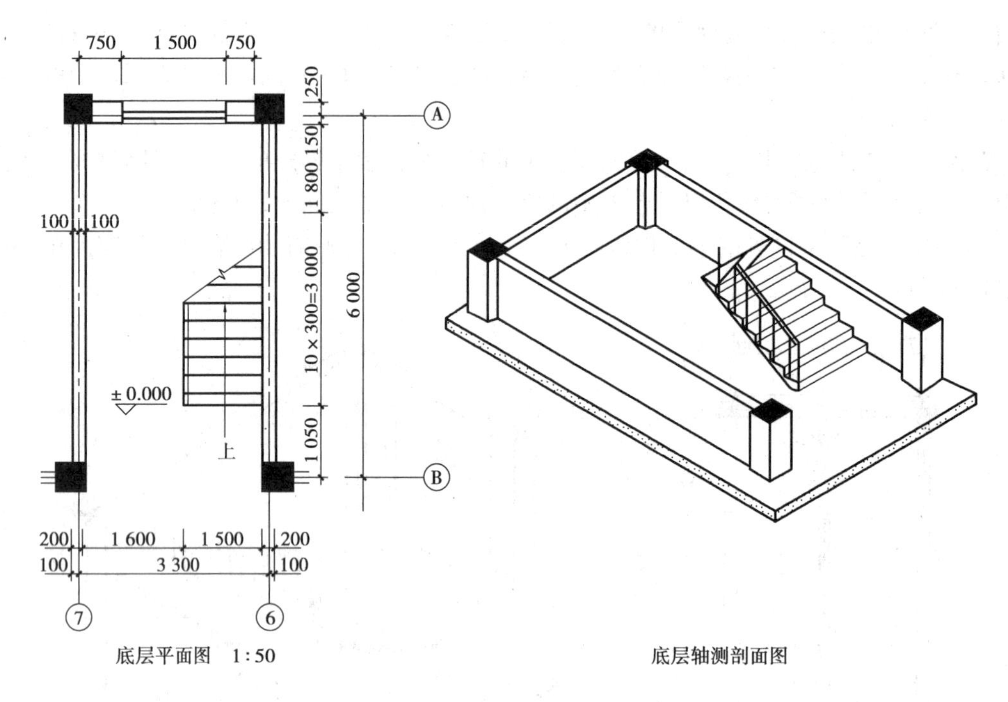

底层平面图　1∶50

底层轴测剖面图

图 7.14　楼梯平面图

2)楼梯剖面图

假想用一个竖直剖切平面沿梯段的长度方向将楼梯间从上至下剖开,然后往另一梯段方向投影所得的剖面图称为楼梯剖面图。

楼梯剖面图能清楚地表明楼梯梯段的结构形式、踏步的踏面宽度、踢面高度、踏步级数以及楼地面、楼梯平台、墙身、栏杆、栏板等的构造做法及其相对位置。

阅读楼梯剖面图时,应了解楼梯剖面图的习惯画法及有关规定。表示楼梯剖面图的剖切位置的剖切符号应在底层平面图中画出。

在多层建筑中,若中间层楼梯完全相同时,楼梯剖面图可只画出底层、中间层、顶层的楼梯剖面,在中间层处用折断线符号分开,并在中间层的楼面和楼梯平台面上注写适用于其他中间层楼面的标高,若楼梯间的屋面构造做法没有特殊之处,一般不再画出。

在楼梯剖面图中,应标注楼梯间的进深尺寸及定位轴线编号,各梯段和栏杆栏板的高度尺寸,楼地面的标高以及楼梯间外墙上门窗洞口的高度尺寸和标高。梯段的高度尺寸可用级数与踢面高度的乘积来表示,应注意的是级数与踏面数相差为 1,即踏面数等于级数减 1,而踢面数等于级数。

在楼梯剖面图中,需另画详图的部位,应画上索引符号。

3)楼梯节点详图

楼梯节点详图主要表明栏杆、扶手及踏步的形状、构造与尺寸。

4)读图举例

现以某武装部办公楼为例,说明楼梯详图的内容与阅读方法。

(1)楼梯平面图

如图 7.14 所示,该办公楼的楼梯详图绘制了底层、标准层和顶层的楼梯平面图,所以我们到建筑平面图中去查楼梯平面图。本工程为 4 层楼,在②—③、⑥—⑦定位轴线与Ⓐ—Ⓑ定位轴线的相交处有两部相同的楼梯。楼梯间的开间和进深尺寸分别为 3.3 m 和 6.0 m。因是框架结构,所以在建筑物的四角有 450 mm×450 mm 的框架柱,两横墙厚为 200 mm,Ⓐ轴线墙为 300 mm。梯段宽度为 1 500 mm,梯井宽 100 mm。底层的梯段长度=踏面宽×(级数-1)= 300×(11-1)= 3 000(mm),因层高相同,其他各层的梯段长度也是 3 000 mm。休息平台宽 1 800 mm。

各层楼面标高分别是±0.000,3.3,6.6,9.9 m。各层休息平台标高分别是 1.65,4.95,8.25 m。底层平面图上画有折断线,表示第一跑楼梯被剖切位置线打断,只能看到部分踏步。标准层上有一梯段画有折断线,表示的是上、下两梯段投影的组合,另一梯段未被剖切平面剖到,所以是完整的。顶层楼梯平面图,因剖切平面在 9.9 m 之上,所以看到的是 4 层两块完整的梯段板,因此不画折断线。

此外在底层平面图中还标有剖切符号,表示沿第 2 块梯段板及门窗洞口中间剖切,假想未剖切到的梯段作的投影。

(2)楼梯剖面图

如图 7.15 所示,根据楼梯平面图中剖切符号表示的含义来读 *A—A* 楼梯剖面图。该办公楼楼梯为双跑楼梯,两个梯段之间设有楼梯休息平台。该剖面图中共有 6 个楼梯段,涂黑的表示剖到的梯段,没涂黑的表示看到的梯段。通过标注尺寸可以看出细部尺寸,层高均为

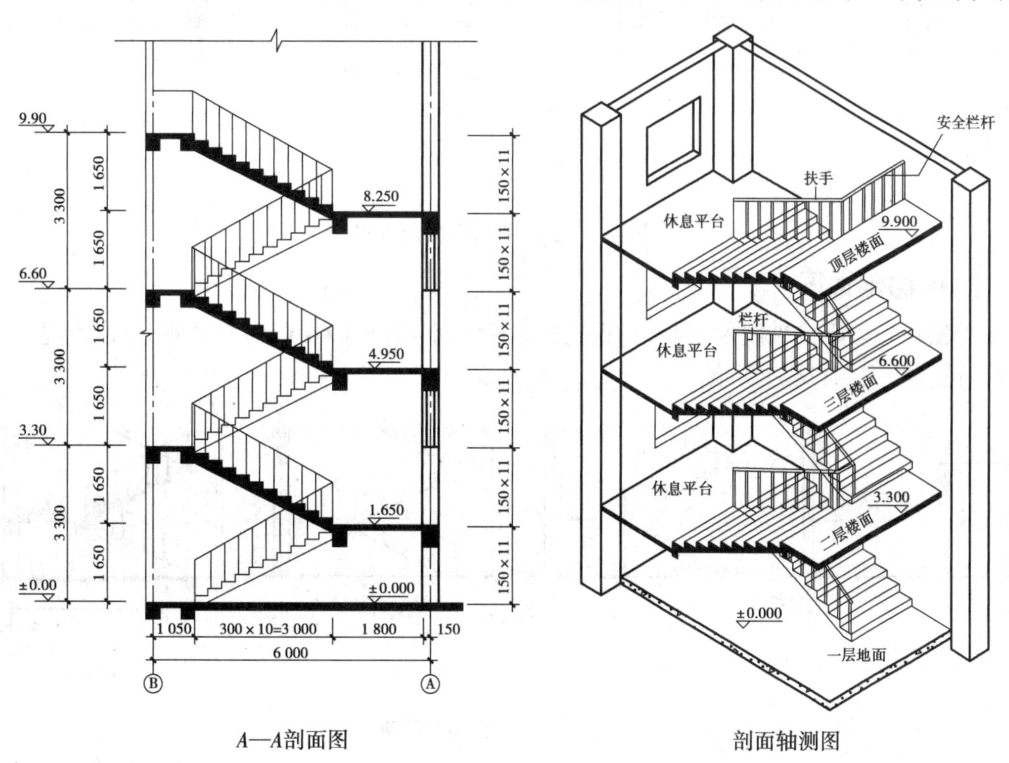

图 7.15 楼梯剖面图

3.3 m,各梯段高度=150×11=1 650 mm。在楼梯剖面图中还标注了各层楼地面、平台的标高。

7.8.3 楼梯详图的画图步骤

1)楼梯平面图(以底层平面图为例)

①根据楼梯间的开间和进深尺寸画出定位轴线,然后画出墙厚及门洞,量出楼梯平台宽 a、梯段长度 L、梯段宽度 b,如图 7.16(a)所示。

②根据踏步级数 n 在楼梯上用等分两平行线间距离的方法画出踏步面数(等于 $n-1$),如图 7.16(b)所示。

③画出其他细部,并根据图线层次依次加深图线,在标注标高、尺寸数字、轴线编号、楼梯上下方向指示线和箭头,如图 7.16(c)所示。

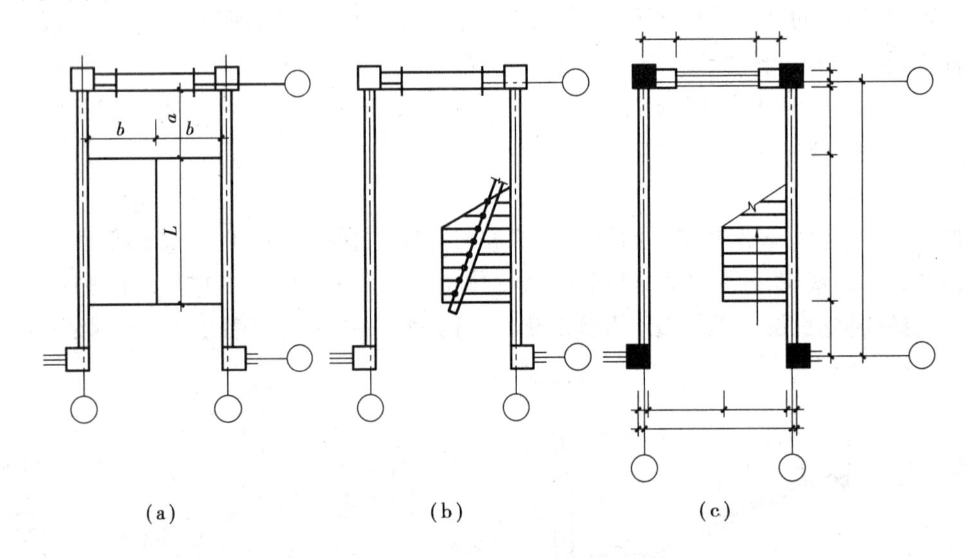

图 7.16 楼梯平面图画图步骤

2)楼梯剖面图

①先画外墙定位轴线及墙身,再根据标高画出室内外地坪线、各层楼面、楼梯休息平台的位置线,如图 7.17(a)所示。

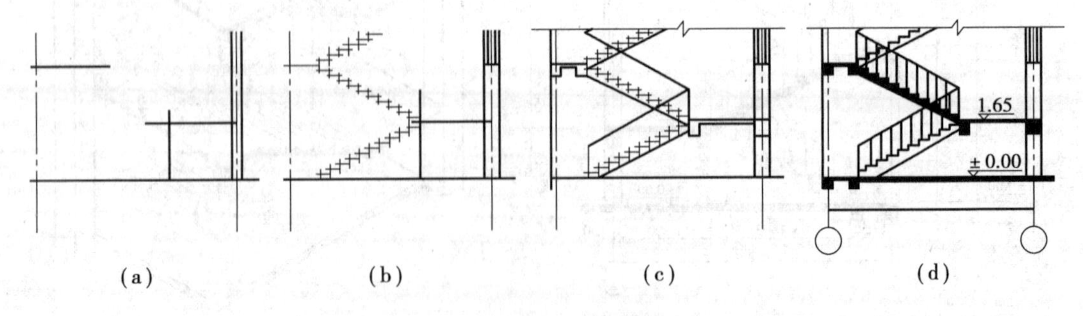

图 7.17 楼梯剖面图画图步骤

②根据梯段的长度 L、平台宽度 a、踏步数 n,定出楼梯梯段的位置。再根据等分两平行

线距离的方法画出踏步的位置,如图 7.17(b)所示。

③画门、窗、梁、台阶、栏杆、扶手等细部,如图 7.17(c)所示。

④加深图线并标注尺寸、标高、轴线编号等,如图 7.17(d)所示。

本章小结

1.本章对建筑施工图做了全面的讲述,包括常用的建筑符号的识读要求,建筑施工图的组成、各图样的形成、用途及特点,以及各图样的图示内容和方法,图样的识读和绘制方法等。一套房屋建筑工程图,一般按专业分为建筑施工图、结构施工图、设备施工图(给水排水施工图、采暖通风施工图、电气施工图)3 类。

2.建筑施工图包括首页(图纸目录、设计总说明、门窗表等材料表等)、总平面图、平面图、立面图、剖面图和建筑详图 6 大部分组成;应充分理解建筑施工图各图样的成图原理,以建筑平、立、剖面 3 种基本图样为重点,做到举一反三。

3.施工图的阅读方法:

(1)看图的方法:由外向里看,由大到小看,由粗到细看,先主体、后局部,图样与说明互相对着看,建施与结施对着看。

(2)看图步骤:先看目录,按照图纸目录检查各类图纸是否齐全、有无错误、标准图是哪一类;看设计说明了解建筑概况、施工技术要求;看总平面图了解建筑物的地理位置、高程、朝向以及建筑有关情况,考虑如何进行定位放线。

看完总平面图,依次看平面图、立面图、剖面图,通过平、立、剖面图,在脑海中逐步建立立体形象。通过平、立、剖形成建筑的轮廓以后,再通过详图了解各构件、配件的位置以及它们之间是如何连接的。重点掌握各种图样识读方法,应对实际工程图样灵活运用。

复习思考题

1.什么是方案图?

2.施工图分哪几类图纸?设计总说明应包含哪些内容?

3.说明索引符号和详图符号的关系。

4.什么是定位轴线?定位轴线如何表示?

5.施工图的阅读方法是什么?

6.什么是风向频率玫瑰图?它的作用是什么?

7.平面图的剖切位置在哪里?平面图应标注几道尺寸?它们之间的关系如何?

8.详图的特点是什么?

9.什么是结构标高和建筑标高?它们之间有什么区别?

10.剖面图应剖切在什么位置?它反映哪些内容?

11.楼梯的剖切位置在何处?它和平面图的剖切位置是否相同?

12.楼梯的平面图应反映哪些内容?

第8章 结构施工图

本章导读

• **基本要求** 了解钢筋混凝土的基本知识及钢筋混凝土构件图的图示方法；能准确阅读常见钢筋混凝土构件(梁、板、柱)图；掌握基础平面图和基础详图的图示方法、图示内容要求及识读方法；了解并熟练掌握钢筋混凝土构件“平法”识读方法；能够熟练地运用基本知识，准确地识读出钢筋混凝土构件布置图及配筋图的含义，为后期的工程图识读奠定基础。

• **重点** 钢筋混凝土的基本知识、基础图、常见钢筋混凝土构件(梁、板、柱)图、钢筋混凝土构件“平法”施工图的识读。

• **难点** 常见钢筋混凝土构件(梁、板、柱)图、钢筋混凝土构件“平法”施工图的识读。

8.1 概　述

无论建筑物的外部造型如何千姿百态，都需要靠承重部件组成的骨架体系将其支撑起来，这种承重骨架体系称为建筑结构；组成建筑结构的各个部件称为结构构件，如板、梁、柱、屋架、基础等。

结构施工图是在建筑设计的基础上，对房屋各承重构件的布置、形状、大小、材料、构造及其相互关系等进行设计而画出来的图样，主要用来作为施工放线，开挖基槽，支模板，绑扎钢筋，设置预埋件，浇捣混凝土和安装梁、板、柱等构件及编制预算和施工组织计划等的依据。

8.1.1 结构施工图的分类及内容

1) 结构设计说明

结构设计说明以文字叙述为主,主要说明设计的依据,如地基情况、风雪荷载、抗震情况,选用材料的类型、规格、强度等级,施工要求,选用标准图集等。

2) 结构布置图及规划

结构布置图是房屋承重结构的整体布置图,主要表示结构构件的位置、数量、型号及相互关系。常用的结构平面布置图有基础平面图、楼层结构布置平面图、屋面结构布置平面图等。

3) 构件详图

构件详图表达结构构件基础、梁、板、柱、楼梯、屋架等的形状、大小、材料及施工要求。

8.1.2 绘制结构施工图的规定

绘制结构施工图应遵守《房屋建筑制图统一标准》(GB/T 50001—2017)的规定,还应遵守《建筑结构制图标准》(GB/T 50105—2010)的规定。

1) 图线

结构施工图中各种图线用途如表 8.1 所示。

表 8.1 图线

名称		线型	线宽	一般用途
实线	粗		b	螺栓、钢筋线、结构平面图中的单线结构构件线、钢木支撑及系杆线、图名下横线、剖切线
	中粗		$0.7b$	结构平面图及详图中剖到或可见的墙身轮廓线,基础轮廓线,钢、木结构轮廓线,钢筋线
	中		$0.5b$	结构平面图及详图中剖到或可见的墙身轮廓线、基础轮廓线、可见的钢筋混凝土构件轮廓线、钢筋线
	细		$0.25b$	标注引出线、标高符号线、索引符号线、尺寸线
虚线	粗		b	不可见的钢筋线、螺栓线,结构平面图中的不可见的单线结构构件线及钢、木支撑线
	中粗		$0.7b$	结构平面图中的不可见构件、墙身轮廓线及不可见钢、木结构构件线,不可见的钢筋线
	中		$0.5b$	结构平面图中的不可见构件、墙身轮廓线及不可见钢、木结构构件线,不可见的钢筋线
	细		$0.25b$	基础平面图中的管沟轮廓线、不可见的钢筋混凝土构件轮廓线
单点长画线	粗		b	柱间支撑、垂直支撑、设备基础轴线图中的中心线
	细		$0.25b$	定位轴线、对称线、中心线、重心线

续表

名称		线型	线宽	一般用途
双点长画线	粗		b	预应力钢筋线
	细		$0.25b$	原有结构轮廓线
折断线			$0.25b$	断开界线
波浪线			$0.25b$	断开界线

2)比例

绘制结构施工图时应根据图样用途,被绘制物体的复杂程度,选用适当的比例绘制。

当构件的纵、横向断面尺寸差距较大时,可在同一详图中的纵、横向选用不同的比例绘制。

3)构件代号

结构施工图中,构件的名称应用代号表示,代号后应用阿拉伯数字标注该构件的型号或编号,也可用构件顺序号。构件顺序号采用不带角标的阿拉伯数字连续编排。常用的构件代号如表8.2所示。

表8.2 常用构件代号

序号	名称	代号	序号	名称	代号	序号	名称	代号
1	板	B	19	圆梁	QL	37	承台	CT
2	屋面板	WB	20	过梁	GL	38	设备基础	SJ
3	空心板	KB	21	连系梁	LL	39	桩	ZH
4	槽形板	CB	22	基础梁	JL	40	挡土墙	DQ
5	折板	ZB	23	楼梯梁	TL	41	地沟	DG
6	密肋板	MB	24	框架梁	KL	42	柱间支撑	ZC
7	楼梯板	TB	25	框支梁	KZL	43	垂直支撑	CC
8	盖板或沟盖板	GB	26	屋面框架梁	WKL	44	水平支撑	SC
9	挡雨板或檐口板	YB	27	檩条	LT	45	梯	T
10	吊车安全走板	DB	28	屋架	WJ	46	雨篷	YP
11	墙板	QB	29	托架	TJ	47	阳台	YT
12	天沟板	TGB	30	天窗架	CJ	48	梁垫	LD
13	梁	L	31	框架	KJ	49	预埋件	M
14	屋面梁	WL	32	刚架	GJ	50	天窗端壁	TD
15	吊车梁	DL	33	支架	ZJ	51	钢筋网	W
16	单轨吊车梁	DDL	34	柱	Z	52	钢筋骨架	G
17	轨道连接梁	DGL	35	框架柱	KZ	53	基础	J
18	车挡	CD	36	构造柱	GZ	54	暗柱	AZ

4）定位轴线

结构施工图中的定位轴线及编号应与建筑施工图一致。

5）尺寸标注

结构施工图上的尺寸应与建筑施工图相符。应注意的是结构施工图中所注尺寸应是结构构件的结构尺寸（即实际尺寸），不包括结构表面装修层厚度。桁架式结构的单线图，其杆件的轴线长度尺寸应标注在构件的上方；在杆件布置和受力均堆成的桁架单线图中，可在左半边标注杆件几何轴线尺寸，右半边标注杆件的内力值和反力值。

8.1.3 钢筋混凝土结构图的图示方法

钢筋混凝土构件只能看见其外形，内部的钢筋是不可见的。为了清楚地表明构件内部的钢筋，可假设混凝土为透明体，使包含在混凝土中的钢筋成为“可见”，这种能显示混凝土内部钢筋配置的投影图称为配筋图。配筋图包括有平面图、立面图、断面图等，它们主要表示构件内部的钢筋配置、形状、数量和规格，是钢筋混凝土构件图的主要图样。必要时，还可把构件中的各种钢筋抽出来绘制钢筋详图并列出钢筋表。

对于形状比较复杂的构件，或设有预埋件的构件，还需画模板图（表达构件形状、尺寸及预埋件位置的投影图）和预埋件详图，以便于模板的制作和安装及预埋件的布置。

钢筋混凝土结构图的图示方法将在 8.3 的知识点中详细举例说明。

8.2 基础平面图和基础详图

基础是建筑物最下部的承重构件，它将建筑物的荷载传递给地基，是建筑物的重要组成部分。基础按埋置的深度分为深基础（埋置深度>4 m）和浅基础（埋置深度≤4 m）；按组成的材料及受力性能分为刚性基础和柔性基础；按构造形式分为条形基础、独立基础、井格基础、筏形基础、箱形基础及桩基础。

结构施工图中的基础图包括基础平面布置图及配筋图两部分。本节主要举例介绍应用“平面整体表达方式”表示的独立基础、条形基础、桩基础等 3 种常见基础类型的识图方法。

8.2.1 独立基础的识读

独立基础的“平法”施工图，有平面注写和截面注写两种表达方式，设计者可根据具体工程情况选择一种，或者两种方式相结合进行独立基础的施工图设计。就工程实际而言，主要采用平面注写方式。

1）独立基础的平面注写方式

独立基础的平面注写方式是指直接在独立基础平面布置图上进行数据项的标注，分为集中标注和原位标注，如图 8.1 所示。

集中标注是在基础平面布置图上集中引注：基础编号、截面竖向尺寸、配筋 3 项必注内容，以及当基础底面标高、基础底面基准标高不同时的标高高差和必要的文字注解 2 项选注内容，如图 8.2 所示。

原位标注是在基础平面布置图上标注独立基础的平面尺寸。

2）集中标注

①独立基础的编号表示了独立基础的类型。独立基础的类型包括普通和杯口两类，各又分为阶形和坡形。

DJ$_J$ 表示阶形普通独立基础；DJp 表示坡形普通独立基础；BJ$_J$ 表示阶形杯口独立基础；BJp 表示坡形杯口独立基础。

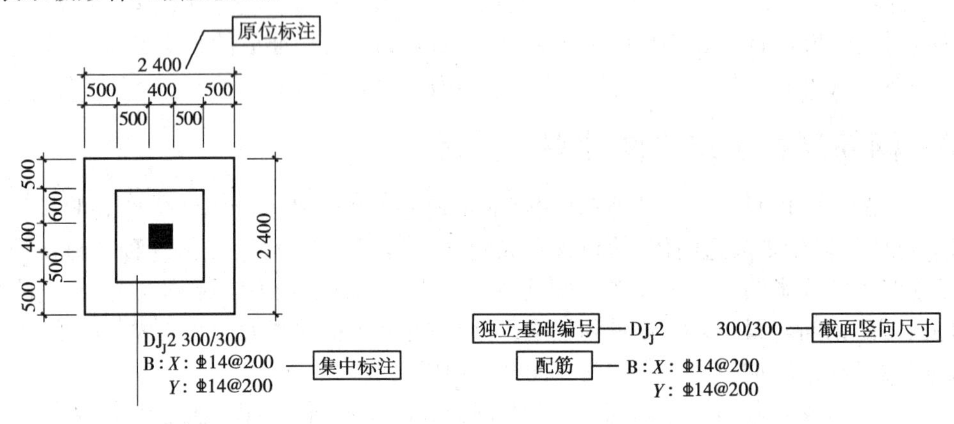

图 8.1　独立基础平面注写方式　　　　图 8.2　独立基础集中标注

②独立基础的截面竖向尺寸由下至上用“/”隔开的数字表示，h_1/h_2。

③独立基础的底板底部配筋以“B”打头，多柱独立基础的底板顶部配筋以“T“打头。

a.两向钢筋不同：X，Y 向配筋分别以 X，Y 打头；

b.两向配筋相同：以 X&Y 打头注写；

c.圆形独立基础采用双向正交配筋：以 X&Y 打头注写；

d.圆形独立基础采用放射状配筋：以 Rs 打头，先注写径向受力筋，并在“/”后注环向配筋；

e.短向钢筋采用两种配筋：先注写较大配筋，在“/”后注写较小配筋。

3）识图实例

如图 8.1 所示，是一个独立基础的平法施工图，通过阅读可以得到：DJ$_J$ 表示阶形普通独立基础，300/300 表示杯口内自上而下的尺寸，这个独立基础的底板底部配筋 X 和 Y 向钢筋相同均为Φ 14@ 200，再结合原位标注的基础底面尺寸 2.4 m×2.4 m 及其他尺寸，就可以想象出该独立基础的剖面现在尺寸，如图 8.3 所示。

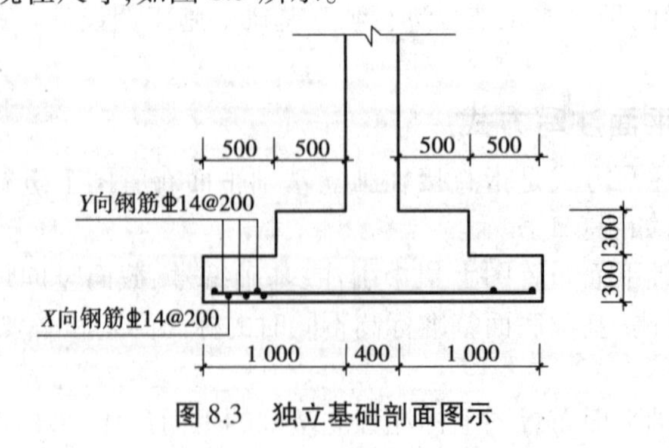

图 8.3　独立基础剖面图示

8.2.2 条形基础的识读

条形基础一般位于砖墙或混凝土墙下，用以支承墙体构件。条形基础分为梁板式条形基础和板式条形基础两大类。条形基础平法施工图，有平面注写和截面注写两种表达方式，设计者可根据具体工程情况选择一种，或将两种方式相结合进行条形基础的施工图设计。

条形基础的平面注写方式是直接在条形基础平面布置图上进行数据项的标注，它包括条形基础基础梁的平面注写和条形基础底板的平面注写两项内容。

1）基础梁的平面注写方式

条形基础基础梁的编号JL，它的平面注写方式分为集中标注和原位标注两部分内容，如图8.4所示。

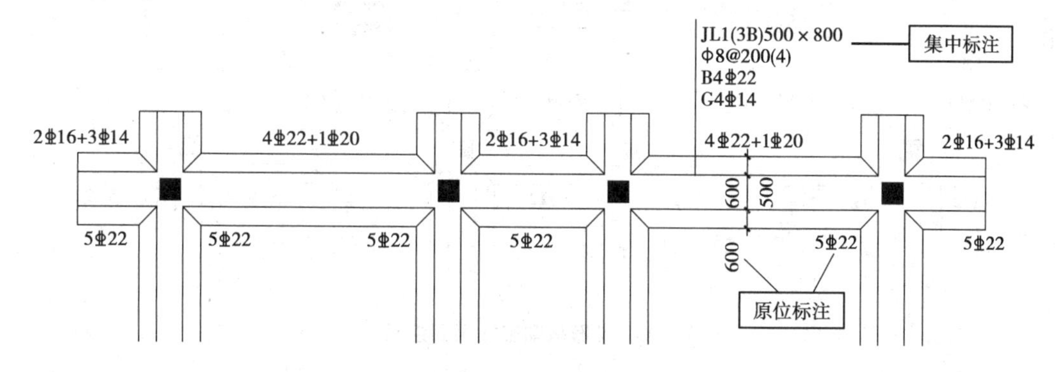

图8.4 条形基础基础梁平面注写

（1）集中标注

基础梁的集中标注包括编号、截面尺寸、配筋3项必注值，以及基础梁底面标高和必要的文字注解2项选注内容，如图8.5所示。

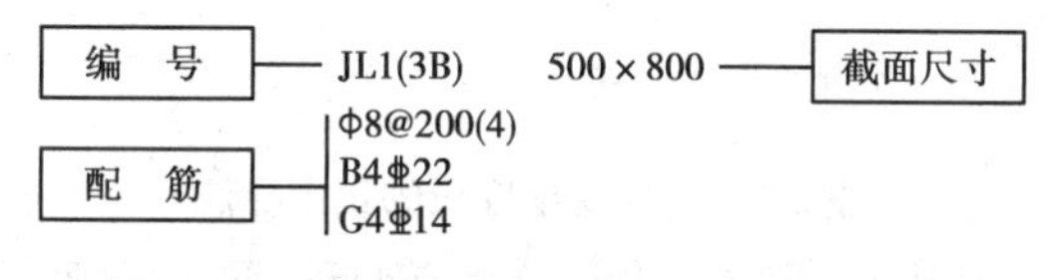

图8.5 基本梁的集中标注

①编号由代号、序号、跨数及有无外伸3项组成。

JL——基础梁；A——一端有外伸；B——两端有外伸。

②截面尺寸用$b \times h$，表示梁截面宽度和高度。

③基础梁的配筋包括3种情况：

a.基础梁箍筋。注写箍筋的等级、直径及布置间距，且用"/"表示加密区与非加密区间距之分。

b.基础梁底部及顶部贯通纵筋。基础梁底部贯通纵筋用字母"B"打头，基础梁顶部贯通纵筋用字母"T"打头，如果钢筋需用两排布置，则用"/"表示上下排数量。

c.以大写字母"G"打头，表示梁两侧面对称设置的纵向构造钢筋总配筋值。

（2）原位标注

基础梁的原位标注包括梁端部及柱下区域底部全部配筋、附加箍筋及吊筋、外伸部位的变截面高度尺寸、原位标注修正内容等。

(3)识图实例

如图 8.4 所示,基础梁(JL1)三跨,有两端外伸,基础梁截面宽度 500,高度 800,基础梁内箍筋ϕ 8@ 200,四肢箍。基础梁底部有 4 Φ 22 的贯通钢筋,梁两侧面对称设置的纵向构造钢筋总值 4 Φ 14,每侧面 2 根。

基础梁底部端部各有 5 Φ 22,其中 2 根是贯通纵筋,3 根是非贯通纵筋。基础梁顶部全是非贯通纵筋。

2)基础底板的平面注写方式

条形基础底板(TJB)的平面注写方式分为集中标注和原位标注两部分内容,如图 8.6 所示。

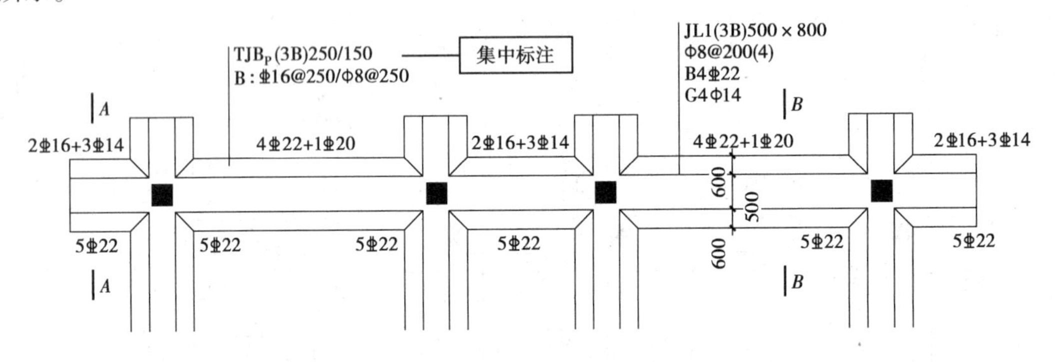

图 8.6　条形基础底板平面注写

(1)集中标注

条形基础底板的集中标注内容包括编号、截面竖向尺寸、配筋 3 项必注值,以及条形基础底板底面标高、必要的文字注解 2 项选注内容,如图 8.7 所示。

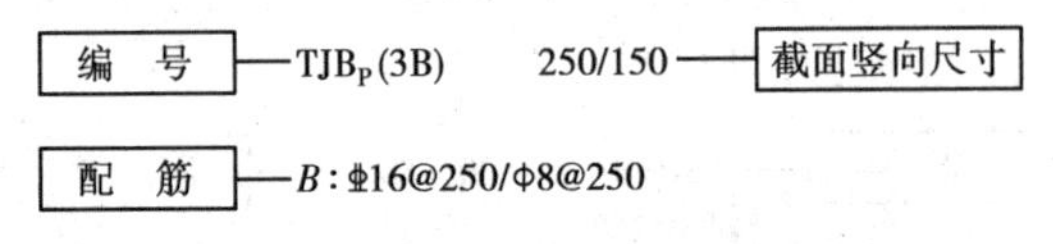

图 8.7　条形基础底板的集中标注

①底板编号。条形基础底板两侧的截面形状有两种:阶形截面 $\mathrm{TJB_J}$ 和坡形截面 $\mathrm{TJB_P}$。

②截面竖向尺寸。条形基础截面尺寸自下而上以“/” 分隔注写。

③配筋。基础底板底部的横向受力钢筋用字母“B”打头,基础底板顶部的横向受力钢筋用字母“T”打头;用“/” 分隔条形基础的横向受力钢筋和构造钢筋。

④以大写字母“G”打头,表示梁两侧面对称设置的纵向构造钢筋总配筋值。

(2)原位标注

条形基础底板的原位标注包括条形基础底板的平面尺寸以及原位注写修正内容。

(3)识图实例

如图 8.6 所示,条形基础的底板坡形截面 $\mathrm{TJB_P}$,三跨,有两端外伸。坡形截面自下而上高度为 250 和 150。基础底板底部的横向受力钢筋为Φ 16@ 250,构造钢筋为ϕ 8@ 250。

综合条形基础基础梁和条形基础底板两部分的平面注写,得出条形基础的截面注写如图 8.8 所示。

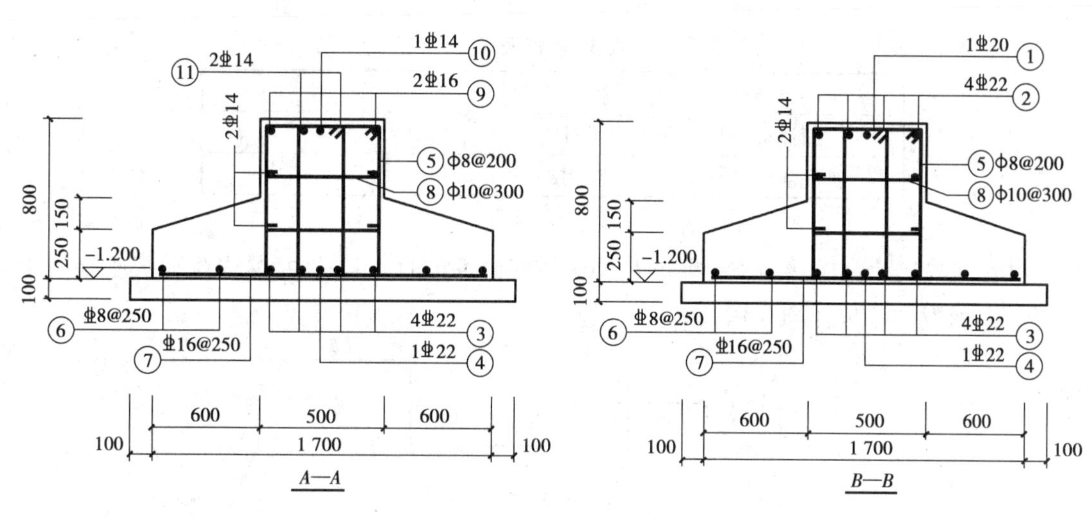

图 8.8　条形基础截面注写

8.2.3　桩基础平法施工图的识读

桩基础平法施工图包括灌注桩平法施工图、桩基承台平法施工图。

1)灌注桩平法施工图识读

灌注桩平法施工图是在灌注桩平面布置图上采用列表注写方式或平面注写方式进行的表达,如表 8.3 和图 8.9 所示。灌注桩平面布置图,可采用适当比例单独绘制,并标注其定位尺寸。

表 8.3　灌注桩列表注写

桩号	桩径 D /mm	桩长 L /m	通长纵筋	非通长纵筋	箍筋	桩顶标高/m	单桩竖向承载力特征值/kN
GZH1	800	16.700	16Φ18	—	LΦ8@100/200	-3.400	2 400
GZH2	800	16.700	—	16Φ18/6 000	LΦ8@100/200	-3.400	2 400
GZH3	800	16.700	10Φ18	10Φ20/6 000	LΦ8@100/200	-3.400	2 400

注:1.表中可根据实际情况增加栏目。例如:当采用扩底灌注桩时,增加扩底端尺寸。

2.当为通长等截面配筋方式时,非通长纵筋一栏不注,如表中 GZH1;当为部分长度配筋方式时,通长配筋一栏不注,如表中 GZH2;当为通长变截面配筋方式时,通长纵筋和非通长纵筋均应注写,如表 GZH3。

(1)列表注写方式

列表注写方式是在灌注桩平面布置图上,分别标注定位尺寸;在桩表中注写桩编号、桩尺寸、纵筋、螺旋箍筋、桩顶标高、单桩竖向承载力特征值。

①注写桩编号:桩编号由类型和序号组成,见表 8.4。

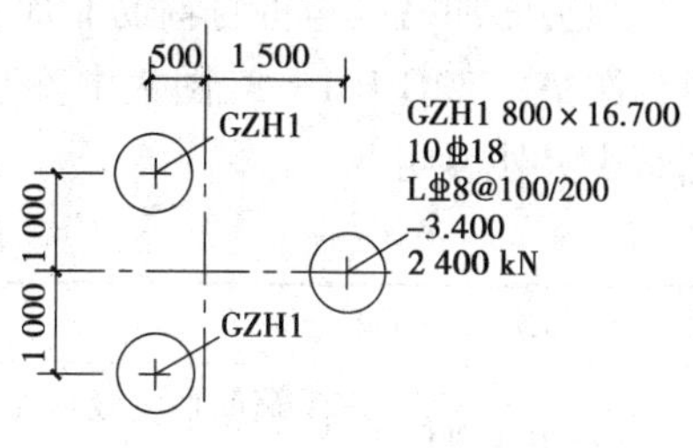

图 8.9　灌注桩平面注写

表 8.4 桩编号

类　型	代　号	序　号
灌注桩	GZH	××
扩底灌注桩	GZH_K	××

②注写桩尺寸:包括桩径 D×桩长 L,当为扩底灌注桩时,还应在括号内注写扩底端尺寸 $D_0/h_b/h_c$ 或 $D_0/h_{c1}/h_{c2}$(图 8.10)。

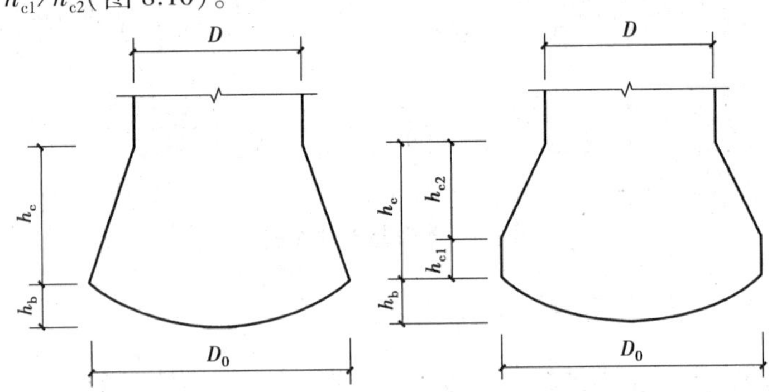

图 8.10 扩底灌注桩扩底端尺寸

D_0—扩底端直径,h_b—扩底端锅底形矢高,h_c—扩底端高度

③注写桩纵筋:包括桩周均布的纵筋根数、钢筋强度等级、从桩顶起算的纵筋配置长度。桩纵筋的配筋形式如表 8.5 所示。

表 8.5 桩纵筋配筋形式识读

桩纵筋配筋形式	示　例	含　义
通长等截面配筋	15 ⏀ 20	表示桩通长纵筋为 15 ⏀ 20
部分长度配筋	15 ⏀ 18/6 000	表示桩非通长筋为 15 ⏀ 18,从桩顶起算的入桩长度为6 000 mm
通长变截面配筋	15 ⏀ 20;15 ⏀ 18/6 000	表示桩通长纵筋为 15 ⏀ 20,非通长筋为 15 ⏀ 18,从桩顶起算的入桩长度为 6 000 mm。实际桩上段纵筋为 15 ⏀ 20+15 ⏀ 18,通长筋与非通长筋间隔均匀布置于桩周

④注写桩螺旋箍筋:以大写字母 L 打头,包括钢筋强度级别、直径与间距。用斜线"/"区分桩顶箍筋加密区与桩身箍筋非加密区长度范围内箍筋的间距,见表 8.6。《国家建筑标准设计图集》(22G 101—3)图集中箍筋加密区为桩顶以下 5D(D 为桩身直径),如有不符,需在图纸中另外说明。

表 8.6 桩螺旋箍筋识读

示　例	含　义
L ⏀ 10@ 100/200	表示箍筋强度级别为 HRB400,直径为 10,加密区间距为 100,非加密区间距为 200,L 表示采用螺旋箍筋
L ⏀ 8@ 100	表示沿桩身纵筋范围内箍筋均为 HRB400,直径为 8,间距为 100,L 表示采用螺旋箍筋

⑤注写柱顶标高。

⑥注写单桩竖向承载力特征值。

(2)平面注写形式

平面注写方式的规则同列表注写方式,将表格中内容除单桩竖向承载力特征值以外集中标注在灌注桩上。

2)桩基承台平法施工图识读

桩基承台平法施工图,有平面注写与截面注写两种表达方式。桩基承台分为独立承台和承台梁。

(1)独立承台平面注写方式

独立承台的注写方式分为集中标注和原位标注,如图8.11所示。

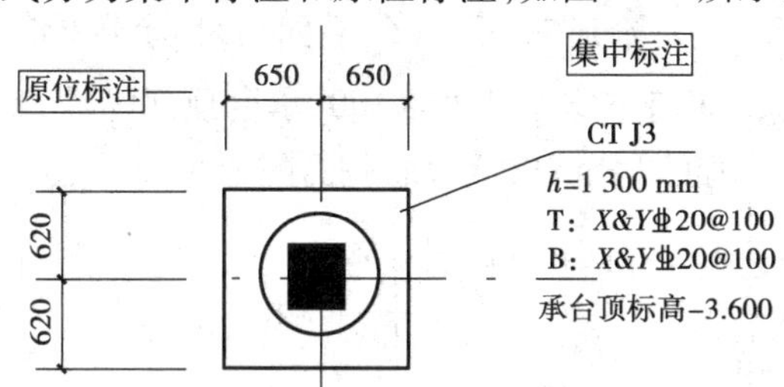

图8.11　独立承台 CT_J3 平面注写

独立承台的集中标注,是在承台平面上集中引注:独立承台编号、截面竖向尺寸、配筋三项必注值,以及承台板底面标高(与承台底面基准标高不同时)和必要的文字注解两项选注值。

独立承台的原位标注是在桩基承台平面布置图上标注独立承台的平面尺寸,相同编号的独立承台可仅选择一个进行标注,其他仅注编号。

独立承台集中标注识读注意要点如下:

①独立承台编号:如表8.7所示。由此项可识读出独立承台截面形式。

表8.7　独立承台编号表

类 型	独立承台截面形状	代 号	序 号	说 明
独立承台	阶形	CT_J	××	单阶截面即为平板式独立承台
	坡形	CT_P	××	

注:杯口独立承台代号可为 BCT_J 和 BCT_P,设计注写方式可参照杯口独立基础,施工详图应由设计者提供。

②识读独立承台截面竖向尺寸时需注意:截面竖向尺寸自下而上用斜线"/"分隔顺写,$h_1/h_2/\cdots$。独立承台各类截面竖向尺寸如图8.12所示。

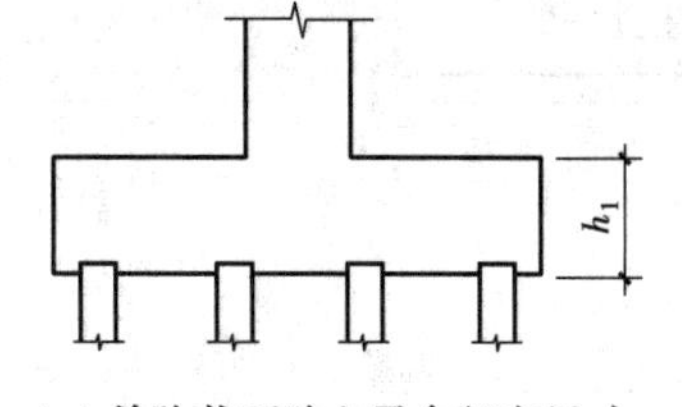

(a)单阶截面独立承台竖向尺寸

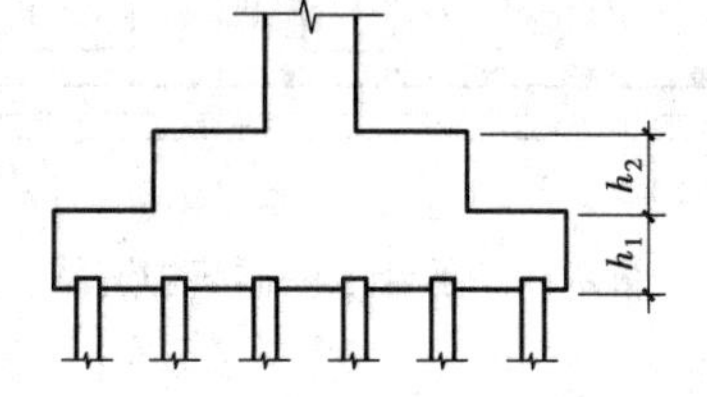

(b)阶形截面独立承台竖向尺寸

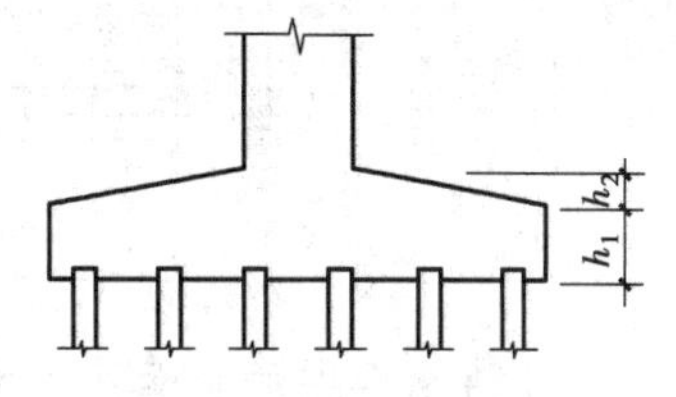

(c)坡形截面独立承台竖向尺寸

图8.12　独立承台各类截面竖向尺寸

③识读独立承台配筋时需注意：字母“B”打头注写底部配筋，字母“T”打头注写顶部配筋。矩形承台从左往右布置为 *X* 向，从下往上布置为 *Y* 向，*X* 和 *Y* 向钢筋相同时，以 *X&Y* 打头。等边三桩承台，以“△”打头，注明根数并在配筋值后注写“×3”，在斜线“/”后注写分布钢筋，不设时可不写，如：△××⏀××@ ××××3/ϕ××@ ×××。等腰三桩承台，以“△”打头，注明根数并在两对称配筋值后写“×2”，在斜线“/”后注写分布钢筋，不设时可不写，如：△××⏀××@ ×××+××⏀××@ ××××2/ϕ××@ ×××。

④注写基础底面标高。当独立承台底面和桩基承台底面标高不同时，注写在括号内，否则不写。

⑤独立承台有特殊设计要求时用文字注写。

(2)独立承台截面注写

识读图 8.11 可知，CT_J3 为阶形截面，承台平面尺寸为 1 300 mm×1 240 mm，承台高 1 300 mm，承台底部配筋，*X* 和 *Y* 向均为⏀20@ 100，承台顶部配筋，*X* 和 *Y* 向均为⏀20@ 100，承台顶面标高-3.600 m。由此可分析出承台的截面图如 8.13 所示。

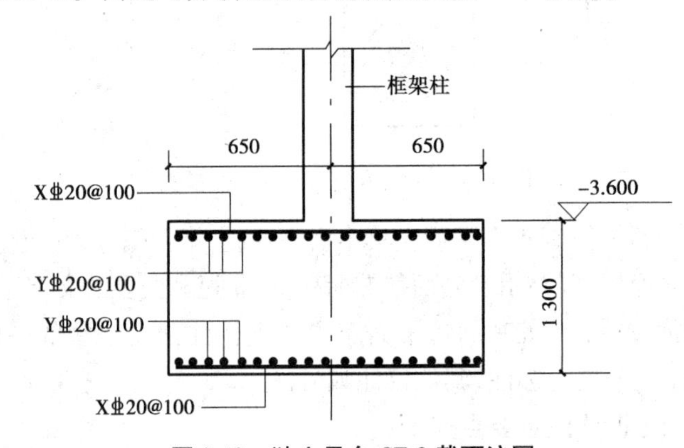

图 8.13　独立承台 CT_J3 截面注写

承台作为桩基的重要组成部分，支撑上部的剪力墙或框架柱，其钢筋构造要求如图 8.14 和图 8.15 所示。

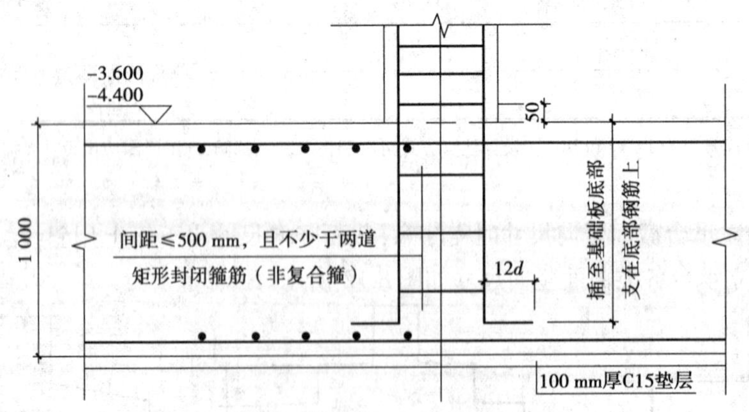

图 8.14　承台上柱插筋构造图

(3)承台梁的平面注写方式

承台梁的平面注写方式分为集中标注和原位标注两部分。承台梁的集中标注内容为承

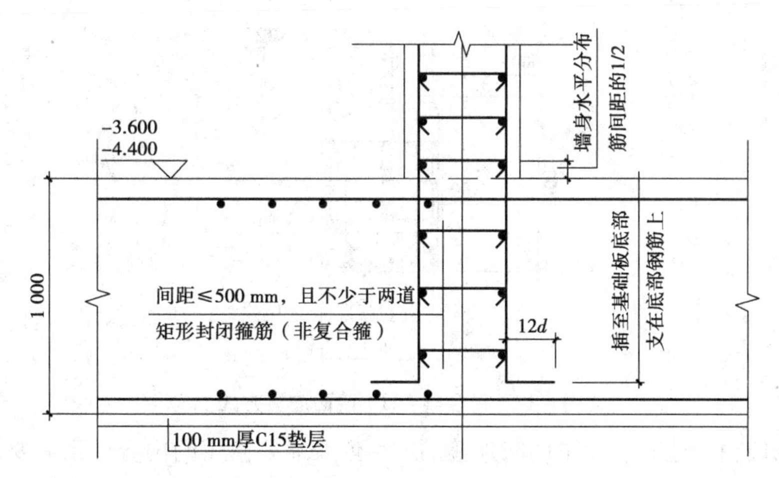

图 8.15 承台上剪力墙插筋构造图

台梁编号、截面竖向尺寸、配筋3项必注值，以及承台梁底面标高（与承台底面基准标高不同时）和必要的文字注解两项选注值，如图8.16所示。

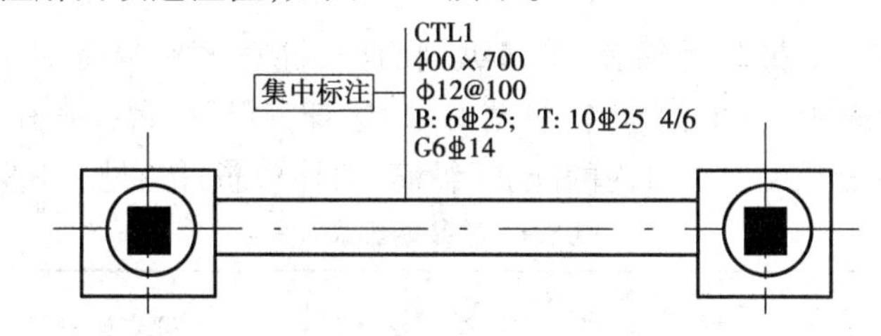

图 8.16 承台梁 CTL1 平面注写方式

承台梁集中标注识读注意要点：

①承台梁编号：由此项可识读出承台梁是否有悬挑端，见表8.8。

表 8.8 承台梁编号

类 型	代 号	序 号	跨数及有无外伸
承台梁	CTL	××	(××)端部无外伸 (××A)一端有外伸 (××B)两端有外伸

②承台梁截面尺寸：注写 $b\times h$，表示梁截面宽度×高度。

③承台梁箍筋：注写箍筋的等级、直径及布置间距，且用“/”表示加密区与非加密区间距之分。

④承台梁底部、顶部及侧面纵向钢筋：承台梁底部贯通配筋以“B”打头，承台梁顶部贯通配筋以“T”打头，当梁底部或顶部贯通钢筋多于一排时，用斜线“/”将各排纵筋自上而下分开。以大写字母“G”打头，表示承台梁两侧面对称设置的纵向构造钢筋总配筋值。

⑤承台梁底面标高：当承台梁底面和桩基承台底面标高不同时，注写在括号内，否则不写。

⑥承台梁有特殊设计要求时用文字注写。

承台梁的截面注写方式可参见梁的截面注写要求，如图8.17所示。

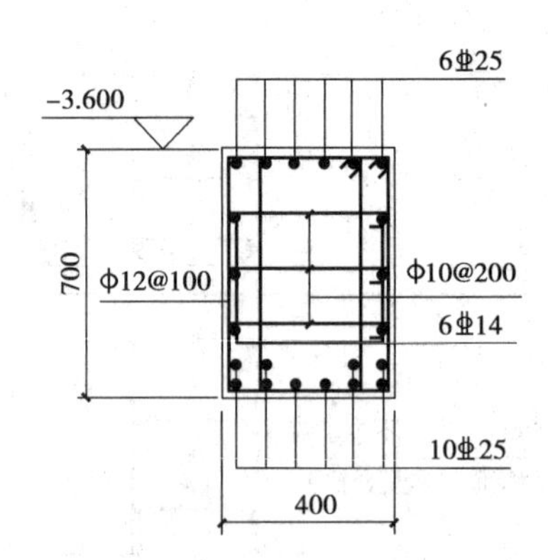

图 8.17 承台梁 CTL1 截面注写方式

承台梁的原位标注有承台梁的附加箍筋或吊筋及需要修正的内容。当需要设置附加箍筋或吊筋时，将附加箍筋或吊筋直接画在平面图中的承台梁上，原位直接引注总配筋值（附加箍筋的肢数写在括号内）。

3）桩基础的剖面图识读

桩基础的剖面图包括桩基明细表、桩身纵剖面图、桩身水平截面图 3 个，如图 8.18、图 8.19所示。桩基明细表中标注的内容有：桩基编号、桩身直径、扩大头直径、桩端头每边扩出宽度、水平段长度、桩身长度及桩身内的配筋（纵筋、内外箍筋）等，见表 8.9。

表 8.9 桩基明细表

桩基编号	桩径 d/mm	扩大头直径 D/mm	每边扩出宽度 b/mm	水平段长度 a/mm	桩长 L/m	桩身配筋			单桩竖向承载力特征值/kN
						①纵筋	②箍筋（螺旋箍筋）	④	
DJ1	900	1 400	250	0	约 4	13⌀14	⌀12@100	⌀12@2 000	2 426
DJ2	1 200	2 000	400	0	约 4	17⌀16	⌀12@100	⌀12@2 000	4 397
DJ3	1 600	2 400	400	0	约 4	30⌀16	⌀12@100	⌀12@2 000	5 958
DJ4	1 800	2 800	500	0	约 4	31⌀18	⌀12@100	⌀12@2 000	7 704
DJ5	2 000	3 000	500	0	约 4	38⌀18	⌀12@100	⌀12@2 000	8 643
DJ6	2 300	3 300	500	0	约 4	40⌀20	⌀12@100	⌀12@2 000	10 131
DJ7	2 800	3 800	500	0	约 4	59⌀20	⌀12@100	⌀12@2 000	12 817
DJ8	3 000	4 000	500	0	约 4	68⌀20	⌀12@100	⌀12@2 000	13 960
DJ9	1 800	2 800	500	1 950	约 4	58⌀20	⌀12@100	⌀12@2 000	—
DJ10	1 600	2 400	400	1 700	约 4	46⌀20	⌀12@100	⌀12@2 000	—
DJ11	1 200	2 000	400	1 900	约 4	41⌀18	⌀12@100	⌀12@2 000	—
DJ12	2 000	3 000	500	1 050	约 4	51⌀20	⌀12@100	⌀12@2 000	—

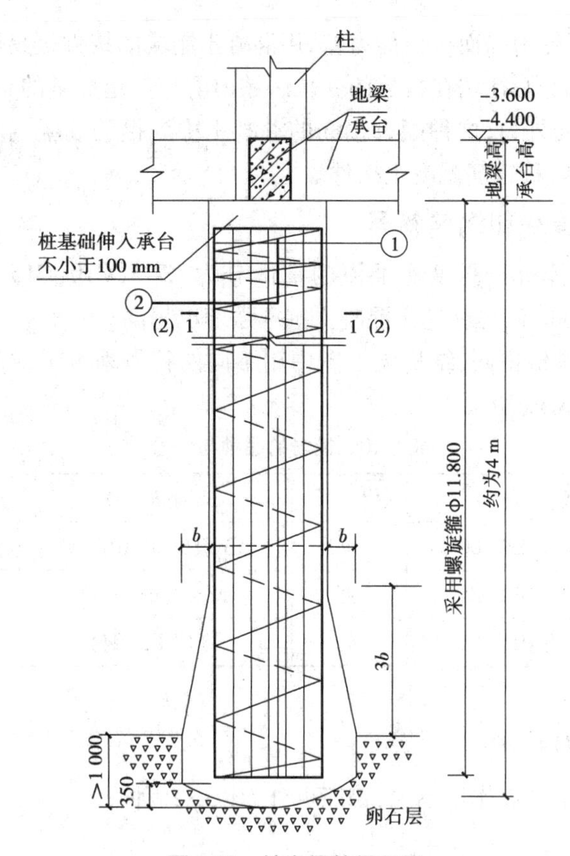

图 8.18 桩身钢筋纵剖图

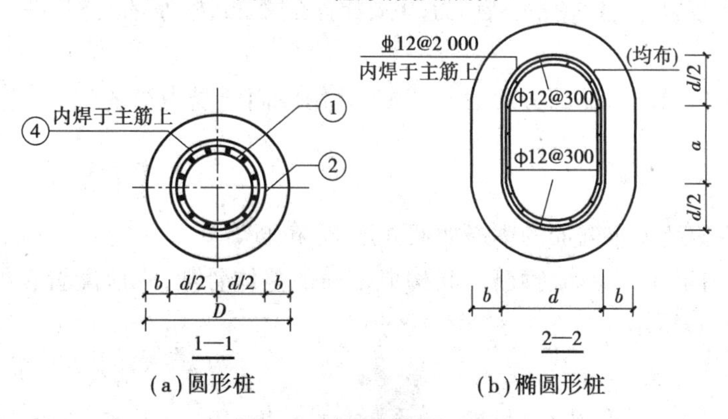

图 8.19 桩身水平截面图

8.3 钢筋混凝土结构基本知识

8.3.1 钢筋混凝土的基本知识

1)钢筋混凝土的概念

混凝土是由水泥、砂子、石子和水按一定比例拌和,经浇筑、振捣、养护硬化后形成的一种人造材料,它的抗压能力强而抗拉能力差,用混凝土制成的构件极易因受拉、受弯而断裂。为了提高构件的承载能力,往往在构建的受拉区域内配置一定数量的钢筋,使之与混凝土黏结成一个整体共同承受外力,这种配有钢筋的混凝土称为钢筋混凝土。由钢筋混凝土制成的构件(如梁、板、柱等)称钢筋混凝土构件。

2)混凝土强度等级和钢筋符号

混凝土按其立方体抗压强度标准值的高低分为 C7.5,C10,C15,C20,C25,C30,C35,C40,C45,C50,C55,C60 等,等级越高混凝土抗压强度也越高。

根据钢筋的品种等级不同,结构施工图中用不同的符号来表示,符号后加注钢筋直径。常见的钢筋符号如表 8.10 所示。

表 8.10 钢筋的品种与代号

钢筋品种	代 号	钢筋品种	代 号
Ⅰ级钢筋 HPB300	Φ	Ⅳ级钢筋 RRB400	Φ^{R}
Ⅱ级钢筋 HPB335	Φ	冷拔低碳钢丝	Φ^{b}
Ⅲ级钢筋 HPB400	Φ	冷拉Ⅰ级钢筋	Φ^{L}

3)钢筋的种类及作用

根据钢筋在构件中所起作用不同,钢筋可分为以下几种:

(1)受力筋

受力筋承受构件内产生的拉力或压力,主要配置在梁、板、柱等混凝土构件中,如图 8.8 表示。

(2)箍筋

箍筋承受构件内产生的部分剪力和扭矩,并用以固定受力筋的位置,主要配置在梁、柱等构件中。

(3)构造筋

构造筋是因构造要求配筋的钢筋如架立筋、分布筋等。

①架立筋:用于和受力筋、箍筋一起构成钢筋的整体骨架,一般配置在梁的受压区外缘两侧,如图 8.20(a)所示。

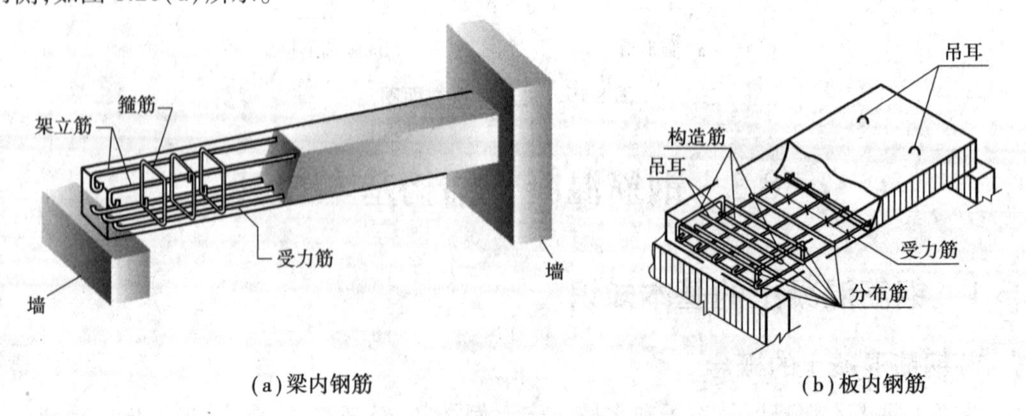

(a)梁内钢筋 (b)板内钢筋

图 8.20 梁、板内的钢筋

②分布筋:用于固定受力筋的正确位置,并有效地将荷载传递到受力钢筋上,同时可防止温度或混凝土收缩等原因引起的混凝土的开裂,一般配置于板中,如图 8.20(b)所示。

4)钢筋的保护层和弯钩

为了防止钢筋锈蚀和保证钢筋与混凝土紧密黏结,构件都应具有足够的混凝土保护层。

混凝土保护层指钢筋外缘至构件表面的厚度,常见受力钢筋混凝土保护层最小厚度如表 8.11 所示。

表 8.11 钢筋混凝土构件钢筋保护层的厚度 单位:mm

环境条件	构件类别	混凝土强度等级		
		≤C20	C25 及 C30	≥C35
室内正常环境	板、墙、壳	15		
	梁和柱	25		
露天或室内高温环境	板、墙、壳	35	25	15
	梁和柱	45	35	25

为了加强光圆钢筋与混凝土之间的黏结强度,提高钢筋的锚固效果,要求在钢筋的端部做成弯钩,弯钩的角度有 45°,90°,180°。Ⅱ级钢筋和Ⅱ级以上钢筋与混凝土之间黏结强度大,所以Ⅱ级和Ⅱ级钢筋以上钢筋钢筋端部可不做弯钩。

5)钢筋的一般表示方法

在配筋图中的钢筋用比构件轮廓线粗的单线画出,钢筋的横断面用黑圆点表示,常见的具体表示方法如表 8.12 所示。在结构施工图中钢筋的常用画法如表 8.13 所示。

表 8.12 一般钢筋常用图例

序 号	图 例	说 明
1	•	钢筋横断面
2		无弯钩的钢筋及端部
3		带半圆弯钩的钢筋端部
4		长短钢筋重叠时,短钢筋端部用 45°短划表示
5		带直钩的钢筋端部
6		带丝扣的钢筋端部
7		无弯钩的钢筋搭接
8		带直钩的钢筋搭接
9		带半圆钩的钢筋搭接
10		套管接头(花篮螺丝)

表 8.13 钢筋常规画法

序 号	说 明	图 例
1	在平面图中配置双层钢筋时,底层钢筋弯钩应向上或向左,顶层钢筋则向下或向右	底层 顶层
2	配双层钢筋的墙体,在配筋立面图中,远面钢筋的弯钩应向上或向左,而近面钢筋则向下或向右 (JM:近面;YM 远面)	JM YM JM YM
3	如在断面图中不能表示清楚钢筋布置,应在断面图外面增加钢筋大样图	
4	图中所表示的箍筋、环筋,如布置复杂,应加画钢筋大样及说明	或
5	每组相同的钢筋、箍筋或环筋,可以用粗实线画出其中一根来表示,同时用一横穿的细线表示其余的钢筋、箍筋或环筋,横线的两端带斜短划线表示该号钢筋的起止范围	

8.3.2 钢筋混凝土构件图举例

1)钢筋混凝土梁

梁的结构详图一般包括立面图、断面图、钢筋详图。梁立面图主要表达梁的轮廓尺寸、钢筋位置、编号及配筋情况。梁断面图主要表达梁截面尺寸、形状、箍筋形式及钢筋的位置、数量。断面图剖切位置应选择梁截面尺寸及配筋有变化处。

钢筋混凝土梁为最常见的梁。如图 8.21 所示,该梁两端支撑在墙上,是一根简支梁。该图画出了梁的立面图和断面图,表明了梁的基本尺寸和梁内钢筋的基本配置情况。在遇到某些内部钢筋配置复杂的梁时,可根据需要作出梁的钢筋分布图或如图 8.21 中所示的钢筋表,便于配筋。

2)钢筋混凝土现浇板

钢筋混凝土现浇板结构详图,一般可绘在建筑物结构平面图上,主要表达板中钢筋的直径、间距、等级、摆放位置及板的尺寸、支承等情况。

如图 8.22(a)所示的是从结构平面图中截取的一块现浇钢筋混凝土双向配筋板,用一个配筋平面图来表达。图中①、②号钢筋是支座处的负筋,直径 8 mm,间距均为200 mm;布置在板的上层,90°直钩向下弯(平面图上弯向下方或右方表示钢筋位于顶层)。图中③、④号钢筋是板底受力筋,两种钢筋的两端带有向上弯起的半圆弯钩的 I 级钢筋(平面图上弯向上方或左方表示钢筋位于底层)。③号钢筋直径为 8 mm,间距为 200 mm;④号钢筋直径6 mm,间距为 150 mm。如图 8.22(b)、(c)所示为两块连续的现浇混凝土板的构造示意图及其配筋图。

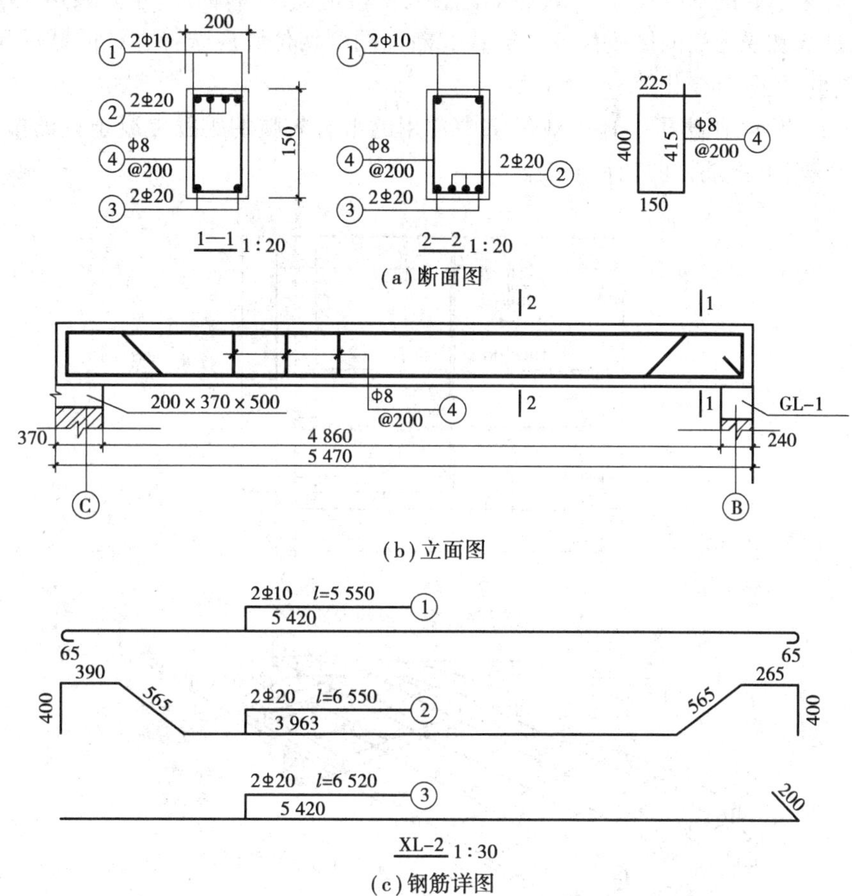

(a)断面图

(b)立面图

(c)钢筋详图

钢筋编号	构件代号	钢筋简图	直径/mm	长度/mm	根数/根	总长/m	质量/kg
XL-2	1	5 420; 65; 65	⌀10	5 550	2	11.100	—
	2	390; 400; 565; 3 965; 565; 265; 400	⌀20	6 550	2	13.100	—
	3	5 420; 200	⌀20	5 620	2	11.240	—
	4	150; 75; 400	Φ8	1 250	28	35.00	—

(d)钢筋表

图 8.21 钢筋混凝土梁

3）钢筋混凝土柱

钢筋混凝土柱是房屋结构中主要的承重构件，其结构详图一般包括立面图、断面图。柱立面图，主要表达柱的高度尺寸、柱内钢筋配置及搭接情况；柱断面图，主要表达柱子截面尺寸、箍筋的形式和受力筋的摆放位置及数量。断面图剖切位置应选择在柱的截面尺寸变化及受力筋数量、位置有变化处。

如图 8.23 所示，画出了一根工业厂房中常用的带有牛腿的钢筋混凝土柱的配筋图、断面图、模板立面图、配筋详图和钢筋表。

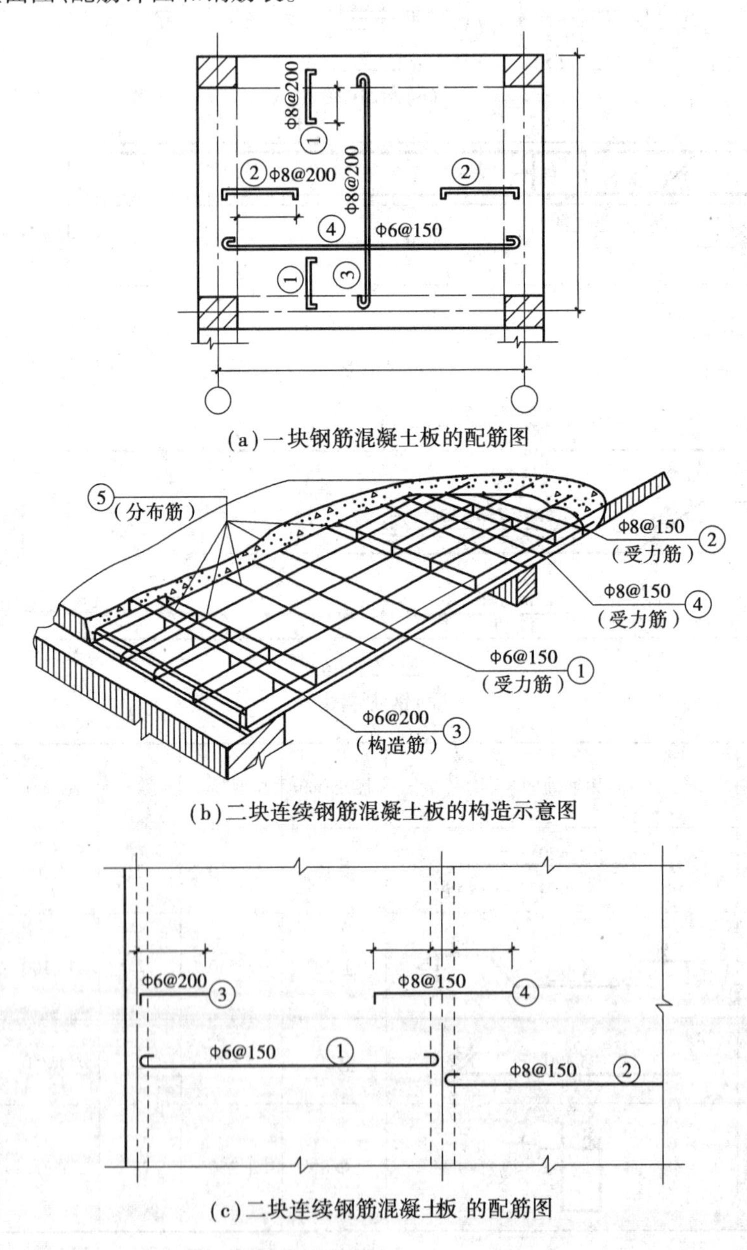

（a）一块钢筋混凝土板的配筋图

（b）二块连续钢筋混凝土板的构造示意图

（c）二块连续钢筋混凝土板 的配筋图

图 8.22 现浇钢筋混凝土板配筋图

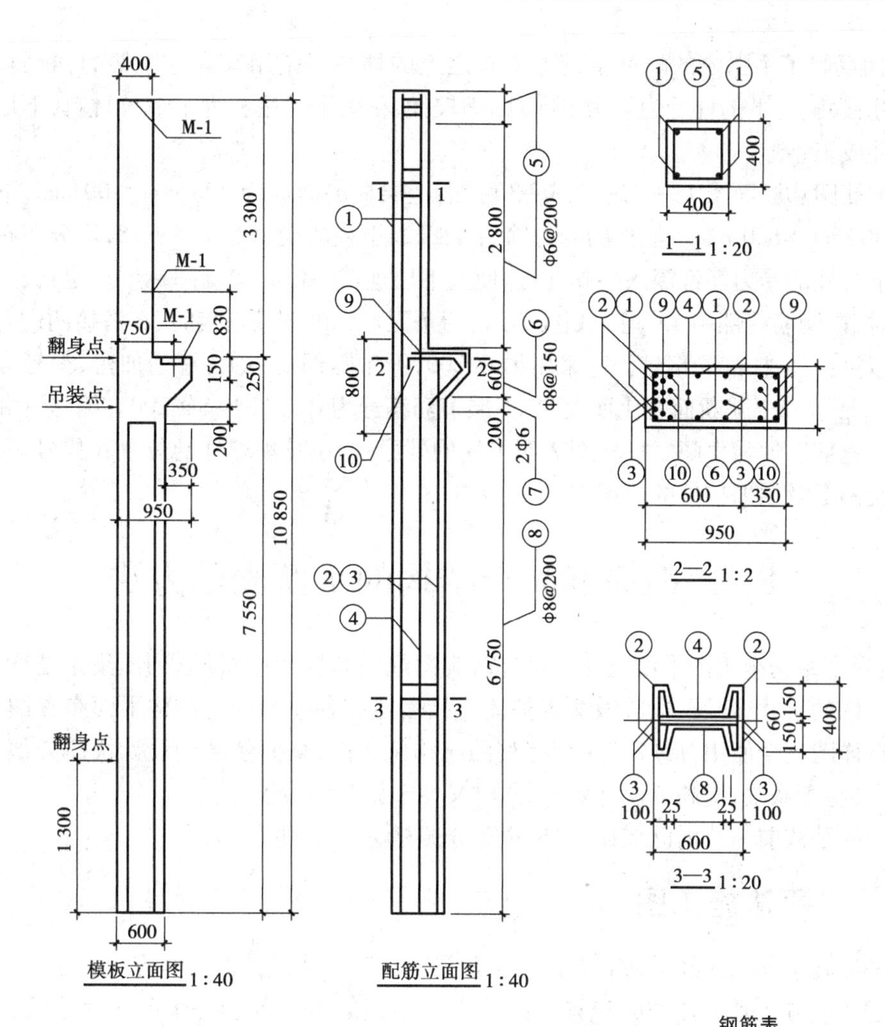

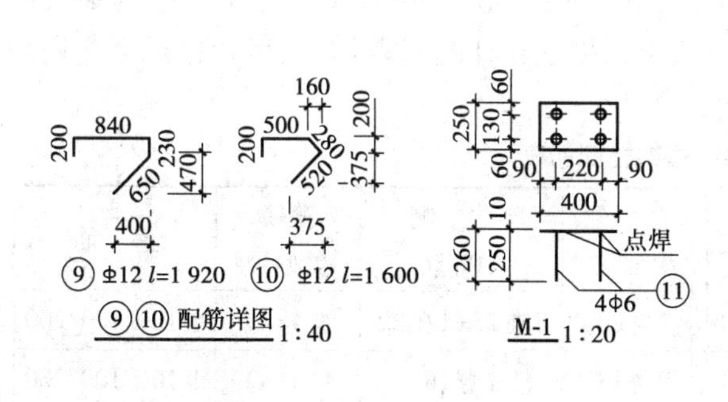

钢筋表

编号	简　图	规格	长度	根数
①	——	Φ22	4 075	4
②	——	Φ18	7 500	4
③	——	Φ16	7 500	4
④	——	Φ10	7 500	2
⑤	⊐	φ6	1 500	14
⑥	⊐ □	φ8	放样确定	5
⑦	⊐	φ6	1 900	2
⑧	⌶	φ6	2 700	26
⑨	⌐	Φ12	1 920	4
⑩	⌐	Φ12	1 600	4
⑪	—	φ6	250	12

说明：①混凝土采用C20。

②埋件用1级钢板。

图8.23　钢筋混凝土柱

牛腿部分是用来支撑工业厂房中吊车梁的，所以牛腿内的配筋比柱的其他部分复杂，

2—2 断面反映了牛腿内的配筋情况。牛腿之上的柱主要是用来支撑屋架的，断面较小，称为上层柱；牛腿之下的柱受力较大，所以断面较大，称为下层柱。为了节省材料，下层柱断面可以设计成工字形。

由配筋图和断面图 1—1，2—2，3—3 可知：上层柱的断面为 400 mm×400 mm，下层柱的断面为 400 mm×600 mm。上柱的受力筋为 4 Φ22，下柱的受力筋为 4 Φ18，均分布在柱的四周。上下层柱的受力筋都深入牛腿连接，使上下层连成一体。按制图标准规定：长短钢筋投影重叠时，在钢筋端部用 45°粗短划线表示；两条无弯钩的钢筋搭接时，在搭接两端各画一条 45°粗短划线。上柱箍筋编号为⑤采用Φ6@200，因牛腿部受力大，箍筋加密，编号为⑥采用Φ8@150，形状随牛腿断面变化而变化，下层箍筋编号为⑧，采用Φ8@200。编号⑨和⑩的弯筋配在牛腿部以加强牛腿。模板图表明了柱的外形、大小及预埋件的位置和代号等，作为制作和安装模板及预埋构件的依据。

8.4 钢筋混凝土结构的平面表示方法

《混凝土结构施工图平面整体表示方法制图规则和构造详图》系列图集是把梁、板、柱、基础等构件的尺寸、配筋、构造做法等整体直接表达在各类构件的结构平面布置图上，并与标准构造详图配合使用，形成了一套完整的结构施工图，从而使结构设计快捷方便、表达准确全面，又易于修改，提高了设计效率，同时又便于施工和验收。

基础的平法前一节内已综述，本节主要介绍柱、梁、板的平法。

8.4.1 柱平法施工图

柱平法施工图系在柱平面布置图上采用列表注写方式或截面注写方式表达。

列表注写方式是在柱平面布置图上分别从不同编号中各选一个截面标注几何参数代号，在柱表中注写柱编号、柱段起止标高、几何尺寸及配筋的具体数值，并配以各种柱截面形状及其箍筋分类图的方式，来表达柱平法施工图。如图 8.24 所示，图中标明相应的轴线尺寸，还绘出了柱所在的位置、柱号和截面尺寸，再根据框架柱配筋表（表 8.14）、楼层标高表和箍筋图例就可完成柱的配筋及浇筑工作。

表 8.14 框架柱配筋表

柱号	标高	$b×h$（圆柱直径 D）	角筋	b 边一侧中部筋	b 边一侧中部筋	箍筋类型号	箍筋
KZ-1	-2.660—0.060	500×500	4 Φ20	2 Φ20	1 Φ25+1 Φ22	1(4×4)	Φ10@100/200
	-0.060—2.740	500×500	4 Φ18	2 Φ18	2 Φ16	1(4×4)	Φ10@100/200
	2.740—16.740	500×500	4 Φ16	2 Φ16	2 Φ16	1(4×4)	Φ8@100/200
KZ-2	-2.660—0.060	500×500	4 Φ20	2 Φ20	2 Φ20	1(4×4)	Φ10@100/200
	-0.060—2.740	500×500	4 Φ18	2 Φ18	2 Φ18	1(4×4)	Φ8@100/200
	2.740—11.140	500×500	4 Φ18	2 Φ18	2 Φ16	1(4×4)	Φ8@100/200
	11.140—16.740	500×500	4 Φ16	2 Φ16	2 Φ16	1(4×4)	Φ8@100/200

续表

柱 号	标 高	b×h（圆柱直径 D）	角 筋	b边一侧中部筋	b边一侧中部筋	箍筋类型号	箍 筋
KZ-3	−2.660—0.060	500×500	4⌀18	2⌀16	2⌀18	1(4×4)	φ8@100/200
	−0.060—16.740	500×500	4⌀18	2⌀16	2⌀16	1(4×4)	φ8@100/200
KZ-4	−2.660—13.940	500×500	4⌀18	2⌀16	2⌀18	1(4×4)	φ10@100/200
	13.940—16.740	500×500	4⌀18	2⌀16	2⌀16	1(4×4)	φ8@100/200

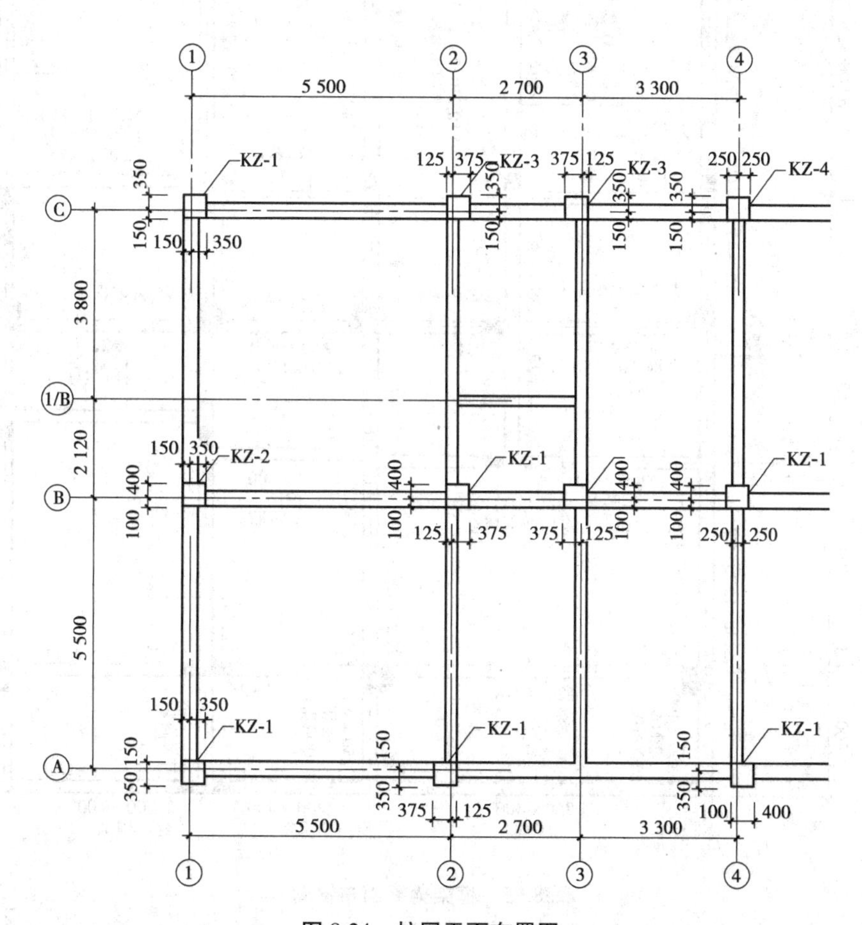

图 8.24 柱网平面布置图

截面注写方式是在柱平面布置图的柱截面上，分别在同一编号的柱中选择一个截面，以直接注写截面尺寸和配筋具体数值的方式来表达柱平法施工图。

8.4.2 梁平法施工图

梁平法施工图系在梁平面布置图上采用平面注写方式或截面注写方式表达。

截面注写方式是在梁的平面布置上对所有的梁按规定进行编号，分别在不同编号的梁中各选一根，用传统的断面图方式作出它们的断面图，并在断面图上注明截面尺寸、配筋数值等相应数据。

平面注写方式是在梁平面布置图上,分别在不同编号的梁中各选一根梁,在其上注写截面尺寸和配筋具体数值的方式来表达梁平法施工图,如图 8.25 所示。

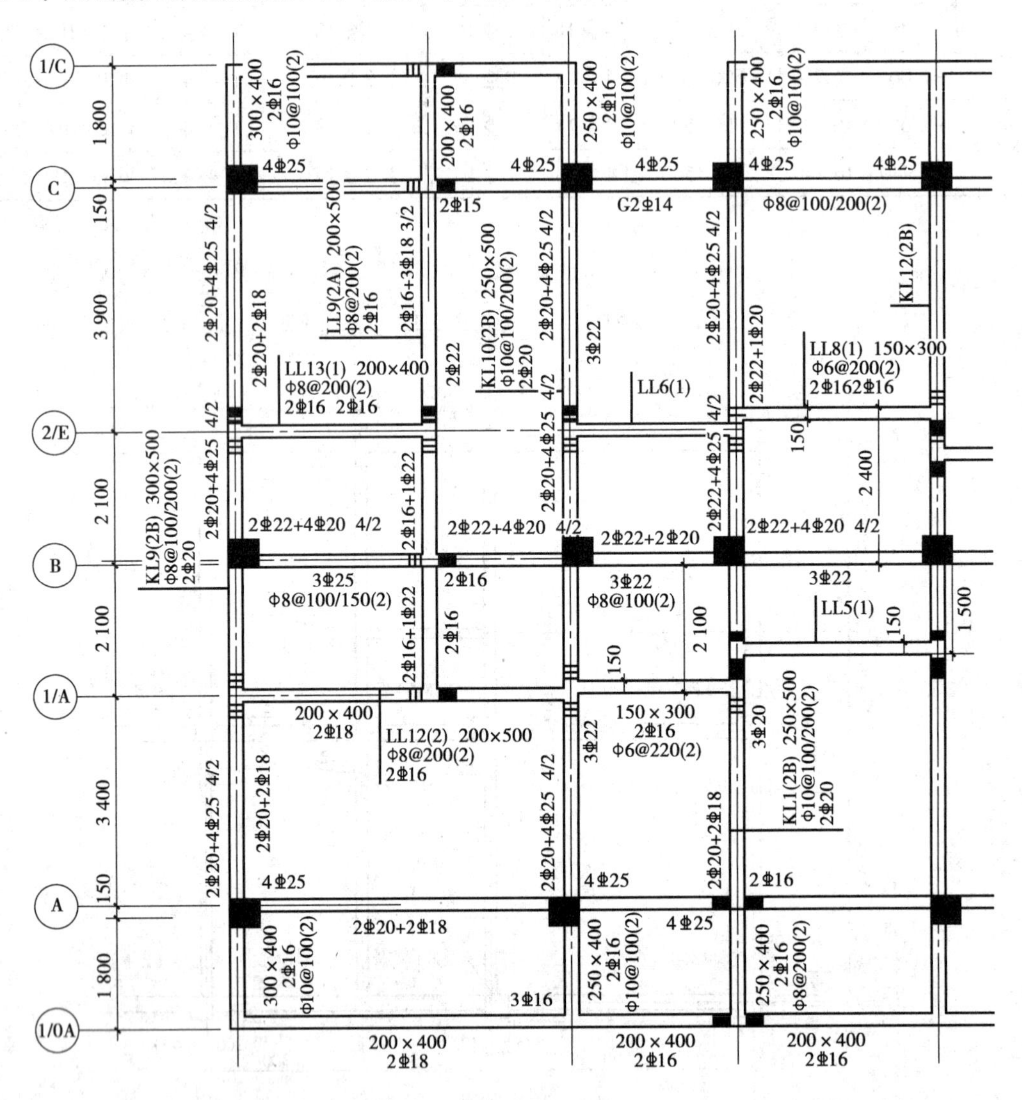

图 8.25 框架梁平面布置图

平面注写包括集中标注和原位标注,如图 8.26 所示。

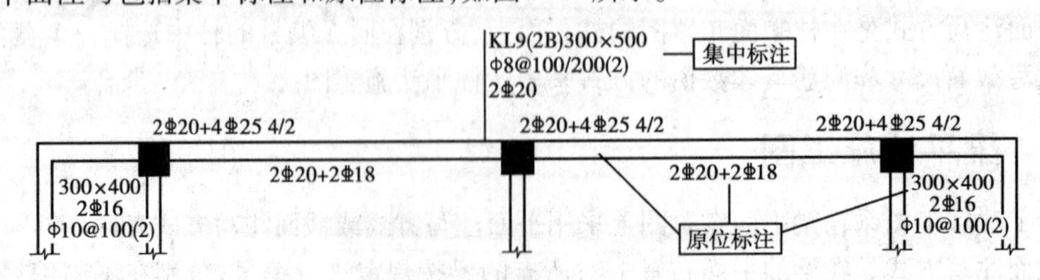

图 8.26 框架梁平面注写

梁的集中标注包括梁编号、梁截面尺寸、梁箍筋、梁上部通长筋或架立筋、梁侧面纵向构造钢筋或受扭钢筋5项必注值，以及梁顶面标高高差1项选注值，如图8.27所示。

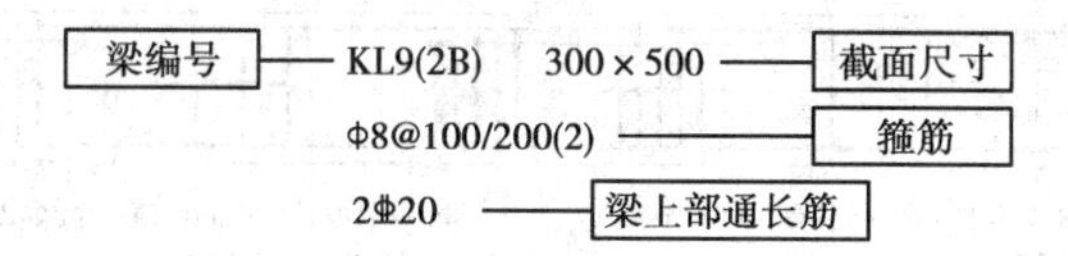

图8.27 梁的集中标注

①梁编号：由梁类型代号、序号、跨数及有无悬挑代号几项组成。

KL——框架梁；A——一端有悬挑；B——两端有悬挑。

识读：KL9（2B）表示框架梁9，两跨带两端悬挑。

②梁截面尺寸：用 $b×h$ 表示，梁截面宽度×高度。

识读：300×500表示框架梁截面宽300，高500。

③梁箍筋：包括钢筋级别、直径、加密区与非加密区间距及肢数且用“/”表示加密区与非加密区间距之分。

识读：Φ8@100/200（2）表示箍筋类型Φ8，加密区间距100，非加密区间距200，双肢箍。

④梁上部通长筋或架立筋：当同排纵筋中既有通长筋又有架立筋时，应用“+”将通长筋和架立筋相连，且架立筋写在加号后面的括号内。若梁的上部纵筋和下部纵筋均通长时，用分号“：”将上部与下部纵筋的配筋值分隔开来。如果钢筋需用两排布置，则用“/”表示上下排数量。

识读：2⌀20表示梁上部有2根⌀20的通长纵筋。

梁的原位标注包括梁上部纵筋、梁下部纵筋、梁中某跨或某悬挑部位不适用集中标注时、附加箍筋或吊筋。其中，当同排纵筋有两种直径时，用“+”将两种钢筋相连，且角部纵筋写在前面。当上部纵筋多于一排时，用“/”将各排纵筋自上而下分开。

如图8.25所示，各支座处有6根钢筋双排布置，上排4根，下排2根，其中2⌀20通长布置在上排的角上。梁下部跨中2⌀20+2⌀18，其中2⌀20布置在角上。两侧悬挑端梁截面变化，宽300，高400。箍筋Φ10@100（2），下部钢筋2⌀16。

综合框架梁9的集中标注和原位标注，识读出其纵向钢筋构造图和截面图，如图8.28所示。

8.4.3 板平法施工图

板的平面表达方式是在板平面布置图上，直接标注板的各项数据。具体标注时，按“板块”分别标注其集中标注和原位标注的数据项。

板的平面表达方式如图8.29所示。

板的集中标注包括板编号、板厚、配筋3项必注内容，如图8.30所示。

板的原位标注包括板支座上部非贯通纵筋和纯悬挑板上部受力钢筋，包括钢筋编号、配筋信息、连续跨布置的跨数、自支座中心线向跨内的延伸长度4项数据。

《混凝土结构设计规范》（GB 50010—2010，2015年版）第9.1.1条中对板的计算要求如下：

①两对边支承的板应按单向板计算。

②四边支承的板应按下列规定计算：

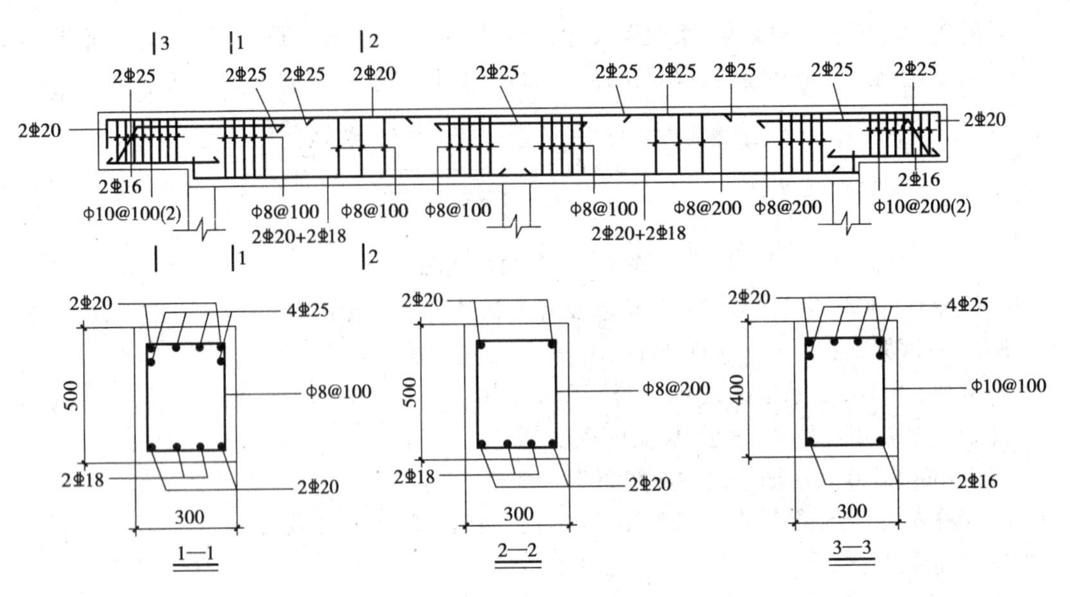

图 8.28 框架梁纵向钢筋构造图及截面图

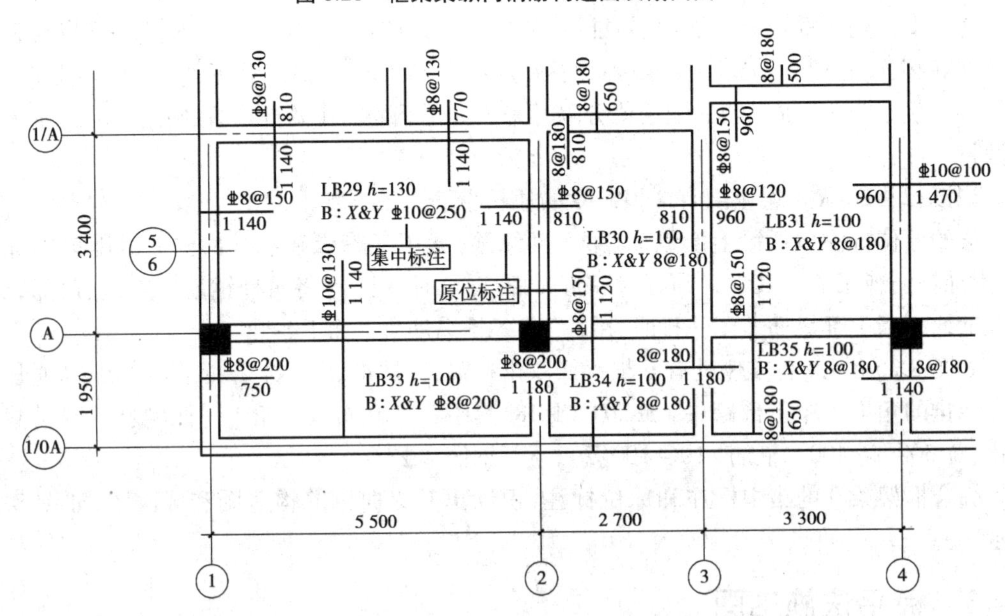

图 8.29 板平面表达方式

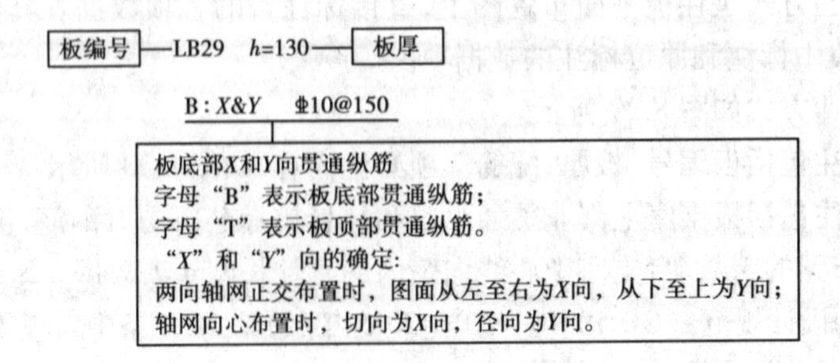

图 8.30 板的集中标注

a.当长边与短边长度之比≤2.0 时,应按双向板计算;

b.当长边与短边长度之比大于 2.0,但小于 3.0 时,宜按双向板计算;

c.当长边与短边长度之比≥3.0 时,宜按沿短边方向受力的单向板计算,并应沿长边方向布置构造钢筋。

如图 8.17 所示,识读 29 号板(LB29);因为其 4 边支承且板长/宽=5 500/3 400≤2,所以是双向板;板厚:h=130 mm;板底钢筋:X 方向:Φ10@150,Y 方向:Φ10@150。

支座钢筋(负筋)
- 短边支座:
  - 左侧:Φ8@150, 伸入板内长度≥板短边/4
  - 右侧:Φ8@150, 伸入板内长度≥板短边/4
- 长边支座:
  - 下侧:Φ10@130,伸入板内长度≥板短边/4
  - 上侧:Φ8@130, 伸入板内长度≥板短边/4

识读 33 号板(LB33):因为其 4 边支承且板长/宽=5 500/1 950>2,所以是单向板;板厚:h=100 mm;板底钢筋:受力筋(短边方向)为Φ8@200,分布筋(长边方向)为Φ8@200。

支座钢筋(负筋)
- 支座受力负筋(长边负筋):
  - 左侧:Φ8@200,伸入板内长度≥板短边/5
  - 右侧:Φ8@200, 伸入板内长度≥板短边/5
- 支座构造负筋(短边负筋):上下侧贯通:Φ10@130,伸入板内长度≥板短边/5

《混凝土结构设计规范》(GB 50010—2010,2015 年版)第 9.1.6 条规定:

分布筋:(单向板内指支座分布筋和板底分布筋)该支座分布筋垂直于支座负筋,图中一般不表示,只在结构设计说明中注明,通常取Φ6@200 或@250。

本章小结

1.结构施工图是在建筑设计的基础上,对房屋各承重构件的布置、形状、大小、材料、构造及其相互关系等进行设计而画出来的图样。结构施工图的表达采用了从整体到局部、由粗到细的方式。

2.基础平面图、钢筋混凝土构件详图,则进一步表达了各承重构件的形状、尺寸、内部配筋及其他承重构件的连接关系。常见钢筋混凝土构件图中有钢筋大样图时,要对照钢筋详图弄清构件内各种型号、规格钢筋的布置位置。当图中没有钢筋详图时,应仔细查看各类钢筋的搭接情况,并对照构件截面图,弄清构件内各种型号、规格钢筋的布置位置。

3.钢筋混凝土构件“平法”施工图是目前结构施工图普遍使用的表达方式,结合 22G101-1,22G101-2,22G101-3 图集,了解并掌握基础、柱、梁、楼板、楼梯的平面注写方式、图示方法及识读方法。

通过本章学习,学生要掌握结构施工图的识读方法,具备图纸的分析和绘制能力,为实际工程应用打下坚实的基础。

复习思考题

1.结构施工图包括哪些图纸?

2.钢筋混凝土构件代号是用什么表示的?

3.钢筋混凝土构件中常见的钢筋有哪些?
4.何种型号的钢筋应加弯钩?
5.钢筋混凝土构件详图是由哪两个图组成?
6.条形基础的平法包括哪些内容?
7.独立基础的平法包括哪些内容?
8.柱的平法包括哪些内容?
9.梁的平法包括哪些内容?
10.板的平法包括哪些内容?

第 9 章
建筑构造概论

本章导读

• **基本要求** 熟悉建筑物的分类和民用建筑的等级划分,掌握民用建筑的构造组成及定位轴线的标定;熟悉建筑模数协调统一标准,了解影响建筑构造的因素及设计原则。

• **重点** 熟悉建筑物的分类和民用建筑的等级划分,掌握民用建筑的构造组成,建筑模数协调统一标准,定位轴线的标定。

• **难点** 建筑物的分类,定位轴线的标定。

9.1 建筑物的分类

9.1.1 按使用功能分类

1)民用建筑

民用建筑即非生产性建筑,民用建筑可以分为居住建筑和公共建筑。

①居住建筑指供人们工作、学习、生活、居住用的建筑物,如住宅、宿舍、公寓等;

②公共建筑是人们从事政治文化活动、行政办公、商业、生活服务等公共事业所需要的建筑物。公共建筑按性质不同又可分为下列 15 类:

行政办公建筑:如各类办公楼、写字楼等;

文教建筑:如教学楼、图书馆等;

托幼建筑:如托儿所、幼儿园等;

医疗卫生建筑:如医院、疗养院、养老院等;

观演性建筑:电影院、剧院、音乐厅等;
体育建筑:如体育馆、体育场、训练馆等;
展览建筑:如展览馆、文化馆、博物馆等;
旅馆建筑:如宾馆、招待所、旅馆等;
商业建筑:如商店、商场、专卖店等;
电信、广播电视建筑:如邮政楼、广播电视楼、电信中心等;
交通建筑:如车站、航站客运站等;
金融建筑:如储蓄所、银行、商务中心等;
饮食建筑:如餐馆、食品店等;
园林建筑:如公园、动物园、植物园等;
纪念建筑:如纪念碑、纪念堂等。

2)工业建筑

工业建筑即生产性建筑,指为工业生产服务的生产车间及为生产服务的辅助车间、动力用房、仓储建筑等。

3)农业建筑

农业建筑指供农(牧)业生产和加工用的建筑,如种子库、温室、畜禽饲养场、农副产品加工厂、农机修理厂(站)等。

9.1.2 按建筑规模和数量分类

大量性建筑:指建筑规模不大,但修建数量多,与人们生活密切相关的分布面广的建筑,如住宅、中小学教学楼、医院、中小型影剧院、中小型工厂等。

大型性建筑:指规模大、耗资多的建筑,如大型体育馆,大型剧院,航空港、站,博物馆,大型工厂等。与大量性建筑相比,其修建数量是很有限的,这类建筑在一个国家或一个地区具有代表性,对城市面貌的影响也较大。

9.1.3 按建筑层数和总高度分类

1)住宅按层数分类

①低层住宅:1~3层的住宅;
②多层住宅:一般指4~6层的住宅;
③中高层住宅:一般指7~9层的住宅;
④高层住宅:10层及10层以上的住宅。

由于低层住宅占地较多,因此在城市中应当控制建造。按照《住宅设计规范》(GB 50096—2011)的规定,7层及7层以上或住宅入口层楼面距室外设计地面的高度超过16 m的住宅必须设置电梯。由于设置电梯将会增加建筑的造价和使用维护费用,因此应当适当控制中高层住宅的修建。

2)其他民用建筑按高度分类

建筑高度:指自室外设计地面到建筑主体檐口顶部的垂直高度。

①普通建筑:建筑高层不超过 24 m 的民用建筑和建筑高度超过 24 m 的单层民用建筑。

②高层建筑:建筑高层超过 24 m 的民用建筑和 10 层及 10 层以上的居住建筑。

③超高层建筑:建筑物高度超过 100 m 时,不论住宅或公共建筑均为超高层。

这里需要注意的是,建筑高度按《建筑设计防火规范》(GB 50016—2014,2018 年版)的规定来确定。

建筑高度的计算:当为坡屋面时,应为建筑物室外设计地面到其檐口的高度;当为平屋面(包括有女儿墙的平屋面)时,应为建筑物室外设计地面到其屋面面层的高度;当同一座建筑物有多种屋面形式时,建筑高度应按上述方法分别计算后取其中最大值。局部突出屋顶的瞭望塔、冷却塔、水箱间、微波天线间或设施、电梯机房、排风和排烟机房以及楼梯出口小间等,可不计入建筑高度内。

9.1.4 按承重结构的材料分类

1)木结构建筑

木结构建筑是指以木材作房屋承重骨架的建筑。木结构具有自重轻、构造简单、施工方便等优点,我国古代建筑大多采用木结构。但木材易腐不防火,再加上我国森林资源较少,所以木结构建筑已很少采用。

2)砌体结构建筑

砌体结构建筑是指以砖或石材为承重墙柱和楼板的建筑。这种结构便于就地取材,能节约钢材、水泥,并降低造价,但抗害性能差、自重大。

3)钢筋混凝土结构建筑

钢筋混凝土结构建筑是指以钢筋混凝土作承重结构的建筑,如框架结构、剪力墙结构、框剪结构、筒体结构等,具有坚固耐久、防火和可塑性强等优点,故应用较为广泛。

4)钢结构建筑

钢结构建筑是指以型钢等钢材作为房屋承重骨架的建筑。钢结构力学性能好、便于制作和安装、工期短、结构自重轻,适宜超高层和大跨度建筑中采用。随着我国高层和大跨度建筑的发展,采用钢结构的趋势正在增长。

5)混合结构建筑

混合结构建筑是指采用两种或两种以上材料作承重结构的建筑。如由砖墙、木楼板构成的砖木结构建筑;由砖墙、钢筋混凝土楼板构成的砖混结构建筑;由钢屋架和混凝土(或柱)构成的钢混结构建筑。其中砖混结构在大量民用建筑中应用最广泛;钢混结构多用于大跨度建筑;砖木结构由于木材资源的缺乏而极少采用。

9.1.5 按照结构的承重方式分类

1)墙承重结构建筑

墙承重结构建筑是由墙体作为建筑物的承重构件,承受楼板及屋顶传来的全部荷载,并把荷载传给基础的一种结构体系,有夯土墙结构、砌体墙结构、钢筋混凝土剪力墙体结构等。

其特点是墙体既是承重构件又是围护或者分隔构件，由于楼板的经济跨度的影响，其房间开间和进深都受到一定限制，很难形成大空间，所以一般用于小开间建筑（如住宅、宿舍、医院、旅馆等）。

2）骨架承重结构建筑

骨架承重结构建筑是由钢筋混凝土或钢材制作的梁、板、柱形成的骨架来承担荷载的建筑。常用的骨架承重结构体系有框架结构、框-剪结构、框-筒结构、板柱结构、拱结构、排架结构等。在骨架承重结构体系中，内外墙体均不承重，所以墙体可以灵活布置；较为适用于灵活分隔空间的建筑物，或是内部空旷的建筑物，且建筑物立面处理也比较灵活，如商场、教学楼、工业厂房等。

3）空间结构建筑

空间结构建筑是指结构呈三维形态，具有三维受力特性并呈空间工作状态的结构体系。常用的空间结构体系有折板结构、薄壳结构、网架结构、悬索结构及膜结构等。随着建筑业的发展和技术的进步，涌现出越来越多优秀的空间结构建筑，如北京奥运场馆的"鸟巢""水立方"等就是其代表作。

9.2 建筑物的等级划分

建筑物的等级一般按耐久性和耐火性进行划分。

9.2.1 按建筑物的耐久性能分类

建筑物的耐久等级的指标是设计使用年限。建筑合理使用年限主要指建筑主体设计使用年限，主要根据建筑物的重要性和规模大小划分，作为基建投资和建筑设计的重要依据。按国家标准《民用建筑设计统一标准》（GB 50352—2019）中的规定：建筑的设计使用年限分4类，如表9.1所示。

表9.1 建筑物设计使用年限分类

类别	建筑物适用范围	设计使用年限/年	举例
1	临时性建筑	5	如仓库
2	易于替换结构构件的建筑	25	如文教、交通、居住建筑、厂房等
3	普通建筑和构筑物	50	如宾馆、剧院、大型火车站、体育馆等
4	纪念性建筑和特别重要的建筑	100	如纪念馆、博物馆、国家会堂等

9.2.2 按建筑物的耐火性能分类

所谓耐火等级，是衡量建筑物耐火程度的标准，它是由组成建筑物的构件的燃烧性能和耐火极限的最低值所决定的。划分建筑物耐火等级的目的在于根据建筑物的用途不同提出不同的耐火等级要求，做到既有利于安全，又有利于节约基本建设投资。现行《建筑设计防火规范》（GB 50016—2014，2018年版）规定将建筑物的耐火等级划分为4级，如表9.2所示。

表9.2 建筑物构件的燃烧性能和耐火极限 单位:h

构件名称		耐火等级			
		一级	二级	三级	四级
墙	防火墙	不燃性 3.00	不燃性 3.00	不燃性 3.00	不燃性 3.00
	承重墙	不燃性 3.00	不燃性 2.50	不燃性 2.00	难燃性 0.50
	非承重外墙	不燃性 1.00	不燃性 1.00	不燃性 0.50	可燃性
	楼梯间和前室的墙 电梯井的墙 住宅建筑单元之间的墙 和分户墙	不燃性 2.00	不燃性 2.00	不燃性 1.50	难燃性 0.50
	疏散走道两侧的隔墙	不燃性 1.00	不燃性 1.00	不燃性 0.50	难燃性 0.25
	房间隔墙	不燃性 0.75	不燃性 0.50	难燃性 0.50	难燃性 0.25
柱		不燃性 3.00	不燃性 2.50	不燃性 2.00	难燃性 0.50
梁		不燃性 2.00	不燃性 1.50	不燃性 1.00	难燃性 0.50
楼　板		不燃性 1.50	不燃性 1.00	不燃性 0.50	可燃性
屋顶承重构件		不燃性 1.50	不燃性 1.00	可燃性	可燃性
疏散楼梯		不燃性 1.50	不燃性 1.00	不燃性 0.50	可燃性
吊顶(包括吊顶搁栅)		不燃性 0.25	难燃性 0.25	难燃性 0.15	可燃性

注:①除规范另有规定外,以木柱承重且墙体采用不燃材料的建筑,其耐火等级应按四级确定;
②住宅建筑构件的耐火极限和燃烧性可按现行国家标准《住宅建筑规范》(GB 50368)的规定执行。

1)建筑构件的燃烧性能分类

①非燃烧体:指用非燃烧材料做成的建筑构件,如天然石材、人工石材、金属材料等。

②燃烧体:指用容易燃烧的材料做成的建筑构件,如木材、纸板、胶合板等。

③难燃烧体:指用不易燃烧的材料做成的建筑构件,或者用燃烧材料做成,但用非燃烧材料作为保护层的构件,如沥青混凝土构件、木板条抹灰等。

2)建筑构件的耐火极限

所谓耐火极限,是指任一建筑构件在规定的耐火试验条件下,从受到火的作用时起,到失去支持能力或完整性被破坏或失去隔火作用时为止的这段时间,用 h 表示。只要以下 3 个条件中任一个条件出现,就可以确定是否达到其耐火极限。

①失去支持能力:指构件在受到火焰或高温作用下,构件材质性能的变化,使承载能力和刚度降低,承受不了原设计的荷载而破坏。例如:受火作用后的钢筋混凝土梁失去支承能力,钢柱失稳破坏,非承重构件自身解体或垮塌等,均属失去支持能力。

②完整性被破坏:指薄壁分隔构件在火中高温作用下,发生爆裂或局部塌落,形成穿透裂缝或孔洞,火焰穿过构件,使其背面可燃物燃烧起火。例如:受火作用后的板条抹灰墙,内部可燃板条先行自燃,一定时间后,背火面的抹灰层龟裂脱落,引起燃烧起火;预应力钢筋混凝土楼板使钢筋失去预应力,发生炸裂,出现孔洞,使火苗蹿到上层房间。在实际中这类火灾相当多。

③失去隔火作用:指具有分隔作用的构件,背火面任一点的温度达到 220 ℃时,构件失去隔火作用。例如:一些燃点较低的可燃物(纤维系列的棉花、纸张、化纤品等)烤焦后导致起火。

9.3 建筑物的构造组成及其作用

一幢建筑一般是由基础、墙或柱、楼板层和地坪、楼梯、屋顶和门窗六大部分组成,如图 9.1所示。

9.3.1 基础

基础是建筑物最下部的承重构件,其作用是承受建筑物的全部荷载,并将这些荷载传给地基。因此,基础必须具有足够的强度,并能抵御地下各种有害因素的侵蚀。

9.3.2 墙(或柱)

墙体是建筑物的承重构件和围护构件。作为承重构件的外墙,其作用是抵御自然界各种因素对室内的侵袭;内墙主要起分隔空间及保证舒适环境的作用。框架或排架结构的建筑物中,柱起承重作用,墙仅起围护作用。因此,要求墙体具有足够的强度、稳定性、保温、隔热、防水、防火、耐久及经济等性能。

9.3.3 楼板层和地坪

楼板是水平方向的承重构件,按房间层高将整幢建筑物沿水平方向分为若干层,楼板层承受家具、设备和人体荷载以及本身的自重,并将这些荷载传给墙或柱,同时对墙体起着水平支撑的作用。因此要求楼板层应具有足够的抗弯强度、刚度和隔声、防潮及防水的性能。

地坪是底层房间与地基土层相接的构件,起承受底层房间荷载的作用。要求地坪具有耐磨、防潮、防水、防尘和保温的性能。

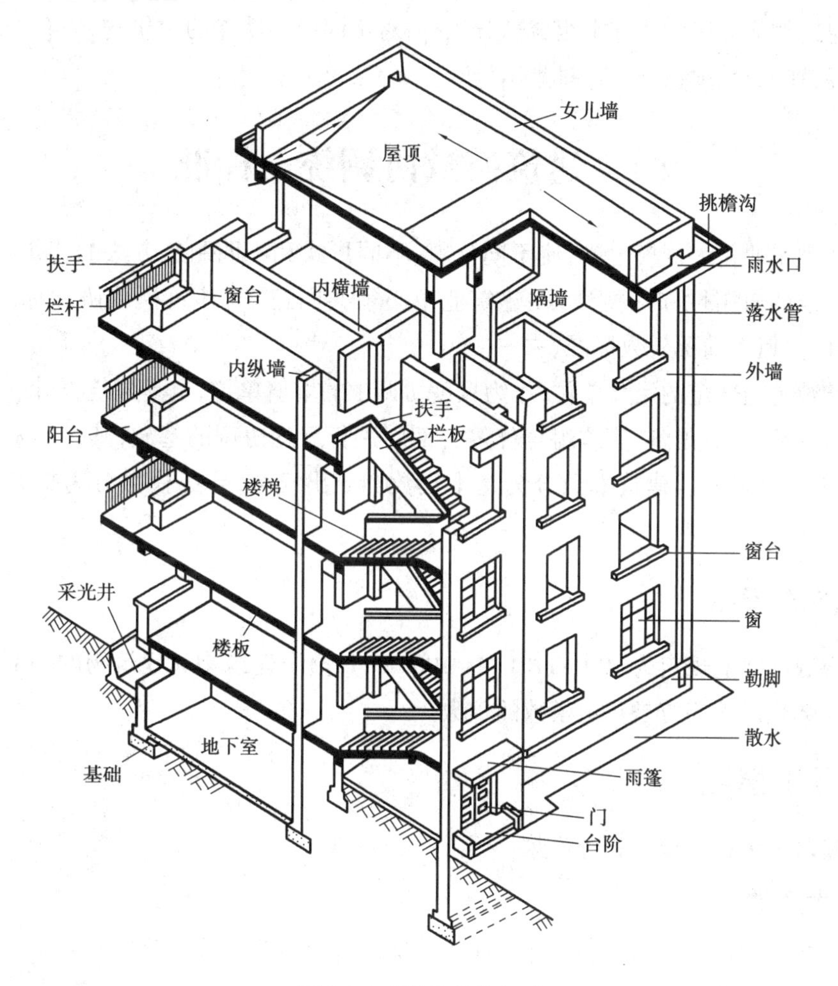

图 9.1 房屋的构造组成

9.3.4 楼梯

楼梯是楼房建筑的垂直交通设施，供人们上下楼层和紧急疏散之用，故要求楼梯具有足够的通行能力，并且防滑、防火，能保证安全使用。

9.3.5 屋顶

屋顶是建筑物顶部的围护构件和承重构件，抵抗风、雨、雪霜、冰雹等的侵袭和太阳辐射热的影响，又承受风雪荷载及施工、检修等屋顶荷载，并将这些荷载传给墙或柱，故屋顶应具有足够的强度、刚度及防水、保温、隔热等性能。

9.3.6 门与窗

门与窗均属非承重构件，也称为配件。门主要供人们出入和分隔房间用，窗主要起通风、采光、分隔、眺望等围护作用。处于外墙上的门窗又是围护构件的一部分，要满足热工及防水的要求；某些有特殊要求的房间，门、窗应具有保温、隔声、防火的能力。

一座建筑物除上述六大基本组成部分以外,对不同使用功能的建筑物,还有许多特有的构件和配件,如阳台、雨篷、台阶、排烟道等。

9.4 建筑模数协调统一标准

为了实现工业化大规模生产,使不同材料、不同形式和不同制造方法的建筑构配件、组合件具有一定的通用性和互换性,在建筑业中必须共同遵守《建筑模数协调标准》(GB/T 50002—2013),以下简称模数标准。

建筑模数是指选定的尺寸单位,作为尺度协调中的增值单位,也是建筑设计、建筑施工、建筑材料与制品、建筑设备、建筑组合件等各部门进行尺度协调的基础,其目的是使构配件安装吻合,并有互换性。建筑模数分为基本模数和导出模数,导出模数分为扩大模数和分模数。

9.4.1 基本模数

基本模数的数值规定为 100 mm(1 M=100 mm),整个建筑物和建筑物的一部分以及建筑部件的模数化尺寸均应是基本模数的倍数。

9.4.2 导出模数

导出模数分为扩大模数和分模数。

1)扩大模数

扩大模数是基本模数的整数倍数。扩大模数的基数应为

2 M,3 M,6 M,9 M,12 M……

2)分模数

分模数是基本模数的分数值,一般为整数分数。分模数的基数应为 M/10,M/5,M/2。

9.4.3 模数数列

模数数列指由基本模数、扩大模数、分模数为基础扩展成的一系列尺寸。

建筑物的开间或柱距、进深或跨度、梁、板、隔墙和门窗洞口宽度等分部件的截面尺寸宜采用水平基本模数和水平扩大模数数列,且水平扩大模数数列宜采用 $2nM$,$3nM$(n 为自然数)。

建筑物的高度、层高和门窗洞口高度等宜采用竖向基本模数和竖向扩大模数数列,且竖向扩大模数数列宜采用 nM。

构造节点和分部件的接口尺寸等宜采用分模数数列,且分模数数列宜采用 M/10,M/5,M/2。

9.4.4 3种尺寸

1)标志尺寸

标志尺寸应符合模数数列的规定,用以标注建筑物定位轴线之间的距离(如跨度、柱距、层高等),以及建筑制品、构配件、有关设备位置界限之间的尺寸。

2)构造尺寸

构造尺寸是建筑制品、构配件等生产的设计尺寸。一般情况下,构造尺寸加上缝隙尺寸等于标志尺寸。缝隙尺寸的大小,宜符合模数数列的规定。

3)实际尺寸

实际尺寸是建筑制品、建筑构配件等的实有尺寸。实际尺寸与构造尺寸之间的差数,应由允许偏差值加以限制。

标志尺寸、构造尺寸与两者之间缝隙尺寸的关系如图9.2所示。

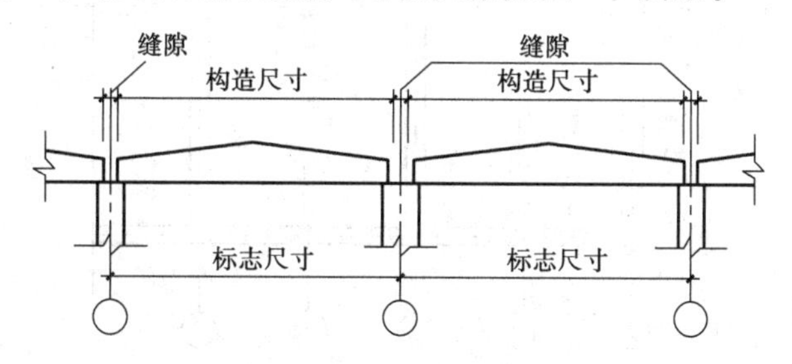

图9.2 3种尺寸间的关系

9.5 定位轴线

定位轴线是确定建筑物主要承重构件位置的基准线,是施工定位、放线的重要依据;用于平面时称为平面定位轴线,用于竖向时称为竖向定位线。定位轴线之间的距离(如开间、进深、层高等)应符合模数数列的规定。规定定位轴线的布置以及结构构件与定位轴线联系的原则,是为了统一与简化结构或构件尺寸和节点构造,减少规格类型,提高互换性和通用性,满足建筑工业化生产要求。

9.5.1 平面定位轴线的编号

平面定位轴线分为横向定位轴线和纵向定位轴线,横向定位轴线的编号应从左至右用阿拉伯数字注写;纵向定位轴线的编号应自下向上用大写拉丁字母编写,如图9.3所示。其中I,O,Z不得用于轴线编号,以免与数字1,0,2混淆。字母数字不够,可用AA,BB或A1,B1等标注,定位轴线分区注写,注写形式为“分区号—该区轴线号”,如图9.4所示。

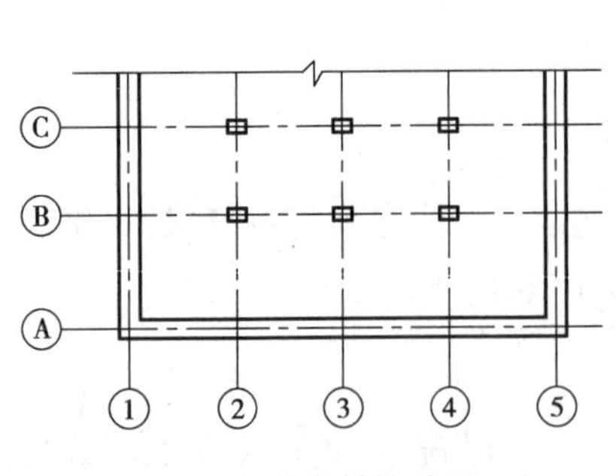

图 9.3 定位轴线编号

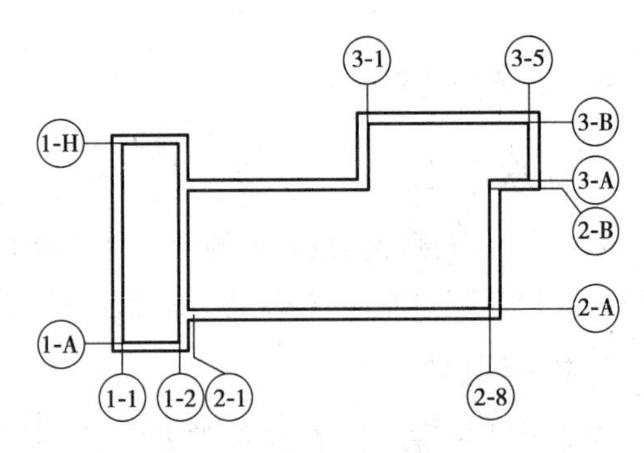

图 9.4 定位轴线分区编号

在建筑设计中经常把一些次要的建筑构件用附加轴线进行编号，如非承重墙、装饰柱等。附加轴线应以分数表示，如图 9.5 所示。

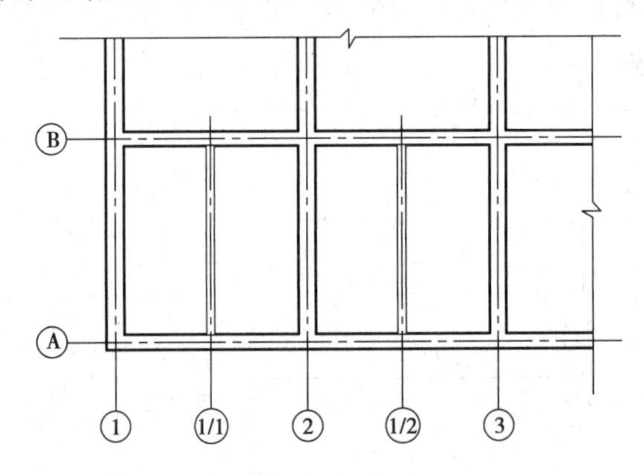

(1/1) 表示1轴线之后附加的第一条轴线

(1/2) 表示2轴线之后附加的第一条轴线

图 9.5 附加定位轴线编号

9.5.2 平面定位轴线

1)砖混结构建筑

(1)承重外墙的定位轴线

承重外墙平面定位轴线与外墙内缘相距为 120 mm，如图 9.6(a)所示。

(2)承重内墙的定位轴线

承重内墙的平面定位轴线应与顶层墙体中线重合，如图 9.6(b)所示。当内墙厚度 ≥370 mm时，为了便于圈梁或墙内竖向孔道的通过，往往采用双轴线形式，如图 9.6(c)所示；有时根据建筑空间的要求，也可以把平面定位轴线设在距离内墙某一外缘 120 mm 处，如图 9.6(d)所示。

(3)非承重墙定位轴线

由于非承重墙没有支撑上部水平承重构件的任务，因此，平面定位轴线的定位就比较灵活。非承重墙除了可按承重墙定位轴线的规定定位之外，还可以使墙身内缘与平面定位轴线重合。

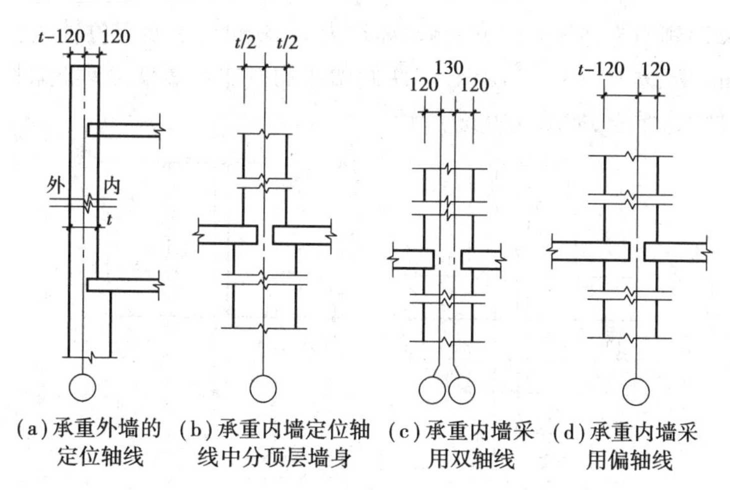

(a)承重外墙的定位轴线　(b)承重内墙定位轴线中分顶层墙身　(c)承重内墙采用双轴线　(d)承重内墙采用偏轴线

图 9.6　承重墙的定位轴线

(4)带壁柱外墙定位轴线

带壁柱外墙的墙体内缘与平面定位轴线重合,如图 9.7(a)、图 9.7(b)所示;或距墙体内缘 120 mm 处与平面定位轴线重合,如图 9.7(c)、图 9.7(d)所示。

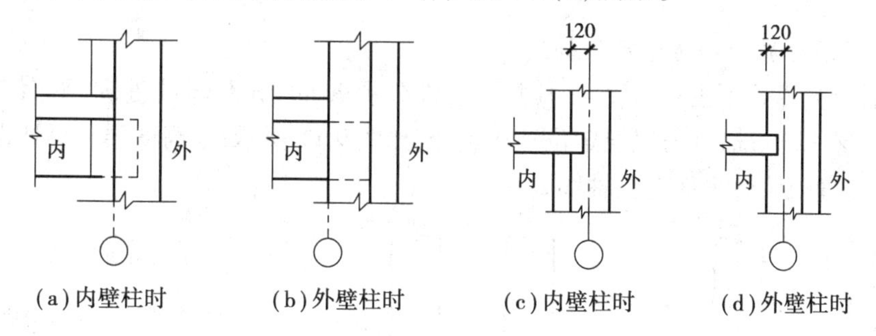

(a)内壁柱时　(b)外壁柱时　(c)内壁柱时　(d)外壁柱时

图 9.7　带壁柱外墙的定位轴线

(5)变形缝处定位轴线

为了满足变形缝两侧结构处理的要求,变形缝处通常设置双轴线。

①当变形缝处一侧为墙体、另一侧为墙垛时,墙剁的外缘应与平面定位轴线重合。当墙体是外承重墙时,平面定位轴线距顶层墙内缘 120 mm,如图 9.8(a)所示;当墙体是非承重墙时,平面定位轴线应与顶层墙内缘重合,如图 9.8(b)所示。

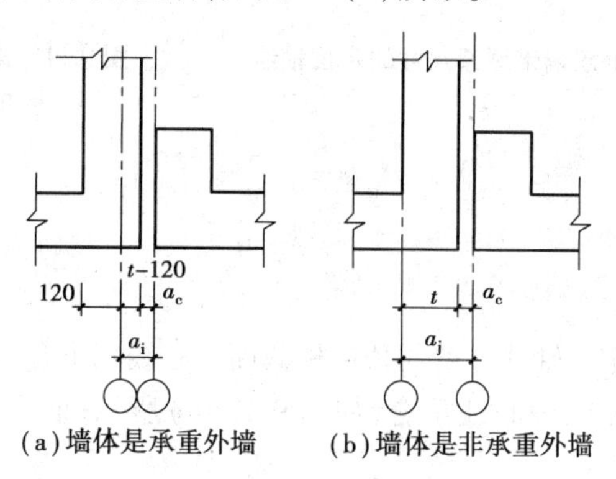

(a)墙体是承重外墙　(b)墙体是非承重外墙

图 9.8　变形缝外墙与墙垛交界处定位轴线

②当变形缝两侧均为墙体时，如两侧墙体均为承重墙时，平面定位轴线应分别设在距顶层墙内缘 120 mm 处，如图 9.9(a)所示；当两侧墙体均按非承重墙处理时，平面定位轴线应分别与顶层墙体内缘重合，如图 9.9(b)所示。

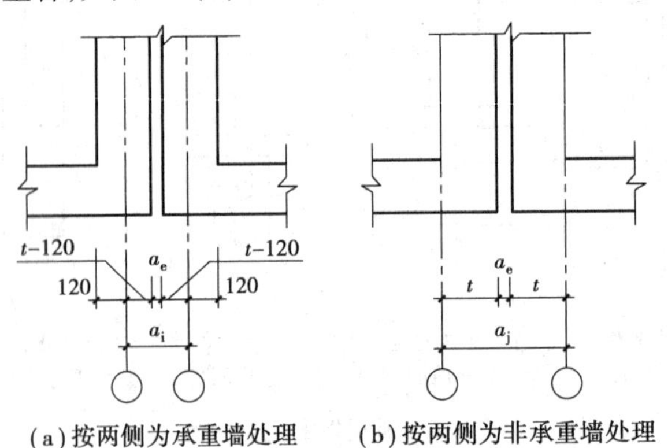

(a)按两侧为承重墙处理　(b)按两侧为非承重墙处理

图 9.9　变形缝处双墙的定位轴线

③当变形缝处两侧墙体带联系尺寸时，其平面定位轴线的划分与上述原则相同，如图 9.10所示。

(6)高低层分界处的墙体定位轴线

当高低层分界处不设变形缝时，应按高层部分承重外墙定位轴线处理，平面定位轴线应距离墙身内缘 120 mm，并与底层定位轴线重合，如图 9.11 所示；当高低层分界处设置变形缝时，应按变形缝处墙体平面定位轴线处理。

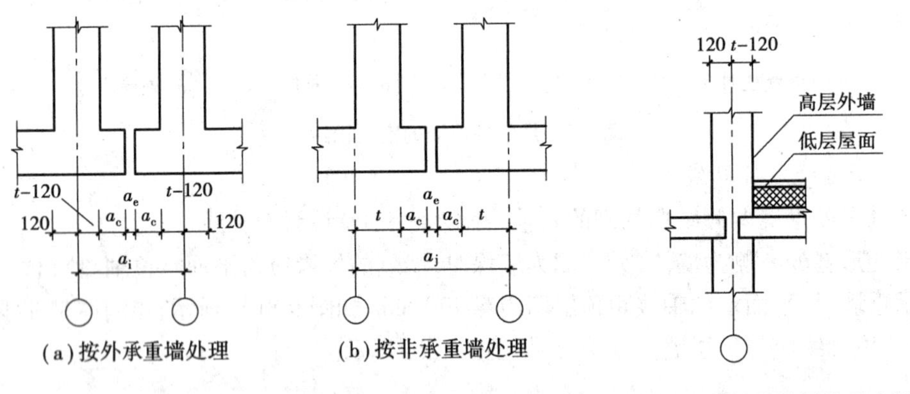

(a)按外承重墙处理　(b)按非承重墙处理

图 9.10　变形缝处双墙带联系尺寸的定位轴线

图 9.11　高低层分界处无变形缝时的定位轴线

2)框架结构建筑

框架结构建筑中柱定位轴线一般与顶层柱截面中心线相重合，如图 9.12(a)所示。边柱定位轴线一般与顶层柱截面中心线重合，如图 9.12(b)所示；或距柱外缘 250 mm 处，如图 9.12(c)所示。

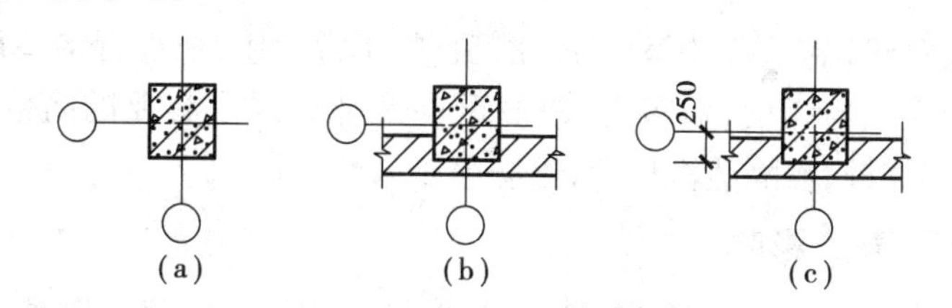

图 9.12 框架结构主定位轴线

9.5.3 砖墙的竖向定位

1)楼地面

砖墙楼地面竖向定位应与楼(地)面面层上表面重合,如图 9.13 所示。由于结构构件的施工先于楼(地)面面层进行,因此,要根据建筑专业的竖向定位确定结构构件的控制高程。一般情况下,建筑标高减去楼(地)面面层构造厚度等于结构标高。

2)屋面

平屋面竖向定位应标在屋面结构层上表面;坡屋顶的建筑标高标在屋顶结构层上表面与外墙定位轴线的相交处,如图 9.14 所示。

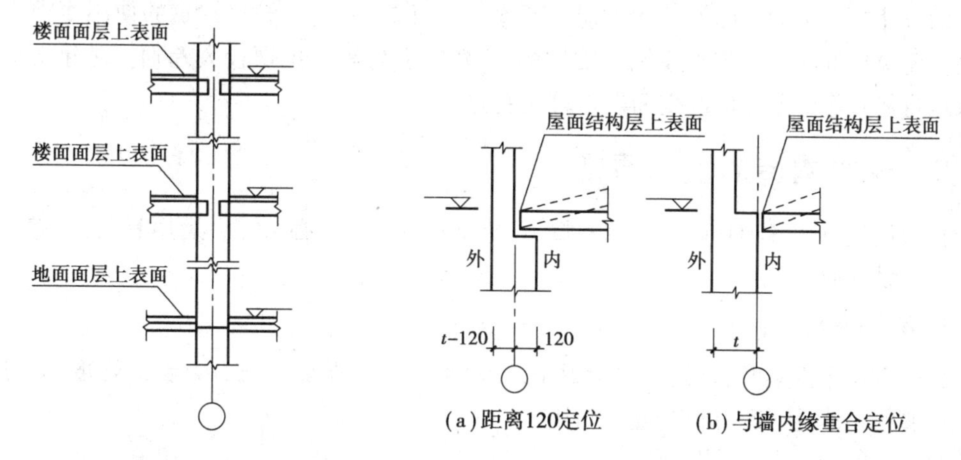

图 9.13 砖墙楼地面的竖向定位轴线

图 9.14 屋面的竖向定位

9.6 影响建筑构造的因素及设计原则

9.6.1 影响建筑构造的因素

1)荷载因素的影响

作用在建筑物上的各种外力统称为荷载。荷载可分为恒荷载(如结构自重)和活荷载(如人群、家具、风雪及地震荷载)两类。荷载的大小是建筑结构设计的主要依据,也是结构选型及构造设计的重要基础,起着决定构件尺度、用料多少的重要作用。

2)自然因素的影响

自然因素的影响是指自然界的风、雨、雪、霜、地下水、地震等因素给建筑物带来的影响。

为了防止自然因素对建筑物的破坏和保证建筑物的正常使用，在进行构造设计时，应该针对建筑物所受影响的性质与程度，对各有关构、配件及部位采取必要的防范措施，如防潮、防水、保温、隔热、设伸缩缝、设隔蒸汽层等，以防患于未然。

3）各种人为因素的影响

人们在生产和生活活动中，往往遇到火灾、爆炸、机械振动、化学腐蚀、噪声等人为因素的影响，故在进行建筑构造设计时，必须针对这些影响因素，采取相应的防火、防爆、防震、防腐、隔声等构造措施，以防止建筑物遭受不应有的损失。

4）建筑技术条件的影响

由于建筑材料技术的日新月异，建筑结构技术的不断发展，建筑施工技术的不断进步，建筑构造技术也不断翻新、丰富多彩。例如悬索、薄壳、网架等空间结构建筑，点式玻璃幕墙，彩色铝合金等新材料的吊顶，采光天窗中庭等现代建筑设施的大量涌现，可以看出，建筑构造没有一成不变的固定模式，因而在构造设计中要以构造原理为基础，在利用原有的、标准的、典型的建筑构造的同时，不断发展或创造新的构造方案。

5）经济条件的影响

随着建筑技术的不断发展和人们生活水平的日益提高，人们对建筑的使用要求也越来越高。建筑标准的变化带来建筑的质量标准、建筑造价等也出现较大差别。对建筑构造的要求也将随着经济条件的改变而发生较大变化。

9.6.2 建筑构造的设计原则

在满足建筑物各项功能要求的前提下，建筑构造的设计必须综合运用有关技术知识，并遵循以下设计原则：

1）结构坚固、耐久

在确定构造方案时，首先必须考虑坚固、耐久、实用，保证建筑有足够的强度和刚度，并且有足够的整体性，安全可靠、经久耐用。

2）技术先进

在进行建筑构造设计时，应大力改进传统的建筑方式，从材料、结构、施工等方面引入先进技术，并注意因地制宜。

3）经济合理

各种构造设计，均要注重整体建筑物的经济、社会和环境的 3 个效益，即综合效益。在经济上注意节约建筑造价、降低材料的能源消耗，还必须保证工程质量，不能单纯追求效益而偷工减料、降低质量标准，应做到合理降低造价。

4）美观大方

建筑物的形象除了取决于建筑设计中的体型组合和立面处理外，一些建筑细部的构造设计对整体美观也有很大影响。

本章小结

本章对房屋建筑的构造组成、分类分级、建筑模数、变形缝及定位轴线等内容作了较为详细的阐述。

1.建筑物主要由基础、墙和柱、楼地层、屋盖、楼梯门窗等部分组成。

2.不同类别的建筑物常按其耐久年限和耐火程度分级。

3.建筑标准化包括建筑设计的标准和建筑设计的标准化两个方面。建筑模数分为基本模数、扩大模数及分模数。

4.我国《建筑模数协调统一标准》中规定的基本模数为 1 M = 100 mm。在建筑设计和建筑模数协调中涉及标志尺寸、构造尺寸和实际尺寸 3 种尺寸。

5.定位轴线是确定建筑构配件位置及相互关系的基准线。建筑物分水平和竖向两个方向进行定位,应合理选择定位轴线。

本章的教学目标是使学生具备划分民用建筑的等级及类型,熟悉建筑模数协调统一标准;掌握民用建筑的构造组成,定位轴线的确定。

复习思考题

1.什么是建筑模数?建筑模数分为哪几种?其中 1 M 的值为多少?

2.建筑物的耐火等级是根据什么确定的?建筑构件按照燃烧性能分为哪几种?

3.建筑构造的设计原则有哪些?

4.建筑物由哪几部分组成,各自有什么作用?其中属于非承重构件的是什么?最下部的承重构件是什么?

5.民用建筑主要由哪几部分组成?各部分有什么作用?

6.什么是耐火极限?

7.什么是定位轴线?

8.标志尺寸、构造尺寸和实际尺寸的相互关系是什么?

9.承重墙的定位轴线如何标定划分?并画图表示。

仿真视频资源

第 10 章

基础和地下室

本章导读

• **基本要求** 了解基础和地下室的基本知识；掌握地基和基础的区别以及它们的作用和设计要求；掌握基础埋置深度的概念及影响因素；掌握基础的分类及基础构造；了解地下室的组成；掌握地下室防潮与防水的条件及构造要求。

• **重点** 基础埋置深度的概念及影响因素，基础的分类及基础构造，地下室防潮与防水的条件及构造要求。

• **难点** 地下室防潮与防水的条件及构造要求。

10.1 基础和地基的基本概念

10.1.1 基础和地基的基本概念

在建筑工程中，建筑物与土层直接接触的部分称为基础，支承建筑物重量的土层叫地基。基础是建筑物的组成部分，属于隐蔽工程。基础承受着建筑物的全部荷载，并将其传给地基。而地基则不是建筑物的组成部分，它只是承受建筑物荷载的土壤层。其中，具有一定的地耐力，直接支承基础，持有一定承载能力的土层称为持力层；持力层以下的土层称为下卧层，如图 10.1 所示。地基土层在荷载作用下产生的变形，随着土层深度的增加而减少，到了一定深度则可忽略不计。

10.1.2 地基的分类

地基按土层性质不同，分为天然地基和人工地基两大类。凡天然土层具有足够的承载能力,不需经人工改良或加固,可直接在上面建造房屋的称为天然地基。当建筑物上部的荷载较大或地基土层的承载能力较弱,缺乏足够的稳定性,需预先对土壤进行人工加固后才能在上面建造房屋的称为人工地基。人工加固地基通常采用压实法、换土法、化学加固法和打桩法。

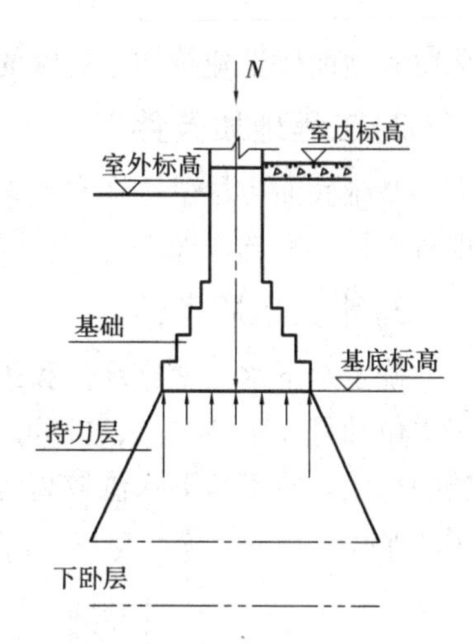

图 10.1 基础与地基

10.1.3 地基与基础的设计要求

1)地基应具有足够的承载力和均匀程度

建筑物的场址应尽可能选在承载能力高且分布均匀的地段。如果地基土质分层不均匀或处理不好,极易使建筑物发生不均匀沉降,引起墙身开裂、房屋倾斜甚至破坏。

2)基础应具有足够的强度和耐久性(坚固)

基础是建筑物的重要承重构件,又是埋于地下的隐蔽工程,易受潮,且很难观察、维修、加固和更换。所以,在构造形式上必须具有足够的强度和与上部结构相适应的耐久性。

3)经济要求

基础工程占总造价的10%~40%,要使工程总投资降低,首先要降低基础工程的投资。

10.2 基础的埋置深度

10.2.1 基础的埋置深度

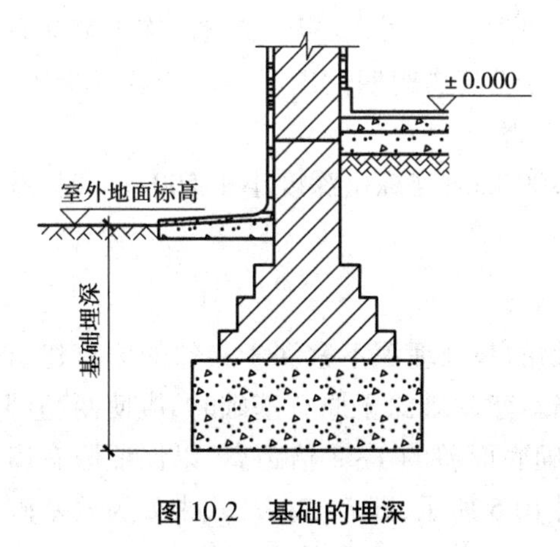

图 10.2 基础的埋深

室外设计地面至基础底面的垂直距离称为基础的埋置深度,简称基础的埋深,如图 10.2 所示。基础按埋置深度的大小分为深基础、浅基础和不埋基础,埋深≥4 m 的称为深基础;埋深<4 m 的称为浅基础;当基础直接坐在地表面上的称为不埋基础。在保证安全使用的前提下,应优先选用浅基础,可降低工程造价。但当基础埋深过小时,有可能在地基受到压力后,会把基础四周的土挤出,使基础产生滑移而失去稳定,同时易受到自然因素的侵蚀和影响,使基础破坏,故基础的埋深在一般情况下,不要小于 0.5 m。

10.2.2 影响基础埋深的因素

1)建筑物上部荷载的大小和性质

多层建筑一般根据地下水位及冻土深度等来确定埋深尺寸。一般高层建筑的基础埋置深度为地面以上建筑物总高度的 1/10。

2)工程地质条件

基础底面应尽量选在常年未经扰动而且坚实平坦的土层或岩石上,俗称"老土层"。对现有土层不宜选作地基。

3)水文地质条件

确定地下水的常年水位和最高水位,以便选择基础的埋深。一般宜将基础落在地下常年水位和最高水位之上,这样可不需进行特殊防水处理,节省造价,还可防止或减轻地基土层的冻胀。对于地下水位较高地区,应将基础底面置于最低地下水位之下 200 mm 处,如图10.3所示。

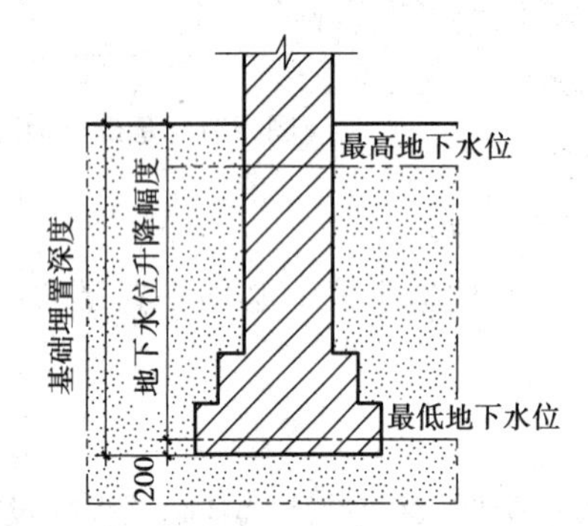

图 10.3　基础的埋深和地下水位的关系

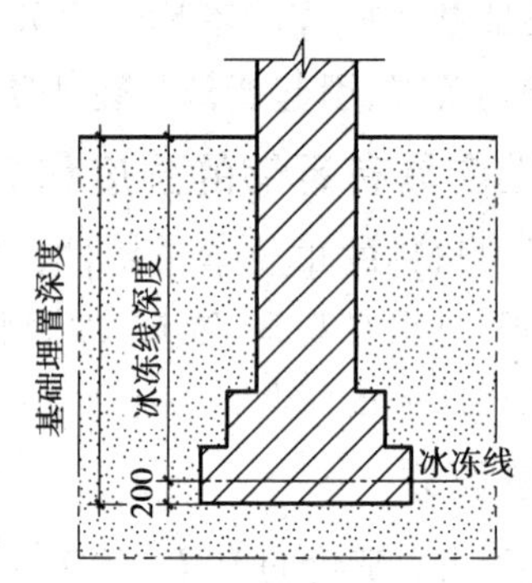

图 10.4　基础的埋深和冰冻线的关系

4)土壤冻胀深度

土的冻结深度即冰冻线,是地面以下冻结土与不冻结土的分界线称。冰冻线的深度称为冻结深度。应根据当地的气候条件,了解土层的冻结深度。一般将基础的垫层部分做在土层冻结深度以下,否则冬天土层的冻胀力会把房屋拱起,产生变形;天气转暖,冻土解冻时又会产生陷落。在这个过程中,冻融是不均匀的,致使建筑物周期性出于不均匀的升降中,势必会导致建筑物产生变形、开裂、倾斜等一系列的冻害。

一般情况下,基础底面应置于冰冻线以下 100~200 mm,当冻土深度小于 500 mm 时,基础埋深不受影响,如图 10.4 所示。

5)相邻建筑物基础的影响

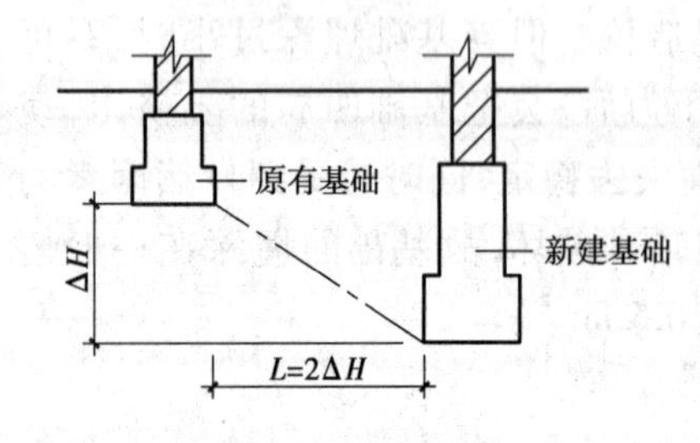

图 10.5　相邻基础埋深的影响

新建建筑物的基础埋深不宜深于相邻的原有建筑物的基础;但当新建基础深于原有基础时,应使两基础间留出相邻基础底面差的 1~2 倍距离,以保证原有房屋的安全,如图 10.5 所示,即 $L=2\Delta H$(式中 L 为两基础间保持的一定距离,ΔH 为两基础底面的高差)。若新旧建筑间不能满足此条件,则要采用其他的措施加以处理,以保证原有建筑的安全和正常使用。

10.3　基础的类型

10.3.1　按材料及受力特点分类

1）刚性基础

由刚性材料制作的基础称为刚性基础，一般抗压强度高，而抗拉、抗剪强度较低的材料就称为刚性材料。常用的刚性材料有砖、灰土、混凝土、三合土、毛石等。

为满足地基容许承载力的要求，基底宽 B 一般大于上部墙宽，为了保证基础不被拉力、剪力而破坏，基础必须具有相应的高度。通常按刚性材料的受力状况，基础在传力时只能在材料的允许范围内控制，这个控制范围的夹角称为刚性角，用 α 表示。砖、石基础的刚性角控制在(1∶1.25)~(1∶1.50)（26°~33°）以内，混凝土基础刚性角控制在1∶1(45°)以内。刚性基础在刚性角范围内传力如图10.6(a)所示，基础底面宽超过刚性角范围而破坏刚性基础的受力、传力如图10.6(b)所示。

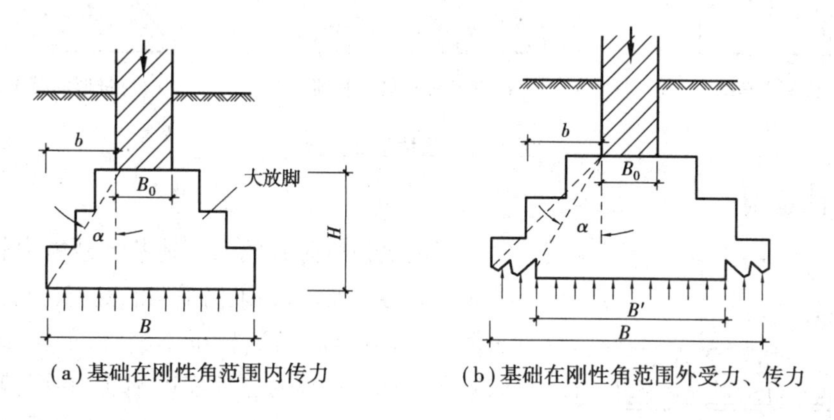

(a)基础在刚性角范围内传力　　(b)基础在刚性角范围外受力、传力

图10.6　刚性基础的受力、传力特点

常用的刚性基础有砖石基础、毛石基础、灰土基础、混凝土基础，如图10.7所示。

(1)砖基础

砖基础一般由垫层、大放脚和基础墙3部分组成。大放脚的做法有间隔式和等高式2种，如图10.7(a)、图10.7(b)所示。

(2)毛石基础

毛石基础是用毛石和水泥砂浆砌筑而成，其剖面形状多为阶梯形，如图10.7(c)所示；用于地下水位较高，冻结深度较深的单层民用建筑。

(3)灰土基础

灰土基础用于地下水位低、冻结深度较浅的南方4层以下民用建筑，如图10.7(d)所示。

(4)混凝土基础

混凝土基础是用不低于C15的混凝土浇捣而成，其剖面形式有阶梯形和锥形两种，如图10.7(e)、图10.7(f)所示，用于潮湿的地基或有水的基槽中。

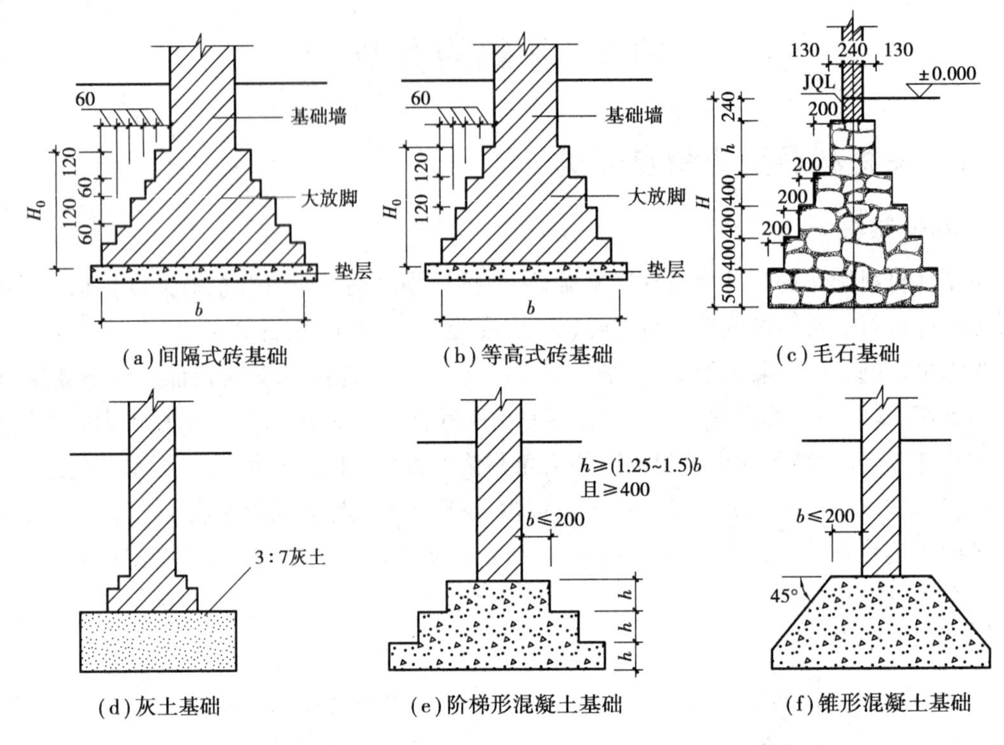

图 10.7　刚性基础类型

2)柔性基础

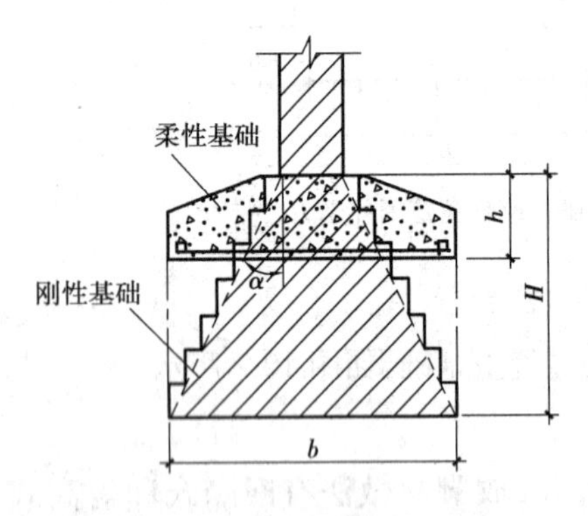

图 10.8　刚性基础与柔性基础的比较

当建筑物的荷载较大而地基承载能力较小时，基础底面 b 必须加宽，如果仍采用混凝土材料做基础，势必加大基础的深度，这样很不经济，如图 10.8 所示。如果在混凝土基础的底部配以钢筋，利用钢筋来承受拉应力，使基础底部能够承受较大的弯矩，这时，基础宽度不受刚性角的限制，故称钢筋混凝土基础为非刚性基础或柔性基础，如图 10.9 所示。

钢筋混凝土基础的底板是基础主要受力构件，厚度和配筋均由计算确定。但受力筋直径不得小于 8 mm，间距不大于 200 mm；混凝土强度等级不宜低于 C20。

另外，为保证基础钢筋和地基之间有足够的距离，以免钢筋锈蚀，可在钢筋混凝土底板之下做垫层，垫层还可以作为绑扎钢筋的工作面。当采用等级较低的混凝土作垫层时，一般采用 C10 素混凝土，厚度 70～100 mm。其两边应伸出底板各 100 mm，如图 10.9 所示。

钢筋混凝土基础其剖面形式有阶梯形和锥形两种。锥形基础要求底板边缘厚度不小于 200 mm，且不宜大于 500 mm，如图 10.10 所示。钢筋混凝土阶梯形基础每阶厚度为 300～

500 mm。当基础高度在 500~900 mm 时采用两阶；当基础高度超过 900 mm 时采用三阶，如图 10.11 所示。

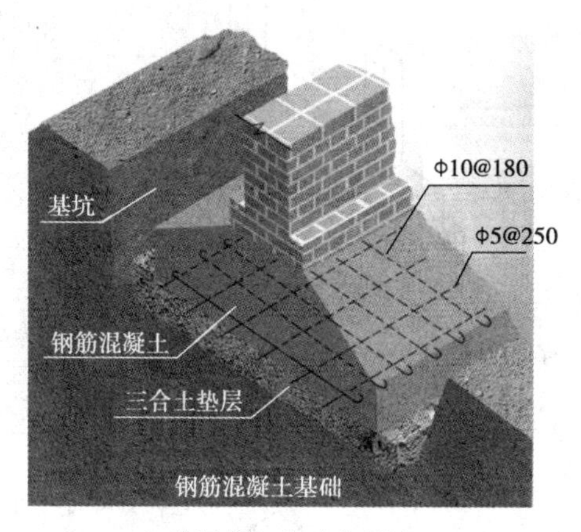

(a) 钢筋混凝土基础直观图

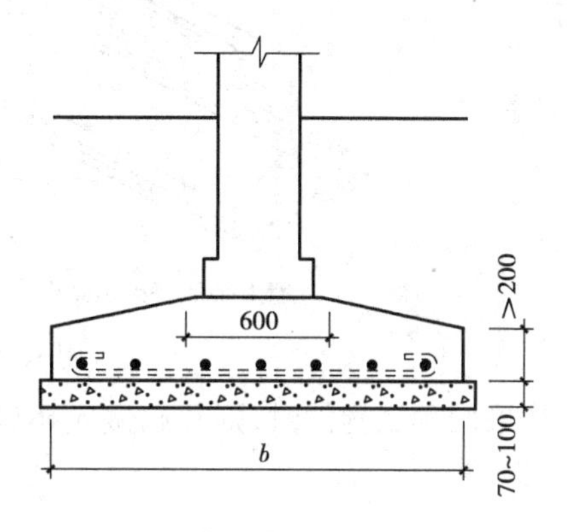

(b) 钢筋混凝土基础剖面图

图 10.9 钢筋混凝土基础

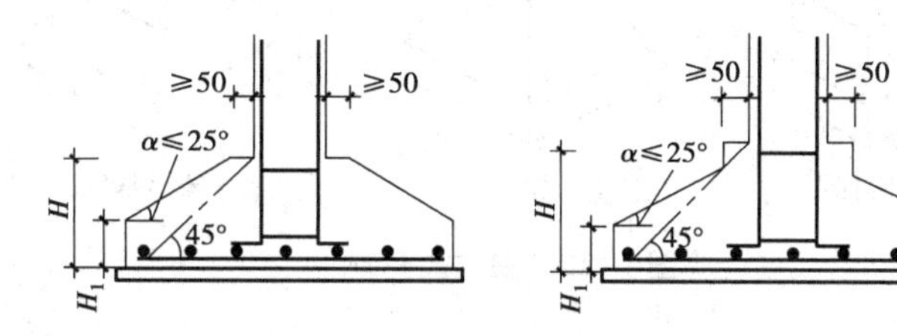

图 10.10 钢筋混凝土锥形基础

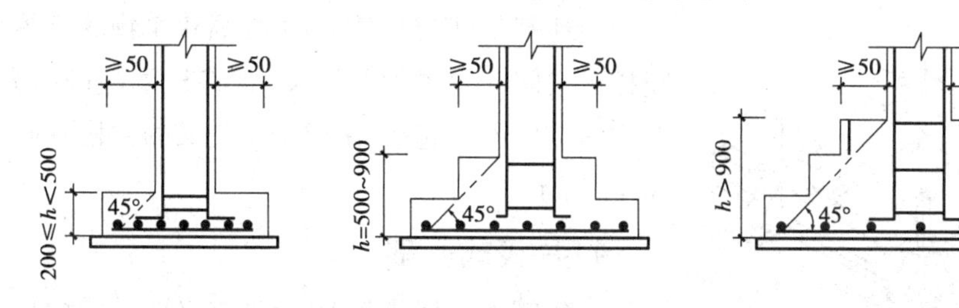

图 10.11 钢筋混凝土阶梯形基础

10.3.2 按构造型式分类

1) 条形基础

当建筑物上部结构采用墙承重时，基础沿墙身设置，多做成长条形，这类基础称为条形基础或带形基础，是墙承式建筑基础的基本形式，如图 10.12(a)所示。当房屋为骨架承重或内骨架承重，且地基条件较差时，为提高建筑物的整体性，避免各承重柱产生不均匀沉降，常将柱下基础沿纵横方向连接起来，形成柱下条形基础，如图 10.12(b)所示。

2) 独立式基础

当建筑物上部结构采用框架结构或单层排架结构承重时，基础常采用方形或矩形的独立式基础，这类基础称为独立式基础或柱式基础，如图 10.13 所示。独立式基础是柱下基础的基本形式。

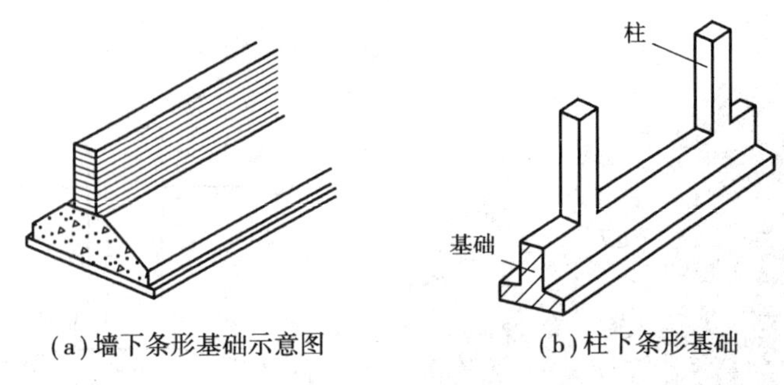

(a)墙下条形基础示意图　　(b)柱下条形基础

图 10.12　条形基础

当柱采用预制构件时,则基础做成杯口形,然后将柱子插入并嵌固在杯口内,故称杯形基础。

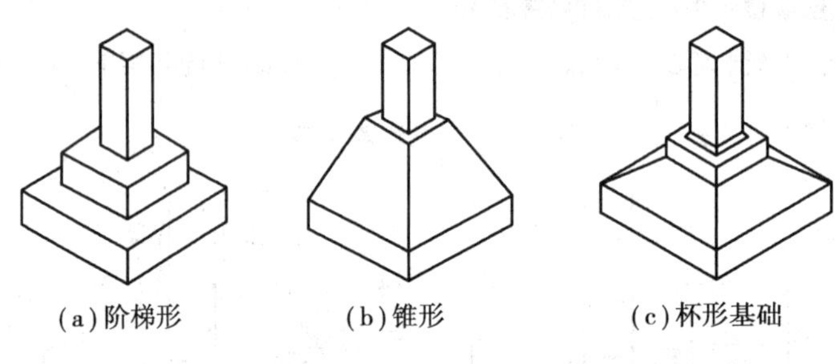

(a)阶梯形　　(b)锥形　　(c)杯形基础

图 10.13　独立式基础

3)井格式基础

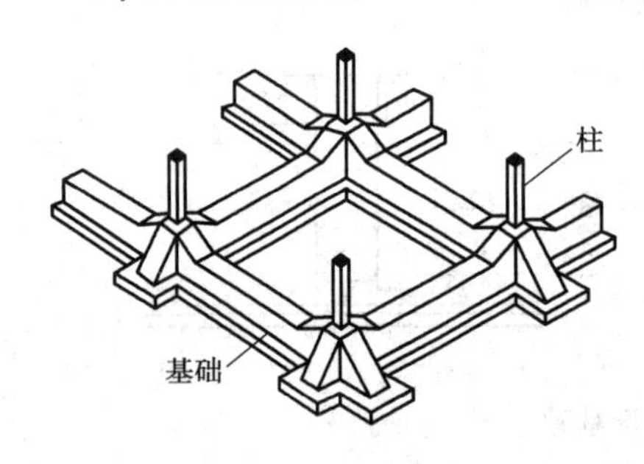

图 10.14　井格式基础

当地基条件较差时,为了提高建筑物的整体性,防止柱子之间产生不均匀沉降,常将柱下基础沿纵横两个方向扩展连接起来,做成十字交叉的井格基础,如图 10.14 所示。

4)片筏式基础

当建筑物上部荷载大,而地基又较弱,这时采用简单的条形基础或井格基础已不能适应地基变形的需要,通常将墙或柱下基础连成一片,使建筑物的荷载承受在一块整板上成为片筏基础。片筏基础有平板式和梁板式两种,如图 10.15 所示。

5)箱形基础

当板式基础做得很深时,常将基础改做成箱形基础。箱形基础是由钢筋混凝土底板、顶板和若干纵、横隔墙组成的整体结构,如图 10.16 所示。基础的中空部分可用作地下室(单层或多层的)或地下停车库。箱形基础整体空间刚度大,整体性强,能抵抗地基的不均匀沉降,较适用于高层建筑或在软弱地基上建造的重型建筑物。

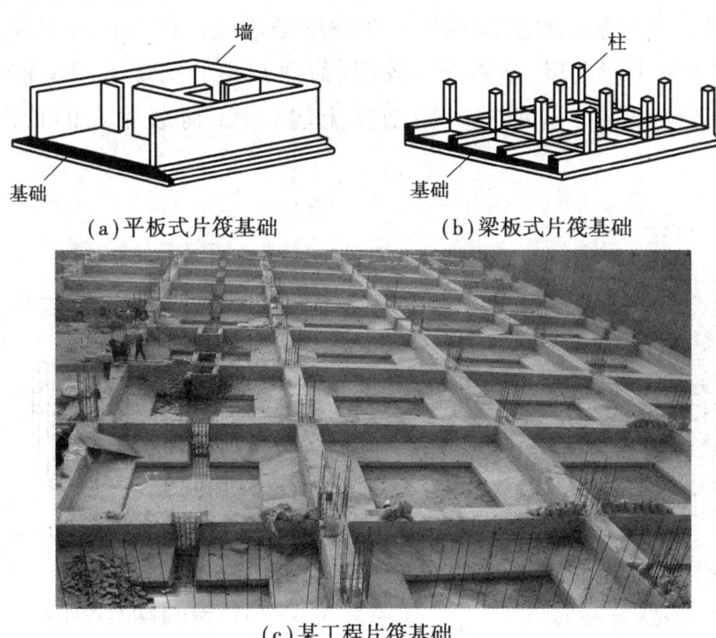

(a)平板式片筏基础　　(b)梁板式片筏基础

(c)某工程片筏基础

图10.15　筏式基础

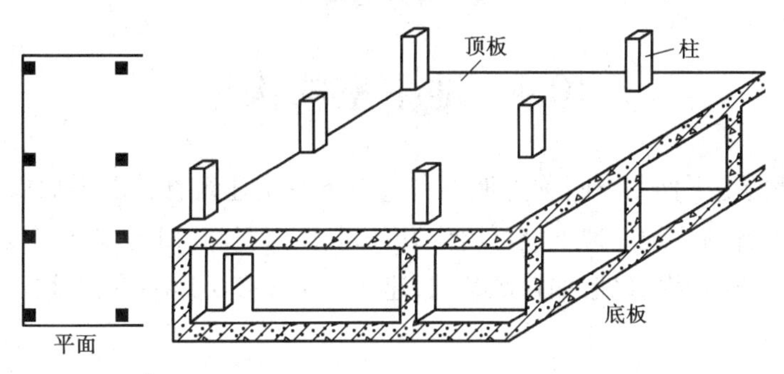

图10.16　箱形基础

6)桩基础

当建筑物的荷载较大,而地基的弱土层较厚,地基承载力不能满足要求,采取其他措施又不经济时,可采用桩基础。桩基础由承台和桩柱组成,如图10.17所示。

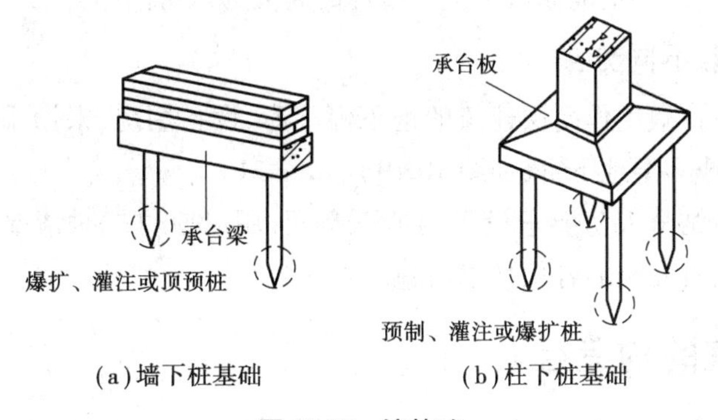

(a)墙下桩基础　　(b)柱下桩基础

图10.17　桩基础

桩按受力可以分为端承桩和摩擦桩。摩擦桩是通过桩侧表面与周围土的摩擦力来承担荷载,适用于软土层较厚、坚硬土层较深、荷载较小的情况。端承桩是通过桩端传给地基深处的坚硬土层。这种桩适用于软土层较浅、荷载较大的情况,如图 10.18 所示。

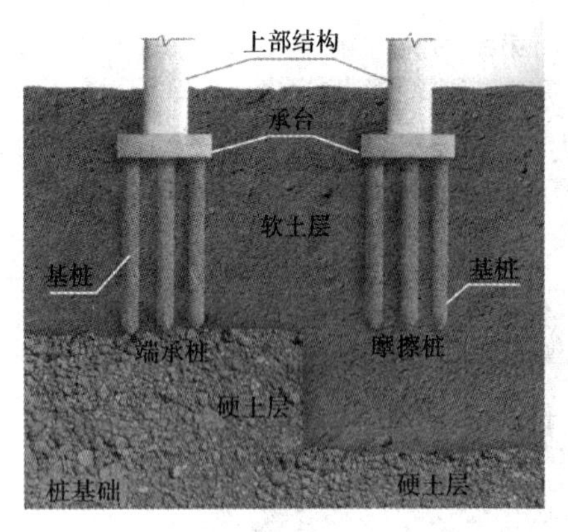

(a)端承桩和摩擦桩基础直观图

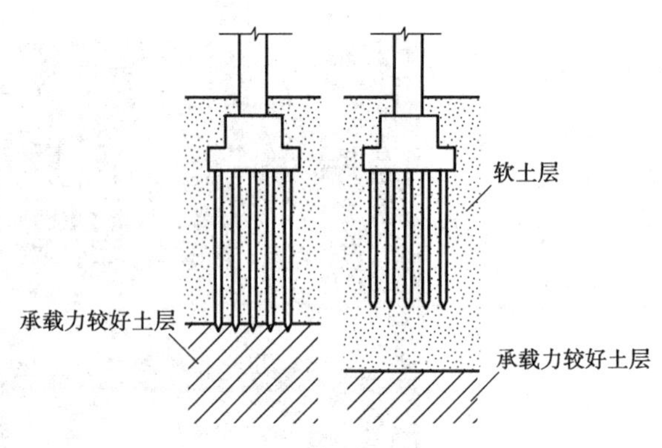

(b)端承桩和摩擦桩基础直观图

图 10.18　桩基础

10.4　地下室的构造

建筑物下部的地下使用空间称为地下室。地下室是建筑物首层平面以下的房间,利用地下空间,可节约建筑用地。地下室可用作设备间、储藏房间、商场、车库以及用作战备人防工程。高层建筑常利用深基础,如箱形基础,建造一层或多层地下室,既增加了使用面积,又省去了室内填土的费用。

10.4.1　地下室的分类

1)按埋入地下深度的不同分类

①全地下室是指地下室地面低于室外地坪的高度超过该房间净高的 1/2。

②半地下室是指地下室地面低于室外地坪的高度为该房间净高的 1/3~1/2。

2)按使用功能不同分类

①普通地下室:一般用作高层建筑的地下停车库、设备用房;根据用途及结构需要可做成一层、二层、三层或多层地下室,如图 10.19 所示。

②人防地下室:结合人防要求设置的地下空间,用以应付战时情况下人员的隐蔽和疏散,并有具备保障人身安全的各项技术措施。

10.4.2　地下室的构造组成

地下室一般由墙身、底板、顶板、门窗、楼梯等部分组成,如图 10.20 所示。

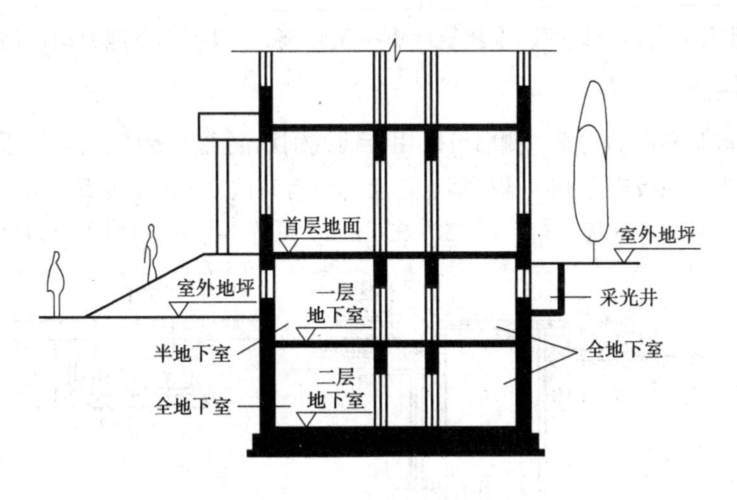

图 10.19 地下室示意图

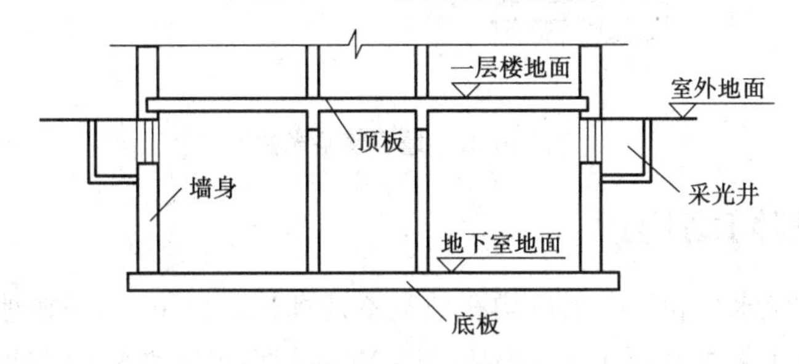

图 10.20 地下室的构造组成

1)地下室墙体

地下室的墙体不仅要承受上部的垂直荷载,还承受土、地下水及土壤冻胀时产生的侧压力。

2)地下室底板

当地下水位高于地下室地面时,地下室底板不仅承受作用在它上面的垂直荷载,还承受地下水的浮力。

3)地下室顶板

顶板可用预制板、现浇板或者预制板上作现浇层(装配整体式楼板)。如为防空地下室,必须采用现浇板,并按有关规定决定厚度和混凝土强度等级。

4)地下室门窗

普通地下室门窗与地上部分相同。防空地下室应符合相应等级的防护和密闭要求,一般采用钢门或混凝土门,防空地下室一般不容许设窗。

5)地下室楼梯

地下室楼梯可与地面上房间结合设置,层高小或用作辅助房间的地下室,可设置单跑楼梯。

有防空要求的地下室至少要设置两部楼梯通向地面的安全出口,并且必须有一个是独立的安全出口,且安全出口与地面以上建筑应有一定距离,一般不小于地面建筑物高度的一半。

6) 采光井

采光井由底板和侧墙构成。侧墙可以用砖墙或钢筋混凝土板墙制作,底板一般为钢筋混凝土浇筑。采光井底板应有1%~3%的坡度,上部应有铸铁篦子或尼龙瓦盖,以防止人员、物品掉入采光井内。采光井底板距窗台低250~300 mm。采光井示意图如图10.21所示。

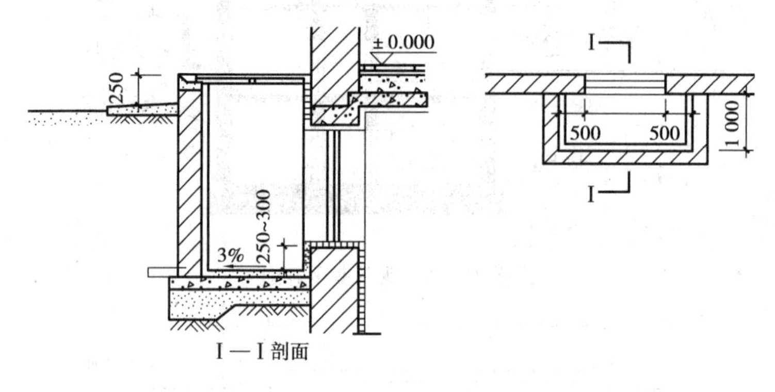

图10.21　地下室采光井

10.4.3　地下室防潮构造

当地下水的常年水位和最高水位均在地下室地坪标高以下时,需在地下室外墙外面设垂直防潮层。其做法是在墙体外表面先抹一层20 mm厚的1∶2.5水泥砂浆找平,再涂一道冷底子油和两道热沥青;然后在外侧回填低渗透性土壤,如黏土、灰土等,并逐层夯实,土层宽度为500 mm左右,以防地面雨水或其他地表水的影响。另外,地下室的所有墙体都应设两道水平防潮层,一道设在地下室地坪附近,另一道设在室外地坪以上150~200 mm处,使整个地下室防潮层连成整体,以防地潮沿地下墙身或勒脚处进入室内。地下室的防潮板处理如图10.22所示。

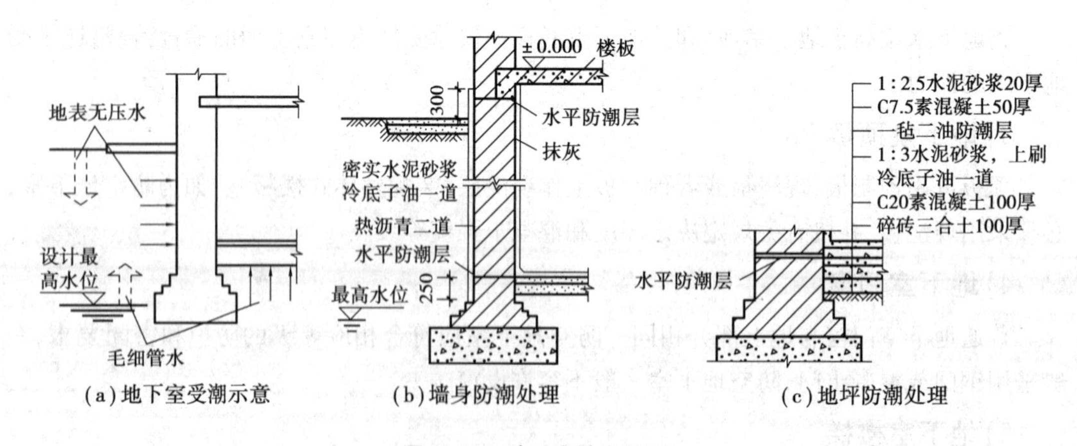

图10.22　地下室防潮处理

10.4.4 地下室防水构造

当设计最高水位高于地下室地坪时,地下室的外墙和底板都浸泡在水中,应考虑进行防水处理。常采用的防水措施有3种。

1)沥青卷材防水

沥青卷材防水是以防水卷材和相应的黏结剂分层粘贴,铺设在地下室底板垫层至墙体顶端的基面上,形成封闭防水层的做法。

根据防水层铺设位置的不同分为外包防水和内包防水,如图10.23所示。

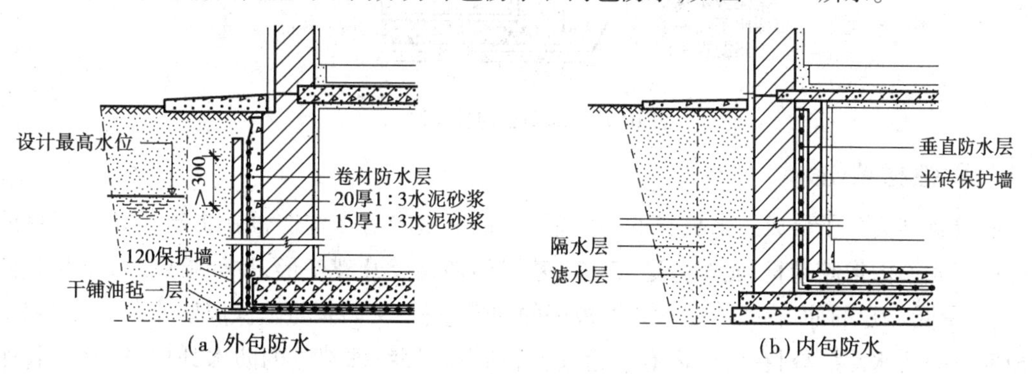

图10.23 地下室卷材防水构造

(1)外防水

外防水是将防水层贴在地下室外墙的外表面,这对防水有利,但维修困难。外防水构造要点是:先在墙外侧抹20 mm厚的1:3水泥砂浆找平层,并刷冷底子油一道,然后选定油毡层数,分层粘贴防水卷材,防水层须高出最高地下水位500~1 000 mm为宜。油毡防水层以上的地下室侧墙应抹水泥砂浆涂两道热沥青,直至室外散水处。垂直防水层外侧砌半砖厚的保护墙一道。

(2)内防水

内防水是将防水层贴在地下室外墙的内表面,这样施工方便、容易维修,但对防水不利,故常用于修缮工程。

地下室地坪的防水构造是先浇混凝土垫层,厚约100 mm;再以选定的油毡层数在地坪垫层上作防水层,并在防水层上抹20~30 mm厚的水泥砂浆保护层,以便于上面浇筑钢筋混凝土。为了保证水平防水层包向垂直墙面,地坪防水层必须留出足够的长度以便与垂直防水层搭接,同时要做好转折处油毡的保护工作,以免因转折交接处的油毡断裂而影响地下室的防水。

2)防水混凝土防水

当地下室地坪和墙体均为钢筋混凝土结构时,应采用抗渗性能好的防水混凝土材料,常采用的防水混凝土有普通混凝土和外加剂混凝土。普通混凝土主要是采用不同粒径的骨料进行级配,并提高混凝土中水泥砂浆的含量,使砂浆充满于骨料之间,从而堵塞因骨料间不密实而出现的渗水通路,以达到防水目的。外加剂混凝土是在混凝土中渗入加气剂或密实剂,以提高混凝土的抗渗性能。构件自防水如图 10.24 所示。

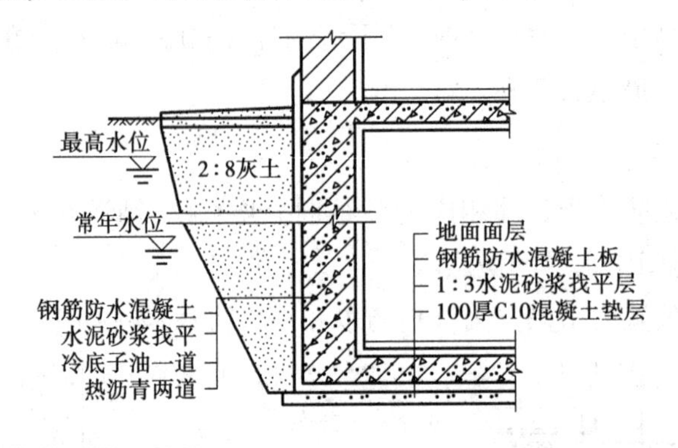

图 10.24　混凝土构件自防水

3)弹性材料防水

随着新型高分子合成防水材料的不断涌现,地下室的防水构造也在更新。如我国目前使用的三元乙丙橡胶卷材,能充分适应防水基层的伸缩及开裂变形,拉伸强度高,拉断延伸率大,能承受一定的冲击荷载,是耐久性极好的弹性卷材;又如聚氨酯涂膜防水材料,有利于形成完整的防水涂层,对在建筑内有管道、转折和高差等特殊部位的防水处理极为有利,如图 10.25 所示。

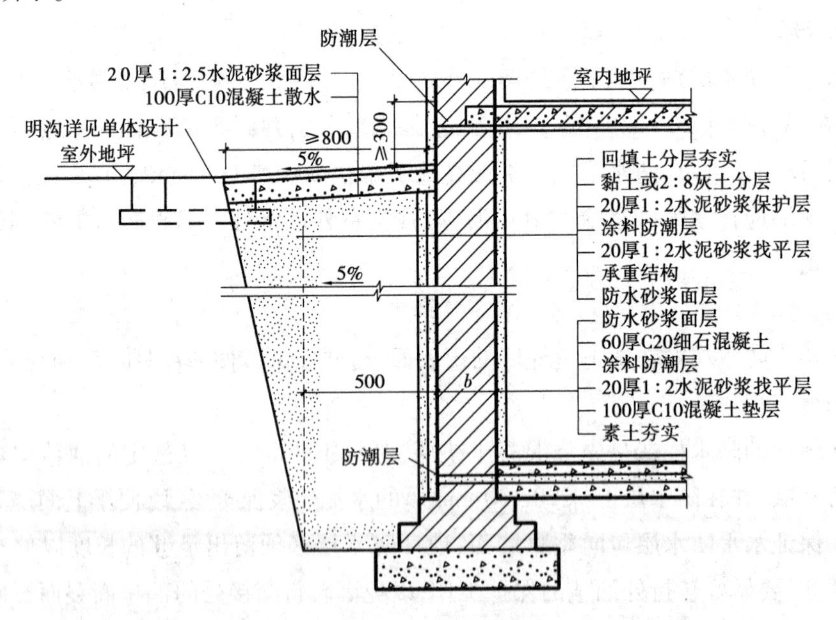

图 10.25　涂料防水

本章小结

1.基础是建筑物与土壤层直接接触的结构构件,承受着建筑物的全部荷载并且均匀地传给地基。而地基则是承受建筑物由基础传来荷载的地土壤层。基础是建筑物的组成构件,地基则不属于建筑物的组成部分。地基有天然地基与人工地基之分。

2.室外设计地面到基础底面的垂直距离称为基础的埋深。当埋深大于 4 m 时称为深基础;埋深小于 4 m 时称为浅基础;直接坐在地表面上的称为不埋基础。

3.基础按所用材料及受力特点分为刚性基础和柔性基础;按构造形式不同可分为条形基础、独立式基础、井格式基础、箱形基础和桩基础。

4.地下室是建筑物下部的地下使用空间,要重视地下室的防潮和防水处理。

5.当地下水的常年水位和最高水位均在地下室地坪标高以下时,需在地下室外墙、地坪做防潮处理。

6.当设计最高水位高于地下室地坪时,地下室的外墙和底板都浸泡在水中,这时必须对地下室进行防水处理。防水处理分为柔性防水和防水混凝土防水。当前柔性防水以卷材防水运用最多。卷材防水又分为外防水和内防水。

复习思考题

1.什么是地基?什么是基础?二者有什么区别?

2.地基按土层性质不同,可分为哪两类?

3.什么是天然地基,什么是人工地基?

4.什么是基础的埋置深度?影响基础的埋置深度主要因素有哪些?

5.基础按埋深的大小分为哪几类?基础的最小埋置深度为多少?

6.基础按材料和受力可以分为哪几类?

7.什么是刚性基础?什么是刚性角?它是如何影响刚性基础的?

8.基础按构造形式分为哪几类?各自的适用范围怎样?

9.什么是端承桩?什么是摩擦桩?

10.地下室由哪几部分组成?

11.地下室什么时候做防潮处理?并画图说明其防潮构造。

12.地下室什么时候做防水处理?并画图说明其防水构造。

第 11 章

墙 体

本章导读

- **基本要求** 掌握墙体的作用、分类、构造要求和承重方案；掌握墙体细部构造并能应用；熟悉常见隔墙类型和构造；了解墙面装修的作用、分类和常见装修构造。
- **重点** 墙体的作用、分类、构造要求和承重方案，墙体细部构造，墙面装修。
- **难点** 墙体细部构造，墙面装修。

墙体是建筑物中重要的组成部分。其工程量、施工周期、造价与自重通常是房屋所有构件中所占份额最大的，其造价一般占建筑物总造价的30%~40%，它是在基础工程完成之后，建筑物上部结构开始建造的承重构件。在一项建筑工程中，采用不同材料的墙体，不同的结构布置方案，对结构的总体自重、耗材、施工周期和造价等方面都会有不同的影响，造成对施工技术、施工设备的要求不同，也导致经济效益的优劣。因此，因地制宜地选择合适的墙体材料，尽量利用地方资源、合理利用工业废料、充分发挥机具设备和劳动力资源在建设中的作用就显得十分重要。

11.1 墙体的作用、类型及设计要求

11.1.1 墙体的作用

房屋建筑中的墙体一般有以下3个作用。

①承重作用：墙体承受屋顶、楼板传给它的荷载，本身的自重荷载和风荷载等。

②围护作用：墙体隔住了自然界的风、雨、雪的侵袭，防止太阳的辐射、噪声的干扰以及室内热量的散失等，起保温、隔热、隔声、防水等作用。

③分隔作用:墙体把房屋划分为若干个房间和使用空间。

以上关于墙体的3个作用,并不是指一面墙体会同时具有这些作用。有的墙体既起承重作用,又起围护作用,比如砌体承重的混合结构体系和钢筋混凝土墙承重体系中的外墙;有的墙体只起围护作用,比如框架结构中的外墙;又有的墙体只起分隔作用,比如骨架承重体系中的某些内墙。

11.1.2 墙体的分类

墙体的类型很多,分类方法也很多,根据墙体在建筑物中的位置及布置的方向、受力情况、材料、构造方式和施工方法的不同,可将墙体分为不同类型。

1)墙体按照位置及布置的方向分类

墙体按照所处平面位置的不同分为内墙和外墙,内墙是位于建筑物内部的墙,主要起分隔内部空间的作用。外墙是位于建筑物四周的墙,又称为外围护墙。墙体按照布置的方向不同可分为纵墙和横墙。沿建筑物长轴方向布置的墙体称为纵墙;外纵墙也称为檐墙;沿建筑物短轴方向布置的墙体称为横墙,外横墙也俗称为山墙。窗与窗之间和窗与门之间的墙称为窗间墙,窗台下面的墙称为窗下墙。墙体各部分名称如图11.1所示。

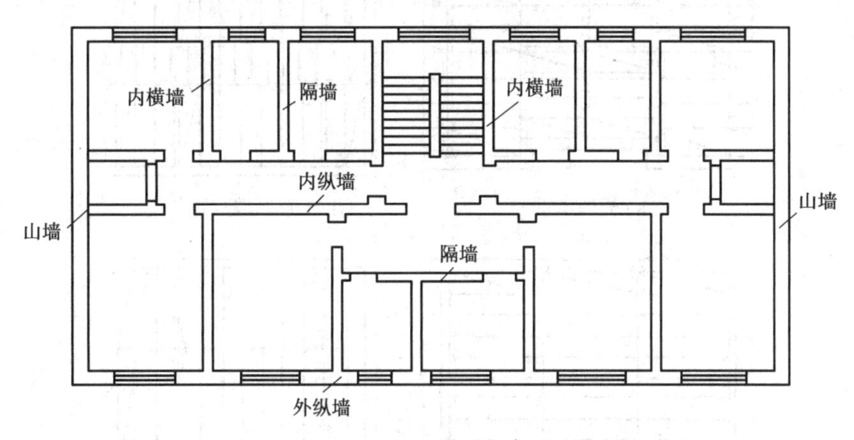

图11.1 墙体各部分名称

2)按墙体受力状况分类

在混合结构建筑中,按墙体受力方式分为两种:承重墙和非承重墙。非承重墙又可分为两种:一是自承重墙,不承受外来荷载,仅承受自身重量并将其传至基础;二是隔墙,起分隔房间的作用,不承受外来荷载,并把自身重量传给梁或楼板。框架结构中的墙称框架填充墙。

3)按墙体构造和施工方式分类

①按构造方式不同。墙体可以分为实体墙、空体墙和组合墙3种。实体墙由单一材料组成,如砖墙、砌块墙等。空体墙也是由单一材料组成,可由单一材料砌成内部空腔,也可用具有孔洞的材料建造墙,如空斗砖墙、空心砌块墙等。组合墙由两种以上材料组合而成,例如混凝土、加气混凝土复合板材墙,其中混凝土起承重作用、加气混凝土起保温隔热作用。

②按施工方法不同。墙体可以分为块材墙、板筑墙及板材墙3种。块材墙是用砂浆等

胶结材料将砖石块材等组砌而成,例如砖墙、石墙及各种砌块墙等。板筑墙是在现场立模板,现浇而成的墙体,例如现浇混凝土墙等。板材墙是预先制成墙板,施工时安装而成的墙,例如预制混凝土大板墙、各种轻质条板内隔墙等。

③按材料不同。墙体可分为砖墙 、石墙、夯土墙、钢筋混凝土墙、砌块墙等。

④按构造方式不同。墙体可分为实体墙、空体墙、复合墙等。

11.1.3　墙体的设计要求

1)结构要求

对以墙体承重为主结构,常要求各层的承重墙上下必须对齐;各层的门、窗洞孔也以上、下对齐为佳。此外,还需考虑以下两方面的要求。

(1)合理选择墙体结构布置方案

墙体结构布置方案有:横墙承重、纵墙承重、纵横墙混合承重、墙与柱混合承重,如图11.2所示。

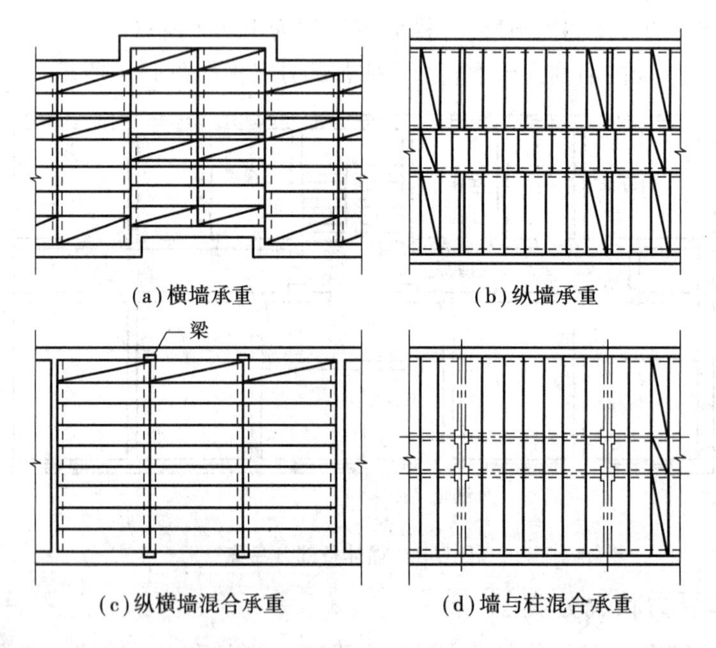

(a)横墙承重　(b)纵墙承重

(c)纵横墙混合承重　(d)墙与柱混合承重

图 11.2　墙体的承重方案

①横墙承重:凡以横墙承重的称横墙承重方案或横向结构系统。该系统中,楼板、屋顶上的荷载均由横墙承受,纵墙只起纵向稳定和拉结的作用。它的主要特点是横墙间距密,加上纵墙的拉结,使建筑物的整体性好、横向刚度大,对抵抗地震力等水平荷载有利。但横墙承重方案的开间尺寸不够灵活,适用于房间开间尺寸不大的宿舍、住宅及病房楼等小开间建筑。

②纵墙承重:凡以纵墙承重的称为纵墙承重方案或纵向结构系统。该系统中,楼板、屋顶上的荷载均由纵墙承受,横墙只起分隔房间的作用,有的起横向稳定作用。纵墙承重可使房间开间的划分灵活,多适用于需要较大房间的办公楼、商店、教学楼等公共建筑。

③纵横墙混合承重:凡由纵向墙和横向墙共同承受楼板、屋顶荷载的结构布置称纵横墙

(混合)承重方案。该方案房间布置较灵活,建筑物的刚度亦较好。混合承重方案多用于开间、进深尺寸较大且房间类型较多的建筑和平面复杂的建筑中,前者如教学楼、住宅等建筑。

④墙与柱混合承重:在结构设计中,有时采用墙体和钢筋混凝土梁、柱组成的框架共同承受楼板和屋顶的荷载,这时,梁的一端支承在柱上,而另一端则搁置在墙上,这种结构布置称部分框架结构或内部框架承重方案。它较适合于室内需要较大使用空间的建筑,如商场等。

(2)具有足够的强度和稳定性

强度:是指墙体承受荷载的能力,它与所采用的材料以及同一材料的强度等级有关。作为承重墙的墙体,必须具有足够的强度,以确保结构的安全。

墙体的稳定性与墙的高度、长度和厚度有关。高而薄的墙稳定性差,矮而厚的墙稳定性好;长而薄的墙稳定性差,短而厚的墙稳定性好。

提高砌体强度可采取:选用适当的墙体材料,加大墙体截面积,在截面积相同的情况下提高构成墙体的砖、砂浆的强度等级等方法。

稳定性:墙体高厚比的验算是保证砌体结构在施工阶段和使用阶段的稳定性的重要措施。

提高墙体稳定性可采取:增加墙体的厚度(但这种方法有时不够经济),提高墙体材料的强度等级,增加墙垛、壁柱、圈梁等构件等方法。

2)热工要求

(1)墙体的保温要求

对有保温要求的墙体,需提高其构件的热阻,通常采取以下措施:

①增加墙体的厚度:墙体的热阻与其厚度成正比,欲提高墙身的热阻,可增加其厚度。

②选择导热系数小的墙体材料:要增加墙体的热阻,常选用导热系数小的保温材料,如泡沫混凝土、加气混凝土、陶粒混凝土、膨胀珍珠岩、膨胀蛭石、浮石及浮石混凝土、泡沫塑料、矿棉及玻璃棉等。其保温构造有单一材料的保温结构和复合保温结构之分。

③做复合保温墙体及热桥部位的保温处理:单纯的保温材料,一般强度较低,大多无法单独作为墙体使用。利用不同性能的材料组合就构成了既能承重又可保温的复合墙体,在这种墙体中,轻质材料(如泡沫塑料)专起保温作用,强度高的材料(如黏土砖等)专门负责承重。

热(冷)桥:由于结构上的需要,外墙中常嵌有钢筋混凝土柱、梁、垫块、圈梁、过梁等构件,钢筋混凝土的传热系数大于砖的传热系数,热量很容易从这些部位传出去,因此它们的内表面温度比主体部分的温度低,这些保温性能低的部位通常称为冷桥或热桥。

为防止冷桥部分外表面结露,应采取局部保温措施:

a.在寒冷地区,外墙中的钢筋混凝土过梁可做成L形,并在外侧加保温材料。

b.对于框架柱,当柱子位于外墙内侧时,可不必另作保温处理;当柱子外表面与外墙平齐或突出时,应作保温处理,如图11.3所示。

④采取隔蒸汽措施:为防止墙体产生内部凝结,常在墙体的保温层靠高温一侧,即蒸汽渗入的一侧,设置一道隔蒸汽层,如图11.4所示。隔蒸汽材料一般采用沥青、卷材、隔汽涂料以及铝箔等防潮、防水材料。

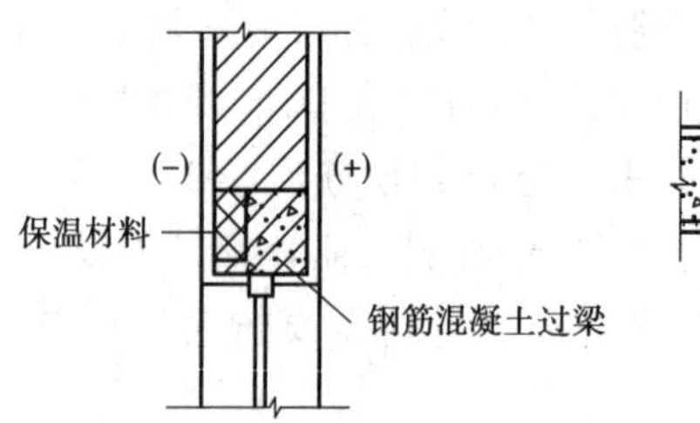

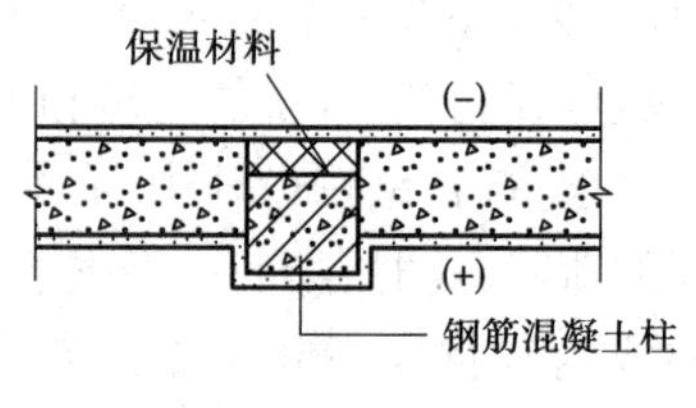

图 11.3　冷桥做局部保温处理

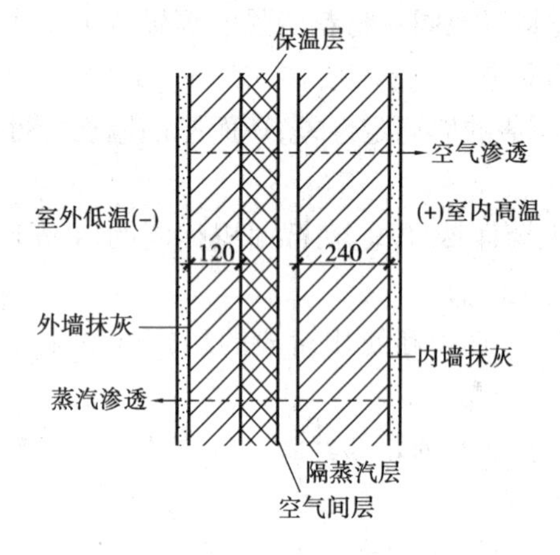

图 11.4　隔蒸汽措施

蒸汽渗透:冬季,室内空气的温度和绝对湿度都比室外高,因此,在围护结构两侧存在着水蒸气压力差,水蒸气分子由压力高的一侧向压力低的一侧扩散,这种现象叫蒸汽渗透。

结露:在渗透过程中,水蒸气遇到露点温度时,蒸汽含量达到饱和,并立即凝结成水,称为结露。

(2)墙体的隔热要求

墙体的隔热措施主要有:

①外墙采用浅色而平滑的外饰面,如白色外墙涂料、玻璃马赛克、浅色墙地砖、金属外墙板等,以反射太阳光,减少墙体对太阳辐射的吸收;

②在外墙内部设通风间层,利用空气的流动带走热量,降低外墙内表面温度;

③在窗口外侧设置遮阳设施,以遮挡太阳光直射室内;

④在外墙外表面种植攀缘植物使之遮盖整个外墙,吸收太阳辐射热,从而起到隔热作用。

3)建筑节能要求

为贯彻国家的节能政策,改善严寒和寒冷地区居住建筑采暖能耗大、热工效率差的状况,必须通过建筑设计和构造措施来节约能耗,如外挂保温板等。

4)隔声要求

声音的传递有两种形式:

①空气传声:一是通过墙体的缝隙和微孔传播;二是在声波的作用下,墙体受到震动,声音通过墙体而传播。

②固体传声:直接撞击墙体或楼板,发出的声音再传递到人耳,称为固体传声。

墙体主要隔离由空气直接传播的噪声,一般采取以下措施:

a.加强墙体缝隙的填密处理。

b.增加墙厚和墙体的密实性。

c.采用有空气间层式多孔性材料的夹层墙。

d.尽量利用垂直绿化降噪声。

5) 其他要求

对墙体的其他要求包括防火要求,防水、防潮的要求,建筑工业化的要求等。建筑工业化的关键是墙体改革,采用轻质高强的墙体材料,减轻自重,降低成本,通过提高机械化程度来提高功效。

11.2 墙体构造

11.2.1 砖墙材料

砖墙是用砂浆将一块块砖按一定技术要求砌筑而成的砌体,其材料是砖和砂浆。

1) 砖

砖按材料不同,分为黏土砖、页岩砖、粉煤灰砖、灰砂砖、炉渣砖等;按形状不同,分为实心砖、多孔砖和空心砖等。其中常用的是普通黏土砖。

普通黏土砖以黏土为主要原料,经成型、干燥焙烧而成,有红砖和青砖之分。青砖比红砖强度高,耐久性好。

我国标准砖的规格为 240 mm×115 mm×53 mm,砖长∶宽∶厚=4∶2∶1(包括 10 mm 宽灰缝),标准砖砌筑墙体时是以砖宽度的倍数,即以 115 mm+10 mm=125 mm 为模数。这与我国现行《建筑模数协调统一标准》中的基本模数 1 M=100 mm 不协调,因此在使用中,需注意标准砖的这一特征。

砖的强度以强度等级表示,分为 MU30,MU25,MU20,MU10,MU7.5 共 5 个级别。如 MU30 表示砖的极限抗压强度平均值为 30 MPa,即每平方毫米可承受 30 N 的压力。

烧结多孔砖:以黏土、页岩、煤矸石为主要原料经焙烧而成,孔洞率不小于 15%,孔形为圆孔或非圆孔,孔的尺寸小而数量多,主要适用于承重部位的砖,简称多孔砖。

多孔砖分为 P 型砖和 M 型砖:

P 型多孔砖:外形尺寸为 240 mm×115 mm×90 mm;

M 型多孔砖:外形尺寸为 190 mm×190 mm×90 mm。

多孔砖的强度等级分为 MU30,MU25,MU20,MU15,MU10 共 5 个级别,如图 11.5 所示。

蒸压砖:蒸压灰砂砖是以石灰和砂为主要原料,经坯料制备、压制成型、蒸压养护而成的实心砖。

蒸压粉煤灰砖以粉煤灰为主要原料,掺加适量石膏和集料,经坯料制备、压制成型、高压蒸汽养护而成的实心砖。

2) 砂浆

砂浆是砌块的胶结材料。常用的砂浆有水泥砂浆、混合砂浆、石灰砂浆和黏土砂浆。

①水泥砂浆由水泥、砂加水拌和而成,属水硬性材料,强度高,但可塑性和保水性较差,

适应砌筑湿环境下的砌体,如地下室、砖基础等。

②石灰砂浆由石灰膏、砂加水拌和而成。由于石灰膏为塑性掺合料,所以石灰砂浆的可塑性很好,但它的强度较低,且属于气硬性材料,遇水强度即降低,所以适宜砌筑次要的民用建筑的地上砌体。

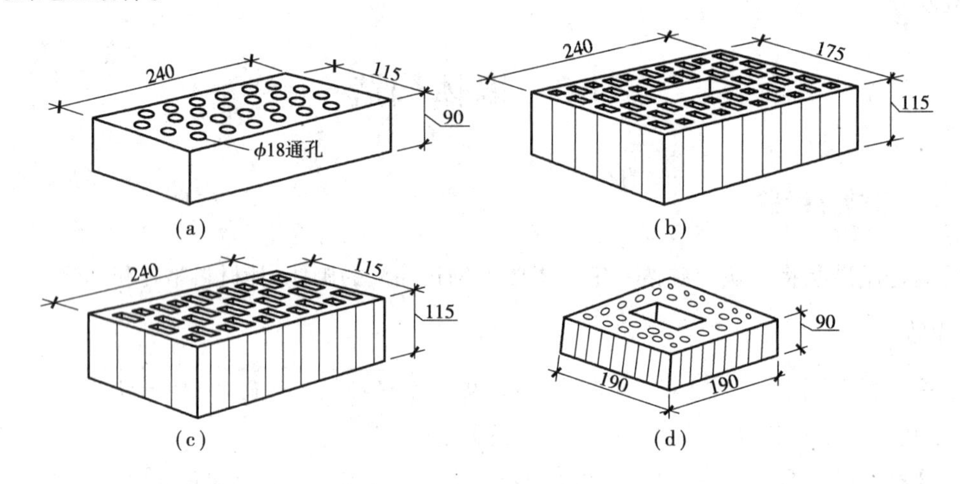

图 11.5 多孔砖规格示意

③混合砂浆由水泥、石灰膏、砂加水拌和而成,既有较高的强度,也有良好的可塑性和保水性,故民用建筑地上砌体中被广泛采用。

④黏土砂浆是由黏土加砂加水拌和而成,强度很低,仅适于土坯墙的砌筑,多用于乡村民居。它们的配合比取决于结构要求的强度。

砂浆强度等级有 M15,M10,M7.5,M5,M2.5,M1,M0.4 共 7 个级别。

11.2.2 砖墙的组砌方式

砖墙的组砌是指砌块在砌体中的排列。砖墙组砌中需要了解几个基本概念:

丁砖:在砖墙组砌中,把砖的长方向垂直于墙面砌筑的砖叫丁砖。

顺砖:在砖墙组砌中,把砖的长方向平行于墙面砌筑的砖叫顺砖。

横缝:上下皮之间的水平灰缝称横缝。

竖缝:左右两块砖之间垂直缝称竖缝。

砖墙组砌的这个概念如图 11.6 所示。

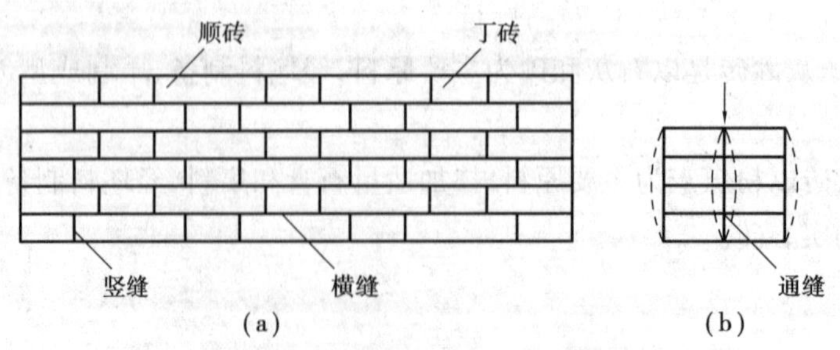

图 11.6 砖墙组砌名称及通缝

为了保证墙体的强度，砖砌体的砖缝必须横平竖直，错缝搭接，避免通缝。同时砖缝砂浆必须饱满，厚薄均匀。常用的错缝方法是将丁砖和顺砖上下皮交错砌筑。每排列一层砖称为一皮。常见的砖墙砌式有全顺式(120 墙)、一顺一丁式、三顺一丁式或多顺一丁式、每皮丁顺相间式(也称十字式，240 墙)、两平一侧式(180 墙)等。砖墙的组砌方式如图 11.7 所示。

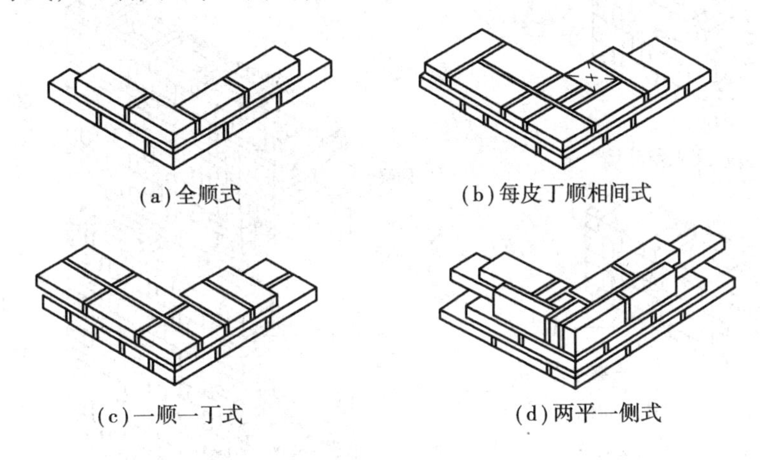

(a)全顺式　(b)每皮丁顺相间式　(c)一顺一丁式　(d)两平一侧式

图 11.7　砖墙的组砌方式

1)砖墙组砌方式

①一顺一丁式：丁砖和顺砖隔层砌筑，这种砌筑方法整体性好，主要用于砌筑一砖以上的墙体。

②每皮丁顺相间式：又称为“梅花丁”“沙包丁”。在每皮之内，丁砖和顺砖相间砌筑而成，优点是墙面美观，常用于清水墙的砌筑。

③全顺式：每皮均为顺砖，上下皮错缝 120 mm，适用于砌筑 120 mm 厚砖墙。

④两平一侧式：每层由两皮顺砖与一皮侧砖组合相间砌筑而成，主要用来砌筑 180 mm 厚砖墙。

2)烧结多孔砖墙的组砌方式

①P 型多孔砖宜采用一顺一丁式或梅花丁的砌筑。

②多顺一丁式：多层顺砖、一皮丁砖相间形式，M 型多孔砖应采用全顺式的砌筑形式。

3)空斗墙

用实心砖侧砌或平砌与侧砌相结合砌成的空体墙称为空斗墙。

眠砖：平砌的砖。

斗砖：侧砌的砖。

无眠空斗墙：全由斗砖砌筑成的墙。

有眠空斗墙：每隔一至三皮斗砖砌一皮眠砖的墙(如图 11.8)。

空斗墙的砌式及空斗墙加固部位示意图如图 11.8 和图 11.9 所示。

空心砖墙：用各种空心砖砌筑的墙体，分为承重和非承重两种。

砌筑承重空心砖墙一般采用竖孔的黏土多孔砖，因此也称为多孔砖墙。

砌筑方式：全顺式、一顺一丁式和丁顺相间式，DM 型多孔砖一般多采用整砖顺砌的方式，上下皮错开 1/2 砖。如出现不足一块空心砖的空隙，用实心砖填砌，如图 11.9 所示。

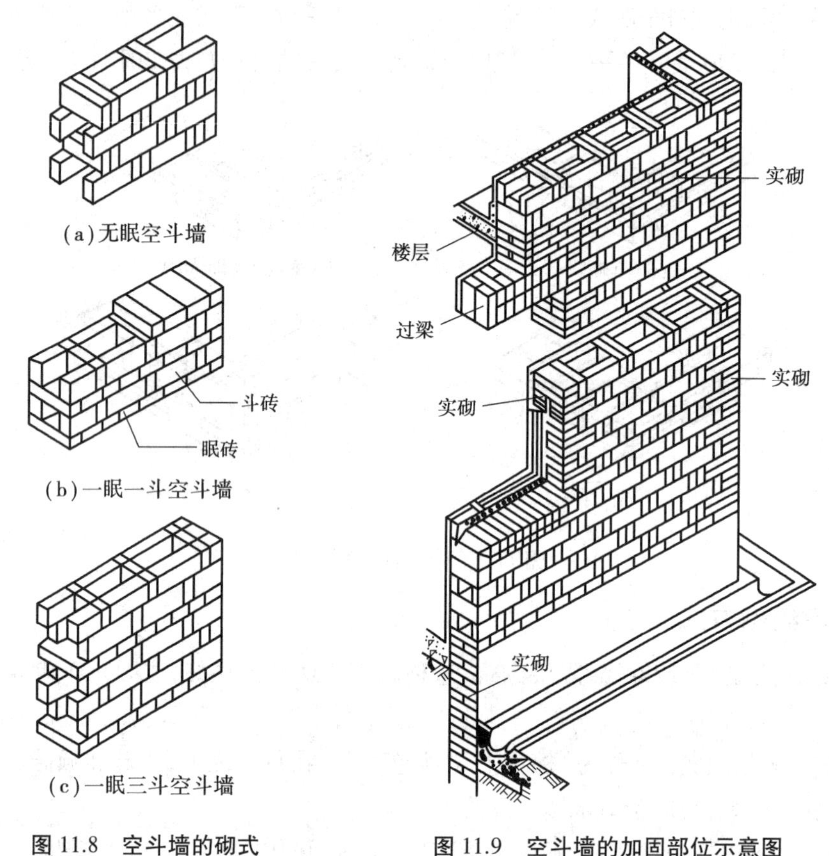

图 11.8　空斗墙的砌式　　　图 11.9　空斗墙的加固部位示意图

4)墙的厚度及局部尺寸

(1)砖墙厚度

以标准砖砌筑墙体，常见的厚度为 115，178，240，365，490 mm 等，简称为 12 墙（半砖墙）、18 墙（3/4 墙）、24 墙（一砖墙）、37 墙（一砖半墙）、49 墙（二砖墙），如图 11.10 所示。

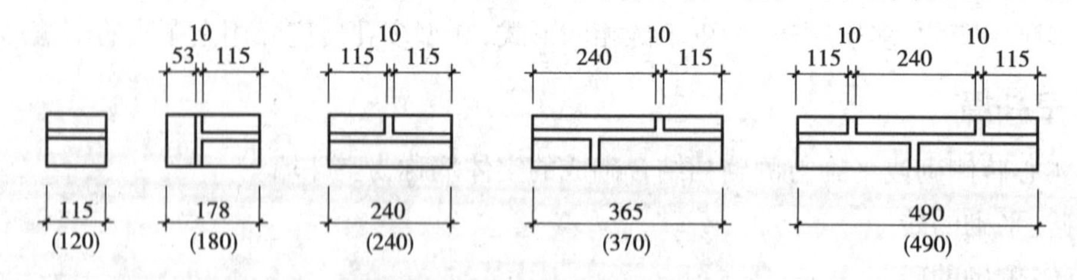

图 11.10　墙厚与砖规格的关系

(2)砖墙局部尺寸

砖墙砌筑模数：115 mm+10 mm=125 mm。

当墙体长度小于 1 m 时，为避免砍砖过多影响砌体强度，设计、施工时应符合砖墙砌筑模数为 125 mm 的倍数，在抗震设防地区，砖墙的局部设防尺寸应符合现行《建筑抗震设计规范》(GB 50011—2010,2016 年版)的规定,具体尺寸如表 11.1 所示。

表 11.1 房屋局部尺寸限值表

单位:m

部位	6 度	7 度	8 度	9 度
承重窗间墙最小宽度	1.0	1.0	1.2	1.5
承重外墙尽端至门窗洞边最小距离	1.0	1.0	1.2	1.5
非承重外墙尽端至门窗洞边最小距离	1.0	1.0	1.0	1.0
内墙阳角至门窗洞边的最小距离	1.0	1.0	1.5	2.0
无锚固女儿墙(非出入口处)的最大高度	0.5	0.5	0.5	0.0

注:①局部尺寸不足时,应采取局部加强措施弥补,且最小宽度不宜小于 1/4 层高和列表数据的 80%;

②出入口处女儿墙应有锚固。

11.2.3 砌块墙

1) 砌块墙材料

砌块墙是采用预制块材按一定技术要求砌筑而成的墙体。

砌块按重量及幅面大小可分为:

小型砌块:高度为 115~380 mm,单块质量小于 20 kg。

中型砌块:高度为 380~980 mm,单块质量在 20~35 kg。

大型砌块:高度大于 980 mm,单块质量大于 35 kg。

混凝土小型空心砌块:由普通混凝土或轻骨料混凝土制成,主规格尺寸为 390 mm×190 mm×190 mm,空心率在25%~50%的空心砌块,其强度等级为 MU20,MU15,MU10,MU7.5,MU5。

砌筑砂浆宜选用专用小砌块砌筑砂浆,其强度等级为 M15,M10,M7.5,M5。

2) 砌块砌筑要求

砌块必须在多种规格间进行排列设计,即设计时需要在建筑平面图和立面图上进行砌块的排列,并注明每一砌块的型号;砌块排列设计应正确选择砌块规格尺寸,减少砌块规格类型,优先选用大规格的砌块做主要砌块,以加快施工速度;上下皮应错缝搭接,内外墙和转角处砌块应彼此搭接,以加强整体性;空心砌块上下皮应孔对孔、肋对肋,上下皮搭接长度不小于90 mm,保证有足够的受压面积。

11.2.4 墙体细部构造

墙体的细部构造包括勒脚、散水、明沟、窗台、门窗过梁、变形缝、圈梁、构造柱和防火墙等,如图 11.11 所示。

1) 墙脚

底层室内地面以下、基础以上的墙体常称为墙脚,如图 11.12 所示。墙脚包括勒脚、散水和明沟、墙身防潮层等。

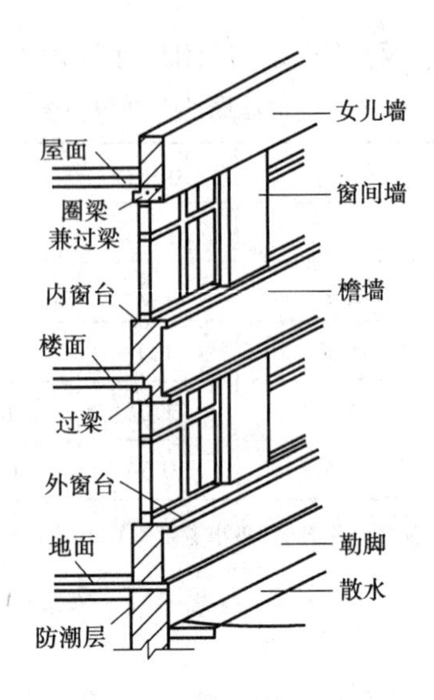

图 11.11　外檐墙构造详图

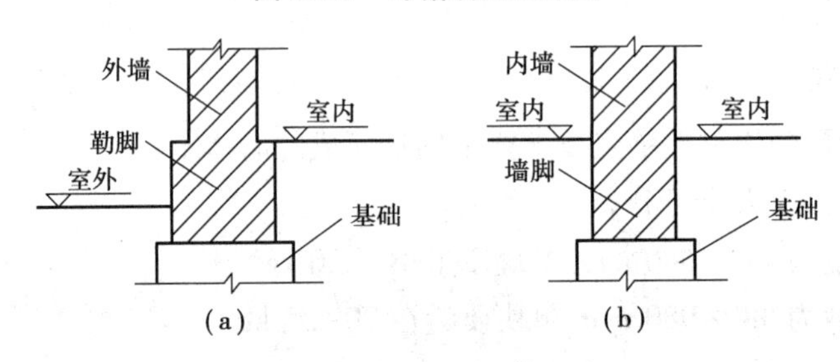

图 11.12　墙脚位置

(1) 勒脚

勒脚是外墙墙身接近室外地面的部分，为防止雨水上溅墙身和机械力等的影响，所以要求墙脚坚固、耐久、防潮，并具有美观作用 。

勒脚的高度：当仅考虑防水和机械碰撞时，应不低于 500 mm，从美观的角度考虑，应结合立面处理或延至窗台下。

勒脚一般采用以下几种构造做法，如图 11.13、图 11.14 所示。

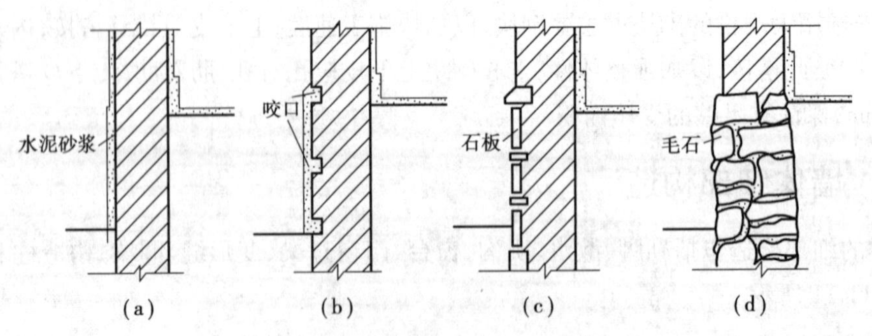

图 11.13　勒脚构造做法

①抹灰：可采用 20 厚 1∶3 水泥砂浆抹面，1∶2 水泥白石子浆水刷石或斩假石抹面。此法多用于一般建筑。为了保证抹灰层与砖墙黏结牢固，施工时应注意清扫墙面，浇水润湿，

也可在墙面上留槽,使抹灰嵌入,称为咬口。

②贴面:可采用天然石材或人工石材,如花岗石、水磨石板等。其耐久性强、装饰效果好,用于高标准建筑。

③勒脚部位的墙体可采用天然石材砌筑,如条石或混凝土。

图 11.14 勒脚

(2)防潮层

①防潮层的位置(图 11.15):

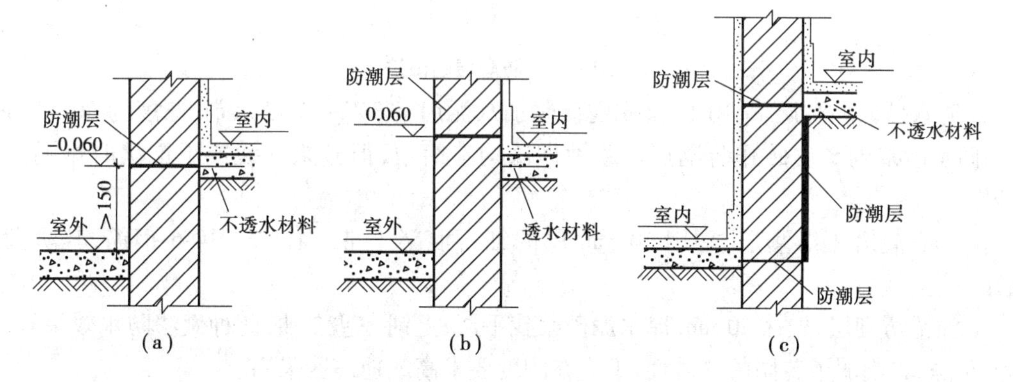

图 11.15 墙身防潮层的位置

a.当室内地面垫层为混凝土等密实材料时,内、外墙防潮层应设在垫层范围内,一般位于低于室内地坪下 60 mm 处。

b.室内地面为透水材料时(如炉渣、碎石),水平防潮层的位置应平齐或高于室内地面 60 mm。

c.当室内地面垫层为混凝土等密实材料,且内墙面两侧地面出现高差时,高低两个墙脚处分别设一道水平防潮层。

在土壤一侧的墙面设垂直防潮层。垂直防潮层的做法为:20 mm 厚 1∶2.5 水泥砂浆找平,外刷冷底子油一道,热沥青两道,或用建筑防水涂料、防水砂浆作防潮层。

②墙身水平防潮层的构造做法常用的有以下 3 种,如图 11.16 所示。

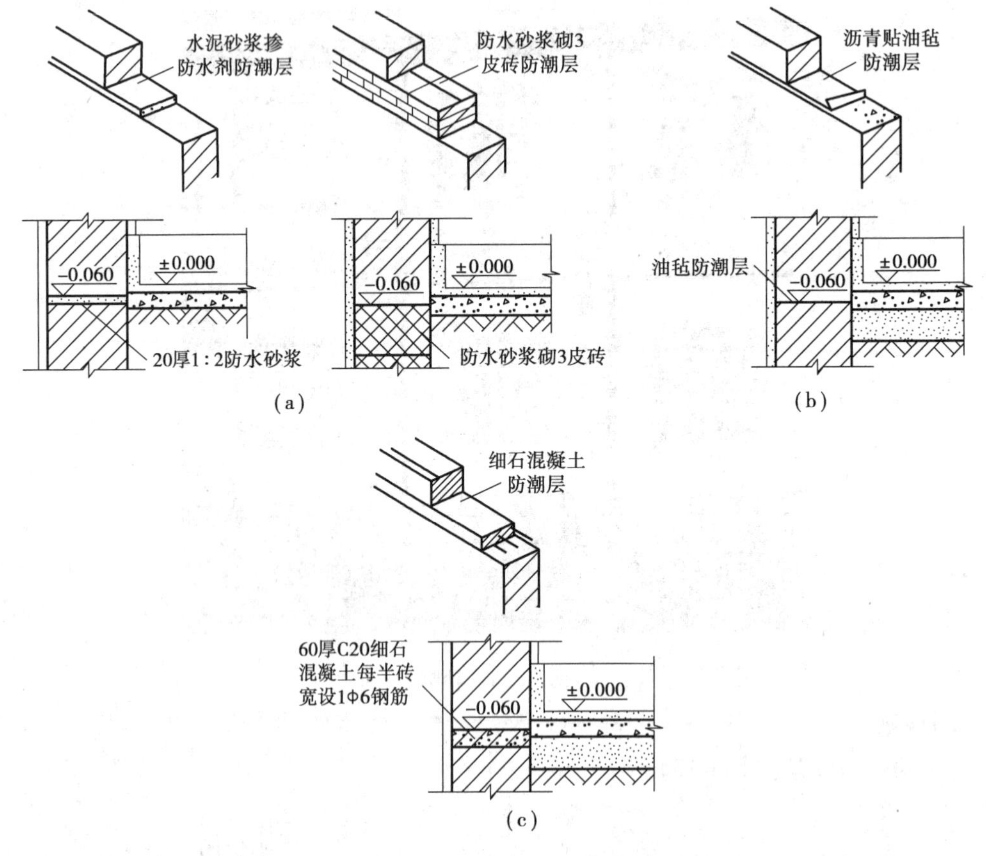

图 11.16 防潮层的做法

a.防水砂浆防潮层,采用 1∶2 水泥砂浆加水泥用量 3%~5%防水剂,厚度为 20~25 mm 或用防水砂浆砌 3 皮砖作防潮层。此种做法构造简单,但砂浆开裂或不饱满时影响防潮效果。

b.细石混凝土防潮层,采用 60 mm 厚的细石混凝土带,内配 3 根Φ6 钢筋,其防潮性能好。

c.油毡防潮层,先抹 20 mm 厚水泥砂浆找平层,上铺一毡二油,此种做法防水效果好,但有油毡隔离,削弱了砖墙的整体性,不应在刚度要求高或地震区采用。

如果墙脚采用不透水的材料(如条石或混凝土等),或设有钢筋混凝土地圈梁时,可以不设防潮层,而由圈梁代替防潮层。

(3)散水与明沟

房屋四周可采取散水或明沟排除雨水。

散水:是沿建筑物外墙设置的倾斜坡面,又称排水坡或护坡。当屋面为有组织排水时一般设明沟或暗沟,也可设散水。屋面为无组织排水时一般设散水,但应加滴水砖(石)带。散水的做法通常是在素土夯实上铺三合土、混凝土等材料,厚度60~70 mm。散水应设不小于3%的排水坡。散水宽度一般为0.6~1.0 m。当屋面排水方式为自由排水时,散水应比屋面檐口宽200 mm。散水与外墙交接处应设分格缝,分格缝用弹性材料嵌缝,防止外墙下沉时将散水拉裂。散水整体面层纵向距离每隔6~12 m做一道伸缩缝,如图11.17、图11.18所示。

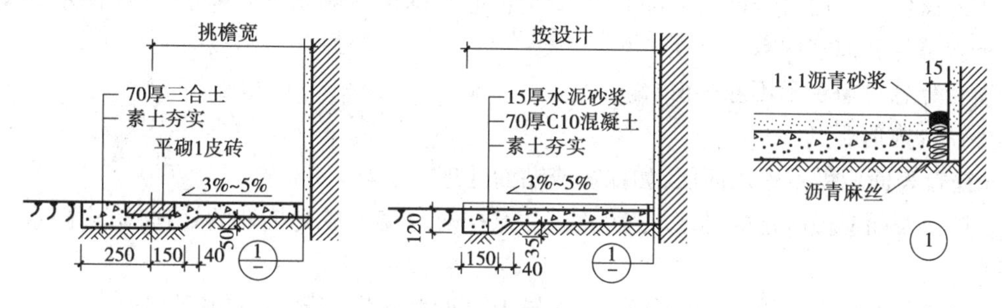

图11.17 散水构造

图11.18 房屋散水

明沟:在建筑物四周设排水沟,将水有组织地导向集水井,然后流入排水系统。

明沟一般用混凝土浇筑而成,或用砖砌、石砌。沟底应做纵坡,坡度为0.5%~1%,坡向集水井。外墙与明沟之间需做散水,宽度为220~350 mm,如图11.19所示。

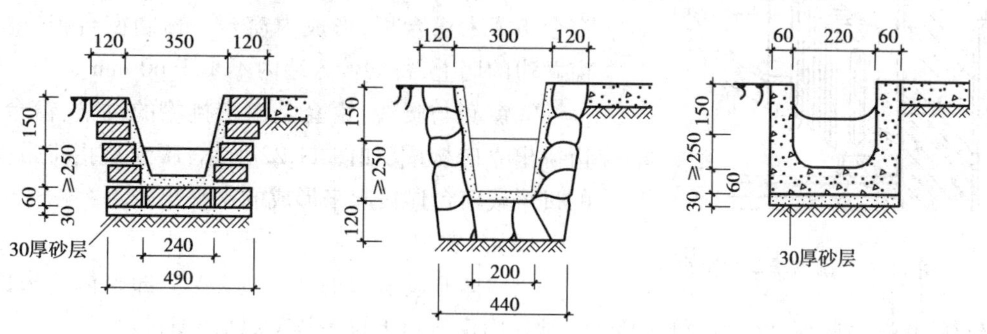

图11.19 明沟构造

2) 窗洞口构造

(1) 窗台

窗台按位置和构造做法不同分为外窗台和内窗台，外窗台设于室外，内窗台设于室内。

①外窗台。外窗台是窗洞下部的排水构件，它排除窗外侧流下的雨水，防止雨水积聚在窗下浸入墙身和向室内渗透。

窗台分悬挑窗台和不悬挑窗台。

外窗台构造要点：

a.窗台表面应做不透水面层，如抹灰或贴面处理。

b.窗台表面应做一定的排水坡度，并应注意抹灰与窗下槛交接处的处理，防止雨水向室内渗入。

c.挑窗台下做滴水或斜抹水泥砂浆，引导雨水垂直下落，不致影响窗下墙面。

几种常见类型外窗台的构造如图 11.20 所示。

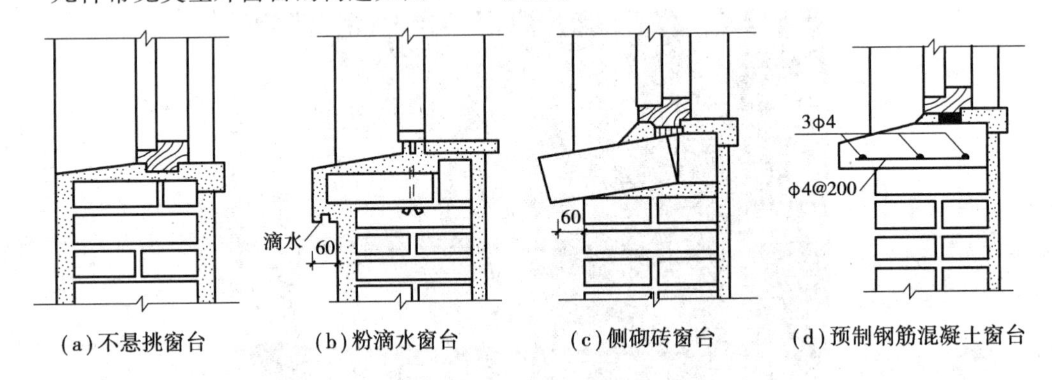

(a) 不悬挑窗台　(b) 粉滴水窗台　(c) 侧砌砖窗台　(d) 预制钢筋混凝土窗台

图 11.20　窗台的构造

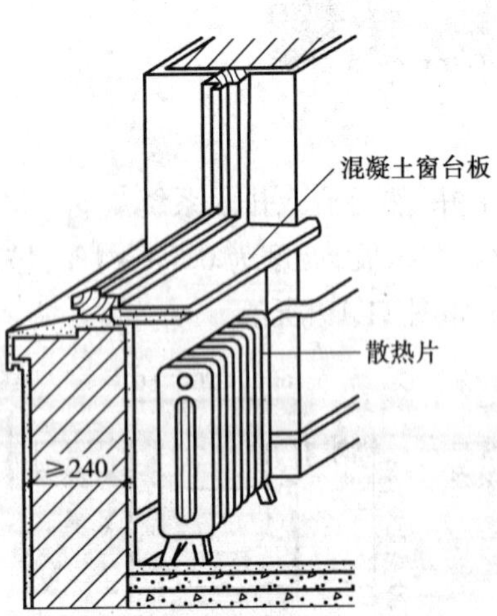

②内窗台：内窗台一般水平放置，通常结合室内装修做成水泥砂浆抹面、贴面砖、木窗台板、预制水磨石窗台板等形式。在我国严寒地区和寒冷地区，室内为暖气采暖时，为便于安装暖气片，窗台下留凹龛，称为暖气槽，如图 11.21 所示。

暖气槽进墙一般 120 mm，此时应采用预制水磨石窗台板或木窗台板，形成内窗台。预制窗台板支撑在窗两边的墙上，每端伸入墙内不小于 60 mm。

③窗套与腰线：窗套是由带挑檐的过梁、窗台、窗边挑出立砖构成，如图 11.22 所示；腰线是指将带挑檐的过梁或窗台连接起来形成的水平线条。

混凝土窗台板
散热片
≥240

图 11.21　暖气槽与内窗台

(2) 门窗过梁

当墙体开设洞口时，为了承受上部砌体传来的各种荷载，并把这些荷载传给两侧的墙体，常在门窗洞口上设置横梁，即门窗过梁。

过梁的形式有砖拱过梁、钢筋砖过梁和钢筋混凝土过梁 3 种。

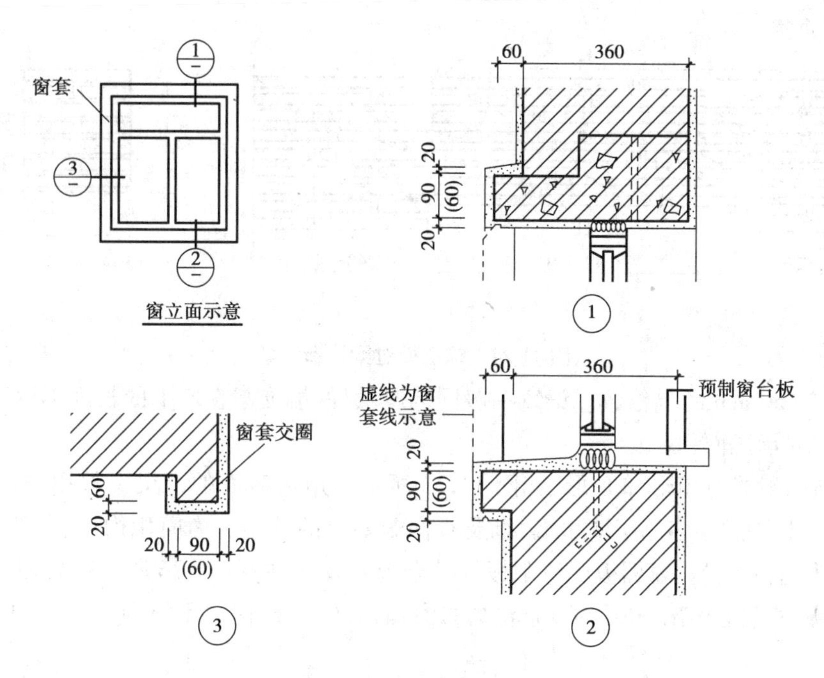

图 11.22 窗套构造

①砖拱过梁。砖拱过梁分为平拱和弧拱，如图 11.23 所示。由竖砌的砖作拱圈，一般将砂浆灰缝做成上宽下窄，上宽不大于 20 mm，下宽不小于 5 mm。砖不低于 MU7.5，砂浆不能低于 M2.5，砖砌平拱过梁净跨宜小于 1.2 m，弧拱的跨度较大些但不应超过 1.8 m，中部起拱高约为 1/50L。

砖拱过梁节约钢材和水泥，但施工麻烦，整体性差，不宜用于上部有集中荷载、震动较大或地基承载力不均匀以及地震区的建筑，如图 11.23 所示。

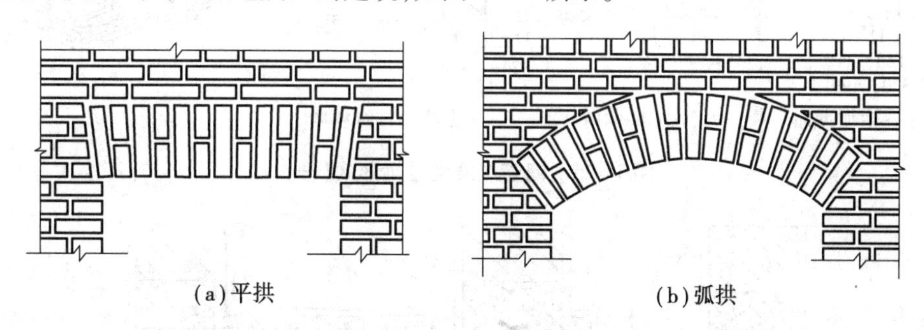

图 11.23 砖拱过梁

②钢筋砖过梁。钢筋砖过梁用砖不低于 MU7.5，砌筑砂浆不低于 M2.5。一般在洞口上方先支木模，砖平砌，设 3~4 根Φ 6 钢筋，要求伸入两端墙内不少于 240 mm，间距不大于 120 mm，并设 90°直弯埋在墙体的竖缝中。

梁高砌 5~7 皮砖或≥L/4，钢筋砖过梁净跨宜为 1.5~2 m，如图 11.24 所示。

高度一般不小于 5 皮砖，且不小于门窗洞口宽度的 1/4。

③钢筋混凝土过梁。钢筋混凝土过梁有现浇和预制两种，梁高及配筋由计算确定。为了施工方便，梁高应与砖的皮数相适应，以方便墙体连续砌筑，故常见梁高为 60，120，180，

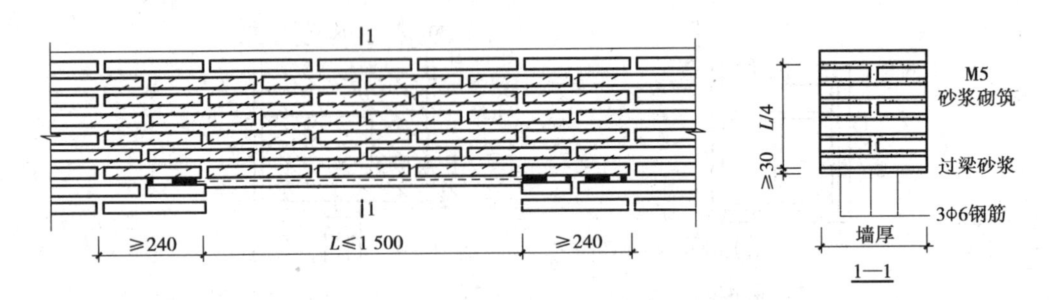

图 11.24　钢筋砖过梁构造示意

240 mm，即为 60 mm 的整倍数。梁宽一般同墙厚，梁两端支承在墙上的长度不少于 240 mm，以保证足够的承压面积。

过梁断面形式有矩形和 L 形，如图 11.25 所示。矩形截面的过梁一般用于内墙以及部分外混水墙，L 形过梁多用于清水墙，以及有保温要求的外墙。为简化构造、节约材料，可将过梁与圈梁、悬挑雨篷、窗楣板或遮阳板等结合起来设计，如图 11.26 所示。如在南方炎热多雨地区，常从过梁上挑出 300~500 mm 宽的窗楣板，既保护窗户不淋雨，又可遮挡部分直射太阳光。

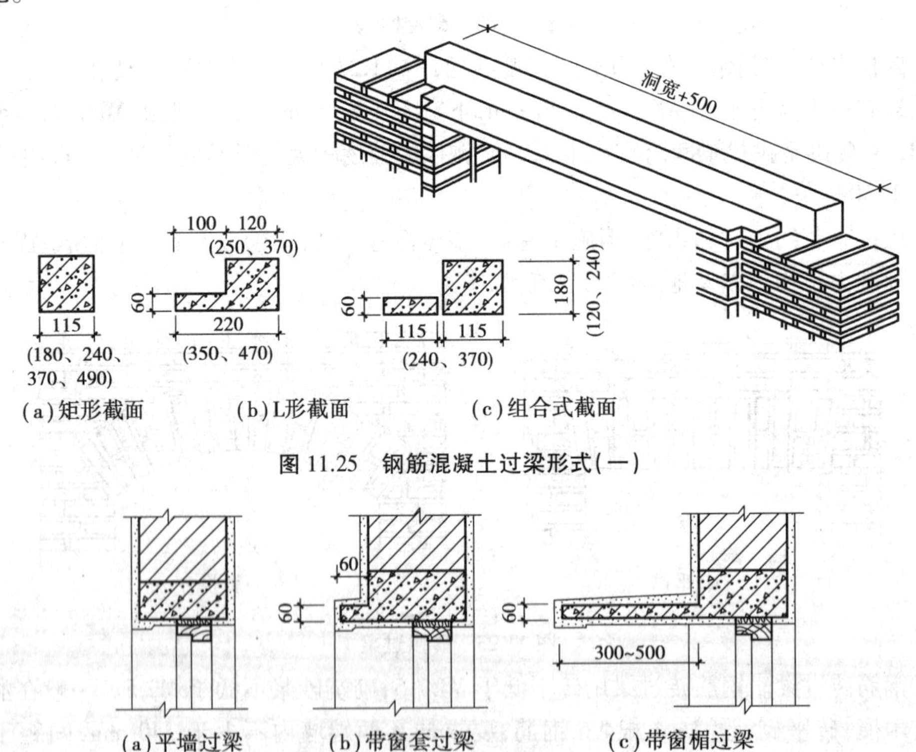

图 11.25　钢筋混凝土过梁形式(一)

图 11.26　钢筋混凝土过梁形式(二)

当洞口上部有圈梁时，洞口上部的圈梁可兼做过梁，但过梁部分的钢筋应按计算用量另行增配。

3) 变形缝

变形缝:在某些变形敏感部位先沿整个建筑物的高度设置预留缝,将建筑物分成独立的单元,或是分为简单、规则、均一的段,以避免应力集中,并给变形留下适当的余地,如图11.27所示。这种将建筑物垂直分开的缝称为变形缝。

图 11.27 变形缝

变形缝包括:伸缩缝、沉降缝、防震缝 3 种。(详见第 16 章内容)

11.2.5 墙体的加固构造及抗震构造

1) 壁柱和门垛

壁柱:当墙体的高度或长度超过一定限值,如 240 mm 厚砖墙长度超过 6 m,影响到墙体的稳定性;或墙体受到集中荷载的作用,而墙厚较薄不足以承担其荷载时,应增设凸出墙面的壁柱(又称扶壁柱),提高墙体的刚度和稳定性,并与墙体共同承担荷载。

壁柱突出墙面的尺寸一般为 120 mm×370 mm,240 mm×370 mm,240 mm×490 mm,或根据结构计算确定。

当在较薄的墙体上开设门洞时,为便于门框的安置和保证墙体的稳定,需在门靠墙转角处或丁字接头墙体的一边设置门垛,门垛凸出墙面不少于 120 mm,宽度同墙厚,如图11.28(a)所示。

门垛:当墙上开设的门窗洞口处于两墙转角处或丁字墙交接处时,为保证墙体的承载能力及稳定性,便于门框的安装,应设门垛。门垛的尺寸不应小于 120 mm,如图 11.28(b)所示。

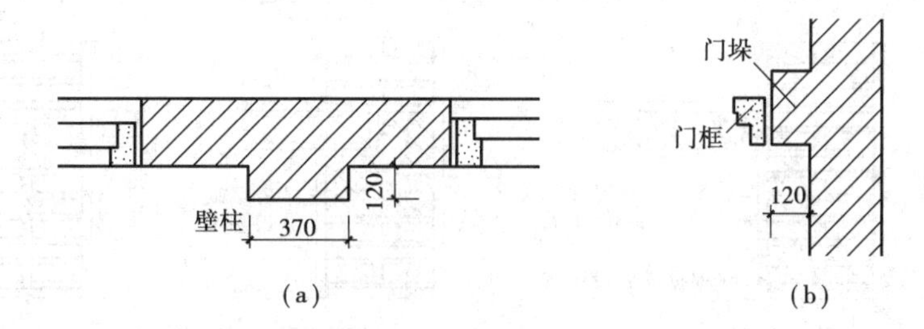

图 11.28 壁柱与门垛

2) 圈梁

圈梁是沿外墙四周及部分内墙设置在同一水平面上的连续闭合交圈的按构造配筋的梁。

作用:与楼板配合加强房屋的空间刚度和整体性,减少由于基础的不均匀沉降、振动荷载而引起的墙身开裂,在抗震设防地区,利用圈梁加固墙身更为必要。

(1)圈梁的设置位置及数量

①装配式钢筋混凝土楼、屋盖或木楼、屋盖的砖房,横墙承重时应按表 11.2 要求设置圈梁。

表 11.2　现浇钢筋混凝土圈梁设置

墙　类	烈　度		
	6,7 度	8 度	9 度
外墙和内纵墙	屋盖处及每层楼盖处	屋盖处及每层楼盖处	屋盖处及每层楼盖处
内横墙	同上,屋盖处间距不应大于 7 m,楼盖处间距不应大于 15 m,构造柱对应部位	同上,屋盖处沿所有横墙,且间距不应大于 7 m,楼盖处间距不应大于 7 m,构造柱对应部位	同上,各层所有内横墙

②采用多孔砖砌筑住宅、宿舍、办公楼等民用建筑,当墙厚为 190 mm,且层数在 4 层以下时,应在底层和檐口标高处各设置一道圈梁;当层数超过 4 层时,除顶层必须设置圈梁外,宜层层设置。

③采用现浇钢筋混凝土楼(屋)盖的多层砌体房屋,当层数超过 5 层,抗震设防烈度<7度时,除在檐口标高处设置一道圈梁外,可隔层设圈梁,并与楼板现浇。当抗震设防烈度$\geqslant 7$度时,宜层层设置。未设置圈梁处的楼面板嵌入墙内的长度不小于 120 mm,并沿墙长配置不小于 2 Φ 10 的纵向钢筋。

圈梁宜设在基础部位、楼板部位、屋盖部位。

(2)圈梁的构造

圈梁分为钢筋砖圈梁和钢筋混凝土圈梁两种。

钢筋砖圈梁就是将前述的钢筋砖过梁沿外墙和部分内墙一周连通砌筑而成。钢筋混凝土圈梁的高度不小于 120 mm,宽度与墙厚相同。圈梁的构造如图 11.29 所示。

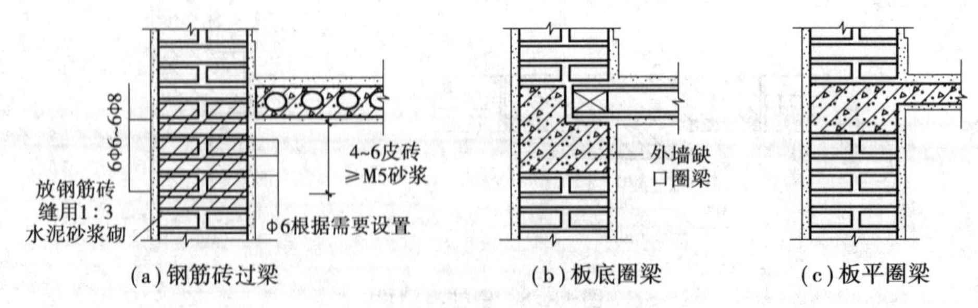

图 11.29　圈梁的构造

(3)附加圈梁

当圈梁被门窗洞口截断时,应在洞口上部增设相同截面的附加圈梁,其配筋和混凝土强度等级均不变。附加圈梁与圈梁的搭接长度不应小于两者中心线间的垂直间距的 2 倍，且不得小于 1 m，如图 11.30 所示。

(4) 圈梁的宽度

圈梁宽度一般同墙厚，在寒冷地区可略小于墙厚，当墙厚不小于 190 mm 时，其宽度不宜小于 2/3 墙厚。圈梁的高度不宜小于 120 mm，对于多孔砖墙应不小于 200 mm，且应为砖厚的整倍数。配筋应符合表 11.3 的规定要求。

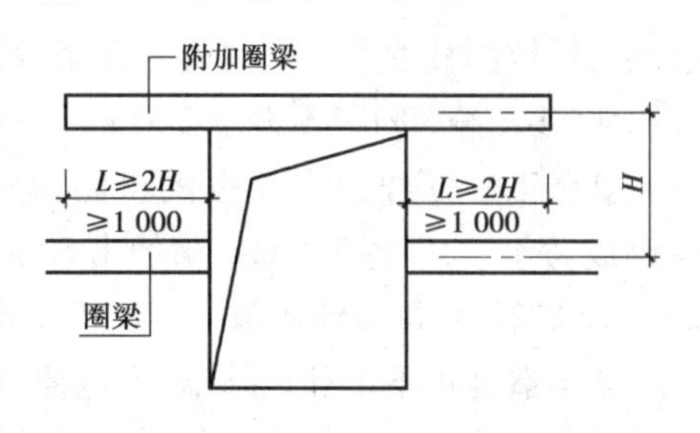

图 11.30 圈梁的搭接(附加圈梁)

表 11.3 现浇钢筋混凝土圈梁配筋设置

<table>
<tr><td rowspan="2">配 筋</td><td colspan="3">烈 度</td></tr>
<tr><td>6,7 度</td><td>8 度</td><td>9 度</td></tr>
<tr><td>最小纵筋</td><td>4 Φ 10</td><td>4 Φ 12</td><td>4 Φ 14</td></tr>
<tr><td>最大箍筋间距</td><td>φ6@ 250 mm</td><td>φ6@ 200 mm</td><td>φ6@ 150 mm</td></tr>
</table>

3) 构造柱

钢筋混凝土构造柱是从构造角度考虑设置的，是防止房屋倒塌的一种有效措施。构造柱必须与圈梁及墙体紧密相连，从而加强建筑物的整体刚度，提高墙体抗变形的能力。

(1) 构造柱的设置要求

由于建筑物的层数和地震烈度不同，构造柱的设置要求也不相同。

多层砌体构造柱一般设置在建筑物的四角，外墙的错层部位横墙与外纵墙的交接处，较大洞口的两侧，大房间内外墙的交接处，楼梯间、电梯间以及某些较长墙体的中部。

由于房屋层数和地震烈度不同，构造柱的设置要求如表 11.4 所示。

表 11.4 多层砖砌体房屋构造柱设置要求

<table>
<tr><td colspan="4">房屋层数</td><td colspan="2" rowspan="2">设置部位</td></tr>
<tr><td>6 度</td><td>7 度</td><td>8 度</td><td>9 度</td></tr>
<tr><td>四、五</td><td>三、四</td><td>二、三</td><td></td><td rowspan="3">楼、电梯间四角，楼梯斜梯段上下端对应的墙体处；
外墙四角和对应转角；
错层部位横墙与外纵墙交接处；
大房间内外墙交接处；
较大洞口两侧</td><td>隔 12 m 或单元横墙与外纵墙交接处；
楼梯间对应的另一侧内横墙与外纵墙交接处</td></tr>
<tr><td>六</td><td>五</td><td>四</td><td>二</td><td>隔开间横墙(轴线)与外墙交接处；
山墙与内纵墙交接处</td></tr>
<tr><td>七</td><td>≥六</td><td>≥五</td><td>≥三</td><td>内墙(轴线)与外墙交接处；
内墙的局部较小墙垛处；
内纵墙与横墙(轴线)交接处</td></tr>
</table>

注：较大洞口，内墙指不小于 2.1 m 的洞口；外墙在内外墙交接处已设置构造柱时应允许适当放宽，但洞侧墙体应加强。

(2) 构造柱的构造做法

①构造柱最小截面为 180 mm×240 mm，纵向钢筋宜用 4 Φ 12，箍筋间距不大于 250 mm，

且在每层楼面柱的上下端宜适当加密；7 度时超过 6 层、8 度时超过 5 层和 9 度时，纵向钢筋宜用 4 ⌀14，箍筋间距不大于 200 mm；房屋角的构造柱可适当加大截面及配筋。

②施工时，应先放构造柱的钢筋骨架，再砌砖墙，最后浇筑混凝土。构造柱与墙连接处应砌成马牙槎，即每 300 mm 高伸出 60 mm，每 300 mm 高再缩进 60 mm，沿墙高每 500 mm 设 2 Φ6 拉结钢筋，每边伸入墙内不小于 1 m。

③构造柱可不单独设基础，但应伸入室外地面下 500 mm，或与埋深不小于 500 mm 的基础梁相连。构造柱顶部应与顶层圈梁或女儿墙压顶拉结。

构造柱具体做法如图 11.31、图 11.32 所示。

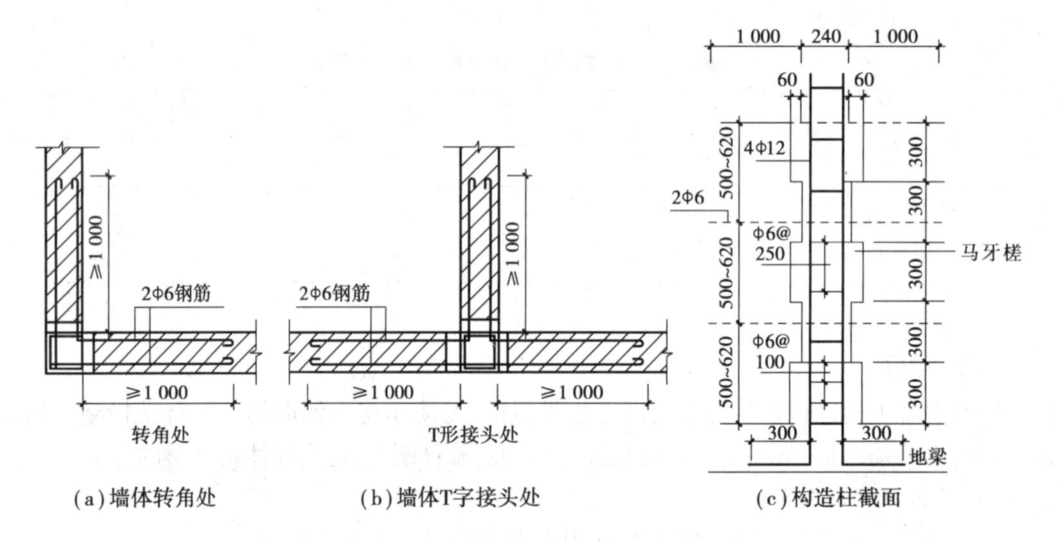

图 11.31 构造柱做法(一)

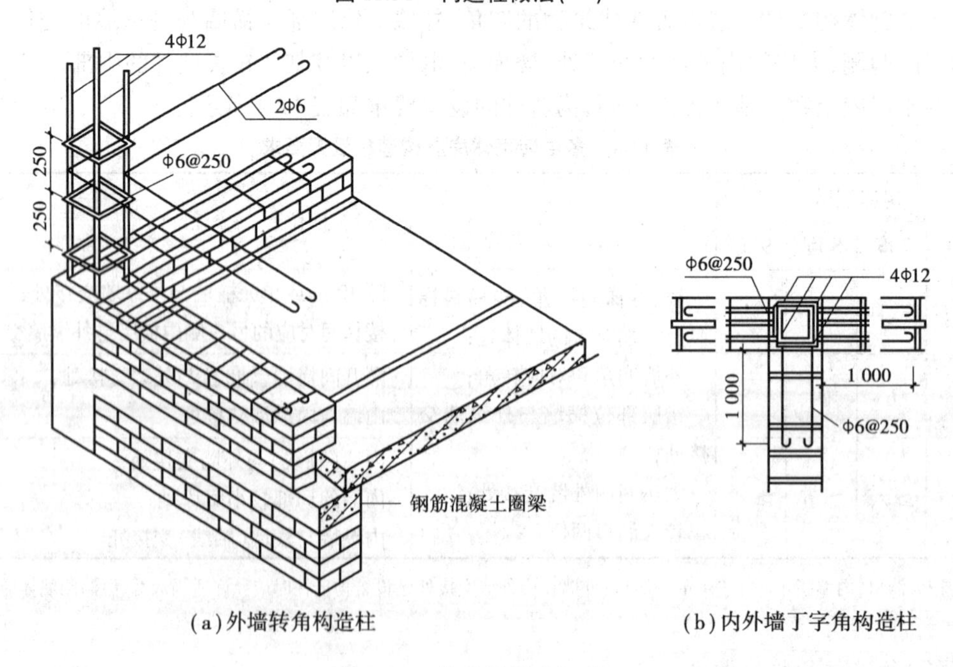

图 11.32 构造柱做法(二)

11.2.6 防火墙

防火墙的作用在于截断火灾区域，防止火灾蔓延。作为防火墙，其耐火极限应不小于4.0 h。防火墙的最大间距应根据建筑物的耐火等级而定，当耐火等级为一、二级时，其间距为150 m；三级时为100 m；四级时为75 m。

防火墙应截断燃烧体或难燃烧体的屋顶，并高出非燃烧体屋顶400 mm；高出难燃烧体屋面500 mm。

11.2.7 节能复合墙体的构造

建筑节能的主要措施之一是加强围护结构的节能，发展高效、节能的外保温墙体。外保温墙主体采用混凝土空心砌块，非黏土砖、黏土多孔砖以及现浇混凝土墙体。外侧采用轻质保温隔热层和耐候饰面层。

11.3 骨架墙

骨架墙是指填充或悬挂于框架或排架柱间，并由框架或排架承受其荷载的墙体。它在多层、高层民用建筑和工业建筑中应用较多。

11.3.1 框架外墙板的类型

按所使用的材料，外墙板可分为3类，即单一材料墙板、复合材料墙板、玻璃幕墙。单一材料墙板用轻质保温材料制作，如加气混凝土、陶粒混凝土等。复合板通常由3层组成，即内壁、外壁和夹层。外壁选用耐久性和防水性均较好的材料，如石棉水泥板、钢丝网水泥、轻骨料混凝土等。内壁应选用防火性能好又便于装修的材料，如石膏板、塑料板等。夹层宜选用容积密度小、保温隔热性能好、价廉的材料，如矿棉、玻璃棉、膨胀珍珠岩、膨胀蛭石、加气混凝土、泡沫混凝土、泡沫塑料等。

11.3.2 外墙板的布置方式

外墙板可以布置在框架外侧，或框架之间，或安装在附加墙架上，如图11.33所示。轻型墙板通常需安装在附加墙架上，以使得外墙具有足够的刚度，保证在风力和地震力的作用下不会变形。

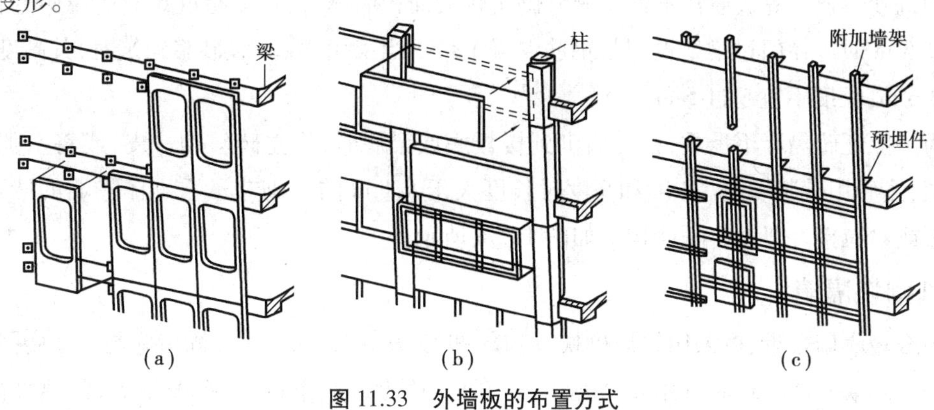

图11.33 外墙板的布置方式

11.3.3　外墙板与框架的连接

外墙板可以采用上挂或下承两种方式支承于框架柱、梁或楼板上。根据不同的板材类型和板材的布置方式,可采取焊接法、螺栓联结法、插筋锚固法等将外墙板固定在框架上。

无论采用何种方法,均应注意以下构造要点:

①外墙板与框架连接应安全可靠;

②不要出现“冷桥”现象,防止产生结露;

③构造简单,施工方便。

11.4　隔墙构造

隔墙是分隔建筑物内部空间的非承重构件,本身重量由楼板或梁来承担。设计要求隔墙自重轻,厚度薄,有隔声和防火性能,便于拆卸,浴室、厕所的隔墙能防潮、防水。常用隔墙有块材隔墙、轻骨架隔墙和板材隔墙3类。

块材隔墙是用普通黏土砖、空心砖、加气混凝土等块材砌筑而成,常采用普通砖隔墙和砌块隔墙两种。

隔墙应满足以下要求:

①自重轻,有利于减轻楼板的荷载。

②厚度薄,可增加建筑的有效空间。

③便于拆卸,能随使用要求的改变而变化。

④具有一定的隔声能力,使各使用房间互不干扰。

⑤按使用部位不同,有不同的要求,如防潮、防水、防火等。

11.4.1　块材隔墙

1)砖砌隔墙

普通砖隔墙一般采用1/2砖(120 mm)隔墙。1/2砖墙用普通黏土砖采用全顺式砌筑而成。砌筑砂浆强度等级通常不低于M5,砌筑较大面积墙体时,长度超过6 m应设砖壁柱,高度超过5 m时应在门过梁处设通长钢筋混凝土带。当采用M2.5级砂浆砌筑时,其高度不宜超过3.6 m,长度不宜超过5 m。

为了保证砖隔墙不承重,在砖墙砌到楼板底或梁底时,将立砖斜砌一皮,或将空隙塞木楔打紧,然后用砂浆填缝。8度和9度时长度大于5.1 m的后砌非承重砌体隔墙的墙顶,应与楼板或梁拉接。普通砖隔墙构造如图11.34所示。

2)砌块隔墙

为减轻隔墙自重,可采用轻质砌块,墙厚一般为90~120 mm。加固措施与1/2砖隔墙做法相同。砌块不够整块时宜用普通黏土砖填补。因砌块墙重量轻、孔隙率大、隔热性能好,但吸水性强,故在砌筑时先在墙下部实砌3~5皮实心黏土砖再砌砌块。

常采用砌块有加气混凝土砌块、矿渣空心砖、陶粒混凝土砌块等。砌块较薄,也需采取措施,加强其稳定性,其方法与普通砖隔墙相同。

图 11.34 普通砖隔墙构造图

11.4.2 轻骨架隔墙

轻骨架隔墙由骨架和面板层两部分组成。骨架可分为木骨架和金属骨架,面板也分为板条抹灰、钢丝网板条抹灰、胶合板、纤维板、石膏板等。由于先立墙筋(骨架),再做面层,故又称为立筋式隔墙。

1)板条抹灰隔墙

板条抹灰隔墙是由上槛、下槛、墙筋斜撑或横档组成木骨架,其上钉以板条再抹灰而成。

2)立筋面板隔墙

立筋面板隔墙是指面板用人造胶合板、纤维板或其他轻质薄板,骨架为木质或金属组合而成。

①骨架。墙筋间距视面板规格而定。金属骨架一般采用薄型钢板、铝合金薄板或拉眼钢板网加工而成,并保证板与板的接缝在墙筋和横档上。

②饰面层。常用饰面层类型有胶合板、硬质纤维板、石膏板等。

采用金属骨架时,可先钻孔,用螺栓固定,或采用膨胀铆钉将板材固定在墙筋上。立筋面板隔墙为干作业,自重轻、可直接支撑在楼板上、施工方便、灵活多变,故得到广泛应用,但隔声效果较差。

11.4.3 板材隔墙

板材隔墙是指各种轻质板材的高度相当于房间净高,不依赖骨架,可直接装配而成,目前多采用条板,如碳化石灰板、加气混凝土条板、多孔石膏条板、纸蜂窝板、水泥刨花板、复合彩色钢板等。板材隔墙具有自重轻、安装方便、施工速度快、工业化程度高等特点。

预制条板的厚度大多为60~100 mm,宽度为600~1 000 mm。长度略小于房间净高。

安装时,条板下部选用小木楔顶紧,然后用细石混凝土堵严板缝,用胶黏剂黏结,并用胶泥刮缝,平整后再做表面装修,如图11.35所示。

图 11.35　板材隔墙构造图

11.4.4　隔断

1) 屏风式隔断

隔断与顶棚保持一定距离，起到分隔空间和遮挡视线的作用。

屏风式隔断的分类：按其安装架立方式不同可分为固定式屏风隔断和活动式屏风隔断。固定式隔断又可分为立筋骨架式(图 11.36)和预制板式。

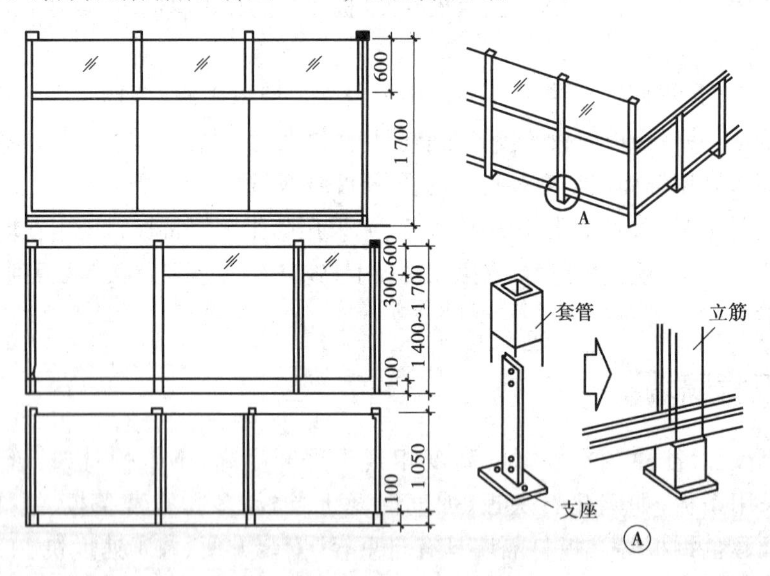

图 11.36　屏风式隔断

2) 移动式隔断

移动式隔断可以随意闭合或打开，使相邻的空间随之独立或合成一个空间。这种隔断使用灵活，在关闭时也能起到限定空间、隔声和遮挡视线的作用。

种类有拼装式、滑动式、折叠式、悬吊式、卷帘式和起落式等多种形式。

3) 镂空式隔断

镂空式隔断是公共建筑门厅、客厅等处分隔空间常用的一种形式，有竹、木制的，也有混凝土预制构件的，形式多样，如图 11.37 所示。隔断与地面、顶棚的固定也因材料不同而变化，可用钉、焊等方式连接。

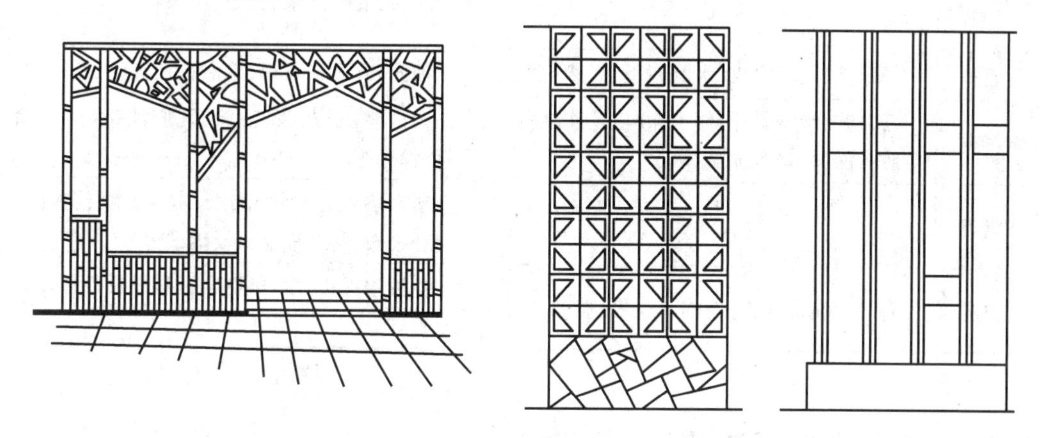

图 11.37　镂空式隔断

4) 帷幕式隔断

帷幕式隔断占使用面积小、能满足遮挡视线的功能、使用方便、便于更新，一般多用于住宅、旅馆和医院。

5) 家具式隔断

家具式隔断是巧妙地把分隔空间与贮存物品两功能结合起来，这种形式多用于住宅的室内设计以及办公室的分隔等。

11.5　墙面装修

11.5.1　墙面装修的作用

①保护墙体：增强墙体的坚固性、耐久性，延长墙体的使用年限。

②改善墙体的使用功能：提高墙体的保温、隔热和隔声能力。

③美化和装饰作用：提高建筑的艺术效果，美化环境。

11.5.2　墙面装修的分类

①按装修所处部位不同，分为室外装修和室内装修两类。室外装修要求采用强度高、抗冻性强、耐水性好以及具有抗腐蚀性的材料。室内装修材料则因室内使用功能不同，要求有一定的强度、耐水及耐火性。

②按饰面材料和构造不同，有清水勾缝、抹灰类、贴面类、涂刷类、裱糊类、条板类、玻璃（或金属）幕墙等，如表 11.5 所示。

表 11.5　墙面装修分类

类　别	室外装修	室内装修
抹灰类	水泥砂浆、混合砂浆、聚合物水泥砂浆、拉毛、水刷石、干粘石、斩假石、假面砖、喷涂、滚涂等	纸筋灰、麻刀灰粉面、石膏粉面、膨胀珍珠岩灰浆、混合砂浆、拉毛、拉条等
贴面类	外墙面砖、马赛克、水磨石板、天然石板等	釉面砖、人造石板、天然石板等
涂料类	石灰浆、水泥浆、溶剂型涂料、乳液涂料、彩色胶砂涂料、彩色弹涂等	大白浆、石灰浆、油漆、乳胶漆、水溶性涂料、弹涂等
裱糊类		塑料墙纸、金属面墙纸、木纹壁纸、花纹玻璃纤维布、纺织面墙纸及绵缎等
铺钉类	各种金属饰面板、石棉水泥板、玻璃	各种木夹板、木纤维板、石膏板及各种装饰面板等

11.5.3　抹灰类墙面装修

抹灰又称粉刷,是我国传统的饰面做法,是由水泥、石灰膏为胶结材料加入砂或石渣与水拌和成砂浆或石渣浆,抹到墙面上的一种操作工艺,属湿作业。抹灰分为一般抹灰和装饰抹灰两类。

1)一般抹灰

一般抹灰有石灰砂浆、混合砂浆、水泥砂浆等。外墙抹灰一般为 20~25 mm,内墙抹灰为 15~20 mm,顶棚为 12~15 mm。在构造上和施工时需分层操作,一般分为底层、中层和面层,各层的作用和要求不同。

①底层抹灰主要起到与基层墙体黏结和初步找平的作用。

②中层抹灰在于进一步找平以减少打底砂浆层干缩后可能出现的裂纹。

③面层抹灰主要起装饰作用,因此要求面层表面平整、无裂痕、颜色均匀。

抹灰按质量及工序要求分为 3 种标准,如表 11.6 所示。

表 11.6　抹灰类 3 种标准

层次 标准	底层/mm	中层/mm	面层/mm	总厚度/mm	适用范围
普通抹灰	1		1	≤18	简易宿舍、仓库等
中级抹灰	1	1	1	≤20	住宅、办公楼、学校、旅馆等
高级抹灰	1	若干	1	≤25	公共建筑、纪念性建筑如剧院、展览馆等

2)装饰抹灰

装饰抹灰有水刷石、干粘石、斩假石、水泥拉毛等。装饰抹灰一般是指采用水泥、石灰砂浆等抹灰的基本材料,除对墙面作一般抹灰之外,利用不同的施工操作方法将其直接做成饰面层。

(1)基层处理

砖石基层:做饰面前,应除去浮灰,必要时用水冲净。

混凝土及钢筋混凝土基层:除去混凝土表面的脱模剂,还必须将表面打毛,用水除去浮尘。

加气混凝土表面:抹灰前应将加气混凝土表面清扫干净,除去浮灰,浇水润湿并涂刷一遍107胶水溶液或其他加气混凝土界面剂。

(2)抹灰构造层次

底灰又称“刮糙”,主要起与基层的黏结及初步找平的作用。

对砖、石墙,应用水泥砂浆或石灰水泥混合砂浆打底。基层为板条基层时,应采用石灰砂浆作底灰,并在砂浆中掺入麻刀或其他纤维。轻质混凝土砌块墙应用混合砂浆或聚合物砂浆。

混凝土墙或湿度大的房间或有防水、防潮要求的房间,底灰宜选用水泥砂浆。底灰厚5~15 mm。中层抹灰主要起找平作用,厚度一般为5~10 mm。面层抹灰主要起装修作用,要求表面平整、色彩均匀、无裂缝,可以做成光滑、粗糙等不同质感的表面。

3)墙面局部处理

①墙裙。在室内抹灰中,对人群活动频繁、易受碰撞的墙面,或有防水、防潮要求的墙身,如门厅、走廊、厨房、浴室、厕所等处的墙面应做墙裙。墙裙高1.5 m或1.8 m。

具体做法:1∶3水泥砂浆打底,1∶2水泥砂浆或水磨石罩面,也可贴面砖、刷油漆或铺钉胶合板等。

②踢脚。在内墙面和楼地面的交接处,为了遮盖地面与墙面的接缝、保护墙身、防止擦洗地面时弄脏墙面,常做踢脚线。踢脚线高120 mm或150 mm。

③装饰线。为了增加室内美观,在内墙面与顶棚的交接处做成各种装饰线。

④护角。对于易被碰撞的内墙阳角或门窗洞口,通常抹1∶2水泥砂浆做护角,并用素水泥浆抹成圆角,高度2 m,每侧宽度不应小于50 mm。

⑤木引条。外墙面抹灰面积较大,由于材料干缩和温度变化,容易产生裂缝,常在抹灰面层做分格处理,称为引条线。引条线的做法是在底灰上埋放不同形式的木引条,面层抹灰完毕后及时取下引条,再用水泥砂浆勾缝,以提高抗渗能力。

11.5.4 贴面类墙面装修

贴面类装修指在内外墙面上粘贴各种天然石板、人造石板、陶瓷面砖等,通过绑、挂或直接粘贴于基层表面的装修做法。

贴面类材料包括:花岗岩板和大理石板等天然石板;水磨石板、水刷石板、剁斧石板等人造石板;面砖、瓷砖、锦砖等陶瓷和玻璃制品。

1)面砖饰面构造

(1)铺贴方法

面砖应先放入水中浸泡,安装前取出晾干或擦干净,安装时先抹15 mm 1∶3水泥砂浆找底并划毛,再用 1∶0.3∶3 水泥石灰混合砂浆或用掺有 107 胶(水泥用量 5%~7%)的 1∶2.5 水泥砂浆满刮 10 mm 厚面砖背面紧粘于墙上。贴于外墙的面砖,常在面砖之间留出一定缝隙。

(2)面砖材料

釉面砖:精陶制品,内墙。

墙地砖:炻器,贴外墙面砖为面砖,铺地面砖为地砖,分无釉砖、釉面砖。

劈离砖:以黏土为原料烧制而成。

面砖饰面构造如图 11.38 所示。

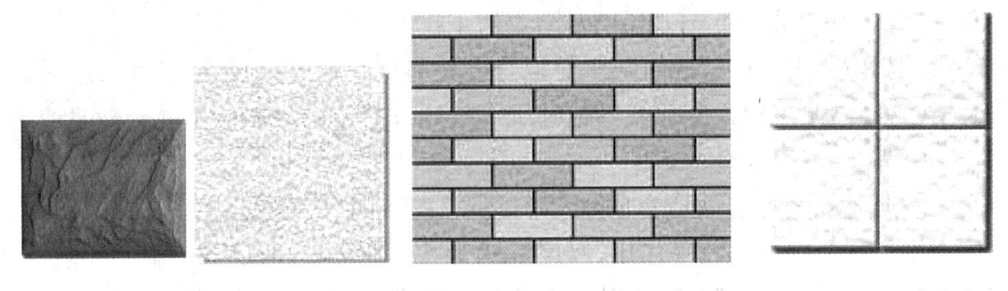

图 11.38　面砖饰面构造示意

2)陶瓷锦砖饰面

陶瓷锦砖也称为马赛克,有陶瓷锦砖和玻璃锦砖之分。它的尺寸较小,根据其花色品种,可拼成各种花纹图案。

锦砖的安装:铺贴时先按设计的图案将小块材正面向下贴在 500 mm×500 mm 大小的牛皮纸上,然后牛皮纸面向外将马赛克整块粘贴在 1∶1 水泥细砂砂浆上,用木板压平。砂浆硬结后,洗去牛皮纸,修整。饰面基层上,待半凝后将纸洗掉,同时修整饰面。

玻璃马赛克:与陶瓷锦砖相似,是透明的玻璃质饰面材料,它质地坚硬、色泽柔和,具有耐热、耐蚀、不龟裂、不褪色、造价低的特点。

3)天然石材和人造石材饰面

石材按其厚度分有两种,通常厚度为 30~40 mm 为板材,厚度为 40~130 mm 以上称为块材。常见天然板材饰面有花岗石、大理石和青石板等,具有强度高、耐久性好等特点,多作高级装饰用。常见人造石板有预制水磨石板、人造大理石板等。

(1)石材拴挂法(湿法挂贴)

天然石材和人造石材的安装方法相同,先在墙内或柱内预埋Φ6 铁箍,间距依石材规格而定,而铁箍内立Φ6~Φ10 竖筋,在竖筋上绑扎横筋,形成钢筋网。在石板上下边钻小孔,用双股 16 号钢丝绑扎固定在钢筋网上。上下两块石板用不锈钢卡销固定。板与墙面之间预留 20~30 mm 缝隙,上部用定位活动木楔做临时固定,校正无误后,在板与墙之间浇筑 1∶3 水泥砂浆,待砂浆初凝后,取掉定位活动木楔,继续上层石板的安装。构造如图 11.39 所示。

(2)干挂石材法(连接件挂接法)

干挂石材的施工方法是用一组高强耐腐蚀的金属连接件,将饰面石材与结构可靠地连接,其间形成空气间层不作灌浆处理。构造如图 11.40 所示。

干挂法的特点:

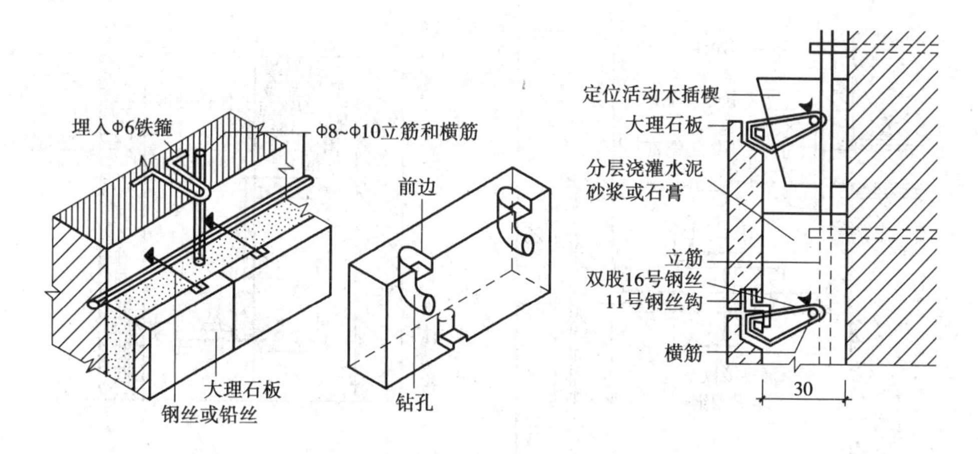

图 11.39 石材拴挂法构造(湿法挂贴)

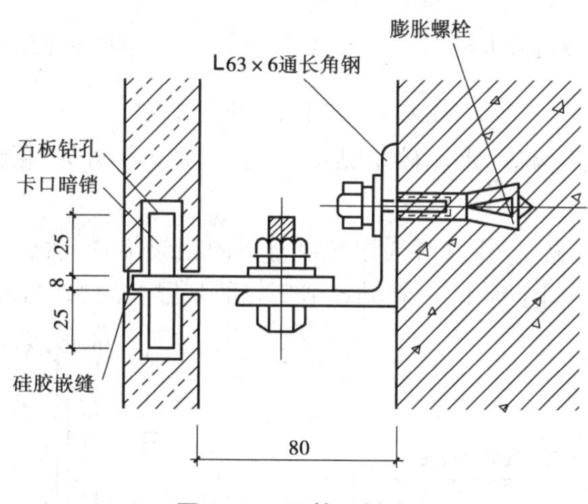

图 11.40 干挂石材法

①装饰效果好,石材在使用过程中表面不会泛碱。

②施工不受季节限制,无湿作业,施工速度快、效率高,施工现场清洁。

③石材背面不灌浆,减轻了建筑物自重,有利于抗震。

④饰面石材与结构连接(或与预埋件焊接)构成有机整体,可用于地震区和大风地区。

⑤采用干挂石材法造价比湿挂法高 15%~25%。

干挂法构造方案:

①无龙骨体系:根据立面石材设计要求,全部采用不锈钢的连接件,与墙体直接连接(焊接或栓接),通常用于钢筋混凝土墙面,如图 11.41(a)所示。

②有龙骨体系:由竖向龙骨和横向龙骨组成。主龙骨可选用镀锌方钢、槽钢、角钢,该体系适用于各种结构形式。

用于连接件的舌板、销钉、螺栓一般均采用不锈钢,其他构件视具体情况而定。

密封胶应具有耐水、耐溶剂和耐大气老化及低温弹性、低气孔率等特点,且密封胶应为中性材料,不对连接件构成腐蚀,如图 11.41(b)所示。

饰面板(砖)类饰面:利用各种天然或人造板、块,通过绑、挂或直接粘贴于基层表面的装饰装修做法,主要有粘贴和挂贴两种做法。

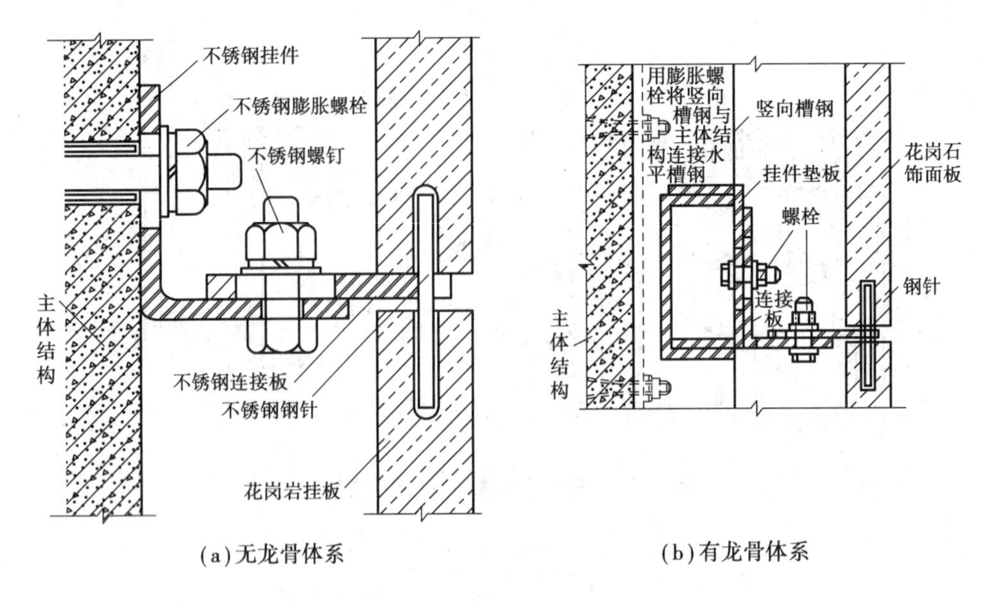

(a)无龙骨体系　　(b)有龙骨体系

图 11.41　天然石板干挂工艺

饰面板(砖)的粘贴构造:水泥砂浆粘贴构造一般分为底层、黏结层和块材面层 3 个层次。

建筑胶粘贴的构造做法:将胶凝剂涂在板背面的相应位置,然后将带胶的板材经就位、挤紧、找平、校正、扶直、固定等工序,粘贴在清理好的基层上,如图 11.42 所示。

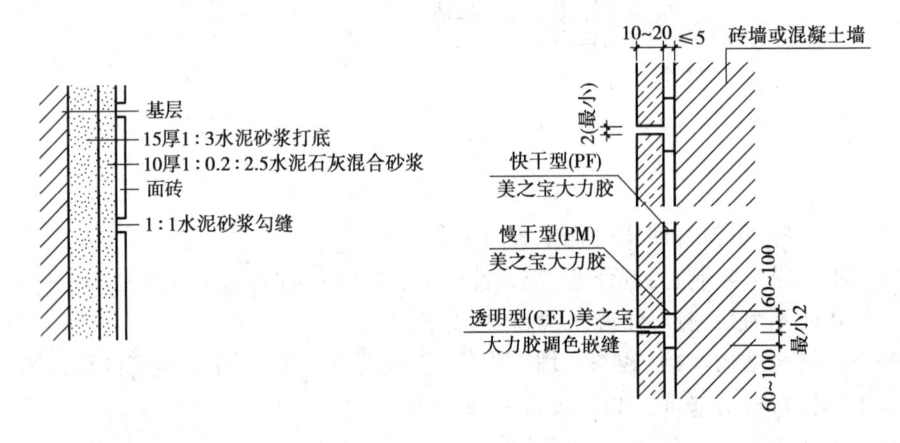

图 11.42　粘贴法构造图

11.5.5　涂料类墙面装修

涂料是指喷涂、刷于基层表面后,能与基层形成完整而牢固的保护膜的涂层饰面装修。

涂料按其主要成膜物的不同,具有造价低、装饰性好、工期短、工效高、自重轻、操作简单、维修方便、更新快等特点,在建筑上得到广泛的应用和发展。涂料可以分为有机涂料和无机涂料两大类。

1)无机涂料

常用的无机涂料有石灰浆、大白浆、可赛银浆、无机高分子涂料等。普通无机涂料,如石灰浆、大白浆、可赛银浆等，多用于一般标准的室内装修。无机高分子涂料有 JH80-1 型、JH80-2 型、JHN84-1 型、F832 型、LH-82 型、HT-1 型等。无机高分子涂料具有耐水、耐酸碱、耐冻融、装修效果好、价格较高等特点，多用于外墙面装修和有耐擦洗要求的内墙面装修。

2) 有机涂料

有机合成涂料依其主要成膜物质和稀释剂的不同，可分为溶剂型涂料、水溶性涂料和乳液型涂料 3 种。

溶剂型涂料包括传统的油漆涂料、苯乙烯内墙涂料、聚乙烯醇缩丁醛内(外)墙涂料、过氯乙烯内墙涂料等。

水溶性涂料包括聚乙烯醇水玻璃内墙涂料(即 106 涂料)、聚合物水泥砂浆饰面涂层、改性水玻璃内墙涂料、108 内墙涂料、ST-803 内墙涂料、JGY-821 内墙涂料、801 内墙涂料等。

乳液涂料又称乳胶漆，包括乙丙乳胶涂料、苯丙乳胶涂料等，多用于内墙装修。

3) 构造做法

建筑涂料的施涂方法一般分刷涂、滚涂和喷涂 3 种。

施涂溶剂型涂料时，后一遍涂料必须在前一遍涂料干燥后进行，否则易发生皱皮、开裂等质量问题。

施涂水溶性涂料时，要求与做法同上。每遍涂料均应施涂均匀，各层应结合牢固。

在湿度较大，特别是遇明水部位的外墙和厨房、厕所、浴室等房间内施涂涂料时，应选用耐洗刷性较好的涂料和耐水性能好的腻子材料(如聚醋酸乙烯乳液水泥腻子等)。

用于外墙的涂料应具有良好的耐水性、耐碱性，还应具有良好的耐洗刷性、耐冻融循环性、耐久性和耐沾污性。

11.5.6 裱糊类墙面装修

裱糊类墙面装修是将各种装饰性的墙纸、墙布、织锦等材料裱糊在内墙面上的一种装修饰面。墙纸品种很多，分为 PVC 塑料壁纸、复合壁纸、玻璃纤维墙布等。

裱糊类墙体饰面装饰性强、造价较经济、施工方法简捷高效、材料更换方便，并且在曲面和墙面转折处粘贴，可以顺应基层，获得连续的饰面效果。目前，国内使用最多的是塑料墙纸和玻璃纤维墙布等。

裱糊类墙面装修构造：

①基层处理：在基层刮腻子，以使裱糊墙纸的基层表面平整光滑。同时为了避免基层吸水过快，还应对基层进行封闭处理。处理方法为：在基层表面满刷一遍按 1∶0.5~1∶1 稀释的 107 胶水。

②墙面应采用整幅裱糊，裱糊的顺序为先上后下、先高后低。粘贴剂通常采用 107 胶水，配合比为：107 胶∶羧甲基纤维素(2.5%)水溶液∶水 = 100∶(20~30)∶50，107 胶的含固量为 12%左右。

11.5.7 板材类墙面装修

板材类装修是指采用天然木板或各种人造薄板借助于镶钉胶等固定方式对墙面进行装

饰处理。板材类墙面由骨架和面板组成。骨架有木骨架和金属骨架,面板有硬木板、胶合板、纤维板、石膏板等各种装饰面板和近年来应用日益广泛的金属面板。常见的构造方法如下:

1)木质板墙面

木质板墙面是用各种硬木板、胶合板、纤维板以及各种装饰面板等做的装修,具有美观大方、装饰效果好,且安装方便等优点,但防火、防潮性能欠佳,一般多用作宾馆、大型公共建筑的门厅以及大厅面的装修。木质板墙面装修构造是先立墙筋,然后外钉面板,如图 11.43 所示。

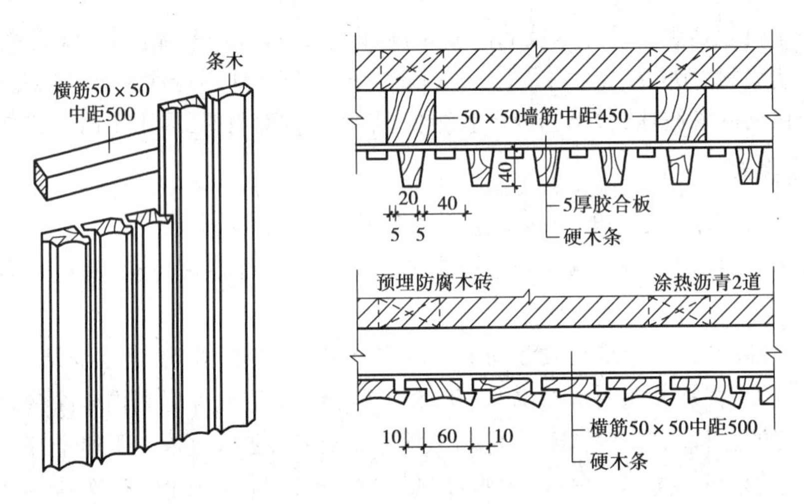

图 11.43　木质板墙面构造

2)金属薄板墙面

金属薄板墙面是指利用薄钢板、不锈钢板、铝板或铝合金板作为墙面装修材料。其以精密、轻盈等优点,体现着新时代的审美情趣。

金属薄板墙面装修构造,也是先立墙筋,然后外钉面板。墙筋用膨胀铆钉固定在墙上,间距为 60~90 mm。金属板用自攻螺丝或膨胀铆钉固定,也可先用电钻打孔后用木螺丝固定。

3)石膏板墙面

石膏板墙面的一般构造做法:首先在墙体上涂刷防潮涂料,然后在墙体上铺设龙骨,将石膏板钉在龙骨上,最后进行板面修饰。

11.6　建筑幕墙

11.6.1　幕墙类型

①按幕面材料的不同可分为玻璃、金属、轻质混凝土挂板、天然花岗石板等幕墙。其中玻璃幕墙是当代的一种新型墙体,不仅装饰效果好,而且质量轻、安装速度快,是外墙轻型化、装配化较理想的形式。

②玻璃幕墙按构造方式不同可分为露框、半隐框、隐框及悬挂式玻璃幕墙等。

③按施工方式不同可分为分件式幕墙（现场组装）和板块式幕墙（预制装配）两种。

11.6.2 玻璃幕墙的构造组成

玻璃幕墙由玻璃和金属框组成幕墙单元，借助于螺栓和连接铁件安装到框架上。

①金属边框：有竖梃、横框之分，起骨架和传递荷载作用，可用铝合金、铜合金、不锈钢等型材做成。如图11.44所示为铝合金边框的工程实例；如图11.45所示为幕墙铝框连接构造。

图11.44 铝合金边框的工程实例

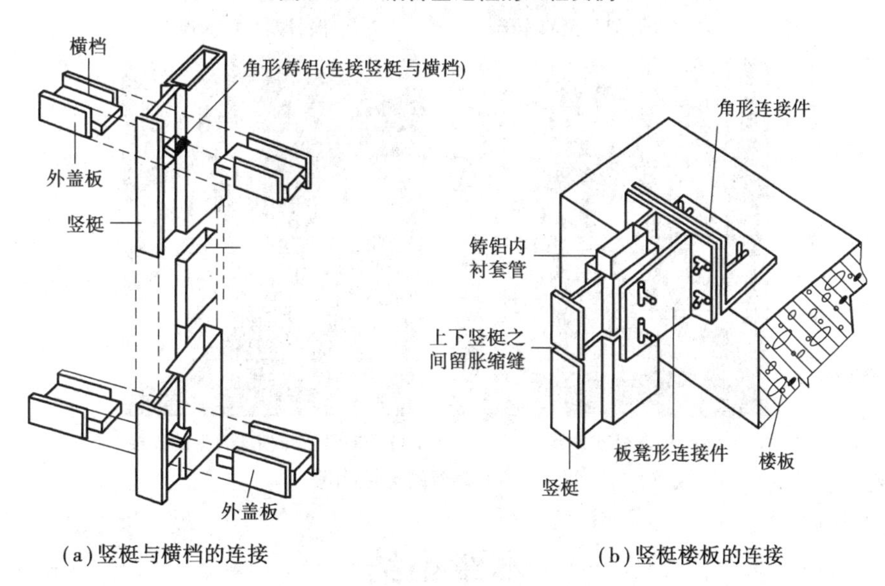

（a）竖梃与横档的连接　　（b）竖梃楼板的连接

图11.45 幕墙铝框连接构造

②玻璃：有单层、双层、双层中空和多层中空玻璃，起采光、通风、隔热、保温等围护作用，通常选择热工性能好、抗冲击能力强的钢化玻璃、吸热玻璃、镜面反射玻璃、中空玻璃等。接缝构造多采用密封层、密封衬垫层、空腔三层构造层。

③连接固定件：有预埋件、转接件、连接件、支承用材等，在幕墙及主体结构之间以及幕墙元件与元件之间起连接固定作用。

④装修件：包括后衬板（墙）、扣盖件及窗台、楼地面、踢脚、顶棚等构部件，起密闭、装修、防护等作用。

⑤密缝材:有密封膏、密封带、压缩密封件等,起密闭、防水、保温、绝热等作用;此外,还有窗台板、压顶板、泛水、防止凝结水和变形缝等专用件。

11.6.3 玻璃幕墙细部构造

①竖向骨架与梁的连接,如图 11.46(a)所示。

②竖向骨架与柱的连接,如图 11.46(b)所示。

③竖向骨架与横向骨架的连接,连接件、连接构造如图 11.46(c)、图 11.46(d)所示。

(a)竖向骨架与梁的连接

(b)竖向骨架与柱的连接

(c)横向骨架连接件

(d)竖向骨架与横向骨架的连接

图 11.46 骨架的连接构造

本章小结

1.墙是建筑物空间的垂直分隔构件,起着承重和围护作用。它依受力性质的不同分为承重墙和非承重墙;依材料及构造的不同分为实体墙、空体墙和组合墙;依施工方式不同分为块材墙、板筑墙和装配式板材墙。因此,作为墙体必须满足结构、保温、隔热、节能、隔声、防火以及适应工业化生产的要求。

2.砖墙和砌块墙都是块材墙,均以砂浆为胶结料,按一定规律将砌块进行有机组合的砌体。砖墙若用黏土砖应严加控制。为节约土地资源,国家已作出决定,在一些大城市停止使用黏土砖。

3.墙身的细部构造重点在门窗过梁、窗台、勒脚、防潮层、明沟与散水、变形缝、墙身加固以及防火墙等。

4.骨架墙是指填充或悬挂于框架或排架柱间的非承重墙体，有砌体填充墙、波形瓦材墙和开敞式外墙之分。

5.隔墙一般是指分隔房间的非承重墙，常见的有块材隔墙、轻骨架隔墙和板材隔墙等。

6.墙面装修是保护墙体、改善墙体使用功能、增加建筑物美观的有效措施。依部位的不同可分为外墙装修和内墙装修两类；依材料和构造不同，又可分为清水墙、抹灰类、贴面类、涂刷类、裱糊类、板材类及玻璃幕墙等。

7.建筑幕墙的类型及一般构造组成。

在了解墙体设计要求和各部分构造的基础上，完成墙体构造作业，按要求绘制构造详图。

复习思考题

1.墙体依其所处位置不同、受力不同、材料不同、构造不同、施工方法不同可分为哪几种类型？

2.墙体在设计上有哪些要求？

3.标准砖自身尺度之间有何关系？

4.常见的砖墙组砌方式有哪些？

5.常见的过梁有几种？它们的适用范围和构造特点是什么？

6.窗台构造中应考虑哪些问题？

7.勒脚的处理方法有哪几种？试说出各自的构造特点。

8.墙身水平防潮层有哪几种做法？各有何特点？水平防潮层应设在何处？

9.在什么情况下设垂直防潮层？其构造做法如何？

10.墙体的加固措施有哪些？有何设计要求？

11.什么叫圈梁？有何作用？

12.什么叫构造柱？有何作用？

13.砌块的组砌要求是什么？

14.常见隔墙有哪些？简述各种隔墙的特点及构造做法。

15.墙面装修有哪些作用？基层处理原则是什么？

16.墙面装修有哪几类？试举例说明每类墙面装修的1~2种构造做法及适用范围。

17.什么是建筑幕墙？什么是玻璃幕墙？玻璃幕墙如何分类？其构造组成如何？

实训设计作业1：节能外墙体构造设计

墙体构造设计任务书

1)设计题目

某建筑物外墙节能构造设计

2)构造设计的目的及要求

通过本次设计,使学生掌握墙体中的各节点,如墙脚、窗台、窗上口、墙与楼板连接处等的设计方法,进一步理解建筑设计的基本原理,了解初步设计的步骤和方法。

3)设计条件

某教学楼的办公区层高为 3.30 m,共 6 层,耐火等级为二级。室内外地面高差为 0.45 m,窗台距室内地面 900 mm 高,室内地坪从上至下分别为 20 mm 厚 1∶2 水泥砂浆面层,80 mm厚,C10 素混凝土 100 mm 厚 3∶7 灰土,素土夯实。窗洞口尺寸为 1 800 mm×1 800 mm,结构为砖混结构(局部可用框架);外墙为砖墙,厚度不小于 240 mm(考虑节能要求);楼板采用现浇板或预制钢筋混凝土空心板;设计所需的其他条件由学生自定。

4)设计内容及图纸要求

要求沿外墙窗纵剖,从楼板以下至基础以上,绘制墙身剖面图,重点表示清楚以下部位:

①窗过梁与窗;

②窗台;

③勒脚及其防潮处理;

④明沟或散水;

⑤外墙节能构造设计。

各种节点的构造做法很多,可任选一种做法绘制。图中必须标明材料、做法、尺寸。图中线条、材料符号等,按建筑制图标准表示;字体应工整,线型粗细分明;比例为 1∶10;用一张竖向 3 号图纸完成。

5)节点绘制辅导

(1)墙脚和地坪层构造的节点详图

①画出墙身、勒脚、散水或明沟、防潮层、室内外地坪、踢脚板和内外墙面抹灰,剖切到的部分用材料图例表示。

②标注定位轴线及编号圆圈,标注墙体厚度(在轴线两边分别标注)和室内外地面标高,注写图名和比例。

(2)窗台构造的节点详图

①画出墙身、内外墙面抹灰、内外窗台和窗框等,用引出线注明内外窗台的饰面做法,标注细部尺寸,标注外窗台的排水方向和坡度值。

②按开启方式和材料表示出窗框,表示清楚窗框与窗台饰面的连接,标注定位轴线,标注窗台标高(结构面标高),注写图名比例。

(3)过梁和楼板层构造的节点详图

①画出墙身、内外墙面抹灰、过梁、窗框、楼板层和踢脚板等,表示清楚过梁的断面形式,标注有关尺寸;用多层构造引出线注明楼板层做法,表示清楚楼板的形式以及板与墙的相互关系;标注踢脚板的做法和尺寸。

②标注定位轴线,标注过梁底面(结构面)标高和楼面标高,注写图名和比例。

仿真视频资源

第 12 章 楼地层

本章导读

- **基本要求** 掌握楼板层的组成、类型和设计要求;掌握常见楼板的构造特点和适用范围;熟悉常见地坪层的构造;了解顶棚、雨篷和阳台的分类并熟悉各类型的构造。
- **重点** 楼板的构造特点和适用范围,地坪层的构造、顶棚的构造、雨篷和阳台的构造。
- **难点** 地坪层的构造、悬吊式顶棚的构造、雨篷和阳台的构造。

12.1 楼地层的构造组成、类型及设计要求

楼地层包括楼板层与地坪层,是分隔建筑空间的水平承重构件。它一方面承受着楼板层上的全部活荷载和恒荷载,并把这些荷载合理有序地传给墙或柱;另一方面对墙体起着水平支撑作用,以减少风力和地震产生的水平力对墙体的影响,加强建筑物的整体刚度;此外,还应具备一定的隔声、防火、防水、防潮等能力。

12.1.1 楼地层的构造组成

为了满足楼板层使用功能的要求,楼地层形成了多层构造的做法,而且其总厚度取决于每一构造层的厚度。通常楼板层由以下几个基本部分组成,如图 12.1 所示。

1)楼板面层

楼板面层位于楼板层的最上层,起着保护楼板层、分布荷载和绝缘的作用,同时对室内起美化装饰作用。

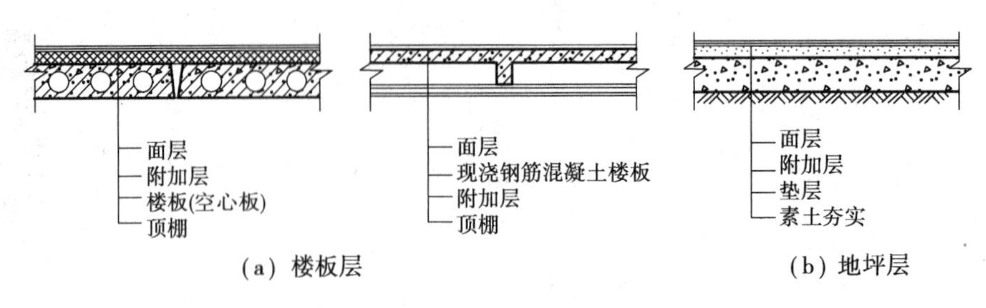

图 12.1 楼地层的组成

2)楼板结构层

楼板结构层位于楼板层的中部,是承重构件(包括板和梁)。其主要功能是承受楼板层上的全部荷载,并将这些荷载传给墙或柱;同时还对墙身起水平支撑作用,以加强建筑物的整体刚度,实际上也就是保证楼板层的强度和刚度。

3)附加层

附加层又称功能层,根据楼板层的具体要求而设置,主要作用是隔声、隔热、保温、防水、防潮、防腐蚀、防静电等。根据需要,有时和面层合二为一,有时又和吊顶合为一体。

4)楼板顶棚层

楼板顶棚层位于楼板层最下层,主要作用是保护楼板、安装灯具、遮挡各种水平管线,改善室内光照条件,装饰美化室内空间。

12.1.2 楼板的类型

根据所用材料不同,楼板可分为木楼板、钢筋混凝土楼板和钢衬板组合楼板等多种类型(图 12.2)。

①木楼板是我国传统做法,是在由墙或梁支撑的木搁栅上铺钉木板,木搁栅之间有剪刀撑。下做板条抹灰顶棚。木楼板自重轻,保温隔热性能好、舒适、有弹性,只在木材产地采用较多,但耐火性和耐久性均较差,且造价偏高,为节约木材和满足防火要求,现采用较少。

②钢筋混凝土楼板强度高,刚度好,耐火性和耐久性好,还具有良好的可塑性,在我国便于工业化生产,应用最广泛。

③压型钢板组合楼板是在钢筋混凝土基础上发展起来的,利用钢衬板作为楼板的受弯构件和底模,既提高了楼板的强度和刚度,又加快了施工进度,是目前正大力推广的一种新型楼板。

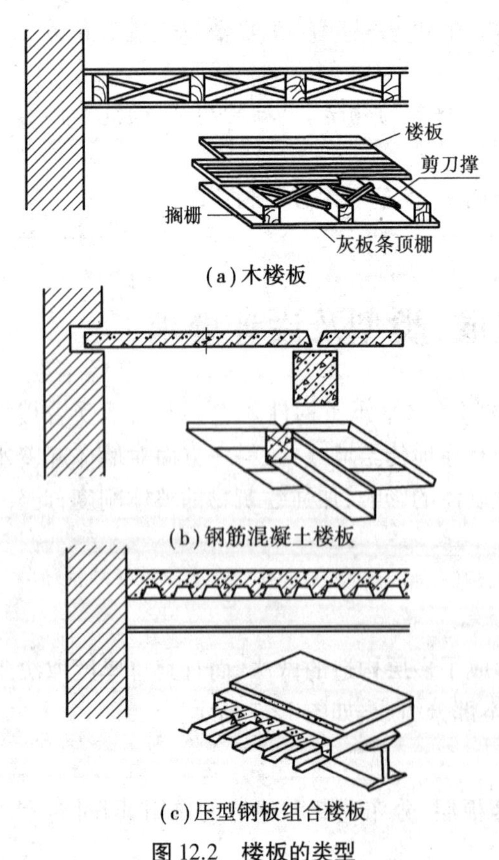

图 12.2 楼板的类型

12.1.3 楼板层的设计要求

(1)具有足够的强度和刚度

强度要求是指楼板层应保证在自重和活荷载作用下安全可靠,不发生任何破坏。这主要是通过结构设计来满足要求。刚度要求是指楼板层在一定荷载作用下不发生过大变形,以保证正常使用状况。《混凝土结构设计规范》(GB 50010—2010)规定楼板的允许挠度不大于跨度的1/250,可用板的最小厚度(1/40L~1/35L)来保证其刚度。

(2)具有一定的隔声能力

为了避免上下层房间的相互影响,要求楼板应具有一定隔绝噪声的能力。不同使用性质的房间对隔声的要求不同,如我国对住宅楼板的隔声标准中规定:一级隔声标准为65 dB,二级隔声标准为75 dB。对一些特殊性质的房间(如广播室、录音室、演播室等)的隔声要求则更高。楼板层主要是隔绝固体传声,如人的脚步声、拖动家具、敲击楼板等都属于固体传声,这样给楼下住户带来很大不便。防止固体传声可采取以下措施:

①在楼板表面铺设地毯、橡胶、塑料毡等柔性材料,或在面层镶软木砖,从而减弱撞击楼板层的声能,减弱楼板本身的振动。柔性材料隔声效果好,又便于工业化和机械化施工。

②在楼板与面层之间加弹性垫层以降低楼板的振动,即"浮筑式楼板"。弹性垫层可做成片状、条状和块状,使楼板与面层完全隔离,达到较好的隔声效果(图12.3),但施工麻烦,采用较少。

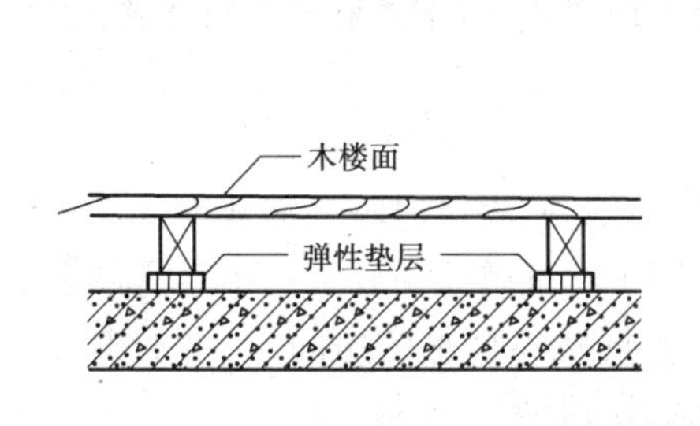

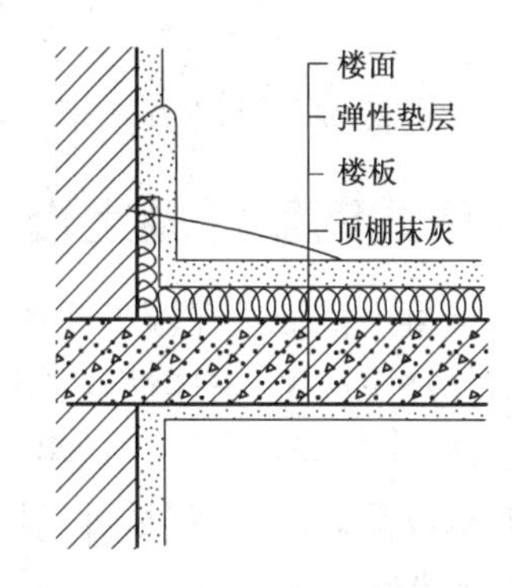

图12.3 浮筑楼板

③在楼板下加设吊顶,使固体噪声不直接传入下层空间,楼板和吊顶间的隔绝空气层可降低固体传声。吊顶的面层应很密实,不留缝隙,以免降低隔声效果。吊顶与楼板采用弹性连接时其隔声效果更好,如图12.4所示。

(3)满足防火设计规范规定

《建筑设计防火规范》(GB 50016—2014,2018年版)中规定:一级耐火等级建筑的楼板应采用非燃烧体,耐火极限不少于1.5 h;二级时耐火极限不少于1 h;三级时耐火极限不少于0.5 h;四级时耐火极限不少于0.25 h。保证在火灾发生时,在一定时间内不至于因楼板塌陷而给生命和财产带来损失。

(4)具有防潮、防水能力

对有水的房间(如卫生间、盥洗室、厨房或学校的实验室、医院的检验室等),都应该进行防潮防水处理,以防止水的渗漏,影响下层空间的正常使用,或者防止水渗入墙体使结构内部产生冷凝水,破坏墙体和内外饰面。

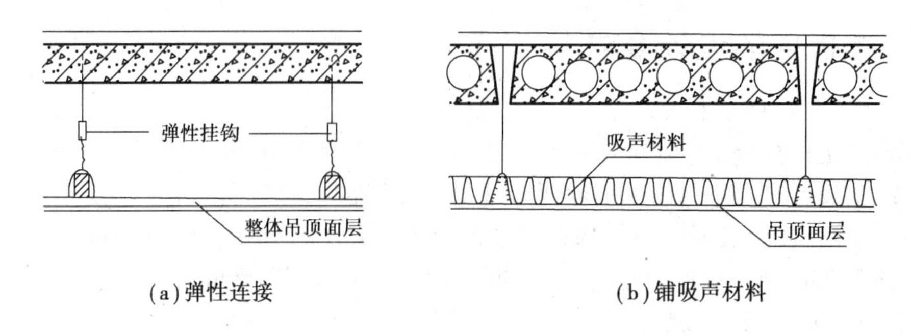

(a)弹性连接　　(b)铺吸声材料

图 12.4　隔声吊顶

(5)满足各种管线的设置

在现代建筑中,由于各种服务设施日趋完善,家用电器更加普及。有更多的管道、线路将借楼板层来敷设。为保证室内平面布置更加灵活,空间使用更加完整;在楼板层的设计中,必须仔细考虑各种设备管线的走向。

在多层房屋中楼板层的造价占总造价的20%~30%,因此在进行结构选型、结构布置和确定构造方案时,应与建筑物的质量标准和房间使用要求相适应,减少材料消耗,降低工程造价,满足建筑经济的要求。

12.2　钢筋混凝土楼板构造

钢筋混凝土楼板按其施工方法不同可分为现浇式、装配式和装配整体式三种。

12.2.1　现浇式钢筋混凝土楼板

现浇钢筋混凝土楼板是在施工现场支模、扎钢筋、浇筑混凝土而成型的楼板结构。由于楼板系现场整体浇筑成型,整体性好,特别适用于有抗震设防要求的多层房屋和对整体性要求较高的其他建筑,对有管道穿过的房间、平面形状不规整的房间、尺度不符合模数要求的房间和防水要求较高的房间,都适合采用现浇钢筋混凝土楼板。

1)平板式楼板

在墙体承重建筑中,当房间较小,楼面荷载可直接通过楼板传给墙体,而不需要另设梁,这种厚度一致的楼板称为平板式楼板,多用于厨房、卫生间、走廊等较小空间。楼板根据受力特点和支承情况,分为单向板和双向板。为满足施工要求和经济要求,对各种板式楼板的最小厚度和最大厚度,一般规定如下:

单向板时(板的长边与短边之比>2):

屋面板板厚60~80 mm;

民用建筑楼板厚70~100 mm;

工业建筑楼板厚80~180 mm。

双向板时(板的长边与短边之比≤2):板厚为80~160 mm。

此外,板的支承长度也有具体规定:当板支承在砖石墙体上,其支承长度不小于120 mm或板厚;当板支承在钢筋混凝土梁上时,其支承长度不小于60 mm;当板支承在钢梁或钢屋架上时,其支承长度不小于50 mm。单向板和双向板如图12.5所示。

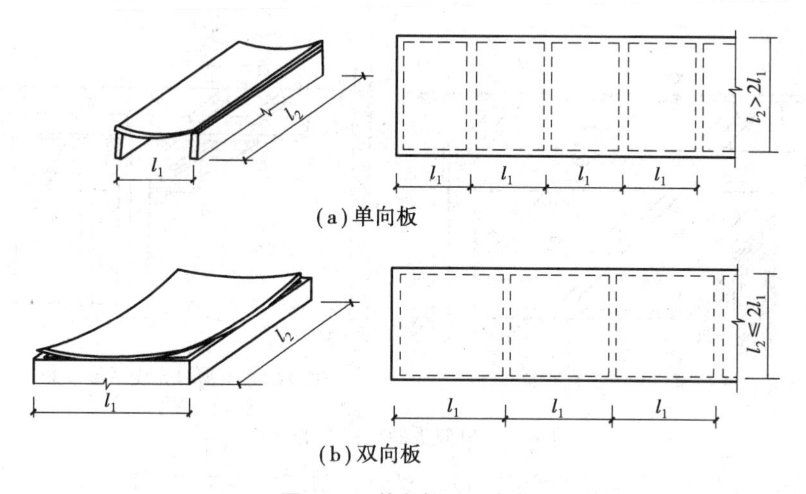

图 12.5 单向板和双向板

2)肋梁楼板

肋梁楼板是最常见的楼板形式之一,当板为单向板时称为单向板肋梁楼板,当板为双向板时称为双向板肋梁楼板。

①单向板肋梁楼板。单向板肋梁楼板由板、次梁和主梁组成,如图 12.6 所示。其荷载传递路线为板—次梁—主梁—柱(或墙)。主梁的经济跨度为 5~8 m,主梁高为主梁跨度的 1/14~1/8,主梁宽与高之比为 1/3~1/2;次梁的经济跨度为 4~6 m,次梁高为次梁跨度的 1/18~1/12,宽度为梁高的 1/3~1/2,次梁跨度即为主梁间距;板的厚度同板式楼板,由于板的混凝土用量占整个肋梁楼板混凝土用量的 50%~70%,因此板宜取薄些,通常板跨不大于 3 m,其经济跨度为 1.7~2.5 m,单向板板厚。肋梁楼板主次梁的布置,不仅由房间大小、平面形式来决定,而且还应从采光效果来考虑。当次梁与窗口光线垂直时[图 12.7(a)],光线照射在次梁上使梁在顶棚上产生较多的阴影,影响亮度和采光均匀度。当次梁和光线平行时采光效果较好[图 12.7(b)]。

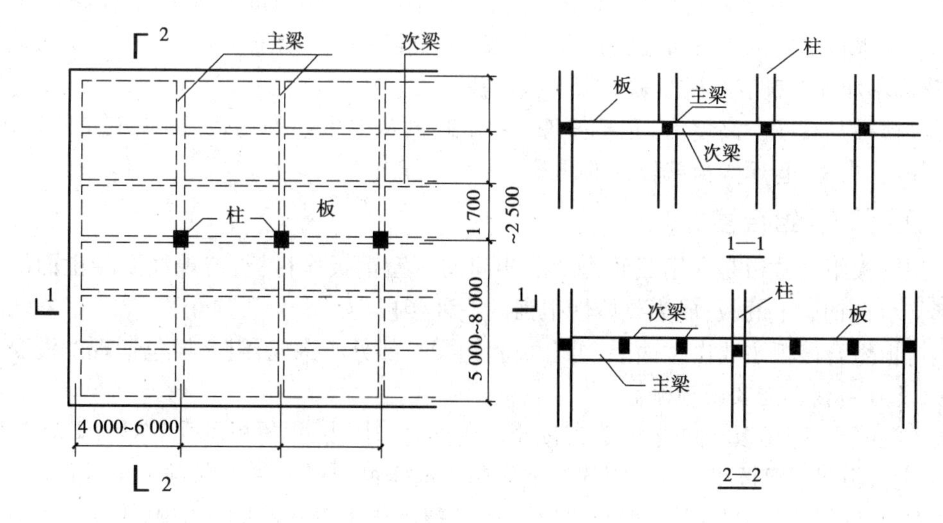

图 12.6 单向板肋梁楼板

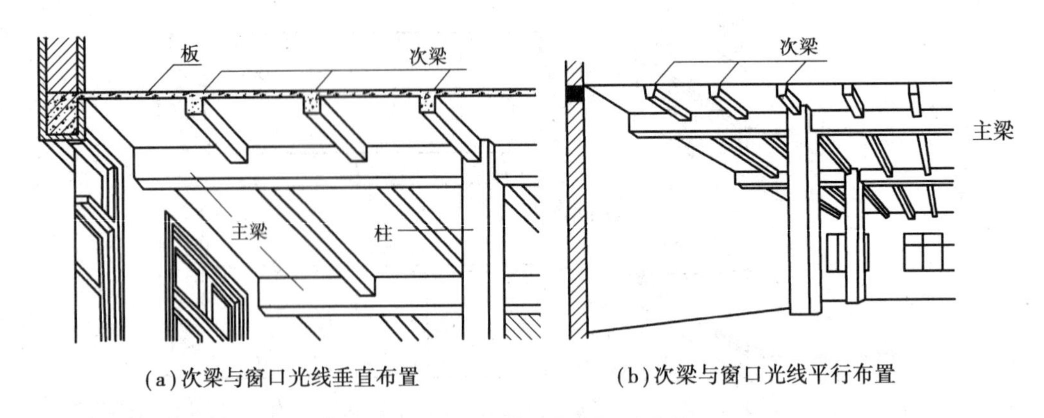

(a)次梁与窗口光线垂直布置　　(b)次梁与窗口光线平行布置

图 12.7　单向板肋梁楼板的布置

②双向板肋梁楼板(井式楼板透视图)。双向板肋梁楼板常无主次梁之分,由板和梁组成,荷载传递路线为板—梁—柱(或墙)。

当双向板肋梁楼板的板跨相同,且两个方向的梁截面也相同时,就形成了井式楼板。井式楼板适用于长宽比不大于 1.5 的矩形平面,井式楼板中板的跨度为 3.5~6 m,梁的跨度可达 20~30 m,梁截面高度不小于梁跨的 1/15,宽度为梁高的 1/4~1/2,且不少于 120 mm。井式楼板可与墙体正交放置或斜交放置。由于井式楼板可以用于较大的无柱空间,而且楼板底部的井格整齐划一,很有规律,稍加处理就可形成艺术效果很好的顶棚,所以常用在门厅、大厅、会议室、餐厅、小型礼堂、歌舞厅等处;也有的将井式楼板中的板去掉,将井格设在中庭的顶棚上,采光和通风效果很好,也很美观。

3)无梁楼板

无梁楼板为等厚的平板直接支承在柱上,分为有柱帽和无柱帽两种。当楼面荷载比较小时,可采用无柱帽楼板;当楼面荷载较大时,为提高楼板的承载能力、刚度和抗冲切能力,必须在柱顶加设柱帽。无梁楼板的柱可设计成方形、矩形、多边形和圆形;柱帽可根据室内空间要求和柱截面形式进行设计;板的最小厚度不小于 150 mm 且不小于板跨的 1/35~1/32。无梁楼板的柱网一般布置为正方形或矩形,间跨一般不超过 6 m。无梁楼板四周应设圈梁,梁高不小于 2.5 倍的板厚和 1/15 的板跨。

无梁楼板具有净空高度大,顶棚平整,采光通风及卫生条件均较好,施工简便等优点。适用于商店、书库、仓库等荷载较大的建筑。

4)压型钢板组合楼板

压型钢板组合楼板是利用截面为凹凸相间的压型钢板作衬板,与现浇混凝土面层浇筑在一起支承在钢梁上的板,成为整体性很强的一种楼板。

钢衬板组合楼板主要由楼面层、组合板和钢梁三部分所构成,组合板包括现浇混凝土和钢衬板,此外可根据需要吊顶棚。

由于混凝土、钢衬板共同受力,即混凝土承受剪力与压力,钢衬板承受下部的压弯应力,因此,压型钢衬板起着模板和受拉钢筋的双重作用。这样组合楼板受正弯矩部分不需放置或绑扎受力钢筋,仅需部分构造钢筋即可。此外,还可利用压型钢板肋间的空隙敷设室内电力管线;也可在钢衬板底部焊接架设悬吊管道、通风管和吊顶棚的支柱,从而充分利用了楼板结构中的空间。在国外高层建筑中得到广泛的应用。压型钢板组合楼板构造如图 12.8 所示。

钢衬板与钢梁之间的连接，一般采用焊接、自攻螺栓连接、膨胀铆钉固接和压边咬接等方式。

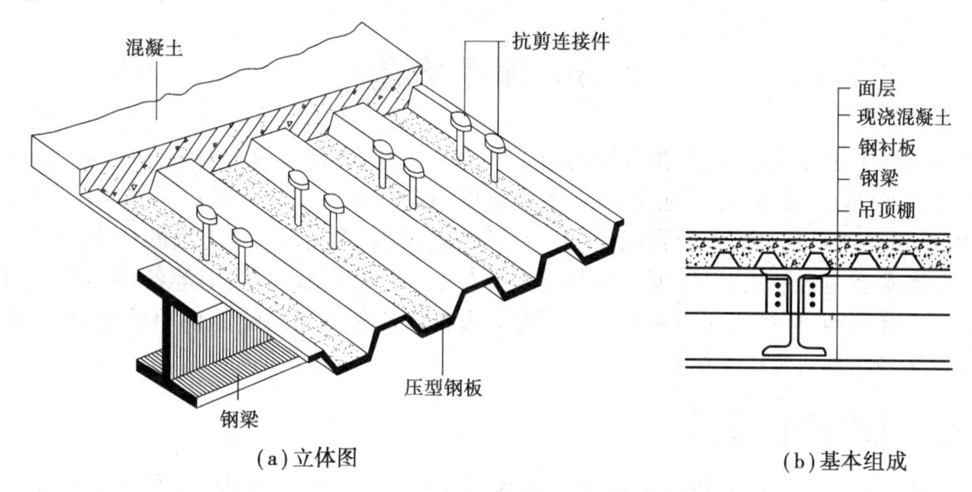

(a)立体图　　(b)基本组成

图 12.8　压型钢板组合楼板

12.2.2　装配整体式钢筋混凝土楼板

1)密肋楼板

装配整体式楼板，是在楼板中预制部分构件，然后在现场安装，再以整体浇筑的办法连接而成的楼板；或在现浇(也可预制)密肋小梁间安放预制空心砌块并现浇面板而制成的楼板结构。

近年来，随着城市高层建筑和大开间建筑的不断涌现，而设计上又要求加强建筑物的整体性，施工中现浇楼板越来越多，这样会耗费大量模板，很不经济。为解决这一矛盾，于是出现了预制薄板(预应力)与现浇混凝土面层叠合而成的装配整体式楼板，又称预制薄板叠合楼板。

这种楼板以预制混凝土薄板为永久模板而承受施工荷载，板面现浇混凝土叠合层，所有楼板层中的管线等均事先埋在叠合层内，现浇层内只需配置少量支座负筋。预制薄板底面平整，不必抹灰，作为顶棚可直接喷浆或粘贴装饰墙纸。

由于预制薄板具有结构、模板、装饰三方面的功能，因而叠合楼板具有良好的整体性和连续性，对结构有利。这种楼板跨度大、厚度小，结构自重可以减轻。目前已广泛应用于住宅、宾馆、学校、办公楼、医院以及仓库等建筑中。

2)叠合楼板

预制薄板(预应力)与现浇混凝土面层叠合而成的装配整体式楼板，又称预制薄板叠合楼板。这种楼板以预制混凝土薄板为永久模板而承受施工荷载，板面现浇混凝土叠合层。

叠合楼板跨度一般为 4~6 m，最大可达 9 m，通常以 5.4 m 以内较为经济。预应力薄板厚 50~70 mm，板宽 1.1~1.8 m。为了保证预制薄板与叠合层有较好的连接，薄板上表面需做处理，常见的有两种：一是在上表面作刻槽处理，刻槽直径 50 mm，深 20 mm，间距 150 mm；另一种是在薄板表面露出较规则的三角形的结合钢筋。

现浇叠合层的混凝土强度为C20级,厚度一般为100~120 mm。叠合楼板的总厚度取决于板的跨度,一般为150~250 mm。楼板厚度以大于或等于薄板厚度的两倍为宜。

12.3 顶棚构造

顶棚又称平顶或天花板,是楼板层的最下面部分,是建筑物室内主要饰面之一。作为顶棚要求表面光洁、美观、能反射光线、改善室内照度以提高室内装饰效果;对某些有特殊要求的房间,还要求顶棚具有隔声吸音或反射声音、保温、隔热、管道敷设等方面的功能。

一般顶棚多为水平式,但根据房间用途的不同,可做成弧形、折线形等各种形状。顶棚的构造形式有两种,直接式顶棚和悬吊式顶棚。设计时应根据建筑物的使用功能、装修标准和经济条件来选择适宜的顶棚形式。

12.3.1 直接式顶棚

直接式顶棚是指直接在钢筋混凝土屋面板或楼板下表面直接喷浆、抹灰或粘贴装修材料的一种构造方法。当板底平整时,可直接喷、刷大白浆或106涂料;当楼板结构层为钢筋混凝土预制板时,可用1:3水泥砂浆填缝刮平,再喷刷涂料。这类顶棚构造简单,施工方便,具体做法和构造与内墙面的抹灰类、涂刷类、裱糊类基本相同,常用于装饰要求不高的一般建筑,如办公室、住宅、教学楼等。

此外,有的是将屋盖结构暴露在外,不另做顶棚,称为结构顶棚。例如网架结构,构成网架的杆件本身很有规律,有结构自身的艺术表现力,能获得优美的韵律感。又如拱结构屋盖,结构自身具有优美曲面,可以形成富有韵律的拱面顶棚。结构顶棚的装饰重点,在于巧妙地组合照明、通风、防火、吸声等设备,以显示出顶棚与结构韵律的和谐,形成统一的、优美的空间景观。结构顶棚广泛用于体育建筑及展览大厅等公共建筑。

12.3.2 悬吊式顶棚

悬吊式顶棚又称吊顶,它离开屋顶或楼板的下表面有一定的距离,通过悬挂物与主体结构联结在一起。这类顶棚类型较多,构造复杂。

1) 吊顶的类型

根据结构构造形式的不同,吊顶可分为整体式吊顶、活动式装配吊顶、隐蔽式装配吊顶和开敞式吊顶等。

根据材料的不同,吊顶可分为板材吊顶、轻钢龙骨吊顶、金属吊顶等。

2) 吊顶的构造组成

吊顶一般由龙骨与面层两部分组成。

(1) 吊顶龙骨

吊顶龙骨分为主龙骨与次龙骨。主龙骨为吊顶的承重结构,次龙骨则是吊顶的基层。主龙骨通过吊筋或吊件固定在屋顶(或楼板)结构上,次龙骨用同样的方法固定在主龙骨上,如图12.9所示。龙骨可用木材、轻钢、铝合金等材料制作,其断面大小视其材料品种、是否上人(吊顶承受人的荷载)和面层构造做法等因素而定。主龙骨断面比次龙骨大,间距约为2 m。悬吊主龙骨的吊筋为$\phi8\sim\phi10$钢筋,间距不超过2 m。次龙骨间距视面层材料而定,间距一般不超过 600 mm。

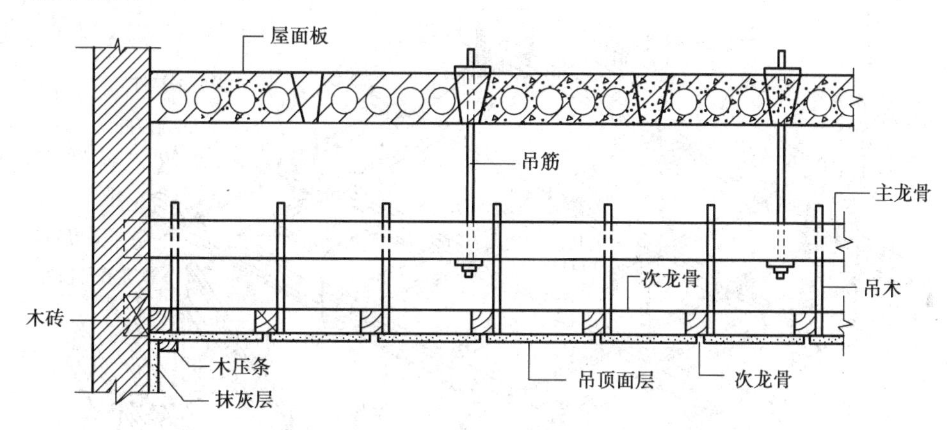

图 12.9　吊顶构造组成

(2)吊顶面层

吊顶面层分为抹灰面层和板材面层两大类。抹灰面层为湿作业施工,费工费时,从发展眼光看,趋向采用板材面层,既可加快施工速度,又容易保证施工质量。板材吊顶有植物板材、矿物板材和金属板材等。

3)抹灰吊顶构造

抹灰吊顶的龙骨可用木或型钢。当采用木龙骨时,主龙骨断面宽为 60~80 mm,高为 120~150 mm,中距约 1 m。次龙骨断面一般为 40 mm×60 mm,中距 400~500 mm,并用吊木固定于主龙骨上。当采用型钢龙骨时,主龙骨选用槽钢,次龙骨为角钢(20 mm×20 mm×3 mm),间距同上。

抹灰面层有以下几种做法:板条抹灰、板条钢板网抹灰、钢板网抹灰。板条抹灰一般采用木龙骨,这种顶棚是传统做法,构造简单,造价低,但抹灰层由于干缩或结构变形的影响,很容易脱落,且不防火,故通常用于装修要求较低的建筑。

板条钢板网抹灰顶棚的做法是在前一种顶棚的基础上加钉一层钢板网,以防止抹灰层的开裂脱落。这种做法适用于装修质量较高的建筑。

钢板网抹灰吊顶一般采用钢龙骨,钢板网固定在钢筋上。这种做法未使用木材,可以提高顶棚的防火性、耐久性和抗裂性,多用于公共建筑的大厅顶棚和防火要求较高的建筑。

4)矿物板材吊顶构造

矿物板材吊顶常用石膏板、石棉水泥板、矿棉板等板材作面层,轻钢或铝合金型材作龙骨。这类吊顶的优点是自重轻、施工安装快、无湿作业、耐火性能优于植物板材吊顶和抹灰吊顶,故在公共建筑或高级工程中应用较广。

轻钢和铝合金龙骨的布置方式有两种:

(1)龙骨外露的布置方式

这种布置方式的主龙骨采用槽形断面的轻钢型材,次龙骨为 T 形断面的铝合金型材。次龙骨双向布置,矿物板材置于次龙骨翼缘上,次龙骨露在顶棚表面成方格形,方格大小 500 mm 左右,如图 12.10(a)所示。悬吊主龙骨的吊挂件为槽形断面,吊挂点间距为 0.9~1.2 m,最大不超过 1.5 m。次龙骨与主龙骨的连接采用 U 形连接吊钩,图 12.10(b)所示是它们之间的连接关系。

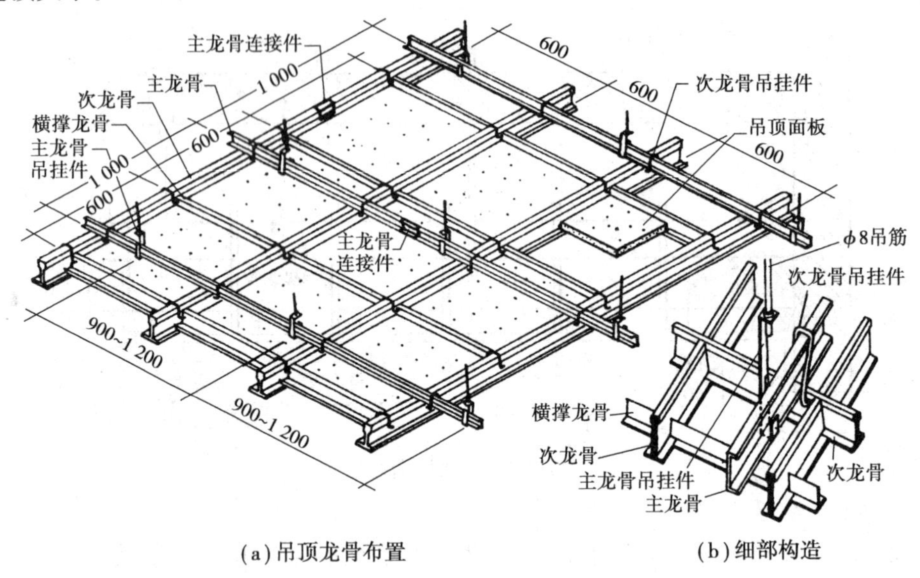

(a)吊顶龙骨布置　　(b)细部构造

图 12.10　龙骨外露的吊顶

(2)不露龙骨的金属板材吊顶

这种布置方式的主龙骨仍采用槽形断面的轻钢型材，但次龙骨采用 U 形断面轻钢型材，用专门的吊挂件将次龙骨固定在主龙骨上，面板用自攻螺钉固定于次龙骨上。图 12.11(a)为主次龙骨的布置示意图，图 12.11(b)所示为主次龙骨及面板的连接节点构造图。

5)金属板材吊顶构造

金属板材吊顶最常用的是以铝合金条板作面层，龙骨采用轻钢型材，当吊顶无吸音要求时，条板采取密铺方式，不留间隙；当有吸音要求时，条板上面需加铺吸音材料，条板之间应留出一定的间隙，以便投射到顶棚的声音能从间隙处被吸音材料所吸收。

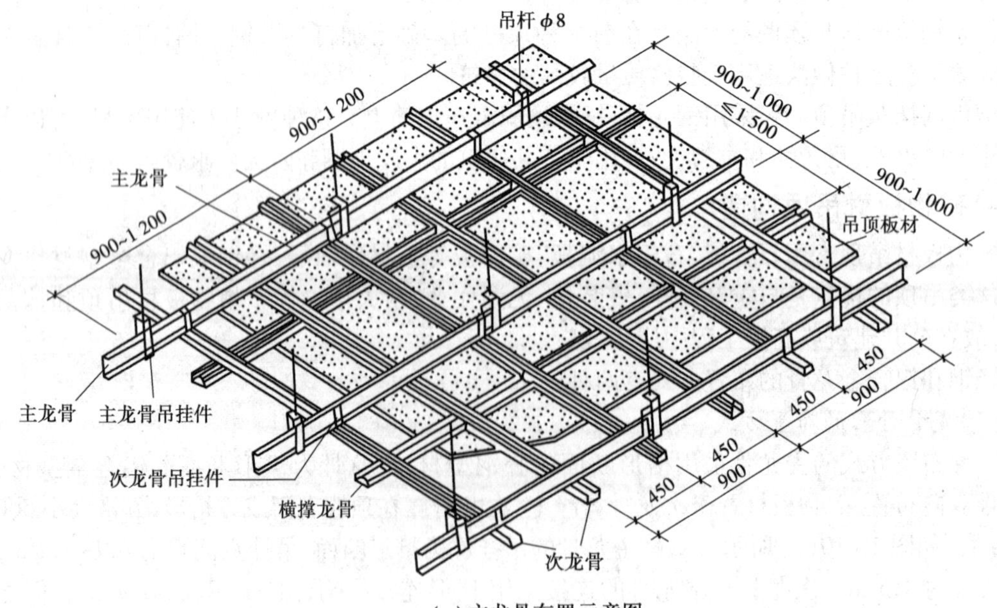

(a)主龙骨布置示意图

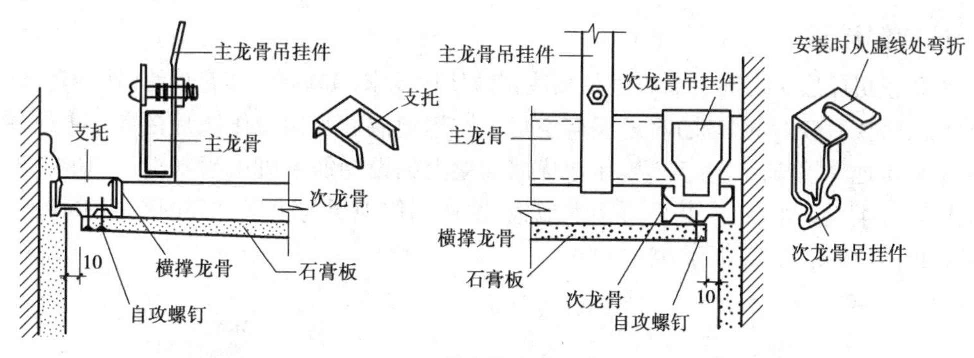

(b)节点构造

图 12.11 不露龙骨的金属板材吊顶

12.4 地坪层与地面构造

12.4.1 地坪层构造

地坪层指建筑物底层房间与土层的交接处。所起作用是承受地坪上的荷载,并均匀地传给地坪以下土层。按地坪层与土层间的关系不同,可分为实铺地层和空铺地层两类。

1)实铺地层

地坪的基本组成部分有面层、垫层和基层,对有特殊要求的地坪,常在面层和垫层之间增设一些附加层,如图 12.12 所示。

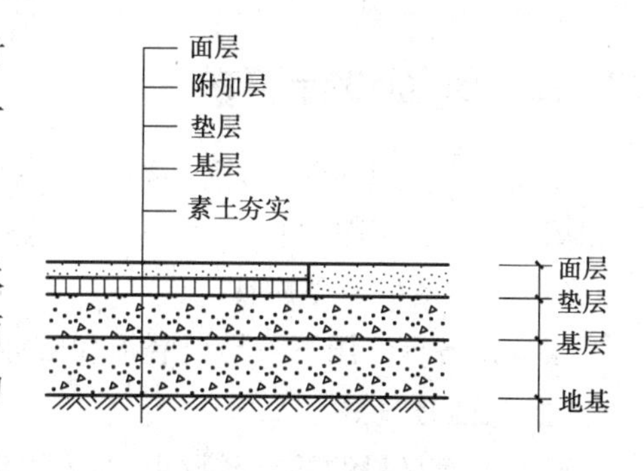

图 12.12 地坪构造

(1)面层

地坪的面层又称地面,和楼面一样,是直接承受人、家具、设备等各种物理和化学作用的表面层,起着保护结构层和美化室内的作用。地面的做法和楼面相同。

(2)垫层

垫层是基层和面层之间的填充层,其作用是找平和承重传力,一般采用 60~100 mm 厚的 C10 混凝土垫层。垫层材料分为刚性和柔性两大类;刚性垫层如混凝土、碎砖三合土等,有足够的整体刚度,受力后不产生塑性变形,多用于整体地面和小块块料地面。柔性垫层如砂、碎石、炉渣等松散材料,无整体刚度,受力后产生塑性变形,多用于块料地面。

(3)基层

基层即地基,一般为原土层或填土分层夯实。当上部荷载较大时,增设 2:8灰土 100~150 mm 厚,或碎砖、道渣三合土 100~150 mm 厚。

(4)附加层

附加层主要应满足某些有特殊使用要求而设置的一些构造层次,如防水层、防潮层、保温层、隔热层、隔声层和管道敷设层等。

2) 空铺地层

为防止房屋底层房间受潮或满足某些特殊使用要求(如舞台、体育训练、比赛场、幼儿园等的地层需要有较好的弹性)将地层架空形成空铺地层。其构造作法是在夯实土或混凝土垫层上砌筑地垅墙或砖墩上架梁,在地垅墙或梁上铺设钢筋混凝土预制板。若做木地层就在地垅墙或梁设垫木、钉木龙骨再铺木地板,这样利用地层与土层之间的空间进行通风,便可带走地潮,如图 12.13 所示。

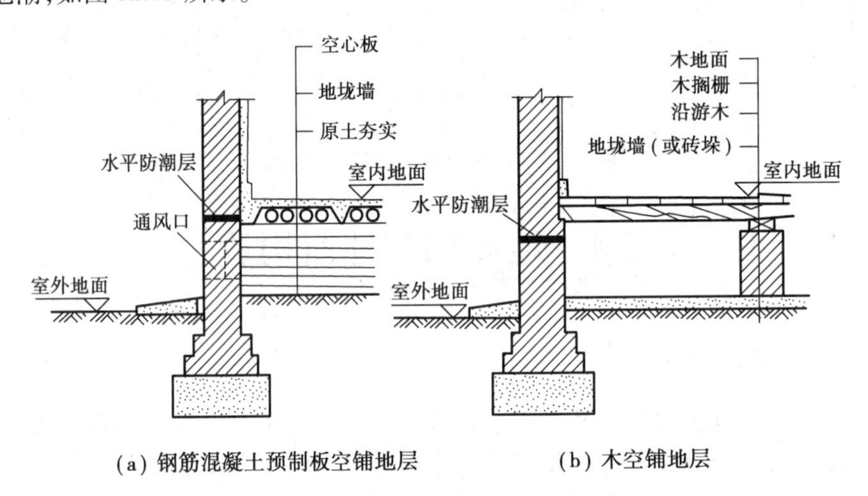

(a) 钢筋混凝土预制板空铺地层　　(b) 木空铺地层

图 12.13　空铺地层构造

12.4.2　地面设计要求

地面是人们日常生活、工作和生产直接接触的部分,也是建筑中直接承受荷载,经常受到摩擦、清扫和冲洗的部分。设计地面应满足下列要求:

(1) 具有足够的坚固性

家具设备等作用下不易被磨损和破坏,且表面平整、光洁、易清洁和不起灰。

(2) 保温性能好

要求地面材料的导热系数小,给人以温暖舒适的感觉,冬期时走在上面不致感到寒冷。

(3) 具有一定的弹性

当人们行走时不致有过硬的感觉,同时,有弹性的地面对防撞击声有利。

(4) 满足某些特殊要求

对有水作用的房间,地面应防水防潮;对有火灾隐患的房间,地面应防火耐燃烧;对有化学物质作用的房间,地面应耐腐蚀;对有仪器和药品的房间,地面应无毒、易清洁;对经常有油污染的房间,地面应防油渗且易清扫等。此外,还要求地面装饰效果好,而且经济。

综上所述,即在进行地面设计或施工时,应根据房间的使用功能和装修标准,选择适宜的面层和附加层。

12.4.3　地面的类型

地面的名称是依据面层所用材料来命名的。按面层所用材料和施工方式不同,常见地

面做法可分为以下几类:

①整体地面:有水泥砂浆地面、细石混凝土地面、水泥石屑地面、水磨石地面等。

②块材地面:有砖铺地面、水泥地砖等面砖地面、缸砖及陶瓷锦砖地面等。

③塑料地面:有聚氯乙烯塑料地面、涂料地面。

④木地面:常采用条木地面和拼花木地面。

12.4.4 地面构造

1)整体地面

(1)水泥砂浆地面

水泥砂浆地面构造简单,坚固、耐磨、防水,造价低廉,但导热系数大,冬天感觉阴冷,吸水性差,易结露,易起灰,不易清洁,是一种广为采用的低档地面或需要进行二次装修的商品房的地面,水泥砂浆地面是在混凝土垫层或结构层上抹水泥砂浆,通常有单层和双层两种做法,如图12.14所示。单层做法只抹一层20~25 mm厚1:2或1:2.5水泥砂浆;双层做法是增加一层10~20 mm厚1:3水泥砂浆找平,表面再抹5~10 mm厚1:2水泥砂浆抹平压光,虽增加了工序,但不易开裂。

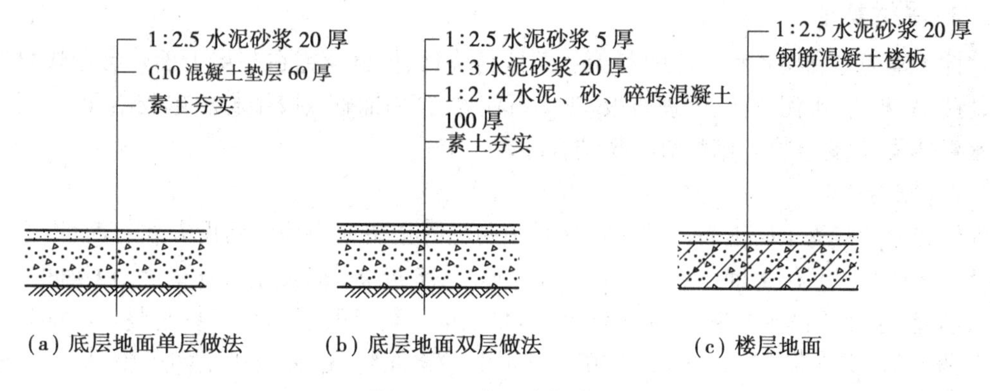

图12.14 水泥砂浆地面

(2)水泥石屑地面

将水泥砂浆里的中粗砂换成3~6 mm的石屑,又称豆石或瓜米石地面。在垫层或结构层上直接做1:2水泥石屑25 mm厚,水灰比不大于0.4,刮平拍实,碾压多遍,出浆后抹光。这种地面表面光洁,不起尘,易清洁,造价是水磨石地面的50%,但强度高,性能近似水磨石。

防滑水泥地面是将砂浆面层做成瓦垄状、齿槽状,彩色水泥地面是在砂浆面层内掺一定量的氧化铁红或其他颜料。

(3)水磨石地面

水磨石地面是将天然石料(大理石、方解石)的石渣做成水泥石屑面层,经磨光打蜡制成。质地美观,表面光洁,不起尘,易清洁,具有很好的耐磨性、耐久性,耐油耐碱、防火防水,通常用于公共建筑门厅、走道、主要房间地面、墙裙,住宅的浴室、厨房、厕所等处。

如图12.15所示,水磨石地面为分层构造,底层为1:3水泥砂浆18 mm厚找平,面层为(1:1.5)~(1:2)水泥石渣12 mm厚,石渣粒径为8~10 mm。施工中先将找平层做好,在找平层上按设计为 1 m×1 m 方格的图案嵌固玻璃塑料分格条(或铜条、铝条),分格条一般高 10 mm,用 1∶1水泥砂浆固定,将拌和好的水泥石屑铺入压实,经浇水养护后磨光,一般需粗磨、中磨、精磨,用草酸水溶液洗净,最后打蜡抛光。普通水磨石地面采用普通水泥掺白石子,玻璃条分格;美术水磨石可用白水泥加各种颜料和各色石子,用铜条分格,可形成各种优美的图案,但造价比普通水磨石约高 4 倍。还可以将破碎的大理石块铺入面层,不分格,缝隙处填补水泥石渣,磨光后即成冰裂水磨石。

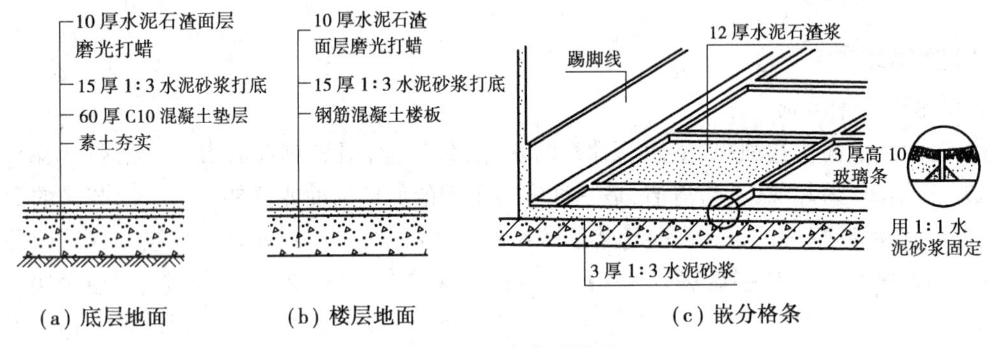

图 12.15　水磨石地面

2)块材类地面

此类地面是利用各种人造的和天然的预制块材、板材镶铺在基层上面。常用块材有陶瓷地砖、马赛克、水泥花砖、大理石板、花岗石板等,常用铺砌或胶结材料起胶结和找平作用,有水泥砂浆、油膏、细砂、细炉渣等做结合层。

(1)铺砖地面

铺砖地面有黏土砖地面、水泥砖地面、预制混凝土块地面等。铺设方式有两种:干铺和湿铺。干铺是在基层上铺一层 20~40 mm 厚砂子,将砖块等直接铺设在砂上,板块间用砂或砂浆填缝,这种做法施工简单,便于维修,造价低廉,但牢固性较差,不易平整。湿铺是在基层上铺 1∶3水泥砂浆 12~20 mm 厚,用 1∶1水泥砂浆灌缝,这种做法坚实平整,但施工较复杂,造价略高于平铺砖块地面,适用于要求不高或庭园小道等处。

(2)缸砖、地面砖及陶瓷锦砖地面

缸砖是陶土加矿物颜料烧制而成的一种无釉砖块,主要有红棕色和深米黄色两种。缸砖质地细密坚硬,强度较高,耐磨、耐水、耐油、耐酸碱,易于清洁不起灰,施工简单,因此广泛应用于卫生间、盥洗室、浴室、厨房、实验室及有腐蚀性液体的房间地面。做法为:20 mm 厚 1∶3水泥砂浆找平,3~4 mm 厚水泥胶(水泥∶107 胶∶水=1∶0.1∶0.2)粘贴缸砖,用素水泥浆擦缝,如图 12.16(a)所示。

地面砖的各项性能都优于缸砖,且色彩图案丰富,装饰效果好,造价也较高,多用于装修标准较高的建筑物地面,构造做法类同缸砖。

陶瓷锦砖质地坚硬,经久耐用,色泽多样,耐磨、防水、耐腐蚀、易清洁,适用于有水、有腐蚀的地面。做法为:15~20 mm 厚 1∶3水泥砂浆找平,3~4 mm 厚水泥胶粘贴陶瓷锦砖(纸胎),用滚筒压平,使水泥胶挤入缝隙,用水洗去牛皮纸,用白水泥浆擦缝,如图 12.16(b)所示。

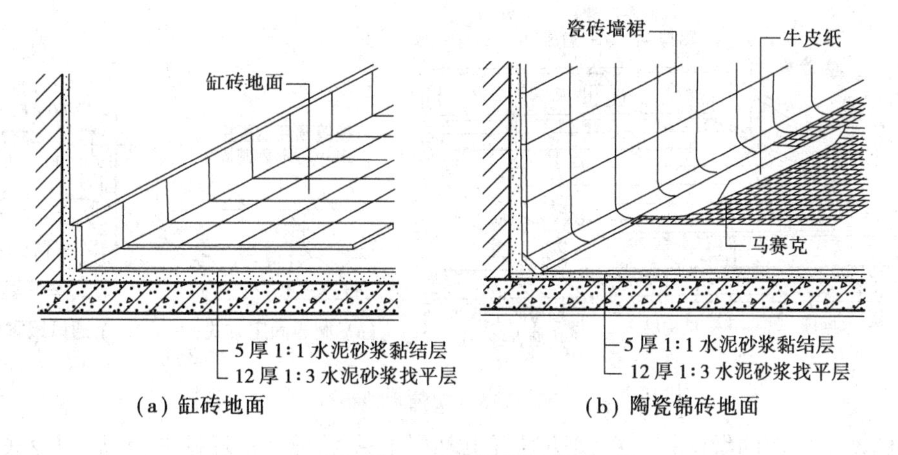

(a) 缸砖地面　　(b) 陶瓷锦砖地面

图 12.16　预制块材地面

(3)天然石板地面

常用的天然石板指大理石和花岗石板,由于它们质地坚硬,色泽丰富艳丽,属高档地面装饰材料,特别是磨光花岗石板,色泽花纹丝毫不亚于大理石板,耐磨耐腐蚀等性能均优于大理石;但造价昂贵,一般多用于高级宾馆、会堂、公共建筑的大厅、门厅等处。做法是在基层上刷素水泥浆一道,30 mm 厚 1∶3干硬性水泥砂浆找平,面上撒 2 mm 厚素水泥(洒适量清水),粘贴 20 mm 厚大理石板(花岗石板),素水泥浆擦缝,如图 12.17 所示。粗琢面的花岗石板可用在纪念性建筑、公共建筑的室外台阶、踏步等,既耐磨又防滑。

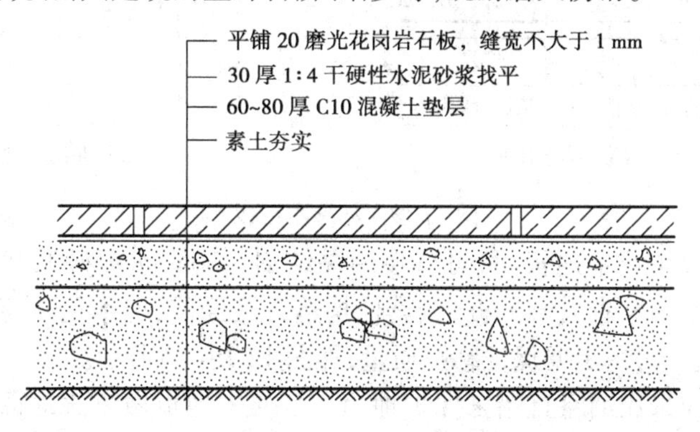

图 12.17　花岗石地面

3)木地面

木地板的主要特点是有弹性、不起灰、不返潮、易清洁、保温性好,常用于高级住宅、宾馆、体育馆、健身房、剧院舞台等建筑中。木地面按其用材规格分为普通木地面、硬木条地面和拼花木地面三种。按构造方式有空铺、实铺和粘贴三种。

①空铺木地面常用于底层地面,由于占用空间多,费材料,因而采用较少。

②实铺木地面是将木地板直接钉在钢筋混凝土基层上的木搁栅上,而木搁栅绑扎后预埋在钢筋混凝土楼板内的 10 号双股镀锌铁丝上,或用 V 形铁件嵌固,木搁栅为 50 mm×60 mm 方木,中距 400 mm,40 mm×50 mm 横撑,中距 1 000 mm 与木搁栅钉牢。为了防腐,可在基层上刷冷底子油和热沥青,搁栅及地板背面满涂防腐油或煤焦油,如图 12.18 所示。

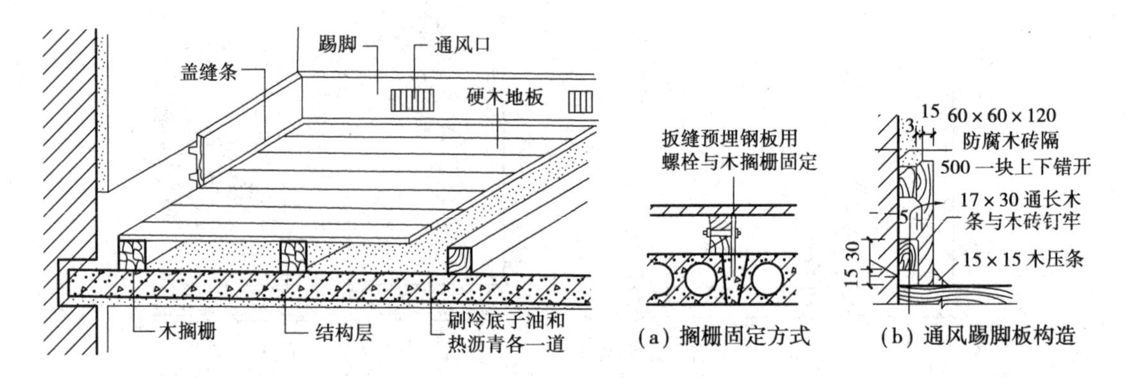

图 12.18　实铺木地板

③粘贴木地面的做法是先在钢筋混凝土基层上采用沥青砂浆找平，然后刷冷底子油一道，热沥青一道，用 2 mm 厚沥青胶环氧树脂乳胶等随涂随铺贴 20 mm 厚硬木长条地板，如图 12.19(a)所示。

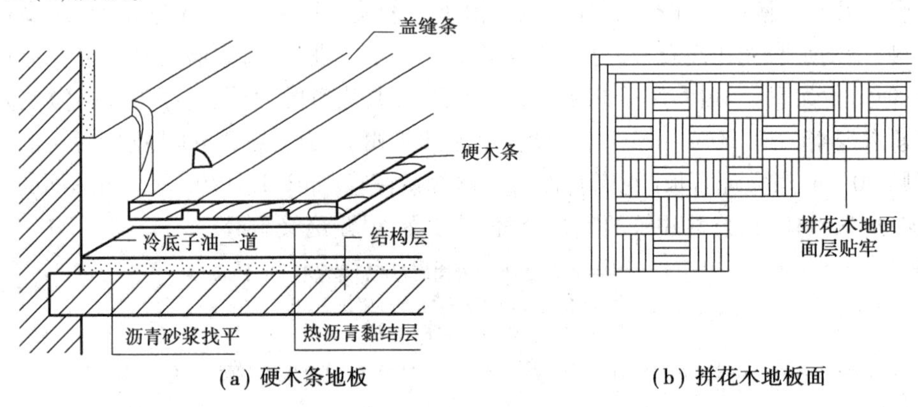

(a) 硬木条地板　　(b) 拼花木地板面

图 12.19　粘贴木地板

当面层为小席纹拼花木地板时，可直接用黏结剂涂刷在水泥砂浆找平层上进行粘贴。粘贴式木地面既省空间又省去木搁栅，较其他构造方式经济，但木地板容易受潮起翘，干燥时又易裂缝，因此施工时一定要保证粘贴质量，如图 12.19(b)所示。

木地板做好后应采用油漆打蜡来保护地面。普通木地板做色漆地面，硬木条地板做清漆地面。做法是用腻子将拼缝、凹坑填实刮平，待腻子干后用 1 号木砂纸打磨平滑，清除灰屑，然后刷 2~3 遍色漆或清漆，最后打蜡上光。

4)塑料地面

常用的塑料地毡为聚氯乙烯塑料地毡和聚氯乙烯石棉地板。

聚氯乙烯塑料地毡(又称地板胶)，是软质卷材，目前市面上出售的地毡宽度多为 2 m 左右，厚度 1~2 mm，可直接干铺在地面上，也可用聚氨酯等黏合剂粘贴，如图 12.20 所示。

聚氯乙烯石棉地板是在聚氯乙烯树脂中掺入 60%~80%的石棉绒和碳酸钙填料。由于树脂少，填料多，所以质地较硬，常做成 300 mm×300 mm 的小块地板，用黏结剂拼花对缝粘贴。

塑料地面具有步感舒适、柔软而富有弹性、轻质、耐磨、防水、防潮、耐腐蚀、绝缘、隔声、阻燃、易清洁、施工方便等特点，且色泽明亮、图案多样，多用于住宅及公共建筑，以及工业厂房中要求较高清洁环境的房间；缺点是不耐高温、怕明火、易老化。

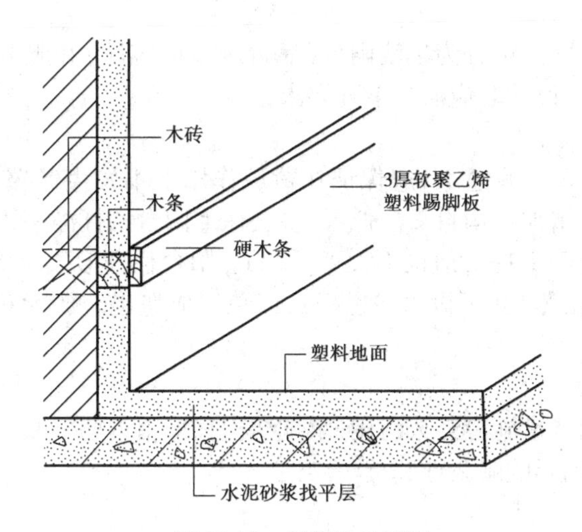

图 12.20 塑料地毡地面

5)涂料地面

涂料地面常用涂料有过氯乙烯溶液涂料、苯乙烯焦油涂料、聚乙烯醇缩丁醛涂料等,这些涂料地面施工方便、造价较低,耐磨性好,耐腐蚀、耐水防潮,整体性好,易清洁,不起灰,弥补了水泥砂浆和混凝土地面的缺陷,可以提高水泥地面的耐磨性、柔韧性和不透水性。但由于是溶剂型涂料,在施工中会逸散出有害气体污染环境,同时涂层较薄,磨损较快。

12.5 阳台与雨篷

阳台和雨篷都属于建筑物上的悬挑构件。

阳台悬挑于建筑物每一层的外墙上,是连接室内的室外平台,给居住在多(高)层建筑里的人们提供一个舒适的室外活动空间,让人们足不出户,就能享受到大自然的新鲜空气和明媚阳光,还可以起到观景、纳凉、晒衣、养花等多种作用,改变单元式住宅给人们造成的封闭感和压抑感,是多层住宅、高层住宅和旅馆等建筑中不可缺少的一部分。

雨篷位于建筑物出入口的上方,用来遮挡雨雪,保护外门免受侵蚀,给人们提供一个从室外到室内的过渡空间,并起到保护门和丰富建筑立面的作用。

12.5.1 阳台

1)阳台的类型和设计要求

阳台按其与外墙面的关系分为挑阳台、凹阳台、半挑半凹阳台;按其在建筑中所处的位置可分为中间阳台和转角阳台,如图 12.21 所示。

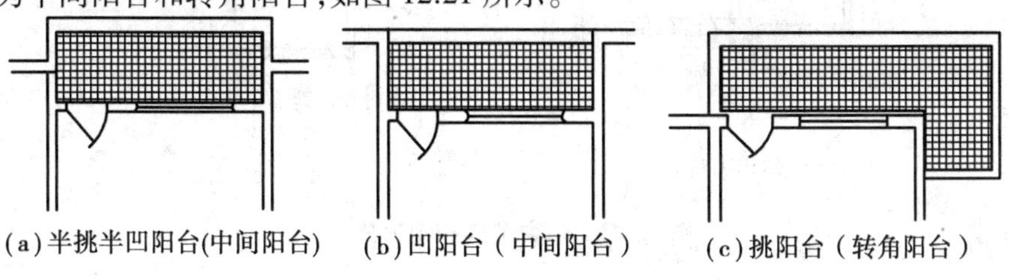

(a)半挑半凹阳台(中间阳台)　(b)凹阳台(中间阳台)　(c)挑阳台(转角阳台)

图 12.21 阳台的类型

阳台按使用功能不同又可分为生活阳台(靠近卧室或客厅)和服务阳台(靠近厨房),由承重梁、板和栏杆组成。设计时应满足下列要求:

(1)安全适用

悬挑阳台的挑出长度不宜过大,应保证在荷载作用下不发生倾覆现象,以1~1.5 m为宜,过小不便使用,过大增加结构自重。低层、多层住宅阳台栏杆净高不低于1.05 m,中高层住宅阳台栏杆净高不低于1.1 m,但也不大于1.2 m。阳台栏杆形式应防坠落(垂直栏杆间净距不应大于110 mm)、防攀爬(不设水平栏杆),以免造成恶果。放置花盆处,也应采取防坠落措施。

(2)坚固耐久

阳台所用材料和构造措施应经久耐用,承重结构宜采用钢筋混凝土,金属构件应做防锈处理,表面装修应注意色彩的耐久性和抗污染性。

(3)排水顺畅

为防止阳台上的雨水流入室内,设计时要求将阳台地面标高低于室内地面标高60 mm左右,并将地面抹出5‰的排水坡将水导入排水孔,使雨水能顺利排出。

阳台的设计还应考虑地区气候特点。南方地区宜采用有助于空气流通的空透式栏杆,而北方寒冷地区和中高层住宅应采用实体栏杆,并满足立面美观的要求,为建筑物的形象增添风采。

2)阳台的承重构件

阳台承重构件的形式有搁板式、挑板式、挑梁式、压梁式,如图12.22所示。

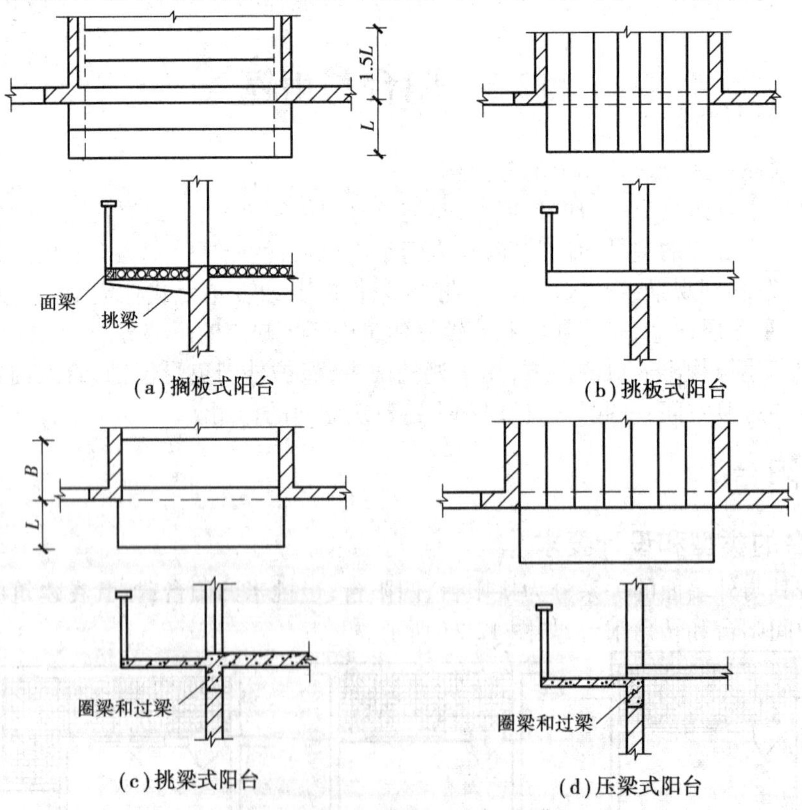

图12.22 阳台结构布置方式

(1)搁板式阳台

搁板式承重适用于凹阳台,将阳台板支撑于两侧突出的墙上,阳台板可现浇也可预制,一般与楼板施工方法一致。

(2)挑板式阳台

现浇板外挑作阳台板。阳台板与房间内的现浇板或现浇板带整浇到一起,楼板重量构成阳台板的抗倾覆力矩。现浇板带宽度:屋面现浇板带宽≥2.0L,楼面现浇板带宽≥1.5L。传力途径:荷载→阳台板→墙体。阳台板无法与楼板整浇到一起,增加过梁长度。过梁、过梁上墙体、过梁上楼板重量构成阳台板压重。在过梁两边墙体上设卧梁(拖梁),卧梁与过梁整浇到一起,提高阳台板稳定性。

(3)挑梁式阳台

挑梁式阳台由横墙或纵墙向外做挑梁,阳台板支撑在挑梁上。传力途径:荷载→阳台板→挑梁→墙体。挑梁伸入墙体长度:屋面处挑梁伸入墙体≥2.0L,楼面处挑梁伸入墙体≥1.5L。梁根部截面:$h=(1/6\sim1/5)L$, $b=(1/3\sim1/2)L$。为遮挡梁头,在挑梁端部做面梁。挑梁可以变截面也可不变截面。

特点:结构布置简单,传力明确,可形成通长阳台。

(4)压梁式阳台

压梁类似于圈梁,设置于隔墙中,常用于墙体高度超过 4 000 mm 且存在门窗洞口时的做法。压梁钢筋需锚入剪力墙或柱≥35d。压梁与过梁的区别在于压梁为通长,且两端钢筋须锚入剪力墙或柱≥35d,过梁则只须锚入砖墙≥240(250)mm 即可。

3)栏杆和栏板

栏杆和栏板是阳台外围设置的竖向的围护构件。

作用:承受人们倚扶时的侧向推力,同时对整个房屋有一定装饰作用。

栏杆高度:栏杆和栏板的高度应大于人体重心高度,一般不小于 1.05 m。高层建筑的栏杆和栏板应加高,但不宜超过 1.2 m。

栏杆和栏板按材料可分为金属栏杆、钢筋混凝土栏板与栏杆、砌体栏板。

(1)阳台栏杆

栏杆的形式有实体、空花和混合式,如图 12.23 所示。按材料不同可分为砖砌、钢筋混凝土和金属栏杆。

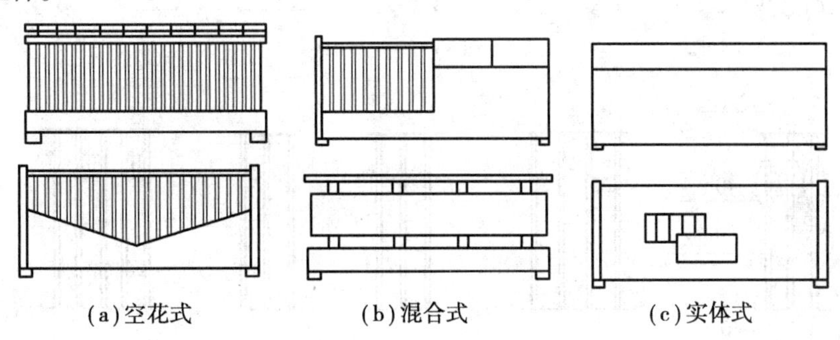

图 12.23 阳台栏杆形式

砖砌栏板一般为 120 mm 厚,在挑梁端部浇 120 mm×120 mm 钢筋混凝土小立柱,并从中间向两边伸出 2ϕ6@ 500 mm 的拉接筋 300 mm 长与砖砌栏板拉接以保证其牢固性,如图

12.24(a)所示。

钢筋混凝土栏板分为现浇和预制两种。现浇栏板厚60~80 mm,用C20细石混凝土现浇,如图12.24(b)所示。预制栏杆有实体和空心两种,实体栏杆厚为40 mm,空心栏杆厚度为60 mm,下端预埋铁件,上端伸出钢筋可与面梁和扶手连接,如图12.24(c)所示,应用较为广泛。

金属栏杆一般采用18 mm×18 mm方钢、ϕ18圆钢、40 mm×4 mm扁钢等焊接成各种形式的漏花,如图12.24(d)所示。

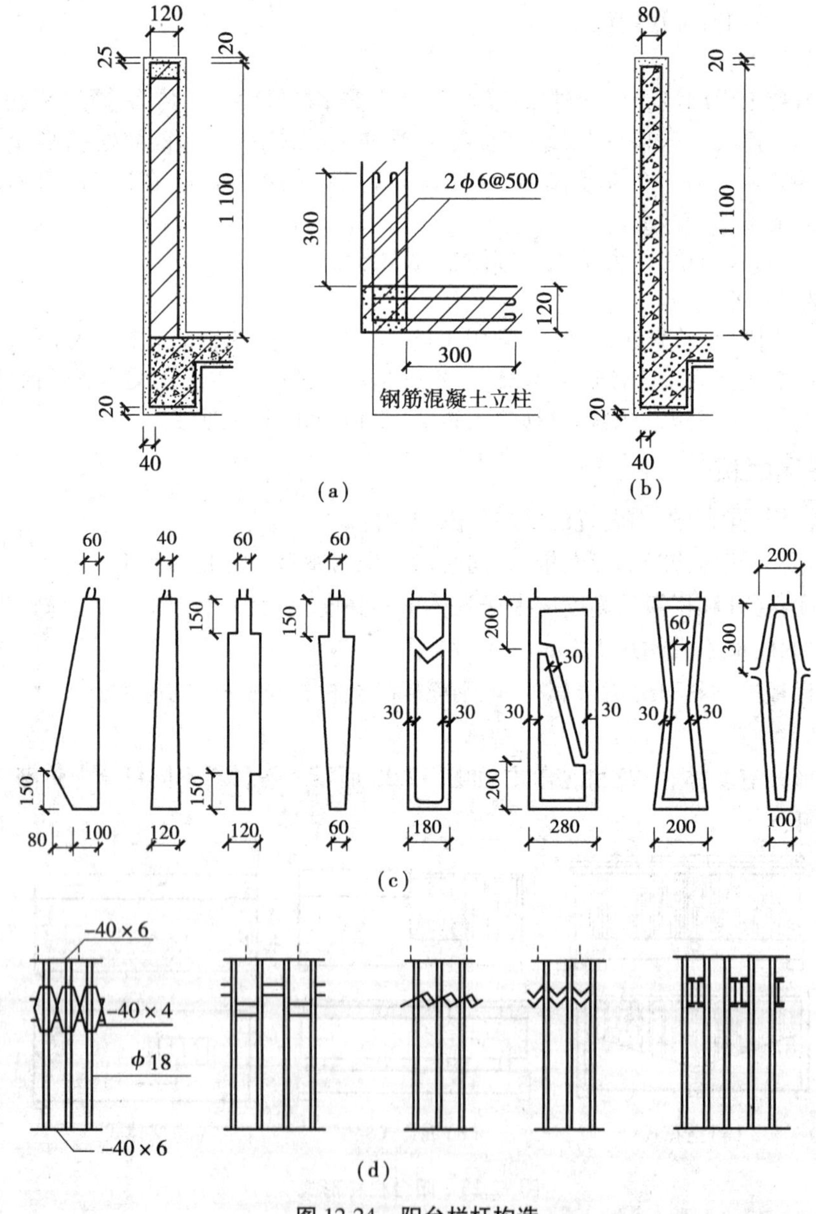

图12.24 阳台栏杆构造

金属栏杆可由不锈钢钢管、铸铁花饰(铁艺)、方钢和扁钢等钢材制作。方钢的截面为20 mm×20 mm,扁钢的截面为4 mm×50 mm。

金属栏杆与阳台板的连接有两种方法：

①在阳台板上预留孔槽，将栏杆立柱插入，用细石混凝土浇灌。

②在阳台板上预埋钢板或钢筋，将栏杆与钢筋焊接。

(2)细部构造

阳台细部构造主要包括栏杆与扶手的连接、栏杆与面梁(或称止水带)的连接、栏杆与墙体的连接、栏杆与花池的连接等。

①栏杆与扶手的连接方式有焊接、现浇等方式。在扶手和栏杆上预埋铁件，安装时焊在一起即为焊接，如图12.25(a)所示。这种连接方法施工简单，坚固安全。从栏杆或栏板内伸出钢筋与扶手内钢筋相连，再支模现浇扶手为现浇，如图12.25(b)所示。这种做法整体性好，但施工较复杂。当栏杆与扶手均为钢筋混凝土时，适于现浇的方法，如图12.25(c)所示。当栏板为砖砌时，可直接在上部现浇混凝土扶手、花台或花池，如图12.25(d)所示。

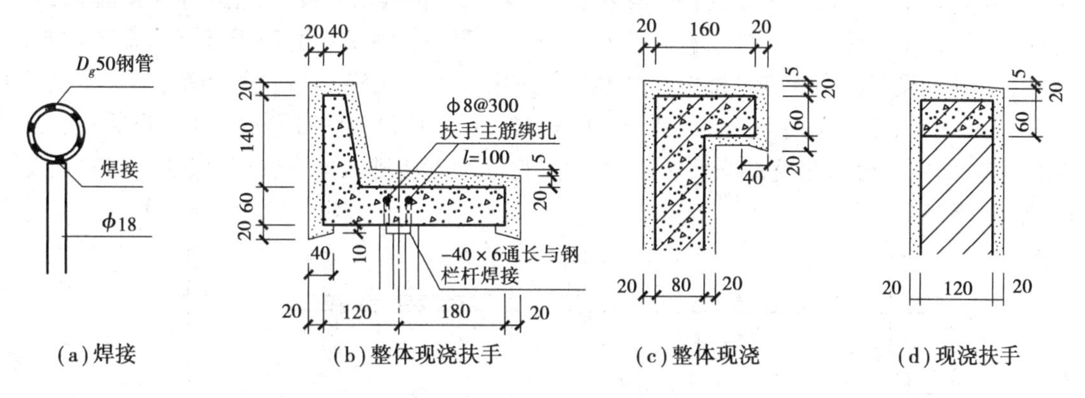

图12.25 栏杆与扶手的连接

②栏杆与面梁或阳台板的连接方式有焊接、榫接坐浆、现浇等，如图12.26所示。当阳台为现浇板时必须在板边现浇100 mm高混凝土挡水带，当阳台板为预制板时，其面梁顶应高出阳台板面100 mm，以防积水顺板边流淌，污染表面。金属栏杆可直接与面梁上预埋件焊接；现浇钢筋混凝土栏板可直接从面梁内伸出锚固筋，然后扎筋、支模、现浇细石混凝土；砖砌栏板可直接砌筑在面梁上。预制的钢筋混凝土栏杆可与面梁中预埋件焊接，也可预留插筋插入预留孔内，然后用水泥砂浆填实牢固。

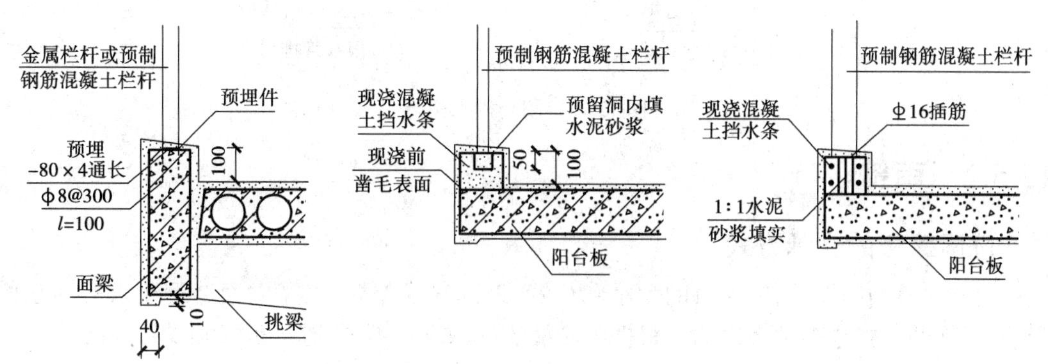

图12.26 栏杆与面梁及阳台板的连接

③扶手与墙的连接，应将扶手或扶手中的钢筋伸入外墙的预留洞中，用细石混凝土或水

泥砂浆填实固牢;现浇钢筋混凝土栏杆与墙连接时,应在墙体内预埋 240 mm×240 mm×120 mm C20 细石混凝土块,从中伸出 2ϕ6,长 300 mm,与扶手中的钢筋绑扎后再进行现浇,如图 12.27 所示。

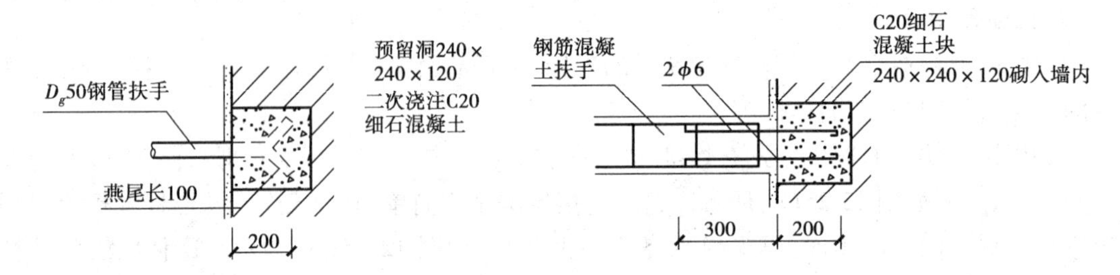

图 12.27 扶手与墙体的连接

由于阳台为室外构件,每逢雨雪天易积水,为保证阳台排水通畅,防止雨水倒灌室内,必须采取一些排水措施。阳台排水有外排水和内排水两种。外排水适用于低层和多层建筑,即在阳台外侧设置泄水管将水排出。泄水管可采用 D_g40~D_g50 镀锌铁管和塑料管,外挑长度不少于 80 mm,以防雨水溅到下层阳台,如图 12.28(a)所示。内排水适用于高层建筑和高标准建筑,即在阳台内侧设置排水立管和地漏,将雨水直接排入地下管网,保证建筑立面美观,如图 12.28(b)所示。

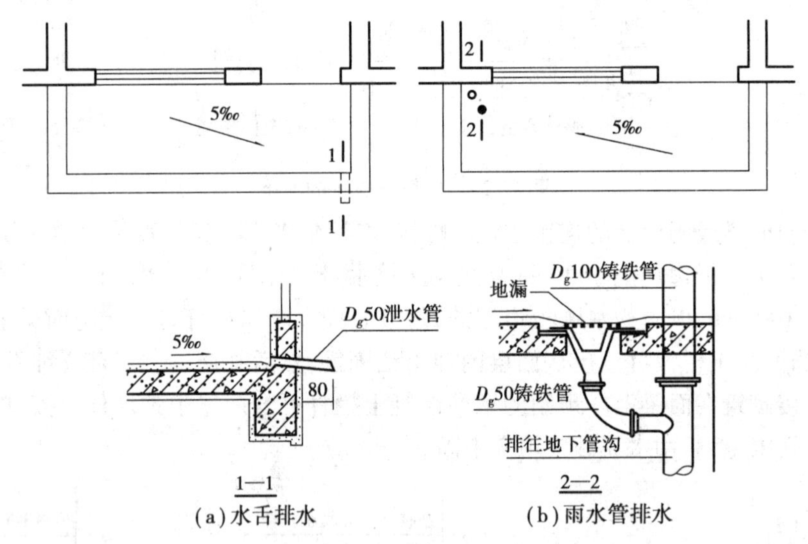

图 12.28 阳台排水构造

12.5.2 雨篷

1)雨篷板的支承方式

由于建筑物的性质,出入口的大小和位置、地区气候差异,以及立面造型要求等因素的影响,雨篷的形式是多种多样的。根据雨篷板的支承方式不同,有悬板式和梁板式两种。

(1)悬板式

悬板式雨篷外挑长度一般为 0.9~1.5 m,板根部厚度不小于挑出长度的 1/12,雨篷宽度比门洞每边宽 250 mm,雨篷排水方式可采用无组织排水和有组织排水两种。雨篷顶面距过梁顶面 250 mm 高，板底抹灰可抹 1∶2水泥砂浆内掺 5%防水剂的防水砂浆 15 mm 厚，如图 12.29 所示，多用于次要出入口。

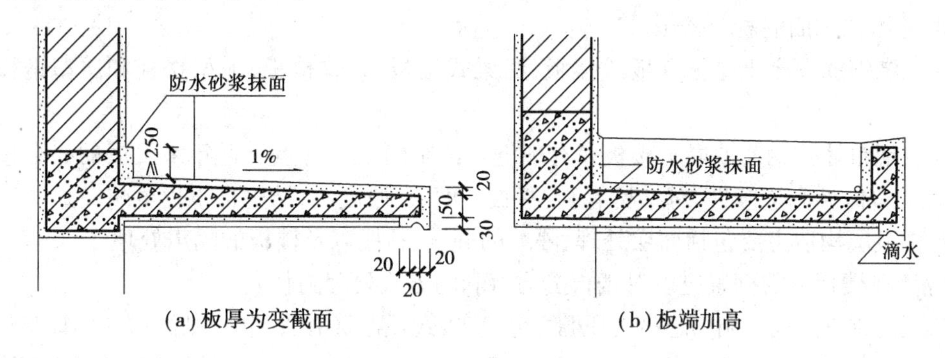

(a) 板厚为变截面　　(b) 板端加高

图 12.29　悬板式雨篷构造

(2) 梁板式

梁板式雨篷多用在宽度较大的入口处，如影剧院、商场等主要出入口处悬挑梁从建筑物的柱上挑出，为使板底平整，多做成倒梁式，如图 12.30 所示。

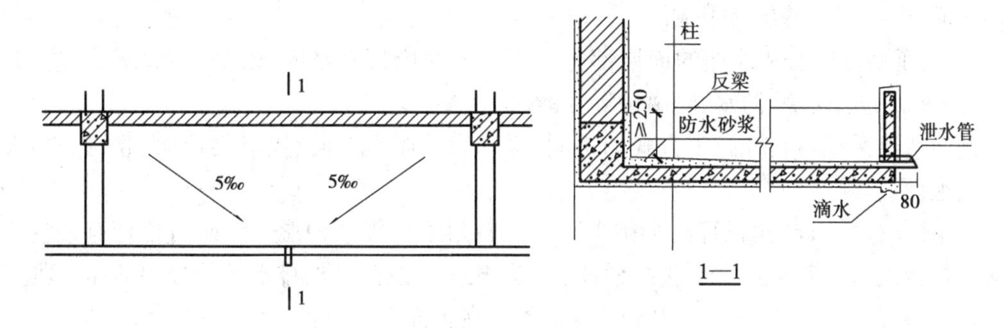

图 12.30　梁板式雨篷构造

2) 雨篷的防水

采用 1∶2.5 水泥砂浆，掺 3%防水粉，最薄处 20 mm，并向出水口找 1%坡度，出水口可采用 ϕ50 硬塑料管，外露至少 50 mm，防水砂浆应顺墙上卷至少 200 mm。

当雨篷的面积较大时，雨篷的防水可采用卷材等防水材料，防水材料应顺墙上卷至少 200 mm，需做好排水方向、雨水口位置。

雨篷抹面厚度超过 30 mm 时，须在混凝土内预留 50 mm 长镀锌铁钉，打弯后缠绕 24 号镀锌铁丝，或挂钢板网分层抹灰。

雨篷板底一般抹混合砂浆刷白色涂料。

雨篷的装饰：雨篷可设计成各类造型。雨篷底面可将照明、吊顶、设备统一考虑进行设置。

本章小结

1.楼板层是多层建筑中分隔楼层的水平构件。它承受并传递楼板上的荷载，同时对墙体起着水平支撑的作用。它由楼面、楼板和顶棚等部分组成。

2.楼板按所用材料分，有木楼板、钢楼板、钢筋混凝土楼板等，其中钢筋混凝土楼板得到了广泛的应用。

3.钢筋混凝土楼板按施工方式分,有现浇钢筋混凝土楼板、预制装配式钢筋混凝土楼板和装配整体式钢筋混凝土楼板。

4.现浇钢筋混凝土楼板有板式楼板、肋梁式楼板、井式楼板、无梁楼板和压型钢板组合楼板。

5.装配整体式钢筋混凝土楼板兼有现浇与预制的共同优点。近年来发展的叠合楼板具有良好的整体性和连续性,对结构有利,楼板跨度大、厚度小,结构自重也可减轻。

6.楼板层构造主要包括面层处理、隔墙的搁置、顶棚以及楼板的隔声处理。

隔墙在楼板上的搁置应以对楼板受力有利的方式处理为佳。

7.顶棚有直接式顶棚和悬吊式顶棚之分,直接式顶棚又有直接喷、刷涂料或作抹灰粉面或粘贴饰面材料等多种方式。吊顶按材料的不同分为板材吊顶、轻钢龙骨吊顶和金属吊顶等。

8.楼板层的隔声应以对撞击声的隔绝为重点,其处理方式有在楼面上铺设富有弹性的材料、作浮筑楼板和作吊顶棚等三种。

9.地坪是建筑物底层房间与土壤相接触的水平结构部分,它将房间内的荷载传给地基。地坪由面层、垫层和基层所组成。

10.地面是楼板层和地坪的面层部分。作为地面应具有坚固、耐磨、不起灰、易清洁、有弹性、防火、保温、防潮、防水、防腐蚀等性能。

地面依所采用材料和施工方式的不同,可分为整体类地面、块材类地面、卷材类地面和涂料类地面。

11.阳台有挑阳台、凹阳台、半挑半凹以及转角阳台等几种形式。阳台栏杆有镂空栏杆和实心栏板之分。其构造主要包括栏杆、栏板、扶手以及阳台的排水等部分的细部处理。

12.雨篷有悬板式和梁板式之分。构造重点在板面和雨篷板与墙体的防水处理。

复习思考题

1.楼板层的主要功能是什么?楼板层与地层有什么不同之处?

2.楼板层由哪些部分组成?各起什么作用?

3.对楼板层的设计要求有哪些?

4.现浇钢筋混凝土肋梁楼板具有哪些特点?布置原则如何?

5.楼板隔绝固体传声的方法有哪些?绘图说明。

6.井式楼板和无梁楼板的特点及适用范围。

7.楼板顶棚的构造形式有几类?列举出每一类顶棚的一种构造做法。

8.地坪由哪几部分组成?各有什么作用?

9.地面应满足哪些设计要求?

10.常用地面做法可分为几类?列举出每一类地面的1~2种构造做法。

11.简述常用块料地面的种类、特点及适用范围。

12.绘图表示雨篷构造。

仿真视频资源

第 13 章

楼　梯

本章导读

• **基本要求**　掌握楼梯的组成、类型、尺度及构造；熟悉楼梯踏步、栏杆、扶手等的细部构造及连接方式、尺寸和构造要求；了解电梯和自动扶梯的基本知识；了解楼梯的设计要求。

• **重点**　楼梯的组成、类型、尺度及现浇钢筋混凝土楼梯的构造，楼梯的细部构造，楼梯的设计要求。

• **难点**　楼梯的尺度、现浇钢筋混凝土楼梯的构造，楼梯的细部构造，楼梯的设计。

13.1　楼梯的组成、类型及尺度

13.1.1　楼梯的组成

楼梯一般由楼梯段、平台及栏杆(或栏板)三部分组成，如图 13.1 所示。

(1)楼梯段

楼梯段又称楼梯跑，是楼梯的主要使用和承重部分。它由若干个踏步组成。为减少人们上下楼梯时的疲劳和适应人行的习惯，一个楼梯段的踏步数要求最多不超过 18 级，最少不少于 3 级。

楼梯段和平台之间的空间称楼梯井。当公共建筑楼梯井净宽大于 200 mm，住宅楼梯井净宽大于 110 mm 时，必须采取措施来保证安全。

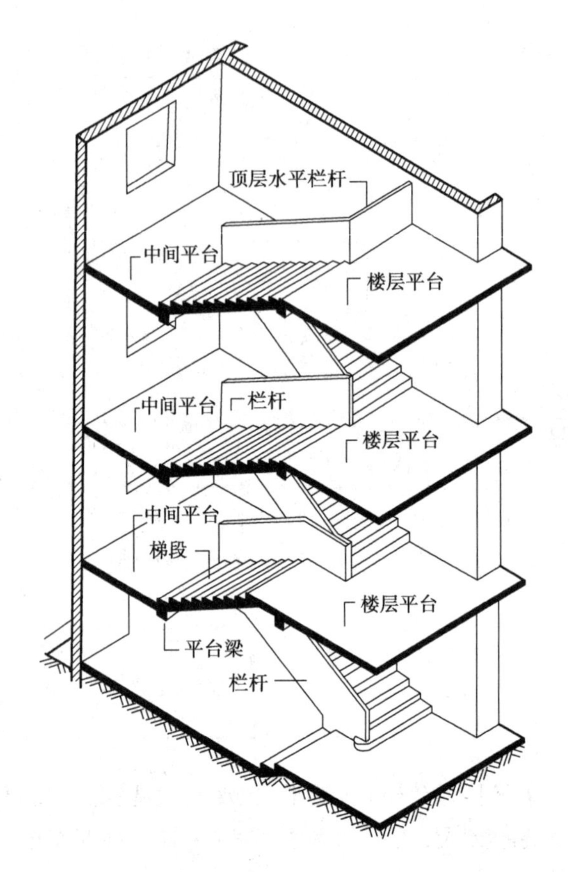

图 13.1　楼梯的组成

(2)平台

平台是指两楼梯段之间的水平板,有楼层平台、中间平台之分。其主要作用在于缓解疲劳,让人们在连续上楼时可在平台上稍加休息,故又称休息平台。同时,平台还是梯段之间转换方向的连接处。

(3)栏杆

栏杆是楼梯段的安全设施,一般设置在梯段的边缘和平台临空的一边,要求必须坚固可靠,并保证有足够的安全高度。栏杆有实心栏杆和镂空栏杆之分。实心栏杆又称栏板。栏杆上部供人们倚扶的配件称扶手。

13.1.2　楼梯的类型

按位置不同分,楼梯有室内与室外两种。按使用性质分,室内有主要楼梯、辅助楼梯;室外有安全楼梯、防火楼梯。按材料分有木质、钢筋混凝土、钢质、混合式及金属楼梯。按楼梯的平面形式不同,可分为如下几种(图 13.2):

1)单跑直楼梯

单跑直楼梯是无楼梯平台、直达上一层楼面标高的楼梯。一般梯段平面呈直线状,在使用中不改变行进方向。构造很简单,适合于层高较低的建筑。

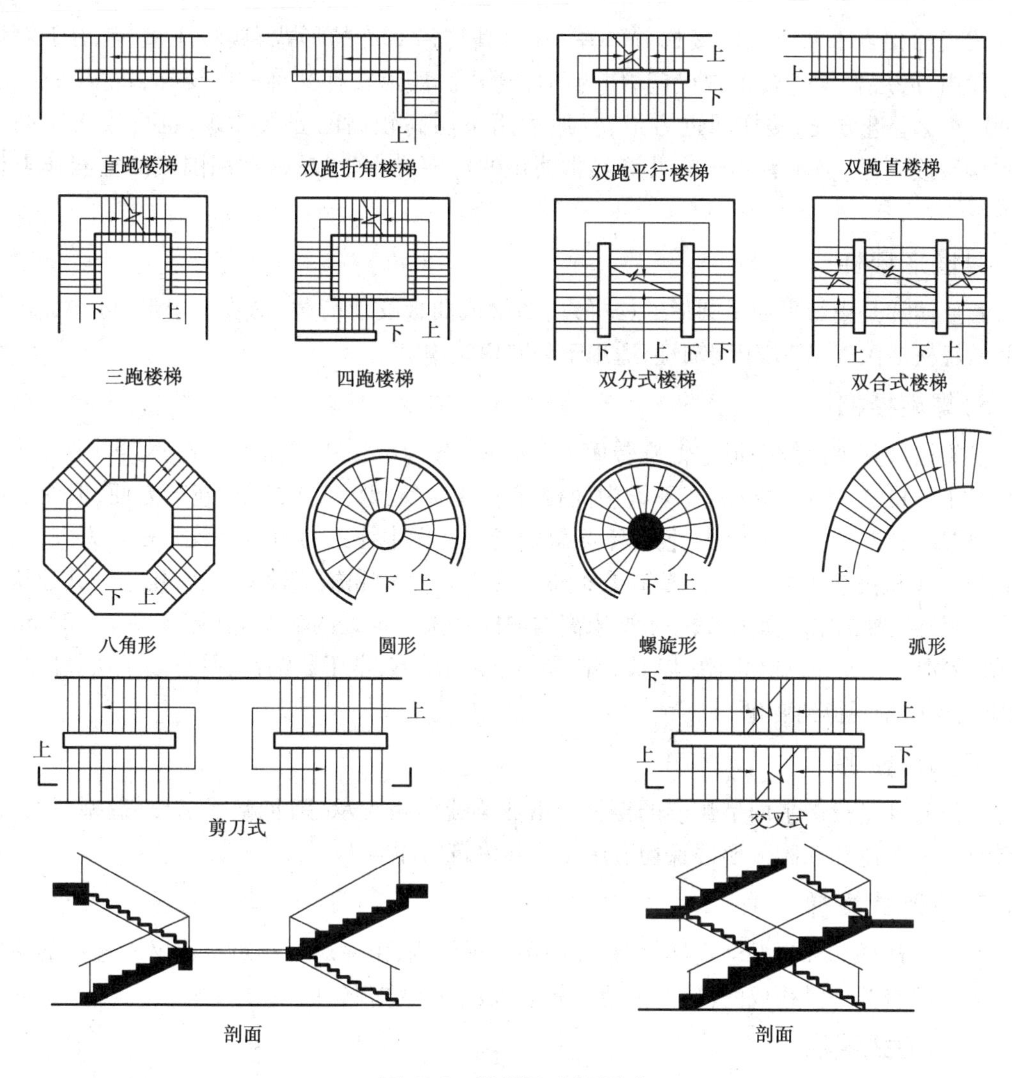

图 13.2 楼梯平、剖面形式

2）双跑楼梯

双跑楼梯由两跑梯段及一个楼梯平台组成。通过梯段与楼梯平台的不同组合可有双跑直楼梯、曲尺楼梯、双跑平行楼梯等多种变化。

双跑直楼梯：在使用中不改变行进方向，两梯段间设一楼梯平台，适用于楼层较高或人流量大的公共活动场所，如影剧院、体育建筑、百货商场等。

曲尺楼梯：楼梯平面呈“L”状，一般设在少数楼层之间，且通常不设楼梯间，可沿一两片墙面开敞布置。

双跑平行楼梯：在使用中改变行进方向，是最为常见的适用面广的一种楼梯形式；在建筑中起主要垂直交通或疏散作用；通常设楼梯间。

3）三跑（或多跑）楼梯

三跑楼梯由三跑梯段、一或两个楼梯平台组成。梯段和楼梯平台的组合方式不同，可产生双分转角楼梯、合上双分或分上双合楼梯和 Π 形楼梯等多种变化。双分转角和合上双分式楼梯相当于两个双跑楼梯并联在一起,其均衡对称的形式,典雅庄重,常用于对称式门厅内,底层楼梯平台下常设门,作为门厅通道。Π 形楼梯又称三跑楼梯,每上一梯段,折 90°改变行进方向,楼梯间近方形,一般适用于层高较高的公共建筑,也可连接层高不同的楼层或夹层,但不宜用于有儿童经常使用的住宅或小学校;常利用围成的空间作电梯井道。

4)圆形楼梯

圆形楼梯是投影平面呈圆形的楼梯,由曲梁或曲板支承荷载,踏步呈扇形,可增加建筑空间的轻松活泼气氛,富于装饰性,适用于公共建筑中。

5)螺旋楼梯

螺旋楼梯是梯段绕一根主轴旋转而上的楼梯,分为中柱式和无中柱式两类。中柱式的扇形踏步悬挑支承在中立柱上,不设中间楼梯平台,占地少、结构简单、施工方便,但受层高限制,坡高较陡,适用于人流少、使用不频繁的场所。无中柱式的内半径较中柱式为大,结构形式分扭板和扭梁两种。扭梁又有单梁、双梁之分。结构和施工较复杂,常用于公共建筑大厅中。螺旋楼梯的踏步呈扇形,一般要求离内侧扶手 0.25 m 处的踏步宽度不应小于 0.22 m,多采用钢筋混凝土制作,旋律明快、活泼,有一种强烈的动感,富于装饰性,并有助于从竖向扩大空间,使室内景观得到变化。

6)弧形楼梯

弧形楼梯是投影平面呈弧形的楼梯。由曲梁或曲板支承,踏步略呈扇形,造型活泼,富于装饰性。单跑和双跑弧形楼梯均适用于公共建筑门厅内。

7)交叉式楼梯

交叉式楼梯又称为叠合式楼梯,是在同一楼梯间内,由一对互相重叠而又不连通的单跑直上或双跑直上梯段构成的楼梯,能通过较多人流并节省建筑面积。

8)剪刀式楼梯

剪刀式楼梯又称桥式楼梯。由一对方向相反、楼梯平台共用的双跑平行梯段组成,能同时通过较多人流,并能有效利用建筑空间,用于人流量大的公共建筑中。

13.1.3 楼梯的设计要求

楼梯既是楼房建筑中的垂直交通枢纽,也是进行安全疏散的主要工具,为确保使用安全,楼梯的设计必须满足如下要求:

①作为主要楼梯,应与主要出入口邻近,且位置明显;同时还应避免垂直交通与水平交通在交接处拥挤、堵塞。

②楼梯必须满足防火要求,楼梯间除允许直接对外开窗采光外,不得向室内任何房间开窗;楼梯间四周墙壁必须为防火墙;对防火要求高的建筑物特别是高层建筑,应设计成封闭式楼梯或防烟楼梯。常见楼梯间的平面布置形成及楼梯实例如图 13.3 ~ 图 13.4 所示。

③楼梯间必须有良好的自然采光。

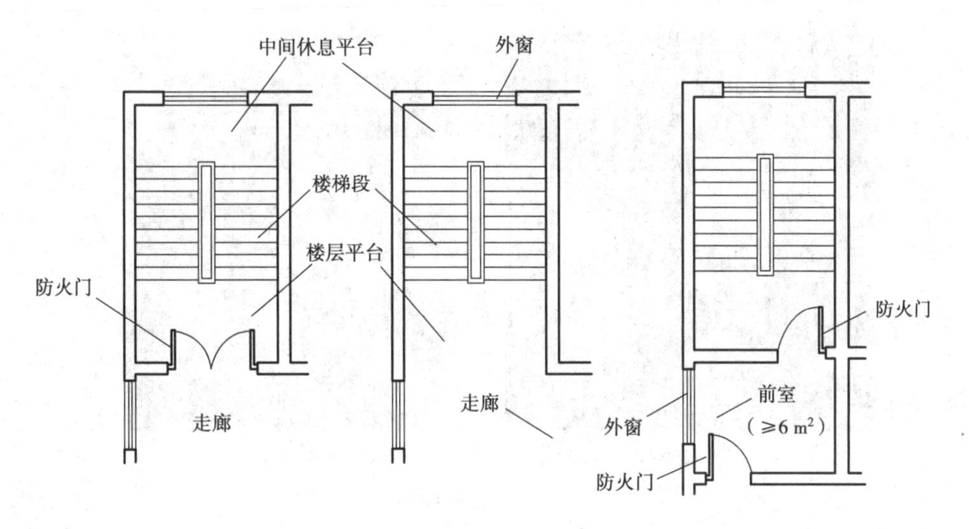

图 13.3 楼梯间平面形式

(a)双分转角楼梯

(b)曲尺楼梯

(c)剪刀楼梯

(d)弧形楼梯

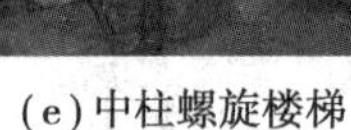

(e)中柱螺旋楼梯　　(f)无中柱螺旋楼梯

图 13.4　楼梯实例

13.1.4　楼梯的尺度

1)楼梯段的宽度

楼梯的宽度必须满足上下人流及搬运物品的需要。从确保安全角度出发,楼梯段宽度是由通过该梯段的人流数确定的。通常,梯段净宽除应符合防火规范的规定外,供日常主要交通用的楼梯的梯段净宽应根据建筑物使用特征,按每股人流宽为 0.55 m+(0~0.15)m 的人流股数确定,且不少于两股人流。这里的 0~0.15 m 是人流在行进中人体的摆幅,人流较多的公共建筑应取上限值。

为确保通过楼梯段的人流和货物也能顺利地在楼梯平台上通过,楼梯平台的净宽不得小于梯段宽度。

2)楼梯的坡度与踏步尺寸

楼梯的坡度是指梯段的斜率,如图 13.5 所示。坡度一般用斜面与水平面的夹角表示,也可用斜面在垂直面上的投影高和在水平面上的投影宽之比来表示。楼梯梯段的最大坡度不宜超过 38°。坡度小时,行走舒适,但占地面积大;反之可节约面积,但行走较吃力。当坡度小于 20°时,采用坡道;大于 45°时,则采用爬梯。

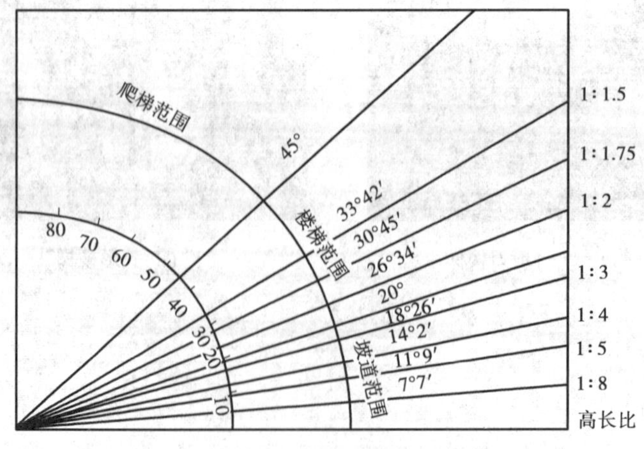

图 13.5　楼梯、坡道、爬梯的坡度范围

楼梯坡度应根据建筑物的使用性质和层高来确定：对使用频繁、人流密集的公共建筑，其坡度宜平缓些；对使用人数较少的居住建筑或某些辅助性楼梯，其坡度可适当陡些。

楼梯坡度实质上与楼梯踏步密切相关，踏步高与宽之比即可构成楼梯坡度，如图13.6所示。踏步高常以 h 表示，踏步宽常以 b 表示。

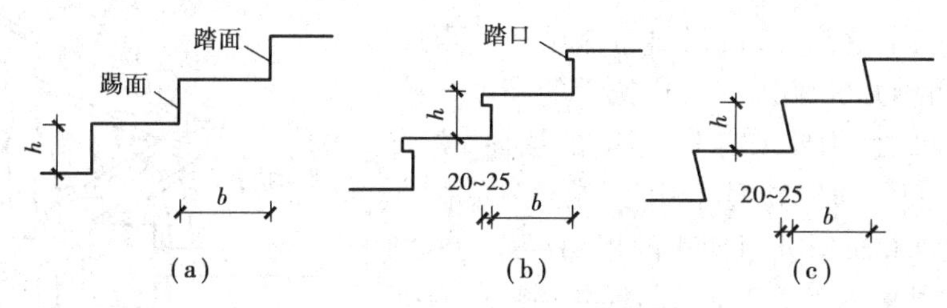

图13.6 踏步尺寸

踏步尺寸与人行步距有关。通常用下列经验公式表示：

$$2h+b=600\sim620\ \text{mm} \quad 或 \quad h+b\approx450\ \text{mm}$$

式中 h——踏步高度，mm；

b——踏步宽度，mm。

其中，600~620 mm 为一般人的平均步距。

《民用建筑设计统一标准》(GB 50352—2019)中对楼梯的踏步尺寸、坡度有如下规定：

楼梯踏步的高度不宜大于210 mm，并不宜小于140 mm，楼梯踏步的宽度应采用220，240，260，280，300，320 mm，必要时可采用250 mm。楼梯梯段的最大坡度不宜超过38°。

楼梯踏步的高宽比应符合表13.1的规定。

表13.1 楼梯踏步最小宽度和最大高度

单位：m

楼梯类别		最小宽度	最大高度
住宅楼梯	住宅公用楼梯	0.260	0.175
	住宅套内楼梯	0.220	0.200
宿舍楼梯	小学宿舍楼梯	0.260	0.150
	其他宿舍楼梯	0.270	0.165
老年人建筑楼梯	住宅建筑楼梯	0.300	0.150
	公共建筑楼梯	0.320	0.130
托儿所、幼儿园楼梯		0.260	0.130
小学校楼梯		0.260	0.150
人员密集且竖向交通繁忙的建筑和大、中学校楼梯		0.280	0.165
其他建筑楼梯		0.260	0.175
超高层建筑核心筒内楼梯		0.250	0.180
检修及内部服务楼梯		0.220	0.200

注：螺旋楼梯和扇形踏步离内侧扶手中心0.250 m处的踏步宽度不应小于0.220 m。

在设计踏步宽度时,当楼梯间深度受到限制,致使踏面宽不足最低尺寸,为保证踏面宽有足够尺寸而又不增加总进深,可以采用出挑踏口或将踢面向外倾斜的办法,使踏面实际宽度增加,一般踏口的出挑长为 20~25 mm,如图 13.6(b)、(c)所示。

3)楼梯栏杆扶手的高度

楼梯栏杆扶手的高度,指踏面前缘至扶手顶面的垂直距离,如图 13.7 所示。楼梯扶手的高度与楼梯的坡度、楼梯的使用要求有关,很陡的楼梯,扶手的高度矮些,坡度平缓时高度可稍大。在 30°左右的坡度下常采用 900 mm;儿童使用的楼梯一般为 600 mm。对一般室内楼梯≥900 mm,靠梯井一侧水平栏杆长度>500 mm 时,其高度≥1 000 mm,室外楼梯栏杆高度≥1 050 mm。

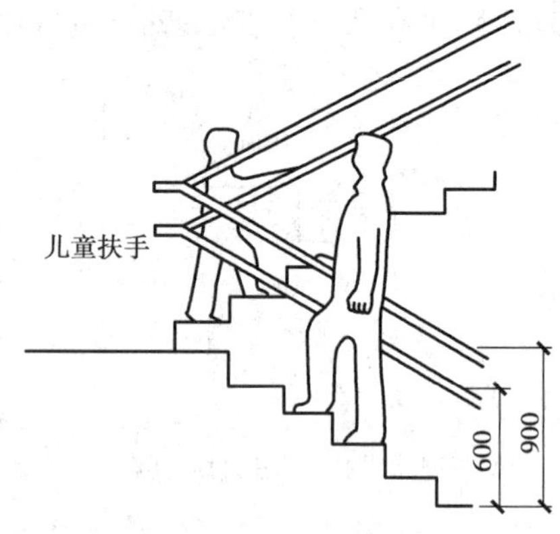

图 13.7 栏杆、扶手高度

4)楼梯梯段尺寸的确定

设计楼梯主要是设计楼梯梯段,而梯段的尺寸与楼梯间的开间、进深与建筑物的层高有关。当楼梯间的开间、进深初步确定之后,根据建筑物的层高即可进行楼梯有关尺度的计算。

(1)梯段宽度与平台宽的计算

在楼梯间的尺寸已定的前提下,梯段宽应按开间确定。对双跑梯,当楼梯间开间净宽为 A 时,则梯段宽 B 为:

$$B=\frac{A-C}{2}$$

式中,C 为两梯段之间的缝隙宽,考虑消防、安全和施工的要求,应≥150 mm,一般为 160~200 mm。有儿童经常使用的,梯井净宽>200 mm 时,必须采取安全措施。楼梯井指四周为梯段和楼梯平台内侧面围绕的空间,以 60~200 mm 为宜。

因平台宽应大于或等于梯段宽,所以 $D \geqslant B$(D 为平台宽)。

(2)踏步的尺寸与数量的确定

当层高 H 已知,根据建筑的使用性质,从表 13.1 中选定踏步高 h 和踏步宽 b。于是踏步数 N 为:

$$N=\frac{H}{h}$$

(3)梯段长度计算

梯段长度取决于踏步数量。当 N 已知后,对两段等跑的楼梯梯段长 L 为:

$$L=\left(\frac{N}{2}-1\right)b$$

式中的 $\frac{N}{2}-1$ 是指梯段踏步宽在平面上的数量。由于平面上平台内已包含了一级踏步宽,故计算踏步的数量时需减去一个踏步宽。

根据计算所确定的尺寸即可绘制平面图和剖面图,如图 13.8 所示。

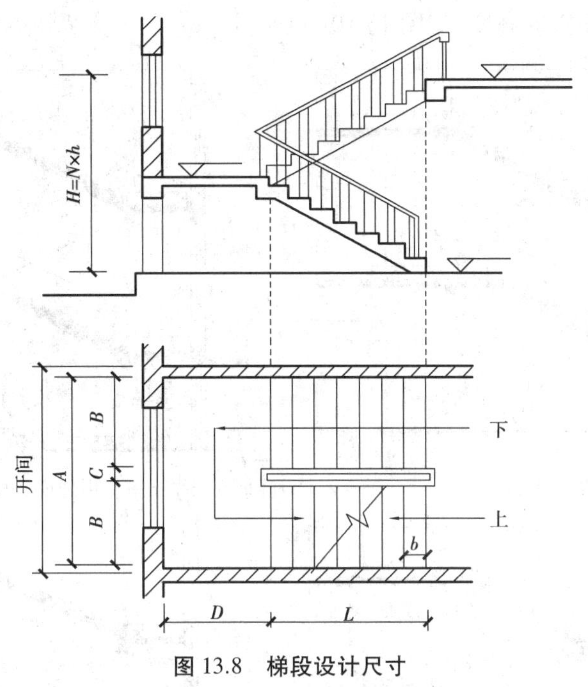

图 13.8 梯段设计尺寸

A—楼梯开间净宽;*B*—梯段宽度;*C*—梯井宽度,60~200 mm;*D*—楼梯平台宽度;
H—层高;*L*—楼梯段水平投影长度;*N*—踏步级数;*h*—踏步高;*b*—踏步宽

5)楼梯的净空高度

楼梯的净空高度是指梯段的任何一级踏步至上一层平台梁底的垂直高度,或底层地面至底层平台(或平台梁)底的垂直距离,或下层梯段与上层梯段间的高度。为保证在这些部位通行或搬运物件时不受影响,其净高在平台处应大于 2 m,在梯段处应大于 2.2 m,如图13.9所示。

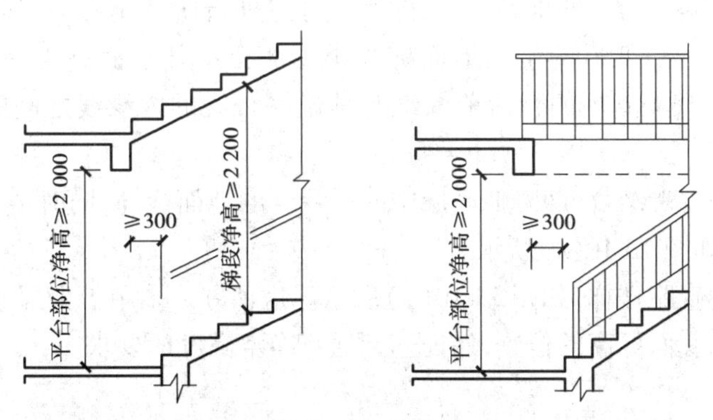

图 13.9 梯段及平台部位净高要求

在大多数居住建筑中,常利用楼梯间作为出入口,加之居住建筑的层高较低,因此应特别重视平台下通行时的净高设计问题。

当楼梯底层中间平台下做通道时,为求得下面空间净高≥2 000 mm,常采用以下几种处理方法:

①将楼梯底层设计成“长短跑”,让第一跑的踏步数目多些,第二跑踏步少些,利用踏步

的多少来调节下部净空的高度，如图 13.10(a)所示。

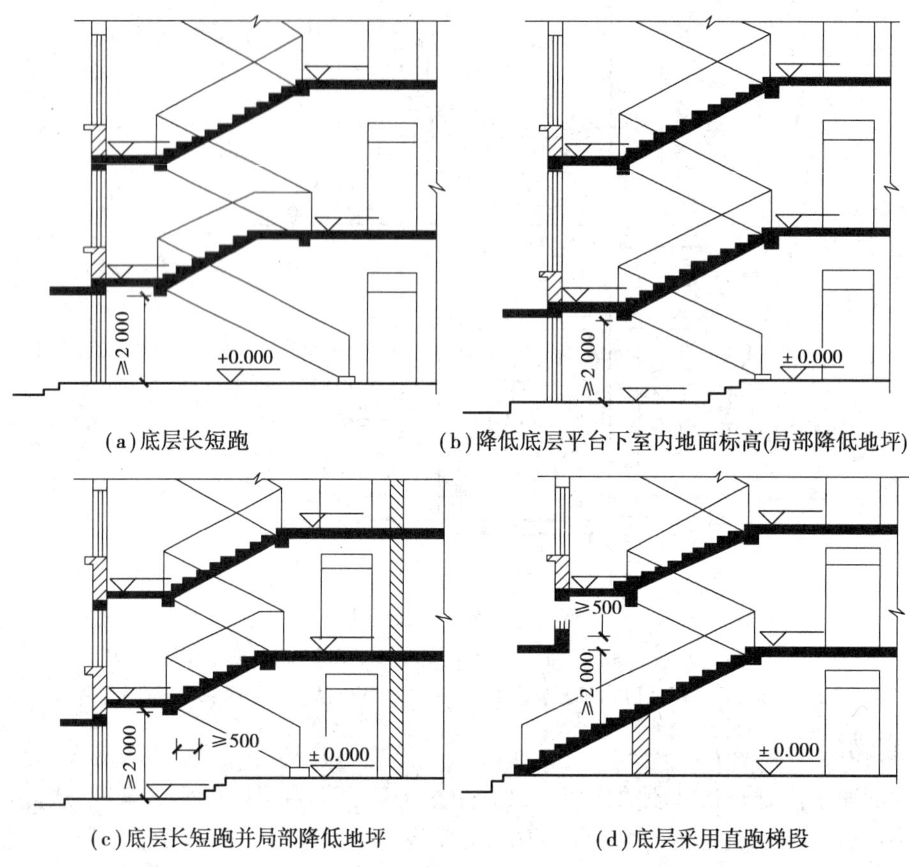

图 13.10　平台下作出入口时楼梯净高设计的几种方式

②降低底层中间平台下的地面标高，即将部分室外台阶移至室内，如图 13.10(b)所示。但应注意两点：第一，降低后的室内地面标高至少应比室外地面高出一级台阶的高度，为150 mm左右；第二，移至室内的台阶前缘线与顶部平台梁的内缘线之间的水平距离不应小于 500 mm。

③将上述两种方法结合，即降低底层中间平台下的地面标高，同时增加楼梯底层第一个梯段的踏步数量，如图 13.10(c)所示。

④将底层采用直跑楼梯，如图 13.10(d)所示。这种方式多用于少雨地区的住宅建筑，但要注意入口处雨篷底面标高的位置，保证达到通行净空高度的要求。

13.2　现浇钢筋混凝土楼梯

现浇钢筋混凝土楼梯是指楼梯段、楼梯平台等整浇在一起的楼梯。它整体性好，刚度大，对抗震较为有利。但由于模板耗费较多，且施工速度缓慢，因而较适合用于工程比较小且抗震设防要求较高的建筑中，螺旋梯、弧形梯由于形状复杂，也以采用现浇为宜。

现浇楼梯按梯段的传力特点，有板式梯段和梁板式梯段之分。

13.2.1　板式梯段

板式梯段是把楼梯段作为一块整板，斜搁在楼梯的平台梁上。平台梁之间的距离便是这块板的跨度，如图 13.11(a)所示。带平台板的板式楼梯，即把两个或一个平台板和一个梯段组合成一块折形板，这时平台下的净空增加，且形式简洁，如图 13.11(b)所示。

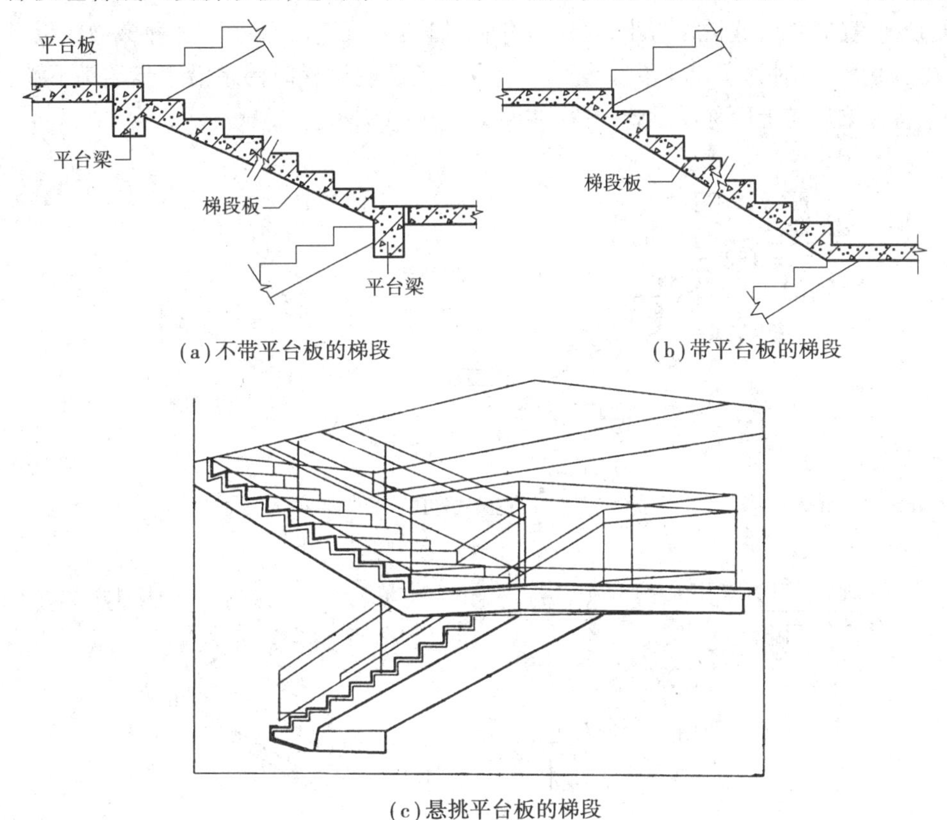

(a)不带平台板的梯段　　(b)带平台板的梯段

(c)悬挑平台板的梯段

图 13.11　现浇钢筋混凝土板式楼梯

近年来各地较多地采用了悬臂板式楼梯，其特点是梯段和平台均无支承，完全靠上、下梯段与平台组成的空间板式结构与上、下层楼板结构共同来受力，因而造型新颖，空间感好，多用作公共建筑和庭院建筑的外部楼梯，如图 13.11(c)、图 13.12 所示。

图 13.12　悬挑平台板的梯段实例

13.2.2 梁板式梯段

当梯段较宽或楼梯负载较大时,采用板式梯段往往不经济,须增加梯段斜梁(简称梯梁)以承受板的荷载,并将荷载传给平台梁,这种梯段称梁板式梯段。梁板式梯段在结构布置上有双梁布置和单梁布置。双梁式梯段系将梯段斜梁布置在梯段踏步的两端,这时踏步板的跨度便是梯段的宽度,这样板跨小,对受力有利,如图 13.13(a)所示。这种梯梁在板下部的称正梁式梯段。有时为了让梯段底表面平整或避免洗刷楼梯时污水沿踏步端头下淌,弄脏楼梯,常将梯梁反向上面称反梁式梯段,如图 13.13(b)所示。

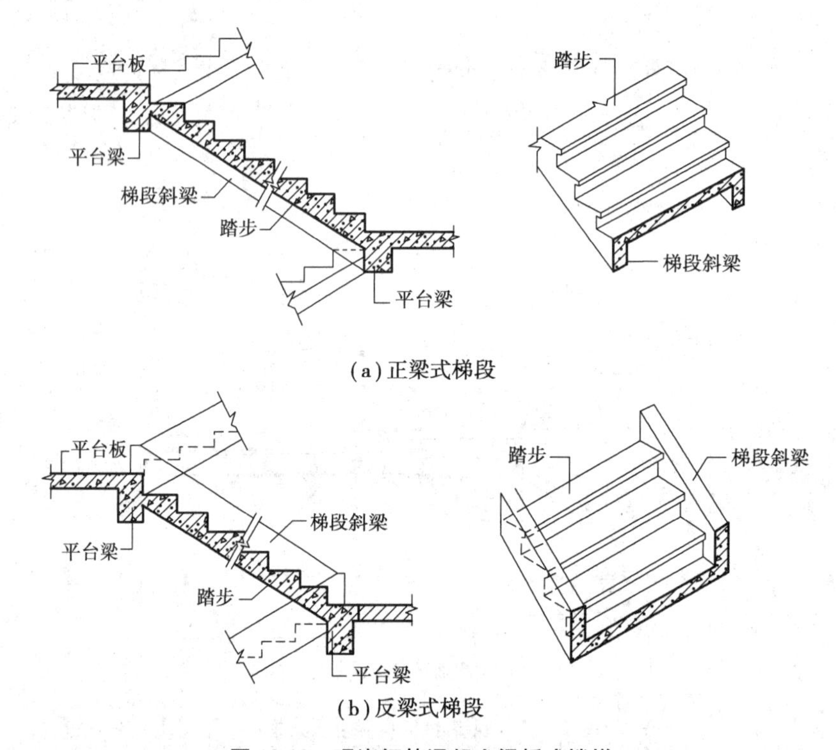

图 13.13 现浇钢筋混凝土梁板式楼梯

在梁板式结构中,单梁式楼梯是近年来公共建筑中采用较多的一种结构形式。这种楼梯的每个梯段由一根梯梁支承踏步。梯梁布置有两种方式,一种是单梁悬臂式楼梯,是将梯段斜梁布置在踏步的一端,而将踏步的另一端向外悬臂挑出,如图 13.14(a)所示;另一种是将梯段斜梁布置在梯段踏步的中间,让踏步从梁的两侧悬挑,称为单梁挑板式楼梯,如图 13.14(b)所示。单梁楼梯受力复杂,梯梁不仅受弯,而且受扭,特别是单梁悬臂式楼梯更为明显。但这种楼梯外形轻巧、美观,常为建筑空间造型所采用。

单梁挑板式楼梯受力较单梁悬臂式楼梯合理。其梯梁的支承方式有两种,一种是将双跑梯的两根梯梁组合成一钢架,支承在与楼层同高的平台或立柱上,而中间平台部分与梯梁刚接,如图 13.14(b)中Ⅰ—Ⅰ剖面所示;另一种则在中间平台处设平台梁,由平台梁支承梯梁,并将荷载传到平台梁下的立柱上,如图 13.14(b)中Ⅱ—Ⅱ剖面所示。

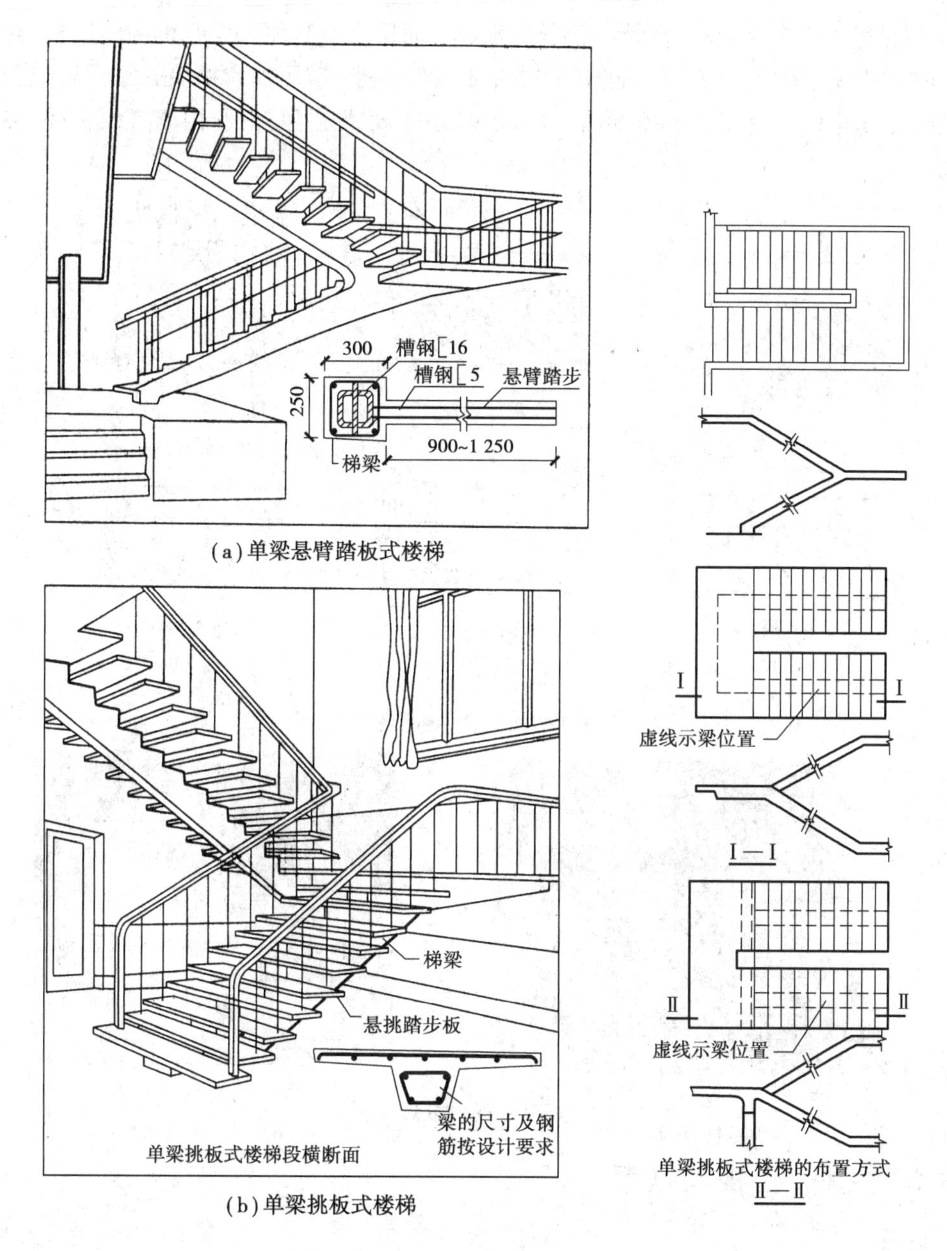

(a)单梁悬臂踏板式楼梯

(b)单梁挑板式楼梯

图 13.14 单梁式楼梯

13.3 楼梯的细部构造

13.3.1 踏步的踏面

楼梯踏步的踏面应光洁、耐磨,易于清扫。面层常采用水泥砂浆、水磨石等,也可采用铺缸砖、贴油地毡或铺大理石板。前两种多用于一般工业与民用建筑中,后几种多用于有特殊要求或较高级的公共建筑中。

为防止行人在上下楼梯时滑跌，特别是水磨石面层以及其他表面光滑的面层，常在踏步近踏口处，用不同于面层的材料做出略高于踏面的防滑条，或用带有槽口的陶土块或金属板包住踏口，如图 13.15 和图 13.16 所示。如果面层采用水泥砂浆抹面，由于表面粗糙，可不做防滑条。

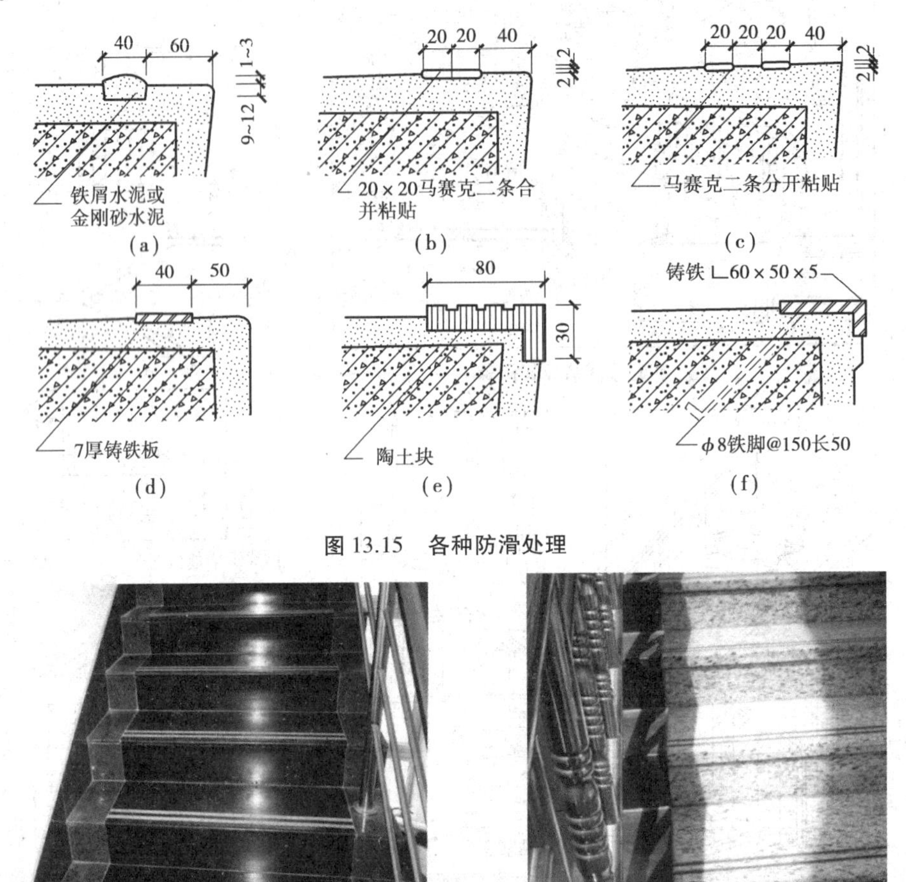

图 13.15　各种防滑处理

图 13.16　防滑处理实例

13.3.2　栏杆、栏板与扶手

(1)栏杆

栏杆多采用方钢、圆钢、钢管或扁钢等材料，并可焊接或铆接成各种图案，既起防护作用，又起装饰作用。方钢截面的边长与圆钢的直径一般为 20 mm，扁钢截面不大于 6 mm×40 mm。栏杆钢条花格的间隙，对居住建筑或儿童使用的楼梯，均不宜超过 120 mm，为防止儿童攀爬，也不宜设水平横杆，常见栏杆的形式如图 13.17 所示。栏杆实例如图 13.18 所示。

栏杆与踏步的连接方式有锚接、焊接和栓接三种，如图 13.19 所示。所谓锚接是在踏步上预留孔洞，然后将钢条插入孔内，预留孔一般为 50 mm×50 mm，插入洞内至少 80 mm。洞内浇注水泥砂浆或细石混凝土嵌固，如图 13.19(a)所示。焊接则是在浇注楼梯踏步时，在需要设置栏杆的部位，沿踏面预埋钢板或在踏步内埋套管，然后将钢条焊接在预埋钢板或套管上，如图 13.19(b)所示。栓接系指利用螺栓将栏杆固定在踏步上，如图 13.19(c)所示。

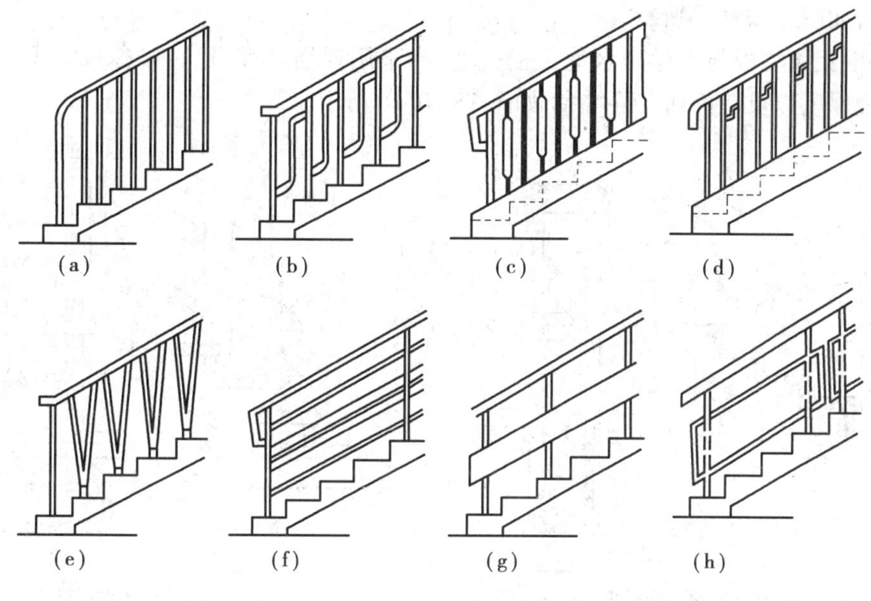

图 13.17 楼梯栏杆的形式

图 13.18 栏杆实例

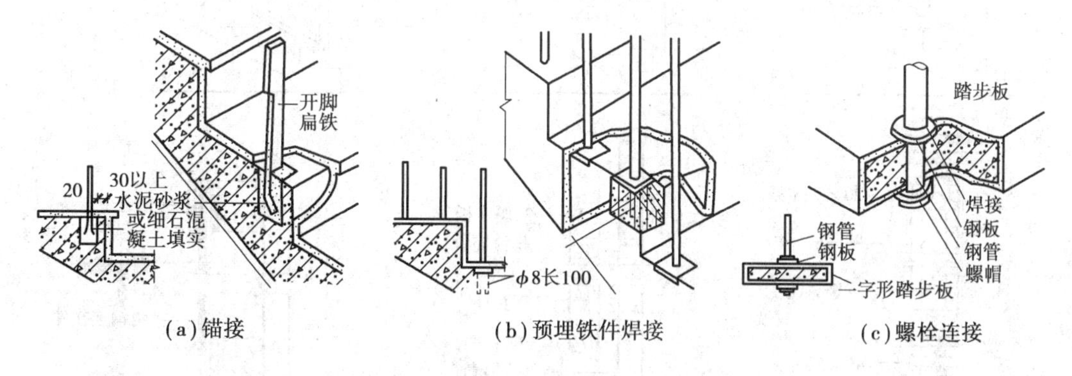

图 13.19 楼梯栏杆与踏步的连接方式

(2)栏板

栏板多用钢筋混凝土或加筋砖砌体制作,也有用钢丝网水泥板的。钢筋混凝土栏板有预制和现浇两种。

砖砌栏板系用普通砖侧砌,60 mm 厚,外侧用钢筋网加固,再用钢筋混凝土扶手与栏板连成整体，如图 13.20(a)所示。

钢筋混凝土栏板与钢丝网水泥栏板类似，多采用现浇处理，比砖砌栏板牢固、安全、耐久，但栏板厚度以及造价和自重增大，如图 13.20(b)所示。

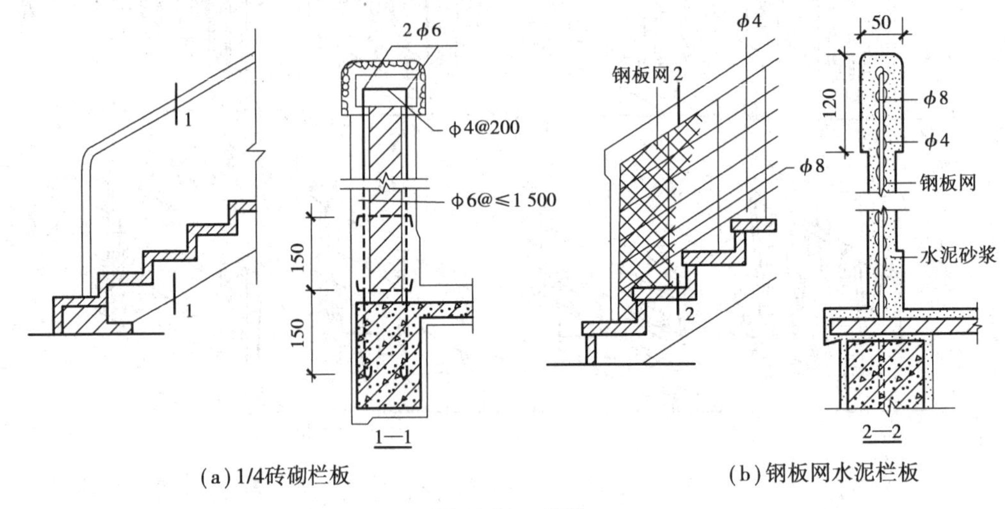

图 13.20 栏板

(3)混合式

混合式是指空花式和栏板式两种栏杆形式的组合，栏杆竖杆作为主要抗侧力构件，栏板则作为防护和美观装饰构件，其栏杆竖杆常采用钢材或不锈钢等材料，其栏板部分常采用轻质美观材料制作，如木板、塑料贴面板、铝板、有机玻璃板和钢化玻璃板等。如图 13.21 所示为几种常见做法。栏板实例如图 13.22 所示。

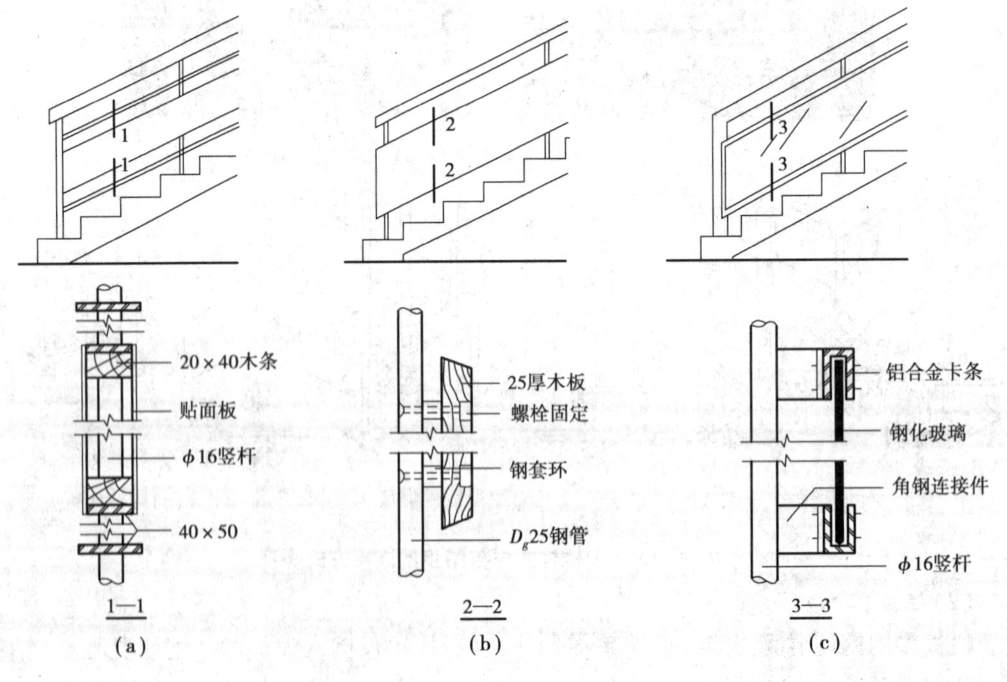

图 13.21 混合式栏杆

图 13.22 栏板实例

13.3.3 扶手

楼梯扶手按材料不同可分为木扶手、金属扶手、塑料扶手等,按构造不同可分为镂空栏杆扶手、栏板扶手和靠墙扶手等。

木扶手借木螺丝通过扁铁与镂空栏杆连接,如图 13.23(a)所示;塑料扶手是将塑料接口处掰开,然后卡住杆上的通长扁钢,如图 13.23(b)所示;金属扶手则通过焊接或螺钉连接,如图 13.23(c)所示;栏板上的扶手多采用抹水泥砂浆或水磨石粉面的处理方式,如图 13.23(d)所示;靠墙扶手则由预埋铁脚的扁钢借木螺丝来固定,如图 13.23(e)所示。

扶手实例如图 13.24 所示。

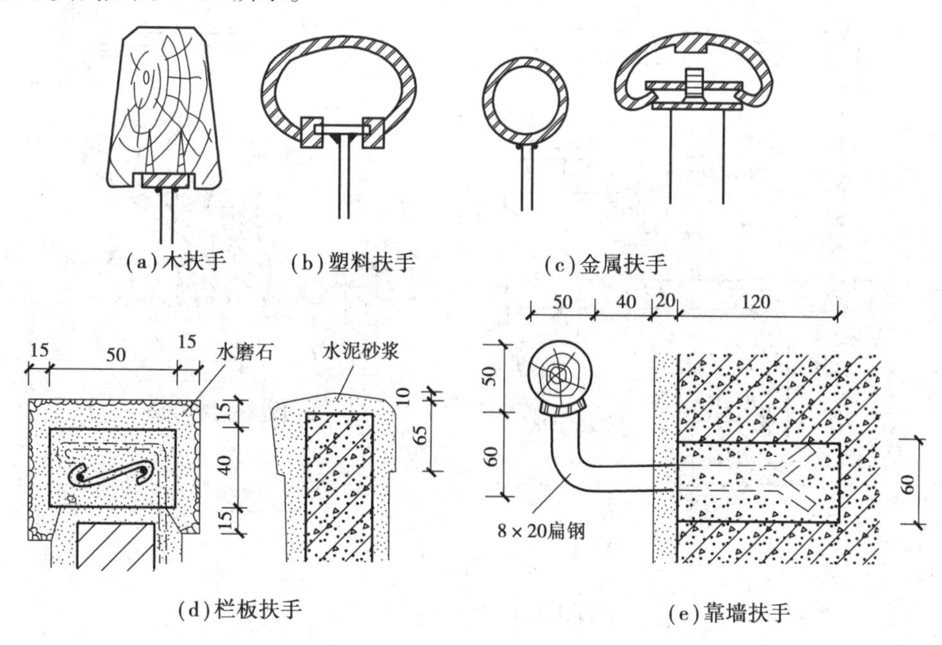

图 13.23 栏杆及栏板的扶手构造

图 13.24　扶手实例

13.3.4　楼梯的基础

楼梯的基础简称为梯基。靠底层地面的梯段需设梯基，梯基的做法有两种：一种是楼梯直接设砖、石材或混凝土基础；另一种是楼梯支承在钢筋混凝土地基梁上。当持力层埋深较浅时采用第一种较经济，但地基的不均匀沉降对楼梯有影响。如图 13.25 所示为预制梯段的两种梯基构造示意。

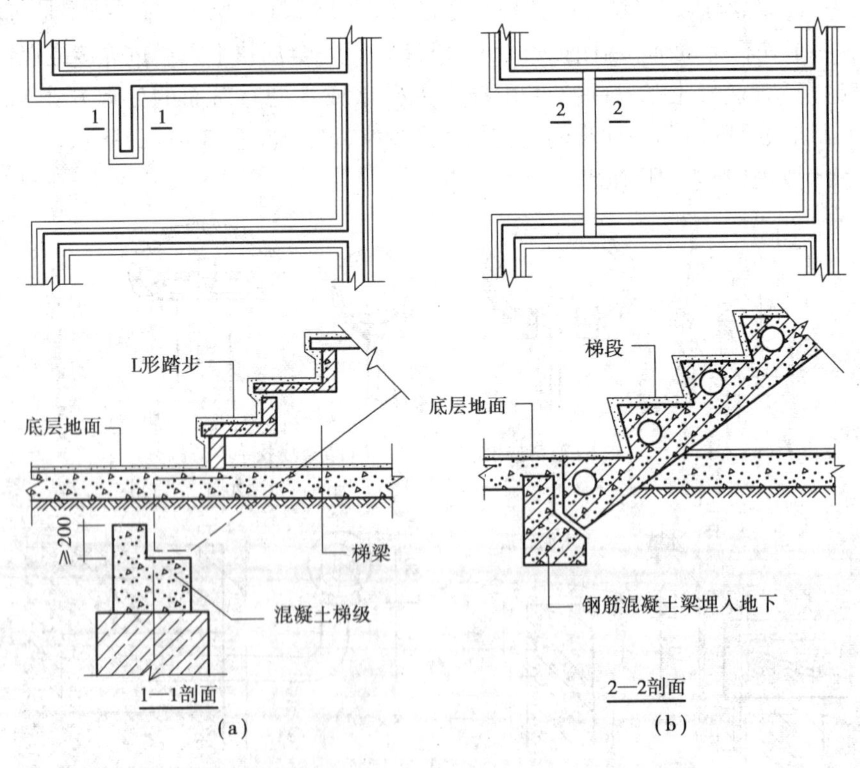

图 13.25　梯基构造示意

13.4 室外台阶与坡道

台阶与坡道都是设置在建筑物出入口处的辅助配件，根据使用要求的不同，在形式上有所区别。在一般民用建筑中，大多设置台阶，只有在车辆通行及特殊的情况下，才设置坡道，如医院、宾馆、幼儿园、行政办公大楼以及工业建筑的车间大门等处。

台阶和坡道在入口处对建筑物的立面还具有一定装饰作用，因而设计时既要考虑实用，还要注意美观。

13.4.1 台阶与坡道的形式

台阶由踏步和平台组成。其形式有单面踏步式、三面踏步式等，如图13.26(a)、(b)所示。台阶坡度较楼梯平缓，每级踏步高为100~150 mm，踏面宽为300~400 mm。当台阶高度超过1 m时，宜有护栏设施。

坡道多为单面坡形式，少数为三面坡，如图13.26(c)所示。坡道坡度应以有利推车通行为佳，一般为1/10~1/8，也有1/30的。还有些大型公共建筑，为考虑汽车能在大门入口处通行，常采用台阶与坡道相结合的形式，如图13.26(d)所示。坡道台阶实例如图13.27所示。

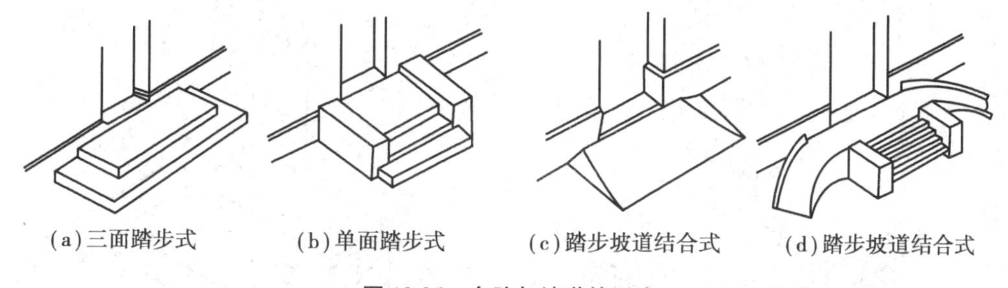

图13.26 台阶与坡道的形式

图13.27 台阶实例

13.4.2 台阶构造

室外台阶的平台应与室内地坪有一定高差，一般为 40~50 mm，而且表面需向外倾斜，以免雨水流向室内。

台阶构造与地坪构造相似，由面层和结构层构成。结构层材料应采用抗冻、抗水性能好且质地坚实的材料。常见的台阶基础有就地砌造、勒脚挑出、桥式 3 种。台阶踏步有砖砌踏步、混凝土踏步、钢筋混凝土踏步、石踏步 4 种，如图 13.28 所示。高度在 1 m 以上的台阶需考虑设栏杆或栏板。

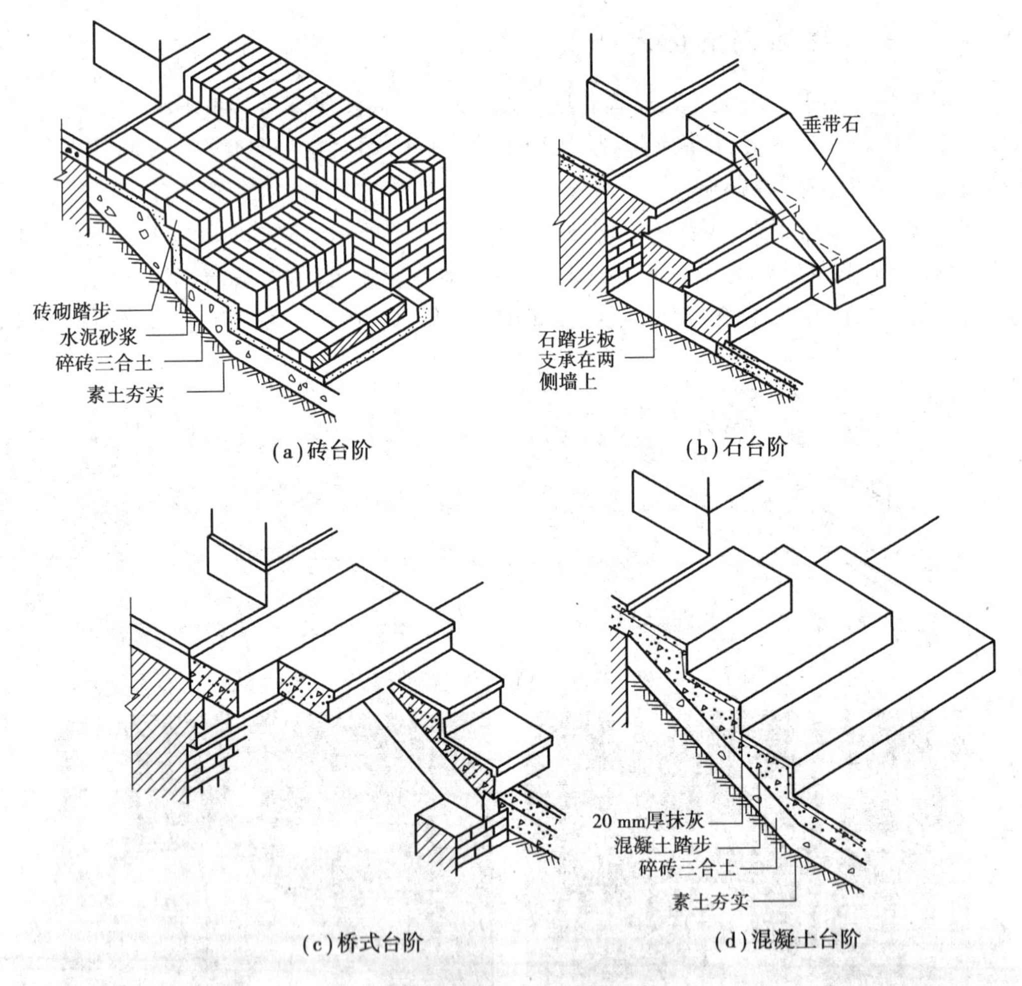

图 13.28 各式台阶构造示意

面层应采用耐磨、抗冻材料。常见的有水泥砂浆、水磨石、缸砖以及天然石板等。水磨石在冰冻地区容易造成滑跌，故应慎用；若使用时必须采取防滑措施。缸砖、天然石板等多用于大型公共建筑大门入口处。

为预防建筑物主体结构下沉时拉裂台阶，应待主体结构有一定沉降后，再做台阶。

13.4.3 坡道构造

常见的坡道材料有混凝土或石块等,面层也以水泥砂浆居多,对经常处于潮湿、坡度较陡或采用水磨石作面层的,在其表面必须做防滑处理,如图 13.29 所示。坡道实例如图 13.30 所示。

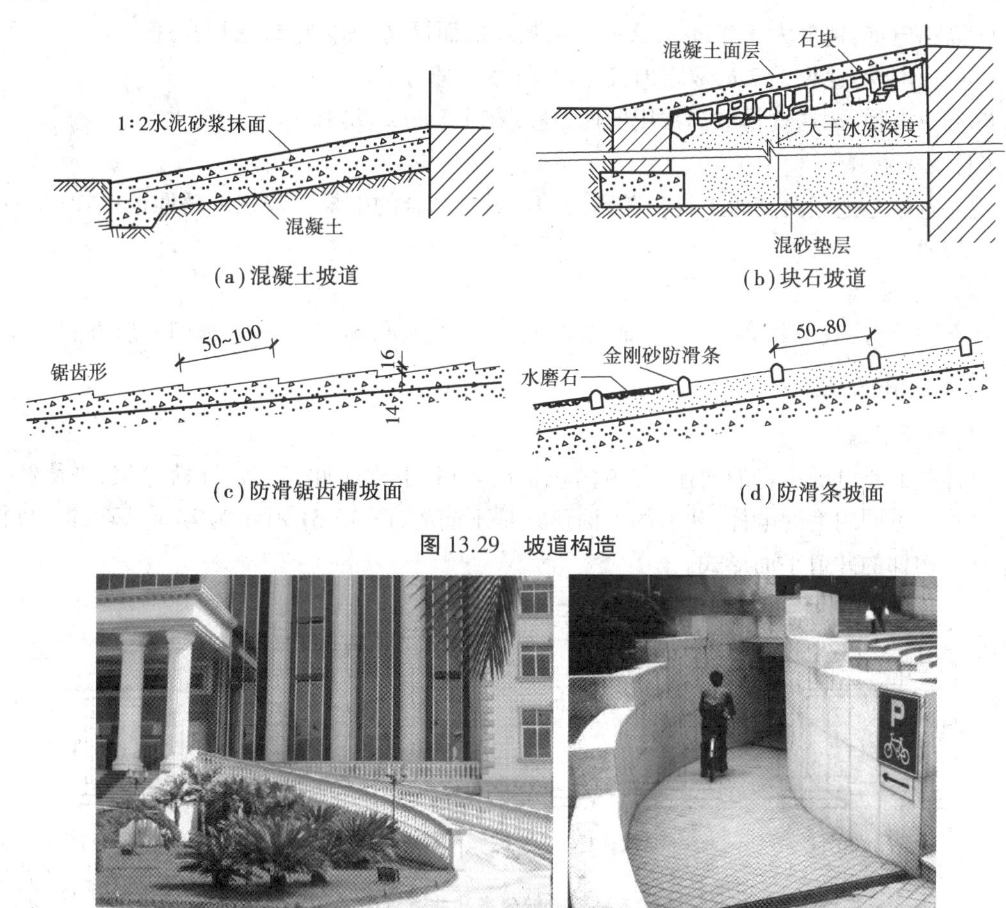

(a)混凝土坡道　(b)块石坡道

(c)防滑锯齿槽坡面　(d)防滑条坡面

图 13.29　坡道构造

图 13.30　坡道实例

13.5 电梯与自动扶梯

13.5.1 电梯

电梯是高层住宅与公共建筑、工厂等不可缺少的重要垂直运载设备。

1)电梯的类型

(1)按使用性质分类

①客梯:主要用于人们在建筑物中的垂直联系。

②货梯:主要用于运送货物及设备。

③消防电梯:用于发生火灾、爆炸等紧急情况下,安全疏散人员和消防人员紧急救援使用。

(2)按电梯行驶速度分类

为缩短电梯等候时间,提高运送能力,需确定恰当速度。根据不同层数的不同使用要求可分为:

①高速电梯:速度大于 2 m/s,梯速随层数增加而提高,消防电梯常用高速。

②中速电梯:速度在 2 m/s 之内,一般货梯按中速考虑。

③低速电梯:运送食物电梯常用低速,速度在 1.5 m/s 以内。

(3)观光电梯

观光电梯是把竖向交通工具和登高流动观景相结合的电梯。透明的轿厢使电梯内外景观相互沟通。

(4)其他分类

还有按单台、双台分;按交流电梯、直流电梯分;按轿厢容量分;按电梯门开启方向分等。

2)电梯的组成

(1)电梯井道

电梯井道是电梯运行的通道,井道内包括出入口、电梯轿厢、导轨、导轨撑架、平衡锤及缓冲器等。不同用途的电梯,井道的平面形式是不同的,图 13.31 所示为客梯、病床梯、货梯和小型杂物梯的井道平面形式。

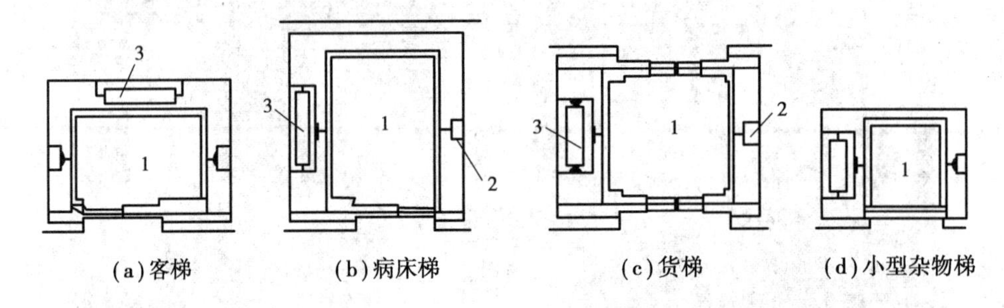

图 13.31 电梯分类和井道平面

1—电梯轿厢;2—导轨、导轨撑架;3—平衡锤及缓冲器

(2)电梯机房

电梯机房一般设在井道的顶部。机房和井道的平面相对位置允许机房任意向一个或两个相邻方向伸出,并满足机房有关设备安装的要求。机房楼板应按机器设备要求的部位预留孔洞。

(3)井道地坑

井道地坑在最底层平面标高下≥1.4 m,考虑电梯停靠时的冲力,作为轿厢下降时所需的缓冲器的安装空间。

(4)组成电梯的有关部件

①轿厢,是直接载人、运货的厢体。电梯轿厢应造型美观,经久耐用,当今轿厢采用金属框架结构,内部用光洁有色钢板壁面或有色有孔钢板壁面,花格钢板地面,荧光灯局部照明以及不锈钢操纵板等。入口处则采用钢材或坚硬铝材制成的电梯门槛。

②井壁导轨和导轨支架，是支承、固定厢上下升降的轨道。

③牵引轮及其钢支架、钢丝绳、平衡锤、轿厢开关门、检修起重吊钩等。

④有关电器部件，交流电动机、直流电动机、控制柜、继电器、选层器、动力、照明、电源开关、厅外层数指示灯和厅外上下召唤盒开关等。

3）电梯与建筑物相关部位的构造

（1）井道、机房建筑的一般要求

①通向机房的通道和楼梯宽度不小于1.2 m，楼梯坡度不大于45°。

②机房楼板应平坦整洁，能承受6 kPa的均布荷载。

③井道壁多为钢筋混凝土井壁或框架填充墙井壁。井道壁为钢筋混凝土时，应预留尺寸为150 mm×150 mm、150 mm深孔洞、垂直中距2 m，以便安装支架。

④框架（圈梁）上应预埋铁板，铁板后面的焊件与梁中钢筋焊牢。每层中间加圈梁一道，并需设置预埋铁板。

⑤电梯为两台并列时，中间可不用隔墙而按一定的间隔放置钢筋混凝土梁或型钢过梁，以便安装支架。

（2）电梯导轨支架的安装

安装导轨支架分预留孔插入式和预埋铁件焊接式。

4）电梯井道构造

（1）电梯井道的设计要求

①井道的防火。井道是建筑中的垂直通道，极易引起火灾的蔓延，因此井道四周应为防火结构。井道壁一般采用现浇钢筋混凝土或框架填充墙井壁。同时，当井道内超过两部电梯时，需用防火围护结构予以隔开。

②井道的隔振与隔声。电梯运行时产生振动和噪声。一般在机房机座下设弹性垫层隔振；在机房与井道间设高1.5 m左右的隔声层，如图13.32所示。

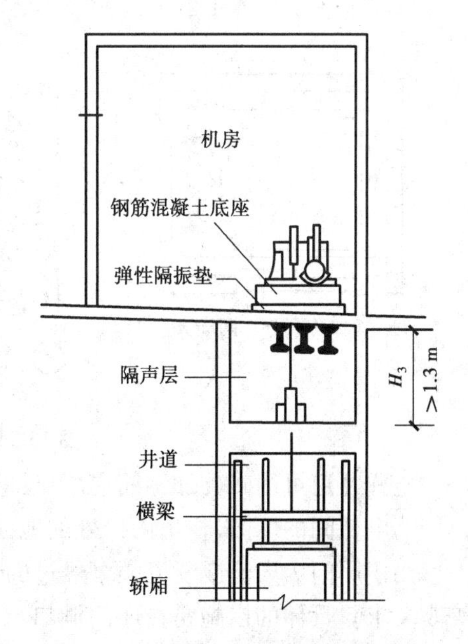

图13.32 电梯机房的隔振与隔声处理

③井道的通风。为使井道内空气流通，火警时能迅速排除烟和热气，应在井道底部和中部适当位置（高层时）及地坑等处设置不小于300 mm×600 mm的通风口，上部可以和排烟口结合，排烟口面积不少于井道面积的3.5%。通风口总面积的1/3应经常开启。通风管道可在井道顶板上或井道壁上直接通往室外。

④其他。地坑要注意防水、防潮处理，坑壁应设爬梯和检修灯槽。

（2）电梯井道细部构造

电梯井道的细部构造包括厅门门套装修及门的牛腿处理，导轨撑架与井壁的固结处理等,如图 13.33、图 13.34 所示。

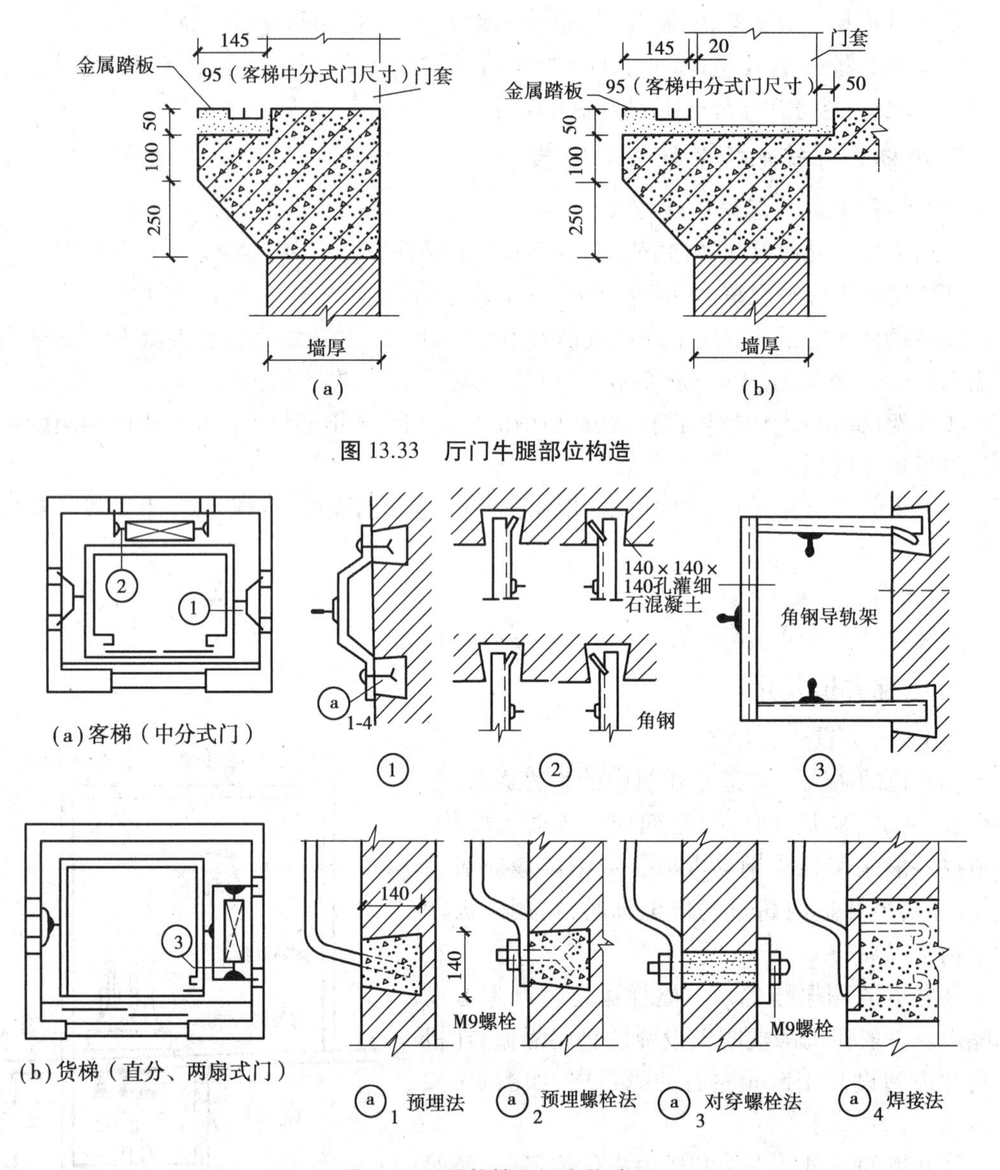

图 13.33 厅门牛腿部位构造

图 13.34 导轨撑架固定构造

电梯井道可用砖砌加钢筋混凝土圈梁,但大多数为钢筋混凝土结构。井道各层的出入口即为电梯间的厅门,在出入口处的地面应向井道内挑出一牛腿。

由于厅门为人流或货流频繁经过的地方,因此不仅要求坚固适用,而且还要满足一定的美观要求。具体的措施是在厅门洞口上部和两侧安装门套。门套装修可采用多种做法,如水泥砂浆抹面、粘贴水磨石板、大理石板以及硬木板或金属板贴面。金属板为电梯厂家定型制造,其他材料均可现场制作或预制。各种门套的构造处理如图 13.35 所示。

厅门牛腿位于电梯门洞下缘,即乘客进入轿厢的踏板处,牛腿出挑长度随电梯规格而变,通常由电梯厂提供数据。牛腿一般为钢筋混凝土现浇或预制构件。

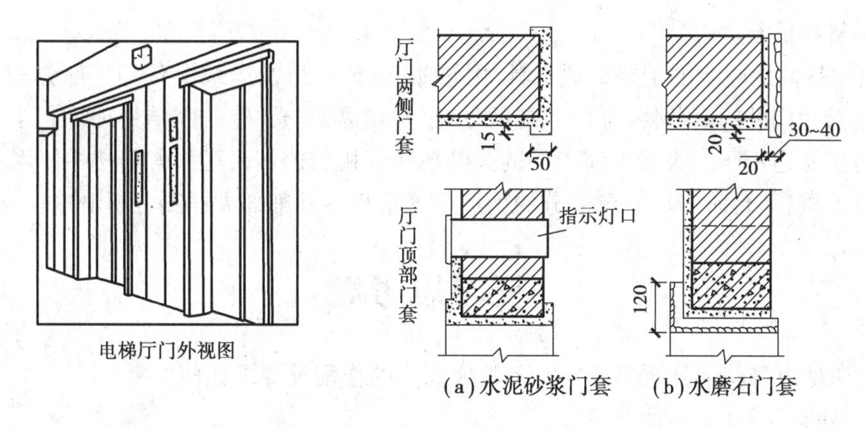

图 13.35 电梯厅门套装修构造

13.5.2 自动扶梯

自动扶梯是电动机械牵动梯段踏步连同栏杆扶手带一起运转,适用于有大量人流上下的公共场所,如车站、超市、商场、地铁车站等。自动扶梯可正、逆两个方向运行,可作提升及下降使用,机器停转时可作普通楼梯使用。

自动扶梯的坡道比较平缓,一般采用30°,运行速度为0.5~0.7 m/s,宽度按输送能力有单人和双人两种。机房悬挂在楼板下面。

本章小结

本章着重讲述了楼梯、室外台阶与坡道、电梯与自动扶梯三部分内容。楼梯部分除有关设计内容外,重点讲了钢筋混凝土楼梯的构造。

1.楼梯是建筑物中重要的结构构件。它布置在楼梯间内,由楼梯段、平台和栏杆所构成。常见的楼梯平面形式有直跑梯、双跑梯、多跑梯、交叉梯、剪刀梯等。楼梯的位置应显眼,光线充足,避免交通拥挤、堵塞,同时必须满足防火要求。

2.楼梯段和平台的宽度应按人流股数确定,且应保证人流和货物的顺利通行。

楼梯段应根据建筑物的使用性质和层高确定其坡度,一般最大坡度不超过38°。梯段坡度与楼梯踏步密切相关,而踏步尺寸又与人行步距紧密相连。

3.楼梯的净高在平台部位应大于2 m,在梯段部位应大于2.2 m。在平台下设出入口时,当净高不足2 m,可采用长短跑或利用室内外地面高差将室外的踏步移到室内等办法予以解决。

4.现浇钢筋混凝土楼梯可分为板式梯段和梁板式梯段两种结构形式,而梁板式梯段又有双梁布置和单梁布置之分。

5.楼梯的细部构造包括踏步面层处理、栏杆与踏步的连接方式以及扶手与栏杆的连接等。

6.室外台阶与坡道是建筑物入口处解决室内外地面高差、方便人们进出的辅助构件,其平面布置形式有单面踏步式、三面踏步式、坡道式、踏步和坡道结合式之分。构造方式又依其所采用材料而异。

7.电梯是高层建筑的主要交通工具,由轿厢、电梯井道及运载设备等三部分构成。其细部构造包括厅门的门套装修、厅门牛腿的处理、导轨撑架与井壁的固结处理等。

自动扶梯适用于有大量人流上下的公共场所。机器停转时可作普通楼梯使用。

对有关楼梯、台阶与坡道等部分的构造应着重将各种细部大样图分析清楚。

复习思考题

1.楼梯是由哪些部分所组成的?各组成部分的作用及要求如何?

2.常见的楼梯有哪几种形式?

3.楼梯设计的要求如何?

4.确定楼梯段宽度应以什么为依据?

5.为什么平台宽不得小于楼梯段宽度?

6.楼梯坡度如何确定?踏步高与踏步宽和行人步距的关系如何?

7.一般民用建筑的踏步高与宽的尺寸是如何限制的?当踏面宽不足最小尺寸时怎么办?

8.楼梯为什么要设栏杆?栏杆扶手的高度一般是多少?

9.楼梯间的开间、进深应如何确定?

10.楼梯的净高一般指什么?为保证人流和货物的顺利通行,要求楼梯净高一般是多少?

11.当建筑物底层平台下作出入口时,为增加净高,常采取哪些措施?

12.钢筋混凝土楼梯常见的结构形式是哪几种?各有何特点?

13.楼梯踏面的做法有哪些?水磨石面层的防滑措施有哪些?

14.栏杆与踏步的构造有哪些?

15.扶手与栏杆的构造有哪些?

16.实体栏板构造有哪些?

17.台阶与坡道的形式有哪些?

18.台阶的构造要求有哪些?

19.常用电梯有哪几种?

20.电梯由哪几部分组成?电梯井道的设计应满足什么要求?

21.什么条件下适宜采用自动扶梯?

实训设计作业 2:楼梯构造设计

依下列条件和要求,设计某住宅的钢筋混凝土平行双跑楼梯。

1)设计条件

该住宅为 3 层,层高为 2.9 m,楼梯间平面与剖面如图 13.36 所示。底层设有住宅出入口,楼梯间四壁为承重结构并具防火功能。室内外高差 450 mm。

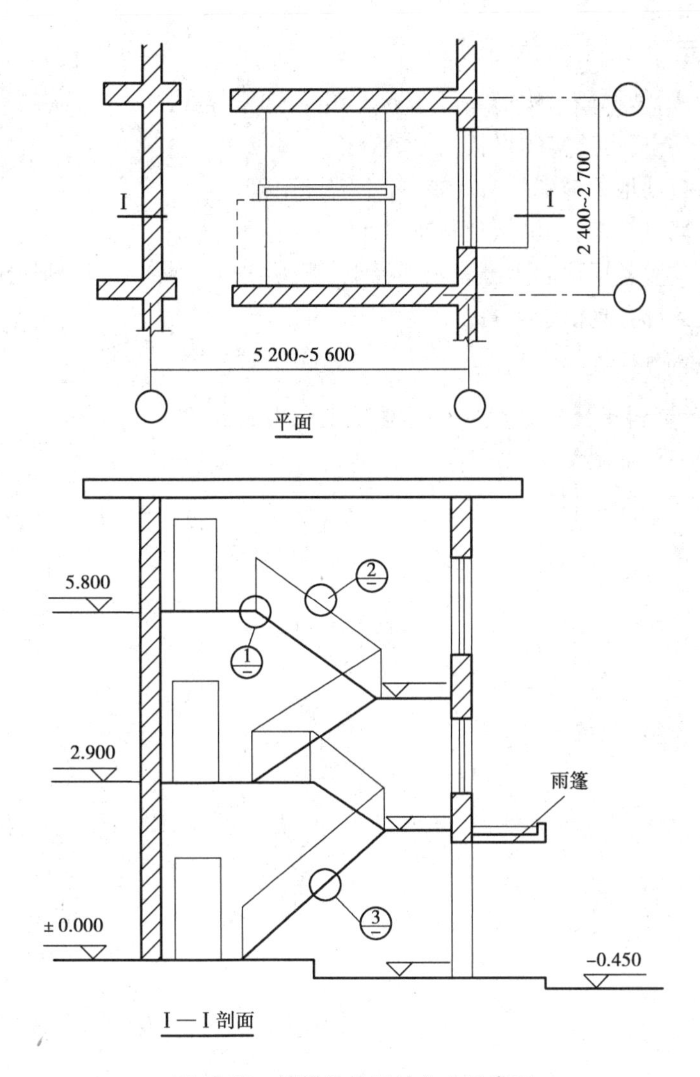

图 13.42 楼梯结构设计作业示意图

2)设计要求

①根据以上条件,设计楼梯段宽度、长度、踏步数及其高、宽尺寸。

②确定休息平台宽度。

③经济合理地选择结构支承方式。

④设计栏杆形式及尺寸。

3)图纸要求

①用一张 2 号图纸绘制楼梯间顶层、二层、底层平面图和剖面图,比例为 1∶50。

②绘制 2~3 个节点大样图,比例 1∶10,反映楼梯各细部构造(包括踏步、栏杆、扶手等)。

③简要说明所设计方案及其构造作法特点。

④采用铅笔完成,要求字迹工整,布图匀称,所有线条、材料图例等均应符合制图统一规定要求。

4) 几点提示

①楼梯选现浇,楼梯段结构形式可选板式,也可选梁板式;
②栏杆可选镂空,可选实体栏板;
③底层出入口处地坪与室外有高差,门上需设雨篷;
④楼梯间外墙可开窗,也可做预制花格;
⑤平面图中均以各层地面为准表示楼梯上、下,并于上楼梯一边绘剖切线;
⑥所有未提到部分均由学生自定。

5) 主要参考资料

①《建筑设计资料集》(第3版),中国建筑工业出版社,2017。
②各地区统一标准图集。

第 14 章

门与窗

本章导读

- **基本要求** 熟悉门窗的分类及作用；熟悉平开木门窗的组成及各部分的构造；掌握门窗按施工方法不同所分的两种安装方式；掌握铝合金和塑钢门窗的构造及安装；了解门的宽度、数量、位置和开启方式，了解窗的大小、位置和宽度；熟悉构造遮阳的类型、作用及适用范围。
- **重点** 平开木门窗的组成及各部分的构造，门窗按施工方法不同所分的两种安装方式，铝合金和塑钢门窗的构造及安装；门的宽度、数量、位置和开启方式，窗的大小、位置和宽度。
- **难点** 平开木门窗的组成及各部分的构造，门窗按施工方法不同所分的两种安装方式，铝合金和塑钢门窗的构造及安装。

14.1 门窗的形式与尺度

14.1.1 门窗的作用、形式与尺度

1）门窗的作用

门在房屋建筑中的作用主要是交通联系，并兼采光和通风；窗的作用主要是采光、通风及眺望。在不同情况下，门和窗还有分隔、保温、隔声、防火、防辐射、防风沙等要求。

门窗在建筑立面构图中的影响也较大，它的尺度、比例、形状、组合、透光材料的类型等，都影响着建筑的艺术效果。

2)门的形式

门按其开启方式通常有平开门、弹簧门、推拉门、折叠门、转门等,如图 14.1 所示。

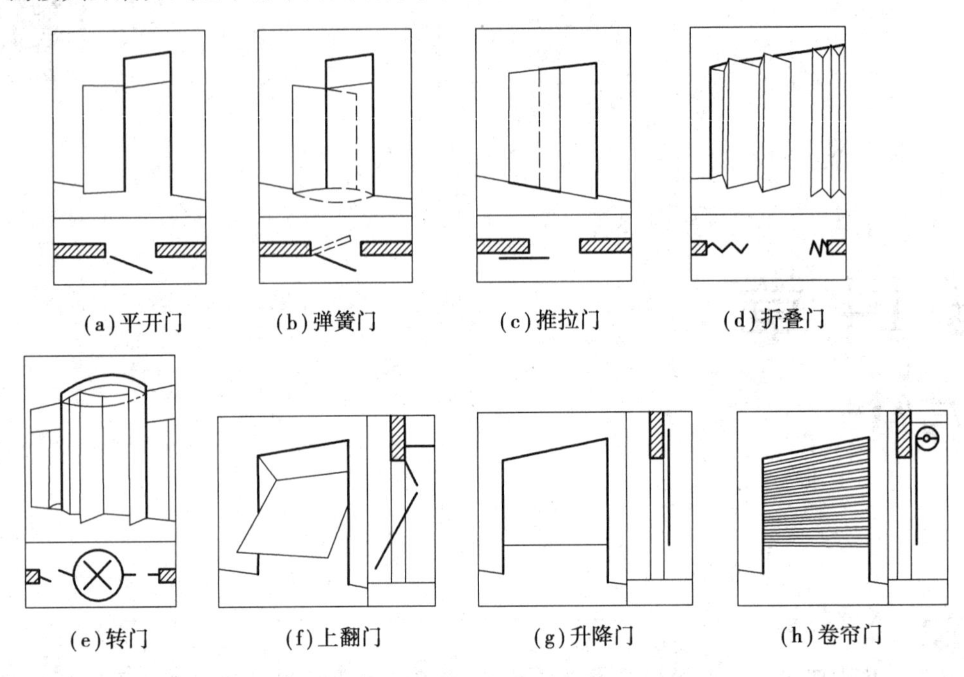

(a)平开门　(b)弹簧门　(c)推拉门　(d)折叠门

(e)转门　(f)上翻门　(g)升降门　(h)卷帘门

图 14.1　门的开启形式

3)门的尺度

门的尺度通常是指门洞的高宽尺寸。门作为交通疏散通道,其尺度取决于人的通行要求,家具器械的搬运及与建筑物的比例关系等,并要符合现行《建筑模数协调标准》(GB/T 50002—2013)的规定。

①门的高度。高度不宜小于 2 100 mm。若门设有亮子时,亮子高度一般为 300~600 mm,则门洞高度为 2 400~3 000 mm 。公共建筑大门高度可视需要适当提高。

②门的宽度。单扇门宽度为 700~1 000 mm,双扇门宽度为 1 200~1 800 mm。宽度在2 100 mm以上时,则做成三扇、四扇门或双扇带固定扇的门,因为门扇过宽易产生翘曲变形,同时也不利于开启。辅助房间(如浴厕、贮藏室等)门的宽度可窄些,一般为 700~800 mm。

14.1.2　窗的形式与尺度

1)窗的形式

窗的形式一般按开启方式定,而窗的开启方式主要取决于窗扇铰链安装的位置和转动方式。通常窗的开启方式有以下几种,如图 14.2 所示。

(1)固定窗

无窗扇、不能开启的窗为固定窗。固定窗的玻璃直接嵌固在窗框上,可供采光和眺望之用。

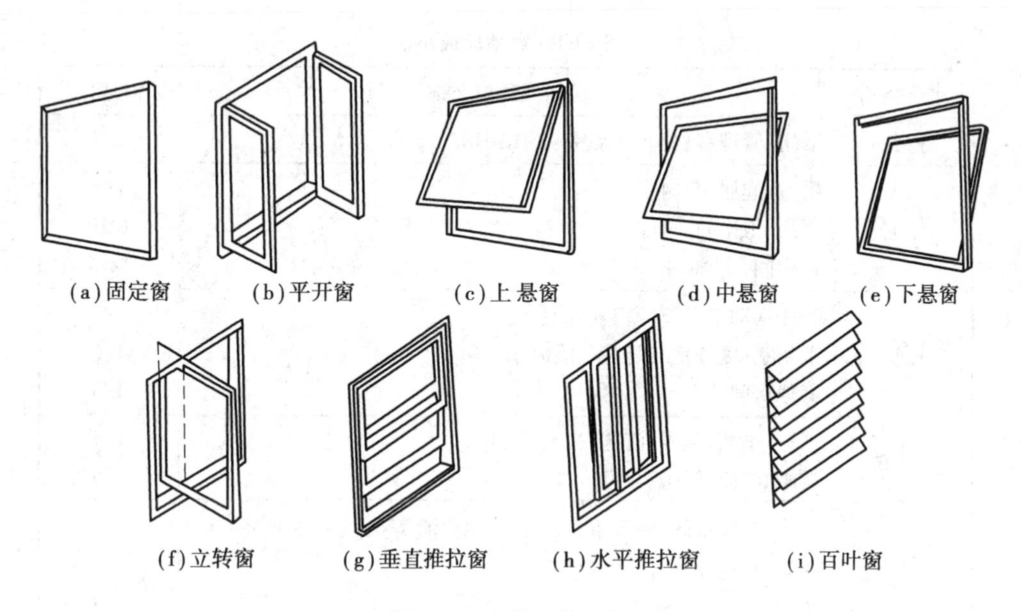

图 14.2 窗的开启形式

(2)平开窗

铰链安装在窗扇一侧与窗框相连,向外或向内水平开启。有单扇、双扇、多扇,有向内开与向外开之分。其构造简单,开启灵活,制作维修均方便,是民用建筑中采用最广泛的窗。

(3)悬窗

因铰链和转轴的位置不同,可分为上悬窗、中悬窗和下悬窗。

(4)立转窗

引导风进入室内效果较好,防雨及密封性较差,多用于单层厂房的低侧窗。因密闭性较差,不宜用于寒冷和多风沙的地区。

(5)推拉窗

推拉窗分垂直推拉窗和水平推拉窗两种。它们不多占使用空间,窗扇受力状态较好,适宜安装较大玻璃,但通风面积受到限制。

(6)百叶窗

百叶窗主要用于遮阳、防雨及通风,但采光差。百叶窗可用金属、木材、钢筋混凝土等制作,有固定式和活动式两种形式。

2)窗的尺度

窗的尺度主要取决于房间的采光、通风、构造做法和建筑造型等要求,并要符合现行《建筑模数协调标准》(GB/T 50002—2013)的规定。为使窗坚固耐久,一般平开木窗的窗扇高度为800~1 200 mm,宽度不宜大于500 mm;上下悬窗的窗扇高度为300~600 mm;中悬窗窗扇高不宜大于1 200 mm,宽度不宜大于1 000 mm;推拉窗高宽均不宜大于1 500 mm。对一般民用建筑用窗,各地均有通用图,各类窗的高度与宽度尺寸通常采用扩大模数3M数列作为洞口的标志尺寸,需要时只要按所需类型及尺度大小直接选用。窗地比是窗洞口的净面积和地面净面积的比值,见表14.1。

表 14.1 窗地比最小值

建筑类别	房间或部位名称	窗地比
宿舍	居室、管理室、公共活动室、公用厨房	1/7
住宅	卧室、起居室、厨房	1/7
	厕所、卫生间、过厅	1/10
	楼梯间、走廊	1/14
托幼	音体活动室、活动室、乳儿室、寝室	1/7
	喂奶室、医务室、保健室、隔离室	1/6
	其他房间	1/8
文化馆	展览、书法、美术、游艺、文艺、音乐	1/4
	舞蹈、戏曲、排练、教室	1/5
图书馆	阅览室、装裱间、陈列室、报告厅、会议室、开架书库、视听室	1/4
	闭架书库、走廊、门厅、楼梯	1/6
	厕所	1/10
办公	办公、研究、接待、打字、陈列、复印、设计绘图、阅览室	1/6

14.2 木门窗构造

14.2.1 平开木门的构造

平开木门一般由门框、门扇、亮子、五金零件及其附件组成，如图 14.3 所示。

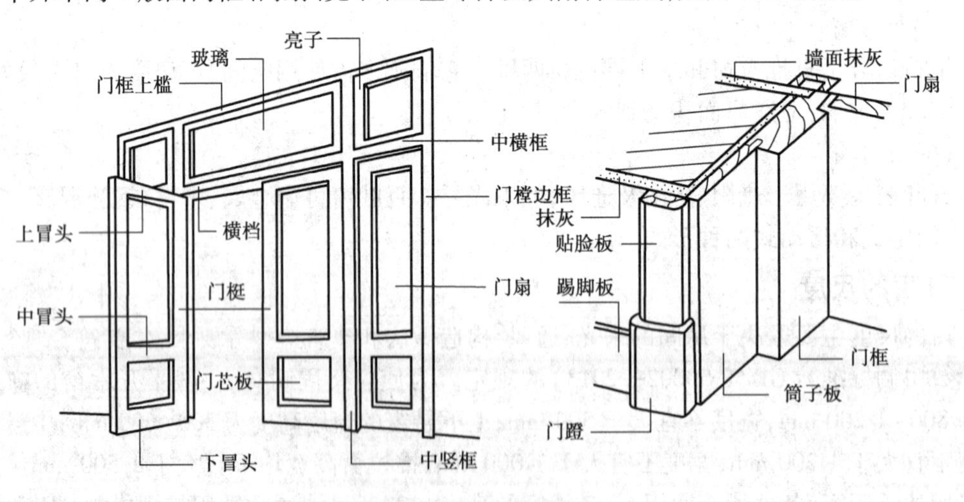

图 14.3 木门的组成

门扇按其构造方式不同，有镶板门、夹板门、拼板门、玻璃门和纱门等类型。亮子又称腰头窗，在门上方，为辅助采光和通风之用，有平开，固定及上、中、下悬几种。门框是门扇、亮子与墙的联系构件。五金零件一般有铰链、插销、门锁、拉手、门碰头等。附件有贴脸板、筒子板等。

1)门框

门框一般由两根竖直的边框和上框组成。当门带有亮子时,还有中横框,多扇门则还有中竖框。

(1)门框断面

门框的断面形式与门的类型、层数有关,同时应利于门的安装,并应具有一定的密闭性,如图14.4所示。

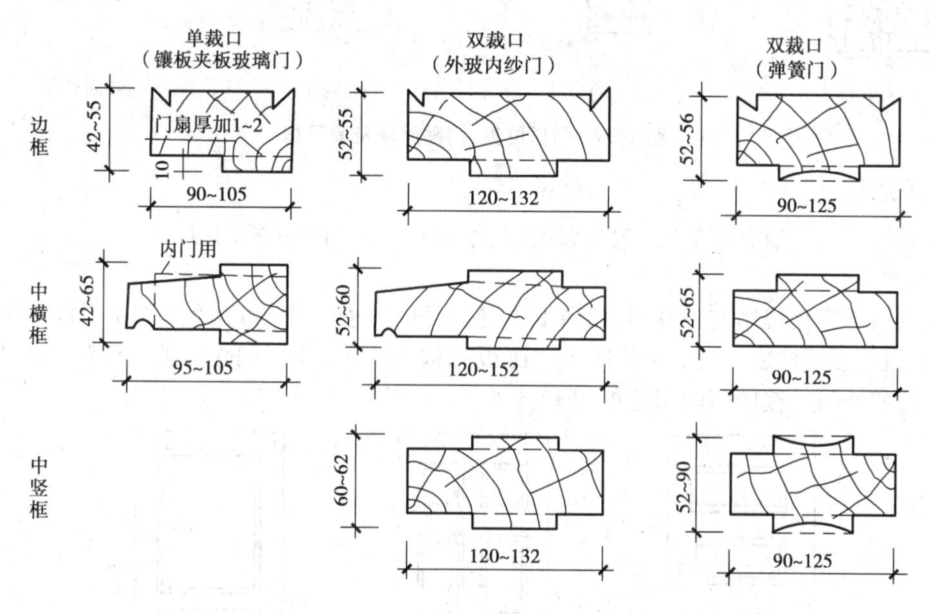

图14.4 门框的断面形式与尺寸

(2)门框安装

门框的安装根据施工方式不同分后塞口和先立口两种,如图14.5所示。

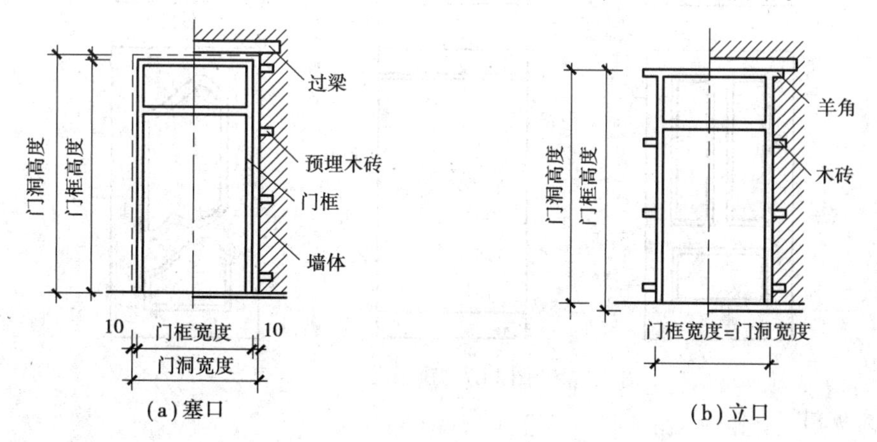

图14.5 门框的安装方式

(3)门框在墙中的位置

门框在墙中的位置,可在墙的中间或与墙的一边平。一般多与开启方向一侧平齐,尽可能使门扇开启时贴近墙面。门框位置、门贴脸板及筒子板,如图14.6所示。

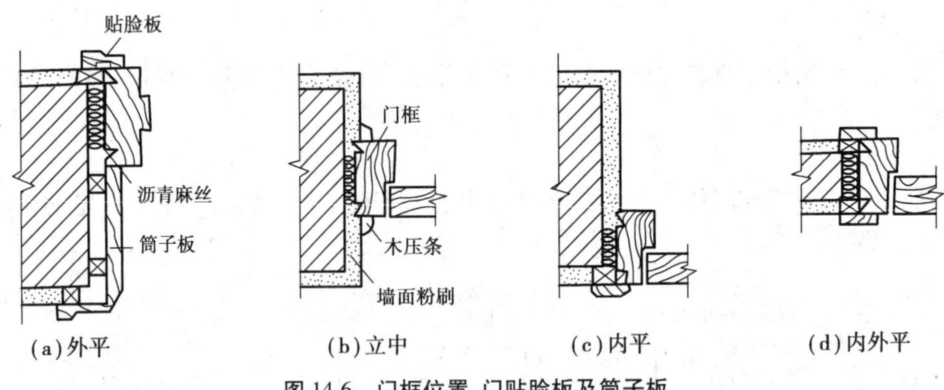

图 14.6　门框位置、门贴脸板及筒子板

2)门扇

常用的木门门扇有镶板门(包括玻璃门、纱门)、夹板门和拼板门等。

(1)镶板门

镶板门是广泛使用的一种门,门扇由边梃、上冒头、中冒头(可作数根)和下冒头组成骨架,内装门芯板而构成,如图 14.7 所示。镶板门构造简单,加工制作方便,适于一般民用建筑作内门和外门。玻璃门的构造如图 14.8 所示。

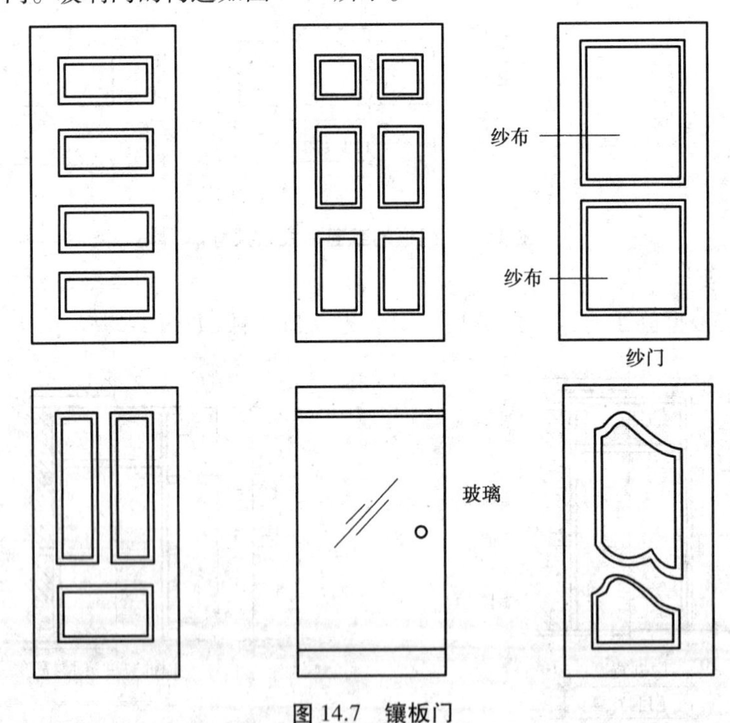

图 14.7　镶板门

(2)夹板门

夹板门是用断面较小的方木做成骨架,两面粘贴面板而成。门扇面板可用胶合板、塑料面板和硬质纤维板,面板不再是骨架的负担,而是和骨架形成一个整体,共同抵抗变形。夹板门的形式可以是全夹板门、带玻璃或带百叶夹板门。

由于夹板门构造简单,可利用小料、短料,自重轻,外形简洁,便于工业化生产,故在一般民用建筑中广泛应用。

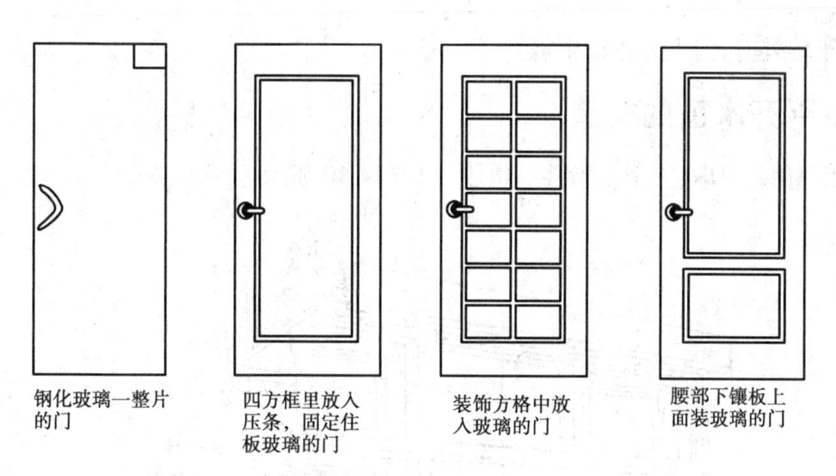

图 14.8 玻璃门的构造

(3)拼板门

拼板门的门扇由骨架和条板组成,如图 14.9 所示。有骨架的拼板门称为拼板门,而无骨架的拼板门称为实拼门;有骨架的拼板门又分为单面直拼门、单面横拼门和双面保温拼板门三种。

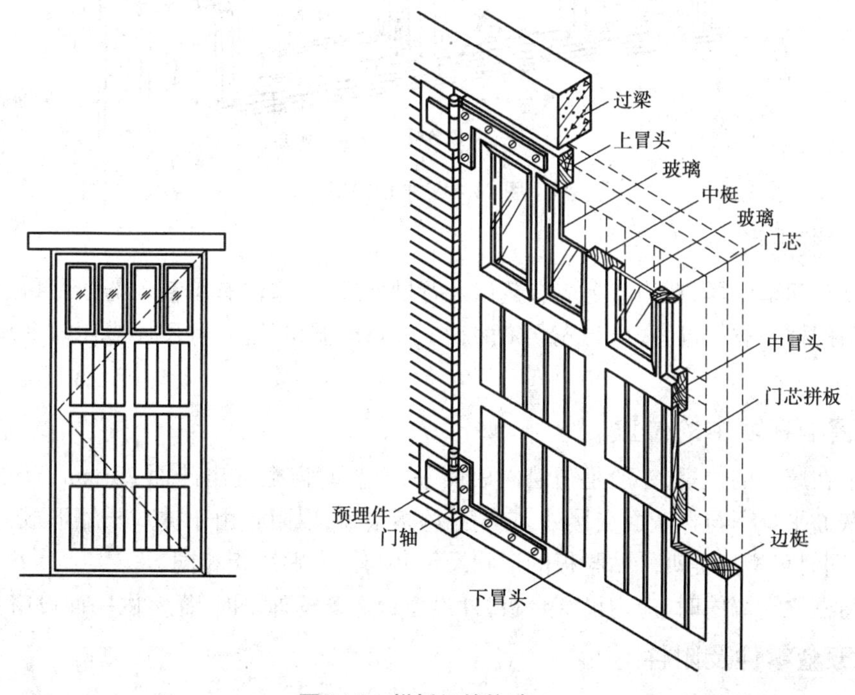

图 14.9 拼板门的构造

14.2.2 推拉门的构造

推拉门由门扇、门轨、地槽、滑轮及门框组成。门扇可采用钢木门、钢板门、空腹薄壁钢门等,每个门扇宽度不大于 1.8 m。推拉门的支承方式分为上挂式和下滑式两种,当门扇高度小于 4 m 时,用上挂式,即门扇通过滑轮挂在门洞上方的导轨上。当门扇高度大于 4 m 时,多用下滑式,在门洞上下均设导轨,门扇沿上下导轨推拉,下面的导轨承受门扇的重量。

推拉门位于墙外时,门上方需设雨篷。

14.2.3　平开木窗的构造

窗是由窗框、窗扇、五金及附件等组成,如图14.10所示。

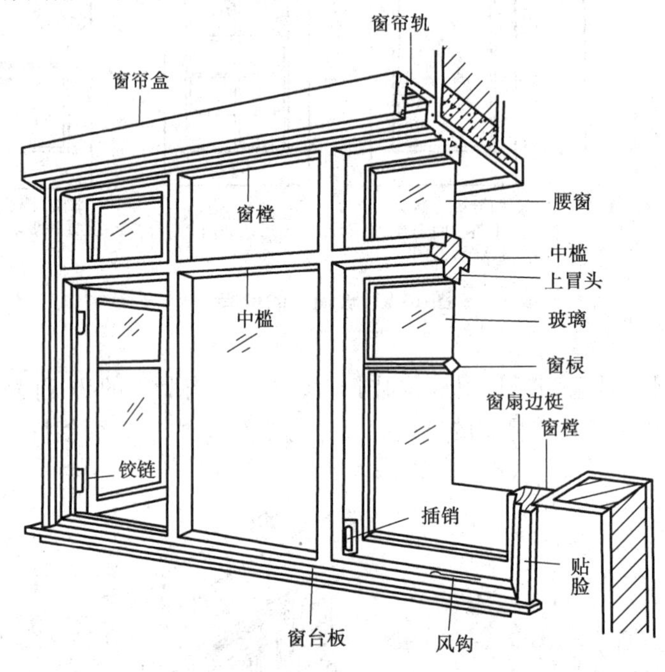

图14.10　木窗的组成

1)窗框安装

窗框与门框一样,在构造上应有裁口及背槽处理,裁口也有单裁口与双裁口之分。窗框的安装与门框一样,分后塞口与先立口两种。塞口时洞口的高、宽尺寸应比窗框尺寸大10~20 mm。

2)窗框在墙中的位置

窗框在墙中的位置,一般是与墙内表面平,安装时窗框突出砖面20 mm,以便墙面粉刷后与抹灰面平。框与抹灰面交接处,应用贴脸板搭盖,以阻止由于抹灰干缩形成缝隙后风透入室内,同时可增加美观。贴脸板的形状及尺寸与门的贴脸板相同。

当窗框立于墙中时,应内设窗台板,外设窗台。窗框外平时,靠室内一面设窗台板。

3)五金零件及附件

平开木窗常用五金零件有:合页(铰链)、插销、拉手铁三角、门锁、门碰头等。

附件有:

①贴脸板。美观要求,用20 mm×45 mm木板条内侧开槽,可刨成各种断面的线脚以掩盖门与墙体的缝隙。

②筒子板。室内装修标准较高时,往往在门洞口的上面和两侧墙面均用木板镶嵌,与窗台板结合使用。

14.3 金属门窗构造

14.3.1 钢门窗

钢门窗是用型钢或薄壁空腹型钢在工厂制作而成。它符合工业化、定型化与标准化的要求。钢门窗在强度、刚度、防火、密闭等性能方面,均优于木门窗,但在潮湿环境下易锈蚀,耐久性差。

1)钢门窗材料

(1)实腹式

实腹式钢门窗料是最常用的一种,有各种断面形状和规格。一般门可选用 32 及 40 料,窗可选用 25 及 32 料(25,32,40 等表示断面高为 25,32,40 mm)。

(2)空腹式

空腹式钢门窗与实腹式窗料比较,具有更大的刚度,外形美观,自重轻,可节约钢材 40%左右,但由于壁薄,耐腐蚀性差,不宜用于湿度大、腐蚀性强的环境。

2)基本钢门窗

为了使用、运输方便,通常将钢门窗在工厂制作成标准化的门窗单元。这些标准化的单元,即是组成一层门或窗的最小基本单元。设计者可根据需要,直接选用基本钢门窗,或用这些基本钢门窗组合出所需大小和形式的门窗。

钢门窗框的安装方法常采用塞框法。门窗框与洞口四周的连接方法主要有两种:

①在砖墙洞口两侧预留孔洞,将钢门窗的燕尾形铁脚埋入洞中,用砂浆窝牢;

②在钢筋混凝土过梁或混凝土墙体内侧先预埋铁件,将钢窗的 Z 形铁脚焊在预埋钢板上。钢门窗与墙的连接如图 14.11 所示。

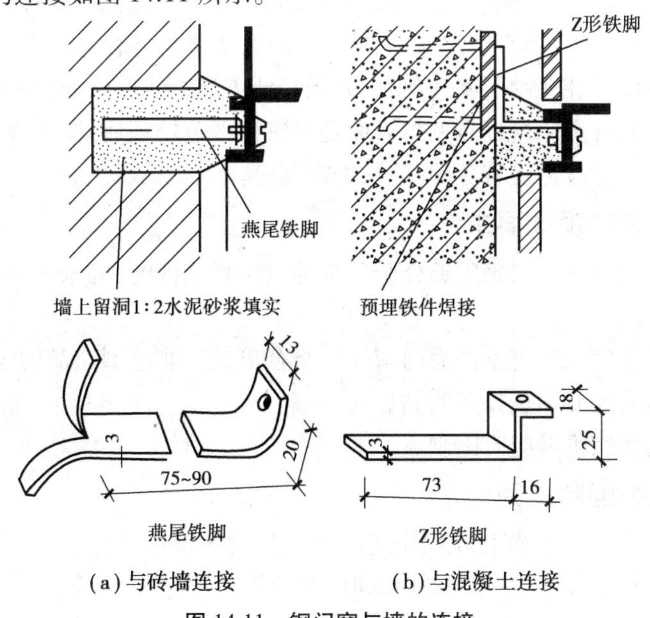

(a)与砖墙连接　　(b)与混凝土连接

图 14.11　钢门窗与墙的连接

3)组合式钢门窗

当钢门窗的高、宽超过基本钢门窗尺寸时,就要用拼料将门窗进行组合。拼料起横梁与立柱的作用,承受门窗的水平荷载。

拼料与基本门窗之间一般用螺栓或焊接相连。当钢门窗很大时,特别是水平方向很长时,为避免大的伸缩变形引起门窗损坏,必须预留伸缩缝,一般是用两根∟ 56×36×4 的角钢用螺栓组成拼件,角钢上穿螺栓的孔为椭圆形,使螺栓有伸缩余地。

14.3.2 卷帘门

卷帘门主要由帘板、导轨及传动装置组成。工业建筑中的帘板常用页板式,页板可用镀锌钢板或合金铝板轧制而成,页板之间用铆钉连接。页板的下部采用钢板和角钢,用以增强卷帘门的刚度,并便于安设门钮。页板的上部与卷筒连接,开启时,页板沿着门洞两侧的导轨上升,卷在卷筒上。门洞的上部安设传动装置,传动装置分手动和电动两种。

14.3.3 彩板门窗

彩板钢门窗是以彩色镀锌钢板经机械加工而成的门窗。它具有自重轻、硬度高、采光面积大、防尘、隔声、保温密封性好、造型美观、色彩绚丽、耐腐蚀等特点。

彩板平开窗目前有两种类型,即带副框和不带副框的两种。当外墙面为花岗石、大理石等贴面材料时,常用带副框的门窗。当外墙装修为普通粉刷时,常用不带副框的做法。

14.3.4 铝合金门窗

1)铝合金门窗的特点

①自重轻。铝合金门窗用料省、自重轻,较钢门窗轻 50%左右。

②性能好。密封性好,气密性、水密性、隔声性、隔热性都较钢、木门窗有显著的提高。

③耐腐蚀、坚固耐用。铝合金门窗不需要刷涂料,氧化层不褪色、不脱落,表面不需要维修。铝合金门窗强度高、刚性好,坚固耐用,开闭轻便灵活,无噪声,安装速度快。

④色泽美观。铝合金门窗框料型材表面经过氧化着色处理后,既可保持铝材的银白色,又可以制成各种柔和的颜色或带色的花纹,如古铜色、暗红色、黑色等。

2)铝合金门窗的设计要求

①应根据使用和安全要求确定铝合金门窗的风压强度性能、雨水渗漏性能、空气渗透性能综合指标。

②组合门窗设计宜采用定型产品门窗作为组合单元。非定型产品的设计应考虑洞口最大尺寸和开启扇最大尺寸的选择和控制。

③外墙门窗的安装高度应有限制。

3)铝合金门窗框料系列

系列名称是以铝合金门窗框的厚度构造尺寸来区别各种铝合金门窗的称谓,如:平开门门框厚度构造尺寸为 50 mm 宽,即称为 50 系列铝合金平开门,推拉窗窗框厚度构造尺寸 90 mm 宽,即称为 90 系列铝合金推拉窗等。实际工程中,通常根据不同地区、不同性质的建筑物的使用要求选用相适应的门窗框。

4)铝合金门窗安装

铝合金门窗是表面处理过的铝材经下料、打孔、铣槽、攻丝等加工,制作成门窗框料的构件,然后与连接件、密封件、开闭五金件一起组合装配成门窗。

门窗安装时,将门、窗框在抹灰前立于门窗洞处,与墙内预埋件对正,然后用木楔将三边固定。经检验确定门、窗框水平、垂直、无翘曲后,用连接件将铝合金框固定在墙(柱、梁)上,连接件固定可采用焊接、膨胀螺栓或射钉等方法。

门窗框与墙体等的连接固定点,每边不得少于2点,且间距不得大于0.7 m。在基本风压大于等于0.7 kPa的地区,不得大于0.5 m;边框端部的第一固定点距端部的距离不得大于0.2 m。

14.4 塑钢门窗

塑钢门窗是以改性硬质聚氯乙烯(简称UPVC)为主要原料,加上一定比例的稳定剂、着色剂、填充剂、紫外线吸收剂等辅助剂,经挤出机挤出成型为各种断面的中空异型材。经切割后,在其内腔衬以型钢加强筋,用热熔焊接机焊接成型为门窗框扇,配装上橡胶密封条、压条、五金件等附件而制成的门窗即所谓的塑钢门窗。塑钢窗框与墙体的连接方式如图14.12所示。

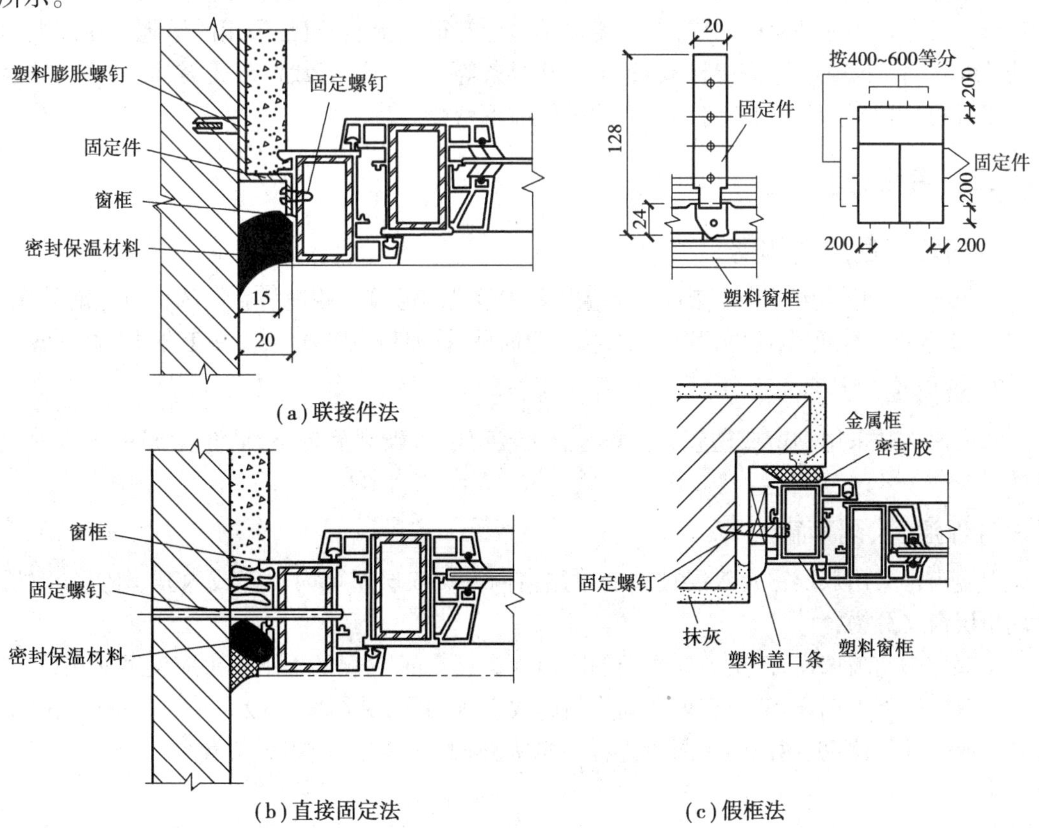

图14.12 塑钢窗框与墙体的连接节点图

塑钢门窗的优点:强度好、耐冲击,保温隔热、节约能源,隔音好,气密性、水密性好,耐腐蚀性强,防火,耐老化、使用寿命长,外观精美、清洗容易。

14.5 特殊门窗

14.5.1 特殊要求的门

1)防火门

防火门用于加工易燃品的车间或仓库。根据车间对防火门耐火等级的要求,门扇可以采用钢板、木板外贴石棉板再包以镀锌铁皮或木板外直接包镀锌铁皮等构造措施。考虑到木材受高温会碳化而放出大量气体,应在门扇上设泄气孔。防火门常采用自重下滑关闭门,它是将门上导轨做成5%~8%的坡度,火灾发生时,易熔合金片熔断后,重锤落地,门扇依靠自重下滑关闭。当洞口尺寸较大时,可做成两个门扇相对下滑。

2)保温门、隔声门

保温门要求门扇具有一定热阻值和门缝密闭处理,故常在门扇两层面板间填以轻质、疏松的材料(如玻璃棉、矿棉等)。隔声门的隔声效果与门扇的材料及门缝的密闭有关,隔声门常采用多层复合结构,即在两层面板之间填吸声材料,如玻璃棉、玻璃纤维板等。

一般保温门和隔声门的面板常采用整体板材(如五层胶合板、硬质木纤维板等),不易发生变形。门缝密闭处理对门的隔声、保温以及防尘有很大影响,通常采用的措施是在门缝内粘贴填缝材料,如橡胶管、海绵橡胶条、泡沫塑料条等。还应注意裁口形式,斜面裁口比较容易关闭紧密,可避免由于门扇胀缩而引起的缝隙不密合。

14.5.2 特殊窗

1)固定式通风高侧窗

在我国南方地区,结合气候特点,创造出多种形式的通风高侧窗。它们的特点是能采光,能防雨,能常年进行通风,不需设开关器,构造较简单,管理和维修方便,多在工业建筑中采用。

2)防火窗

防火窗必须采用钢窗或塑钢窗,镶嵌铅丝玻璃以免破裂后掉下,防止火焰窜入室内或窗外。

3)保温窗、隔声窗

保温窗常采用双层窗及双层玻璃的单层窗两种。双层窗可内外开或内开、外开。双层玻璃单层窗又分为:

①双层中空玻璃窗,双层玻璃之间的距离为5~6 mm,窗扇的上下冒头应设透气孔;

②双层密闭玻璃窗,两层玻璃之间为封闭式空气间层,其厚度一般为4~12 mm,充以干燥空气或惰性气体,玻璃四周密封。这样可增大热阻、减少空气渗透,避免空气间层内产生凝结水。

若采用双层窗隔声,应采用不同厚度的玻璃,以减少吻合效应的影响。厚玻璃应位于声源一侧,玻璃间的距离一般为 80~100 mm。

14.6 遮阳设施

遮阳设施的作用:为了防止阳光直接射入室内,避免夏季室内温度过高和产生眩光而采取的构造措施。

建筑遮阳措施:一是绿化遮阳;二是调整建筑物的构配件;三是在窗洞口周围设置专门的遮阳设施来遮阳。遮阳设施有活动遮阳(图 14.13)和固定遮阳板两种类型。

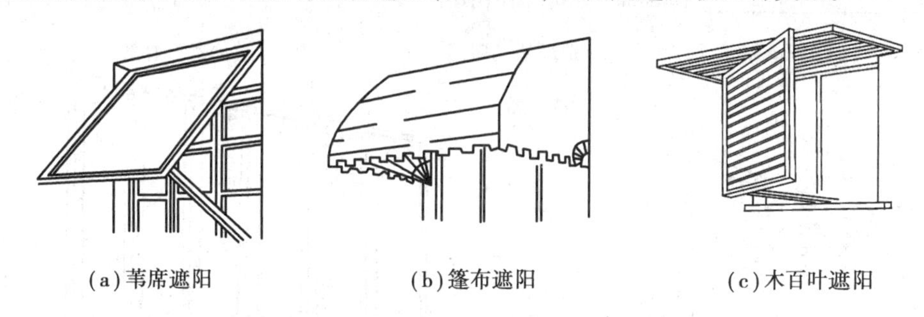

(a)苇席遮阳　(b)篷布遮阳　(c)木百叶遮阳

图 14.13 活动遮阳的形式

遮阳可分为水平遮阳、垂直遮阳、综合遮阳、挡板遮阳、旋转遮阳,遮阳的朝向如图14.14所示。

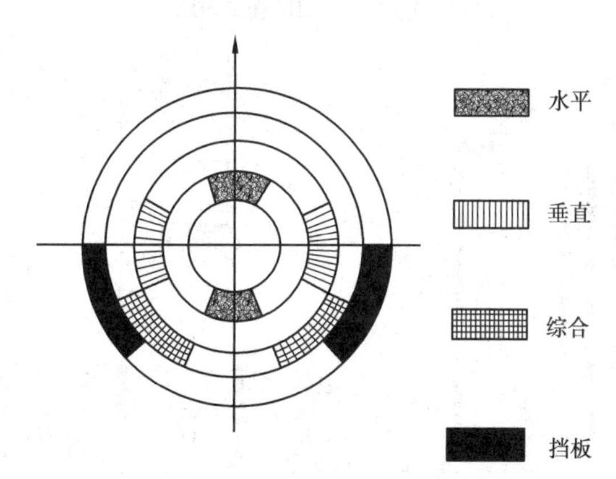

图 14.14 遮阳适用的朝向

①水平遮阳:设于窗洞口上方或中部,能遮挡从窗口上方射来、高度角较大的阳光,适于南向或接近南向的建筑,如图 14.15(a)所示。

②垂直遮阳:设于窗洞口两侧或中部,能遮挡从窗口两侧斜射来、高度角较小的阳光,适于东西朝向的建筑物,如图 14.15(b)所示。

③综合遮阳: 设于窗洞口上方、两侧的综合遮阳,适于东南、西南朝向的建筑,如图14.15(c)所示。

④挡板式遮阳:能遮挡高度角较小、正射窗口的阳光,适于东西朝向建筑,如图 14.15(d)所示。

⑤旋转式遮阳:可以遮挡任意角度的阳光,在窗外侧一定距离,设置排列有序的竖向旋

转的遮阳挡板，通过旋转角度达到不同的遮阳要求，如图 14.15(e)所示。

钢筋混凝土遮阳板的构造如图 14.16 所示。

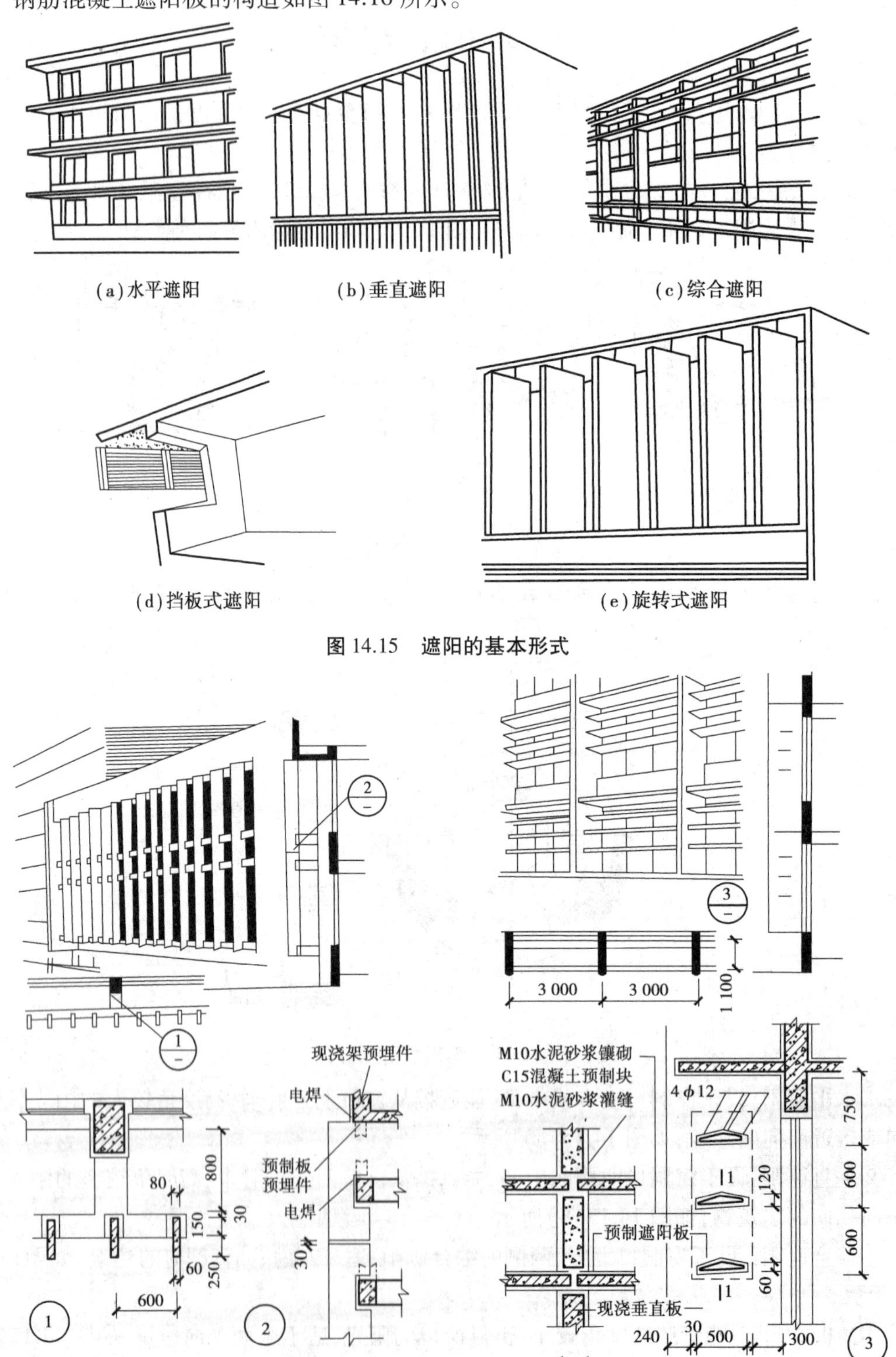

图 14.15 遮阳的基本形式

图 14.16 钢筋混凝土遮阳板的构造

本章小结

1.门按其开启方式通常有平开门、弹簧门、推拉门、折叠门、转门等。平开门是最常见的门,门洞的高宽尺寸应符合现行《建筑模数协调统一标准》。

2.窗的开启方式有平开窗、固定窗、悬窗、推拉窗等。窗洞尺寸通常采用3M数列作为标志尺寸。

3.平开门由门框、门扇等组成。木门扇有镶板门和夹板门两种构造。

4.铝合金门窗和塑钢门窗以其优良的性能得到广泛运用。

5.遮阳是为了防止阳光直接射入室内,避免夏季室内温度过高和产生眩光而采取的构造措施。建筑遮阳措施:一是绿化遮阳;二是调整建筑物的构配件;三是在窗洞口周围设置专门的遮阳设施来遮阳。

6.遮阳种类有水平遮阳、垂直遮阳、综合遮阳、挡板式遮阳和旋转式遮阳。

复习思考题

1.门和窗的作用是什么?

2.门的形式有哪几种?各自的特点和适用范围?

3.窗的形式有哪几种?各自的特点和适用范围?

4.平开门的组成和门框的安装方式是什么?

5.常见木门有几种?夹板门和镶板门各有什么特点?

6.铝合金门窗有哪些特点?简述铝合金门窗的安装要点。

7.简述塑钢门窗的优点。

8.简述遮阳的作用及遮阳的种类。

第 15 章

屋 顶

本章导读

• **基本要求** 了解屋顶的类型和设计要求；掌握屋顶排水方式和平屋顶柔性防水和刚性防水的构造做法；了解瓦屋面的做法、坡屋顶防水、保温隔热要求及做法；通过屋面构造实训熟悉屋面“导”和“堵”的构造处理方法。

• **重点** 屋顶的类型和设计要求，屋顶排水方式，平屋顶柔性防水和刚性防水的构造及细部构造做法，屋面的保温和隔热，屋面“导”和“堵”的构造处理。

• **难点** 平屋顶柔性防水和刚性防水的构造及细部构造做法，屋面的保温和隔热，屋面“导”和“堵”的构造处理。

15.1 屋顶的类型及设计要求

15.1.1 屋顶的作用及设计要求

1）承重作用

屋顶是房屋顶部的承重构件，能够承受风、雨、雪、施工、上人等荷载，地震区还要考虑地震荷载对它的影响。因此在设计时，应保证屋顶有足够的强度、刚度和稳定性，并力求做到自重轻、构造层次简单，就地取材、施工方便，造价经济，便于维修。地震区还应满足抗震的要求。

2）围护作用

屋顶是房屋最上层覆盖的外围护结构，能够抵御自然界的风霜雨雪、太阳辐射、气温变

化和其他外界的不利因素。在构造设计时,屋顶应具有防水、保温和隔热等性能。其中防止雨水渗漏是屋顶的基本功能要求,也是屋顶设计的核心。

3)装饰建筑立面

屋顶是建筑造型的重要组成部分,中国古建筑的重要特征之一就是有变化多样的屋顶外形和装修精美的屋顶细部,现代建筑也应注重屋顶形式及其细部设计。

15.1.2 屋顶的类型

1)按功能划分

按功能的不同,屋顶可分为保温屋顶、隔热屋顶、采光屋顶、蓄水屋顶、种植屋顶等。

2)按结构类型划分

屋顶的结构类型分为平面结构和空间结构。平面结构,常见的有梁板结构、屋架结构;空间结构包括折板、壳体、网架、悬索、薄膜等结构。

3)按外观形式划分

(1)平屋顶

平屋顶通常是指排水坡度小于5%的屋顶,常用坡度为2%~3%。如图15.1所示为平屋顶常见的几种形式。

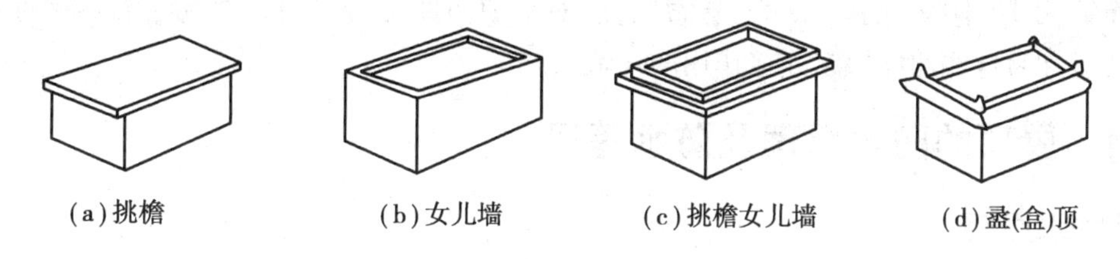

(a)挑檐　(b)女儿墙　(c)挑檐女儿墙　(d)盝(盒)顶

图15.1　平屋顶的形式

(2)坡屋顶

坡屋顶通常是指屋面坡度大于10%的屋顶。坡屋顶常见的几种形式如图15.2所示。

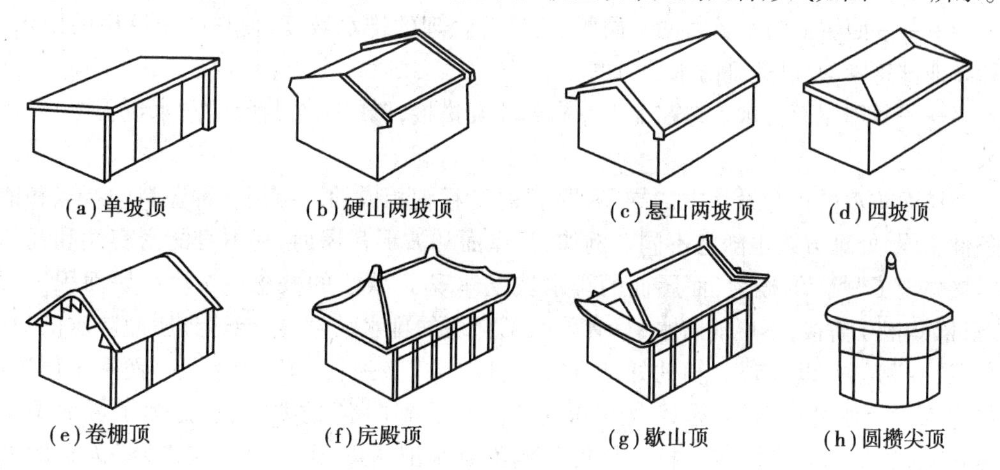

(a)单坡顶　(b)硬山两坡顶　(c)悬山两坡顶　(d)四坡顶

(e)卷棚顶　(f)庑殿顶　(g)歇山顶　(h)圆攒尖顶

图15.2　坡屋顶的形式

(3)其他形式的屋顶

随着科学技术的发展,出现了许多新型的屋顶结构形式,如拱结构、薄壳结构、悬索结构、网架结构屋顶等。这类屋顶多用于较大跨度的公共建筑,如图 15.3 所示。

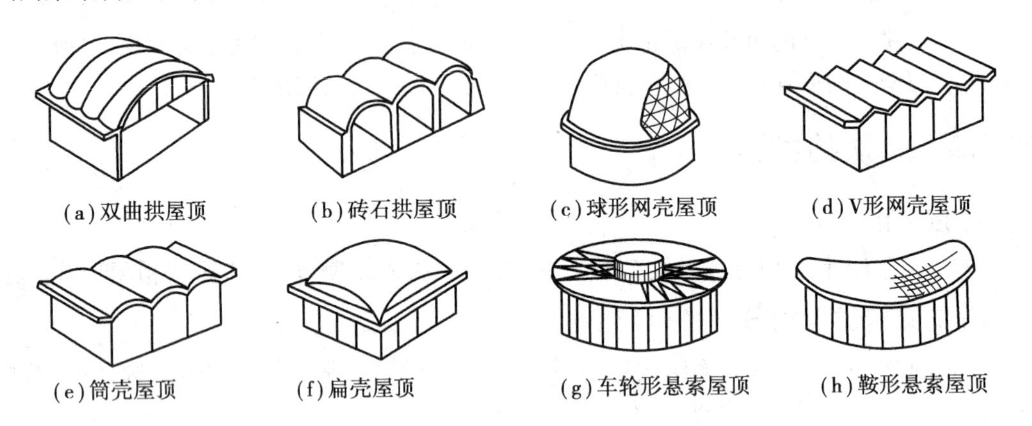

图 15.3　其他形式的屋顶

15.1.3　屋顶的组成

屋顶主要由屋顶支承结构和屋面围护构件两大部分组成。屋顶支承结构有屋面板、屋架、屋面梁、拱肋、刚架、网架、薄壳、悬索等;屋面围护构件有防水层、保温层、隔热层等基本功能层,还有为这些功能层起连接作用的构造层。

15.1.4　屋顶的防水原理及防水等级

1)防水原理

屋面防水功能主要是依靠选用合理的屋面防水盖料和与之相适应的排水坡度,经过构造设计和精心施工而达到的。屋面的防水盖料和排水坡度的处理方法,可以从“导”与“堵”两个方面来概括。

导——按照屋面防水盖料的不同要求,设置合理的排水坡度,使得降于屋面的雨水,因势利导地排离屋面,以达到防水的目的。

堵——利用屋面防水盖料在上下左右的相互搭接,形成一个封闭的防水覆盖层,以达到防水的目的。

在屋面防水的构造设计中,“导”和“堵”总是相辅相成的。由于各种盖料的特点和铺设的条件不同,处理方式也随之不同。例如,瓦屋面和波形瓦屋面,瓦本身的密实性和瓦的相互搭接体现了“堵”的概念,而屋面的排水坡度体现了“导”的概念。一块一块面积不大的瓦,只依靠相互搭接,不可能防水,只有采取了合理的排水坡度,才能达到屋面防水的目的。这种以“导”为主,以“堵”为辅的处理方式,是以“导”来弥补“堵”的不足。而平金属屋面、卷材屋面以及刚性屋面等,是以大面积的覆盖来达到“堵”的要求,但是为了屋面雨水的迅速排除,还是需要有一定的排水坡度。也就是采取了以“堵”为主,以“导”为辅的处理方式。

2) 防水等级

屋面工程防水设计应遵循“合理设防、防排结合、因地制宜、综合治理”的原则。根据建筑物的性质、重要程度、使用功能及防水层合理使用年限,结合工程特点等,按不同等级进行设防。我国现行的《屋面工程技术规范》(GB 50345—2012)将平屋面防水划分为两个等级,详见表15.1。

表15.1 平屋面防水等级和设防要求

防水等级	建筑类别	设防要求	防水做法
Ⅰ级	重要建筑和高层建筑	两道防水设防	卷材防水层和卷材防水层、卷材防水层和涂膜防水层、复合防水层
Ⅱ级	一般建筑	一道防水设防	卷材防水层、涂膜防水层、复合防水层

15.2 屋顶排水设计

为了迅速排除屋面雨水,需进行周密的排水设计,其内容包括:选择屋顶排水坡度、确定排水方式、进行屋顶排水组织设计。

15.2.1 屋顶坡度选择

1) 屋顶排水坡度的表示方法

常用的坡度表示方法有角度法、斜率法和百分比法,如图15.4所示。坡屋顶多采用斜率法,平屋顶多采用百分比法,角度法应用较少。

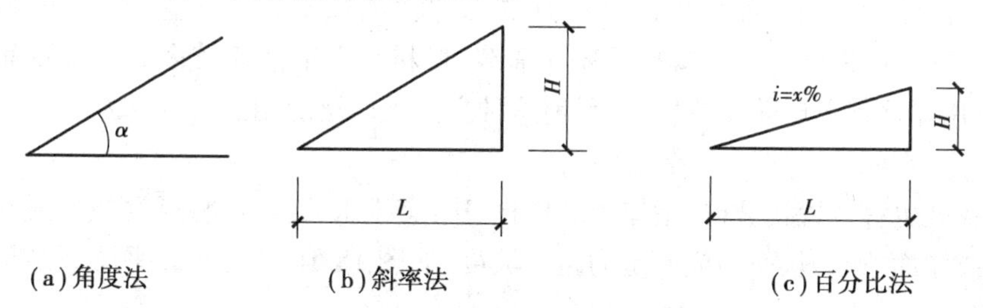

图15.4 屋顶排水坡度的表示方法

(1)角度法

高度尺寸与水平尺寸所形成的斜线与水平尺寸之间的夹角,常用“α”作标记,如 $\alpha=26°52'34''$等。

(2)斜率法

斜率法是指高度尺寸与跨度的比值,如高跨比为1:4等。

(3)百分比法

高度尺寸与水平尺寸的比值,常用“i”作标记,如 $i=5\%$,25%等。

屋顶坡度只选择一种方式进行表达即可。

2)影响屋顶坡度的因素

屋顶坡度是为排水而设的,恰当的坡度既能满足排水要求,又可做到经济节约。要使屋面坡度恰当,需考虑以下几方面的因素。

(1)屋面防水材料与排水坡度的关系

若防水材料尺寸较小,接缝必然就较多,容易产生缝隙渗漏,因而屋面应有较大的排水坡度,以便将屋面积水迅速排除。如果屋面的防水材料覆盖面积大、接缝少而且严密,屋面的排水坡度就可以小一些。

(2)降雨量大小与坡度的关系

降雨量大的地区,屋面渗漏的可能性较大,屋顶的排水坡度应适当加大;反之,屋顶排水坡度则宜小一些。

(3)屋面排水路线的长短

屋面排水路线长,要求排水坡度大一些;反之,屋顶排水坡度则宜小一些。

(4)建筑造型与坡度的关系

如当屋面有上人要求时,为了上人方便,则排水坡度宜小一些,否则使用不方便,上人平屋面坡度一般为1%~2%。结构选型的不同,可决定造型的不同,如拱结构建筑常有较大的屋顶坡度。

3)屋顶坡度的形成方法

(1)材料找坡

材料找坡也称建筑找坡或垫置找坡,是指屋顶坡度由垫坡材料形成,一般用于坡向长度较小的屋面。为了减轻屋面荷载,应选用轻质材料找坡,如水泥炉渣、石灰炉渣等。找坡层的厚度最薄处不小于20 mm。平屋顶材料找坡的坡度宜为2%。

材料找坡的优点是屋面板可以水平放置,天棚面平整,空间完整,便于直接利用,如图15.5(a)所示;缺点是材料找坡增加了屋面荷载,材料和人工消耗较多。如果屋面有保温要求时,可利用屋面保温层兼作找坡层,目前这种方法被广泛应用。

(2)结构找坡

结构找坡也称搁置找坡,是指屋顶结构自身带有排水坡度,可将屋面板放置在有一定斜度的屋架或屋面梁上,从而形成一定的屋面坡度,如图15.5(b)所示。平屋顶结构找坡的坡度宜为3%。

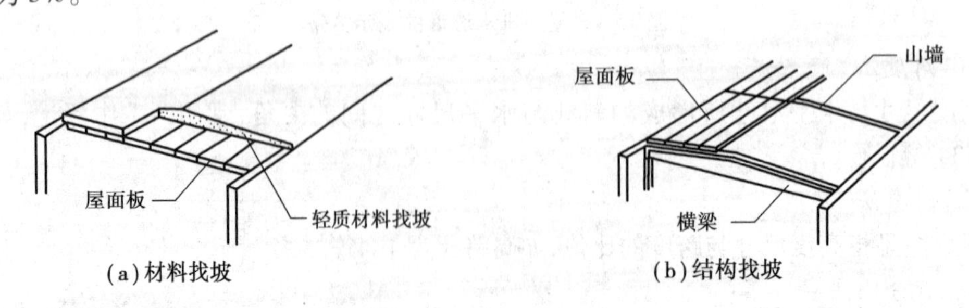

图15.5 屋顶坡度的形成

结构找坡无须在屋面上另加找坡材料,构造简单,不增加屋面荷载,但天棚顶倾斜,室内空间不够规整,故常用于室内设有吊顶或是室内美观要求不高的建筑工程中。

15.2.2 屋顶排水方式

1)排水方式

(1)无组织排水

无组织排水是指屋面雨水直接从檐口滴落至地面的一种排水方式,因为不用天沟、雨水管等导流雨水,故又称自由落水。这种排水方式构造简单、经济,但屋面雨水自由落下时会溅湿勒脚及墙面,影响外墙的耐久性,因此主要适用于少雨地区或一般低层建筑及相邻屋面高差小于4 m的建筑;一般用于中、小型的低层建筑物或檐高不大于10 m的屋面,不宜用于临街建筑和较高的建筑。

(2)有组织排水

有组织排水就是屋面雨水有组织地流经天沟、檐沟、水落口、水落管等,系统地将屋面上的雨水排出。这种方式具有不溅湿墙面、不妨碍行人交通等优点,因而在建筑工程中应用广泛。有组织排水设置条件见表15.2。

表15.2 有组织排水设置条件

年降雨量/mm	檐口离地高度/m	相邻屋面高差/m
≤900	>10	>4的高处檐口
>900	≥4	≥3的高处檐口

2)有组织排水方案

在工程实践中,由于具体条件的千变万化,可能出现各式各样的有组织排水方案。现按外排水、内排水、内外排水3种情况归纳成9种不同的排水方案,如图15.6所示。

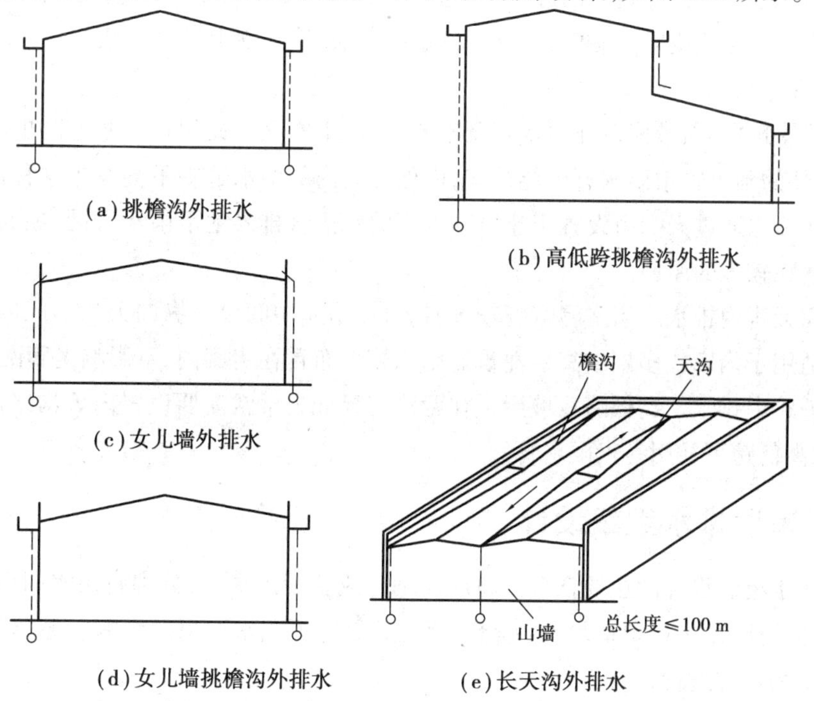

(a)挑檐沟外排水

(b)高低跨挑檐沟外排水

(c)女儿墙外排水

(d)女儿墙挑檐沟外排水

(e)长天沟外排水

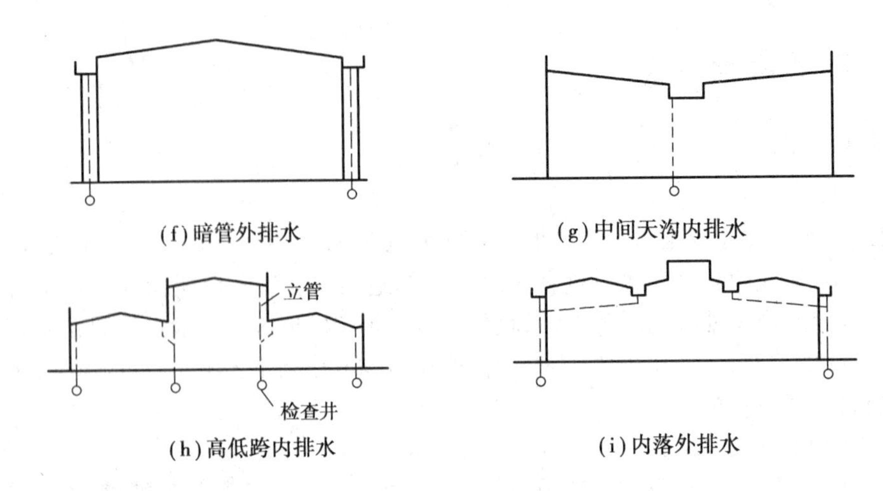

图 15.6　有组织排水方案

(1)外排水方案

外排水是指屋面雨水通过檐沟、水落口由设置于建筑物外部的水落管直接排至室外地面,一般的多层住宅、中高层住宅等多采用这种形式。其优点是雨水管不妨碍室内空间使用和美观,构造简单,因而被广泛采用。外排水方案可归纳成以下几种:

①挑檐沟外排水;

②女儿墙外排水;

③女儿墙挑檐沟外排水;

④长天沟外排水;

⑤暗管外排水。

明装的雨水管有损建筑立面,故在一些重要的公共建筑中,雨水管常采取暗装的方式,把雨水管隐藏在假柱或空心墙中。假柱可以处理成建筑立面上的竖线条。

(2)内排水

在高层建筑中,因维修室外雨水管既不方便,又不安全。又如在严寒地区也不适宜用外排水,因室外的雨水管中雨水有可能结冻,而处于室内的雨水管则不会发生这种情况。内排水是指屋面雨水通过天沟由设置于建筑物内部的水落管排入地下雨水管网,如高层建筑、多跨及汇水面积较大的屋面。

①中间天沟内排水。当房屋宽度较大时,可在房屋中间设一纵向天沟形成内排水,这种方案特别适用于内廊式多层或高层建筑。雨水管可布置在走廊内,不影响走廊两旁的房间。

②高低跨内排水。高低跨双坡屋顶在两跨交界处也常常需要设置内天沟来汇集低跨屋面的雨水,高低跨可共用一根雨水管。

15.2.3　屋顶排水组织设计

屋顶排水组织设计的主要任务是将屋面划分成若干排水区,分别将雨水引向雨水管,做到排水线路简捷、雨水口负荷均匀、排水顺畅,避免屋顶积水而引起渗漏。屋顶排水组织设计一般按下列步骤进行:

1)确定排水坡面的数目(分坡)

排水区域划分主要根据屋顶的平面形状确定,尽量使每个排水区域坡长一致,这样可以使找坡层厚度一致,坡度一致,坡面连接顺滑。当房屋宽度≤12 m时可采用单坡排水,临街建筑为了立面完整,也可采用单坡排水。当房屋宽度>12 m时宜采用双坡排水,以减少水流路线过长的问题。当屋顶面积太大,可将屋面划分成几个大小均等的区域,每个区域内设置相同的坡面、坡度,坡长控制在12 m以内,采用内排水方法将雨水排出。坡屋顶应结合建筑造型要求选择单坡、双坡或四坡排水。

2)确定排水方式

确定屋顶排水方式应根据气候条件、建筑物的高度、质量等级、使用性质、屋顶面积大小等因素加以综合考虑。高层建筑屋面宜采用内排水;多层建筑屋面宜采用有组织外排水;低层建筑及檐高小于10 m的屋面,可采用无组织排水。多跨及汇水面积较大的屋面宜采用天沟排水,天沟找坡较长时,宜采用中间内排水和两端外排水。采用重力式排水时,屋面每个汇水面积内,雨水排水立管不宜少于2根;水落口和水落管的位置,应根据建筑物的造型要求和屋面汇水情况等因素确定。高跨屋面为无组织排水时,其低跨屋面受水冲刷的部位应加铺一层卷材,并应设40~50 mm厚、300~500 mm宽的C20细石混凝土保护层;高跨屋面为有组织排水时,水落管下应加设水簸箕。

3)划分排水区

划分排水区的目的在于合理地布置水落管。排水区的面积是指屋面水平投影的面积,每一根水落管的屋面最大汇水面积不宜大于200 m^2。也可参考下述经验公式来进行计算:

$$F=438\ D^2/h$$

式中 F——容许的排水面积,m^2;

D——雨水管的直径,mm;

h——每小时计算的降水量,mm。

4)确定天沟所用材料和断面形式及尺寸

天沟即屋面上的排水沟,位于檐口部位时又称檐沟。设置天沟的目的是汇集屋面雨水,并将屋面雨水有组织地迅速排除。天沟根据屋顶类型的不同有多种做法。如坡屋顶中可用钢筋混凝土、镀锌铁皮、石棉水泥等材料做成槽形或三角形天沟。平屋顶的天沟一般用钢筋混凝土制作,当采用女儿墙外排水方案时,可利用倾斜的屋面与垂直的墙面构成三角形天沟(图15.7);当采用檐沟外排水方案时,通常用专用的槽形板做成矩形天沟(图15.8)。檐沟、天沟的过水断面,应根据屋面汇水面积的雨水流量经计算确定。钢筋混凝土檐沟、天沟净宽不应小于300 mm,分水线处最小深度不应小于100 mm;沟内纵向坡度不应小于1%,沟底水落差不得超过200 mm;檐沟、天沟排水不得流经变形缝和防火墙。金属檐沟、天沟的纵向坡度宜为0.5%。坡屋面檐口宜采用有组织排水,檐沟和水落斗可采用金属或塑料成品。

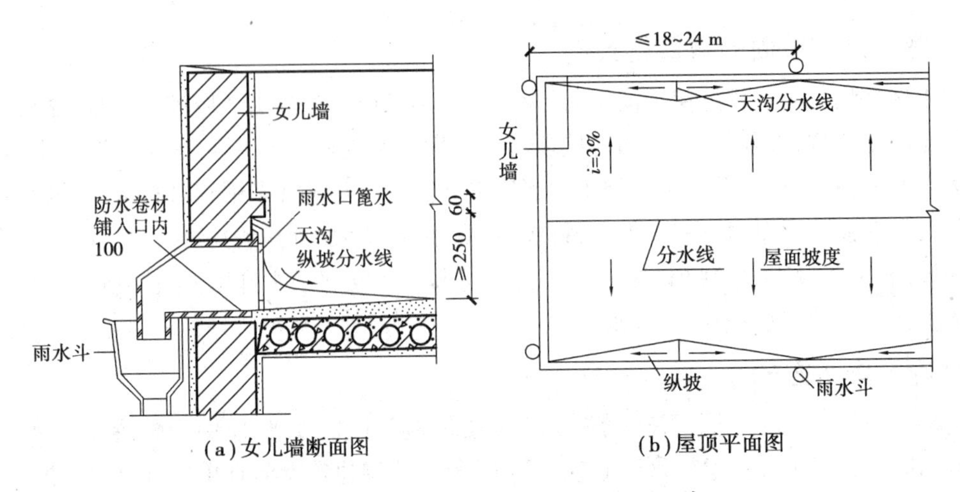

(a) 女儿墙断面图　　(b) 屋顶平面图

图 15.7　平屋顶女儿墙外排水三角形天沟

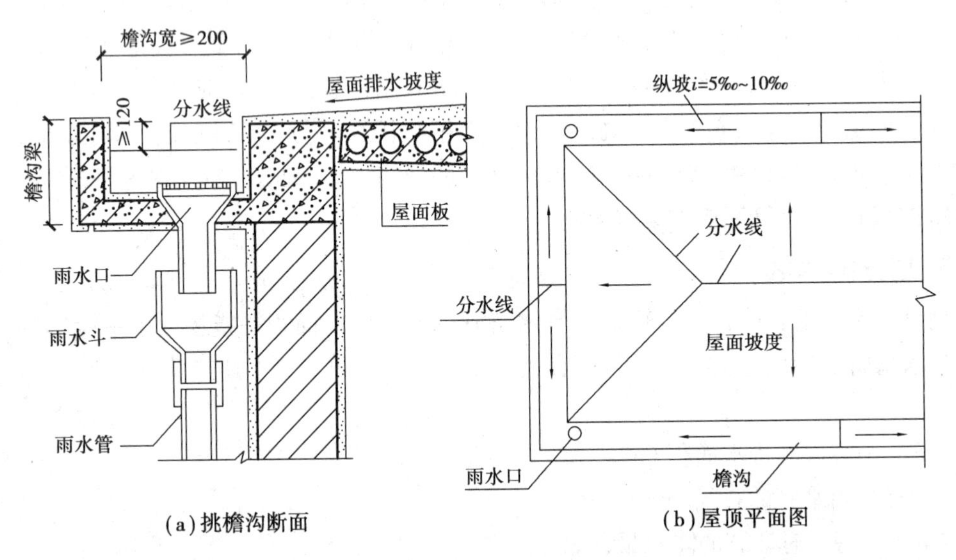

(a) 挑檐沟断面　　(b) 屋顶平面图

图 15.8　平屋顶檐沟外排水矩形天沟

5) 确定雨水管所用材料、规格及间距

水落管按材料的不同有铸铁、镀锌铁皮、塑料、石棉水泥和陶土水管等，目前多采用铸铁和塑料水落管，其直径有 50,75,100,125,150,200 mm 6 种规格，一般民用建筑最常用的水落管直径为 100 mm，面积较小的露台或阳台可采用 50 mm 或 75 mm 的水落管。水落管的位置应在实墙面处，其间距一般在 18 m 以内，最大间距不宜超过 24 m，因为间距过大，则沟底纵坡面越长，会使沟内的垫坡材料增厚，减少了天沟的容水量，造成雨水溢向屋面引起渗漏或从檐沟外侧涌出。

屋顶排水组织设计还包括檐口、泛水、雨水口等细部节点构造设计，并绘出屋顶平面排水图及各节点详图，如图 15.9 所示。

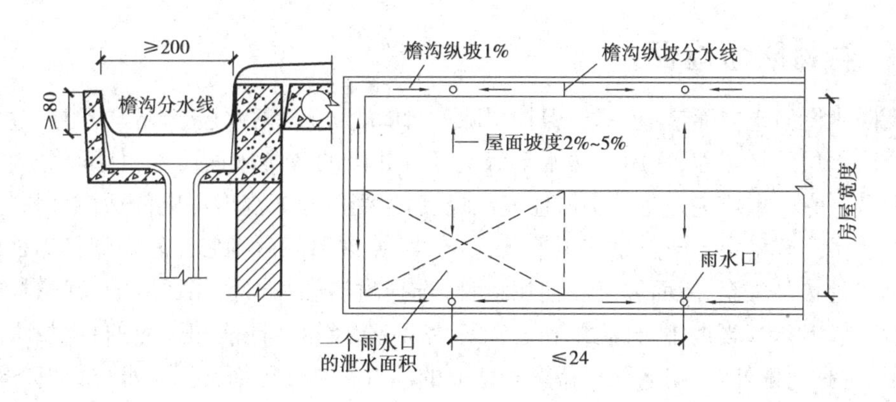

图 15.9 屋顶排水组织示例

15.3 平屋顶构造

平屋顶按屋面防水层的不同有卷材防水、刚性防水、涂料防水及粉剂防水屋面等多种做法。

屋面的基本构造层次宜符合表 15.3 的要求。

表 15.3 屋面的基本构造层次

屋面结构	基本构造层次(自上而下)
卷材、涂膜屋面	保护层、隔离层、防水层、找平层、保温层、找平层、找坡层、结构层
	保护层、保温层、防水层 、找平层、找坡层、结构层
	种植隔热层、保护层、耐根穿刺防水层、防水层、找平层、保温层、找平层、找坡层、结构层
	架空隔热层、防水层、找平层、保温层、找平层、找坡层、结构层
	蓄水隔热层、隔离层、防水层、找平层、保温层、找平层、找坡层、结构层
瓦屋面	块瓦、挂瓦条、顺水条、持钉层、防水层或防水垫层、保温层、结构层
	沥青瓦、持钉层、防水层或防水垫层、保温层、结构层
金属板屋面	压型金属板、防水垫层、保温层、承托网、支承结构
	上层压型金属板、防水垫层、保温层、底层压型金属板、支承结构
	金属面绝热夹芯板、支承结构
玻璃采光顶	玻璃面板、金属框架、支承结构
	玻璃面板、点支承装置、支承结构

注:①表中结构层包括混凝土基层和木基层;防水层包括卷材和涂膜防水层;保护层包括块体材料、水泥砂浆、细石混凝土保护层;

②有隔汽要求的屋面,应在保温层与结构层之间设隔汽层。

15.3.1 卷材防水屋面

柔性防水屋面指屋面最上一层(保护层除外)防水为卷材防水层、涂膜防水层、卷材和涂膜的复合防水层的平屋面,适用于防水等级为Ⅰ~Ⅱ级的各类屋面防水。屋面分为上人和不上人两种。它的主要优点是对房屋地基沉降、房屋受震动或温度影响的适应性较好,防止水渗漏的质量比较稳定。缺点是施工繁杂、层次多,出现渗漏后维修比较麻烦。屋面防水卷材应根据当地最高气温、屋面坡度和使用条件,选择耐热度和柔性相适应的卷材;根据地基变形程度,结构形式,当地年、日温差和震动等因素,选择拉伸性能相适应的卷材;根据材料暴露情况,选择耐紫外线、耐老化保持率相适应的卷材。柔性屋面常用防水材料有SBS改性沥青防水卷材、三元乙丙橡胶防水卷材、合成高分子防水卷材、聚合物水泥防水涂料、聚氨酯防水涂料、氯化聚乙烯橡胶共混等高分子防水卷材。

1)卷材防水屋面的构造层次和做法

卷材防水屋面由多层材料叠合而成,其基本构造层次按构造要求由结构层、找坡层、找平层、结合层、防水层和保护层组成,如图15.10所示。

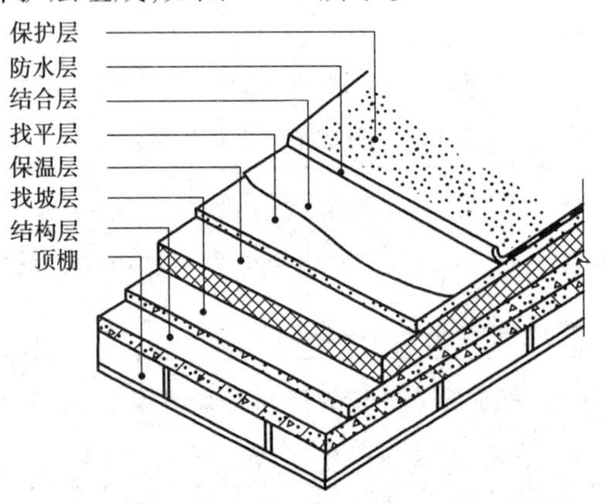

图15.10 卷材防水屋面的基本构造

(1)结构层

结构层通常为预制或现浇钢筋混凝土屋面板,要求具有足够的强度和刚度。

(2)找坡层

只有当屋面为材料找坡时才设置找坡层。材料找坡应选用轻质材料形成所需要的排水坡度,通常是在结构层上铺1:(6~8)的水泥焦渣或水泥膨胀蛭石等。

(3)找平层

卷材防水层要求铺贴在坚固而平整的基层上,以防止卷材凹陷和断裂,因此必须在结构层或找坡层上设置找平层。找平层一般用20~30 mm厚1:3~1:2.5水泥砂浆。

值得注意的是,用来找坡和找平的轻混凝土和水泥砂浆都是刚性材料,在变形应力的作用下,如果不经处理,不可避免地都会出现裂缝,尤其是会出现在变形的敏感部位。这样容易造成粘贴在上面的防水卷材的破裂。所以应当在变形敏感的部位,预先将用刚性材料所做的构造层进行人为的分割,即预留分仓(格)缝,缝宽宜为20 mm并嵌填密封材料,做法详见后续刚性防水屋面分格缝构造内容。

(4)结合层

结合层的作用是使卷材防水层与基层黏结牢固。结合层所用材料应根据卷材防水层材料的不同来选择。如油毡卷材、聚氯乙烯卷材用冷底子油在水泥砂浆找平层上喷涂1~2道。冷底子油是用沥青加入汽油或煤油等溶剂稀释而成,喷涂时不用加热,在常温下进行,故称冷底子油。

(5)防水层

防水层是由胶结材料与卷材黏合而成,卷材连续搭接,形成屋面防水的主要部分。卷材防水层的防水卷材包括沥青类卷材、高聚物改性沥青防水卷材和合成高分子防水卷材3类,见表15.4。

表15.4 防水卷材

卷材分类	卷材名称举例	卷材黏结剂(结合层)
防水涂料	合成高分子防水涂料	和各种涂料配合使用的基层处理剂
	聚合物水泥防水涂料	
	改性沥青防水涂料	
高聚物改性沥青防水卷材	SBS改性沥青防水卷材	冷底子油
	APP改性沥青防水卷材	
合成高分子防水卷材	三元乙丙丁基橡胶防水卷材	丁基橡胶为主体的双组分A与B液1:1配比搅拌均匀
	三元乙丙橡胶防水卷材	
	氯磺化聚乙烯防水卷材	CX-401胶
	再生胶防水卷材	氯丁胶黏结剂
	氯丁橡胶防水卷材	CY-409液
	氯丁聚乙烯-橡胶共混防水卷材	BX-12及BX-12乙组分
	聚氯乙烯防水卷材	黏结剂配套供应

①沥青卷材,当屋面坡度小于3%时,卷材宜平行屋脊铺贴;当屋面坡度在3%~15%时,卷材可平行或垂直屋脊铺贴;当屋面坡度大于15%时,卷材垂直屋脊铺贴。高聚物改性沥青防水卷材和合成高分子防水卷材不受此限制,但上下层卷材不得相互垂直铺贴。

②卷材的铺贴顺序:从檐口到屋脊向上铺贴,形成顺水流搭接;屋面纵向逆风向铺贴,形成顺风向搭接。

③卷材的搭接长度:沥青油毡长边搭接不小于70 mm,短边搭接不小于100 mm;高聚物改性沥青防水卷材的长短边搭接长度均不小于80 mm;上下层及相邻两幅卷材的搭接应错开。

另外,当室内水蒸气透过结构层渗入卷材防水层内或因做防水层前找平层未干透,在太阳的辐射作用下汽化,聚集在防水层内,致使防水层膨胀而形成鼓泡,导致油毡皱折或破裂,造成漏水,为此就在防水层与基层之间设有蒸汽扩散的通道,在工程实际中,通常采用空铺法(卷材与基层间若仅在四周一定宽度内黏结)或将第一层热沥青涂成点状(俗称花油法)或成条状,然后铺贴首层油毡。

卷材铺贴示如图 15.11 所示。

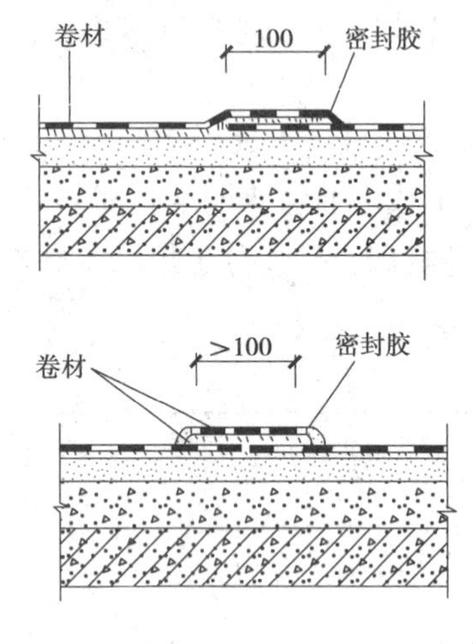

图 15.11 卷材铺贴示意图

(6)保护层

上人屋面保护层可采用块体材料、细石混凝土等材料;不上人屋面保护层可采用浅色涂料、铝箔、矿物粒料、水泥砂浆等材料。保护层材料的适用范围和技术要求见表 15.5。

表 15.5 保护层材料的适用范围和技术要求

保护层材料	适用范围	技术要求
浅色涂料	不上人屋面	丙烯酸系反射涂料
铝箔	不上人屋面	0.05 mm 厚铝箔反射膜
矿物粒料	不上人屋面	不透明的矿物粒料
水泥砂浆	不上人屋面	20 mm 厚 1 : 2.5 或 M15 水泥砂浆
块体材料	上人屋面	地砖或 30 mm 厚 C20 细石混凝土预制块
细石混凝土	上人屋面	40 mm 厚 C20 细石混凝土或 50 mm 厚 C20 细石混凝土内配Φ4@ 100 双向钢筋网片

采用块体材料做保护层时,宜设分格缝,其纵横间距不宜大于 10 m,分格缝宽度宜为 20 mm,并应采用密封材料嵌填。采用水泥砂浆做保护层时,表面应抹平压光,并应设表面分格缝,分格面积宜为 1 m^2。采用细石混凝土做保护层时,表面应抹平压光,并应设分格缝,其纵横间距不应大于 6 m,分格缝宽度宜为 10~20 mm,并应采用密封材料嵌填。采用淡色涂料做保护层时,应与防水层黏结牢固,厚薄应均匀,不得漏涂。块体材料、水泥砂浆、细石混凝土保护层与女儿墙或山墙之间,应预留宽度为 30mm 的缝隙,缝内宜填塞聚苯乙烯泡沫塑料,并应采用密封材料嵌填。需经常维护的设施周围和屋面出入口至设施之间的人行道,应铺设块体材料或细石混凝土保护层。

2)卷材防水屋面细部构造

屋顶细部是指屋面上的泛水、雨水口、檐口、变形缝及屋面上人孔等部位。

(1)泛水构造

泛水是指屋面防水层与垂直墙面或出屋面竖向构件相交处的防水处理。突出于屋面之上的女儿墙、烟囱、楼梯间、变形缝、检修孔、立管等的壁面与屋顶的交接处是最容易漏水的地方,必须将屋面防水层延伸到这些垂直面上,形成立铺的防水层,如图15.12所示。

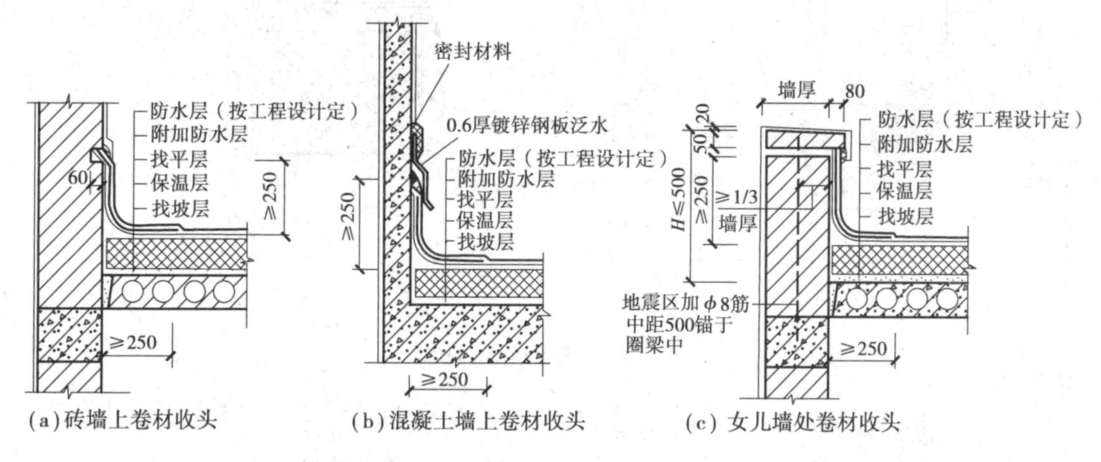

图15.12 卷材防水屋面泛水及收头构造

卷材防水屋面的泛水处理:

①将屋面的卷材防水层继续铺至垂直面上,形成卷材泛水,并加铺一层卷材,泛水高度≥250 mm。

②屋面与垂直面交接处应将卷材下的砂浆找平层抹成半径 $R=50\sim100$ mm的圆弧形或45°斜面(又称八字角)防止卷材被折断。

③卷材收头处理。

(2)女儿墙

女儿墙是外墙在屋顶以上的延续,也称压檐墙。女儿墙建筑立面起到装饰作用,对不上人屋面可固定油毡,上人屋面可保护人员安全。

女儿墙一般墙厚240 mm,也可上下部墙身同厚,高度不宜超过500 mm。如屋顶上人或造型要求女儿墙较高时,需加构造柱与下部圈梁或柱相连,地震区应设锚固筋。女儿墙上部构造称为压顶,用钢筋混凝土沿墙长交圈设置压顶板,可用C20细石混凝土预制板,每块长740 mm。地震区采用整体现浇压顶。女儿墙檐口构造的关键是泛水的构造处理,如图15.12(c)所示。其顶部通常做混凝土压顶,压顶表面抹水泥砂浆防止水渗入女儿墙且做好滴水,并设有坡度坡向屋面,如图15.13所示。

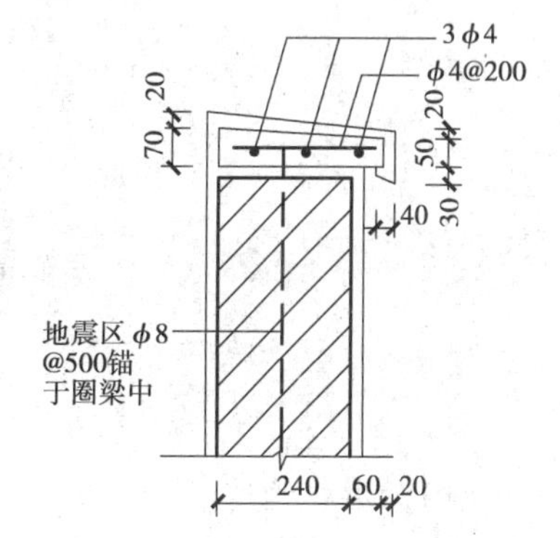

图15.13 女儿墙压顶构造图

(3)檐口构造

柔性防水屋面的檐口构造有无组织排水挑檐和有组织排水挑檐沟及女儿墙檐口等。挑檐和挑檐沟构造都应注意处理好卷材的收头固定、檐口饰面并做好滴水。女儿墙檐口构造的关键是泛水的构造处理，其顶部通常做混凝土压顶，并设有坡度坡向屋面，如图 15.14、图 15.15 和图 15.16所示。

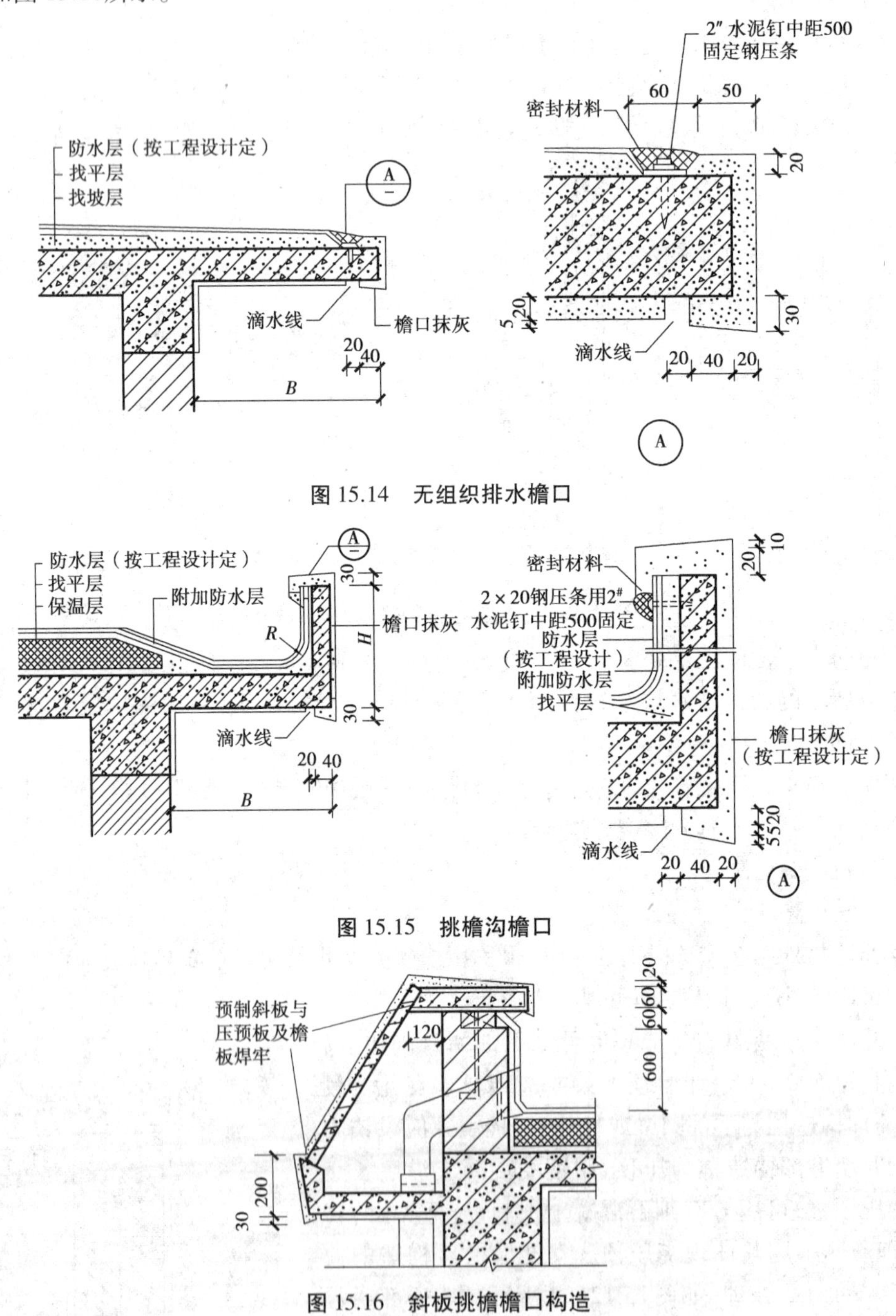

图 15.14　无组织排水檐口

图 15.15　挑檐沟檐口

图 15.16　斜板挑檐檐口构造

(4)雨水口构造

雨水口的类型有用于檐沟排水的直管式雨水口和女儿墙外排水的弯管式雨水口两种。雨水口在构造上要求排水通畅、防止渗漏水堵塞。直管式雨水口为防止其周边漏水，应加铺一层卷材并贴入连接管内 100 mm，雨水口上用定型铸铁罩或铅丝球盖住，用油膏嵌缝。弯管式雨水口穿过女儿墙预留孔洞内，屋面防水层应铺入雨水口内壁四周不小于 100 mm，并安装铸铁篦子以防杂物流入造成堵塞。雨水口构造如图 15.17 所示。

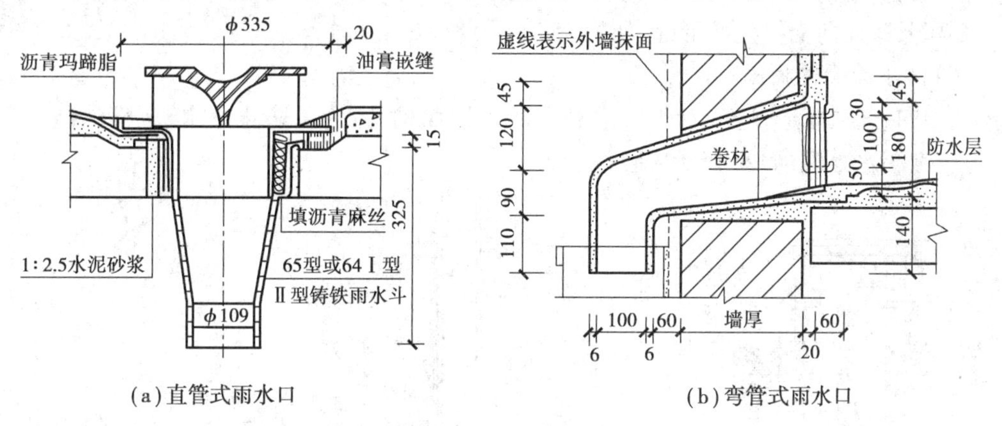

(a)直管式雨水口　　(b)弯管式雨水口

图 15.17　雨水口构造

(5)屋面变形缝构造

屋面变形缝的构造处理原则：既不能影响屋面的变形，又要防止雨水从变形缝渗入室内。屋面变形缝按建筑设计可设于同层等高屋面上，也可设在高低屋面的交接处。

①采用平缝做法，即缝内填沥青麻丝或泡沫塑料，上部填放衬垫材料，用镀锌钢板盖缝，然后做防水层，如图 15.18(a)所示。

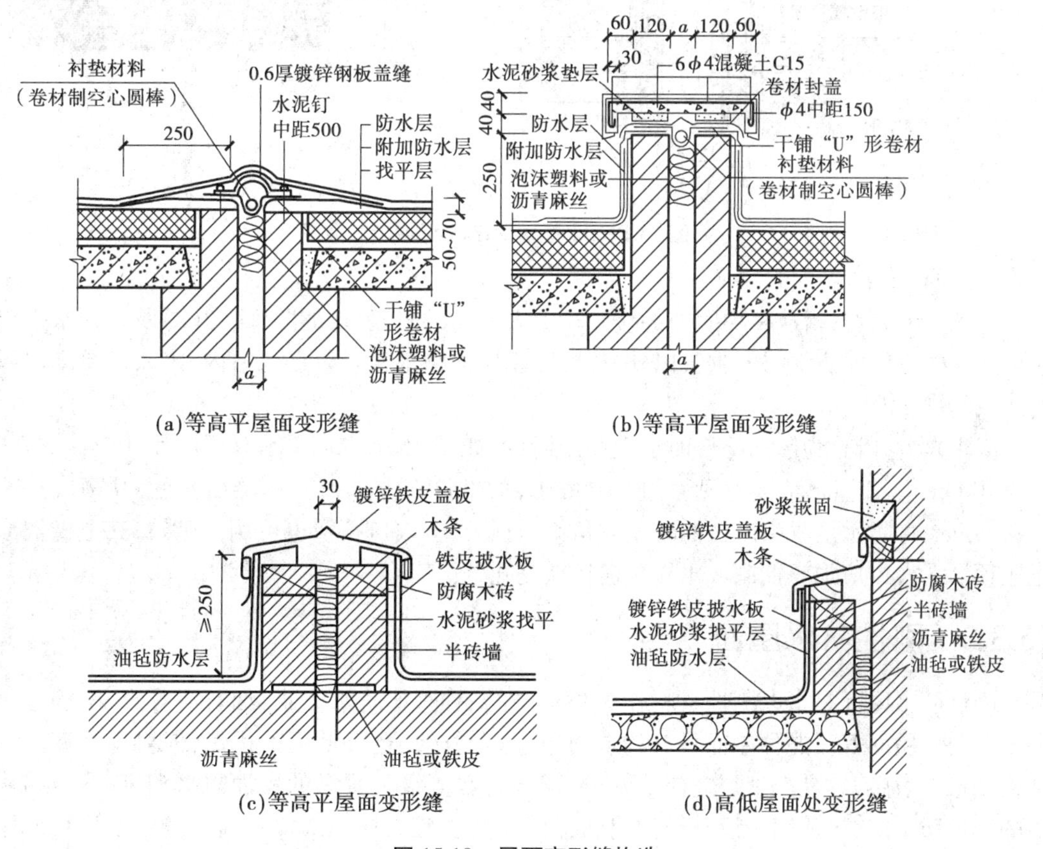

(a)等高平屋面变形缝　　(b)等高平屋面变形缝

(c)等高平屋面变形缝　　(d)高低屋面处变形缝

图 15.18　屋面变形缝构造

②在缝两侧砌矮墙，将两侧防水层采用泛水式收头在墙顶，用卷材封盖后，顶部加混凝土盖板或镀锌盖板，如图 15.18(b)、(c)所示。

③高低屋面的交接处变形缝，如图 15.18(d)所示。

(6)出屋面管道构造

凡烟囱、通风管道、透气管等必须开孔的出屋面构件，为了防止漏水，应将油毡向上翻起，即应做泛水处理，如图 15.19 所示。

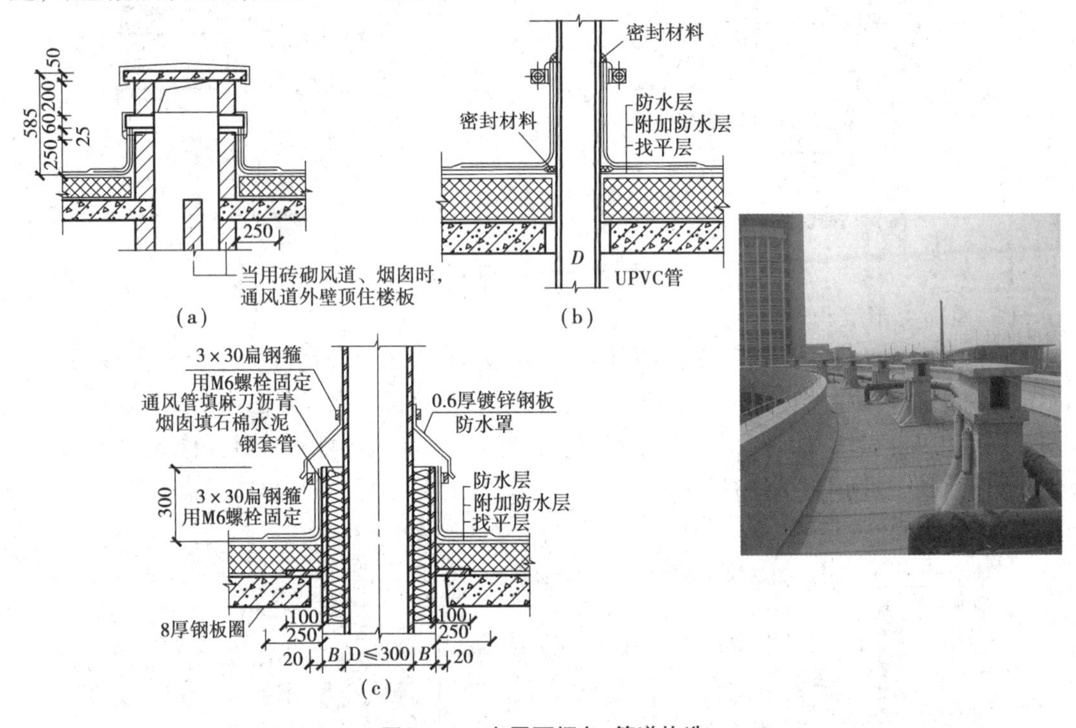

图 15.19　出屋面烟囱、管道构造

(7)屋面出入口

①水平出入口，指从楼梯间或阁楼到达上人屋面的出入口，如图 15.20(a)所示。水平出入口除要做好屋面防水层的收头以外，还要防止屋面积水从入口进入室内，出入口要高出屋面两级踏步。

②垂直上人口，为屋面检修时上人使用而设，如图 15.20(b)所示。开洞尺寸应该≥700 mm×700 mm。若屋顶结构为现浇钢筋混凝土，可直接在上人口四周浇出孔壁，其高度一般为 300 mm，将防水层收头压在混凝土或角钢压顶下，上人口孔壁也可用砖砌筑，其上做混凝土压顶。上人口应加盖钢制或木制包镀锌铁皮孔盖。

15.3.2　刚性防水屋面

刚性防水屋面是指以刚性材料作为防水层的屋面，如防水砂浆、细石混凝土、配筋细石混凝土防水屋面等。这种屋面具有构造简单、施工方便、造价低廉的优点，但对温度变化和结构变形较敏感，容易产生裂缝而渗水，适用于防水等级为Ⅲ级的屋面防水和Ⅰ、Ⅱ级防水中的一道防水层，不适用于设有松散材料保温层及受较大振动或冲击荷载的建筑屋面。刚性防水屋面坡度宜为2%~3%，并应采用结构找坡，故多用于我国南方地区的建筑。

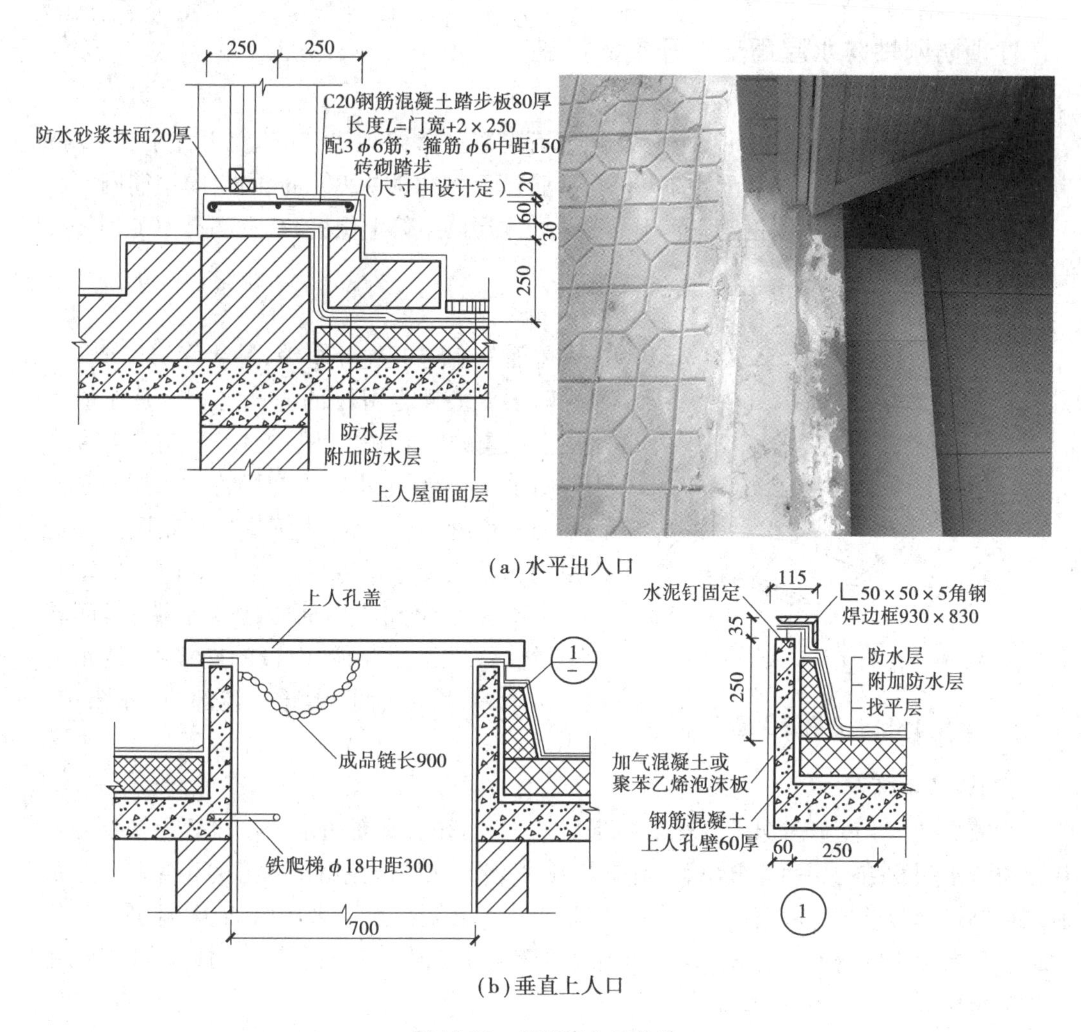

(a)水平出入口

(b)垂直上人口

图 15.20 屋面出入口构造

1)刚性防水屋面存在的问题

混凝土中有多余水，混凝土在硬化过程中其内部会形成毛细通道，必然使混凝土收水干缩时表面开裂而失去防水作用，因此，普通混凝土是不能作为刚性屋面防水层的。解决的办法有以下 3 个：

①添加防水剂，利用生成不溶性物质，堵塞毛细孔道，提高密实度；

②采用微膨胀水泥，如加入适量矾土水泥等，利用结硬时产生微膨胀效应，提高抗裂性；

③提高自身密实度，采用控制水灰比，改善骨料级配，加强浇注时的振捣和养护，提高密实性，避免表面龟裂。

除自身原因外，刚性防水屋面还受到外力作用影响。气温变化使其热胀冷缩，屋面板受力后产生翘曲变形；地基不均匀沉陷，屋面板徐变，材料收缩等均直接对刚性防水层产生较大影响。其中最常见的是温差所造成的影响。

2）预防刚性防水屋面变形开裂的措施

（1）配筋

刚性防水屋面一般采用不低于 C25 的细石混凝土整体现浇，其厚度不宜小于 40 mm。为提高其抗裂和应变能力，常配置 $\phi 4 \sim \phi 6$ 钢筋，间距为 100～200 mm 的双向钢筋网片。由于裂缝常在面层出现，所以钢筋宜置于混凝土防水层的中偏上位置，其上部有 10～15 mm 厚的保护层即可。

（2）设置分格缝

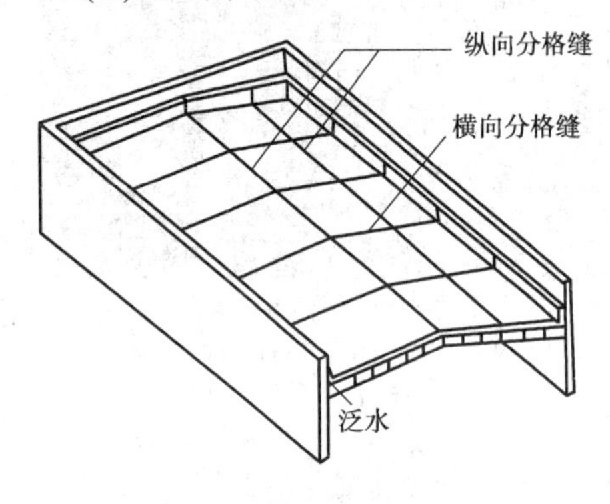

图 15.21　分格缝位置

屋面分格缝也称分仓缝，是为了减少裂缝，在刚性防水层上预先留设的缝。实质上是在屋面防水层上设置的变形缝。其目的在于：防止温度变形引起防水层开裂；防止结构变形将防水层拉坏。因此屋面分格缝的位置应设置在温度变形允许的范围以内和结构变形敏感的部位。结构变形敏感的部位主要是指装配式屋面板的支承端、屋面转折处、现浇屋面板与预制屋面板的交接处、泛水与立墙交接处、双坡屋面的屋脊处等部位，如图 15.21 所示。

（3）设置隔离层

为减少结构层变形及温度变化对防水层的不利影响，宜在防水层下设置隔离层。其作用是将防水层和结构层两者分离，以适应各自的变形，从而避免由于变形的相互制约造成防水层或结构部分破坏。隔离层一般铺设在找平层上。隔离层可采用纸筋灰、低强度等级砂浆或薄砂层上干铺一层油毡等。当防水层中加有膨胀剂类材料时，其抗裂性有所改善，也可不做隔离层。

（4）设置滑动支座

为了适应刚性防水屋面的变形，在装配结构中，屋面板的支承处最好做成滑动支座。其构造做法：在准备搁置楼板的墙或梁上，先用水泥砂浆找平，找平后干铺两层油毡，中间夹滑石粉，再搁置预制板即可。

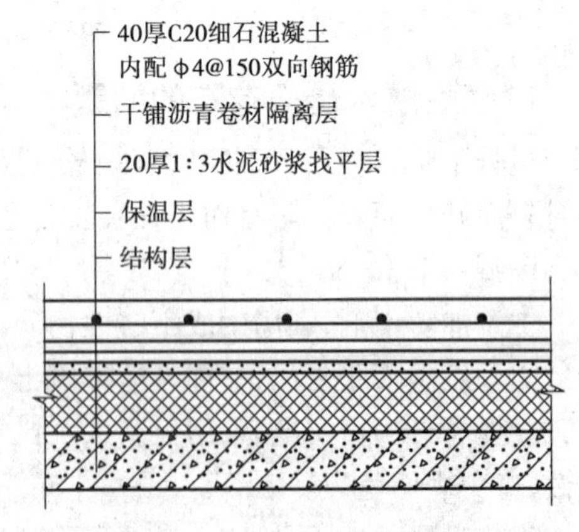

图 15.22　刚性防水屋面构造层次

3）刚性防水屋面的构造层次及做法

通过前面的分析，对刚性防水屋面的材料做法的特点已经有了一定认识，进而可以总结出刚性防水屋面的构造层次，如图 15.22 所示。

（1）结构层

刚性防水屋面的结构层要求具有足够的强度和刚度，一般应采用现浇或预制装配的钢筋混凝土屋面板，并在结构层现浇或铺板时形成屋面的排水坡度。

(2)找平层

为保证防水层厚薄均匀,通常应在结构层上用 20 mm 厚 1∶3水泥砂浆找平。若采用现浇钢筋混凝土屋面板或设有纸筋灰等材料时,也可不设找平层。

(3)隔离层

为减少结构层变形及温度变化对防水层的不利影响,宜在防水层下设置隔离层。隔离层可采用纸筋灰、低强度等级砂浆或薄砂层上干铺一层油毡等。当防水层中加有膨胀剂类材料时,其抗裂性有所改善,也可不做隔离层。

(4)防水层

常用配筋细石混凝土防水层面的混凝土强度等级应不低于 C20,其厚度宜不小于 40 mm,双向配制 $\phi4\sim\phi6.5$ 钢筋,间距为 100~200 mm 的双向钢筋网片。为提高防水层的抗渗性能,可在细石混凝土内掺入适量外加剂(如膨胀剂、减水剂、防水剂等)以提高其密实性能。

4)刚性防水屋面细部构造

刚性防水屋面的细部构造包括屋面防水层的分格缝、泛水、檐口、雨水口等部位的构造处理。

(1)屋面分格缝

屋面分格缝构造如图 15.23 所示。

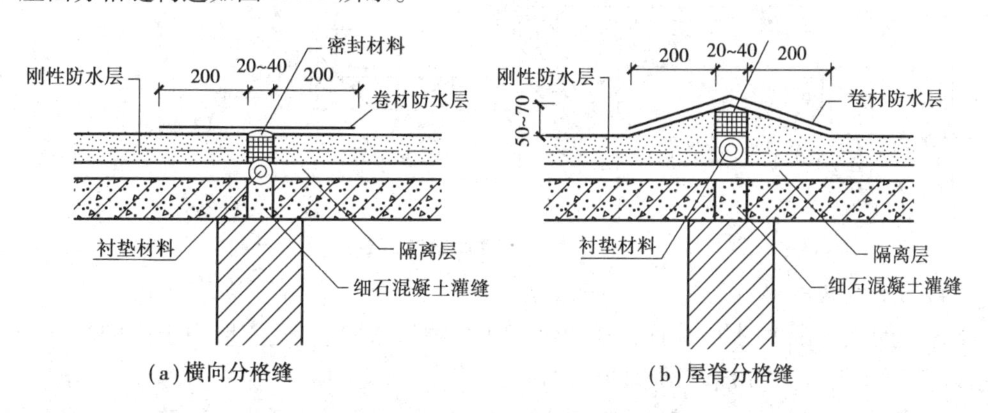

图 15.23 屋面分格缝构造

①纵横间距不大于 6 m;

②分格缝应贯穿屋面找平层及刚性保护层,防水层内的钢筋在分格缝处应断开;

③缝宽宜为 20~40 mm,缝中应嵌填柔性材料及建筑密封膏,上部铺贴防水卷材盖缝,卷材的宽度为 200~300 mm。

(2)泛水构造

刚性防水屋面的泛水构造要点与卷材屋面基本相同。不同的是:刚性防水层与屋面突出物(女儿墙、烟囱等)间须留分格缝,另铺贴附加卷材盖缝形成泛水。

(3)檐口构造

刚性防水屋面檐口的形式一般有自由落水挑檐口、挑檐沟外排水檐口和女儿墙外排水檐口、坡檐口等。

①自由落水挑檐口(图 15.24)。根据挑檐挑出的长度,有直接利用混凝土防水层悬挑和

在增设的现浇或预制钢筋混凝土挑檐板上做防水层等做法。无论采用哪种做法,都应注意做好滴水。

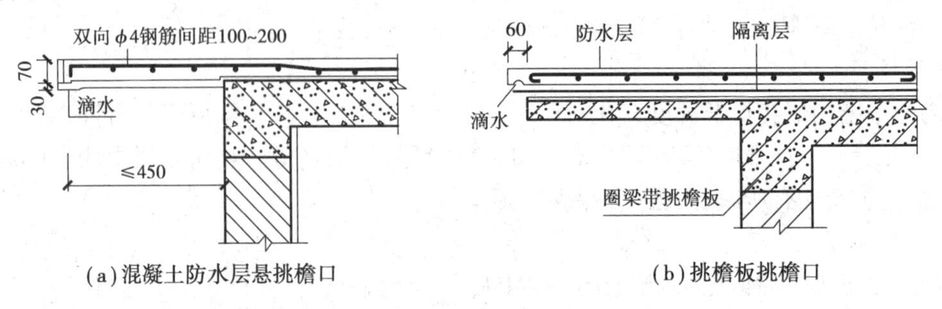

(a)混凝土防水层悬挑檐口　　(b)挑檐板挑檐口

图 15.24　自由落水挑檐口构造

②挑檐沟外排水檐口(图 15.25)。檐沟构件一般采用现浇或预制的钢筋混凝土槽形天沟板,在沟底用低强度等级的混凝土或水泥炉渣等材料垫置成纵向排水坡度,铺好隔离层后再浇筑防水层,防水层应挑出屋面并做好滴水。

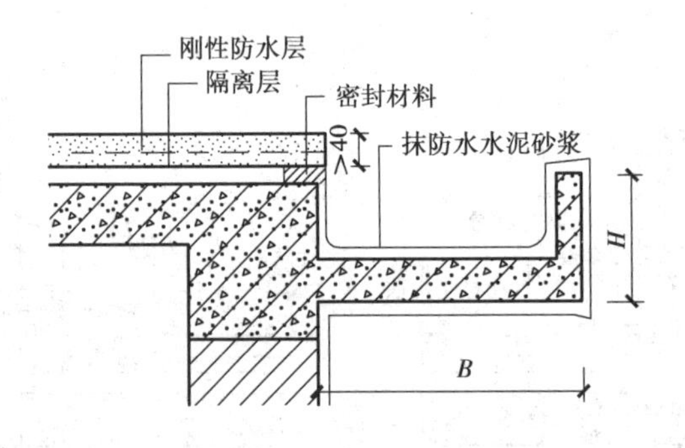

图 15.25　挑檐沟檐口构造

(4)雨水口构造

刚性防水屋面的雨水口有直管式和弯管式两种做法,直管式一般用于挑檐沟外排水的雨水口,弯管式用于女儿墙外排水的雨水口。

①直管式雨水口(图 15.26)。直管式雨水口为防止雨水从雨水口套管与沟底接缝处渗

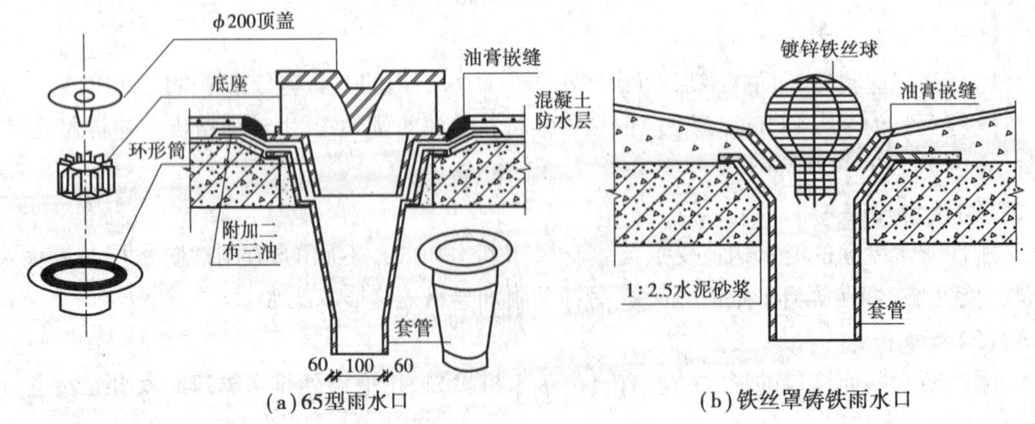

(a)65型雨水口　　(b)铁丝罩铸铁雨水口

图 15.26　直管式雨水口构造

漏，应在雨水口周边加铺柔性防水层并铺至套管内壁，檐口处浇筑的混凝土防水层应覆盖于附加的柔性防水层之上，并于防水层与雨水口之间用油膏嵌实。

②弯管式雨水口(图15.27)。弯管式雨水口一般用铸铁做成弯头。雨水口安装时，在雨水口处的屋面应加铺附加卷材与弯头搭接，其搭接长度不小于100 mm，然后浇筑混凝土防水层，防水层与弯头交接处需用油膏嵌缝。

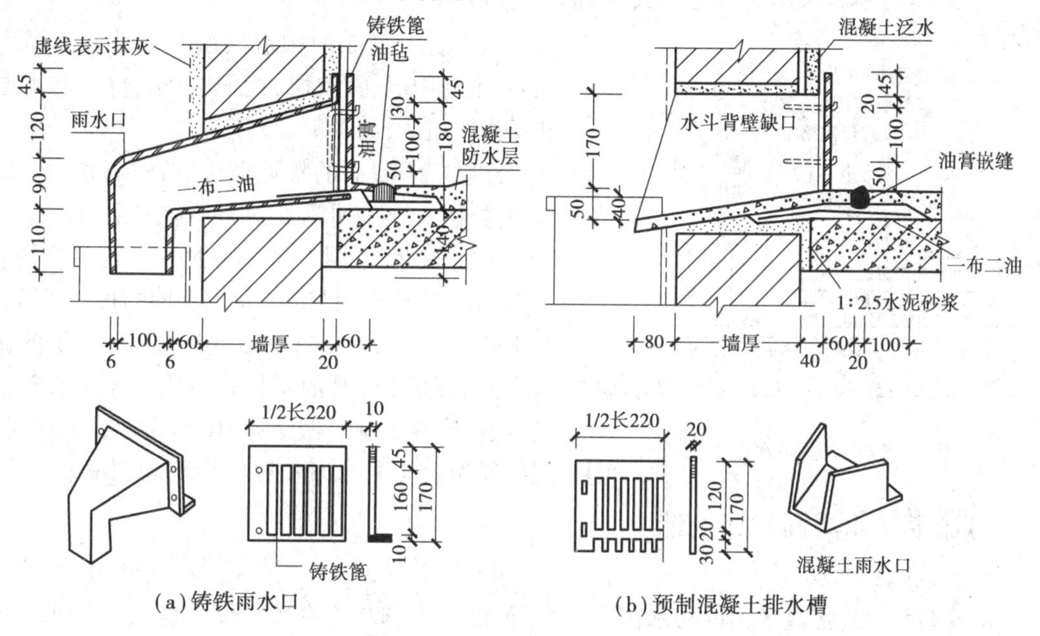

图15.27 弯管式雨水口构造

(5)刚性防水屋面变形缝构造(图15.28)

在变形缝两侧加砌矮墙按泛水处理，并将上部的缝用盖缝板盖住，盖缝板要能自由变形且不造成渗漏。

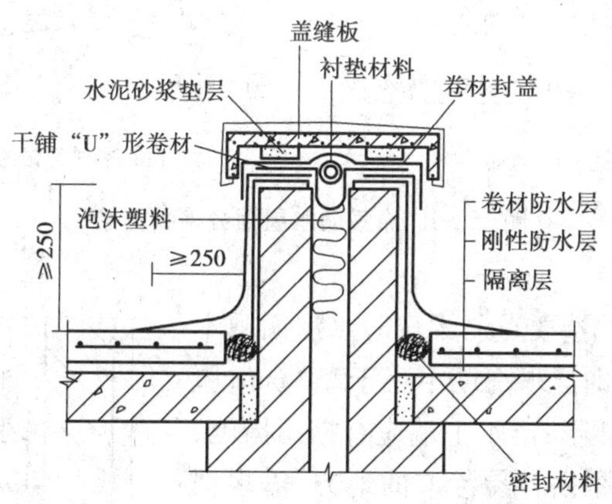

图15.28 刚性防水屋面变形缝构造

15.3.3 涂膜防水屋面

涂膜防水屋面又称涂料防水屋面，是指用可塑性和黏结力较强的高分子防水涂料，直接涂刷在屋面基层上形成一层不透水的薄膜层以达到防水目的的一种屋面做法。防水涂料有塑料、橡胶和改性沥青3大类，常用的有塑料油膏、氯丁胶乳沥青涂料和焦油聚氨酯防水涂膜等。这些材料多数具有防水性好、黏结力强、延伸性大、耐腐蚀、不易老化、施工方便、容易维修等优点，近年来应用较为广泛。这种屋面通常适用于不设保温层的预制屋面板结构，如单层工业厂房的屋面，在有较大震动的建筑物或寒冷地区则不宜采用。

1）涂膜防水屋面的构造层次和做法

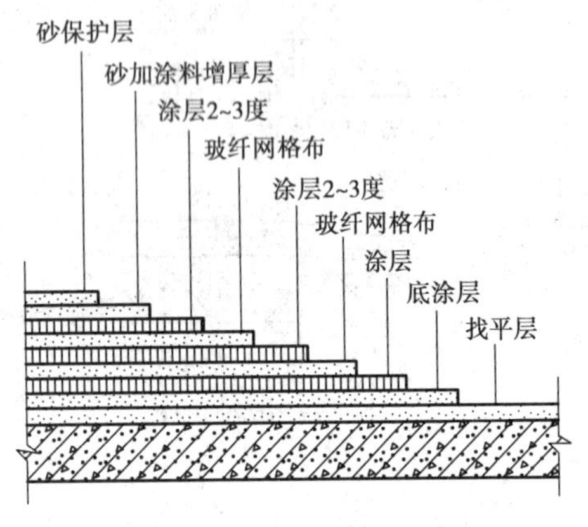

图15.29　涂膜防水屋面构造

涂膜防水屋面的构造层次与柔性防水屋面相同，由结构层、找坡层、找平层、结合层、防水层和保护层组成，如图15.29所示。

涂膜防水屋面的常见做法，结构层和找坡层材料做法与柔性防水屋面相同。找平层通常为25 mm厚1∶2.5水泥砂浆。为保证防水层与基层黏结牢固，结合层应选用与防水涂料相同的材料经稀释后满刷在找平层上。当屋面不上人时保护层的做法根据防水层材料的不同，可用蛭石或细砂撒面、银粉涂料涂刷等做法；当屋面为上人屋面时，保护层做法与柔性防水上人屋面做法相同。

2）涂膜防水屋面细部构造

（1）分格缝构造

涂膜防水只能提高表面的防水能力，由于温度变形和结构变形会导致基层开裂而使得屋面渗漏，因此对屋面面积较大和结构变形敏感的部位，需设置分格缝，如图15.30所示。

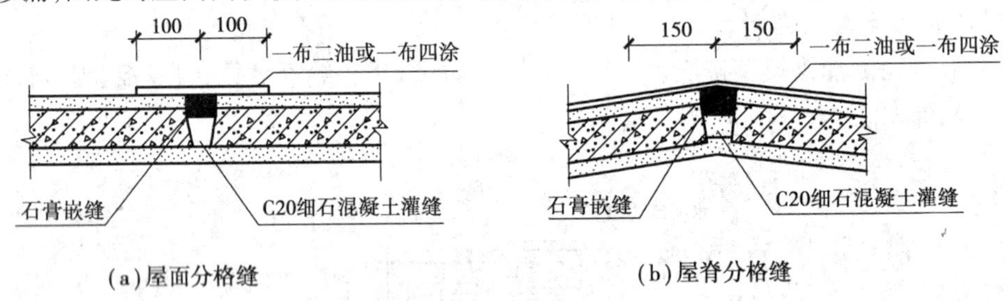

图15.30　涂膜防水屋面分格缝构造

（2）泛水构造

涂膜防水屋面泛水构造要点与柔性防水屋面基本相同，如图15.31所示。即泛水高度不小于250 mm；屋面与立墙交接处应做成弧形；泛水上端应有挡雨措施，以防渗漏。不同的是在屋面容易渗漏的地方，需根据屋面涂膜防水层的不同再用二布三油、二布六涂等措施加强其防水能力。

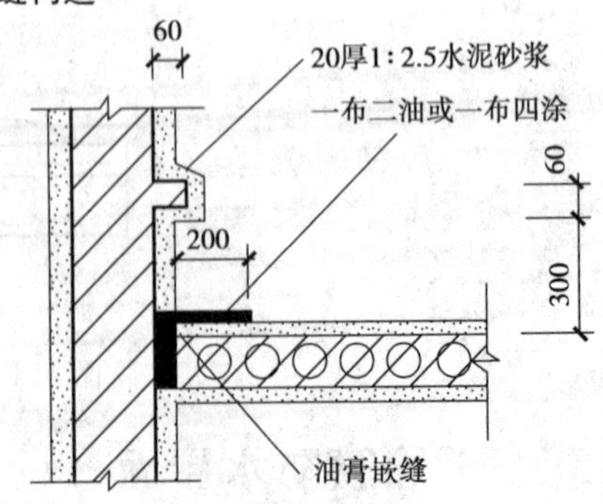

图15.31　涂膜防水屋面泛水构造

15.3.4　平屋顶的保温与隔热

屋顶作为建筑物的外围护结构，设计时应根据当地气候条件和使用的要求，妥善解决建筑物的保温和隔热问题。

1)平屋顶的保温

我国北方地区,室内必须采暖。为了使室内热量不至于散失太快,保证房屋的正常使用并尽量减少能源消耗,屋顶应满足基本的保温要求,在构造处理时通常在屋顶中增设保温层。

(1)保温材料类型

保温材料多为轻质多孔材料,一般可分为以下3种类型:

①散料类:常用炉渣、矿渣、膨胀蛭石、膨胀珍珠岩等。

②整体类:以散料作骨料,掺入一定量的胶结材料,现场浇筑而成,如水泥炉渣、水泥膨胀蛭石、水泥膨胀珍珠岩及沥青膨胀蛭石和沥青膨胀珍珠岩等。

③板块类:利用骨料和胶结材料由工厂制作而成的板块状材料,如加气混凝土、泡沫混凝土、膨胀蛭石、膨胀珍珠岩、泡沫塑料等块材或板材等。

保温材料的选择应根据建筑物的使用性质、构造方案、材料来源、经济指标等因素综合考虑确定。

(2)保温层的设置

根据保温层与防水层的相对位置不同,可归纳为两种保温类型,即正铺法和倒铺法,如图15.32所示。

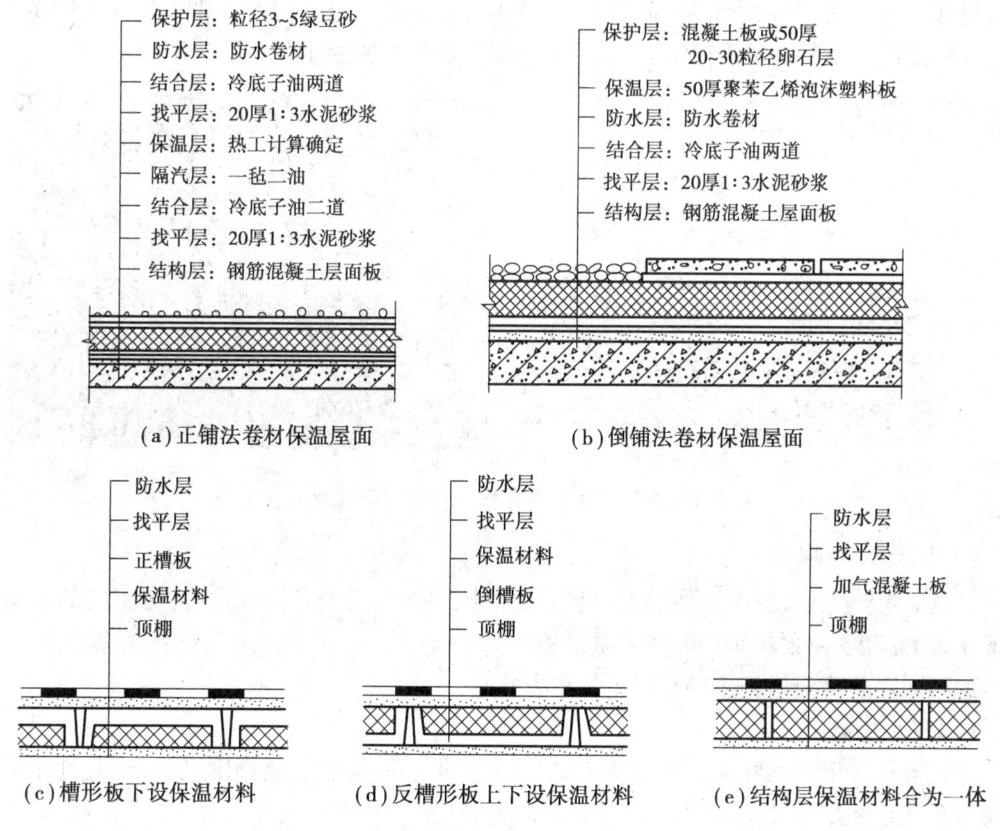

图15.32 平屋顶的保温构造(单位:mm)

①正铺法。保温层设在结构层之上、防水层之下，从而形成封闭式保温层。由于室内水蒸气会上升而进入保温层，为防止保温材料受潮，通常要在保温层之下做一道隔汽层。设置隔汽层的目的是防止室内水蒸气渗入保温层，使保温层受潮而降低保温效果。隔汽层的一般做法是在 20 mm 厚 1∶3水泥砂浆找平层上刷冷底子油两道作为结合层，结合层上做一布二油或两道热沥青隔汽层。构造需要相应增加了找平层、结合层和隔汽层，如图 15.32(a)所示。

②倒铺法。保温层设置在防水层之上，从而形成敞露式保温层。优点是防水层不受太阳辐射和剧烈气候变化的直接影响，不受外来作用力的破坏。缺点是选择保温材料时受限制，只能选用吸湿性低、耐气候性强的保温材料，聚氨酯和聚苯乙烯泡沫塑料板可作为倒铺屋面的保温层，但上面要用较重的覆盖物作保护层，如图 15.32(b)所示。

③保温层与结构层结合。保温层与结构层结合有 3 种做法，一种是保温层设在槽形板的下面，如图 15.32(c)所示；一种是保温层放在槽形板朝上的槽口内，如图 15.32(d)所示；还有一种是将保温层与结构层融为一体，如图 15.32(e)所示。

(3)保温层的保护

为了防止室内水蒸气渗入保温层中以及施工过程中保温层和找平层中残留的水在保温层中影响保温层的保温效果，可设置排气道和排气孔。排气道内用大粒径炉渣或粗质纤维填塞。找平层在相应位置应留槽作排气道，并在整个屋面纵横贯通，如图 15.33 所示。排气道间距宜为 6 m，屋面面积每 36 m^2 宜设一个排气孔。排气道上口干铺油毡一层，用玛瑞脂单边点贴覆盖。保温层设透气层后，一般要在檐口或屋脊处留通风口。

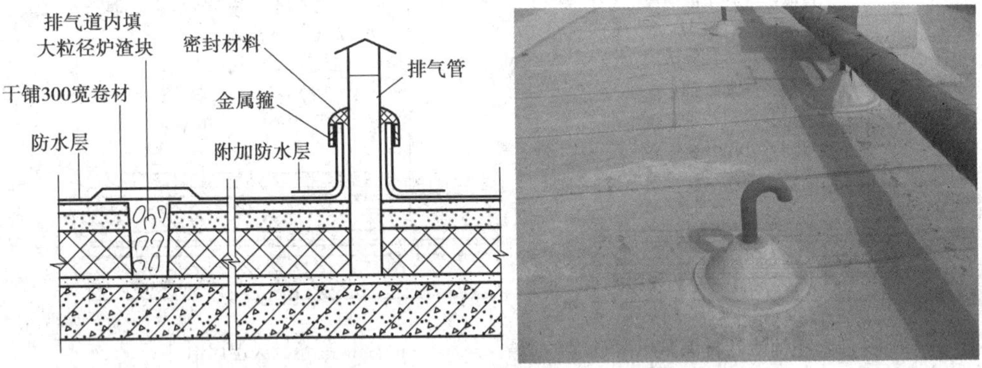

图 15.33　保温层排气道与排气口构造

2) 平屋顶的隔热

在气候炎热地区，夏季强烈的太阳辐射会使屋顶的温度上升，为减少传进室内的热量和降低室内的温度，屋顶应采取隔热降温措施。

屋顶的隔热降温措施主要有以下几种方式：

(1)通风隔热屋面

通风隔热屋面是指在屋顶中设置通风间层，使上层表面起着遮挡阳光的作用，利用风压和热压作用把间层中的热空气不断带走，以减少传到室内的热量，从而达到隔热降温的目的。通风隔热屋面一般有架空通风隔热屋面和顶棚通风隔热屋面两种做法。

①架空通风隔热屋面。通风层设在防水层之上，其做法很多，如图 15.34 所示为架空通风隔热屋面构造，其中以架空预制板或大阶砖最为常见。架空通风隔热层设计应满足以下要求：架空层应有适当的净高，一般以 180~240 mm 为宜；距女儿墙 500 mm 范围内不铺架空板；隔热板的支点可做成砖垄墙或砖墩，间距视隔热板的尺寸而定。

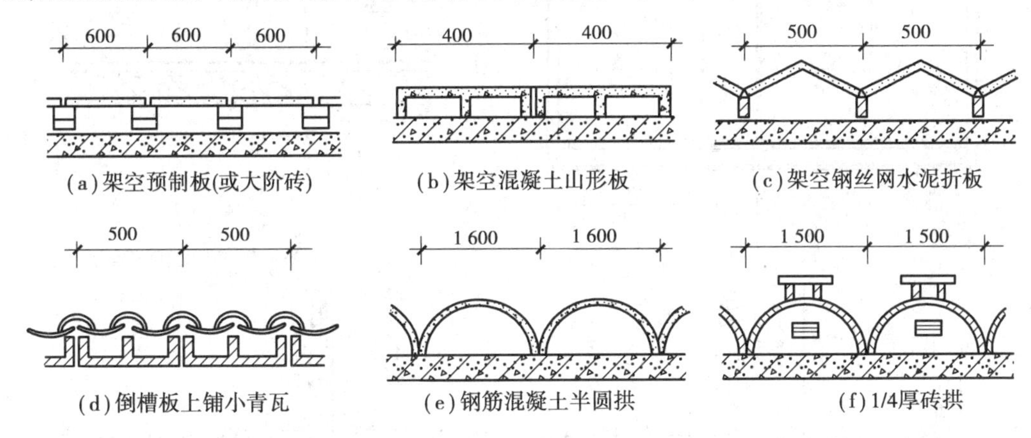

图 15.34 架空通风隔热构造

②顶棚通风隔热屋面。这种做法是利用顶棚与屋顶之间的空间作隔热层，顶棚通风隔热层设计应满足以下要求：顶棚通风层应有足够的净空高度，一般为 500 mm 左右；需设置一定数量的通风孔，以利空气对流；通风孔应考虑防飘雨措施。顶棚通风隔热屋面构造，如图 15.35 所示。

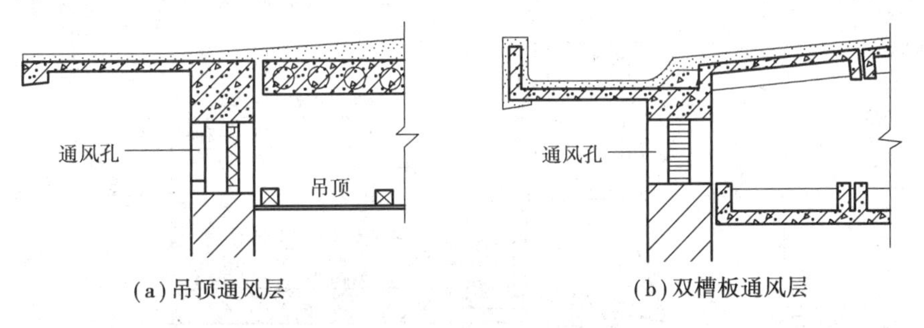

图 15.35 顶棚通风隔热屋面构造

(2) 蓄水隔热屋面

蓄水屋面是指在屋顶蓄积一层水，利用水蒸发时需要大量的汽化热，从而大量消耗晒到屋面的太阳辐射热，以减少屋顶吸收的热能，从而达到降温隔热的目的。蓄水屋面构造与刚性防水屋面基本相同，主要区别是增加了一壁三孔，即蓄水分仓壁、溢水孔、泄水孔和过水孔。蓄水隔热屋面构造应注意以下几点：合适的蓄水深度，一般为 150~200 mm；根据屋面面积划分成若干蓄水区，每区的边长一般不大于 10 m；足够的泛水高度，至少高出水面 100 mm；合理设置溢水孔和泄水孔，并应与排水檐沟或水落管连通，以保证多雨季节不超过蓄水深度和检修屋面时能将蓄水排除；注意做好管道的防水处理。蓄水隔热屋面构造做法如图 15.36 所示。

(3) 种植隔热屋面

种植屋面是在屋顶上种植植物，利用植被的蒸腾和光合作用，吸收太阳辐射热，从而达到降温隔热的目的。种植隔热屋面构造如图 15.37 所示。

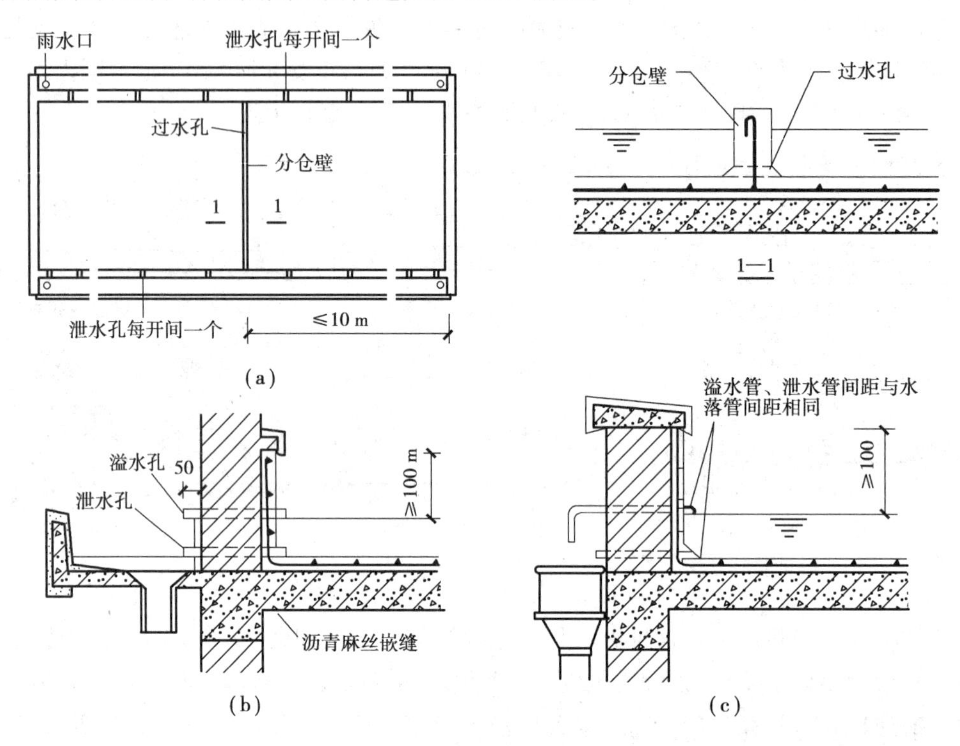

图 15.36　蓄水隔热屋面

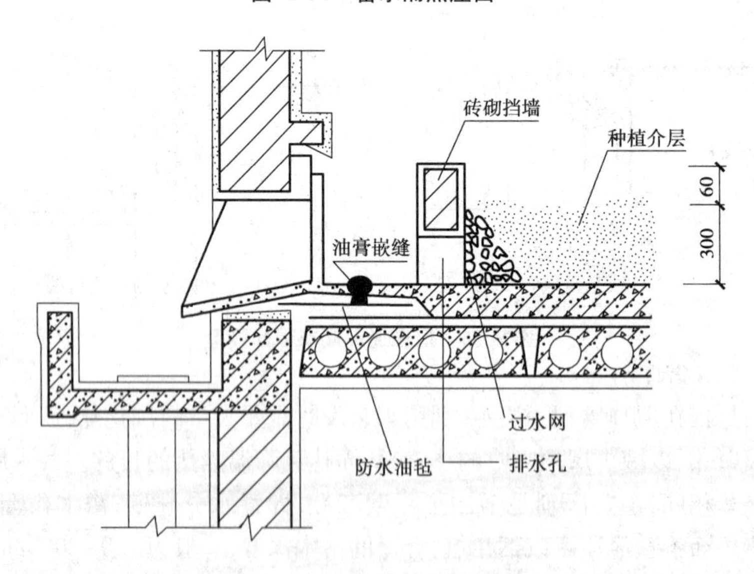

图 15.37　种植屋面构造示意图

(4)反射降温屋面

在屋顶,用浅颜色的砾石、混凝土做面层,或在屋面刷白色涂料等,可将大部分太阳辐射热反射出去,达到降低屋顶温度的目的。

15.4 坡屋顶构造

15.4.1 坡屋顶的承重结构

1) 承重结构类型

坡屋顶中常用的承重结构有横墙承重、屋架承重和梁架承重，如图 15.38 所示。

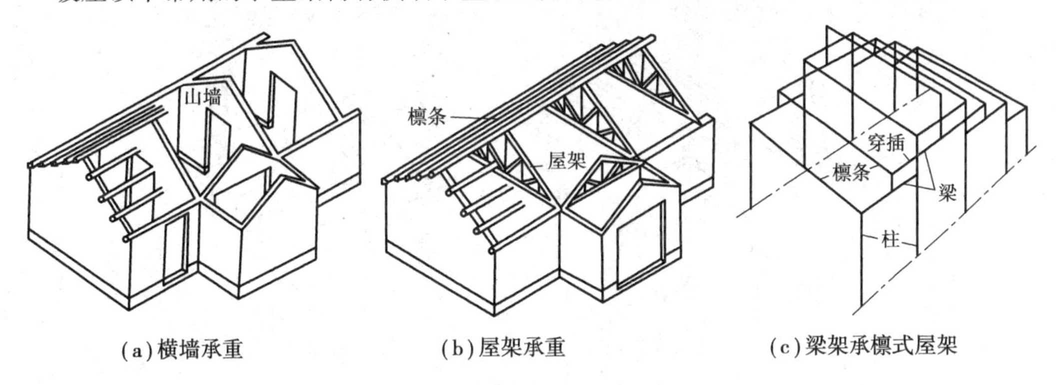

(a) 横墙承重　　(b) 屋架承重　　(c) 梁架承檩式屋架

图 15.38　坡屋顶的承重结构类型

2) 承重结构构件

(1) 屋架

屋架形式常为三角形，由上弦、下弦及腹杆组成，所用材料有木材、钢材及钢筋混凝土等。木屋架一般用于跨度不超过 12 m 的建筑；将木屋架中受拉力的下弦及直腹杆件用钢筋或型钢代替，这种屋架称为钢木屋架，钢木组合屋架一般用于跨度不超过 18 m 的建筑；当跨度更大时需采用预应力钢筋混凝土屋架或钢屋架。

(2) 檩条

檩条所用材料可为木材、钢材及钢筋混凝土，檩条材料的选用一般与屋架所用材料相同，使两者的耐久性接近。

(3) 承重结构布置

坡屋顶承重结构布置主要是指屋架和檩条的布置，其布置方式视屋顶形式而定，如图 15.39 所示。

15.4.2 平瓦屋面做法

坡屋顶屋面一般是利用各种瓦材，如平瓦、波形瓦、小青瓦等作为屋面防水材料。近些年来还有不少采用金属瓦屋面、彩色压型钢板屋面等。

平瓦屋面根据基层的不同有冷摊瓦屋面、木望板瓦屋面和钢筋混凝土板瓦屋面 3 种做法。

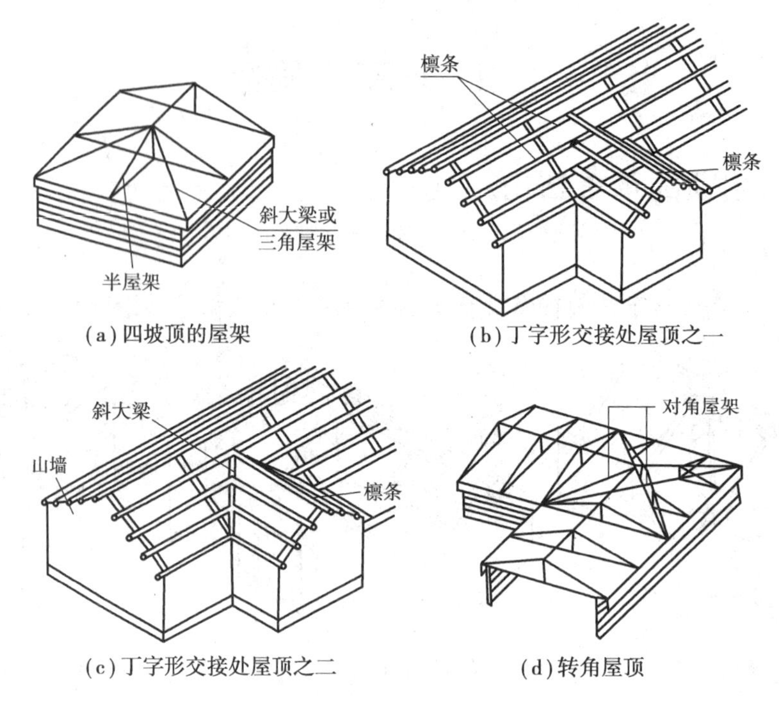

(a)四坡顶的屋架　(b)丁字形交接处屋顶之一

(c)丁字形交接处屋顶之二　(d)转角屋顶

图 15.39　屋架和檩条布置

1)冷摊瓦屋面

冷摊瓦屋面是在檩条上钉固椽条,然后在椽条上钉挂瓦条并直接挂瓦,如图 15.40(a)所示。这种做法构造简单,但雨雪易从瓦缝中飘入室内,通常用于南方地区质量要求不高的建筑。

2)木望板瓦屋面

木望板瓦屋面是在檩条上铺钉 15~20 mm 厚的木望板(也称屋面板),望板可采取密铺法(不留缝)或稀铺法(望板间留 20 mm 左右宽的缝),在望板上平行于屋脊方向干铺一层油毡,在油毡上顺着屋面水流方向钉 10 mm×30 mm、中距 500 mm 的顺水条,然后在顺水条上面平行于屋脊方向钉挂瓦条并挂瓦,挂瓦条的断面和间距与冷摊瓦屋面相同,如图 15.40(b)所示。这种做法比冷摊瓦屋面的防水、保温隔热效果要好,但耗用木材多、造价高,多用于质量要求较高的建筑物中。

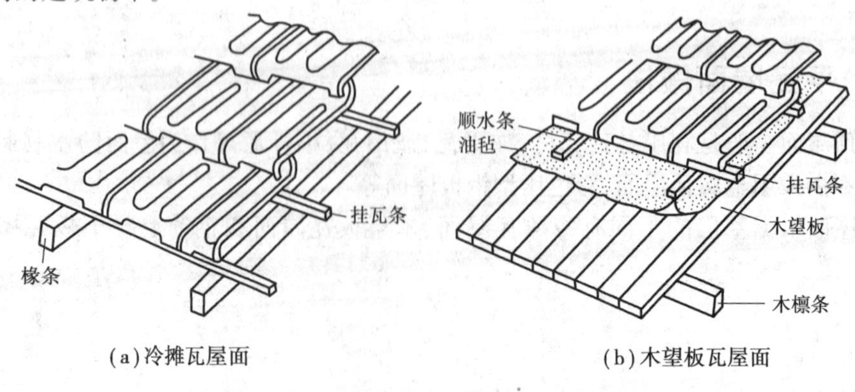

(a)冷摊瓦屋面　(b)木望板瓦屋面

图 15.40　冷摊瓦屋面、木望板瓦屋面构造

3）钢筋混凝土板瓦屋面

瓦屋面由于有保温、防火或造型等需要，可将钢筋混凝土板作为瓦屋面的基层盖瓦。盖瓦的方式有两种：一种是在找平层上铺油毡一层，用压毡条钉在嵌在板缝内的木楔上，再钉挂瓦条挂瓦；另一种是在屋面板上直接粉刷防水水泥砂浆并贴瓦或陶瓷面砖或平瓦。在仿古建筑中也常常采用钢筋混凝土板瓦屋面。钢筋混凝土板瓦屋面构造如图15.41所示。

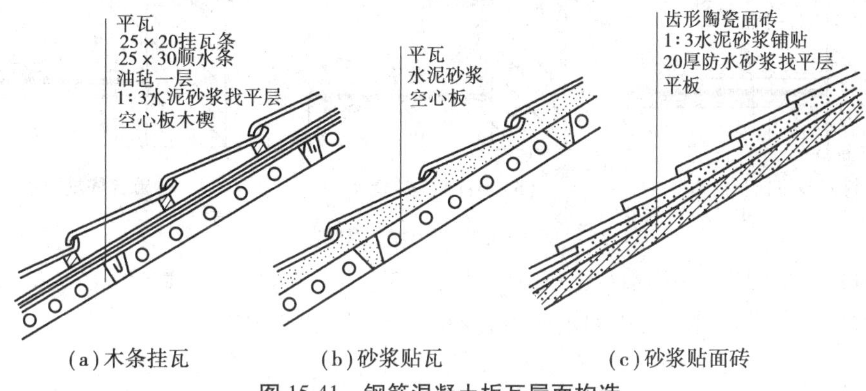

（a）木条挂瓦　（b）砂浆贴瓦　（c）砂浆贴面砖

图15.41　钢筋混凝土板瓦屋面构造

15.4.3　平瓦屋面细部构造

平瓦屋面应做好檐口、天沟、屋脊等部位的细部处理。

1）檐口构造

檐口分为纵墙檐口和山墙檐口。

（1）纵墙檐口

纵墙檐口根据造型要求做成挑檐或封檐，如图15.42所示。

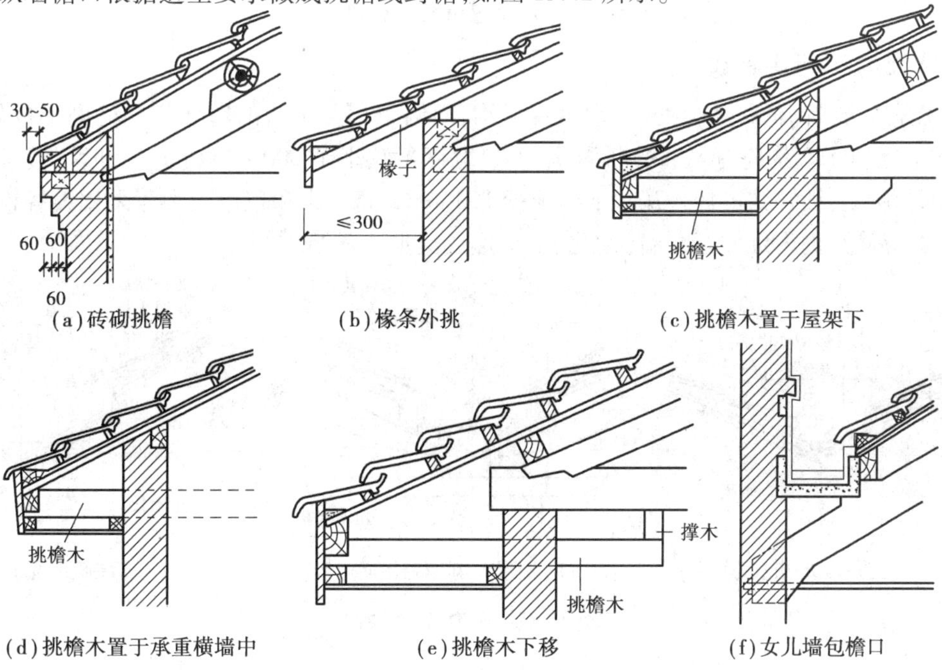

30~50
60 60
60
椽子
≤300
挑檐木
撑木

（a）砖砌挑檐　（b）椽条外挑　（c）挑檐木置于屋架下

（d）挑檐木置于承重横墙中　（e）挑檐木下移　（f）女儿墙包檐口

图15.42　平瓦屋面纵墙檐口构造

(2) 山墙檐口

山墙檐口按屋顶形式分为硬山与悬山两种。硬山檐口构造(图 15.43),将山墙升起包住檐口,女儿墙与屋面交接处应做泛水处理。女儿墙顶应作压顶板,以保护泛水。

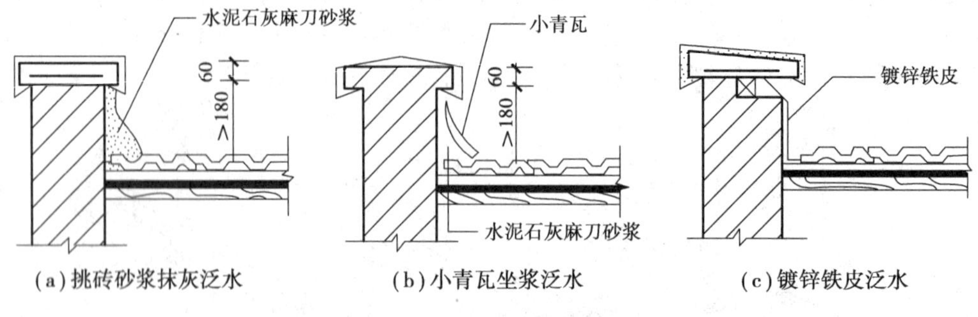

图 15.43　硬山檐口构造

悬山屋顶的山墙檐口构造(图 15.44),先将檩条外挑形成悬山,檩条端部钉木封檐板,沿山墙挑檐的一行瓦,应用 1:2.5 的水泥砂浆做出披水线,将瓦封固。

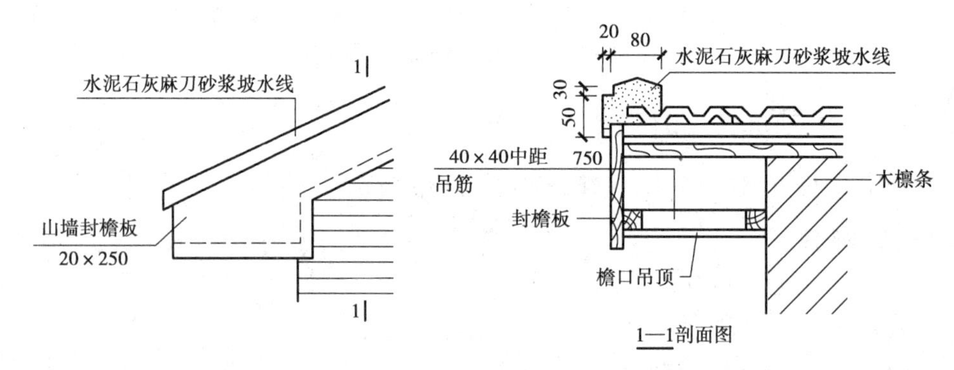

图 15.44　悬山檐口构造

2) 天沟和斜沟构造

在等高跨或高低跨相交处,常常出现天沟,而两个相互垂直的屋面相交处则形成斜沟,如图 15.45 所示。沟应有足够的断面积,上口宽度不宜小于 300~500 mm,一般用镀锌铁皮铺于木基层上,镀锌铁皮伸入瓦片下面至少 150 mm。高低跨和包檐天沟若采用镀锌铁皮防水层时,应从天沟内延伸至立墙(女儿墙)上形成泛水。

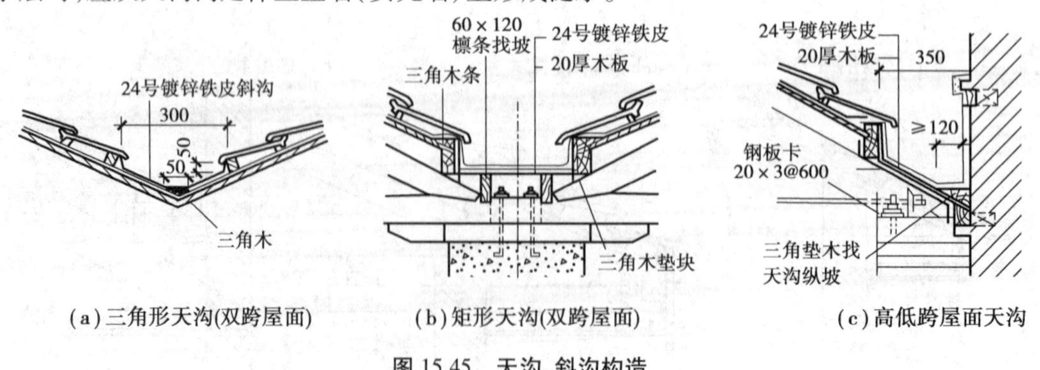

图 15.45　天沟、斜沟构造

15.4.4 坡屋顶的保温与隔热

1) 坡屋顶保温构造

坡屋顶的保温层一般布置在瓦材与檩条之间或吊顶棚上面。保温材料可根据工程具体要求选用松散材料、块体材料或板状材料。坡屋顶保温构造如图 15.46 所示。

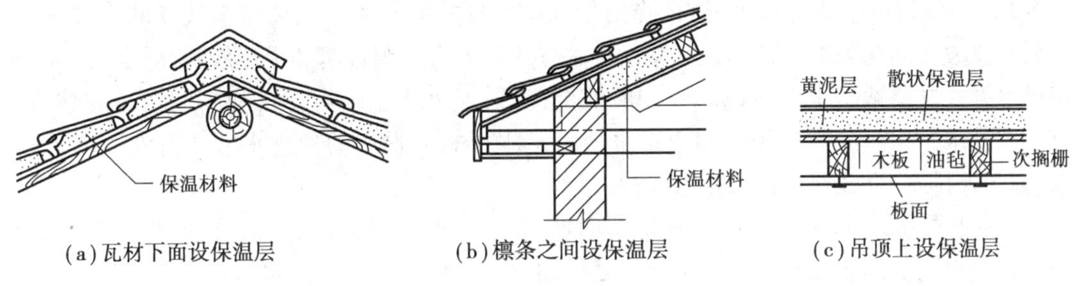

(a) 瓦材下面设保温层　(b) 檩条之间设保温层　(c) 吊顶上设保温层

图 15.46 坡屋顶保温构造

2) 坡屋顶隔热构造

炎热地区在坡屋顶中设进气口和排气口,利用屋顶内外的热压差和迎风面的压力差,组织空气对流,形成屋顶内的自然通风,以减少由屋顶传入室内的辐射热,从而达到隔热降温的目的。进气口一般设在檐墙上、屋檐部位或室内顶棚上;出气口最好设在屋脊处,以增大高差,有利加速空气流通。坡屋顶隔热构造如图 15.47 所示。

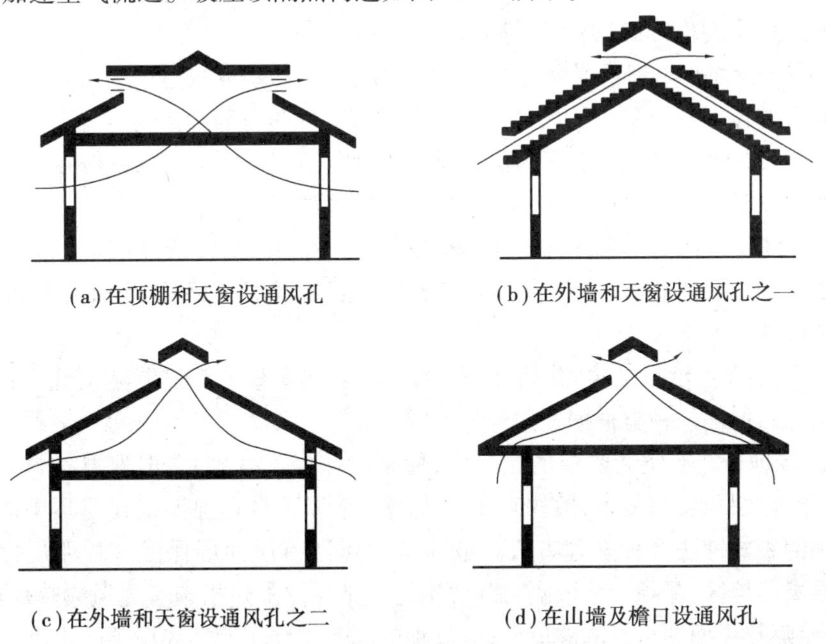

(a) 在顶棚和天窗设通风孔　(b) 在外墙和天窗设通风孔之一

(c) 在外墙和天窗设通风孔之二　(d) 在山墙及檐口设通风孔

图 15.47 坡屋顶通风示意

本章小结

1.屋顶按外形主要类型分为平屋顶、坡屋顶和其他形式的屋顶。

2.屋顶的设计要求主要任务是解决好防水、排水及保温隔热，坚固耐久、造型美观等问题。

3.屋顶的坡度主要与防水材料、降雨量和结构形式等有关。屋顶排水坡度的形成方式有材料找坡和结构找坡两种形式。屋面排水方式分为有组织排水和无组织排水两种。无组织排水方式主要适用于少雨地区或一般低层建筑，不宜用于临街建筑和高度较高的建筑。有组织排水方案可分为外排水和内排水 2 种基本形式。常用的外排水方式有女儿墙外排水、檐沟外排水、女儿墙檐沟外排水 3 种。

4.屋顶排水设计的主要内容：确定屋面坡度大小和坡度形成的方法；选择排水方式；绘制屋顶排水平面图。单坡排水的屋面宽度控制在 12~15 m。每根雨水管可排除约200 m^2的屋面雨水。矩形天沟净宽不应小于 200 mm，天沟纵坡最高处离天沟上口的距离不小于 120 mm，天沟纵向坡度取 0.5%~1%。

5.钢筋混凝土平屋顶的应用较普遍，屋面分为卷材防水屋面、刚性防水屋面和涂膜防水屋面 3 种常用的防水屋面。

6.卷材防水屋面是用胶结材料将防水卷材黏结形成防水层，柔性防水屋面的基本构造层次为保护层、防水层、结合层、找平层、结构层；细部构造中重点处理好泛水、挑檐口、水落口、屋面变形缝、屋面检修口、出入口等处。

7.刚性防水屋面是以细石混凝土作防水层的屋面。其基本构造层为防水层、隔离层、找平层、结构层；并做好分仓缝、泛水、管道出入口、檐口、水落口等细部构造处理。

8.刚性防水屋面主要适用于我国南方地区。为了防止防水层开裂，应在防水层中加钢筋网片、设置分格缝、在防水层与结构层之间加铺隔离层。

9.涂膜防水屋面是用防水材料刷在屋面基层上，利用涂料干燥或固化以后的不透性来达到防水的目的。要注意氯丁胶乳沥青防水涂料屋面、焦油聚氯酯防水涂料屋面、塑料油膏防水屋面的做法。

10.坡屋顶主要由承重结构和屋面组成，目前主要将屋架或钢筋混凝土现浇板作为坡屋顶的承重构件。屋面的种类根据瓦的种类而定。

11.在寒冷地区或有空调要求的建筑中，屋顶应作保温处理，一般保温材料多为轻质多孔材料，一般有散料类、整体类、板块类 3 种类型。平屋顶根据保温层在屋顶中的具体位置有正置式和倒置式铺法 2 种处理方式。坡屋顶的保温有屋面层保温和顶棚层保温 2 种做法。在气候炎热地区，屋顶应采取隔热降温措施。平屋顶隔热措施有通风隔热屋面、蓄水隔热屋面、种植隔热屋面和反射降温屋面；坡屋顶的隔热主要采用通风屋顶。

复习思考题

1.屋顶有什么作用及设计要求？

2.屋顶按外形分为哪些形式？

3.坡度的表示方法有哪些?

4.影响屋顶坡度的因素有哪些?如何形成屋顶的排水坡度?

5.屋顶的排水方式有哪几种?简述各自的优缺点和适用范围。

6.简述屋顶排水组织设计步骤。

7.简述卷材防水屋面的基本构造层次及作用。

8.平屋顶油毡防水屋面为什么要设隔汽层?如何设置?

9.什么是泛水?有什么构造要求?

10.柔性防水屋面的细部构造有哪些?各自的设计要点是什么?

11.简述刚性防水屋面的基本构造层次及作用,并绘图表示。

12.刚性防水屋面容易开裂的原因是什么?可以采取哪些措施预防开裂?

13.平屋顶的保温材料有哪几类?保温层常设于什么位置?

14.平屋顶的隔热构造处理有哪几种做法?

15.何为分仓缝?为什么要设分仓缝?通常设在什么部位?

16.简述屋面排水设计步骤。

17.坡屋顶的承重结构类型有哪些?有哪些承重结构构件?

18.绘图表示等高屋面变形缝的一种做法。

19.绘图表示高低屋面变形缝的一种做法。

20.绘制卷材防水屋面女儿墙泛水的一种做法。

21.绘图表示女儿墙顶构造。

22.绘制一种有保温、不上人卷材屋面的断面构造简图,并说明各构造层次的名称及材料做法。

23.绘制刚性防水屋面横向分格缝的构造做法。

24.绘制钢筋混凝土板瓦屋面的一种构造做法。

实训设计作业3:平屋顶构造设计

1)设计内容

依据所给定的已知图(图15.48),设计屋顶平面图和屋顶节点构造详图。

2)已知条件

①屋顶类型:平屋顶。

②屋顶排水方式:有组织排水,檐口形式由学生自定。

③屋面防水方案:卷材防水或刚性防水。

④屋顶有保温或隔热要求。

3)深度要求

①屋顶平面图,比例1:100。

a.画出各坡面交线、檐沟或女儿墙和天沟、雨水口和屋面上人孔等,刚性屋面还应画出纵横分格缝。

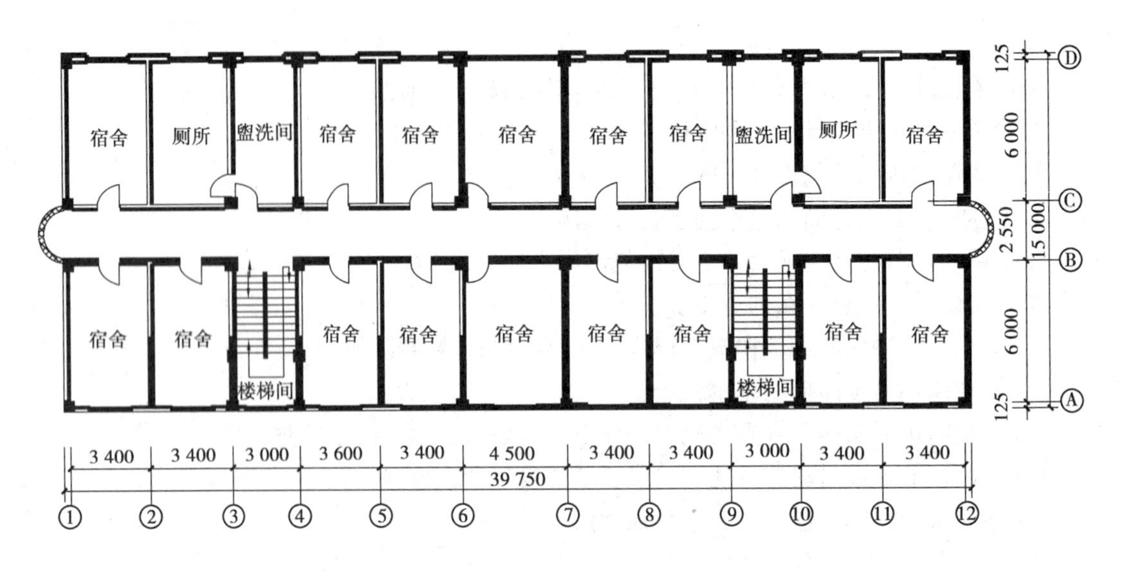

图 15.48 学生宿舍平面图

b.标注屋面和檐沟或天沟内的排水方向和坡度值,标注屋面上人孔等突出屋面部分的有关尺寸,标注房面标高(结构上表面标高)。

c.标注各转角处的定位轴线和编号。

d.外部标注两道尺寸(即轴线尺寸和雨水汇到邻近轴线的距离或雨水口的间距)。

e.标注详图索引符号,注写图名和比例。

②节点构造详图, 比例 1:10,选择有代表性的详图 2~4 个。

根据所选择的排水方案画出具有代表性的节点构造详图,如雨水口及天沟详图、女儿墙泛水详图、高低屋面之间泛水详图、上人孔详图、楼梯间出屋面详图、分格缝详图(刚性防水屋面)、分仓壁及过水孔详图(蓄水屋面)等。

每一详图应反映构件之间的相互连接关系、屋面的构造层次及各层做法,被剖切部分应反映出材料符号,标注各部分尺寸。

第 16 章

建筑抗震与防火

本章导读

• **基本要求** 掌握地震的基本知识、建筑抗震的设防目标和设计要点,建筑变形缝的概念、设置要求和构造,以及建筑火灾概念、火灾的发展与蔓延、防火分区及划分原则。

• **重点** 建筑抗震的设防目标和设计要点,建筑变形缝的概念、设置要求和构造,防火分区及划分原则。

• **难点** 建筑变形缝的概念、设置要求和构造,防火分区及划分原则。

16.1 建筑抗震

16.1.1 地震知识简介

1) 地震与地震波

地震:由于地壳构造运动使岩层发生断裂、错动而引起的地面震动。

震源:地壳深处发生岩层断裂、错动的地方。

震中:震源正上方的地面。

地震波:当震源岩层发生断裂、错动时,岩层所积累的变形能突然释放,以波的形式从震源向四周传播。

2) 地震震级与地震烈度

地震震级:地震的强烈程度,一般称里氏震级,取决于地震时释放能量的大小。

地震烈度:地震时某一地区地面、建(构)筑物遭受地震影响的强烈程度,它不仅与震级有关,而且与震源深度、距震中的距离、建筑场地的土质等因素有关。

一次地震只有一个震级,但却有不同的地震烈度。

16.1.2 抗震设防的目标

①使建筑物经抗震设防后,当遭受到低于本地区设防烈度的地震影响时,建筑物一般不受损坏或不需要修理仍能继续使用;

②当遭受到本地区设防烈度影响时,建筑物可能有一定损坏,经一般修理或不需修理仍能继续使用;

③当遭受高于本地区设防烈度的罕见地震时,建筑物不致倒塌或发生危及生命的破坏。

抗震设防的目标即做到"小震不坏,中震可修,大震不倒"。

16.1.3 建筑抗震设计要点

①宜选择对抗震有利的场地。

②建筑的平面布置宜规则、对称,形心和重心尽可能接近,并应具有良好的整体性。

③建筑的立面和竖向剖面宜规则,结构的倾向刚度宜均匀变化,建筑的质量分布均匀。

④选择技术上、经济上合理的抗震结构体系,加强构造处理。

16.1.4 建筑变形缝

1)变形缝类型及要求

变形缝:为防止建筑物在外界因素(温度变化、地基不均匀沉降及地震)作用下产生变形,导致开裂,甚至破坏而预留的构造缝。

变形缝分 3 种类型:伸缩缝、沉降缝和防震缝。

(1)伸缩缝

通常沿建筑物高度方向设置垂直缝隙,将建筑物断开,使建筑物分隔成几个独立部分,各部分可自由胀缩,这种构造缝称为伸缩缝。

伸缩缝要求把建筑物的墙体、楼板层、屋顶等地面以上部分全部断开。

伸缩缝的位置和间距与建筑物的结构类型、材料、施工条件及当地温度变化情况有关。设计时应根据有关规范的规定设置,见表 16.1 和表 16.2。

表 16.1 砌体建筑伸缩缝的最大间距

<table>
<tr><th>砌体类型</th><th colspan="2">屋顶或楼层结构类别</th><th>间距/m</th></tr>
<tr><td rowspan="6">各种砌体</td><td rowspan="2">整体式或装配整体式钢筋混凝土结构</td><td>有保温层或隔热层的屋顶、楼层</td><td>50</td></tr>
<tr><td>无保温层或隔热层的屋顶</td><td>40</td></tr>
<tr><td rowspan="2">装配式无檩体系钢筋混凝土结构</td><td>有保温层或隔热层的屋顶、楼层</td><td>60</td></tr>
<tr><td>无保温层或隔热层的屋顶</td><td>50</td></tr>
<tr><td rowspan="2">装配式有檩体系钢筋混凝土结构</td><td>有保温层或隔热层的屋顶、楼层</td><td>75</td></tr>
<tr><td>无保温层或隔热层的屋顶</td><td>60</td></tr>
</table>

续表

砌体类型	屋顶或楼层结构类别	间距/m
黏土砖、空心砖砌体	黏土瓦或石棉瓦屋顶;木屋顶或楼层;砖石屋顶或楼层	100
石砌体		80
硅酸盐块砌体和混凝土块砌体		75

表 16.2　钢筋混凝土结构伸缩缝的最大间距

结构类型		室内或土中	露　天
排架结构	装配式	100	70
框架结构	装配式	75	50
	现浇式	55	35
剪力墙结构	装配式	65	40
	现浇式	45	30
挡土墙、地下室墙等类结构	装配式	40	30
	现浇式	30	20

(2)沉降缝

沿建筑物高度设置垂直缝隙,将建筑物划分成若干个可以自由沉降的单元,这种垂直缝称为沉降缝。

符合下列条件之一者应设置沉降缝:当建筑物相邻两部分有高差;相邻两部分荷载相差较大;建筑体型复杂,连接部位较为薄弱;结构形式不同;基础埋置深度相差悬殊;地基土的地基承载力相差较大。

沉降缝的宽度与地基的性质和建筑物的高度有关,地基越软弱,建筑的高度越大,沉降缝的宽度也越大,见表 16.3。

表 16.3　沉降缝的宽度

地基情况	建筑物高度	沉降缝的宽度/mm
一般地基	<5 m	30
	5~10 m	50
	10~15 m	70
软弱地基	2~3 层	50~80
	4~5 层	80~120
	6 层以上	>120
湿陷性黄土地基		≥30~70

(3)防震缝

在变形敏感部位设缝,将建筑物分为若干个体型规整、结构单一的单元,防止在地震波的作用下互相挤压、拉伸,造成变形破坏,这种缝隙称为防震缝。

地震设防烈度为8度、9度地区的多层砌体建筑物，有下列情况之一时应设防震缝：建筑物立面高差在6 m以上；建筑物有错层，且楼板错层高差较大；建筑物各部分结构刚度、质量截然不同。

防震缝的宽度，在多层砖混结构中按设防烈度的不同取50~100 mm；在多层钢筋混凝土框架结构建筑中，建筑物的高度不超过15 m时为70 mm，当建筑物高度超过15 m时，缝宽见表16.4。

表16.4 防震缝的宽度

设防烈度	建筑物高度	缝 宽
7度	每增加4 m	在70 mm基础上增加20 mm
8度	每增加3 m	在70 mm基础上增加20 mm
9度	每增加2 m	在70 mm基础上增加20 mm

2)变形缝的构造

(1)基础变形缝

基础在沉降缝处的构造有双墙式、交叉式和悬挑式3种，如图16.1所示。

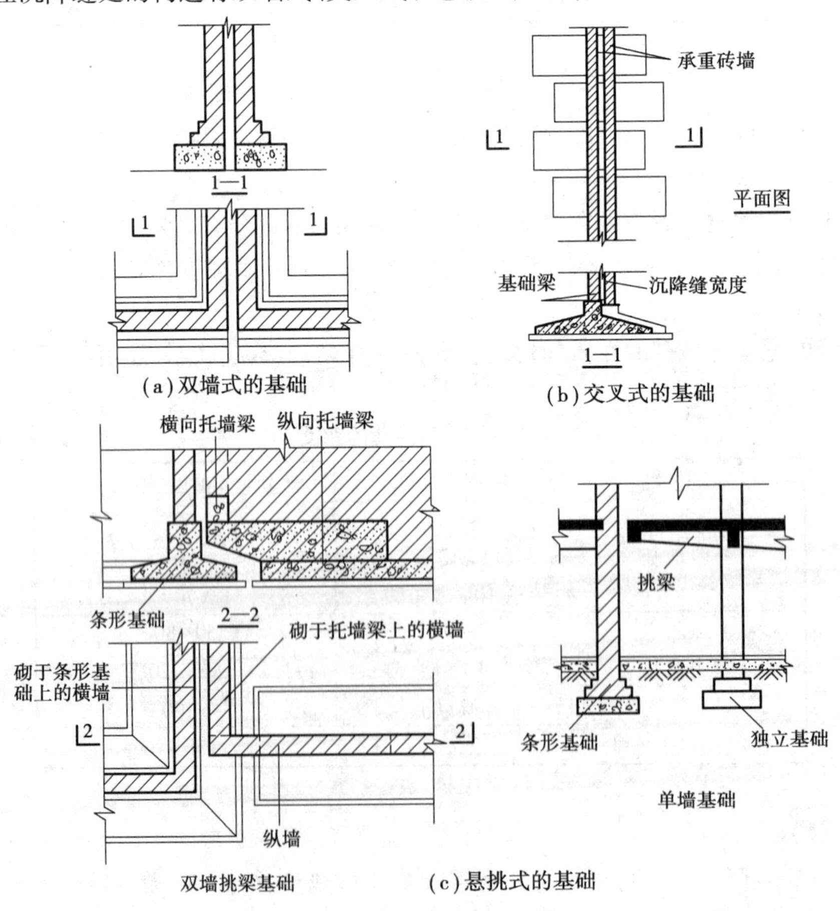

图16.1 沉降缝处基础的构造

(2)墙体变形缝

变形缝的构造形式与变形缝的类型和墙体的厚度有关,可做成平缝、错口缝或企口缝,如图 16.2 所示。

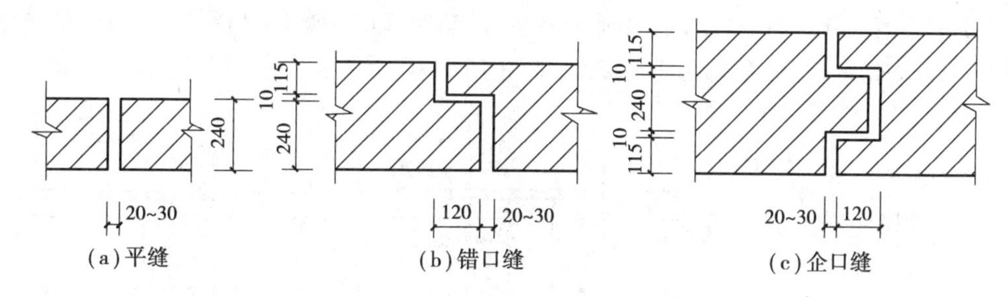

图 16.2 墙体变形缝的构造形式

外墙变形缝构造如图 16.3 所示。

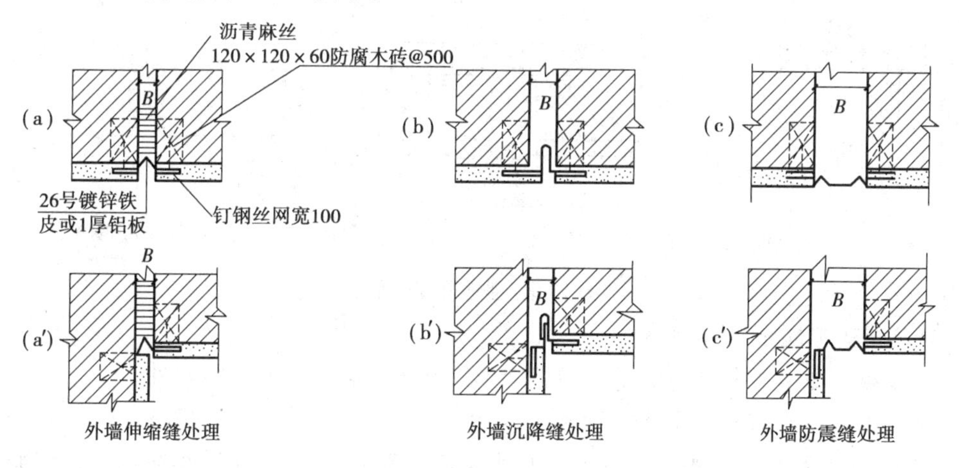

图 16.3 外墙变形缝的构造

内墙变形缝的构造应考虑与室内的装饰环境相协调,并满足隔声、防火要求,一般采用具有一定装饰效果的木条盖缝,如图 16.4 所示。

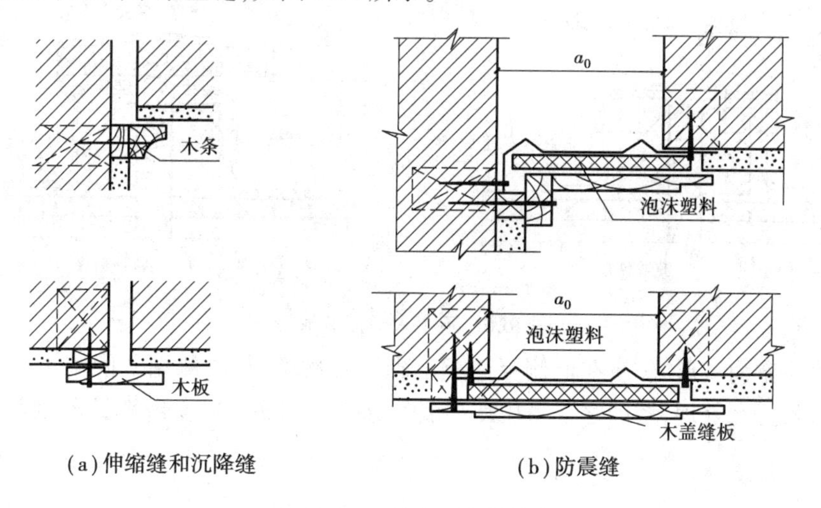

图 16.4 内墙变形缝的构造

(3)楼地层变形缝

①楼板层变形缝:楼板层变形缝的宽度应与墙体变形缝一致,上部用金属板、预制水磨石板、硬塑料板等盖缝,以防止灰尘下落,如图 16.5(a)所示。

②地坪层变形缝:当地坪层采用刚性垫层时,变形缝应从垫层到面层处断开,垫层处缝内填沥青麻丝或聚苯板,面层处理同楼面,如图 16.5(b)所示。

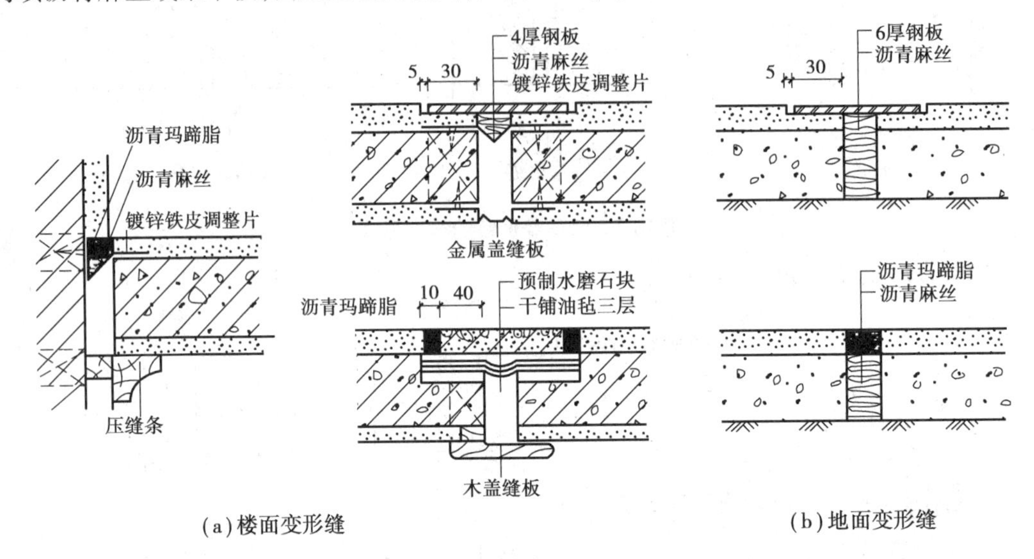

图 16.5　楼地面变形缝

(4)屋顶变形缝

屋顶在变形缝处的构造分为等高屋面变形缝和不等高屋面变形缝两种。

①等高屋面变形缝有不上人屋面和上人屋面变形缝。不上人屋面变形缝,一般是在缝两侧各砌半砖厚矮墙,并做好屋面防水和泛水构造处理,矮墙顶部用镀锌薄钢板或钢筋混凝土盖板盖缝,如图 16.6 所示。上人屋面为便于行走,缝两侧一般不砌小矮墙,避免雨水渗漏,如图 16.7 所示。

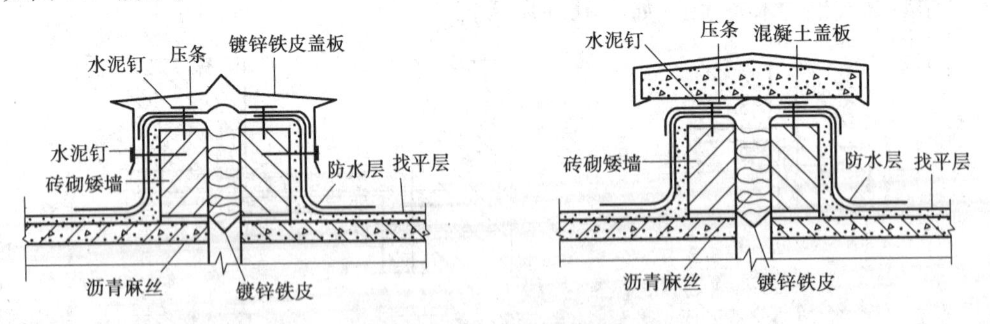

图 16.6　不上人屋面变形缝

②不等高屋面变形缝,应在低侧屋面板上砌半砖矮墙,与高侧墙之间留出变形缝,并做好屋面防水和泛水处理,矮墙之上可用从高墙上悬挑的钢筋混凝土或镀锌薄钢板盖缝,如图 16.8 所示。

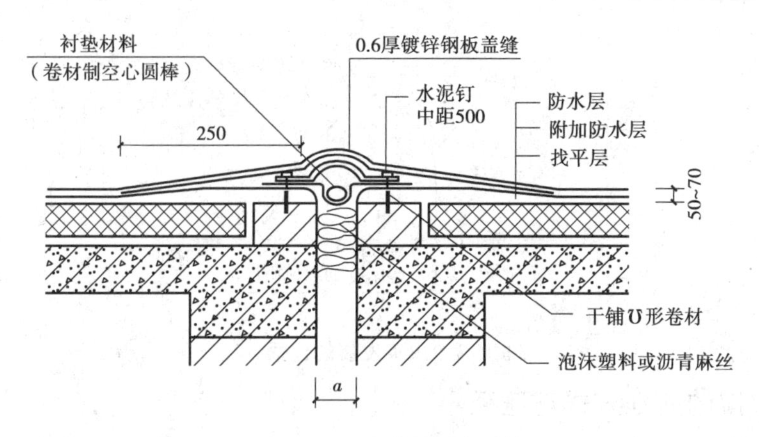

图 16.7　上人屋面变形缝

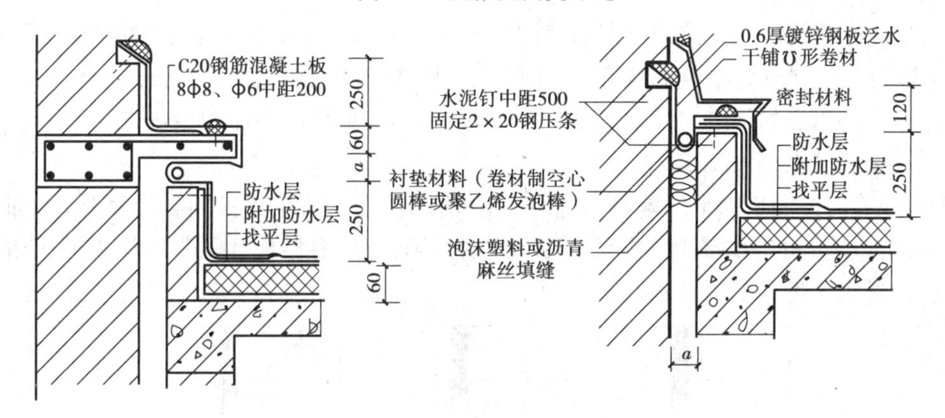

图 16.8　不等高屋面变形缝

16.2　建筑防火

16.2.1　建筑火灾简介

1) 建筑物起火的条件

①可燃物质:凡能与空气中的氧或其他氧化剂起剧烈反应的物质,一般都称为可燃物质。

②助燃物质:凡能帮助和支持燃烧的氧气或氧化剂称为助燃物质。

③火源:凡能引起可燃物质燃烧的热能源称为火源。

火源一般分为直接火源和间接火源两大类。

直接火源主要有 4 种:明火、电火花、雷击起火、地震和战争火灾。

间接火源主要有 2 种:加热自燃起火、物品本身自燃起火。

2) 火灾发展的过程

建筑火灾的发展分为 3 个过程:火灾初起阶段、火灾猛烈燃烧阶段、火灾衰减阶段,如图 16.9 所示。

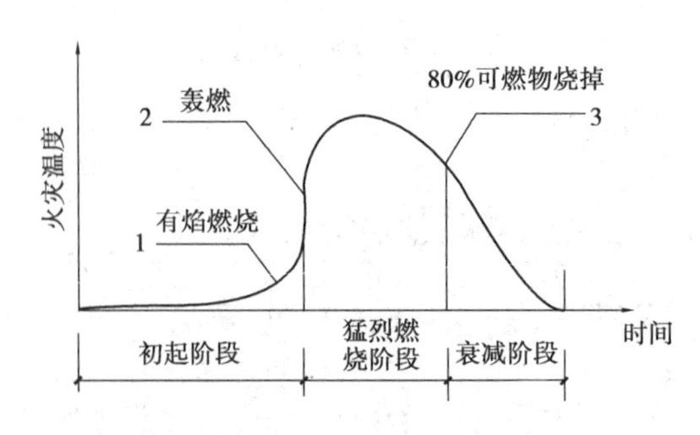

图 16.9　火灾发展的过程

3) 建筑火灾的蔓延方式与途径

(1) 建筑火灾的蔓延方式

①热传导:物体一端受热时,通过物体分子的运动,将热量传至另一端的传热方式。

②热辐射:热量通过空气为媒介,以电磁波的形式向周围传递的传热方式。

③热对流:炽热的烟气与冷空气之间相互流动,使热量得以传递的传热方式。

(2) 建筑火灾的蔓延途径

①由外墙门窗洞口向上层蔓延,如图 16.10 所示。为了防止火灾向上层蔓延,可加大上下层门窗洞口之间的墙体高度,或利用外墙挑出的阳台板、窗楣板、雨篷等,使火焰偏离上层门窗洞口,阻止火灾向上层蔓延。

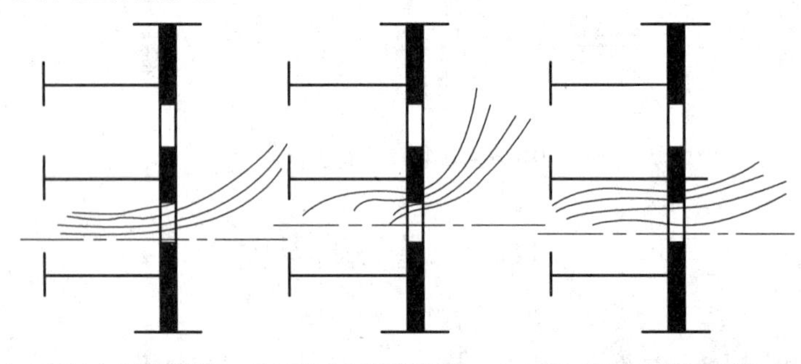

(a) 窗口上缘较低距上层窗台远　(b) 窗口上缘较高距上层窗台近　(c) 窗口上缘有挑出雨篷,使气流偏离上层窗

图 16.10　火由外墙窗口向上蔓延

②火灾的横向蔓延。

③火灾通过竖井或竖向空隙蔓延。

④火灾由通风管道蔓延。

16.2.2　建筑防火设计

1) 建筑防火设计的任务

一是选择耐火时间较长的建筑结构,结合建筑物的耐火等级,合理选择建筑构配件的材料和构造做法;二是根据建筑物的耐火等级和层数,限制建筑物内疏散走道的长度,或对建筑物内部进行防火分区。

2)建筑防火分区

防火分区:在分析建筑火灾蔓延途径的基础上,利用建筑物的原有构件或在建筑物内设置专门的防火分隔物,采用“堵截包围、穿插分割”的方法,在一定时间内把火灾控制在限定的区域空间,阻止火势快速蔓延,以赢得宝贵的救援时间。

建筑防火分区分为水平防火分区和垂直防火分区。

《建筑设计防火规范》(GB 50016—2014,2018 修订版)中对建筑分类、建筑物耐火等级及允许建筑高度或层数、防火分区最大允许建筑面积等有明确规定:

民用建筑根据其建筑高度和层数可分为单、多层民用建筑和高层民用建筑。高层民用建筑根据其建筑高度、使用功能和楼层的建筑面积可分为一类和二类。民用建筑的分类见表 16.5。

表 16.5 民用建筑的分类

名称	高层民用建筑		单、多层民用建筑
	一类	二类	
住宅建筑	建筑高度大于 54 m 的住宅建筑(包括设置商业服务网点的住宅建筑)	建筑高度大于 27 m,但不大于 54 m 的住宅建筑(包括设置商业服务网点的住宅建筑)	建筑高度不大于 27 m 的住宅建筑(包括设置商业服务网点的住宅建筑)
公共建筑	(1)建筑高度大于 50 m 的公共建筑; (2)建筑高度 24 m 以上部分任一楼层建筑面积大于 1 000 ^{2}的商店、展览、电信、邮政、财贸金融建筑和其他多种功能组合的建筑; (3)医疗建筑、重要公共建筑、独立建造的老年人照料设施; (4)省级及以上的广播电视和防灾挥调度建筑、网局级和省级电力调度建筑; (5)藏书超过 100 万册的图书馆、书库	除一类高层公共建筑外的其他高层公共建筑	(1)建筑高度大于 24 m 的单层公共建筑; (2)建筑高度不大于 24 m 的其他公共建筑

注:①表中未列入的建筑,其类别应根据本表类比确定。
②除另有规定外,宿舍、公寓等非住宅类居住建筑的防火要求,应符合《建筑设计防火规范》有关公共建筑的规定;
③除另有规定外,裙房的防火要求应符合《建筑设计防火规范》有关高层民用建筑的规定。

民用建筑的耐火等级可分为一、二、三、四级。除《建筑设计防火规范》另有规定外,不同耐火等级建筑相应构件的燃烧性能和耐火极限不应低于表 9.2 的规定。

除《建筑设计防火规范》另有规定外,不同耐火等级建筑的允许建筑高度或层数、防火分区最大允许建筑面积应符合表 16.6 的规定。

表 16.6　不同耐火等级建筑的允许建筑高度或层数、防火分区最大允许建筑面积

<table>
<tr><th>名　称</th><th>耐火等级</th><th>允许建筑高度或层数</th><th>防火分区的最大允许建筑面积/m^2</th><th>备　注</th></tr>
<tr><td>高层民用建筑</td><td>一、二级</td><td>按《建筑设计防火规范》第 5.1.1 条确定</td><td>1 500</td><td rowspan="2">对于体育馆、剧场的观众厅，防火分区的最大允许建筑面积可适当增加</td></tr>
<tr><td rowspan="3">单、多层民用建筑</td><td>一、二级</td><td>按《建筑设计防火规范》第 5.1.1 条确定</td><td>2 500</td></tr>
<tr><td>三级</td><td>5 层</td><td>1 200</td><td rowspan="2"></td></tr>
<tr><td>四层</td><td>2 层</td><td>600</td></tr>
<tr><td>地下或半地下建筑(室)</td><td>一级</td><td>—</td><td>500</td><td>设备用房的防火分区最大允许建筑面积不应大于 1 000 m^2</td></tr>
</table>

注:①表中规定的防火分区最大允许建筑面积，当建筑内设置自动灭火系统时，可按本表的规定增加 1.0 倍；局部设置时，防火分区的增加面积可按该局部面积的 1.0 倍计算。

②裙房与高层建筑主体之间设置防火墙时，裙房的防火分区可按单、多层建筑的要求确定。

3)建筑防火分区的划分原则

①防火分区间应采用防火墙分隔，如有困难时，可采用防火卷帘和水幕分隔。

②建筑物内如设有上下层相连通的走廊、自动扶梯等开口部位时，应按上下连通层作为一个防火分区，其建筑面积之和不宜超过表 16.6 的规定。

③地下、半地下建筑内的防火分区间应采用防火墙分隔，每个防火分区的建筑面积不应大于 500 m^2。

④当高层建筑与其裙房之间设有防火墙等防火分隔设施时，其裙房的防火分区允许最大建筑面积不应大于 2 500 m^2。

⑤高层建筑内设有上下层相连通的走廊、敞开楼梯、自动扶梯、传送带等开口部位时，应将上下连通层作为一个防火分区，其允许最大建筑面积之和不应超过表 16.6 的规定。

⑥高层建筑中庭防火分区面积应按上下层连通的面积叠加计算。

本章小结

1.掌握地震、地震波、地震震级和地震烈度等基本概念。

2.一次地震只有一个震级，但却有不同的地震烈度。

3.抗震设防的目标是“小震不坏，中震可修，大震不倒”。

4.变形缝是为防止建筑物在外界因素(温度变化、地基不均匀沉降及地震)作用下产生变形，导致开裂，甚至破坏而预留的构造缝。变形缝分三种类型分别为伸缩缝、沉降缝和防震缝。伸缩缝要求把建筑物的墙体、楼板层、屋顶等地面以上部分全部断开。

5.掌握基础变形缝、墙体变形缝、楼地层变形缝和屋顶变形缝的构造特点。基础在沉降

缝处的构造有双墙式、交叉式和悬挑式。变形缝的构造形式与变形缝的类型和墙体的厚度有关，可做成平缝、错口缝或企口缝。

6.建筑物起火的条件包括可燃物质、助燃物质和火源。火源一般分为直接火源和间接火源两大类。

7.建筑火灾的发展分为三个过程，即为火灾初起阶段、火灾猛烈燃烧阶段和火灾衰减阶段。

8.建筑火灾蔓延的 3 种方式为热传导、热辐射和热对流。建筑火灾的蔓延途径有 4 种，分别为由外墙门窗洞口向上层蔓延、火灾的横向蔓延、火灾通过竖井或竖向空隙蔓延和火灾由通风管道蔓延。

9.建筑防火分区分为水平防火分区和垂直防火分区。每个防火分区的大小取决于建筑物的耐火等级和层数。

复习思考题

1.什么是地震、地震波？

2.什么是地震烈度和地震震级？它们之间的区别是什么？

3.抗震设防的目标是什么？具体阐述每个目标内容。

4.抗震设计的要点是什么？

5.什么是变形缝？伸缩缝、沉降缝、抗震缝各有何特点？有什么设计要求？

6.绘图示意等高屋面不上人屋面变形缝的构造图。

7.绘图示意等高屋面上人屋面变形缝的构造图。

8.建筑起火的条件是什么？建筑火灾发展的过程包括哪几个阶段？

9.建筑火灾蔓延的途径包括哪些？

10.什么是防火分区？防火分区划分的原则是什么？

第 17 章
民用工业化建筑体系

本章导读

- **基本要求** 了解工业化建筑体系的概念、特征，了解工业化建筑体系的各种建筑类型及构造要点。
- **重点** 工业化建筑体系的概念、特征，工业化建筑体系的各种建筑类型及构造要点。
- **难点** 工业化建筑体系的各种建筑类型及构造要点。

17.1 工业化建筑概述

17.1.1 建筑工业化的含义和特征

建筑工业化是指用现代工业生产方式来建造房屋，即将现代工业生产的成熟经验应用于建筑业，像生产其他工业产品一样，用机械化手段生产建筑定型产品。其定型产品是指房屋、房屋的构配件和建筑制品等。这是建筑业生产方式的根本改变。长期以来，人类建造房屋所依靠的手工操作方法，劳动强度大、工效低、工期长，质量也难以保证，对于现代建筑工业显然极不适应。只有实现建筑工业化，才能加快建设速度，降低劳动强度，提高生产效率和施工质量。

建筑工业化的基本特征是设计标准化、生产工厂化、施工机械化、组织管理科学化。设计标准化是建筑工业化的前提，建筑产品如不加以定型，不采取标准化设计，就无法工厂化、机械化地大批量生产。生产工厂化是建筑工业化的手段，标准、定型的工厂化生产，可以改善劳动条件，提高生产效率，保证产品质量。施工机械化是建筑工业化的核心，机械化代替手工操作，可以降低劳动强度、加快施工进度、提高施工质量。组织管理科学化是实现建筑工业化的保证,从设计、生产到施工的各过程,都必须有科学化的管理,避免出现混乱,造成不必要的损失。

17.1.2 建筑工业化的生产体系

针对大量建造的房屋及其产品实现建筑部件系列化开发,集约化生产和商品化,以现代化大工业生产为基础,采用先进的工业化技术和管理方式,从设计到建成,配套地解决全部过程的生产体系。建筑工业化的生产体系可分为专用体系和通用体系。

(1)专用体系

专用体系是指以定型房屋为基础进行构配件配套的一种体系,其产品是定型房屋。专用体系的优点是以少量规格的构配件就能将房屋建造起来,一次性投资不多,见效大,但其缺点是由于构配件规格少,容易使建筑空间及立面产生单调感。

(2)通用体系

通用体系是以通用构配件为基础,进行多样化房屋组合的一种体系,其产品是定型构配件。它的构配件规格比较多,可以调换使用,容易做到多样化,适应面广,可以进行专业化成批生产。所以近年来很多国家都趋向于从专用体系转向通用体系,我国的情况也大体如此。

通常按结构类型和施工工艺综合特征,民用建筑工业化体系主要有以下几种类型:砌块建筑、大板建筑、框架轻板建筑、盒子建筑、大模板建筑、滑模建筑、升板建筑和升层建筑等。

17.2 砌块建筑

砌块建筑是指墙用各种砌块砌成的建筑。由于砌块的尺寸比砌墙砖大得多,每砌一块砌块就相当于砌很多块砌墙砖,所以生产效率高。制造砌块可以利用煤灰、煤矸石、炉渣等工业废料,既生产了建筑材料,又解决了环境污染。

17.2.1 砌块的类型

砌块的类型较多,按所用材料分为混凝土砌块、轻骨料混凝土砌块、加气混凝土砌块以及利用煤灰、煤矸石、炉渣等各种工业废料制成的砌块等;按砌块构造分为实体砌块和空心砌块;按尺寸及重量分为小型砌块、中型砌块和大型砌块。图17.1和图17.2分别为混凝土空心砌块和粉煤灰硅酸盐砌块。

图17.1 混凝土空心砌块

图17.2 粉煤灰硅酸盐砌块

17.2.2 砌块的构造

1) 砌块墙的组砌与搭接

用砌块砌墙时,砌块之间要搭接,上下皮的垂直缝要错开,如图 17.3 所示。一般砌块要用 M5 级砂浆砌筑,水平灰缝、垂直灰缝一般为 15~20 mm。当垂直灰缝大于 30 mm 时须用 C20 细石混凝土灌实,中型砌块上下皮的搭缝长度不得小于 150 mm,当搭缝长度不足时,应在水平灰缝内增设钢筋网片,如图 17.4 所示。

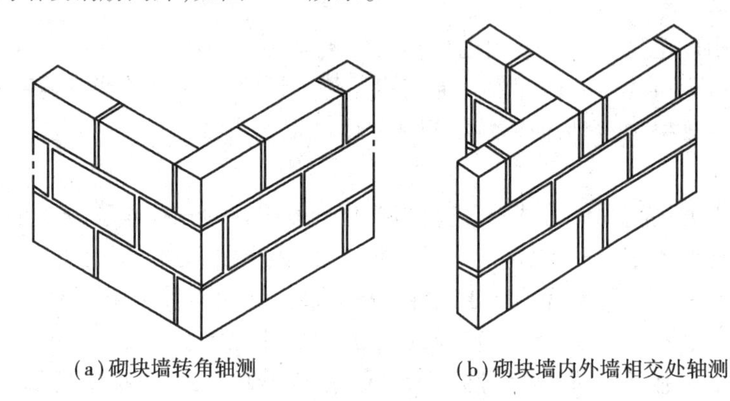

(a)砌块墙转角轴测　(b)砌块墙内外墙相交处轴测

图 17.3 砌块墙的搭接

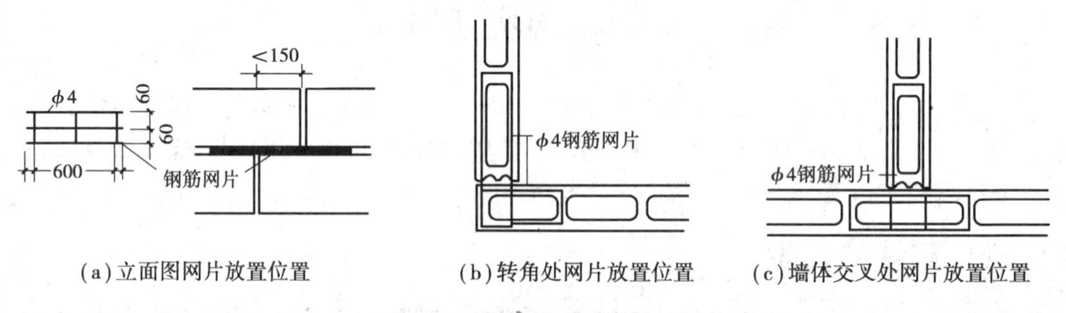

(a)立面图网片放置位置　(b)转角处网片放置位置　(c)墙体交叉处网片放置位置

图 17.4 砌块墙钢筋网片的设置

2) 圈梁和构造柱

在地震设防地区,为了增强砌块建筑的整体刚度,防止由于地基不均匀沉降引起对房屋的不利影响和地震可能引起的墙体开裂,在砌块墙中应设置圈梁。

为了加强砌块房屋墙体竖向连接,增强房屋的整体刚度,对于空心砌块墙,在外墙转角、楼梯四角和必要的内外墙体交接处设置构造柱(芯柱),如图 17.5 所示,即将砌块孔洞上下对齐,于孔中配置通长钢筋,并用细石混凝土分层填实。对于混凝土空心小砌块的芯柱最小截面不小于 130 mm×130 mm。中型砌块芯柱最小截面为 150 mm×150 mm。芯柱的配筋对小型砌块而言每孔 1ϕ12;对中型砌块而言,在 6,7 度抗震设防时 1ϕ14 或 2ϕ10,8 度设防时 1ϕ6 或 2ϕ12,芯柱的混凝土强度等级为小型砌块 C15,中型砌块 C20。

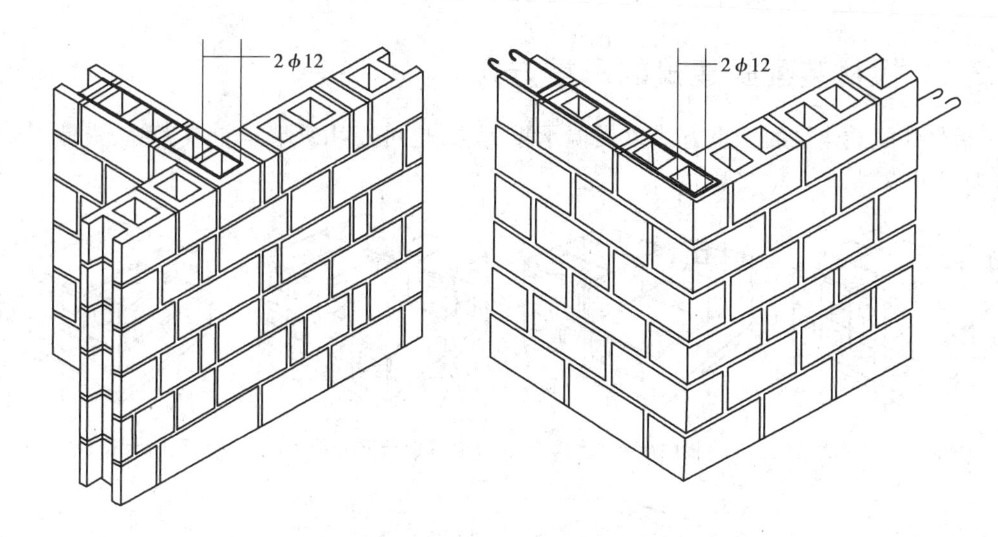

图 17.5　空心砌块建筑构造柱

17.3　装配式板材建筑

17.3.1　装配式板材建筑

装配式板材建筑即大型板材建筑，是由预制的大型内外墙板、大型楼板和大型屋面板等构件，在现场装配成的房屋。它属于剪力墙结构体系，墙板起着承重、维护与分隔的多种功能。其特点是除了基础以外，地上的全部构件均采用预制构件，通过装配整体式节点连接而成的建筑，如图 17.6 所示。

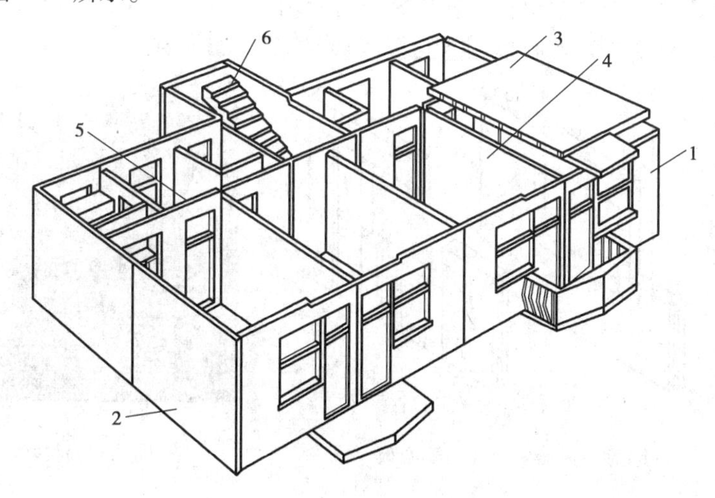

图 17.6　大板建筑

1—外纵墙板；2—外横墙板；3—楼板；4—内横墙板；5—内纵墙板；6—楼梯

板材装配式建筑能充分发挥预制工厂和吊装机械的作用，装配化程度高，能提高劳动生产率，改善工人的劳动条件。与砖混结构相比，可减轻自重 15%~20%，增加使用面积 5%~8%。但大板建筑的平面灵活性受到一定限制，钢材及水泥消耗较大。

17.3.2 板材装配式建筑的承重方式

板材装配式建筑的承重方式以横墙承重为主,也可以用纵墙承重或者纵、横墙混合承重,如图 17.7 所示。

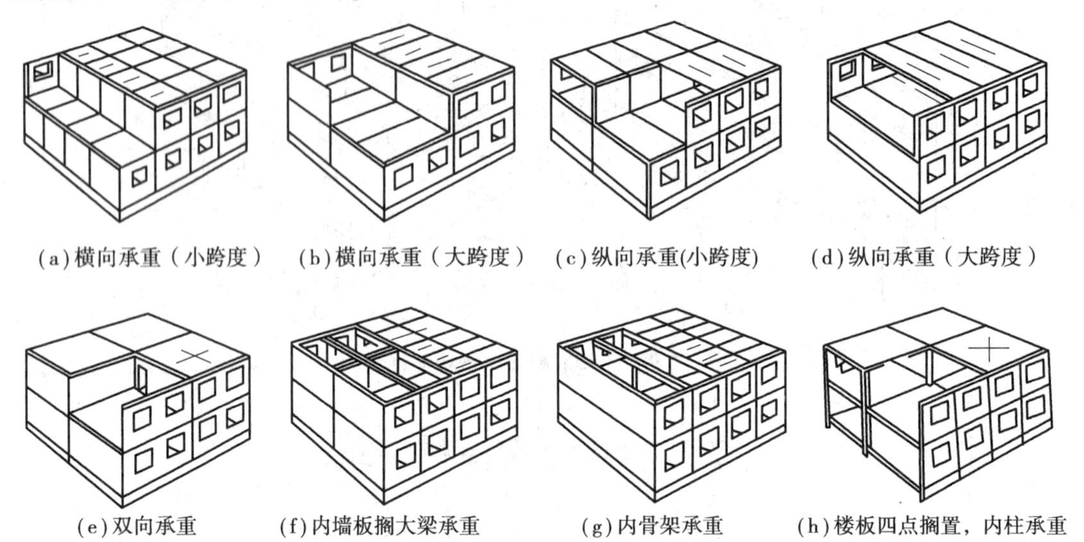

(a)横向承重(小跨度) (b)横向承重(大跨度) (c)纵向承重(小跨度) (d)纵向承重(大跨度)

(e)双向承重 (f)内墙板搁大梁承重 (g)内骨架承重 (h)楼板四点搁置,内柱承重

图 17.7 大板建筑的结构支承方式

17.3.3 板材装配式建筑主要构件

1)外墙板

外墙板按构造形式可分为单一材料板和复合材料板。

单一材料外墙板主要有实心板和空心板两种,如图 17.8 所示。

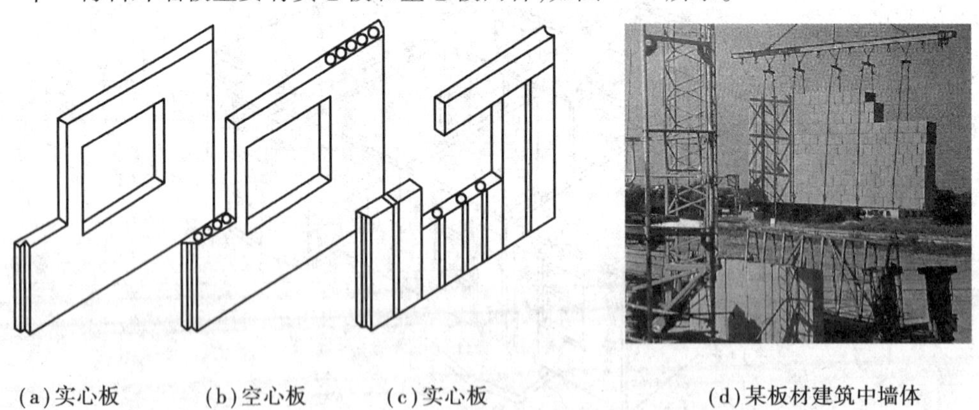

(a)实心板 (b)空心板 (c)实心板 (d)某板材建筑中墙体

图 17.8 单一材料外墙板

复合材料外墙板是根据功能要求由防水层、保温层、结构层等组合而成的多层外墙板,如图 17.9 所示。

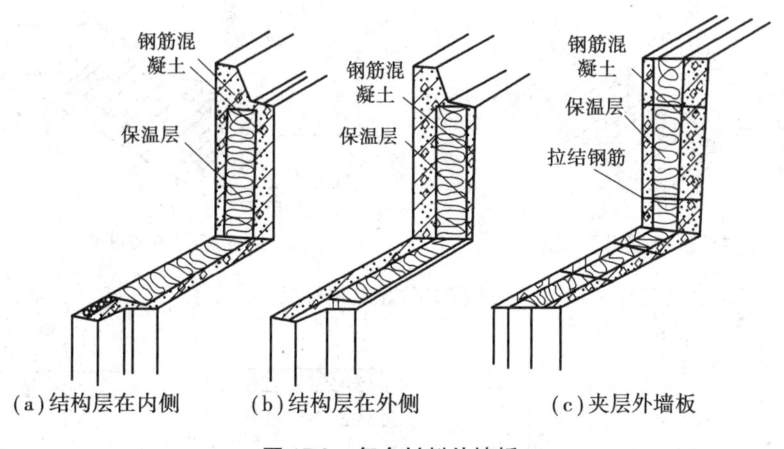

图 17.9 复合材料外墙板

2)内墙板

在大板建筑体系下,横向内墙板通常是建筑中的主要承重构件,一般应有足够的强度,以便满足承重的要求。内墙板应该具有足够的厚度,以便保证楼板有足够的搭接长度,并保证现浇钢筋板缝所需要的宽度。内墙板通常采用单一材料的实心板,如混凝土板、粉煤灰矿渣混凝土板。

纵向内墙板一般是非承重构件。它不承担楼板荷载,但可与横向内墙相连接,起到保证纵向刚度的作用,因此也必须有一定的强度和刚度。在实际工程中,纵向墙板与横向墙板的类型通常是相同的。

3)隔墙板

隔墙板主要用于建筑内部房间的隔墙与隔断,一般没有承重要求。为了减轻自重,提高隔声效果和防火、防潮性能,通常选择钢筋混凝土薄板、加气混凝土板、碳化石灰板、石膏板等材料。

4)楼板

大板建筑的楼板有 3 种尺寸类型:一是与砖混结构相同的小块楼板;二是半间一块(或半间带阳台板)的大楼板;三是整间一块(整间带阳台板)的大楼板。工程中一般多采用整间一块的大楼板,其装配效率高,板面平整,且与其他板材重量相似,便于统一起吊设备。整间一块的大楼板有实心板、空心板和肋形板三种类型。

5)楼梯

大板建筑的楼梯通常是梯段和平台板分开预制,以方便施工,如图 17.10(a)所示。为了减轻构件的重量,梯段可预制成空心楼梯段。当有较强的起重能力时,也可将梯段和平台预制成整体构件,如图 17.10(b)所示。楼梯段一般支承在带肋的平台板上,平台板支承在焊于侧墙板的钢牛腿上,如图 17.11 所示。

6)屋面板

屋面板是屋顶的承重结构,除要求有足够的强度和刚度外,还应能适应屋顶的防水、排水、保温(隔热)、天棚平整和外形美观的要求。

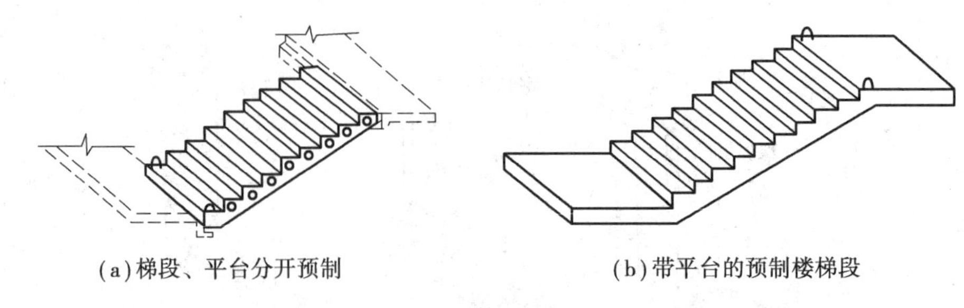

图 17.10　预制楼梯板

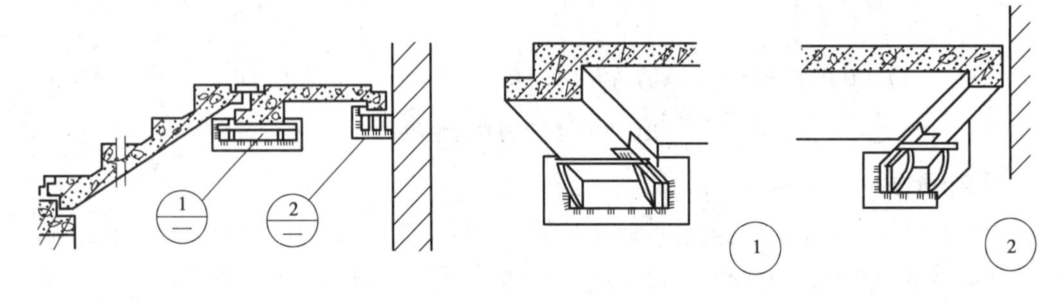

图 17.11　楼梯平台与侧墙板焊接

17.3.4　大板建筑构件的连接构造

大板建筑的连接构造，对于保证建筑物的整体性和坚固耐久具有重要意义。因为预制的楼板、墙板等构件，只有通过可靠的连接，才能使建筑具有整体性能，并承受各种荷载的作用。

板材之间的连接应满足以下要求：具有可靠的强度，保证建筑物的整体性和空间刚度；构造简单，便于施工；耗钢量少；地震区的连接应具有较好的延性。

1)墙板之间的连接

在内墙板十字接头部位，墙板顶面预埋钢板用钢筋焊接起来，中间和下部设置锚环和竖向插筋，与墙板伸出的钢筋绑扎或焊接在一起，然后在阴角支模板，现浇 C20 混凝土，使墙板竖缝中形成现浇的构造柱，将墙板连成整体，如图 17.12 所示。

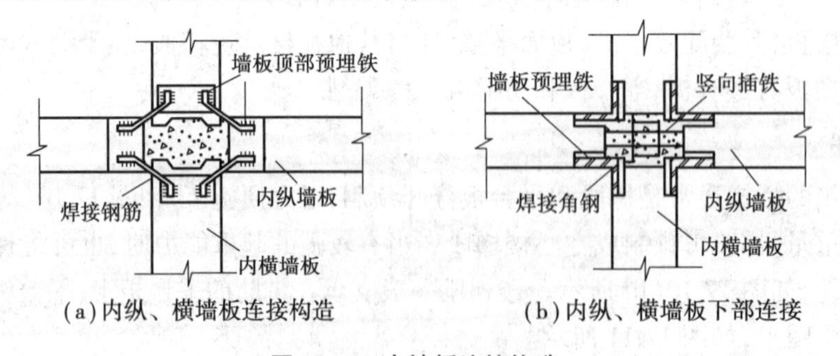

图 17.12　内墙板连接构造

2)楼板连接

由于大板建筑一般采用内墙支承楼板，外墙要比内墙高出一个楼板厚度。通常把外墙板顶部做成高低口，上口与楼板面相平，下口与楼板底平齐，并将楼板伸入外墙板下口。

左右楼板之间的连接是将楼板伸出的锚环与墙板的吊环穿套在一起，缝间用混凝土浇灌，使所有楼板的四周形成现浇的圈梁。

17.3.5　装配式大板建筑的板缝处理

板材建筑的板缝，是材料干缩变形、温度变形和施工误差的集中点。板缝的处理方法，应当根据当地的气温变化、风雨条件、湿度状况等因素来决定，以满足防水、保温、耐久、经济、美观和便于施工等要求。

1）板缝的防水

板缝的防水包括设置滴水、挡水台、凹槽等几种做法。这些方法的共同优点是经济、耐久、便于施工。

外墙板的接缝有水平缝和垂直缝两种。对于接缝，一般要求密闭，以便防止雨水和冷风渗透。由于接缝也是保温的薄弱环节，因此也要防止出现“热桥”。

（1）水平缝

水平缝的构造形式如图17.13所示。

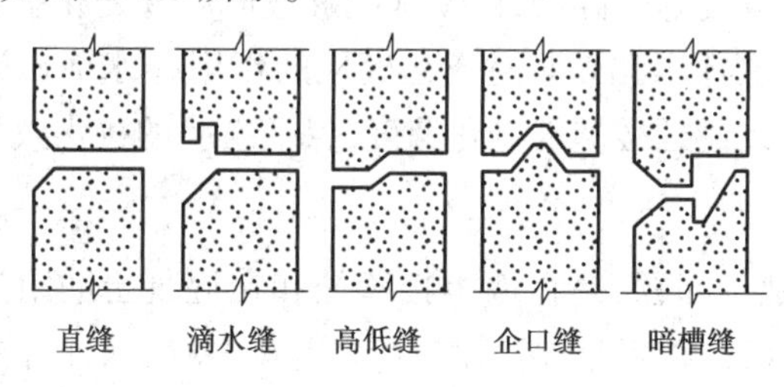

图17.13　水平缝

上下墙板之间的水平缝，通常多用坐浆并用砂浆勾缝。但因温度的变化，容易产生裂缝，造成渗漏。滴水可以排除一部分雨水，但不能杜绝渗漏。比较常用的是高低缝和企口缝。

①高低缝防水：高低缝由上下墙板互相咬口构成，水平缝外部的填充料可以采用水泥砂浆，但不能填得过深，如图17.14所示。

②企口缝防水：上下墙板做成企口形状，从而形成企口缝。企口中间一般为空腔，前端用水泥砂浆勾抹，并留排水孔，如图17.15所示。

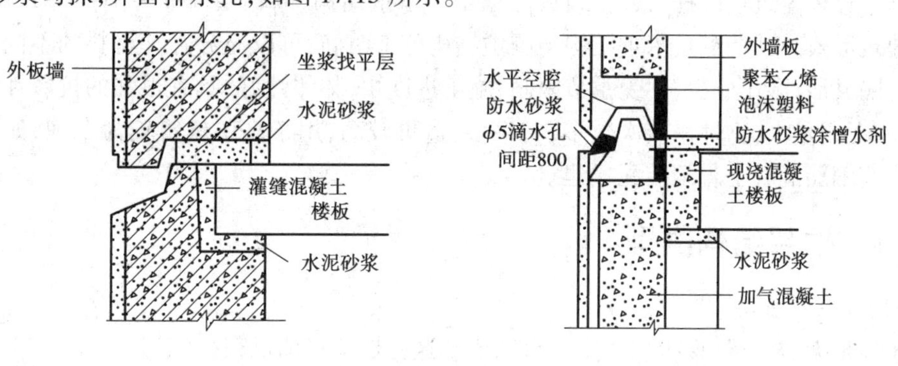

图17.14　高低缝

图17.15　企口缝

一般来说，水平缝还应该嵌入保温条，并在外侧勾抹防水砂浆。

(2) 垂直缝

垂直缝的构造形式以及防水做法如图 17.16、图 17.17 所示。

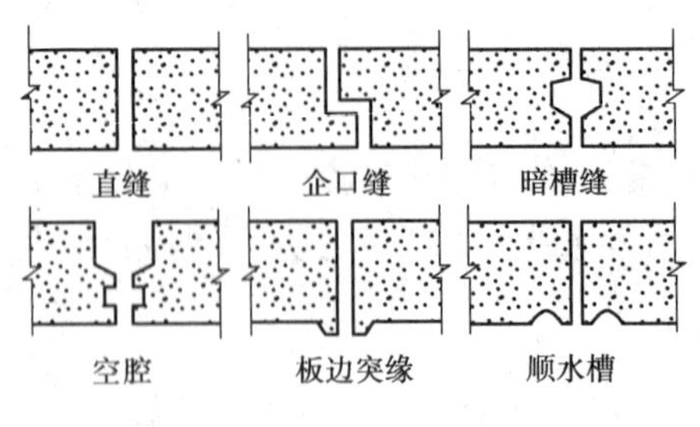

图 17.16　垂直缝

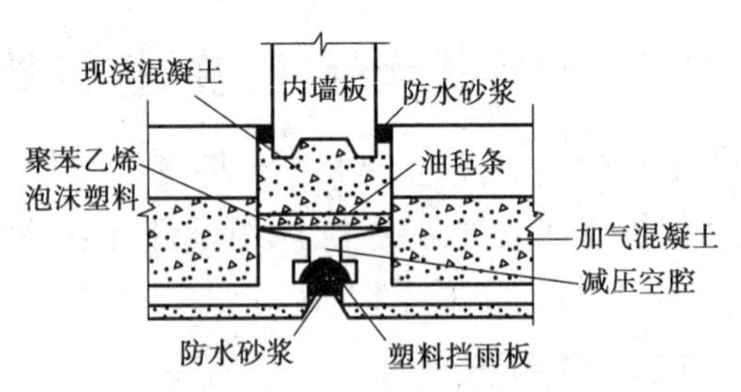

图 17.17　垂直缝防水做法

在上述这些缝中，直缝最简单，但运用时必须解决好砂浆勾缝，才不会漏水；企口缝除会因毛细现象而造成漏水外，在板的制作、运输、安装方面，也增加不少困难；暗槽做法是在槽内灌注混凝土，缝口再用砂浆勾严；空腔做法是目前采用较多的一种。

空腔做法是在空腔前壁的立槽中嵌入塑料挡雨板，在缝外勾抹防水水泥砂浆。上下塑料板的连接，可以采用分段接缝的办法，以使其能够适应温度变化引起的胀缩变形。塑料挡雨板的主要作用是导水(在抹水泥砂浆时还起模板的作用)；水泥砂浆勾缝的作用是避免塑料板直接暴露在大气中，以便延缓塑料老化速度，保证空腔的排水效果。

2) 板缝的保温

板材建筑最突出的热工问题，是在墙板接缝处和在混凝土肋附近产生的结露现象。结露的主要原因是墙板内表面温度低于室内空气的露点温度，从而导致空气中的水分在墙板内表面凝结。

防止结露，必须注意做好以下两点：一是消灭热桥，二是阻止热空气渗透。因此，在板缝和肋边处，应采用高效能的保温材料，以避免形成热桥。在板缝外侧，一般用砂浆勾缝效果较好。节点处的材料则以聚苯乙烯塑料比较理想。

17.4　框架轻板建筑

框架轻板建筑指以柱、梁、板组成的框架为承重结构，以轻型墙板为围护与分隔构件的新型建筑形式。其特点是承重结构与围护结构分工明确，可以充分发挥材料的不同特性，且空间分隔灵活，湿作业少，不受季节限制，施工进度快，整体性好，具有很强的抗震性能等，但钢材、水泥用量大，物件吊装次数多，工序多，造价较高，用于高层建筑较为合理，如图 17.18 所示为某钢筋混凝土骨架装配式建筑。

17.4.1　框架结构类型

(1) 按材料分类

①木框架：柱、梁、楼板均使用木材制成。这种框架目前已很少使用。

②钢筋混凝土框架：防火性能好，材料供应易于保证。柱、梁、板均采用钢筋混凝土。

图 17.18 钢筋混凝土骨架装配式建筑

③钢框架:自重轻,施工速度快,适用于高层和超高层建筑。柱、梁均应采用钢材,楼板可用钢筋混凝土板或钢板。

(2)按主要构件分类

①框架由梁、楼板和柱组成,称为梁板柱框架系统,如图 17.19 (a)所示。

②框架由楼板、柱组成,称为板柱框架系统,如图 17.19 (b)所示。

③在以上两种框架中增设剪力墙,称为剪力墙框架系统,如图 17.19 (c)所示。

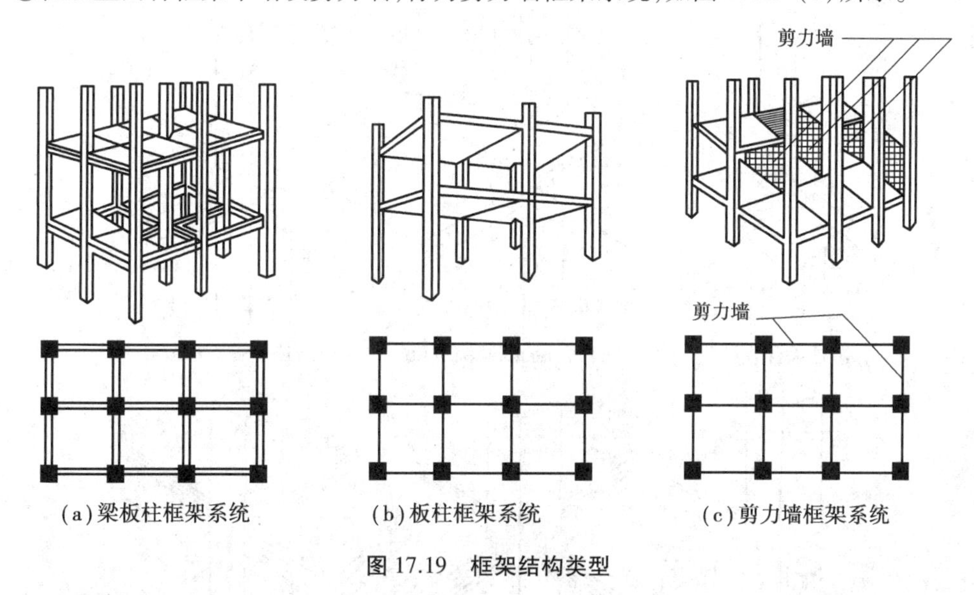

(a)梁板柱框架系统　(b)板柱框架系统　(c)剪力墙框架系统

图 17.19 框架结构类型

17.4.2 装配式钢筋混凝土框架的构件连接

1)梁柱的连接

梁柱的连接是梁板柱框架的主要节点构造,其连接可以在构件中预埋铁件,在现场焊接,也可以做湿节点连接,如图 17.20 所示。其中图 17.20(c)所示的方法是将柱和叠合梁整浇在一起,或者连接预制楼板面与叠合层一起整浇,以加强装配式骨架的整体刚度。

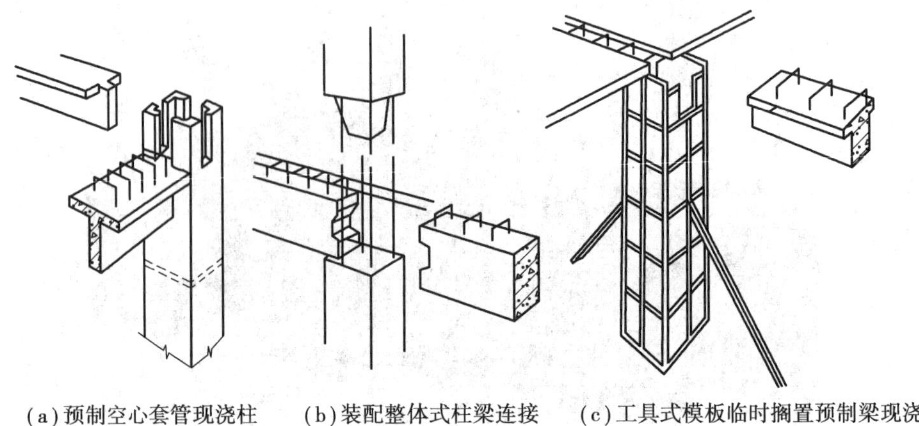

(a)预制空心套管现浇柱　(b)装配整体式柱梁连接　(c)工具式模板临时搁置预制梁现浇柱

图 17.20　装配式框架的梁柱连接节点

2)板柱连接

板柱连接可以直接支承在柱子的承台(柱帽)上,或者通过与柱子相连;当采用长柱时,楼板可以搁置在长柱上预制的牛腿上,也可以搁置在后焊的钢牛腿上,还要以在板缝间用后张应力钢索现浇混凝土作为支承,如图 17.21 所示。其中后张应力钢索现浇混凝土的抗震效果最好。

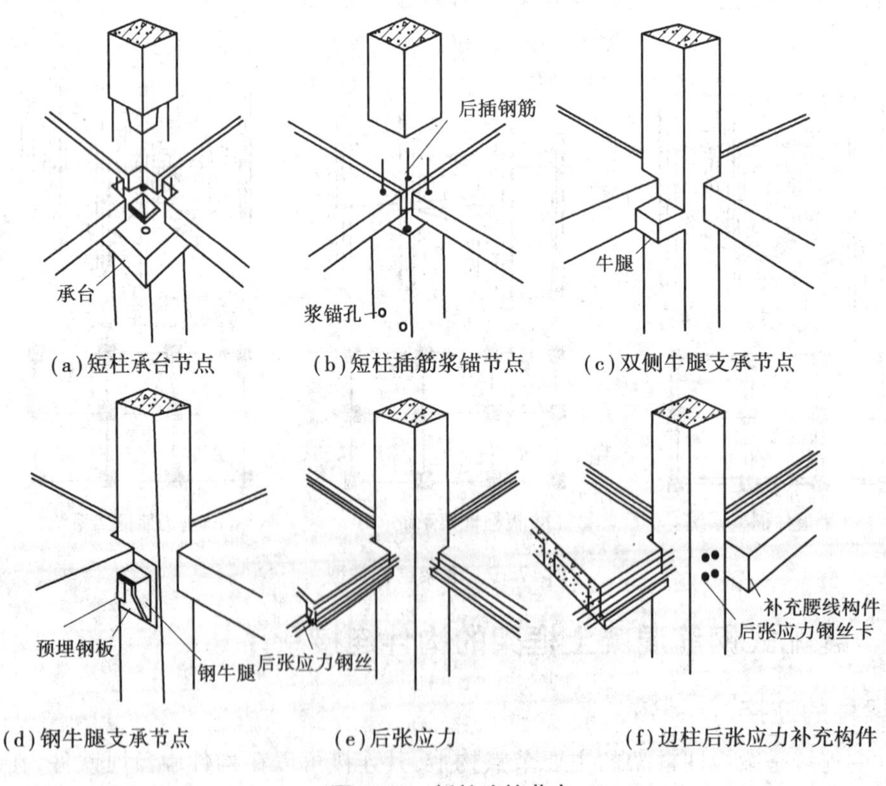

(a)短柱承台节点　(b)短柱插筋浆锚节点　(c)双侧牛腿支承节点

(d)钢牛腿支承节点　(e)后张应力　(f)边柱后张应力补充构件

图 17.21　板柱连接节点

3)框架与墙板的连接

框架轻板建筑的内外墙均为围护分隔构件,可采用轻质材料制成。内墙板一般采用空心石膏板、加气混凝土板和纸面石膏板。而外墙板除要具有足够的承载力和刚度外,还应满足保温、隔热、密闭、美观等要求。所以,外墙板有单一材料板、复合材料板和幕墙三种类型。单一材料墙板用轻质保温材料制作,如加气混凝土、陶粒混凝土等。复合材料墙板通常由内外壁和夹层组成。幕墙根据外饰面材料的不同,分为金属幕墙、玻璃幕墙和水泥薄板等。如图 17.22 所示为外墙板与框架的几种连接方式。

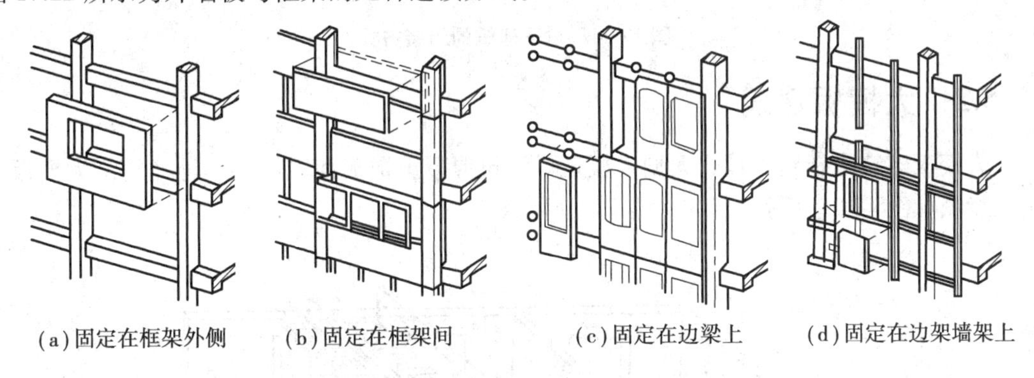

(a)固定在框架外侧　(b)固定在框架间　(c)固定在边梁上　(d)固定在边架墙架上

图 17.22　外墙板与框架的连接

无论采用何种方式,均应保证外墙板与框架的连接要牢固可靠,不应出现"热桥"现象,并尽量使构造简单,以方便施工。

17.5　其他工业化体系建筑简介

17.5.1　盒子建筑

盒子建筑是指以在工厂预制成整间的盒子状结构为基础,运至施工现场吊装组合而成的建筑。

单元盒子结构分为整浇式和组装式两种,如图 17.23 所示。

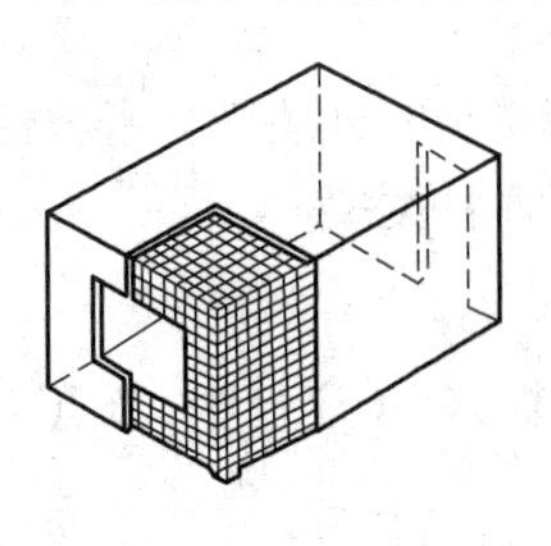

(a)钢筋混凝土整浇式

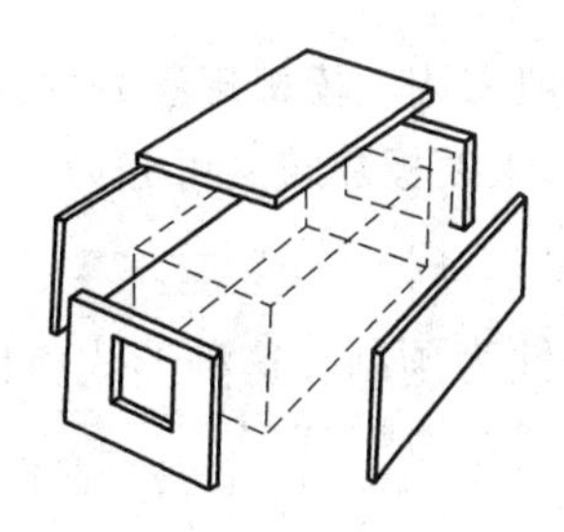

(b)预制板材组装式

(c)某单元盒子

图 17.23　盒子的制作方法

由单元盒子组装成整幢建筑的方式有重叠组装式、交错组装式、与大型板材联合组装式、与框架结合组装式和与筒体结合组装式等,如图 17.24 所示。

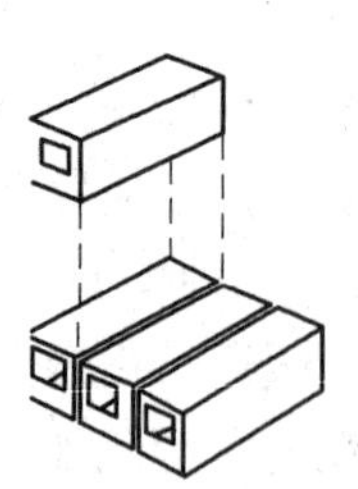
(a)重叠组装式

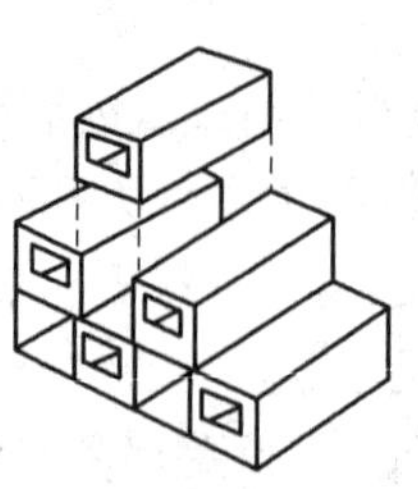
(b)交错组装式

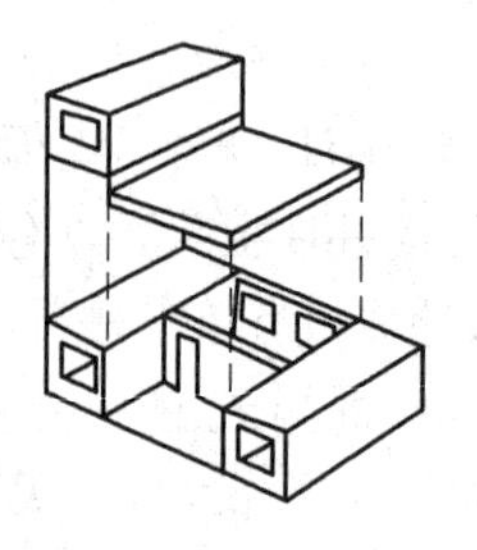
(c)与大型板材联合组装式

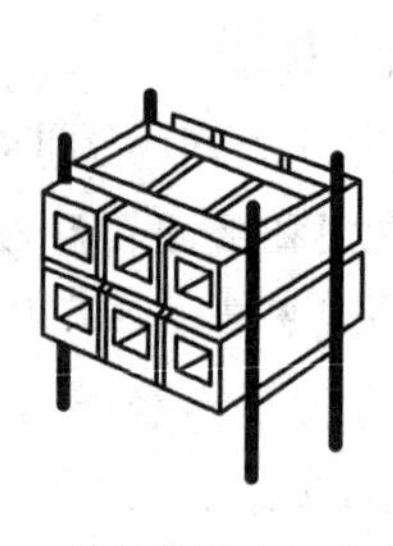
(d)与框架结合组装式

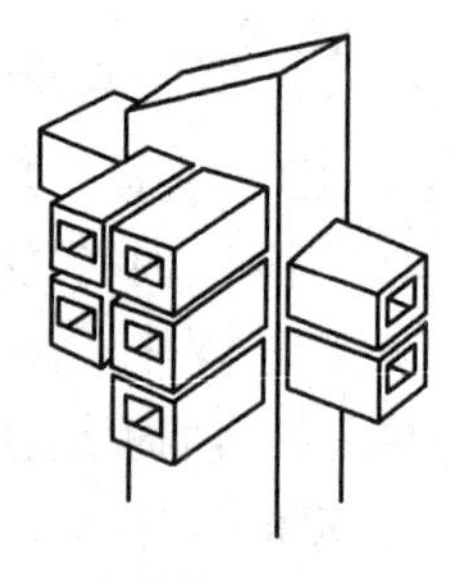
(e)与筒体结合组装式

图 17.24　盒子建筑的组装方式

17.5.2　大模板建筑

大模板建筑是指用工具式大型模板现场浇筑混凝土楼板和墙体的一种建筑。大模板施工示意图如图 17.25 所示。

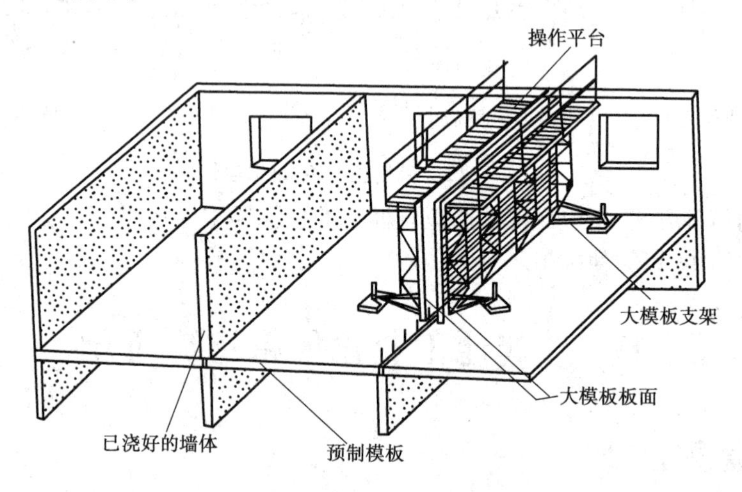

图 17.25　大模板施工示意图

大模板建筑的特点:整体性好、刚度大,抗震、抗风能力强,工艺简单,劳动强度小,施工速度快,减少了室内外抹灰工程,不需要大型预制厂,施工设备投资少。但其现浇工程量大,施工组织较复杂,不利于冬季施工。

工具式大模板建筑,其内承重墙一般采用大模板现浇方式,而楼板和外墙则为了方便施工中拆撤模板,需留一面为预制。因此,大模板建筑又可分为以下 3 种类型。

1)内外墙全现浇

内外墙全部为现浇,楼板和其他构件为预制。这种形式整体性好,工序简单,节点构造也较简单,如图 17.26(a)所示。

2)内浇外挂

内墙为现浇,外墙、楼板均为预制。其优点是外墙板可预制成复合板,改善了墙体的保温性能,且整体性仍可得到保证。目前在我国高层大模板建筑中应用最普遍,其外挂板的板缝防水构造与大板建筑相同,不同的是外墙板需在现浇内墙之前安装就位,并在外墙板侧边预留环形钢筋和板缝内竖向插筋,并与内墙钢筋绑扎在一起,待内墙浇筑混凝土后,这些钢筋便将内外墙连成一整体了，如图 17.26(b)所示。

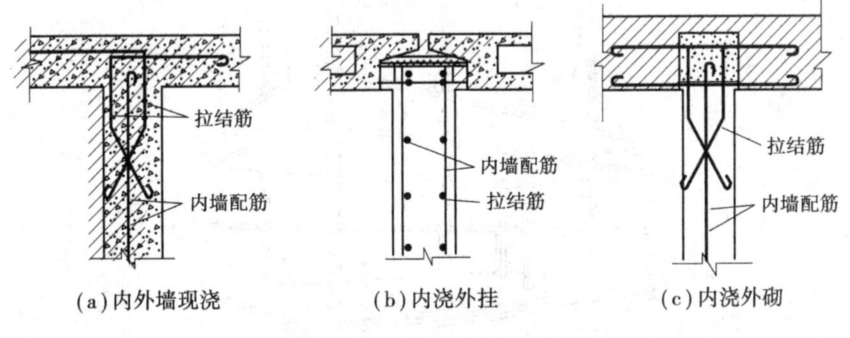

图 17.26　大模板建筑类型

3) 内浇外砌

内墙采用大模板现浇，外墙用砖来砌筑。砖砌外墙比混凝土墙的保温性好，且经济，适用于多层大模板建筑。砌砖外墙时，应在与内墙交接处砌成凹槽，插入竖向钢筋，并在砖墙中边砌边放入锚拉钢筋，与内墙钢筋绑扎在一起，待浇筑内墙混凝土后，预留的凹槽便形成了一根构造柱，将内外墙牢固地连接在一起了，如图 17.26 (c)所示。

17.5.3　滑升模板建筑

滑升模板建筑简称滑模建筑。它是在混凝土工业化生产的基础上，预先将工具式模板组合好，利用墙体内特制的钢筋作导杆，以油压千斤顶作为提升动力，有间隔节奏地边浇筑混凝土，边提升模板，是一种连续施工的房屋建造方法，如图 17.27 所示。

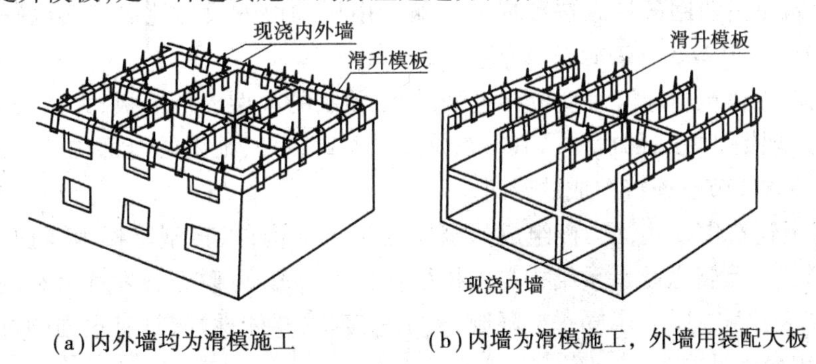

图 17.27　建筑物的不同滑模部位

滑模建筑的特点：结构整体性好，机械化程度高，施工速度快，占用场地少，模板的数量少且利用率高；但墙体的垂直度不易掌握。适用于建筑外形简单整齐，上下壁厚相同，墙面没有突出横线条的高层建筑。

17.5.4　升板建筑

升板建筑是利用房屋自身网状排列的柱子为导杆，在每根柱子上安装一台提升机，将就地层叠的现浇大面积楼板和屋面板由下往上逐层提升就位固定而建造起来的建筑物，如图 17.28 所示。

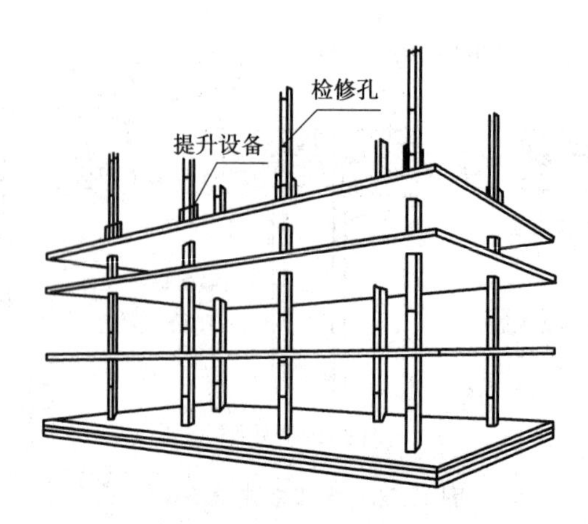

图 17.28　升板建筑示意图

升板建筑的优点:将大量的高空作业变为地面操作,施工设备简单,机械化程度高,工序简化,工效高,模板用量少,所需施工场地小,楼面面积大,空间可以自由分隔,且四周外围结构可做到最大限度地开放和通透。

本章小结

1.建筑工业化具有设计标准化、施工机械化、构配件生产工厂化、组织管理科学化的特征。

2.建筑工业化的生产体系可分为专用体系和通用体系。

3.砌块建筑是指墙用各种砌块砌成的建筑。由于砌块的尺寸比砌墙砖大得多,每砌一块砌块就相当于砌很多块砌墙砖,所以生产效率高。

4.装配式板材建筑即建筑大型板材建筑,是由预制的大型内外墙板、大型楼板和大型屋面板等构件,在现场装配成的房屋。其特点是除了基础以外,地上的全部构件均采用预制构件,通过装配整体式节点连接而成的建筑。

5.框架轻板建筑指以柱、梁、板组成的框架为承重结构,以轻型墙板为围护与分隔构件的新型建筑形式。其特点是承重结构与围护结构分工明确,可以充分发挥材料的不同特性,且空间分隔灵活,湿作业少,不受季节限制,施工进度快,整体性好,具有很强的抗震性能等,但钢材、水泥用量大。

6.盒子建筑指以在工厂预制成整间的盒子状结构为基础,运至施工现场吊装组合而成的建筑。

7.大模板建筑是指用工具式大型模板现场浇筑混凝土楼板和墙体的一种建筑。

8.滑升模板建筑简称滑模建筑,是在混凝土工业化生产的基础上,预先将工具式模板组合好,利用墙体内特制的钢筋作导杆,以油压千斤顶作提升动力,有间隔节奏地边浇筑混凝土,边提升模板,是一种连续施工的房屋建造方法。

9.升板建筑是利用房屋自身网状排列的柱子为导杆,在每根柱子上安装一台提升机,将就地层叠的现浇大面积楼板和屋面板由下往上逐层提升就位固定而建造起来的建筑物。

复习思考题

1.建筑工业化的特征有哪些？建筑工业化体系有哪几种？

2.什么是板材装配式建筑？

3.简述板材装配式建筑的特点。

4.什么是框架轻板建筑？

5.框架轻板建筑有何特点？

6.滑模建筑、升板建筑、盒子建筑各有何特点？

第 18 章

工业建筑

本章导读

• **基本要求** 了解工业建筑的特点，熟悉工业建筑分类、了解并掌握装配式钢筋混凝土排架结构单层厂房的组成，掌握单层厂房定位轴线的标定。

• **重点** 工业建筑分类、装配式钢筋混凝土排架结构单层厂房的组成，单层工业厂房定位轴线的标定。

• **难点** 单层工业厂房定位轴线的标定。

18.1 工业建筑概述

18.1.1 工业建筑的特点

工业建筑是指为满足工业生产需要而建造的房屋，一般称为厂房，是工业建设必不可少的基础。工业建筑和民用建筑都具有建筑的共性，在设计原则、建筑技术和建筑材料等方面有许多共同之处，但由于工业厂房是直接为工业服务的，因此具有以下特点：

(1)厂房应满足生产工艺要求

厂房的设计以生产工艺设计为基础，要满足不同工业生产的要求，并为工人创造良好的生产环境。

(2)厂房内部有较大的通敞空间

由于厂房内各生产工艺联系紧密，需要大量的或大型的生产设备和起重运输设备。因此，厂房的内部具有较大的面积和通敞空间。

(3)采用大型的承重骨架结构

厂房屋盖和楼板荷载较大,多数厂房采用由大型的承重构件组成的钢筋混凝土骨架结构或钢结构。

(4)结构、构造复杂,技术要求高

由于厂房的面积、体积较大,有时采用多跨组合,工艺联系密切,不同的生产类型对厂房提出不同的功能要求,因此在空间、采光通风和防水排水等建筑处理上,以及结构、构造上都比较复杂,技术要求更高。

18.1.2 工业厂房建筑的分类

1)按用途分类

(1)主要生产厂房

在这类厂房中进行生产工艺流程的全部生产活动,一般包括从备料、加工到装配的全部过程。所谓生产工艺流程是指产品从原材料到半成品到成品的全过程,例如钢铁厂的烧结、焦化、炼铁、炼钢车间。

(2)辅助生产厂房

辅助生产厂房是指为主要生产厂房服务的厂房,例如机械修理、工具等车间。

(3)动力用厂房

动力用厂房是为主要生产厂房提供能源的场所,例如发电站、锅炉房、煤气站等。

(4)储藏用房

储存用房屋是为生产提供存储原料、半成品、成品的仓库,例如炉料、油料、半成品、成品库房等。

(5)运输工具用房

运输用房屋是为生产或管理用车辆提供存放与检修的房屋,例如汽车库、消防车库电瓶车库等。

(6)其他

其他工业厂房包括解决厂房给水、排水问题的水泵房、污水处理站等。

2)按层数分类

(1)单层厂房

单层厂房即只有一层的厂房,多用于冶金、重型及中型机械工业等,如图 18.1 所示。

(2)多层厂房

多层厂房指二层及二层以上的厂房,多用于食品、电子、精密仪器工业等,如图 18.2 所示。

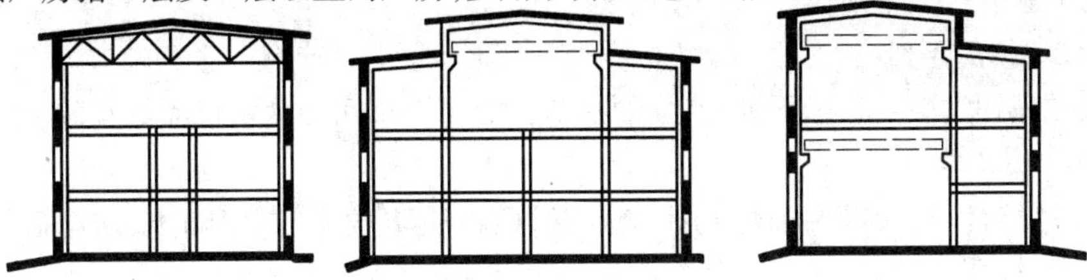

图 18.2 多层厂房

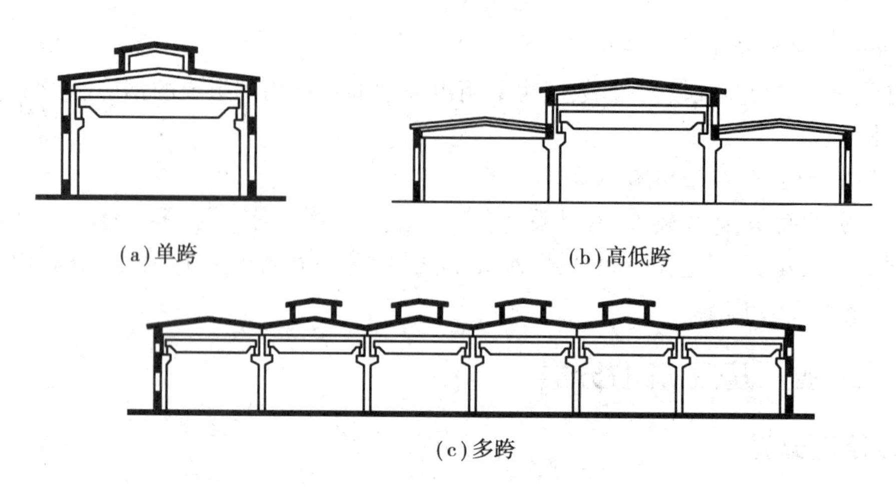
(a)单跨　(b)高低跨　(c)多跨

图 18.1　单层厂房

(3)层次混合的厂房

在同一厂房内既有单层又有多层，单层或跨层内设置大型生产设备，多用于化工和电力工业，如图 18.3 所示。

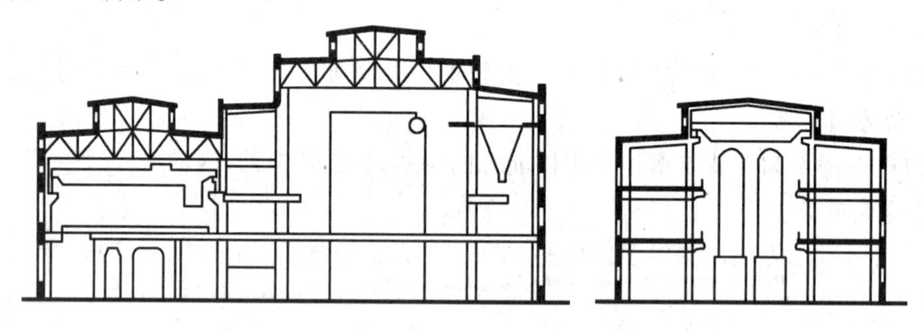

图 18.3　混合层数厂房

3)按内部生产状况分类

(1)冷加工车间

在正常温度状况下生产的车间，如机械加工、装配等车间。

(2)热加工车间

在高温或熔化状态下进行生产的车间，在生产中产生大量的热量及有害气体、烟尘，如冶炼、铸造、热轧车间和锅炉房等。

(3)洁净车间

为保证产品质量在无尘无菌、无污染的洁净状况下进行生产的车间，如集成电路、医药工业、食品工业的一些车间等。

(4)恒温、恒湿车间

在稳定的温度、湿度状态下进行生产的车间，如纺织车间和紧密仪器等车间。

(5)特种状况车间

有爆炸可能性、有大量腐蚀性物质、有放射性物质防微振、高度隔声、防电磁波干扰车间等。

18.2 装配式单层厂房的组成与类型

在厂房建筑中，支承各种荷载作用的构件所组成的骨架，通常称为结构。厂房结构的坚固、耐久是靠结构构件连接在一起，组成一个结构空间来保证的。

18.2.1 单层厂房结构类型

单层厂房按结构支承方式可分承重墙支承结构和骨架支承结构两大类。在建筑的跨度、高度、吊车荷载较小时可采用承重墙支承结构，而建筑的跨度、高度和吊车荷载较大采用时多采用骨架支承结构。

骨架支承结构体系是由柱子、基础、屋架(屋面梁)等承重构件组成，内外墙一般不承重，只起到围护或分隔作用。其结构体系可以分为排架和刚架结构，其中以排架最为多见，因为梁柱间为铰接，可以适应较大的吊车荷载。

1)排架结构

排架结构是由柱子、基础、屋架(屋面梁)构成的一种骨架体系，如图 18.4 所示。它基本特点是把屋架看成一个刚度很大的横梁，屋架(屋面梁)与柱子的连接为铰接，柱子与基础的连接为刚接。

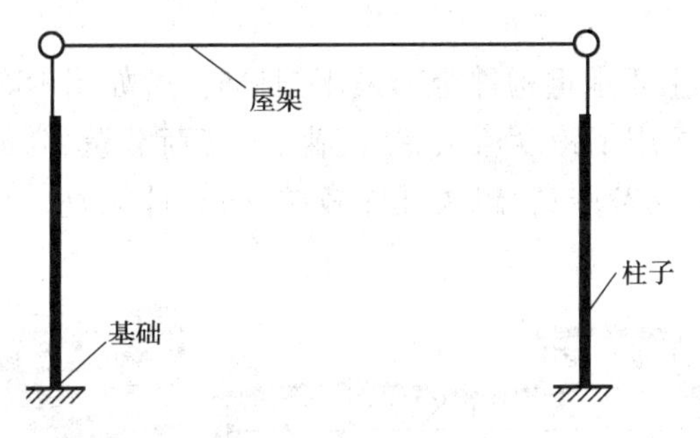

图 18.4 排架结构

排架结构按材料可以分为砌体结构、钢筋混凝土结构和钢结构。

(1)砌体结构

砌体结构是由砖石等砌块砌筑成柱子、钢筋混凝土屋架(或屋面大梁)、钢屋架等组成，如图 18.5 所示。

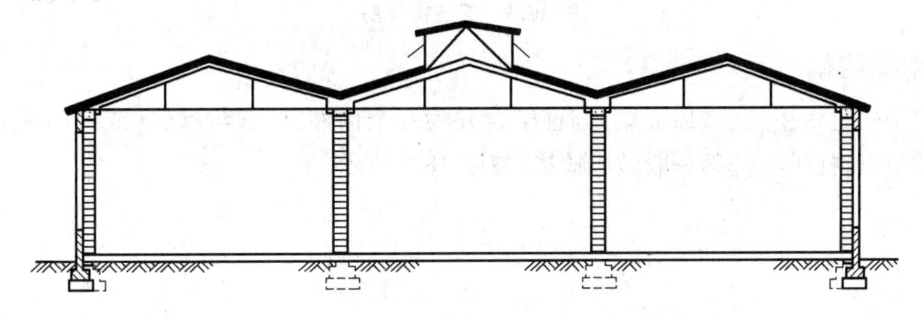

图 18.5 砖砌体结构工业建筑

(2)钢筋混凝土结构

钢筋混凝土结构多采取预制装配的施工方式,由横向骨架和纵向连系构件以及支撑构件组成,如图 18.6 所示。其建筑周期短、坚固耐久,与钢结构相比,造价较低,故在国内外工业建筑中应用十分广泛,但自重较大,抗震性能比钢结构工业建筑差。

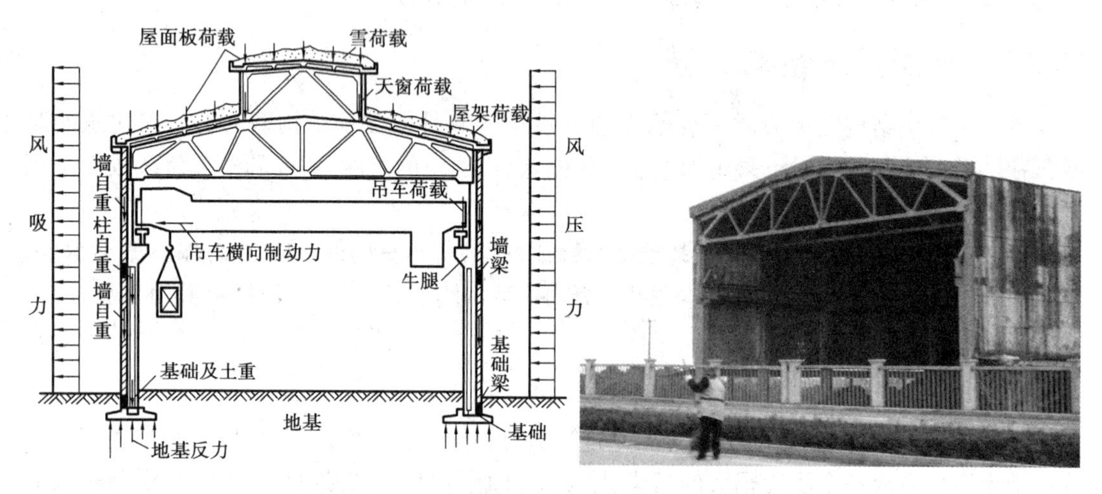

图 18.6 钢筋混凝土排架结构工业建筑

(3)钢结构

钢结构工业建筑的主要承重构件全部采用钢材制作,如图 18.7 所示。其自重轻,抗震性能好,施工速度快,主要用于跨度巨大、空间高、吊车荷载重、高温或振动荷载工业建筑。但钢结构易锈蚀,保护维修费用高,耐久性能较差,防火性能差,使用时应采取必要的防护措施。

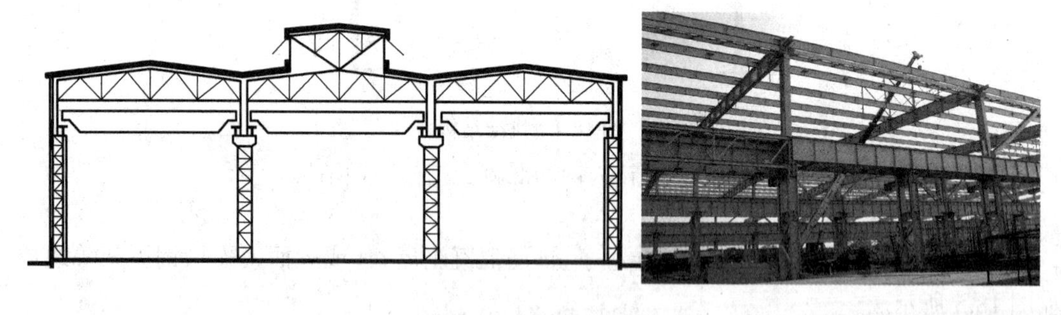

图 18.7 钢结构厂房

2)刚架结构

刚架结构是将屋架(或屋面梁)与柱子合并为一个构件,柱子与屋架(或屋面梁)的连接处为刚性节点,柱子与基础一般做成铰接,如图 18.8 所示。

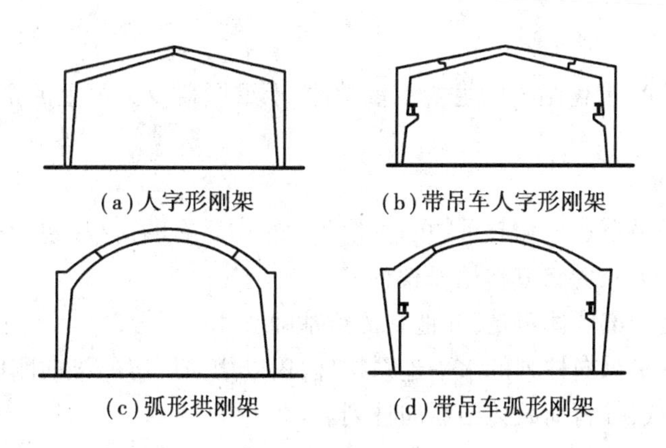

(a)人字形刚架　(b)带吊车人字形刚架

(c)弧形拱刚架　(d)带吊车弧形刚架

图 18.8　装配式钢筋混凝土门式刚架结构

18.2.2　装配式钢筋混凝土排架结构单层厂房的组成

由于装配式钢筋混凝土排架结构在工业建筑应用十分广泛,现以常见的装配式钢筋混凝土横向排架结构为例来说明单层厂房结构组成,如图 18.9 所示。

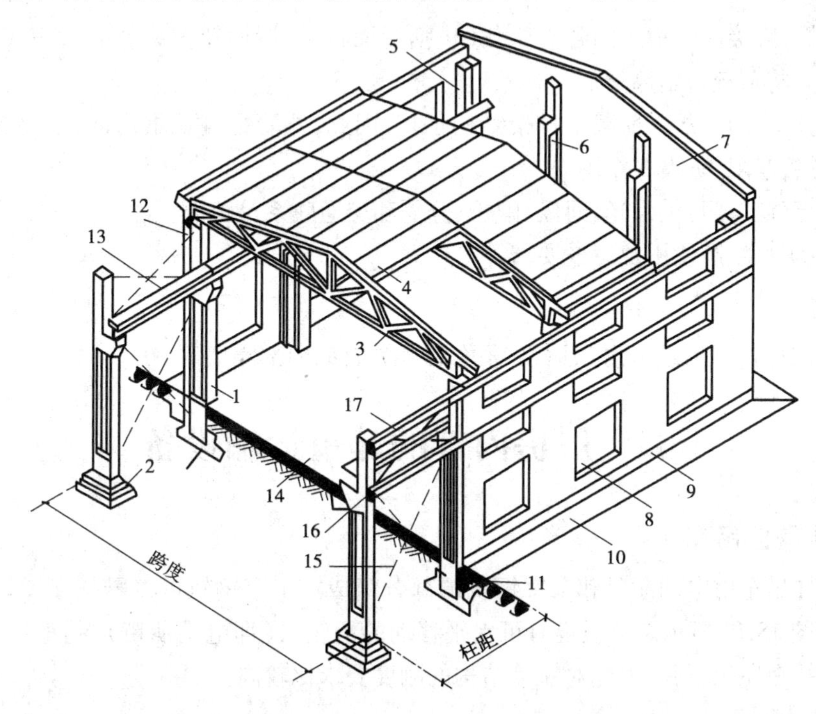

图 18.9　装配式钢筋混凝土排架结构单层厂房结构组成

1—柱子;2—基础;3—屋架;4—屋面板;5—端部柱; 6—抗风柱;7—山墙;8—窗洞口;9—勒脚;10—散水;
11—基础梁;12—纵向外墙;13—吊车梁;14—地面;15—柱间支撑;16—连系梁;17—圈梁

1)承重构件

(1)横向排架

①基础:基础承受柱和基础梁传来的全部荷载,并将荷载传给地基。

②柱:厂房结构的主要承重构件,承受屋架、吊车梁、支撑、连系梁和外墙传来的荷载,并

把它传给基础。

③屋架(屋面梁):屋盖结构的主要承重构件,承重屋盖及天窗上的全部荷载,并将荷载传给柱子。

(2)纵向联系构件

①吊车梁:承受吊车自重和起重物的重量及运行中所有的荷载(包括吊车起动或刹车产生的横向、纵向冲击力),并将其传给排架柱。

②基础梁:承受上部墙体重量,并把它传给基础。

③连系梁:是厂房纵向柱列的水平连系构件,用以增加厂房的纵向刚度,当设在墙内时,承受上部墙体的荷载,并将荷载传给纵向柱列。

(3)支撑系统构件

支撑系统包括柱间支撑和屋盖支撑两大部分,支撑的主要作用是使厂房形成整体空间骨架,以保证厂房的空间刚度,同时能传递水平荷载,如山墙风荷载及吊车纵向制动力等,此外还保证了结构和构件的稳定。

2)围护构件

①屋面板:直接承受板上的各类荷载(包括屋面自重、屋面覆盖材料、雪、积灰及施工检修等荷载),并将荷载传给屋架。

②外墙:厂房的大部分荷载由排架结构承担,因此,外墙是自承重构件,主要起防风、防雨、保温、隔热、遮阳、防火等作用。

③侧窗、天窗与门:供采光、通风、围护、分隔和交通联系及疏散。

④地面:满足生产使用及运输要求等。

3)其他

如散水、地沟(明沟或暗沟)、坡道、吊车梯、消防梯、内部隔墙等。

18.3 厂房内部的起重运输设备

1)单轨悬挂吊车

单轨悬挂吊车由电动葫芦和工字钢轨两部分组成。工字钢轨可以悬挂在屋架(或屋面梁)下弦,如图 18.10 所示。轨上设有可水平移动的滑轮组(即电动葫芦),起重量为 1~5 t。由于轨架悬挂在屋架下弦,因此对屋盖结构的刚度要求比较高。

2)梁式吊车

梁式吊车由梁架和电葫芦组成,有悬挂式和支承式两种类型,如图 18.11 所示。起重量一般为 0.5~5 t。

(1)悬挂式梁式吊车

梁架悬挂在屋架下工字钢轨固定在梁架上,电动葫芦悬挂在工字钢轨上。

(2)支座式梁式吊车

梁架支承在吊车梁上,工字钢轨固定在梁架上,电动葫芦悬挂在工字钢轨上。

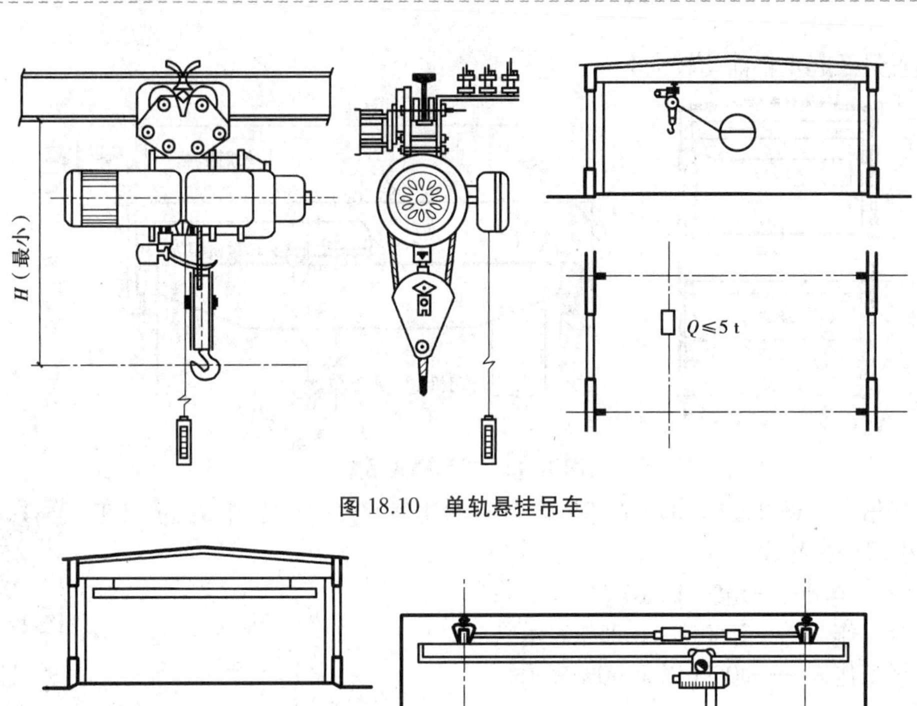

图 18.10 单轨悬挂吊车

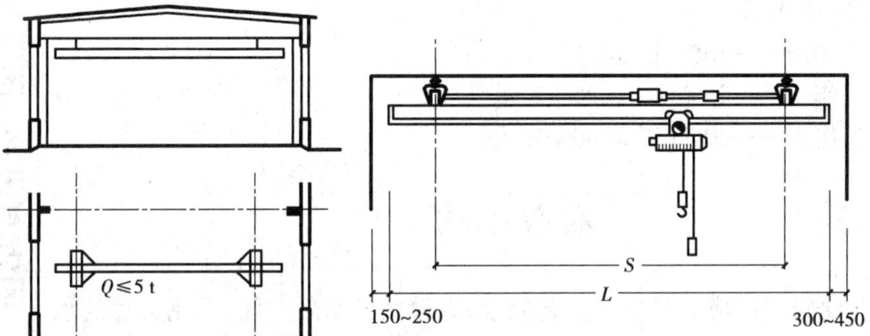

(a)悬挂式梁式吊车（DDXQ型）

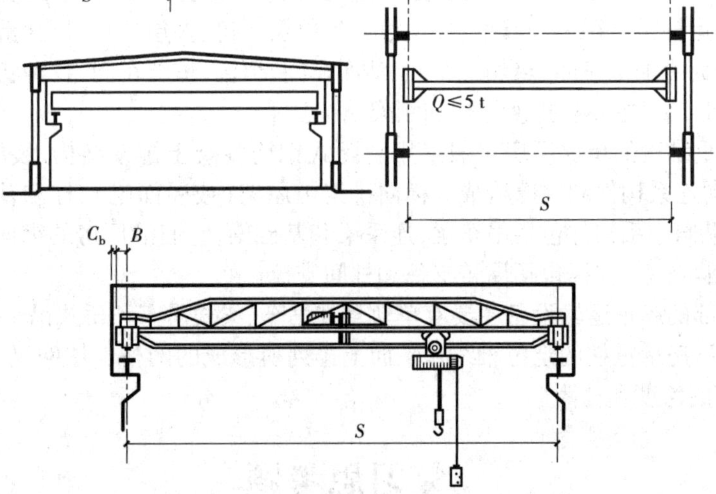

(b)吊车梁支承式电动单梁吊车（DDQ型）

图 18.11 梁式吊车

(3)桥式吊车

由桥架和起重小车组成,如图 18.12 所示,桥架支承在吊车梁上,并可沿厂房纵向移动,桥架上设支承小车,小车能沿桥架横向移动,起重量为 5~400 t。司机室设在桥架一端的下方。起重量及起重幅面均较大。

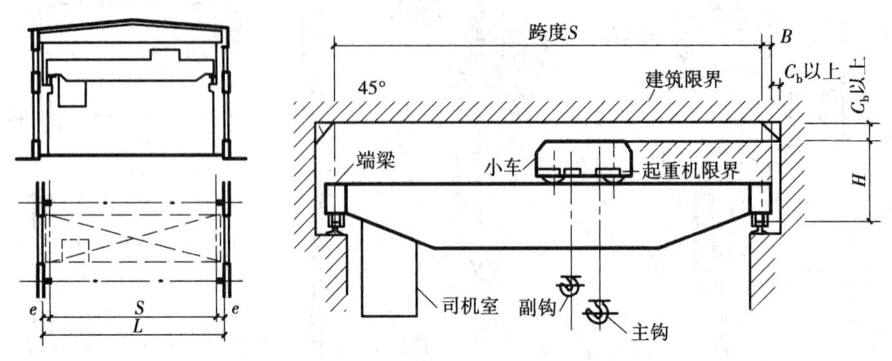

图 18.12 电动桥式吊车

单层厂房构件

桥式吊车根据开动时间与全部生产时间的比值,分为轻级、中级、重级工作制,用 JC%来表示。

轻级工作制——15%(以 JC15%表示);

中级工作制——25%(以 JC25%表示);

重级工作制——40%(以 JC40%表示)。

多层厂房简介

本章小结

1.工业建筑厂房应满足生产工艺要求,有较大的通敞空间,采用大型的承重骨架结构,结构、构造复杂,技术要求高的特点。

2.工业建筑可按不同的依据分类,按用途可分为主要生产厂房、辅助生产厂房、动力厂房、储藏用房、运输工具用房和其他;按层数分为单层厂房、多层厂房、层次混合的厂房;按内部生产状况分为冷加工车间、热加工车间、洁净车间、恒温、恒湿车间、特种状况车间。

3.单层工业厂房主要有排架结构和刚架结构。

4.骨架承重结构的单层厂房一般采用装配式钢筋混凝土排架结构,装配式排架结构由横向排架、纵向连系构件和支撑构成。横向排架由屋架(或屋面梁)、柱和基础组成,沿厂房的横向布置;纵向连系构件包括吊车梁,连系梁和基础梁,它们沿厂房的纵向布置,建立起了横向排架的纵向连系;支撑包括屋盖支撑和柱间支撑。

5.厂房内部的起重运输设备主要有单轨悬挂吊车、梁式吊车和桥式吊车。

6.柱网是厂房承重柱的定位轴线在平面上排列所形成的网格。柱网尺寸的确定实际上就是确定厂房的跨度和柱距。

复习思考题

1.工业建筑有哪些特点?

2.什么是工业建筑?工业建筑按用途、层数和生产状况分别有哪些类型?

3.单层工业厂房内的起重吊车常见的类型有哪几种?

4.钢筋混凝土单层厂房由哪些构件组成?各部分由哪些构件组成?

5.什么是柱网?如何确定柱网(跨度与柱距)尺寸?

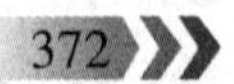

附　录

为了培养学生的动手能力和实践能力，提高实际应用中的绘图和读图能力。本着学生绘图能力和读图能力的训练知识点要全，特选某武装部办公楼建筑施工图和结构施工图（见二维码）让学生进行全程训练，力求使学生的思维得到全面系统的锻炼，并要求根据课堂中所学的知识发现图纸中的不足之处，以促进知识深化，最终使学生达到掌握并能够熟练绘图和读图。

附录图纸

资源下载路径：

进入"重庆大学出版社"官网（http://www.cqup.com.cn）→在页面右上角图书查询窗口输入书名 建筑识图与房屋构造 ，然后点击右侧的放大镜图标→在查询列表中点击本书名，进入本书课程资源页面→点击教材基本信息下的 数字资源 →下载所需资源。

参考文献

[1] 中华人民共和国住房和城乡建设部.房屋建筑制图统一标准[S]:GB/T 50001—2017.北京:中国计划出版社,2010.

[2] 中华人民共和国住房和城乡建设部.建筑制图标准[S]:GB/T 50104—2010.北京:中国计划出版社,2010.

[3] 中华人民共和国住房和城乡建设部.总图制图标准[S]:GB/T 50103—2010.北京:中国计划出版社,2010.

[4] 中华人民共和国住房和城乡建设部.建筑结构制图标准[S]:GB/T 50105—2010.北京:中国计划出版社,2010.

[5] 中国建筑标准设计研究院有限公司.混凝土结构施工图平面整体表示方法制图规则和构造详图(现浇混凝土框架、剪力墙、梁、板)[S]:22G101—1.北京:中国计划出版社,2022.

[6] 中国建筑标准设计研究院有限公司.混凝土结构施工图平面整体表示方法制图规则和构造详图(独立基础、条形基础、筏形基础及桩基承台)[S]:22G101—3.北京:中国计划出版社,2022.

[7] 吴运华,高远.建筑制图与识图[M].武汉:武汉理工大学出版社,2010.

[8] 吴运华,高远.建筑制图与识图习题集[M].武汉:武汉理工大学出版社,2004.

[9] 乐荷卿.土木建筑制图[M].武汉:武汉工业大学出版社,2000.

[10] 刘建荣.房屋建筑学[M].武汉:武汉大学出版社,2007.

[11] 颜宏亮.建筑构造设计[M].上海:同济大学出版社,2002.

[12] 李必瑜.建筑构造[M].北京:中国建筑工业出版社,2008.

[13] 赵研.建筑构造[M].北京:中国建筑工业出版社,2000.

[14] 舒秋华.房屋建筑学[M].武汉:武汉理工大学出版社,2011.

[15] 李国豪,等.中国土木建筑百科辞典[M].北京:中国建筑工业出版社,2000.

[16] 建筑设计资料集编委会.建筑设计资料 3、4、5 集[M].北京:中国建筑工业出版社,1994.

[17] 同济大学,西安建筑科技大学,东南大学,重庆大学.房屋建筑学[M].4 版.北京:中国建筑工业出版社,2006.